工业机器人设计及控制

李 慧 马正先 著

GONGYE JIQIREN
SHEJI JI KONGZHI

化学工业出版社
·北京·

内容简介

本书从工业机器人产品开发的角度出发，对工业机器人理论、设计与控制等进行系统阐述与实例分析，主要对工业机器人结构优化与控制的理论、实现方法及存在的问题进行剖析。主要内容包括：机器人设计要求与基本参数，工业机器人系统与配置，工业机器人结构及特性分析，工业机器人优化设计，工业机器人控制等。全书理论与应用相结合，通过典型实例具体剖析，并采用工程图与文字融合的方法简明扼要地表达与阐述机器人及其结构，突出全书的理论性、实用性与综合性的特点。

本书可作为机械类高年级本科生、工科研究生、科研工作者和工程技术人员的参考书。

图书在版编目（CIP）数据

工业机器人设计及控制/李慧，马正先著. —北京：化学工业出版社，2021.1(2023.4重印)

ISBN 978-7-122-37841-5

Ⅰ.①工… Ⅱ.①李…②马… Ⅲ.①工业机器人-研究 Ⅳ.①TP242.2

中国版本图书馆 CIP 数据核字（2020）第 189599 号

责任编辑：金林茹　张兴辉　　文字编辑：温潇潇

责任校对：王鹏飞　　装帧设计：王晓宇

出版发行：化学工业出版社（北京市东城区青年湖南街 13 号　邮政编码 100011）

印　　装：北京天宇星印刷厂

787mm×1092mm　1/16　印张 19½　字数 486 千字　　2023 年 4 月北京第 1 版第 2 次印刷

购书咨询：010-64518888　　售后服务：010-64518899

网　　址：http://www.cip.com.cn

凡购买本书，如有缺损质量问题，本社销售中心负责调换。

定　　价：99.00 元

前言

这是一部理论与工程实际密切联系，并结合设计实例系统阐述工业机器人设计及控制的著作。针对当前机器人设计及控制等理论知识相对独立的问题，对机器人设计要求与基本参数、工业机器人系统与配置、工业机器人结构及特性分析、工业机器人优化设计以及工业机器人控制等问题进行了较为深入的探索，以解决工业机器人设计及控制中联系不紧密的缺憾。通过对机器人本体结构设计、各模块及整体建模、各模块及整体控制方法设计等的分析与探讨，实现理论与实践、软件与硬件的融合。

笔者本着“理论-设计-控制”融合的理念完成了此书，重点是在工业机器人结构、优化与控制之间建立联系，书中较全面系统地阐述了工业机器人设计及控制等的概念、理论、实现方法、存在的问题及发展趋势，并通过多个实例突出应用性。

本书从设计角度提出机器人的设计要求，如机器人运动规划、定位、受力与驱动以及导航等；对机器人基本结构、特征、性能及应用状况等基本参数进行分析。从系统论的角度阐述如何对工业机器人系统进行配置，针对机器人配置方案、操作机驱动与配置以及操作机成套装置等进行研究分析。针对机器人结构类型及机器人模型影响因素等，分析工业机器人的应用特点；通过对机器人运动学和动力学分析，明确工业机器人的相关特性及设计的方法和理论；通过实例介绍拉格朗日-欧拉法、牛顿-欧拉法等在工业机器人设计中的具体应用；通过机构优化和架构优化等，分析机器人机构与架构对工业机器人优化设计的影响因素；通过杆件静态性能、机械臂运动性能和误差等分析，明确机器人优化设计的主要问题并进行工业机器人优化设计。针对机器人关节空间控制、位置控制以及力控制等进行工业机器人控制的分析与探讨，主要对作业过程中机器人的多功能特性、多自由度结构的复杂性进行分析，以控制工业机器人配合完成作业任务。

本书是笔者在从事产品开发设计和学校教研的基础上，结合多年的研究成果编写而成的。书中理论和结论一方面来自笔者在工作及研究中的看法与观点，另一方面来自国内外的相关文献资料。为了突出对工业机器人设计及控制的阐述及对其中结构特殊性的重点描述，书中的图样去掉了一些复杂的结构、要素、交叉重叠关系和图样解释等，在表达时仅给出了简洁示意和概略性的介绍，某些具体的零部件结构未能详细叙述。

由于图样和设计实例的软件、版本不同，图样和设计实例的源头多，个别图样图幅太大且复杂等原因，可能会使列举实例的某些图存在内容、格式表达不妥之处。由于笔者水平以及组织编写时间限制等，书中难免有疏漏之处，恳请并欢迎读者及各界人士予以指正，共同商讨，以推动工业机器人设计及控制研究的发展。

全书由马正先教授审稿，还得益于诸多同事与学生的帮助，在此，我们表示衷心感谢。

著者

目录

第 1 章　概述　/ 1

1.1　工业机器人简介　/ 1
1.1.1　制造类机器人　/ 1
1.1.2　行走机器人　/ 2
1.1.3　移动型机器人　/ 2
1.1.4　自制机器人　/ 4
1.1.5　人工智能机器人　/ 4
1.1.6　其他　/ 5
1.2　工业机器人与机械智能　/ 8
1.2.1　机器人中的机械智能　/ 8
1.2.2　机械智能中的关键问题　/ 11
1.3　本书的主要内容与特点　/ 15
1.3.1　主要内容　/ 15
1.3.2　主要特点　/ 17
参考文献　/ 18

第 2 章　机器人设计要求与基本参数　/ 22

2.1　机器人设计要求　/ 22
2.1.1　机器人运动规划　/ 22
2.1.2　机器人定位　/ 44
2.1.3　机器人导航　/ 48
2.1.4　机器人受力与驱动　/ 51
2.2　工业机器人基本参数　/ 57
2.2.1　机器人负载　/ 57
2.2.2　最大运动范围　/ 58
2.2.3　自由度　/ 59
2.2.4　精度　/ 59
2.2.5　速度　/ 61
2.2.6　机器人重量　/ 61

2.2.7 制动和惯性力矩 /61
2.2.8 防护等级 /62
2.2.9 机器人材料 /62
参考文献 /62

第3章 工业机器人系统与配置 /66

3.1 机器人系统组成 /66
3.1.1 被控部件 /66
3.1.2 驱动及检测 /69
3.1.3 控制平台 /70
3.1.4 主要模块 /72
3.2 机器人配置方案及成套装置 /78
3.2.1 机器人配置方案 /78
3.2.2 机器人操作机驱动及配置 /86
3.2.3 机器人操作机成套装置 /95
3.3 机器人系统的结构与配置实例 /100
3.3.1 机器人系统方案设计 /101
3.3.2 关节驱动方式 /101
3.3.3 机械臂功能置换措施 /102
3.3.4 机器人关节与配置 /102
参考文献 /109

第4章 工业机器人结构及特性分析 /112

4.1 机器人结构类型 /112
4.1.1 直角坐标机器人结构 /112
4.1.2 圆柱坐标机器人结构 /113
4.1.3 球坐标机器人结构 /113
4.1.4 关节型机器人结构 /114
4.1.5 其他结构 /115
4.2 机器人模型影响因素 /116
4.2.1 机器人形态与模块结构 /116
4.2.2 机器人全局与局部关系 /117
4.2.3 机器人建模工具 /118

4.3 机器人特性分析 / 118
4.3.1 机器人运动学 / 118
4.3.2 机器人动力学 / 151
4.4 实例 / 165
4.4.1 拉格朗日-欧拉法在两自由度机械臂的应用 / 165
4.4.2 拉格朗日法在搬运机器人的应用 / 168
4.4.3 拉格朗日-欧拉法在双臂机器人的应用 / 172
4.4.4 拉格朗日法在柔性机械臂的应用 / 175
4.4.5 牛顿-欧拉法在两自由度机械臂的应用 / 177
参考文献 / 182

第5章 工业机器人优化设计 / 185

5.1 机构与架构的优化设计 / 185
5.1.1 机构优化 / 185
5.1.2 架构优化 / 203
5.2 机器人杆件的优化设计 / 203
5.2.1 杆件静态性能 / 204
5.2.2 机械臂运动性能 / 213
5.2.3 杆件力学性能 / 227
5.2.4 机械臂性能测试 / 233
5.3 机器人本体的优化设计 / 235
5.3.1 机器人本体方案 / 235
5.3.2 机器人关节对性能的影响 / 244
5.3.3 本体结构及优化 / 251
参考文献 / 254

第6章 工业机器人控制 / 257

6.1 机器人关节空间控制 / 257
6.1.1 关节控制原理 / 257
6.1.2 关节控制传递函数 / 260
6.1.3 关节控制方法 / 263
6.1.4 关节控制系统硬件结构 / 269
6.2 机器人位置控制 / 270

6.2.1 笛卡儿位置控制 / 271
6.2.2 控制程序框图 / 272
6.3 机器人力控制 / 274
6.3.1 机器人力控制方法 / 274
6.3.2 力控制关键问题 / 275
6.3.3 主要部件控制 / 279
6.3.4 关节控制软件系统 / 291
6.4 实例 / 293
6.4.1 双臂机器人控制 / 293
6.4.2 多关节机器人模糊控制 / 296
6.4.3 多关节机器人滑模控制 / 299
参考文献 / 301
结束语 / 304

第1章 概述

1.1 工业机器人简介

工业机器人是面向工业领域的多关节机械手或多自由度机器人。工业机器人是自动执行工作的机器装置，是靠自身动力和控制能力来实现各种功能的一种机器。它可以接受人类指挥，也可以按照预先编排的程序运行，现代工业机器人还可以根据人工智能技术制定的原则纲领行动。

工业机器人可以在多种生产现场工作：在制造领域，工业机器人经过诞生、成长及成熟期后，已成为不可或缺的核心自动化装备；在非制造领域，上至太空舱、宇宙飞船，下至极限环境作业，机器人已拓展到社会经济发展的诸多领域。

以下仅简要介绍几种常用的工业机器人。

1.1.1 制造类机器人

制造类机器人专门用来在受控环境中反复进行完全相同的工作。例如，某台机器人可能会负责给装配线上传送的食品罐拧上盖子。为了教机器人如何做这项工作，程序员会用一只手持控制器来引导机械臂完成整套动作，机器人将动作序列准确地存储在内存中，此后每当装配线上有新的食品罐传送过来时，它就会反复地做这套动作。制造类机器人在计算机产业中也发挥着十分重要的作用，它们无比精确的手可以将一块微型芯片组装起来。

最常见的制造类机器人是机械臂。典型的机械臂通常由七个部件构成，它们是用六个关节连接起来的，这里的关节即运动副，是指允许机器人手臂各零件之间发生相对运动的机构。机械臂可以用电、液或气等动力控制，例如，简单机械臂可以用步进式电机控制，步进式电机会以增量方式精确移动，这使计算机可以精确地移动机械臂不断重复完全相同的动作；某些大型或复杂机械臂一般使用液压或气动系统控制。机械臂也是制造汽车时使用的基本部件之一，大多数工业机器人在汽车装配线上负责组装工作，在进行大量的此类工作时机器人的效率比人类高得多，而且非常精确，理论上无论它们已经工作多少小时，在装配线上仍能在相同的位置钻孔，用相同的力度拧螺钉等。

六自由度串联机器人也是现代制造领域最常用的一种自动化装置[1,2]。该类工业机器人与人类的手臂极为相似，它具有相当于肩膀、肘部和腕部等的部位。通常，它的“肩膀”安装在一个固定的基座结构上，而不是移动的身体上。该类型的机器人具有六个自由度，即它能向六个不同的方向运动，与之相比，人的手臂有七个自由度。人类手臂的作用是将手移动到不同的位置，机械臂的作用则是移动末端执行器，末端执行器通常是指安装在机器人末端的工具或夹具。机械臂连接末端执行器时，工业机器人可以通过移动末端执行器至指定位置，或者驱动末端执行器沿指定轨迹运动来完成复杂作业，因此，可以在机械臂上安装适用于特定应用场景的各种末端执行器。常见的末端执行器能抓握并移动不同的物体，该类末端执行器一般有内置的压力传感器，该传感器将机器人抓握某一特定物体时的力度告诉计算机，使机器人手中的物体不会掉落或被挤破。当其他类型的末端执行器应用于喷灯、钻头和喷漆器时，六自由度机器人也就被广泛地应用于焊接、搬运及喷涂等方面。

制造类机器人形式多样，它们能够在一定范围内取代人力完成重复性强且劳动强度大的工作，甚至完成一些人工无法完成的任务和工作。

1.1.2 行走机器人

行走机器人是指机器人带有可行的运动系统。如果机器人只需在平地上移动，轮子或轨道是最好的选择，如果轮子和轨道足够宽，它们还可以适用于较为崎岖的地形。当机器人使用腿状结构时，机器人的适应性更强[3]。制造有腿的机器人时需要充分利用运动学的知识，这在生物研究领域是有益的实践。机器人的腿通常在液压或气动活塞的驱动下前后移动，可以使各个活塞连接在不同的腿部部件上，就像不同骨骼上附着的肌肉。如何使所有这些活塞都能以正确的方式协同工作是需要解决的问题，设计时必须弄清与行走有关的问题，如进行正确的活塞运动组合，并将这一信息编入控制系统的计算机中。行走机器人的内置平衡系统应能告诉计算机何时需要校正机器人的动作。例如，两足行走的运动方式本身是不稳定的，因此在机器人的制造中实现难度很大，为了设计出行走更稳的机器人，人们常会将眼光投向动物界，尤其是昆虫。昆虫有六条腿，它们往往具有超凡的平衡能力，对许多不同的地形都能适应自如。

某些行走型机器人是远程控制的，可以通过遥控装置指挥机器人在特定的时间从事特定的工作。遥控装置可以使用连接线、无线电或红外信号与机器人通信。远程机器人在探索充满危险或人类无法进入的环境时非常有用，如深海或火山内部探索等。某些机器人只是一部分受到遥控，例如，操作人员可能会指示机器人到达某个特定的地点，但不会为它指引路线，而是任由它找到自己的路径。

近年来，在分析和借鉴人类行走特性的基础上，研究者已经研制开发出多款更趋合理的行走机器人原型机[4]。随着原型机结构与运行环境复杂性的不断提高，对机器人提出了更高的要求，如系统控制结构与算法，特别是有关动态行走周期步态优化控制与环境适应性及鲁棒性等问题，给研究者提出了新的挑战。实际上，人们更希望机器人在行走过程中可以根据实际工况信息，通过调整控制输入实现动态行走的周期步态，使具有周期运动的行走机器人能够在人类生活和工作的环境中与人类协同工作，还可以代替人类在危险环境中高效地作业，以拓宽人类的活动空间。

1.1.3 移动型机器人

移动型机器人可以自主行动，无需依赖于任何控制人员，通过对机器人进行编程，使之能以某种方式对外界刺激做出反应。例如，碰撞反应机器人有一个用来检测障碍物的碰撞传感器，当启动碰撞反应机器人后，它大体上是沿一条直线曲折地行进，当它碰到障碍物时冲击力会作用在它的碰撞传感器上，每次发生碰撞时机器人的程序会指示它“后退-向右转-继续前进”，按照这种方法，机器人只要遇到障碍物就会改变它的方向。若是高级机器人，则会以更精巧的方式运用这样的原理。

移动性能是机器人在特定环境中高效运动并完成指定作业任务的关键，包括移动速率、能耗、稳定性、灵活性、导航、负载能力、连续作业时间及地形适应性等多个指标。

移动型机器人可以使用红外或超声波传感器来感知障碍物。这些传感器的工作方式类似于动物的回声定位系统，即机器人发出一个声音信号或一束红外光线，并检测信号的反射情况，此时机器人会根据信号反射所用的时间计算出它与障碍物之间的距离。某些移动型机器人只能在它们熟悉的有限环境中工作，例如，割草机器人依靠埋在地下的界标确定草场的范围，清洁办公室的机器人则需要建筑物的地图才能在不同的地点之间移动。较高级的移动型机器人可以利用立体视觉来观察周围的世界，摄像头可以为机器人提供深度感知，图像识别软件使机器人有能力确定物体的位置，并辨认各种物体。机器人还可以使用麦克风和气味传感器来分析和适应不熟悉的环境，甚至能适应崎岖的地形，这些机器人可以将特定的地形模式与特定的动作相关联。漫游车机器人会利用它的视觉传感器生成前方地区的地图，若地图上显示崎岖不平的地形，机器人会知道它该走另一条道。

许多移动型机器人都有内置平衡系统，该平衡系统会告诉计算机何时需要校正机器人的动作。这类系统对于在其他行星上工作的探索型机器人是非常有用的。

移动机器人的本体结构有轮式移动、履带式移动、腿式移动及混合式移动等类型。本体结构的复杂程度、移动效率的高低以及控制的难易程度等存在较大差别，环境适应能力上也各有所长。

（1）轮式移动机器人

轮式移动机器人采用轮子作为行走元件，结构简单，易于批量制作，控制也简单，在平坦地形中具有较快的移动速度，但轮式机器人对障碍地形的适应能力较弱[5,6]。

例如，工业生产中的轮式移动型焊接机器人由移动基座和固定于基座上的焊接机械臂组成，比固定式焊接机器人适应性更强，更为灵活，在舰船制造、大型球罐焊接及军用特定环境焊接等方面具有广阔的应用前景。但是，移动型焊接机器人系统具有多变量、强耦合及非线性的特点，工作环境复杂，系统易受到外界干扰和参数摄动的影响，不确定性强，使用单一控制方法难以完成高精度的轨迹跟踪控制任务。因此，移动型焊接机器人跟踪控制精度研究对焊接自动化研究领域具有重要意义。

（2）履带式移动机器人

履带式移动机器人采用履带轮作为运动部件，移动速度较快，由于承压面积大，对地形的破坏性较小，能够适应简单障碍地形，但其运动部件质量大，所需驱动功率较大，运动所产生的惯性也大，而且恶劣环境下的振动、冲击等易造成机器人的倾覆。

（3）腿式移动机器人

腿式移动机器人是模拟哺乳动物的运动方式，采用腿式行走，其落足点是离散的，对地形要求很低，但机器人运动速度慢、动作刻板、控制复杂，而且腿式机器人一般采用直接驱动关节运动的方式使机器人行走，与轮式移动、履带式移动相比较，其能量利用效率是三者中最低的。

（4）混合式移动机器人

混合式移动机器人结合多种移动方式的优点，从功能上可以实现两种或三种运动模式的结合，能够适应复杂地形、水陆两栖环境等，可以最优的运动模式在作业环境中移动，移动性能良好。混合式移动机器人需要增加转换或调整机构，以实现两种移动方式之间的转换，随之而来的是驱动器增加和布线问题，从而导致控制系统更加复杂，控制算法难度增大及可靠性降低。此外，当其中一种移动机构不工作时，则其成为系统的负载，导致驱动功率增大以及负载能力减小，进而影响机器人的动态性能[7-9]。

综上所述，高级移动型机器人均应有备选设计方案，方案采用较为松散的结构，并引入随机化因素。当机器人被卡住时，它会向各个方向移动附肢，直到它的动作产生效果为止。高级移动型机器人通过力传感器和传动装置的紧密协作来完成任务，而不是由计算机通过程序指导一切，当它需要通过障碍物时不会当机立断，而是不断地尝试各种做法，直到绕过障碍物为止。

1.1.4 自制机器人

自制机器人的型号及样式五花八门、种类繁多。例如，机器人爱好者们可以制造出非常精巧的行走机器人，也为自己设计家政机器人，也有一些爱好者热衷于制造竞技类机器人。

自制机器人是一种正在迅速发展的文化，在互联网上具有相当大的影响力，机器人爱好者利用各种商业机器人工具、邮购的零件、玩具甚至老式录像机组装出他们自己的作品。自制的竞技类机器人或许算不上真正的机器人，因为它们通常没有可重新编程的计算机大脑，它们更像是加强型遥控汽车。较高级的竞技类机器人是由计算机控制的，例如，足球机器人在进行足球比赛时完全不需要人类随时输入信息，标准的机器人足球队由几个单独的机器人组成，它们与一台中央计算机进行通信，该计算机通过一部摄像机“观察”整个球场，并根据颜色特征分辨足球、球门以及己方和对方的球员，计算机随时都在处理此类信息，并决定如何指挥它的球队。

自制机器人用于特定的用途，但是目前它们对完全不同的应用场景的适应能力并不是很好。

1.1.5 人工智能机器人

人工智能是研究和开发用于模拟、延伸及扩展人类智能的理论、方法、技术及应用系统的一门新科学，是计算机科学的一个分支[10-12]。

人工智能机器人是指通过对人们意识、思维信息过程的模拟，完成一些任务规划等复杂而抽象的工作，辅助和代替人做出决策，减轻人类的负担。人工智能是机器人学中令人兴奋的领域，无疑也是最有争议的领域，许多人都认为，机器人可以在装配线上工作，但对于它是否可以具有智能则存在分歧，就像“机器人”术语本身一样，同样很难对“人工智能机器人”进行定义。终极的人工智能将是对人类思维过程的再现，即一部具有人类智能的人造机器。人工智能包括学习任何知识的能力、推理能力、语言能力和形成自己的观点的能力。目前机器人无法完整实现这种水平的人工智能，但已经在有限的人工智能领域取得了很大进展，具有人工智能的机器已经可以模仿某些特定的智能要素。

用人工智能解决问题的执行过程很复杂，但基本原理却非常简单，因为计算机已经具备了在有限领域内解决问题的能力。首先，人工智能机器人或计算机会通过传感器或人工输入的方式来收集关于某个情景的事实。计算机将此信息与已存储的信息进行比较，并根据收集到的信息计算各种可能的动作，然后预测哪种动作的效果最好。当然，计算机只能解决其程序允许它解决的问题，不具备一般意义上的分析能力，例如，棋类计算机。

某些现代机器人还具备有限的学习能力。学习型机器人能够识别某种动作是否实现了所需的结果，机器人存储此类信息，当它下次遇到相同情景时，会尝试做出可以成功应对的动作[13,14]。同样，现代计算机只能在非常有限的情景中做到这一点，因为它们无法像人类那样收集所有类型的信息。目前，某些机器人可以通过模仿人类的动作进行学习，例如，机器人学会了跳舞；有些机器人具有人际交流能力，例如，它能识别人类的肢体语言和说话的音调，并做出相应的反应。

人工智能的真正难题还在于理解自然智能的工作原理。例如，开发人工智能与制造人造心脏不同，科学家手中并没有一个简单而具体的模型可供参考。大脑中含有上百亿个神经元，人类的思考和学习是通过在不同的神经元之间建立电子连接来完成的。但是人类并不知道这些连接如何实现高级的推理能力，甚至对低层次操作的实现原理也并不知情，大脑神经网络似乎复杂得不可理解。因此，人工智能在很大程度上还只是理论。科学家们针对人类学习和思考的原理提出假说，然后利用机器人来验证他们的想法。许多机器人专家预言，机器人的进化最终将使人类彻底成为半机器人，即与机器融合的人类。

人工智能的研究还只是刚刚起步而已，要达到理想状态还需很长时间，随着人工智能技术的不断升级，智能机器人也将应用到各个领域，成为人们生活工作的好帮手。

1.1.6 其他

机器人种类较多，从作业要求上工业机器人应具有自适应性，能根据环境或者任务的不同而灵活地应用及改变构型或设计。从外形看，机器人还有轮-足复合移动机器人及球形机器人等。从机器人组织结构上可以分为固定构型机器人及模块化机器人等。

（1）轮-足复合移动机器人

轮-足复合移动机器人是腿式移动与轮式滚动的结合，为混合式移动机器人。

轮-足复合式移动机器人可分为两类：第一类是直接将轮子以串联的形式安装在腿的末端；第二类则是采用轮腿分离的形式，移动时可根据地形选择最佳的运动模式[15-17]。

在轮-足复合移动机器人中，轮的应用最为广泛。轮式机器人的直立过程是一个典型的非线性、多变量、强耦合、自然不稳定的复杂动态系统，具有极大的非线性、大滞后特征。在轮式机器人的直立过程中，经过模糊 PID 自整定后，抗扰动能力加强，平衡速度更快，控制精度明显提高，能满足更复杂的环境对直立的需求。在现代仓储物流中轮式机器人也扮演了重要的角色，是实现工业自动化生产的关键技术之一。但是，轮式机器人搭载货架工作时，由于货架和轮式机器人之间是直接接触关系，在不平路面的激励作用下产生振动，会导致货物的倾倒甚至倾翻。同时货架上货物的摆放有很大的随机性，使得货架的重心位置和整体重量不可预知，而货架和机器人的接触具有很强的非线性，给振动控制带来困难。

轮-足机器人在汽车工业大量应用，但轮-足机器人高速情况下转弯的稳定性和安全性问题不可忽视，转弯在轮-足机器人的行驶过程中是很重要的一个环节，在车辆稳定行驶中至关重要。轮式移动机器人在转向状态时，两侧车轮在相同时间内所走过的路程不同，内侧车轮所走过的路程要小于外侧车轮。理想情况下，两侧车轮会得到相同的转速，但如果两侧车轮所行驶的路程不等，则两侧车轮由于转速相同会导致外侧车轮产生滑移现象，这将加大车轮的磨损甚至发生翻车事故。

轮-足复合移动机器人具有自重轻、承载能力强、结构简单、行走速度快、行走机动灵活、驱动和控制相对方便、工作效率高等优点，因而被广泛应用于工业、农业、家庭、空间探测等领域。

(2) 球形机器人

球形机器人是一种外壳为球形的机器人，其运动方式以滚动为主，一般由球壳和内部驱动机构组成，属于移动机器人分支。球形机器人是通过模仿生物翻滚运动而发展起来的移动机器人，该类机器人通常依靠球壳内部的驱动机构实现滚动行走，具有很强的姿态恢复能力。如果内部驱动机构设计合理，球形机器人能够很方便地实现原地转向，转弯半径为零，其行动灵活，无运动死角，并且可以搭载摄像头和机械执行装置等设备，完成各种任务。

球形机器人区别于常见的轮式、履带式和腿式移动机器人，其最大的特点就是它具有特殊的外形和运动方式。球形外壳使得其在失稳后能够经过短暂的调整迅速恢复稳定状态，因此不怕翻倒[18-20]。由于球形机器人的所有驱动装置、传感器、动力源等都分布在球壳内，所以能获得密封外壳提供的最大保护，使内部设备免受外界环境的影响。其球形或椭球形的外壳具有很好的密封性能，可将能源、电子元器件等附件封装在壳体内，可以有效防止外部恶劣的工作环境对内部装置造成损伤和破坏；同时，球形外壳能够在多重结构特征地形中稳定运行，具有良好的动态和静态稳定性，不存在失稳状态，即使在运动过程中与障碍物发生碰撞，也不存在足式以及履带式机器人可能出现的倾覆现象，能够在短暂的自调整后恢复运行。滚动方式的特殊性使得球形机器人相对于其他运动形式的移动机器人具备更小的运动阻力，具有运动效率高、能量消耗小的特点。

此外，球形机器人还具有很好的水陆两栖功能和全地形运动特征。所以球形机器人可以在高温、辐射、毒气、沙尘等不适宜人类工作的环境下作业，应用范围广泛，可用于行星探测、环境监测、国防安保及娱乐等领域。

理论上，球形机器人与地面的接触为点接触，具有非完整约束特征，是典型的非线性非完整系统，其运动学方程为二阶微分方程，并不能通过积分的方法得到零阶运动轨迹，这给球形机器人的控制带来很大的困难。虽然现有的球形机器人方案各有千秋，但大多存在着结构复杂、工程实现较难、实用性较低等不足。特别是，有些驱动机构原理复杂，加大了运动控制难度，例如，球形机器人不能在球壳外搭载附件，限制了机械执行装置的有效使用，未能提供稳定平台用于搭载各种仪器设备，降低了球形机器人的实用性。此外，球形机器人对台阶、斜坡、沟壑、废墟等地形的适应性较弱，极大地限制了球形机器人的发展与应用。

从国内外研究现状可以看出，球形机器人目前仍停留在试验阶段，暂时还不能真正进入应用阶段。其中的影响因素有很多，首先，现有球形机器人的内部驱动结构设计大多比较复杂，很难真正实现球形机器人的直线运动和转弯运动，而且复杂的机械结构不利于运动控制和加工制作；其次，在驱动结构相对简单的可全向运动球形机器人中，也鲜有提供机械执行装置和足够面积的稳定平台的，然而这些对于推进球形机器人进入应用阶段均具有非常重要的作用。

(3) 模块化机器人

模块化是指在对机器人的目标功能分析后，将整体结构分解并设计生产出一系列通用模块或标准模块[21,22]。最早的模块化机械臂是美国的卡耐基梅隆大学于 20 世纪 80 年代研发的六自由度模块化机械臂 RMMS（Reconfigurable Modular Manipulator System）。RMMS

样机由一台用于实时控制的计算机、六个模块化关节以及关节连杆所组成。其中，关节模块分为摆动关节和旋转关节两种，每个关节都集成了直流伺服电机、谐波减速器、编码器、制动器、供电电路以及驱动电路等关键部件，同时实现了机械结构、电气结构以及控制硬件方面的模块化设计。RMMS的控制系统采用了分布式总线的控制方式，可以实现对关节的独立控制，使控制结构更加灵活、稳定可靠。

模块化机器人可以由一系列通用模块组装而成，能够根据所处环境或任务的变化依靠模块间的通信和自主运动重组为另一种适应新环境、新任务构型的机器人，数学建模时可以归为在其所能表达的构型空间中的两个构型之间找到一条满足某种条件的最优路径。

模块化机器人可以分为两种类型：第一种是由不同尺寸和功能的模块组装而成的模块化机器人；第二种是由相同模块组装而成的模块化机器人，其中每一个模块都是一个封装了特定功能的物理独立单元。第一种模块化机器人通常可分解为关节模块、连杆模块及末端执行器模块等类型模块，不同类型的模块完成的功能不同，不能相互替代。这种类型的机器人通过多种模块的不同组装形式构成不同的形态，可以完成诸如喷漆、焊接以及爬壁等不同任务，已经较为广泛地应用在不同工业领域。第二种模块化机器人由于每个模块完全相同，在重构过程中任意两个模块都能相互替换。

相比于固定构型机器人，模块化机器人通过增减某些模块或者对现有模块进行重新组合，可以由当前构型迅速变换为另一种适应新环境、新任务的构型。目前，固定构型机器人和模块化机器人都是常用的工业机器人。

在结构设计方面，总部位于丹麦欧登赛的优傲机器人（Universal Robots，UR）公司于2009年推出第一款轻型模块化协作机械臂UR5，该机身采用了铸铝的加工方式，UR5的重复定位精度达到了较高水准。机械臂关节采用了一体式模块化设计，内部集成了两个高精度绝对值编码器、直流伺服电机、伺服驱动器及制动器等零部件。在控制方面，UR5机械臂通过检测电流环的数值变化，控制关节的输出力矩，从而实现了机器人的拖动示教和紧急触停功能。UR5机械臂的拖动示教功能，使机械臂的编程更为简便、直观，在降低了操作人员的技术要求的同时，也提高了机械臂调试工作的效率。机械臂的紧急触停功能可以使机械臂在与周围物体发生碰撞时，自动停止运动，避免造成进一步的损伤。因此，与传统机械臂相比，UR5机械臂可以在没有围栏的工作环境中安全作业，实现了人与机器人的协同作业。

除此之外，还有一些比较有代表性的模块化机械臂，如美国宇航局研发的IDD（Instrument Deployment Device）机械臂[23]、美国波士顿动力Barrett公司的WAM（Whole Arm Manipulation）机械臂[24] 等，在此不再一一赘述。

与传统机械臂相比，模块化机械臂具有如下优势：

1）生产成本低　模块的一致性在批量生产过程中可以降低机械零件加工成本以及系统关键零部件的采购成本，从而降低生产成本。

2）维护费用低　当机械臂出现故障时，可以通过快速更换损坏关节，短时间内完成维护工作，避免投入大量人力物力，而且对维护人员的专业技术要求相对较低。

3）应用成本低　当工作需求发生改变时，可以根据现有模块快速组装成能满足工作要求的机械臂，减少了研发时间和研发成本。

国内外模块化机器人的研究呈现以下几个趋势：

1）冗余自由度构型　机器人所具有的运动冗余性可以使机械臂具有更好的运动灵活性

和操作性，并且可以利用冗余自由度机械臂的自运动特性进行避障操作等。此外，相对于非冗余自由度构型的机械臂，冗余自由度机械臂还具有关节备份、容错性高等优势。

2）多传感器配置　温度传感器、位移传感器、力传感器、力矩传感器等多种传感器被越来越多地应用于模块化机械臂的设计当中，构建了更加完善的信息反馈系统，有助于实现机械臂控制系统的多信息融合。

3）自主操作　随着任务级规划相关研究的深入，机器人的智能性和自主性受到了越来越多的关注，机器人的自主操作可以在实际运行过程中，减少人为参与，有利于提高设备的工作效率。

模块化机械臂凭借其多种突出特性，成为国内外学者研究的热点，并取得了令人瞩目的研究成果。

1.2　工业机器人与机械智能

国内机器人发展晚于发达国家，目前机器人中重要部分需要进口，尤其是机器人的减速器、控制器及伺服系统，因此，核心零部件对我国工业机器人技术发展非常重要，提高工业机器人的“智”，使工业机器人向着智能化方向发展是工业机器人的主要发展趋势。

1.2.1　机器人中的机械智能

机械智能是指机器在不依赖电气传感元件或中央控制器的前提下，能够通过机械本体来感知外界或自身状态变化并做出相应反应，从而实现一定的自适应功能。尽管人类目前生活在一个对信息技术高度依赖的时代，更偏向于用传感器和电气控制解决机器的运动问题，然而，机械智能依然存在于人类的周围，并发挥着不可替代的作用。例如，法国人雷诺提出的齿轮差速器至今仍在汽车工业中占据着绝对统治地位。汽车工业中还有很多地方体现着类似的智能，例如，能根据不同拖拽加速度而保护乘客的安全带，根据不同的动力需求而动态改变传动比的液力自动变速箱等[25,26]。

机械智能不仅减少了机器对复杂控制系统的依赖，释放了中央控制器的资源，而且大大提高了系统的响应速度和鲁棒性。随着机构学、机器人学、仿生学和材料学等学科的发展，机械智能已经渗透到柔性机器人、仿生机器人以及可重构机器人等领域。

1.2.1.1　柔性机构与机械智能

柔性机构的固有柔顺性可以根据外界空间和负载的变化，自适应地做出机械响应，减少使用刚性机构时对传感器和控制算法的依赖，也就是柔性机构中会产生机械智能。刚性机构虽然可以通过阻抗控制使机构末端与环境具有一定的柔顺交互能力，但是需要额外的力传感器且显著增加了控制算法的复杂性，因此人机共融是智能机器发展的重要趋势[27,28]。

柔性机构的典型代表是柔性操作臂[29]，可分为关节柔性操作臂和连续体柔性操作臂。

（1）关节柔性操作臂

机械臂主要分为刚性操作臂和柔性操作臂。柔性操作臂包括关节柔性操作臂和柔性臂杆操作臂等。相较于刚性操作臂，柔性操作臂具有重量轻、灵活度高、能耗低等特点，在医疗、航天等领域发挥着重要作用[30,31]。

关节柔性操作臂可以利用自身机械结构对操作对象的形状、接触力等做出响应，具有良好的环境适应性和安全的人机交互性。图 1-1 所示为 Rethink Robotics 公司操作臂机器人[32,33] 采用的串联弹性驱动器（Series Elastic Actuator，SEA），作为驱动关节，这是一种在电机和负载端串联一个弹性元件的柔顺驱动器，它能够根据外界负载的变化被动地调节机械阻抗，使其不仅能够通过弹性元件变形感应接触，同时可以吸收能量。

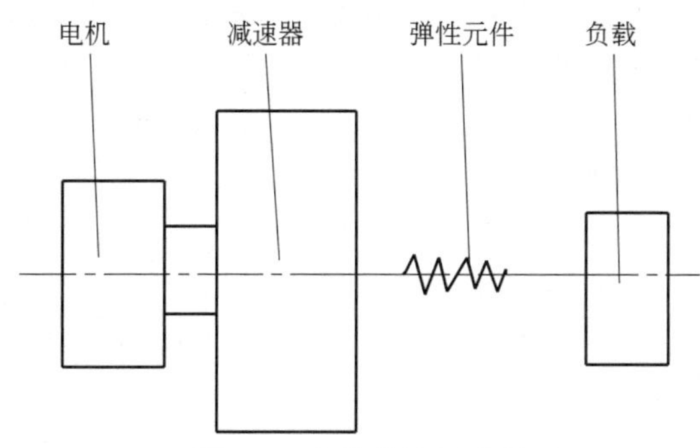

图 1-1　串联弹性驱动器

然而，柔性操作臂在关节处使用谐波齿轮减速器和力矩传感器等柔性器件时，常使得关节操作臂的控制问题变得较为困难[34,35]。

图 1-2 所示为比萨大学[36] 设计的一种三自由度轻型操作臂，为关节柔性操作臂，它采用一对气动人工肌肉进行驱动，这种操作臂具有良好的柔性，即使不安装传感器，也可通过肌肉变形感知和吸收冲击，能在一定程度上保证人机交互的安全性。此外，该柔性操作臂还能利用自身冗余的自由度对目标进行包络抓取。

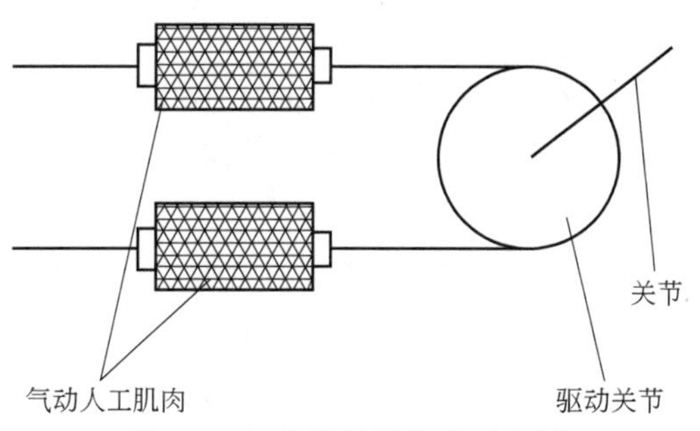

图 1-2　关节柔性操作臂示意图

相对于刚性操作臂，柔性操作臂具有惯性小、能耗低和运动速度高等优点，但由于其质量较轻、刚度低和模态阻尼小，使得柔性操作臂在转动或受到外部扰动时，会产生较长时间的自由振动，将对其稳定性和工作精度产生较大影响。柔性操作臂作为一种强耦合、非线性、时变多、输入多、输出分布参数多的系统，其复杂性不仅体现在动力学建模分析方面，更主要的是表现在控制器的设计上。

为了保证柔性操作臂系统的瞬态性能和稳定性，在控制律设计过程中通常需要考虑系统输出约束对系统性能的影响。

常用的输出约束方法有预设性能控制[37-40] 和障碍李雅普诺夫函数[41] 等。

相比刚性关节，柔性关节引入了额外的自由度，因此，电机转角与操作臂连杆转角不同步，不但增加了系统的响应时间，而且容易引起操作臂振动，增加机器人建模和控制难度。但是，随着机器人系统向高精度、大负载和轻质量方向发展，柔性关节机器人因体积小、能耗低，且具有高负载自重比，将更多地应用于空间探索、人机协作、家庭服务等领域。尤其是，柔性机器人因其具有所需力矩小，能够有效降低因外界碰撞带来的损伤等优点而受到关注。

（2）连续体柔性操作臂

连续体柔性操作臂理论上具有无限多自由度，无需复杂的控制系统即可穿越非结构化路径，适于狭小空间范围内的运动和操作。

例如，一种连续体气动仿生章鱼操作臂[42]，当内部驱动关节充入气体后，操作臂会自行贴合皮球表面，直至稳固抓取。一种基于“多软管嵌套（Hose-In-Hose）”概念的连续体操作臂[43]，同样采用气动方式驱动，进行了类似的抓取试验。一种采用柔性管状材料的连续体手术工具[44]，利用自身的柔性，该手术工具可被动地适应人体自然腔道形状，在进给力的推动下，无需主动控制其变形即可顺应自然腔道到达病灶处进行手术操作。

相较于刚性灵巧手臂复杂的机械设计和对阻抗控制的依赖，柔性灵巧手臂仅仅利用自身机械特性即实现了更多的自由度、最佳的抓取接触面积和更安全的人机交互性。

具有多个关节的柔性欠驱动灵巧手臂[45]，每个关节采用类似韧带的结构设计，当碰到刚性物体时，它能够被动地改变自身形态，极大地提高了与环境接触时的安全性。

一种纯软体手[46]，手指和手掌均由软体驱动器组成，纯软体手能够不依靠控制器即实现自适应包络抓取物体。

类似地，柔性夹持器无需传感器介入测量接触力或对目标进行外形评估，利用自身柔性即可实现对复杂外形或易损物体的拾取。包含多个基本驱动单元的柔性夹持器[47]，能够夹持鸡蛋等不规则物体。

某气动夹持器能在一定范围内自适应地对不同大小的目标物体快速抓取和释放[48]，这将大大提高生产线的分拣效率，类似夹持器还被应用于水下生物采集机器人的操作臂前端中[49]。

使用“阻塞干扰（barrage jamming）”技术的新型柔性夹持器[50]，不需要任何智能控制算法或图像识别技术即可完成对不规则物体的拾取。它主要由一团密封包裹的颗粒材料构成，常压状态下，当其压在目标物体上时，内部颗粒会围绕目标物体流动，在重力的作用下自动符合目标的几何外形，此时对其抽真空，颗粒材料迅速挤压和固定物体，即所谓刚柔转换，从而实现了对目标物体的抓取和握持。

1.2.1.2 机械智能的典型实例

许多机器人系统能够利用机械智能自主地执行既定任务动作、调整运动姿态及生成物理逻辑控制[51-54] 等。

（1）扑翼机器人

利用机械反馈实现升力平衡的毫米级扑翼机器人[55]，参考了汽车差速器的设计思想，其核心是两自由度传动机构。它能够平衡扑翼两侧的输出力矩，当机器人一侧下降时，该侧的扑翼幅度会变大，因此提供更大的升力，直至机器人两侧平衡。

（2）蛇形救援机器人

生物蛇的生理构造与象鼻、章鱼、鱿鱼触角类似，身体由多段关节构成，可以适应各种环境。该类仿生机器人具有机构自由度数目多、运动灵活的优点，从仿生角度出发，这类机器人多模仿具有柔软躯干的生物体[56,57]。

蛇形救援机器人能够根据外界环境变化进行自主避障，其避障轮安装在关节式机器人的头部，遇到障碍物时，能够利用轮和障碍物之间的滚动摩擦，使头部避开障碍物[58]。此外，其身体内部存在金属线连接各个关节，由于形成闭环的金属线总长度不变，因此各个关节存在耦合关系，当身体遇到障碍物后，外力作用下会使该侧向内凹陷，随即机器人整体呈弯曲形态，从而保证后侧的关节也不会碰到障碍物。

(3) 纯软体仿生章鱼机器人

包括能源系统和控制系统在内的纯软体仿生章鱼机器人，无需任何电子元器件，其动力由自身所携带的化学燃料催化分解提供[59]。通过内部两路气体反应，实现对侧阀门互锁，自主调节体内气体的流动方向，以一种纯物理方式的微流逻辑（Microfluidic logic）进行自主控制，实现两组触须的交替运动。其机械智能不仅体现在软体结构与环境的交互上，更体现在使用机械的方法进行逻辑控制方面。

1.2.2 机械智能中的关键问题

机械智能显著特点是结构、材料、传感以及驱动的一体化设计。智能材料既作为组成机器人的本体结构，又能完成一定的功能；既能够感受外界环境的变化，又能驱动机构和机器人运动。这种一体化的设计减少了机器人对传统传感器和驱动器的依赖。

形状记忆合金（SMA）、形状记忆聚合物（SMP）、介电弹性体（DE）和响应水凝胶等智能材料，可以在电、热、光及催化剂等外界激励下发生运动和变形，以此原理设计的机构或机器人驱动器，能够感知外界环境因素变化并做出相应的机械响应[60-64]，也属于智能行为。

采用形状记忆聚合物驱动的折纸机器人，当环境温度升高时，其折痕处的形状记忆聚合物将自行折起至行走状态，而后可通过外部磁场驱动其内部磁铁行走。以凝胶为材料，类似蠕虫运动模式的仿生机器人[65]，可以在溶液中通过内部自振荡化学反应的方式进行直线移动。

机械智能的关键问题主要包括机构综合设计、运动学和动力学、仿生学及控制系统与机械智能等方面。

(1) 机构综合设计

机构综合即将连杆机构、凸轮机构、齿轮机构、螺旋机构及间歇运动机构等基本机构进行巧妙组合的过程。机构综合使得构成的机构能感知外界情况并做出响应，这是机构综合设计的重要内容。

例如：小型风力发电机由叶片、发电机、整流罩、尾舵和塔管等组成，通过叶片形状以及被动旋转自由度的设计，叶片能在不依赖于任何传感器和控制器的前提下，保证旋转面始终垂直于风向并尽可能多地从风中获取能量。

机器人中有许多机械智能来自传统机构或机构综合[66]。例如，马车牵引用的机构（图 1-3），它是由一根横梁以及其后的铰链构成，可以被动地平衡横梁两端的牵引力，它还可以进一步串联使用，平衡奇数个牵引马车的输出力。汽车上利用被动柔性贴紧挡风玻璃的雨刮器，同样借鉴了这种类似树状生长的结构，保证一个雨刮器上的两个刮板具有相对平衡的压紧力。其他，如离心调速器、液压伺服阀等均可以视为来自传统机构或机构综合的机械智能。

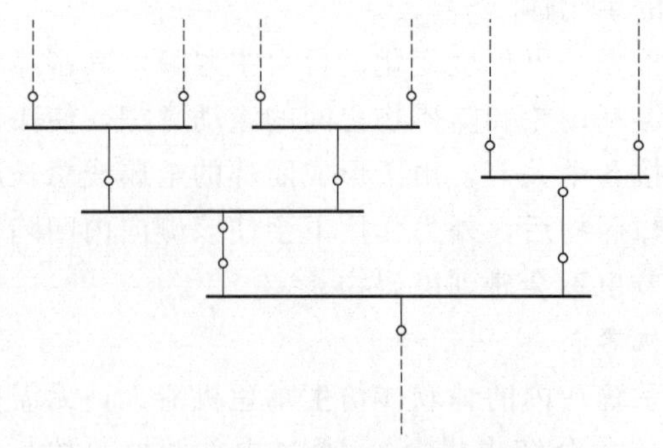

图 1-3　马车牵引用的机构

并联机器人（parallel robot）或称为并联操作器（parallel manipulator），是一种基于并联机构构型的机器人。并联机构结构理论主要包括机构的构型综合、尺度综合、自由度计算研究和拓扑结构理论等。并联机构是一个强耦合、高非线性和易时变的系统，传统的控制方式已不能满足并联机器人高控制精度的要求，而具有强鲁棒性的智能控制方式与传统控制相结合的控制策略逐渐成为学者们研究的热点[67]。

机构综合是研究一定数量的构件和运动副可组成多少种机构形式的综合过程，而通过并联机构类型综合可探索创新机构的某些途径，有利于创造和设计出更好的并联机构。并联机构因具有独特的闭环特征，近年来被用于移动机器人的移动机构，利用并联机构平台与支链的相互运动，实现机构的足式(两足或多足)、滚动、蠕动及管道爬行等多种运动模式。20 世纪 80 年代以来，并联机构机器人由于其结构简洁轻量、动态性能好、承载能力高以及应用前景广阔而成为国际上备受关注的研究热点之一，它们可广泛地应用于飞行模拟器、力与力矩传感器、精细操作平台和并联机床等领域。

因此，机构综合设计是实现机械智能最直接但又最具挑战性的手段。

（2）*运动学和动力学*

运动学和动力学是机器人学的核心内容，其对于机械或机构的影响表现在机械或机构具有机械智能。其“智能”源自刚性机构的机械系统，即智能刚性机构，其动力学特性受自身内部状态及环境交互力变化的影响。智能刚性机构组成机械系统时，能利用机械反馈或特殊的机械结构等对外界环境条件做出响应，并包含逻辑判断、构型切换等复杂行为。对于“智能”源自柔性及欠驱动等“刚-柔-软”的耦合机构，其运动学和动力学特性往往相互联系、相互制约，其结构发生尺寸和形态变化时亦伴随着力学行为的变化。因此，如何在刚体机构中考虑柔性体的影响，即如何在有变形体的机械中进行“刚-柔-软”耦合系统的分析是关键问题。

近年来机器人学及建模朝着智能化的方向发展，出现了模糊动力学模型和智能自适应模型，这些智能方法具有神经网络或/和模糊逻辑的优点。模糊辨识可以使机器人沿期望的轨迹运动，辨识结果更精确；神经网络辨识方法不需要系统的数学模型，可以在线修正动力学参数以适应动态变化的环境，因此这些模型能对动力学系统进行鲁棒自适应控制，且该方法不依赖于具体机器人的动力学特性，也适用于其他非线性动力学系统。

由此，解决柔性体运动学和动力学问题既可以依靠计算机仿真软件[68]，又可以采用数学方法建立复杂的运动学及动力学模型。如基于 Udwadia-Kalaba 理论的动力学模型[69]，针对连续体机器人提出的基于常曲率假设的一般建模方法[70] 等。

机械智能中机器人学涉及的内容很多，但从总的发展趋势来看，随着对机器人精度的要求越来越高，机器人动力学将获得更多的重视与研究。机器人动力学总体将朝着智能化的方向发展，模糊推理、神经网络及进化算法等在机器人建模、辨识和补偿中的应用越来越多，精度更高，鲁棒性更强。

（3）仿生学

仿生学对于机械智能具有重要的意义。经过数千年的进化，自然界中许多生物可以不经过大脑信息处理就能迅速、自主地根据外界环境变化调整自身状态，达到适应环境、提高效率和降低自身能耗的目的[71]。非条件反射是一种比较低级的神经活动，是生物长期进化得来的外界刺激和有机体反应之间固定的神经联系。基于这种思想，从仿生学的角度出发，研究自然界中生物的运动方法和神经控制系统等对挖掘机械智能具有重要意义。

例如，章鱼是一种海洋动物，它具有由中央和外围神经系统构成的层次化、分布式神经控制体系，在执行触手伸展、弯曲及吸附动作时，无需中央神经系统参与，其末端神经元即可进行感知并对肌肉发出指令。

基于仿生学原理的工程微系统越来越受到各国研究学者的高度重视，这种微系统可以进入构造复杂、空间狭小的非结构环境，对于灾后搜救、考古勘探、工业加工、生物医学及水下探险等都有重要的意义。

关节作为机器人运动的直接载体，其性能优劣直接影响机器人的整体运动性能。受刚性结构与刚性驱动制约，传统的刚性关节难以根据外部环境与自身负载变化动态调整关节刚度以减缓外部环境刚性冲击，实现关节能量的积蓄与回收，满足机器人跑、跳等动态行走方式的需求。因此，如何模仿生物关节骨骼、肌群等生理结构，探索生物关节主/被动柔性生成机理，构建刚柔并济的仿生柔性关节，实现关节的仿生柔性，已引发国内外研究机构的广泛关注。

被动行走的机器人，它具有大腿、膝关节、小腿以及弧形足底，将机器人置于斜坡上并给予一定初始动量后，后侧大腿带动小腿向前摆动，直至其与地面接触并继续向前倾，并使得前腿离地，在重力作用下，前腿会产生同样摆动，如此往复可以利用机器人在斜坡上的重力势能自动产生机器人的行走步态。康奈尔大学利用类似的基本原理设计了二维步行机器人和三维步行机器人，并针对此类机器人无法在平地行走的缺点，设计了一种将前后腿交替悬空摆动转换为利用左右侧倾实现左右两条腿交替悬空和摆动的步行机器人。波士顿动力公司生产的仿生机器人“大狗（Bigdog）”[72]中，机器人力传感器、惯性测量单元以及中央计算机等对“大狗”抗干扰能力起到了积极的作用，然而，不能忽略其机械本身实现的底层平衡调节。在“大狗”机器人腿部存在着能够进行缓冲的弹簧，它利用底层的机械反馈和响应辅助计算机进行身体姿态的调节，这种设计方法体现了生物学观点“非条件反射是条件反射的基础和组成部分”。

随着仿生学研究工作的逐步深入，仿生结构设计和控制方法等取得了众多突破性研究成果，已经成功研制了多款仿生样机和产品。然而，仍普遍存在仿生结构控制过于复杂，定位精度与刚度调节技术冲突等诸多问题。

为进一步促进仿生学产品的推广应用，需要在以下方面展开研究：

1）高集成度非线性变刚度仿生柔性结构优化设计　针对仿生结构研究，国内外通常采用在传统的刚性关节结构中串联柔性元件或柔性驱动的方式使关节具备一定的柔性特征。受限于柔性元件和柔性驱动固有刚度特性与柔性元件布置形式，现有柔性结构难以像生物关节一样，能够满足机器人动态运动过程中大范围、非线性、高频响、高精度刚度调节需求，同时现有关节为实现关节刚度的主动调节，往往采用关节驱动与刚度调节分别由集成于关节的两套驱动系统独立驱动的方案，以致关节结构控制过于复杂。因此，研究仿生柔性关节集成优化设计方法，实现关节的简洁轻量化设计与刚度的大范围非线性精确可调，构建高集成度非线性变刚度仿生柔性结构，将是仿生结构研究与设计的重点。

2）基于生物特征的高效智能控制方法　对于仿生结构的柔性控制，国内外学者围绕关节的主/被动柔性控制方式已开展系统深入研究，初步实现了仿生柔性关节的主/被动柔性控制。

3）面向动态行走的主/被动融合控制策略等。

（4）控制系统与机械智能

控制系统是使机械智能按照设定目标完成既定任务的方法和手段。工业机器人控制系统的基本原理是将用户的指令经过一系列的控制和算法处理转化为机器人对应的动作，整个过程包括：人机控制、任务控制和位置控制。其中，人机控制用于将用户命令解析为机器人指令，是运动控制系统与用户之间进行交互和信息交换的接口；任务控制对工业机器人指令进行调度，保证命令执行时系统的状态是可控的；位置控制用于实现轨迹的“密化”，周期性计算和发送伺服电机的目标位置或者速度。

工业机器人控制系统从功能实现角度划分，主要分为管理层、实时层以及硬件层三个层次。其中，管理层主要实现与操作者进行交互、数据的传输以及任务调度；实时层主要完成位置控制，即根据任务控制模块发送的命令，对上层发来命令进行实时运动规划并解析为周期性通信指令；硬件层是主要的执行部件，能够快速准确地执行控制系统发送的指令。

工业机器人的控制系统是典型的多轴实时运动控制系统，也是机器人的核心部分，由它来处理复杂的环境目标等信息，并结合机器人作业要求规划出机器手臂最佳的运动路径，然后通过伺服驱动器来驱动各个关节电机运转，完成机械手的工作过程。

根据传统控制观点，人工智能处于控制系统的顶端，负责全局优化、路径规划等任务，即人工智能控制；基于运动学、动力学和经典控制理论的运动伺服控制处于底端，提供驱动器层面的控制或底层的控制，即机械智能控制。这两类控制器不能直接与环境交互信息，需要通过额外的传感器构成反馈回路。而机械智能的引入为底层的控制提供了新途径，机械智能通过机械本体感知状态变化并做出反应，能在系统末端与环境发生交互作用的局部区域形成快速反馈调节机制。

类比人类的神经控制系统，人工智能和运动伺服控制类似于后天性反射，需要大脑皮层参与并经过一定程度的训练方能形成；而机械智能类似于先天性反射，是一种与生俱来的不需大脑皮层参与的神经活动，具有更快的响应速度。具备了机械智能和人工智能的机器，就如同具备了先天性和后天性反射控制的人类，可以在复杂的非结构化环境中从容应对不同的任务，成为真正的智能机器。

在传统控制流程中，“运动控制”将“任务指令”解析转化为电机等各类驱动器的参考输入信号，经由伺服驱动实现整个“机械系统”的运转。然而，机械控制系统的智能行为可以由传感器和控制器产生，而机械系统可以仅提供结构形态和运动形式。

图 1-4 给出了一种集机械系统的结构、感知系统和控制为一体的控制系统与机械智能关系。

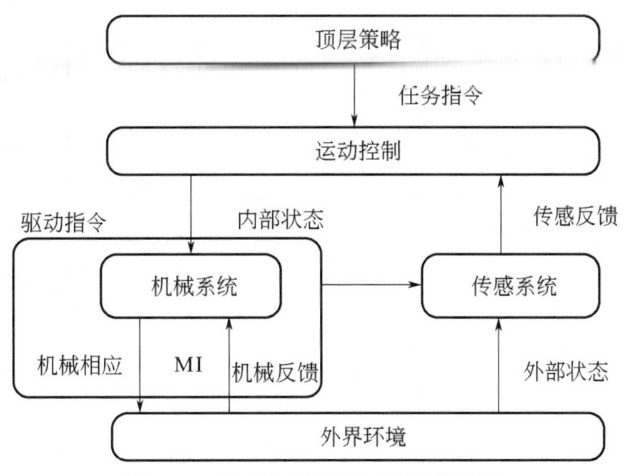

图 1-4　控制系统与机械智能关系

图 1-4 中包含顶层策略、运动控制、机械系统、传感系统和外界环境等部分。顶层策略可由人类直接指挥或运行预先编排的程序实现，可以将笼统的任务需求（如避障等）具化为可执行的任务指令（如机器人运动路径）并传达给运动控制。为了保证机械系统能按照人们所需的形式运行，传感系统会读取机械系统的运行状态并告知运动控制，运动控制将反馈的信息与任务指令或驱动器参考信号比对后，调整机械系统中驱动器的运动状态，使整个机械系统按照预定要求运行，实现全系统的闭环控制。

随着信息技术的发展，顶层策略可以由计算机自主完成，人工智能就是一种实现方式。在机械系统控制过程中，不论是决策规划层面的人工智能，还是驱动层面的伺服控制，都极大依赖于计算机、电机及传感器等电气元件。

随着被控状态或控制自由度的增加，电气元件数量也相应增加，导致系统尺寸大、重量沉、响应时间慢、电磁兼容和可靠性差等一系列问题。对于一些特殊场合如柔性机构、微小机构和超冗余自由度机构等，为每一个运动自由度配置驱动器和传感器的思路显然无法适用。对此，现代控制和感知技术为传统机械系统自主完成任务提供了可能性。然而，人们往往忽略了机械本身的智能，有时甚至舍近求远地过度增加系统的电气复杂度。通过对传统机构、柔性机构以及机器人中机械智能的分析，人们发现机械智能可以在一定程度上替代传感器和中央控制器的功能，减少底层控制对中央控制器的依赖，从而降低控制系统的尺寸、重量和复杂性，并提高可靠性。

机器人控制系统的开放化、模块化及标准化将进一步促进机械智能的深化和发展。

1.3　本书的主要内容与特点

1.3.1　主要内容

全书共六章，其主要内容构架如图 1-5 所示。

第 1 章，概述。主要内容为工业机器人概述，工业机器人及控制的相关基本概念，工业机器人与机械智能，本书的主要内容与特点。

第 2 章，机器人设计要求与基本参数。主要内容为机器人设计要求和工业机器人基本参数。本章对机器人运动规划、机器人定位、机器人导航及机器人受力与驱动等基本概念进行

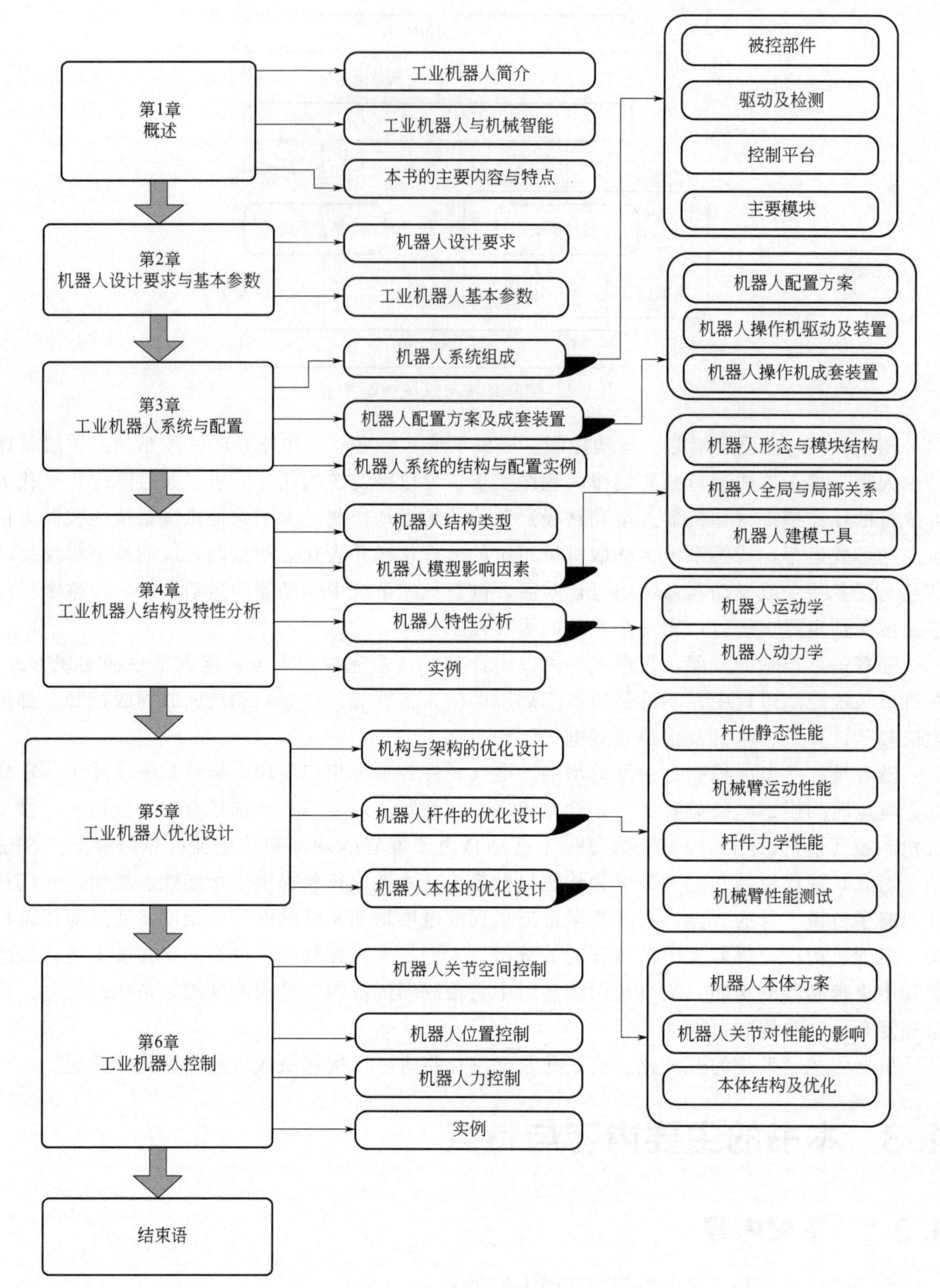

图 1-5　全书主要内容构架

分析，对机器人负载、最大运动范围、自由度、精度及制动和惯性力矩等进行阐述，提出工业机器人设计要求，并为工业机器人设计与应用基本参数提供理论基础。

第 3 章，工业机器人系统与配置。主要内容为机器人系统组成，机器人配置方案及成套装置等。首先，通过被控部件、驱动及检测、控制平台及主要模块等概念的描述，认识工业机器人系统组成；其次，通过驱动方式、操作机其他配置、电驱动及配置方案等内容的介绍，了解机器人操作机驱动及配置等相关问题；再次，通过机器人系统配套及成套装置等的分析，明确工业机器人系统的多面性及发展方向；最后，以机器人系统中结构与配置为实例，分析了关节驱动方式、功能置换措施及机器人关节与配置等问题。本章把机器人系统组成、机器人配置方案及成套装置等结合起来，综合其各功能特点将有利于特定的工业自动化系统开发和工业机器人作业。工业机器人设计及控制是一项复杂的工作，其工作量大、涉及的知识面很广，需要多方面来共同完成，它面向用户，不断地分析用户的要求，并寻求和完善解决方案。随着科学技术的发展及社会需求的变化，工业机器人设计及控制将是不断升级的过程。

第 4 章，工业机器人结构及特性分析。主要内容为机器人结构类型、机器人模型影响因素及机器人特性分析等。首先，针对直角坐标机器人、圆柱坐标机器人、球坐标机器人以及关节机器人等结构形式，介绍了机器人操作机的结构特点及其应用；其次，通过机器人形态与模块结构、机器人全局与局部关系、机器人建模工具等的分析，探讨了机器人模型影响因素；再次，通过对机器人运动学和机器人动力学的分析，明确了工业机器人的相关特性，并阐述了机器人设计的相关方法和理论；最后，通过实例介绍拉格朗日-欧拉（Lagrange-Euler）法、牛顿-欧拉（Newton-Euler）法等在工业机器人设计中的意义和作用。本章是全书重要组成内容之一，通过特定工业机器人结构类型的分析，从源头上理解机器人建模对工业机器人设计的重要性；通过机器人特性分析，为其设计及控制提供充分的理论依据。

第 5 章，工业机器人优化设计。主要内容为机构与架构的优化设计、机器人杆件的优化设计以及机器人本体的优化设计等。首先，通过机构优化及架构优化认识机器人优化设计的必要性；其次，通过杆件静态性能、机械臂运动性能、机械臂运动误差、杆件力学性能以及机械臂性能测试等分析，明确机器人杆件的优化设计问题；最后，通过机器人本体方案、机器人关节对性能的影响、机器人分析及优化等相关内容的分析，实施对机器人本体的优化设计。本章把机构与架构的优化设计、机器人杆件的优化设计、机器人本体的优化设计等内容结合起来，借助多方面的先进理论、方法及工具等进行特定的优化设计。本章也是全书的主要内容之一。

第 6 章，工业机器人控制。主要内容为机器人关节空间控制、机器人位置控制、机器人力控制等。首先，针对关节控制原理、关节控制传递函数、关节控制方法以及关节控制系统硬件结构等，分析了机器人关节空间概念及控制特点；其次，通过笛卡儿位置控制、控制方法与分析等探讨了机器人位置控制问题；再次，通过对力控制关键问题、工业机器人主要部件、关节控制软件系统等分析，阐述了机器人力控制理论和应用方法；最后，通过实例分析了机器人动力学前馈补偿控制、机器人多关节联动低速高精度控制、柔性机械臂控制等在工业机器人控制中的意义和作用。

1.3.2 主要特点

《工业机器人设计及控制》一书以工业机器人的结构为核心，对工业机器人设计及控制中的主要问题进行分析与研究，对重点章节涉及的问题通过实例进行分析和总结。该书注重工业机器人设计及控制的实用性，并兼顾理论要点，对特定机器人的理论依据进行分析和阐述，强调现有技术和方法在特定机器人设计与控制中的应用。

采用多种方式的工程图例，对工业机器人设计及控制中的相关问题进行表达和阐述，力求通过简明的图例能够较全面地理解复杂的设计及控制问题。

1）始终坚持理论联系实际　根据实际任务、要求或目标，提出工业机器人作业特征要求或基本参数等，对特定工业机器人进行设计和控制。理论上，进行机器人运动规划及机器人控制等基本问题研究；实践中，针对特定工业机器人的设计、配置及控制等实施多次优化、试验及修正。

2）不强求设计要素的完整性及完美性　无论是工业机器人结构、特征还是机器人环境都具有一定复杂性，为了使问题的阐述重点突出、图面更清晰，文中图样仅对具体表述到的部分进行显示，去掉了无关的和不重要的部分，这或许会给阅读和理解带来某些困难。

3）简明扼要的写作风格　为了简洁明了，各章图例省略了许多部件、子系统及环节等的表达。

本书涉及较宽广的知识面，其理论性、实践性及开放性结合紧密，如何将理论知识、实践经验及新科技等与工程技术人员的智慧结合起来，合理地设计及控制机器人，还需要笔者在今后的研究、学习与实践中不断地探索与提高。

参考文献

[1] 鞠文龙. 基于结构光视觉的爬行式弧焊机器人控制系统设计 [D]. 哈尔滨：哈尔滨工程大学，2014.

[2] 张晓龙，尹仕斌，任永杰，等. 基于全局空间控制的高精度柔性视觉测量系统研究 [J]. 红外与激光工程，2015，44（9）：2805-2812.

[3] 王良文，王新杰，陈学东，等. 具有手脚融合功能的多足步行机器人结构设计 [J]. 华中科技大学学报（自然科学版），2011，39（5）：18-22.

[4] 黄英杰. 基于视觉的多机器人协同控制研究 [D]. 济南：济南大学，2015.

[5] 于涌川，原魁，邹伟. 全驱动轮式机器人越障过程模型及影响因素分析 [J]. 机器人，2008，30（1）：1-6.

[6] 张森，张元亨，普杰信，等. 轮式移动焊接机器人自适应反演滑模控制 [J]. 火力与指挥控制，2018，43（7）：65-70.

[7] 弓鹏伟，费燕琼，宋立博. 基于多传感器信息融合的轮履混合移动机器人路况识别方法 [J]. 上海交通大学学报，2017，51（4）：398-402.

[8] 罗洋，李奇敏，温皓宇. 一种新型轮腿式机器人设计与分析 [J]. 中国机械工程，2013，24（22）：3018-3023.

[9] 马泽润，郭为忠，高峰. 一种新型轮腿式移动机器人的越障能力分析 [J]. 机械设计与研究，2015，31（4）：6-10+15.

[10] 曹国强，赵智睿，张京龙. 关节型博弈机器人智能控制系统模块化设计与实现 [J]. 机床与液压，2018，46（3）：1-4+15.

[11] 王见，石小峰，苟艳丽. 智能机械平台轨迹规划与避障方法研究 [J]. 合肥工业大学学报（自然科学版），2019，42（1）：27-34.

[12] 吴旭清，黄家才，周磊，等. 并联机器人智能分拣系统设计 [J]. 机电工程，2019，36（2）：224-228.

[13] PELLICCIARI M，BERSELLI G，LEALI F，et al. A method for reducing the energy consumption of pick-and-place industrial robots [J]. Mechatronics，2013，23（3）：326-334.

[14] 任玥，郑玲，张巍，等. 基于模型预测控制的智能车辆主动避撞控制研究 [J]. 汽车工程，2019，41（4）：404-410.

[15] 朱雪龙，黄顺舟，袁茂强，等. 大牵引载荷小型轮式移动机器人系统设计 [J]. 机械设计（增刊），2018，35（S1）：146-150.

[16] 李多扬，王军政，马立玲，等. 轮足机器人全轮转向电子差速控制方法 [J]. 应用基础与工程科学学报，2018，26（5）：1140-1146.

[17] WILCOX B H，LITWIN T，BIESIADECKI J，et al. ATHLETE：A cargo handling and manipulation robot for the moon [J]. Journal of Field Robotics，2007，24（5）：421-434.

[18] 郑一力，孙汉旭. 带高速旋转飞轮的球形机器人结构设计与运动稳定性分析 [J]. 机械工程学报，2013，49 (3)：36-41.

[19] MICHAUD F，CARON S. Roball，the Rolling Robot [J]. Autonomous Robots，2002，12 (2)：211-222.

[20] MICHAUD F，LAPLANTE J F，LAROUCHE H，et al. Autonomous spherical mobile robot for child-development studies [J]. IEEE Transactions on Systems，Man，and Cybernetics-Part A：Systems and Humans，2005，35 (4)：471-480.

[21] 李慧，马正先，马辰硕. 工业机器人集成系统与模块化 [M]. 北京：化学工业出版社，2018.

[22] 林蔚韡，姚立纲，东辉. 一种可重构模块化机器人的设计与运动学分析 [J]. 机械制造与自动化，2019，48 (2)：144-148.

[23] BAUMGARTNER E T，BONITZ R G，MELKO J P，et al. Mobile manipulation for the Mars exploration rover a dexterous and robust instrument positioning system [J]. IEEE Robotics & Automation Magazine，2006，13 (2)：27-36.

[24] ROOKS B. The harmonious robot [J]. Industrial Robot：An International Journal，2006，33 (2)：125-130.

[25] J.-P. 梅莱. 并联机器人 [M]. 黄远灿，译. 北京：机械工业出版社，2014，6.

[26] 谭建国. 专利视角下中国工业机器人发展的技术机会分析 [D]. 大连：大连理工大学，2018，4.

[27] BLICKHAN R，SEYFARTH A，GEYER H，et al. Intelligence by mechanics [J]. Philosophical Transactions of the Royal Society of London A：Mathematical，Physical and Engineering Sciences，2007，365 (1850)：199-220.

[28] CALUWAERTS K，D'HAENE M，VERSTRAETEN D，et al. Locomotion Without a Brain：Physical Reservoir Computing in Tensegrity Structures [J]. Artificial Life，2013，19 (1)：35-66.

[29] BICCHI A，TONIETTI G. Fast and "soft-arm" tactics [J]. IEEE Robotics & Automation Magazine，2004，11 (2)：22-33.

[30] YOO S J，PARK J B，CHOI Y H. Adaptive output feedback control of flexible-joint robots using neural networks：dynamic surface design approach [J]. IEEE Transactions on Neural Networks，2008，19 (10)：1712-1726.

[31] SONG L，WANG H Q. Adaptive fuzzy dynamic surface control of flexible-joint robot systems with input saturation [J]. IEEE/CAA Journal of Automatic Sinica，2019，6 (1)：97-107.

[32] Rethink Robotics Inc.：SMART，COLLABORATIVE ROBOTS [EB/OL]. [2017-10-31]. http：//www. rethink-robotics. com/.

[33] 马洪文，王立权，赵朋，等. 串联弹性驱动器力驱动力学模型和稳定性分析 [J]. 哈尔滨工程大学学报，2012，33 (11)：1410-1416.

[34] LIU X，ZHAO F. End-effector force estimation for flexible-joint robots with global friction approximation using neural networks [J]. IEEE Transactions on Industrial Informatics，2019，15 (3)：1730-1741.

[35] ABDOLLAHI F，TALEBI H A，PATEL R V. A stable neural network-based observer with application to flexible-joint manipulators [J]. IEEE Transactions on Neural Networks，2006，17 (1)：118-129.

[36] ACCOTO D，CARPINO G，SERGI F，et al. Design and characterization of a novel high-power series elastic actuator for a lower limb robotic orthosis [J]. International Journal of Advanced Robotic Systems，2013，10 (10)：497-510.

[37] BECHLIOULIS C P，ROVITHAKIS G A. Robust adaptive control of feedback linearizable MIMO nonlinear systems with prescribed performance [J]. IEEE Transactions on Automatic Control，2008，53 (9)：2090-2099.

[38] NA J，CHEN Q，REN X M，et al. Adaptive prescribed performance motion control of servo mechanisms with friction compensation [J]. IEEE Transactions on Industrial Electronics，2014，61 (1)：486-494.

[39] WANG S B，NA J，REN X M. Rise-based asymptotic prescribed performance tracking control of nonlinear servo mechanisms [J]. IEEE Transactions on Systems，Man，and Cybernetics：Systems，2018，48 (12)：2359-2370.

[40] NA J，HUANG Y B，WU X，et al. Active adaptive estimation and control for vehicle suspensions with prescribed performance [J]. IEEE Transactions on Control Systems Technology，2018，11 (6)：2063-2077.

[41] NGO K B，MAHONY R，JIANG Z P. Integrator Backstepping using Barrier Functions for Systems with Multiple State Constraints [C] // Decision and Control，2005 and 2005 European Control Conference on. IEEE，2006：8306-8312.

[42] KANG R, BRANSON D T, Zheng T, et al. Design, modeling and control of a pneumatically actuated manipulator inspired by biological continuum structures [J]. Bioinspiration & Biomimetics, 2013, 8 (3): 036008.

[43] MCMAHAN W, JONES B A, WALKER I D. Design and implementation of a multi-section continuum robot: Air-Octor [C] // Intelligent Robots and Systems, 2005 (IROS 2005). 2005 IEEE/RSJ International Conference on. IEEE, 2005: 2578-2585.

[44] CAMARILLO D B, MILNE C F, CARLSON C R, et al. Mechanics modeling of tendon-driven continuum manipulators [J]. IEEE Transactions on Robotics, 2008, 24 (6): 1262-1273.

[45] CATALANO M G, GRIOLI G, FARNIOLI E, et al. Adaptive synergies for the design and control of the Pisa/IIT Soft Hand [J]. The International Journal of Robotics Research, 2014, 33 (5): 768-782.

[46] DEIMEL R, BROCK O. A novel type of compliant and underactuated robotic hand for dexterous grasping [J]. The International Journal of Robotics Research, 2015, 35 (1-3): 161-185.

[47] ILIEVSKI F, MAZZEO A D, SHEPHERD R F, et al. Soft robotics for chemists [J]. Angewandte Chemie, 2011, 50 (8): 1890-1895.

[48] 刘爽. 气动肌肉机械手臂机构设计与控制方法实现 [D]. 杭州: 浙江理工大学, 2009.

[49] GALLOWAY K C, BECKER K P, PHILLIPS B, et al. Soft robotic grippers for biological sampling on deep reefs [J]. Soft Robotics, 2016, 3 (1): 23-33.

[50] BROWN E, RODENBERG N, AMEND J, et al. Universal robotic gripper based on the jamming of granular material [J]. Proceedings of the National Academy of Sciences, 2010, 107 (44): 18809-18814.

[51] MCGEER T. Passive dynamic walking [J]. The International Journal of Robotics Research, 1990, 9 (2): 62-82.

[52] GARCIA M, CHATTERJEE A, RUINA A. Efficiency, speed, and scaling of two-dimensional passive-dynamic walking [J]. Dynamics & Stability of Systems, 2000, 15 (2): 75-99.

[53] COLLINS S, WISSE M, RUINA A. A three-dimensional passive-dynamic walking robot with two legs and knees [J]. The International Journal of Robotics Research, 2001, 20 (7): 607-615.

[54] COLLINS S, RUINA A, TEDRAKE R, et al. Efficient bipedal robots based on passive-dynamic walkers [J]. Science, 2005, 307 (5712): 1082-1085.

[55] SREETHARAN P S, WOOD R J. Passive aerodynamic drag balancing in a flapping-wing robotic insect [J]. Journal of Mechanical Design, 2010, 132 (5): 051006.

[56] KATO T, OKUMURA I, SONG S E, et al. Tendon-driven continuum robot for endoscopic surgery: preclinical development and validation of a tension propagation model [J]. IEEE / ASME Transactions on Mechatronics, 2015, 20 (5): 2252-2263.

[57] BOCCOLATO G, MANTA F, DUMITRU S, et al. 3D kinematics of a tentacle robot [J]. International Journal of Systems Applications, Engineering & Development, 2010, 1 (4): 1-8.

[58] BLOSS R. Snake-like robots "reach" into many types of applications [J]. Industrial Robot: An International Journal, 2012, 39 (5): 436-440.

[59] WEHNER M, TRUBY R L, FITZGERALD D J, et al. Anintegrated design and fabrication strategy for entirely-soft, autonomous robots [J]. Nature, 2016, 536 (7617): 451-455.

[60] BROCHU P, PEI Q B. Advances in dielectric elastomers for actuators and artificial muscles [J]. Macromolecular Rapid Communications, 2010, 31 (1): 10-36.

[61] SATARKAR N S, BISWAL D, HILT J Z. Hydrogel nanocomposites: A review of applications as remote controlled biomaterials [J]. Soft Matter, 2010, 6 (11): 2364-2371.

[62] BHANDARI B, LEE G Y, Ahn S H. A review on IPMC material as actuators and sensors: Fabrications, characteristics and applications [J]. International Journal of Precision Engineering and Manufacturing, 2012, 13 (1): 141-163.

[63] JANI J M, LEARY M, SUBIC A, et al. A review of shape memory alloy research, applications and opportunities [J]. Materials & Design, 2014, 56: 1078-1113.

[64] MOSADEGH B, POLYGERINOS P, KEPLINGER C, et al. Pneumatic networks for soft robotics that actuate rapidly [J]. Advanced Functional Materials, 2014, 24 (15): 2019.

[65] MAEDA S, HARA Y, SAKAI T, et al. Self-walking gel [J]. Advanced Materials, 2007, 19 (21): 3480-3484.

[66] 康荣杰，杨铖浩，杨名远，等. 会思考的机器—机械智能 [J]. 机械工程学报，2018，54 (13)：15-24.

[67] PARRA-VEGA V, ARIMOTO S, LIU Y H, et al. Dynamic sliding PID control for tracking of robot manipulators: theory and experiments [J]. IEEE Transactions on Robotics and Automation, 2003, 19 (6): 967-976.

[68] 于孟. 沙滩车机械锁止式差速器的运动学及动力学分析 [D]. 南昌：华东交通大学，2010.

[69] HUANG K, SHAO K, ZHEN S, et al. A novel approach for modeling and tracking control of a passive-wheel snake robot [J]. Advances in Mechanical Engineering, 2017, 9 (3): 1-15.

[70] WEBSTER R J, JONES B A. Design and Kinematic Modeling of Constant Curvature Continuum Robots: A Review [J]. The International Journal of Robotics Research, 2010, 29 (13): 1661-1683.

[71] CULLY A, CLUNE J, TARAPORE D, et al. Robots that can adapt like animals [J]. Nature, 2015, 521 (7553): 503-507.

[72] RAIBERT M, BLANKESPOOR K, NELSON G, et al. Bigdog, the rough-terrain quadruped robot [J]. IFAC Proceedings Volumes, 2008, 41 (2): 10822-10825.

第2章 机器人设计要求与基本参数

就设计过程角度来说，机器人设计与大多数机械设计过程相似，但机器人设计时必须要明确机器人本身的特殊性、设计要求及基本参数。

2.1 机器人设计要求

在机器人设计中，设计要求是对机器人性能量化的基本保证，对机器人的设计过程起指导性作用。为了实现机器人的相关功能，需要满足一定的设计要求，如机器人运动规划、机器人定位、机器人导航及机器人受力与驱动等。

2.1.1 机器人运动规划

从理论观点看，运动规划是机器人设计的基本要求。运动规划的目的是为工业机器人找到一条从给定的初始位姿到目标位姿的运动路径。对此，机器人在作业前需要进行运动规划，通过运动要求以规划出机器人最佳的运动路径。若机器人运动不同，意味着机器人所受物理约束不同，则对应运动或路径规划的算法也不同[1,2]。对机器人进行运动规划能够有效地避免机器人运行的奇点问题，并且降低计算复杂性。

由于机器人具有的多功能特性及多自由度结构的复杂性，经常需要在运动受到约束的场景中找到最优解，机器人运动自由度越大，路径规划算法的设计越灵活。

（1）机器人运动轨迹

工业机器人的运动轨迹，根据其运动特点可以分为点到点（point-to-point）运动和轨迹跟踪（trajectory tracking）运动。点到点运动只关心特定的位置点，而轨迹跟踪运动则关心整个运动轨迹或运动路径。

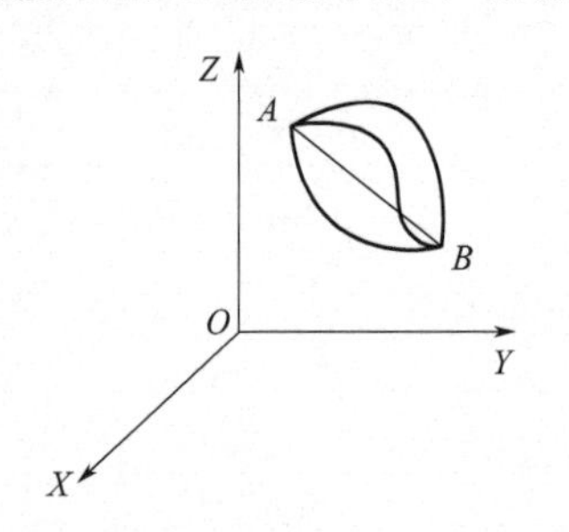

图 2-1　点到点运动的可能运动轨迹示意图

1）点到点运动　由于点到点运动只关心起始和目标位置点，对运动路径没有限制，所以在笛卡儿坐标系中，点到点运动具有多条可能的轨迹。图 2-1 为点到点运动的可能运动轨迹示意图，从图 2-1 可以看出，A 点到 B 点可能的运动轨迹没有限制。

点到点运动是指根据目标点的机器人位姿，利用逆向运动学求取机器人各个关节的目标位置，通过控制各个关节的运动使机器人的末端到达目标位姿。在笛卡儿空间，由于对机器人末端的运动轨迹没有限制，所以机器人各个关节的运动不需要联动，各个关节可以具有不同的运动时间。

点到点运动不需要在笛卡儿空间对机器人的末端运动轨迹进行规划，它只需要在关节空间（joint space）对每个关节分别进行运动规划，以保证机器人运动平稳。这里，关节空间通常是指由机器人各关节转动形成的角度空间，机器人每个关节构形对应其角度空间中的一组角度坐标。

点到点运动的应用技术较简单，如现有技术的机械臂。当机械臂采用点到点运动的控制方法时，可采用较小的速度启动和停止来抑制振动，但是会导致运动效率低。

2）轨迹跟踪运动　轨迹跟踪运动是指机器人的末端以特定的姿态沿给定的路径运动。

为了保证机器人的末端处在给定的路径上，需要计算出路径上各点的位置，以及在各个位置点上机器人所需要达到的姿态。计算路径上各点处的机器人位置与姿态的过程，称为机器人笛卡儿空间的路径规划。根据规划出的各个路径点处的机器人位置与姿态，利用逆向运动学求取机器人各个关节的目标位姿，通过控制各个关节的运动，使机器人的末端到达各个路径点处的期望位姿。

轨迹跟踪运动以点到点运动为基础，而点到点运动的中间路径是不确定的，因此，轨迹跟踪运动只是在给定的路径点上能够保证机器人末端到达期望位姿，而在各个路径点中间不能保证机器人末端到达期望位姿。

对于机器人末端，在笛卡儿空间的期望轨迹和规划出的路径点的可能运动轨迹不同，在两个路径点之间机器人的末端轨迹具有多种可能，与期望轨迹相比存在偏差。为了使机器人末端尽可能地接近期望轨迹，在进行机器人笛卡儿空间的路径规划时，两个路径点之间的距离应尽可能小。此外，为了消除两个路径点之间机器人末端位姿的不确定性，通常对各个关节按照联动控制进行关节空间的运动规划。具体而言，就是在进行关节空间的运动规划时，要使各个关节具有相同的运动时间。

可见，轨迹跟踪运动需要在笛卡儿空间对机器人的末端位姿进行运动规划，同时还需要在机器人的关节空间进行运动规划。对于系统的空间目标轨迹，若采用平面轨迹跟踪的方法很难实现其良好的轨迹跟踪运动性能，特别是对于空间目标轨迹变化大、外界干扰严重的控制系统更是难以提高其跟踪性能。

由于轨迹跟踪使机器人的实际轨迹快速且稳定地跟踪期望轨迹，因此问题的解决即是要设计出合理的控制器，以满足机器人的性能要求，通过控制器作用使机器人跟踪一条期望轨迹，并稳定地沿着期望轨迹运行。但在实际应用中，由于机器人自身的结构和系统以及外部的不确定因素，要达到理想的轨迹跟踪效果，就显得困难重重。

轨迹跟踪是机器人运动控制中一个重要且实际的问题，根据控制目标的不同，机器人的运动控制方式不同。例如，在移动机器人运动控制的研究中，通常假设机器人在运动过程中轮子纯滚动而无滑动[3]，但在现实环境中，路面结冰、道路湿滑和快速转弯等都会使移动机器人产生打滑，使得移动机器人的实际运行轨迹与期望轨迹间存在一定误差，移动机器人很难实现有效、精确的跟踪。文献［4］将移动机器人运动学模型离散化，设计了离散时间的滑模控制器来解决打滑状态下移动机器人的轨迹跟踪问题。上述研究均使用外部传感器

(GPS或视觉传感器）实时检测机器人的状态，但是通过外部传感器获得机器人参数的方法实现起来较困难。

轨迹跟踪问题作为机器人运动控制的重要研究问题，受到研究者的广泛关注。

(2）机器人关节空间轨迹规划

机器人轨迹规划（也称机器人运动规划）被很多学者关注，基本形成了两种形式的轨迹规划方法：笛卡儿空间轨迹规划和关节空间轨迹规划。

机器人关节空间运动规划一般是指控制机器人的关节空间运动量，使关节运动轨迹平滑及关节运动平稳，关节空间运动规划简称关节运动规划。关节运动规划的内容，主要包括关节运动轨迹的选择和关节运动位置的插值。关节运动轨迹如图 2-2 所示。

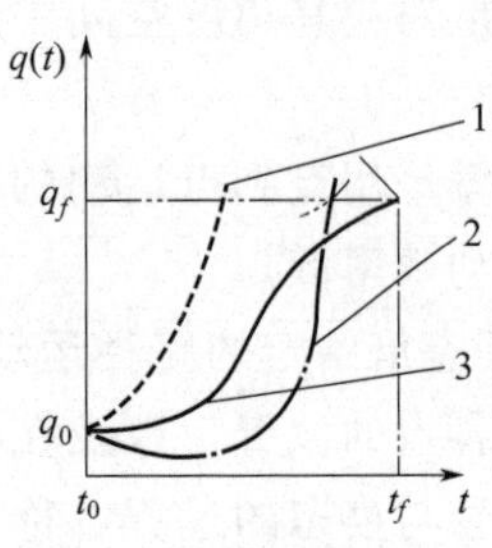

图 2-2 关节运动轨迹

图 2-2 中，某关节在 t_0 时刻的关节位置为 q_0，希望在 t_f 时刻的关节位置为 q_f。可见，关节运动的轨迹曲线可以有很多条，如图 2-2 中的轨迹 1、2、3，如果机器人按照轨迹 1 或轨迹 2 运动，则机器人运动过程中会有波动，这是不希望发生的；如果机器人按照轨迹 3 运动，则机器人能够平稳地由初始位置运动到目标位置。因此，通常选择类似轨迹 3 的轨迹，经过插值后控制机器人的运动。这里的插值指关节运动位置的插值，是指对于给定关节空间的起始位置和目标位置，通过插值计算中间时刻的关节位置。常用的主要插值方法有三次多项式插值、高阶多项式插值、用抛物线过渡的线性插值及 B 样条插值[5-8] 等。

轨迹规划旨在满足给定机器人的动力学方程、各关节驱动力、速度、加速度和加速度变化率的约束条件下，计算机器人姿态、各关节速度、加速度和加速度变化率等相关参数，并使所规定的代价函数通常为表征时间或能量等条件的函数最小化。因此，在关节空间中对机器人末端位姿进行描述时，也需要准确的连杆参数与关节转角。对于不同类型的机器人，相同的关节构形对应的末端执行器位姿完全不同，即使是同一型号的不同机器人本体之间，相同的关节构形所对应的末端执行器位姿也存在差异。随着研究的不断深入与应用的不断扩展，轨迹规划的性能需要进一步提高，很多学者对此做出了贡献。

1）三次多项式插值　插值是根据已知数据点（条件）来预测未知数据点值。插值法是一个从已知点近似计算未知点的近似计算方法，即构造一个多项式函数，使其通过所有已知点，然后用构造的函数预测期望关节位置点[5,9,10]。所谓三次多项式插值，是指利用三次多项式构成轨迹，并根据控制周期计算各个路径点的期望关节位置。

如图 2-2 所示，考虑某关节从 t_0 时刻的关节位置 q_0 运动到 t_f 时刻的关节位置 q_f 的情况。设在 t_0 和 t_f 时刻机器人的速度均为 0，于是，可以得到机器人关节运动的边界条件，如式(2-1)。

$$\begin{cases} q(0)=q_0,\ q(t_f)=q_f \\ \dot{q}(0)=0,\ \dot{q}(t_f)=0 \end{cases} \tag{2-1}$$

令关节位置为三次多项式，则有式(2-2)。

$$q(t)=a_0+a_1t+a_2t^2+a_3t^3 \tag{2-2}$$

对式(2-2) 求一阶导数，得到关节速度，即式(2-3)。

$$\dot{q}(t)=a_1+2a_2t+3a_3t^2 \tag{2-3}$$

将式(2-1) 中的边界条件代入式(2-2) 和式(2-3) 中，可以求解出系数 a_0～a_3。

$$\begin{cases} a_0 = q_0 \\ a_1 = 0 \\ a_2 = \dfrac{3}{t_f^2}(q_f - q_0) \\ a_3 = -\dfrac{2}{t_f^3}(q_f - q_0) \end{cases} \tag{2-4}$$

将式(2-4) 中的系数 $a_0 \sim a_3$ 分别代入式(2-2) 和式(2-3) 中，得到三次多项式插值的期望关节位置和期望关节速度表达式，分别见式(2-5) 及式(2-6)。

$$q(t) = q_0 + \frac{3}{t_f^2}(q_f - q_0)t^2 - \frac{2}{t_f^3}(q_f - q_0)t^3 \tag{2-5}$$

$$\dot{q}(t) = \frac{6}{t_f^2}(q_f - q_0)\left(1 - \frac{t}{t_f}\right)t \tag{2-6}$$

由于 $0 \leqslant t \leqslant t_f$，所以 $\mathrm{sign}(\dot{q}) = \mathrm{sign}(q_f - q_0) > 0$，sign 表示符号函数。可见 $q(t)$ 是单调上升函数。

得到三次多项式插值系数如表 2-1。

表 2-1　三次多项式插值系数 1

Y	X			
	t_0	q_0	t_f	q_f
a_0	√	—	—	—
a_1	—	√	—	—
a_2	—	√	√	√
a_3	—	√	√	√

三次多项式插值期望关节位置和期望关节速度如表 2-2 所示。

表 2-2　三次多项式插值期望关节位置和期望关节速度

Y	X			
	q_0	q_f	t_f	t
期望关节位置 $q(t)$	√	√	√	√
期望关节速度 $\dot{q}(t)$	√	√	√	√

例如，对于某一旋转关节，当 $t_0=0$，$q_0=0$，$t_f=1\mathrm{s}$，$q_f=\pi/4$ 时，计算出的三次多项式插值系数如表 2-3 所示。

表 2-3　三次多项式插值系数 2

Y	X			
	$t_0=0$	$q_0=0$	$t_f=1\mathrm{s}$	$q_f=\pi/4$
a_0	0	—	—	—
a_1	—	0	—	—
a_2	—	2.3562		
a_3	—	−1.5708		

设采样周期为 0.05s，得到三次多项式插值的运动轨迹，如图 2-3 所示。

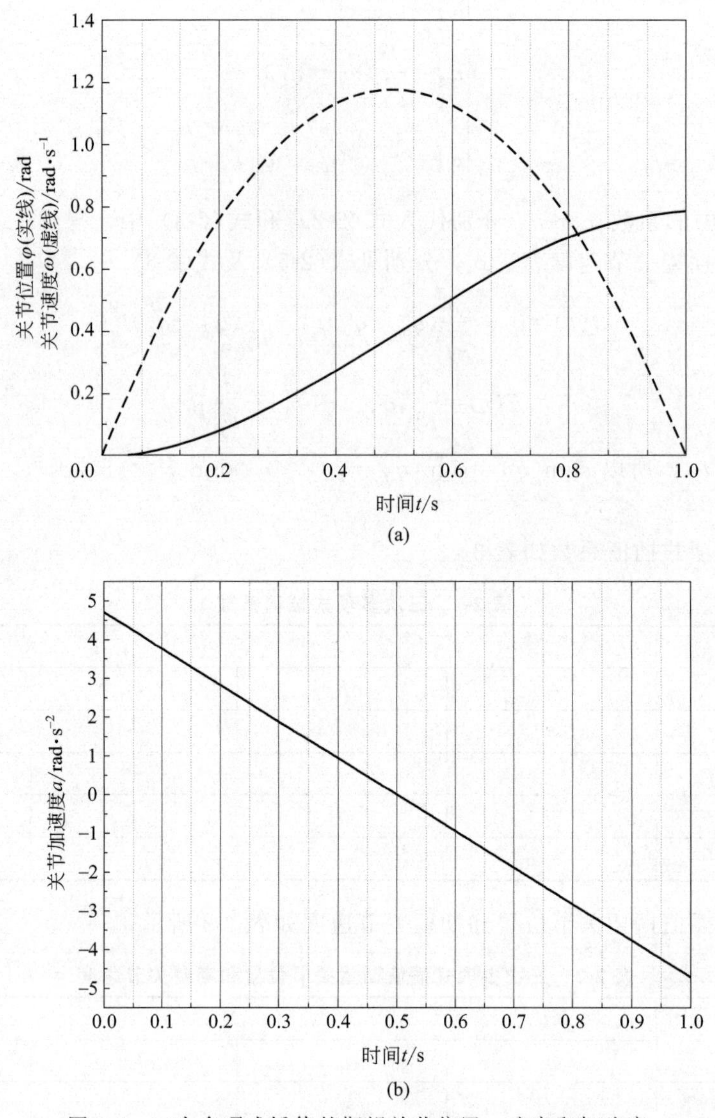

图 2-3　三次多项式插值的期望关节位置、速度和加速度

其中，图 2-3(a) 所示为期望关节位置和期望关节速度，图 2-3(b) 所示为期望关节加速度。

过路径点的三次多项式插值是指起点与终点关节速度不为 0 时利用上述三次多项式进行的插值。

同样，考虑某关节从 t_0 时刻的关节位置 q_0 运动到 t_f 时刻的关节位置 q_f 的情况。设在 t_0 时刻的关节运动速度为 $\dot{q}_0$，在 t_f 时刻的关节运动速度为 $\dot{q}_f$。于是，可以得到机器人关节运动的边界条件即过路径点，即式(2-7)。

$$\begin{cases} q(0)=q_0, & q(t_f)=q_f \\ \dot{q}(0)=\dot{q}_0, & \dot{q}(t_f)=\dot{q}_f \end{cases} \tag{2-7}$$

将式(2-7) 中的边界条件代入式(2-2) 和式(2-3) 中，可以求解出系数 $a_0 \sim a_3$，即式(2-8)。

$$\begin{cases} a_0=q_0 \\ a_1=\dot{q}_0 \\ a_2=\dfrac{3}{t_f^2}(q_f-q_0)-\dfrac{2}{t_f}\dot{q}_0-\dfrac{1}{t_f}\dot{q}_f \\ a_3=-\dfrac{2}{t_f^3}(q_f-q_0)+\dfrac{1}{t_f^2}(\dot{q}_f+\dot{q}_0) \end{cases} \tag{2-8}$$

将式(2-8) 中的系数 $a_0 \sim a_3$ 代入式(2-2) 和式(2-3) 中，得到过路径点三次多项式插值的期望关节位置和期望关节速度表达式，分别记为式(2-9) 和式(2-10)。

$$q(t)=q_0+\dot{q}_0 t+\left[\frac{3}{t_f^3}(q_f-q_0)-\frac{2}{t_f}\dot{q}_0-\frac{1}{t_f}\dot{q}_f\right]t^2+\left[-\frac{2}{t_f^3}(q_f-q_0)+\frac{1}{t_f^2}(\dot{q}_f+\dot{q}_0)\right]t^3 \tag{2-9}$$

$$\dot{q}(t)=\dot{q}_0+2\left[\frac{3}{t_f^3}(q_f-q_0)-\frac{2}{t_f}\dot{q}_0-\frac{1}{t_f}\dot{q}_f\right]t+3\left[-\frac{2}{t_f^3}(q_f-q_0)+\frac{1}{t_f^2}(\dot{q}_f+\dot{q}_0)\right]t^2 \tag{2-10}$$

例如，对于某一旋转关节，当 $t_0=0$，$q_0=0$，$t_f=1\text{s}$，$q_f=\pi/4$，$\dot{q}_0=\dot{q}_f=0.4\text{rad/s}$ 时，计算出过路径点的三次多项式插值系数如表 2-4 所示。

表 2-4 过路径点的三次多项式插值系数

Y	X					
	$t_0=0$	$q_0=0$	$t_f=1\text{s}$	$q_f=\pi/4$	$\dot{q}_0=0.4\text{rad/s}$	$\dot{q}_f=0.4\text{rad/s}$
a_0	0	—	—	—	—	—
a_1	—	0.4000	—	—	—	—
a_2	—	1.1562				
a_3	—	−0.7708				

设采样周期为 0.05s，可以得到过路径点的三次多项式插值的运动轨迹，如图 2-4 所示。

其中，图 2-4(a) 所示为期望关节位置和期望关节速度，图 2-4(b) 所示为期望关节加速度。比较图 2-4 与图 2-3 可以发现，在同样的起始点位置与同样的目标位置的情况下，过路径点的三次多项式插值比点到点的三次多项式插值的加速度小，即所需力矩小。

通常，路径点的关节速度可以根据工具坐标系在直角坐标空间中的瞬时线速度和角速度确定，也可以在直角坐标空间或关节空间中采用适当的启发式方法由控制系统自动选择。一般地，在选择路径点的关节速度时，要保证在每个路径点的加速度是连续的。

2）高阶多项式插值　当考虑机器人关节空间的起始点和目标点的加速度时，需要采用高阶多项式插值[11,12]。设某关节在 t_0 和 t_f 时刻的关节位置为 q_0 和 q_f，关节运动速度为 $\dot{q}_0$ 和 $\dot{q}_f$，关节运动加速度为 $\ddot{q}_0$ 和 $\ddot{q}_f$。可以得到机器人关节运动的边界条件，即式(2-11)。

$$\begin{cases} q(0)=q_0, & q(t_f)=q_f \\ \dot{q}(0)=\dot{q}_0, & \dot{q}(t_f)=\dot{q}_f \\ \ddot{q}(0)=\ddot{q}_0, & \ddot{q}(t_f)=\ddot{q}_f \end{cases} \tag{2-11}$$

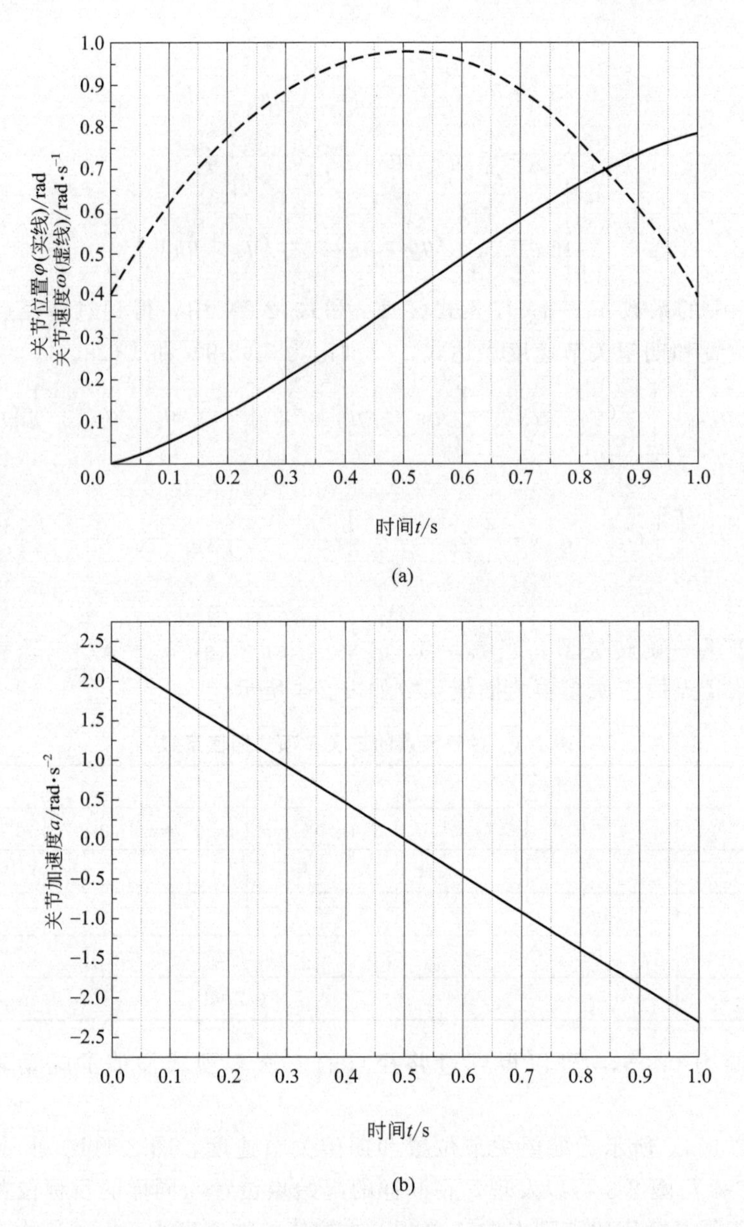

图 2-4　过路径点的三次多项式插值的期望关节位置、速度和加速度

由于式(2-11) 有六个条件，所以高阶多项式需要具有六个系数。因此，令关节位置为式(2-12) 所示的五次多项式。

$$q(t)=a_0+a_1t+a_2t^2+a_3t^3+a_4t^4+a_5t^5 \tag{2-12}$$

对式(2-12) 求导数，得到关节速度和加速度，分别为式(2-13) 和式(2-14)。

$$\dot{q}(t)=a_1+2a_2t+3a_3t^2+4a_4t^3+5a_5t^4 \tag{2-13}$$

$$\ddot{q}(t)=2a_2+6a_3t+12a_4t^2+20a_5t^3 \tag{2-14}$$

若将式(2-11) 代入式(2-12)～式(2-14) 中，则求解得到系数 a_0～a_5，即式(2-15)。

$$
\begin{cases}
a_0 = q_0 \\
a_1 = \dot{q}_0 \\
a_2 = \dfrac{\ddot{q}_0}{2} \\
a_3 = \dfrac{20q_f - 20q_0 - (8\dot{q}_f + 12\dot{q}_0)t_f - (3\ddot{q}_0 - 2\ddot{q}_f)t_f^2}{2t_f^3} \\
a_4 = \dfrac{-30q_f + 30q_0 + (14\dot{q}_f + 16\dot{q}_0)t_f + (3\ddot{q}_0 - 2\ddot{q}_f)t_f^2}{2t_f^4} \\
a_5 = \dfrac{12q_f - 12q_0 - (6\dot{q}_f + 6\dot{q}_0)t_f - (\ddot{q}_0 - \ddot{q}_f)t_f^2}{2t_f^5}
\end{cases}
\tag{2-15}
$$

将式(2-15) 中的系数 $a_0 \sim a_5$ 代入到式(2-12) 和式(2-13) 中，得到五次多项式插值的期望关节位置、期望关节速度和期望关节加速度表达式，即式(2-16)～式(2-18)。

$$
\begin{aligned}
q(t) = {} & q_0 + \dot{q}_0 t + \frac{\ddot{q}_0}{2}t^2 + \frac{20q_f - 20q_0 - (8\dot{q}_f + 12\dot{q}_0)t_f - (3\ddot{q}_0 - 2\ddot{q}_f)t_f^2}{2t_f^3}t^3 + \\
& \frac{-30q_f + 30q_0 + (14\dot{q}_f + 16\dot{q}_0)t_f + (3\ddot{q}_0 - 2\ddot{q}_f)t_f^2}{2t_f^4}t^4 + \\
& \frac{12q_f - 12q_0 - (6\dot{q}_f + 6\dot{q}_0)t_f - (\ddot{q}_0 - \ddot{q}_f)t_f^2}{2t_f^5}t^5
\end{aligned}
\tag{2-16}
$$

$$
\begin{aligned}
\dot{q}(t) = {} & \dot{q}_0 + \ddot{q}_0 t + \frac{3[20q_f - 20q_0 - (8\dot{q}_f + 12\dot{q}_0)t_f - (3\ddot{q}_0 - 2\ddot{q}_f)t_f^2]}{2t_f^3}t^2 + \\
& \frac{4[-30q_f + 30q_0 + (14\dot{q}_f + 16\dot{q}_0)t_f + (3\ddot{q}_0 - 2\ddot{q}_f)t_f^2]}{t_f^4}t^3 + \\
& \frac{5[12q_f - 12q_0 - (6\dot{q}_f + 6\dot{q}_0)t_f - (\ddot{q}_0 - \ddot{q}_f)t_f^2]}{2t_f^5}t^4
\end{aligned}
\tag{2-17}
$$

$$
\begin{aligned}
\ddot{q}(t) = {} & \ddot{q}_0 + \frac{3[20q_f - 20q_0 - (8\dot{q}_f + 12\dot{q}_0)t_f - (3\ddot{q}_0 - 2\ddot{q}_f)t_f^2]}{t_f^3}t + \\
& \frac{6[-30q_f + 30q_0 + (14\dot{q}_f + 16\dot{q}_0)t_f + (3\ddot{q}_0 - 2\ddot{q}_f)t_f^2]}{t_f^4}t^2 + \\
& \frac{10[12q_f - 12q_0 - (6\dot{q}_f + 6\dot{q}_0)t_f - (\ddot{q}_0 - \ddot{q}_f)t_f^2]}{t_f^5}t^3
\end{aligned}
\tag{2-18}
$$

例如，对于某一旋转关节，当 $t_0=0$，$q_0=0$，$t_f=1\text{s}$，$q_f=\pi/4$，$\dot{q}_0=\dot{q}_f=0.4\text{rad/s}$，$\ddot{q}_0=\ddot{q}_f=0.2\text{rad/s}$ 时，计算出高阶多项式插值系数如表 2-5 所示。

表 2-5　高阶多项式插值系数

Y	X						
	$q_0=0$ $(t_0=0)$	$t_f=1\text{s}$	$q_f=\pi/4$	$\dot{q}_0=0.4$	$\dot{q}_f=0.4$	$\ddot{q}_0=0.2$	$\ddot{q}_f=0.2$
a_0	0	—	—	—	—	—	—
a_1	—	—	—	0.4000	—	—	—
a_2	—	—	—	—	—	0.1000	—
a_3	—	3.7540					
a_4	—	−5.6810					
a_5	—	2.3124					

设采样周期为 0.05s，得到高阶多项式插值的运动轨迹，如图 2-5 所示。

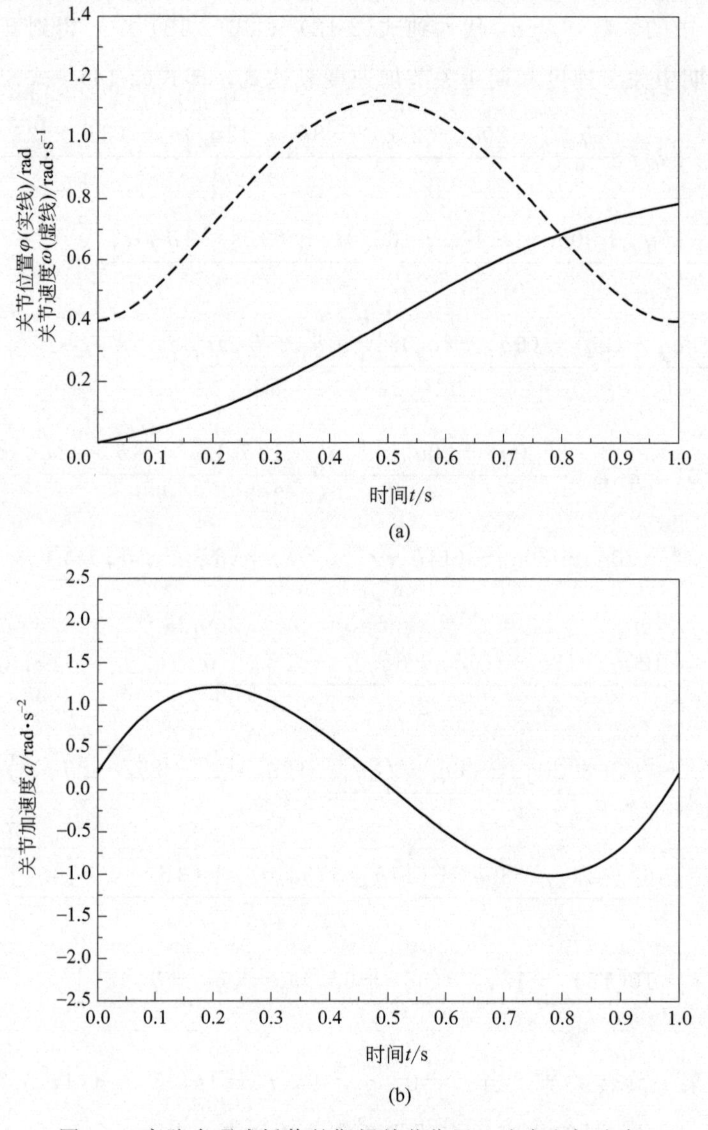

图 2-5　高阶多项式插值的期望关节位置、速度和加速度

其中，图 2-5(a) 所示为期望关节位置和期望关节速度，图 2-5(b) 所示为期望关节加速度。

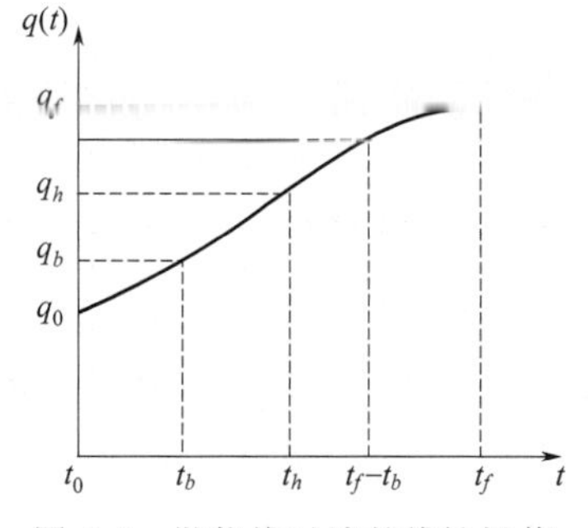

图 2-6 抛物线过渡的线性插值

3) 抛物线过渡的线性插值 抛物线过渡的线性插值，即插值时，其中间段利用直线插值，两端则利用抛物线过渡，如图 2-6 所示。

一般，关节加速度 $\ddot{q}$ 为已知，需要求取的是抛物线与直线的过渡点位置。

图 2-6 中，由直线段可以求出关节速度，即式(2-19)。

$$\dot{q}_{tb}=\frac{q_h-q_b}{t_h-t_b} \tag{2-19}$$

式中，t_h 是时间中间点，$t_h=(t_0+t_f)/2$；q_h 是关节初始位置和目标位置的中间点，$q_h=(q_0+q_f)/2$；t_b 是抛物线向直线过渡的时刻。

根据抛物线的方程，t_b 时刻的关节位置可以用式(2-20) 表示。

$$q_b=q_0+\frac{1}{2}\ddot{q}t_b^2 \tag{2-20}$$

由式(2-20)，可以得到 t_b 时刻的关节速度，即式(2-21)。

$$\dot{q}_b=\ddot{q}t_b \tag{2-21}$$

将式(2-20) 和式(2-21) 代入式(2-19) 中，经整理得到 t_b 的一元二次方程，即式(2-22)。

$$\ddot{q}t_b^2-\ddot{q}t_ft_b+(q_f-q_0)=0 \tag{2-22}$$

式(2-22) 的解，即式(2-23)。

$$t_b=\frac{t_f}{2}-\frac{\sqrt{\ddot{q}t_f^2-4\ddot{q}(q_f-q_0)}}{2\ddot{q}} \tag{2-23}$$

图 2-6 中，抛物线过渡的两端是对称的，即起始段的过渡时刻为 t_b，结束段的过渡时刻为 t_f-t_b。当 $\ddot{q}=4(q_f-q_0)/t_f^2$ 时，$t_b=t_f/2$，无直线段。加速度越大，抛物线过渡段越短。另外，为了保证有直线段，加速度也不应太小。其路径轨迹见式(2-24)。

$$q(t)=\begin{cases}q_0+\frac{1}{2}\ddot{q}t^2, & 0\leqslant t<t_b\\ q_b+\ddot{q}t_b(t-t_b), & t_b\leqslant t<t_f-t_b\\ q_f-\frac{1}{2}\ddot{q}(t_f-t)^2, & t_f-t_b\leqslant t<t_f\end{cases} \tag{2-24}$$

抛物线过渡的线性插值的运动轨迹平滑，速度和加速度易于实现。由于抛物线过渡线性插值的运动特性好，易于实现，所以它在运动控制系统中得到了广泛采用。目前，抛物线过渡的线性插值是运动控制系统中应用最多的一种规划方法。

过路径点的抛物线过渡线性插值，即利用抛物线过渡折线路径点的线性插值，将相邻路径点利用直线连接，而在路径点附近利用抛物线过渡，如图 2-7 所示。

对于给定的路径点 q_j 和 q_k，持续时间为 t_{jk}，加速度的绝对值为 $|\ddot{q}|$，计算过渡域的持续时间 t_j 和 t_k。

对于过渡域时间的求取，可以分为第一路径段、中间路径段和最后路径段三种情况，分别进行讨论。

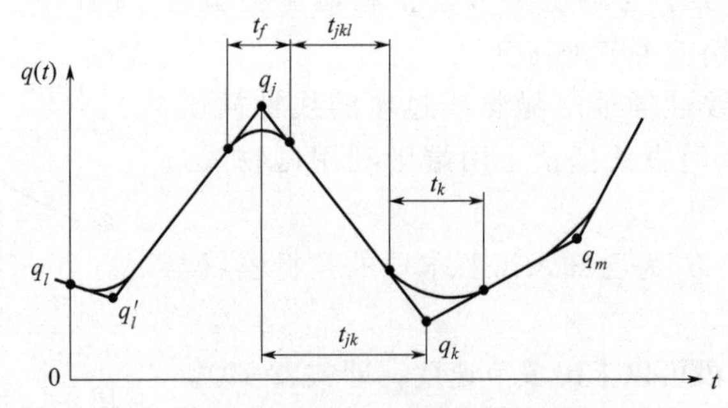

图 2-7　抛物线过渡直线路径点的线性插值

对于中间路径段，假设相邻的 3 个路径点的关节位置分别为 q_j、q_k 和 q_m，如图 2-7 所示。于是，路径点 q_j 和 q_k 之间直线段的速度和抛物线段的加速度见式(2-25)。

$$\begin{cases}\dot{q}_{jk}=\dfrac{q_k-q_j}{t_{jk}}\\ \ddot{q}_k=\mathrm{sign}(\dot{q}_{km}-\dot{q}_{jk})\,|\ddot{q}_k|\end{cases}\tag{2-25}$$

式中，$\dot{q}_{jk}$ 是路径点 q_j 和 q_k 之间直线段的速度；t_{jk} 为路径点 q_j 和 q_k 之间持续运动时间。

抛物线段的过渡时间与直线段的运动时间计算见式(2-26)。

$$\begin{cases}t_k=\dfrac{\dot{q}_{km}-\dot{q}_{jk}}{\ddot{q}_k}\\ t_{jkl}=t_{jk}-\dfrac{1}{2}t_j-\dfrac{1}{2}t_k\end{cases}\tag{2-26}$$

式中，$\dot{q}_{km}$ 是路径点 q_k 和 q_m 之间直线段的速度；t_{jkl} 为路径点 q_j 和 q_k 之间直线段的运动时间。

利用式(2-25) 和式(2-26)，结合用抛物线过渡的线性插值方法，容易得到期望运动轨迹的数学表达式。

对于第一路径段，路径点 q_1 和 q_2 之间，直线段的速度和抛物线段的加速度见式(2-27)。

$$\begin{cases}\dot{q}_{12}=\dfrac{q_2-q_1}{t_{12}-\dfrac{t_1}{2}}\\ \ddot{q}_1=\mathrm{sign}(\dot{q}_{23}-\dot{q}_{12})\,|\ddot{q}_k|\end{cases}\tag{2-27}$$

式中，$\dot{q}_{12}$ 是路径点 q_1 和 q_2 之间直线段的速度；t_{12} 为路径点 q_1 和 q_2 之间持续运动时间。

第一段抛物线与直线切换点处的速度等于直线的速度，故式(2-28) 成立。

$$\frac{q_2-q_1}{t_{12}-\dfrac{t_1}{2}}=\ddot{q}_1t_1\tag{2-28}$$

根据式(2-28)，可以计算出抛物线段的过渡时间与直线段的运动时间，即式(2-29)。

$$\begin{cases} t_1 = t_{12} = \dfrac{\sqrt{\ddot{q}_1^2 t_{12}^2 - 2\ddot{q}_1(q_2 - q_1)}}{\ddot{q}_1} \\ t_{12l} = t_{12} - t_1 - \dfrac{t_2}{2} \end{cases} \tag{2-29}$$

式中，t_{12l} 为路径点 q_1 和 q_2 之间直线段的运动时间。

对于最后路径段，路径点 q_{n-1} 和 q_n 之间直线段的速度和抛物线段的加速度见式(2-30)。

$$\begin{cases} \dot{q}_{(n-1)n} = \dfrac{q_n - q_{n-1}}{t_{(n-1)n} - \dfrac{t_n}{2}} \\ \ddot{q}_n = \mathrm{sign}[\dot{q}_{(n-1)n} - \dot{q}_{(n-2)(n-1)}] |\ddot{q}_k| \end{cases} \tag{2-30}$$

式中，$\dot{q}_{(n-1)n}$ 是路径点 q_{n-1} 和 q_n 之间直线段的速度；$t_{(n-1)n}$ 为路径点 q_{n-1} 和 q_n 之间持续运动时间。

最后一段抛物线与直线切换点处的速度等于直线的速度，故式(2-31) 成立。

$$\frac{q_{n-1} - q_n}{t_{(n-1)n} - \dfrac{t_n}{2}} = \ddot{q}_n t_n \tag{2-31}$$

根据式(2-31)，可以计算出抛物线段的过渡时间与直线段的运动时间，即式(2-32)所示。

$$\begin{cases} t_n = t_{(n-1)n} - \dfrac{\sqrt{\ddot{q}_n^2 t_{(n-1)n}^2 - 2\ddot{q}_n(q_n - q_{n-1})}}{\ddot{q}_n} \\ t_{(n-1)nl} = t_{(n-1)n} - t_{n-1} - \dfrac{t_n}{2} \end{cases} \tag{2-32}$$

式中，$t_{(n-1)nl}$ 为路径点 q_{n-1} 和 q_n 之间直线段的运动时间。

对于图 2-6 所示的抛物线过渡的线性插值，规划出的轨迹没有经过路径点。如果希望规划出的轨迹经过路径点，可以采用过路径点的抛物线过渡线性插值方法进行规划。

4) B 样条插值　B 样条（B-spline）是样条曲线一种特殊的表示形式，它是 B 样条基曲线的线性组合。所有针对现有的区间型数据的插值样条模型的讨论，均基于传统的多项式样条[13,14]。B 样条曲线用 B 样条基函数代替伯恩斯坦多项式(Bernstein polynomial)，改变了曲线的一些特征，从而使曲线具有了局部性，曲线次数也不再与控制点相关，从而在算法设计时能够方便地获得拟合曲线，且计算过程更加简单。

设 m 为样条的次数，在（$m+1$）个子区间以外的其他子区间上，B 样条的取值都为 0。B 样条函数可以采用递归的方式进行定义。

假设对于自变量 x，有（$m+2$）个点。x_i，x_{i+1}，…，x_{i+m+1}，构成（$m+1$）个子区间$[x_i, x_{i+1})$，$[x_{i+1}, x_{i+2})$，…，$[x_{i+m}, x_{i+m+1})$。首先定义式(2-33) 所示的 0 次 B 样条函数，然后根据第（$m-1$）次 B 样条函数定义在区间 $[x_i, x_{i+m+1})$ 的第 m 次 B 样条函数，即式(2-34)。

$$N_{i,0}(x) = \begin{cases} 1, x \in [x_i, x_{i+1}) \\ 0, x \notin [x_i, x_{i+1}) \end{cases} \tag{2-33}$$

式中，$N_{i,0}(x)$ 是 0 次 B 样条函数；$[x_i, x_{i+1})$ 是 0 次 B 样条函数的非 0 区间。

$$N_{i,m}(x)=\frac{x-x_i}{x_{i+m}-x_i}N_{i,m-1}(x)+\frac{x_{i+m+1}-x}{x_{i+m+1}-x_{i+1}}N_{i+1,m-1}(x) \tag{2-34}$$

式中，$N_{i,m}(x)$ 是 m 次 B 样条函数；$N_{i,m-1}(x)$ 是 $(m-1)$ 次 B 样条函数。

B 样条曲线具有局部控制性、凸包性、变差缩减性和自动连续性，由于其有多阶导数连续和局部支撑性的特点，被广泛用于工业机器人关节空间的轨迹规划。例如，根据式(2-33)和式(2-34) 的 B 样条函数定义，可以得到 1 次、2 次和 3 次 B 样条函数，分别见式(2-35)～式(2-37)。

$$N_{i,1}(x)=\begin{cases}\dfrac{x-x_i}{x_{i+1}-x_i}, x\in[x_i,x_{i+1})\\[2ex]\dfrac{x_{i+2}-x}{x_{i+2}-x_{i+1}}, x\in[x_{i+1},x_{i+2})\end{cases} \tag{2-35}$$

$$N_{i,2}(x)=\begin{cases}\dfrac{(x-x_i)^2}{(x_{i+1}-x_i)(x_{i+2}-x_i)}, x\in[x_i,x_{i+1})\\[2ex]\dfrac{(x-x_i)(x_{i+2}-x)}{(x_{i+2}-x_i)(x_{i+2}-x_{i+1})}+\dfrac{(x-x_{i+1})(x_{i+3}-x)}{(x_{i+2}-x_{i+1})(x_{i+3}-x_{i+1})}, x\in[x_{i+1},x_{i+2})\\[2ex]\dfrac{(x_{i+3}-x)^2}{(x_{i+3}-x_{i+1})(x_{i+3}-x_{i+2})}, x\in[x_{i+2},x_{i+3})\end{cases} \tag{2-36}$$

式(2-36) 为 2 次 B 样条函数，很明显建立的模型是一个有限二次凸优化问题，可以直接采用现有的优化算法和软件进行计算。

$$N_{i,3}(x)=\begin{cases}\dfrac{(x-x_i)^3}{(x_{i+1}-x_i)(x_{i+2}-x_i)(x_{i+3}-x_i)}, x\in[x_i,x_{i+1})\\[2ex]\dfrac{(x-x_i)^2(x_{i+2}-x)}{(x_{i+2}-x_i)(x_{i+2}-x_{i+1})(x_{i+3}-x_i)}+\dfrac{(x-x_i)(x-x_{i+1})(x_{i+3}-x)}{(x_{i+2}-x_{i+1})(x_{i+3}-x_{i+1})(x_{i+3}-x_i)}+\\[2ex]\dfrac{(x-x_{i+1})^2(x_{i+4}-x)}{(x_{i+2}-x_{i+1})(x_{i+3}-x_{i+1})(x_{i+4}-x_{i+1})}, x\in[x_{i+1},x_{i+2})\\[2ex]\dfrac{(x-x_i)(x_{i+3}-x_i)^2}{(x_{i+3}-x_i)(x_{i+3}-x_{i+1})(x_{i+3}-x_{i+2})}+\dfrac{(x-x_{i+1})(x_{i+3}-x_i)(x_{i+4}-x)}{(x_{i+3}-x_{i+1})(x_{i+3}-x_{i+2})(x_{i+4}-x_{i+1})}+\\[2ex]\dfrac{(x-x_{i+2})(x_{i+4}-x)^2}{(x_{i+3}-x_{i+2})(x_{i+4}-x_{i+1})(x_{i+4}-x_{i+2})}, x\in[x_{i+2},x_{i+3})\\[2ex]\dfrac{(x_{i+4}-x)^3}{(x_{i+4}-x_{i+1})(x_{i+4}-x_{i+2})(x_{i+4}-x_{i+3})}, x\in[x_{i+3},x_{i+4})\end{cases} \tag{2-37}$$

式(2-37) 为 3 次 B 样条函数，同样是一个有限凸优化问题，与 2 次模型具有相同的优势，也可以直接采用现有的优化算法和软件进行计算。

根据式(2-35)～式(2-37) 可得到 1 次、2 次和 3 次 B 样条函数的曲线形态。

为了保证运动轨迹的平滑性，一些学者也尝试用多项式样条曲线、B 样条曲线在笛卡儿空间对复杂轮廓进行拟合，通过对拟合得到的曲线参数方程进行离散，然后逆解到关节空间进行运动控制。

m 次B样条函数具有通用性，对于自变量，在区间 $[x_0, x_k]$ 内的任意函数，可以表达为利用第 m 次B样条函数作为基函数的加权和，即式(2-38)。

$$f(x)=\sum_{i=-m}^{k} a_i N_{i,m}(x) \tag{2-38}$$

式中，$f(x)$ 是区间 $[x_0, x_k]$ 的任意函数；a_i 是 m 次B样条函数 $N_{i,m}(x)$ 的加权系数。

在式(2-38) 中，包含了 $(k+m+1)$ 个参数，即 a_{-m}，a_{-m+1}，…，a_k。在每一子区间上，最多为 $(m+1)$ 个B样条函数的加权和。在进行曲线插值或拟合时，需要确定这 $(k+m+1)$ 个参数。在利用3次B样条进行插值时，在一个子区间上，可以有4个B样条函数起作用。

例如，对于时间区间 [0，4]，某关节的位置为 $q(0)=2$，$q(1)=2.8$，$q(2)=1.2$，$q(3)=2.2$，$q(4)=0.9$。利用式(2-38) 进行3次B样条插值。

取时间间隔1s构成子区间。对于5个期望位置点，而式(2-38) 中有8个未知B样条函数系数 $a_{-3} \sim a_4$。但是 $N_{4,3}(4)=0$，a_4 不起作用。所以，式(2-38) 中有7个未知B样条函数系数 $a_{-3} \sim a_3$。为便于求解，很自然地考虑取 $a_{-3}=a_{-2}=0$。此时，由3次B样条的定义及式(2-38)，得到含有系数 $a_{-1} \sim a_3$ 的方程，即式(2-39)。

$$\begin{cases} a_{-1}N_{-1,3}(0)+a_0N_{0,3}(0)=q(0) \\ a_{-1}N_{-1,3}(1)+a_0N_{0,3}(1)+a_1N_{1,3}(1)=q(1) \\ a_{-1}N_{-1,3}(2)+a_0N_{0,3}(2)+a_1N_{1,3}(2)+a_2N_{2,3}(2)=q(2) \\ a_0N_{0,3}(3)+a_1N_{1,3}(3)+a_2N_{2,3}(3)+a_3N_{3,3}(3)=q(3) \\ a_1N_{1,3}(4)+a_2N_{2,3}(4)+a_3N_{3,3}(4)+a_4N_{4,3}(4)=q(4) \end{cases} \tag{2-39}$$

利用3次B样条函数式(2-37) 计算出 $N_{0,3}(0)$ 和 $N_{1,3}(1)$ 等，代入式(2-39) 中，整理后得到式(2-40)。

$$\begin{cases} a_{-1}=6q(0) \\ a_0=6q(1)-4a_{-1} \\ a_1=6q(2)-4a_0-a_{-1} \\ a_2=6q(3)-4a_1-a_0 \\ a_3=6q(4)-4a_2-a_1 \end{cases} \tag{2-40}$$

经计算，得到系数 $a_{-1} \sim a_3$ 的值。$a_{-1}=12$，$a_0=-7.2$，$a_1=14.4$，$a_2=-4.8$，$a_3=2.4$。对应的插值函数表达式为式(2-41)。

$$f(x)=12N_{-1,3}(x)-7.2N_{0,3}(x)+14.4N_{1,3}(x)-4.8N_{2,3}(x)+2.4N_{3,3}(x) \tag{2-41}$$

利用式(2-41) 函数，在工作区间 [0，4] 内间隔0.1s可以得到插值曲线。

从上述3次B样条函数的特征可以看出，由控制点确定的曲线段并不通过控制点，而是存在一定的距离，且距离随控制点的变化而变化。

通常，B样条是一种广泛使用的样条，对局部的修改不会引起样条形状的大范围变化是其主要特点。换言之，修改样条的某些部分时，不会过多地影响曲线的其他部分。B样条拟合曲线不通过任一控制点，若要使其通过给出的位置-时间序列点，须将位置-时间序列点作为型值点去反算控制点，反算过程需要求解多元线性方程组。B样条模型具有很多优势，使得具有局部性和连续性的优化问题能转化为带有更简洁的表达式和更简单的求解过程的有限凸优化问题。因此，B样条插值被广泛应用于机器人运动轨迹的插值。目前很多运动控制卡采用3次B样条插值，实现运动轨迹的插补。

以上仅从理论方面介绍机器人关节空间路径规划，但实际的机器人运动控制中，当机器人进行快速运动且运动时间确定时，受到驱动机构性能等因素的制约，机器人进行运动路径规划时，须考虑角加速度约束、角速度约束和角度约束。工业机器人在不同约束下进行轨迹规划，其轨迹规划的可行性方法有很多学者做了研究，在此不再进行展开。

(3) 机器人笛卡儿空间路径规划

机器人笛卡儿空间路径规划就是计算机器人在给定路径上各点处的位置与姿态。在笛卡儿空间路径规划中，须保证每个关节的运动平滑性，在进行位置、速度及加速度规划的环节中，常通过梯形速度曲线方法及样条曲线加减速方法等，在笛卡儿空间内实现直线、圆弧及曲线路径的规划。

1) 位置规划　位置规划用于求取机器人在给定路径上各点处的位置，以保证机器人末端沿给定的路径从初始位置均匀运动到期望位置。主要有直线运动和圆弧运动的位置规划。

① 直线运动　对于直线运动，假设起点位置为 P_1，目标位置为 P_2，则第 i 步的位置可以为式(2-42)。

$$P(i)=P_1+ai \tag{2-42}$$

式中，$P(i)$ 为机器人在第 i 步时的位置；a 为每步的运动步长。

假设从起点位置 P_1 到目标位置 P_2 的直线运动规划为 n 步，则步长为

$$a=(P_2-P_1)/n \tag{2-43}$$

② 圆弧运动　对于圆弧运动，假设圆弧由 P_1、P_2 和 P_3 点构成，其位置记为 $\boldsymbol{P}_1=[x_1 \quad y_1 \quad z_1]^{\mathrm{T}}$，$\boldsymbol{P}_2=[x_2 \quad y_2 \quad z_2]^{\mathrm{T}}$，$\boldsymbol{P}_3=[x_3 \quad y_3 \quad z_3]^{\mathrm{T}}$。

首先，确定圆弧运动的圆心。如图 2-8 所示。

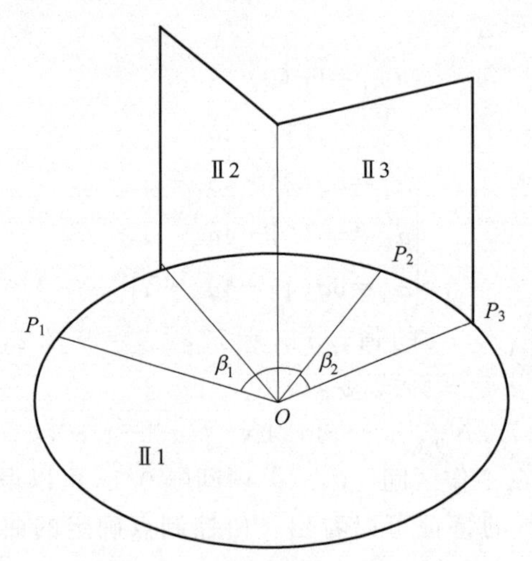

图 2-8　圆弧运动圆心的求取

圆心点为3个平面Ⅱ1～Ⅱ3的交点。其中，Ⅱ1是由 P_1、P_2 和 P_3 点构成的平面，Ⅱ2是过直线 P_1P_2 的中点且与直线 P_1P_2 垂直的平面，Ⅱ3是过直线 P_2P_3 的中点且与直线 P_2P_3 垂直的平面。Ⅱ1平面的方程为式(2-44)。

$$A_1x+B_1y+C_1z-D_1=0 \tag{2-44}$$

其中，$A_1=\begin{vmatrix} y_1 & z_1 & 1 \\ y_2 & z_2 & 1 \\ y_3 & z_3 & 1 \end{vmatrix}$，$B_1=\begin{vmatrix} x_1 & z_1 & 1 \\ x_2 & z_2 & 1 \\ x_3 & z_3 & 1 \end{vmatrix}$，$C_1=\begin{vmatrix} x_1 & y_1 & 1 \\ x_2 & y_2 & 1 \\ x_3 & y_3 & 1 \end{vmatrix}$，$D_1=\begin{vmatrix} x_1 & y_1 & z_1 \\ x_2 & y_2 & z_2 \\ x_3 & y_3 & z_3 \end{vmatrix}$。

Ⅱ_2 的平面的方程为式(2-45)。

$$A_2x+B_2y+C_2z-D_2=0 \tag{2-45}$$

其中，$A_2=x_2-x_1$，$B_2=y_2-y_1$，$C_2=z_2-z_1$，$D_2=\dfrac{1}{2}(x_2^2+y_2^2+z_2^2-x_1^2-y_1^2-z_1^2)$。

Ⅱ_3 的平面的方程为式(2-46)。

$$A_3x+B_3y+C_3z-D_3=0 \tag{2-46}$$

其中，$A_3=x_2-x_3$，$B_3=y_2-y_3$，$C_3=z_2-z_3$，$D_3=\dfrac{1}{2}(x_2^2+y_2^2+z_2^2-x_3^2-y_3^2-z_3^2)$。

求解式(2-44)～式(2-46)，得到圆心点坐标，即式(2-47)。

$$x_0=\frac{F_x}{E},y_0=\frac{F_y}{E},z_0=\frac{F_z}{E} \tag{2-47}$$

其中，$E=\begin{vmatrix} A_1 & B_1 & C_1 \\ A_2 & B_2 & C_2 \\ A_3 & B_3 & C_3 \end{vmatrix}$，$F_x=-\begin{vmatrix} D_1 & B_1 & C_1 \\ D_2 & B_2 & C_2 \\ D_3 & B_3 & C_3 \end{vmatrix}$，$F_y=\begin{vmatrix} A_1 & D_1 & C_1 \\ A_2 & D_2 & C_2 \\ A_3 & D_3 & C_3 \end{vmatrix}$，$F_z=\begin{vmatrix} A_1 & B_1 & D_1 \\ A_2 & B_2 & D_2 \\ A_3 & B_3 & D_3 \end{vmatrix}$。

圆的半径为

$$R=\sqrt{(x_1-x_0)^2+(y_1-y_0)^2+(z_1-z_0)^2} \tag{2-48}$$

图 2-9 所示是圆心角的求取与圆弧规划示意图。

延长 P_1O 与圆交于 P_4 点。三角形 P_2OP_4 是等腰三角形，所以$\angle P_1P_4P_2=\dfrac{\angle P_1OP_2}{2}=\dfrac{\beta_1}{2}$。三角形 $P_1P_4P_2$ 是直角三角形，所以 β_1 可以按式(2-49) 计算。

$$\sin\left(\frac{\beta_1}{2}\right)=\frac{P_1P_2}{2R}\Rightarrow\beta_1=2\arcsin\left[\frac{\sqrt{(x_1-x_2)^2+(y_1-y_2)^2+(z_1-z_2)^2}}{2R}\right] \tag{2-49}$$

同样，β_2 可以由式(2-50) 计算。

$$\sin\left(\frac{\beta_2}{2}\right)=\frac{P_2P_3}{2R}\Rightarrow\beta_2=2\arcsin\left[\frac{\sqrt{(x_3-x_2)^2+(y_3-y_2)^2+(z_3-z_2)^2}}{2R}\right] \tag{2-50}$$

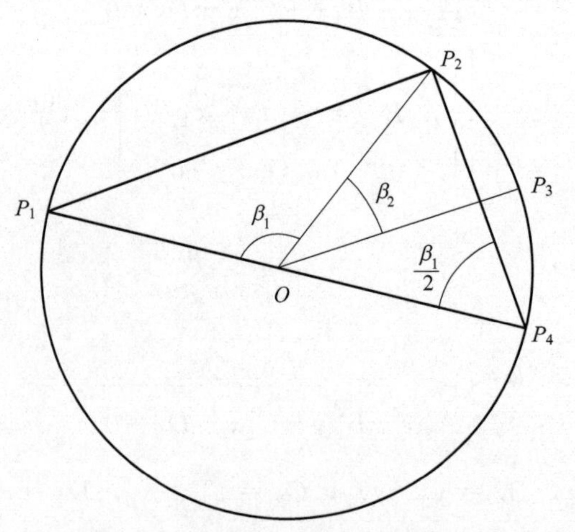

图 2-9 圆心角的求取与圆弧规划 1

图 2-10 所示是圆心角的求取与圆弧规划示意图。

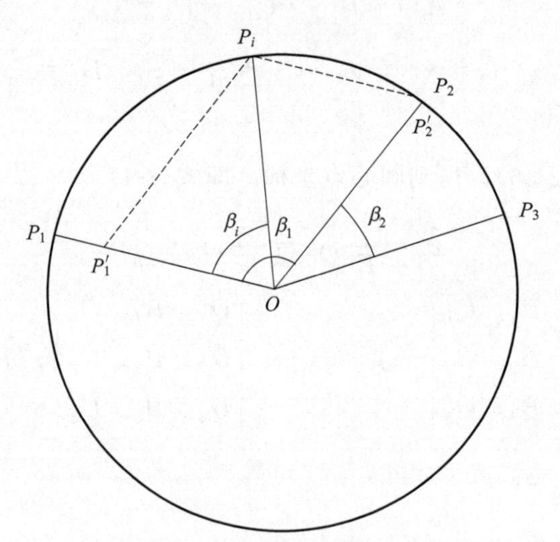

图 2-10 圆心角的求取与圆弧规划 2

将 $\boldsymbol{OP}_i$ 沿 $\boldsymbol{OP}_1$ 和 $\boldsymbol{OP}_2$ 方向分解，得到式(2-51) 和式(2-52)。

$$\boldsymbol{OP}_i=\boldsymbol{OP}_1'+\boldsymbol{OP}_2' \tag{2-51}$$

$$\boldsymbol{OP}_1'=\frac{R\sin(\beta_1-\beta_i)}{\sin\beta_1}\frac{\boldsymbol{OP}_1}{|\boldsymbol{OP}_1|}=\frac{\sin(\beta_1-\beta_i)}{\sin\beta_1}\boldsymbol{OP}_1, \boldsymbol{OP}_2'=\frac{\sin\beta_i}{\sin\beta_1}\boldsymbol{OP}_2 \tag{2-52}$$

式中，β_i 为第 i 步的 $\boldsymbol{OP}_i$ 与 $\boldsymbol{OP}_1$ 的夹角，$\beta_i=(\beta_1/n_1)i$；n_1 为 P_1P_2 圆弧段的总步数。于是，由式(2-51) 和式(2-52)，得到矢量 $\boldsymbol{OP}_i$，即式(2-53)。

$$\boldsymbol{OP}_i=\frac{\sin(\beta_1-\beta_i)}{\sin\beta_1}\boldsymbol{OP}_1+\frac{\sin\beta_i}{\sin\beta_1}\boldsymbol{OP}_2=\lambda_1\boldsymbol{OP}_1+\delta_1\boldsymbol{OP}_2 \tag{2-53}$$

式中，$\lambda_1=\frac{\sin(\beta_1-\beta_i)}{\sin\beta_1}$；$\delta_1=\frac{\sin\beta_i}{\sin\beta_1}$。

P_1P_2 圆弧段的第 i 步的位置，由矢量 $\boldsymbol{OP}_i$ 与圆心 O 的位置矢量相加获得，即式(2-54)。

$$\boldsymbol{P}(i)=\begin{bmatrix}x_i\\y_i\\z_i\end{bmatrix}=\begin{bmatrix}x_0+\lambda_1(x_1-x_0)+\delta_1(x_2-x_0)\\y_0+\lambda_1(y_1-y_0)+\delta_1(y_2-y_0)\\z_0+\lambda_1(z_1-z_0)+\delta_1(z_2-z_0)\end{bmatrix},\ i=0,1,2,\cdots,n_1 \tag{2-54}$$

同理，P_2P_3 圆弧段的第 j 步的位置，即式(2-55)。

$$\boldsymbol{P}(j)=\begin{bmatrix}x_j\\y_j\\z_j\end{bmatrix}=\begin{bmatrix}x_0+\lambda_2(x_2-x_0)+\delta_2(x_3-x_0)\\y_0+\lambda_2(y_2-y_0)+\delta_2(y_3-y_0)\\z_0+\lambda_2(z_2-z_0)+\delta_2(z_3-z_0)\end{bmatrix},\ j=0,1,2,\cdots,n_2 \tag{2-55}$$

式中，$\lambda_2=\dfrac{\sin(\beta_2-\beta_1)}{\sin\beta_2}$；$\delta_2=\dfrac{\sin\beta_j}{\sin\beta_2}$；$\beta_j$ 为第 j 步的 OP_j 与 OP_2 的夹角，$\beta_j=(\beta_2/n_2)j$；n_2 是 P_2P_3 圆弧段的总步数。

③ 连续轨迹实验方程　在笛卡儿空间轨迹规划中，分配到关节空间的位置-时间序列依然需要每个关节去协调控制，以保证每个关节的连续轨迹和运动平滑性[15]。工业机器人控制中一般采用直线插补或圆弧插补的方式对插补周期内的轨迹进行插补，即取插补周期等于运动控制周期或运动控制周期的整数倍，并将插补周期内的位移按时间进行等分。

下面以机械臂为例进行分析。

a. 直线轨迹实验　机械臂末端运动轨迹方程，可表示为式(2-56)。

$$\begin{cases}x=P_{Sx}+(P_{Ex}-P_{Sx})t\\y=P_{Sy}+(P_{Ey}-P_{Sy})t,\quad t\in[0,1]\\z=P_{Sz}+(P_{Ez}-P_{Sz})t\end{cases} \tag{2-56}$$

当机械臂末端沿着轨迹以定速运行，在运行时间内分为多个分点时（例如 25 个分点），可以得到直线运动轨迹。

机械臂末端运动轨迹为一空间直线，起始位置 P_S 的坐标为（P_{Sx},P_{Sy},P_{Sz}），姿态为（S_1，S_2，S_3）；结束位置 P_E 的坐标为（P_{Ex},P_{Ey},P_{Ez}）。机械臂末端位于起始位置 P_S 处时，从基座到末端执行器，六个关节转角依次为（θ_1，θ_2，θ_3，θ_4，θ_5，θ_6）。机械臂可以在 MATLAB 中试验或仿真。

上述一条直线轨迹的实现需要六个关节联动来完成。某机械臂试验直线运动过程中，所有关节的关节转角随时间的变化曲线均为曲率较小的曲线，近似的可当作直线。从关节运动方向可知，在运动过程中，各个关节转角运动方向保持恒定，这使得关节控制系统不受关节运动间隙的影响。

b. 圆弧轨迹实验　对于机械臂末端运动轨迹方程，可表示为式(2-57)。

$$\begin{cases}x=P_{Sx}\\y=R\sin\theta,\quad \theta\in[0,\pi]\\z=P_{Sz}+(1-\cos\theta)R\end{cases} \tag{2-57}$$

机械臂末端沿着轨迹以定速运行，将运行路径按运行时间内分为若干个分点（例如 20 个分点），对各个离散点进行运动学反解得到六个关节转角，然后控制各个中间节点的运动，可以得到圆弧运动轨迹。

2）姿态规划　为了保证机器人的末端沿给定的路径从初始姿态均匀运动到期望姿态，需要计算出路径上各点的位置，以及在各个位置点上机器人所需要达到的姿态，即需要位置规划与姿态规划。

机器人姿态可以通过旋转矩阵表示。假设机器人在起始位置的姿态为 $\boldsymbol{R}_1$，在目标位置的姿态为 $\boldsymbol{R}_2$，则机器人需要调整的姿态 $\boldsymbol{R}$ 为式(2-58)。

$$\boldsymbol{R}=\boldsymbol{R}_1^{\mathrm{T}}\boldsymbol{R}_2 \tag{2-58}$$

利用通用旋转变换求取等效转轴与转角，进而求取机器人第 i 步相对于初始姿态的调整量，即式(2-59)。

$$\begin{aligned}\boldsymbol{R}(i)&=\mathrm{Rot}(\boldsymbol{f},\theta_i)\\&=\begin{bmatrix} f_x f_x \mathrm{vers}\theta_i+\cos\theta_i & f_y f_x \mathrm{vers}\theta_i-f_z\sin\theta_i & f_z f_x \mathrm{vers}\theta_i+f_y\sin\theta_i & 0\\ f_x f_y \mathrm{vers}\theta_i+f_z\sin\theta_i & f_y f_y \mathrm{vers}\theta_i+\cos\theta_i & f_z f_y \mathrm{vers}\theta_i-f_x\sin\theta_i & 0\\ f_x f_z \mathrm{vers}\theta_i-f_y\sin\theta_i & f_y f_z \mathrm{vers}\theta_i+f_x\sin\theta_i & f_z f_z \mathrm{vers}\theta_i+\cos\theta_i & 0\\ 0 & 0 & 0 & 1\end{bmatrix}\end{aligned} \tag{2-59}$$

式中，$\boldsymbol{f}=[f_x \quad f_y \quad f_z]^{\mathrm{T}}$ 为通用旋转变换的等效转轴；θ_i 为第 i 步的转角，$\theta_i=(\theta/m)i$，θ 为通用旋转变换的等效转角，m 为姿态调整的总步数；$\mathrm{vers}\theta_i=1-\cos\theta_i$。

在笛卡儿空间运动规划中，将机器人第 i 步的位置与姿态相结合，得到机器人第 i 步的位置与姿态矩阵，即式(2-60)。

$$\boldsymbol{T}(i)=\begin{bmatrix}\boldsymbol{R}_1\boldsymbol{R}(i) & \boldsymbol{P}(i)\\ \boldsymbol{0} & 1\end{bmatrix} \tag{2-60}$$

上述笛卡儿空间路径规划是计算机器人在给定路径上各点处的位置与姿态。笛卡儿空间中机器人也可以从任何方向运动到指令位姿，但是，关节反向运动会产生反向误差。从而引起末端位置误差。这种由运动方向变化引起的位置误差，即多向重复定位误差说明了机器人定位的不确定性，目前国内外对此亦有相应的研究。

(4) 机器人路径规划

路径规划要解决机器人在环境中如何运动的问题。路径规划是机器人导航的核心内容之一，在机器人开发中具有重要作用，是移动机器人能够进行自主决策的基础。对于一个点、一条线段、一个面或一个三维形体，从一个位置到另一个位置，必然经过一个连续的路径，因此，执行器的工作空间至少由一条路径构成，即至少有二维或三维工作空间。如果是平面机器人，就要有两个自由度；如果是空间机器人，就要有三个或三个以上的自由度。

无论是在一个二维空间还是三维空间，路径一般都不是唯一的。理论上讲，二维空间或三维空间内的曲线数量是无穷大的，而且是二级无穷大。在路径的某一个位置上，都要有确定的姿态、确定的速度、确定的加速度、确定的惯性及确定的力等，这都是路径规划需要解决的问题。

路径规划是对高级机器人进行开发的前提，也是对其进行控制的基础。

根据环境信息的已知程度，路径规划可以分为三种类型：第一种是基于环境先验完全信息的路径规划；第二种是基于传感器信息的不确定环境的路径规划；第三种是基于行为的路径规划方法。

1) 基于环境先验完全信息的路径规划

基于环境先验完全信息的路径规划也被称为全局路径规划，能够处理完全已知环境下的移动机器人路径规划。当环境发生变化时，如出现未知障碍物时，这种方法就无能为力了。该方法主要包括可视图法、栅格法和拓扑法等。

① 可视图法　可视图法（visibility graph）[15] 是将机器人视为一点，把机器人、目标点和多边形障碍物的各个顶点进行连接，要求机器人和障碍物各顶点之间，目标点和障碍物各顶点之间以及各障碍物顶点与顶点之间的连线，都不能穿越障碍物，这样就形成了一张图，称之为可视图。

由于任意两连线的顶点都是可视的，显然移动机器人从起点沿着这些连线到达目标点的所有路径均是无碰路径。对可视图进行搜索，并利用优化算法删除一些不必要的连线以简化可视图，缩短了搜索时间，最终就可以找到一条无碰最优路径。

② 栅格法　栅格法（grids）[16] 是将移动机器人工作环境分解成一系列具有二值信息的网格单元，多采用二维笛卡儿矩阵栅格表示工作环境，每一个矩形栅格都有一个累积值，表示在此方位中存在障碍物的可信度。

用栅格法表示格子环境模型中存在障碍物的可能性，通过优化算法在单元中搜索最优路径。由于该方法以栅格为单位记录环境信息，环境被量化成具有一定分辨率的栅格，因此栅格的大小直接影响环境信息存储量的大小以及路径搜索的时间，因此在实用上受到一定的限制。

③ 拓扑法　拓扑法是根据环境信息和运动物体的几何特点，将组成空间划分成若干具有一致拓扑特征的自由空间，然后根据彼此间的连通性建立拓扑网，从该网中搜索一条拓扑路径。

该方法的优点在于因为利用了拓扑特征而大大缩小了搜索空间，其算法复杂性只与障碍物的数目有关，在理论上是完备的。但建立拓扑网的过程是相当复杂且费时的，特别是当增加或减少障碍物时，如何有效地修正已经存在的拓扑网络以及如何提高图形搜索速度是目前亟待解决的问题。但是针对一种环境，拓扑网只需建立一次，因而在其上进行多次路径规划就可期望获得较高的效率。

2）基于传感器信息的不确定环境的路径规划

环境完全未知情况下的路径规划问题是机器人研究领域的难点，目前采用的方法主要有人工势场法（artificial potential field）[17,18]、栅格法[19]、可视图法、遗传算法、粒子群算法及人工神经网络算法等[1,20-22]。

人工势场法最初由 Khatib 提出[23]，这种方法由于具有简单性和优美性而被广泛采用。其基本思想是把机器人在周围环境中的运动看作是一种虚拟的在人工受力场中的运动，目标点对机器人产生引力作用，障碍物对机器人产生斥力作用，引力和斥力的合力控制机器人的运动。该方法结构简单，易于实现。但也存在着一些缺点，由于人工势场法存在局部最优点，不能保证路径最优且有时无法到达目标点；存在陷阱区，在相近的障碍物前不能发现路径，在障碍物前产生振荡以及在狭窄通道中摆动，等等。

栅格法在复杂的大面积环境中容易引起存储容量的激增；可视图法在路径的搜索复杂性和搜索效率上存在不足；遗传算法搜索能力和收敛性较差；粒子群算法易出现早熟、搜索速度慢的问题；人工神经网络算法易陷入局部极小点，而且学习时间长，求解精度低，等等。

虽然这些路径规划方案各有优点，但这些方法也存在一些不足，仅能够在一定程度上解决问题。

3）基于行为的路径规划方法

基于行为的路径规划方法中最具有代表性的是美国 MIT 的 R. Brooks 的包容式体系结构[24]。所谓基于行为的路径规划方法是把移动机器人所要完成的任务分解成一些基本的、简单的行为单元，这些单元彼此协调工作。每个单元均有自己的感知器和执行器，二者紧密耦合在一起，构成感知动作行为，机器人根据行为的优先级并结合本身的任务综合做出反应。

该方法的主要优点在于每个行为的功能较简单，因此可以通过简单的传感器及快速信息处理过程获得良好的运行效果。但该方法主要考虑机器人的行为，而对机器人所要解决的问题以及所面临的环境没有任何的描述，只是通过在实际的运行环境中机器人行为的选择，达到最终的目标。如何构造和优化机器人行为控制器是成功与否的关键。

因此，机器人路径规划的验证仍然是一项十分有挑战性的工作。现实中的机器人要同时考虑很多因素，如环境不确定性、测量元件误差、执行元件误差及算法实时性等。

目前，现有机器人技术中融入了很多统计和概率的算法，如机器学习算法、神经网络算法及深度学习算法，基于栅格环境建模和基于人工势场法是可以针对非结构化环境及路径规划进行研究的方法。这些方法均需要建立环境模块，在非结构化环境中能够简单地生成规则的静态障碍物和动态障碍物，在其位置坐标均不知道的情况下可以进行两种仿真。例如，一是使机器人漫游一遍环境，用激光雷达将环境中的静态障碍物的位置记录下来并传递给环境建模模块，当机器人将整个环境漫游一遍时，将数据库中的数据调出来与原来的全局地图对比并更新，然后在基于人工势场法中规划路径，以取得较好的效果；二是使机器人直接局部建模，即边运动边规划路径，当机器人将激光雷达和超声波传感器测试的数据传递给建模模块时，根据栅格法进行局部环境的建模，然后再进行路径规划。

综上所述，路径规划也是机器人研究领域的一个重要分支，其任务是在一定性能指标的要求下，在机器人运动环境中寻找出一条从起始位置到目标位置的最优或次优无碰撞路径[25]，例如机器人避障、机器人运动规划与运动能力、路径及运动规划仿真等。

① 机器人避障　机器人避障是指机器人遵循一定的性能要求，如最优路径、用时最短及无碰撞等寻求最优路径。避障规划的定义即为从起始点到目标点选择一条路径，使得机器人能够安全、快速到达目标点，或者更严格地表述为已知机械臂的末端轨迹，在完成末端期望轨迹跟踪的同时，能保证机器人不与障碍物发生碰撞。

机器人避障时常会遇到定位精度问题、环境感官性问题以及避障算法问题等[26,27]。例如，双机械臂运动规划问题比普通的单机械臂运动要复杂得多，在运动规划中首先要考虑的就是双臂之间的碰撞，在避障策略中最经典的算法就是虚拟力算法，可以实时地计算各关节所受的力，从而调整方向来防止碰撞以实现目标的抓取[26,28,29]。但是虚拟力算法存在局部最小值的问题，当机械臂在某一位置达到吸引力和排斥力相等时，双机械臂将停止向目标位置运动，可能导致运动规划失败[30]。

关于避障路径规划的研究方法种类繁多，根据国内外现状，主要有模糊逻辑、人工神经网络、遗传算法、梯度投影法及这些方法的混合方法等[31,32]。例如，当采用遗传算法时可以使机器人满足工作空间的可达性、环境避障、线性误差及角度误差等要求[17-19,33]。机器人避障也包括利用多种传感器[34]，如超声波传感器、红外传感器等感知外界环境。其中超声波传感器成本较低，但是无法在视觉上感知障碍物，并且测距精度受环境温度影响；红外传感器反射光较弱，需要使用棱镜并且成本较高；激光雷达虽然可以获取较多外界环境信息，但是成本较高。

从目前的路径规划方法来看，大多倾向于二维平面的算法研究，而对三维环境下的路径规划算法研究较少。但是，大多数的机器人是在三维环境下进行作业的[35]，因此，加强对三维环境下的路径规划方法研究将是未来的研究方向之一。

② 机器人运动规划与运动能力　对于机器人运动规划与运动能力的研究，常用的方法是首先了解机器人构型特点，尤其是对于多形态复杂结构机器人；然后，基于运动学和动力学相关理论建立末端轨迹与关节空间之间的数学关系；最后，规划末端轨迹并将其映射到关节空间[36,37]。

下面主要针对模块化机器人运动规划与运动能力进行分析。

对于模块化机器人的运动规划，可以根据其模块组成构型的特点，借鉴相对成熟的机器人关节规划理论与技术，例如蛇形机器人、四足机器人及六足机器人等的步态与关节规划方法[38-40]。对于模块化机器人的节律运动而言，核心技术为关节间的配合。从规划的角度分析，即设计驱动函数及其参数。

常用的驱动机器人节律运动的关节控制是采用中枢模式发生器（Central Pattern Generator，CPG），中枢模式发生器是一种不需要传感器反馈就能产生节律模式输出的神经网络。有研究表明，即便缺少运动和传感器反馈，CPG 仍能产生有节律的输出并形成“节律运动模式”。也可以采用关节姿态法，该方法也常被应用于节律运动规划，即通过分析机器人各个运动阶段的整体姿态，计算关键姿态的关节角度，然后使用一些插值算法来实现机器人的连续运动。

从控制角度分析，模块化机器人协调运动可分为集中式和分布式两种。集中式控制可以采用控制器协调机器人所有模块的关节转动，即受控于中央大脑的规划；分布式控制中各个模块作为一个独立个体，根据局部交互信息自主规划产生下一个动作。但无论是集中式还是分布式，机器人的整体节律运动控制器归根结底是一系列字符串表达式，表达式的形式和参数的设计选择决定了机器人的运动模式。所以从该角度出发，模块化机器人整体协调运动自动规划的关键技术可以划分为以下三个层次。

a. 控制器表达式设计与参数设计结合　基于机器人形态特征来建立模型，根据不同环境和任务人为地设计控制器表达式和参数选择规律，该过程称为基于模型的运动规划。

b. 控制器表达式设计与参数搜索结合　基于机器人形态特征人为设定控制器表达式，但利用计算机对参数进行优化搜索，从而得出满意的运动效果，该过程称为基于参数搜索的运动能力进化。

c. 控制器表达式自动生成与参数搜索结合　基于给定的机器人形态使计算机自动分析生成控制器表达式，并且通过运动进化获取控制参数，该过程称为机器人自建模运动能力进化。

从实现角度分析，机器人运动过程中需要保证各个关节在某个时间点旋转到设定的角度位置，或者根据整体的姿态实时动态地调整关节角度[41]。例如，机器人的关节电机应跟随规划的角度函数进行运动，在实际应用中需要将各个关节的驱动函数进行离散化。

对于复杂结构机器人、链式或者混合式模块化机器人，其组成构型可以看成是一个超冗余自由度关节型机器人，由于组成构型千变万化，如何使机器人实现有效的协调运动是一个重要问题。

对于任意构型的机器人，可以预设构型的运动关节和控制器参数，即确定哪些关节需要运动，并且确定控制参数间的关系，以减少开放进化参数个数[42]。如果没有预设或者难以预设，则需要对机器人控制器进行自建模，即确定自身的运动模型。

对于节律运动而言，就是自动分析和确定机器人构型的驱动关节、关节间的节律信号关联性等。例如，一些研究者对模块化可重构机器人的运动学及动力学自建模进行了研究，为机器人组成链式操作臂等需要进行末端笛卡儿空间到关节空间的映射处理和控制提供了便利。

研究者曾采用了一种分布式控制器，各个控制器的参数调整方向是独立的，从而实现了一种分布式的形态不相关运动学习过程。为了提高机器人的进化速度，将先验知识和关节关联性定义为构型识别规则，通过拓扑分析可以实现机器人的自建模过程。

研究人员曾定义了模块化机器人的肢体和驱动关节的识别规则，从而实现了对任意构型机器人的简化，避免了人工设置进化参数。例如，将构型表达为一个无向图，通过制定的规则识别出肢体和躯干，以及确定用来运动的关节。缺点是其规则不具有通用性，针对不同构型的机器人需要重新定义规则，并且没有考虑功能子结构的控制器模型嵌入。

在机器人任意构型的运动控制器自建模方面，部分研究者已引入了拓扑解析和角色分类的研究方法，但是没有考虑机器人同构子结构关节配置对机器人构型协调运动的作用，从而限制了机器人新型运动模式的涌现。

③ 路径及运动规划仿真　路径规划不同于轨迹规划，路径规划一般是对机器人的几何信息即位置、方向信息给出描述，不限定机器人的角速度和线速度。路径及运动规划需要解决的重要问题是机器人的节律运动规划与运动能力进化[43]。

首先，传统动力学仿真软件无法适应机器人构型多样、自由度冗余的特点，所以需要一个适应机器人特征的仿真软件平台，而且机器人运动能力进化涉及大量的运动仿真评价。因此，要求软件平台具有较高的计算效率，从而大幅减少机器人运动能力进化的时间[44]。

其次，当前通用的机器人仿真软件平台很少，所以有必要针对固有样机开发专用的进化仿真软件平台[45]。

目前，在人工规划控制器方面，具有特定结构的模块化机器人构型可以归纳出运动模型，尤其是最常见的一类链式构型，但还没有统一的多模式运动规划方法；在基于参数搜索的运动控制器设计方面，当前的研究皆以机器人运动性能为直接导向，搜索结果容易陷入局部最优，而且缺乏多模式运动发掘的研究。由于仿真结果与实际机器人之间存在着“现实鸿沟（reality gap）”，对此，进化仿真得出的运动步态应进行有效性验证。考虑到机器人构型与步态结果的多样性，应建立虚拟仿真机器人与实际机器人的步态映射和同步控制机制，便于对进化步态进行快速的执行和有效性验证。

以运动控制器为核心的机器人节律运动规划及其运动能力进化，目前仍存在一些待研究的问题。

2.1.2　机器人定位

机器人定位是指通过机器人传感系统实时获得其所在的位置和航向信息，是机器人完成复杂实际任务的基础。机器人定位是机器人通过自身感知系统从所在环境获取与定位相关的信息数据，然后再经过一定的算法处理，进而对机器人当前的位姿进行准确估计的过程。因此机器人定位又被叫作位姿估值或者位姿跟踪。

定位问题一直是机器人研究领域的基础和关键技术之一[46-48]，这里主要介绍定位能力、基于数理基础的定位方法及智能移动机器人定位。

（1）定位能力

机器人定位能力也是机器人最基本的感知能力，几乎所有机器人在运动或者抓取任务中，都需要知道机器人距离目的地或者物体之间的位置信息。机器人在环境中的位姿信息通常无法直接被传感器感知到或者测量到，因此，机器人需要根据地图信息和机器人传感器数据计算出机器人的位姿。实际上，机器人需要综合之前的观察才能确定自身在当前环境中的位置，由于环境中通常存在着很多相似的区域，仅凭当前的观察数据很难确定其具体位置，这也是机器人定位问题中存在的歧义性。

根据先验知识的不同，机器人定位可以分为位姿跟踪、全局定位及绑架问题等，位姿跟踪、全局定位及绑架问题是机器人定位能力的重要方面。

位姿跟踪是指假设机器人在环境中的初始位姿已知或者大概已知。机器人开始运动时其真实位姿和估计位姿之间可能存在偏差，但是偏差通常比较小。这种偏差为位姿的不确定性，通常是单峰分布函数。另外机器人在环境中运动的同时也需要不断地更新自己的位姿，这类问题也叫作局部定位。

全局定位是指假设机器人在环境中的初始位姿未知，机器人有可能出现在环境中的任意位置，但是机器人自身并不知道。这种位姿的不确定性，通常是均匀分布或者多峰分布。

全局定位通常比局部定位要困难。例如，在水下机器人定位方法的应用上，根据机器人是否已知和自身位置相关的先验信息可分为两大类：位置跟踪和全局定位[49-52]。位置追踪又称为相对定位，是指机器人在已知初始位置的条件下确定自己的位置，是机器人定位过程中最广泛的研究方法；全局定位又称为绝对定位，要求机器人在未知初始位置和没有任何对于自身位置的先验信息的情况下确定自己的位置。

绑架问题是指机器人全局定位的变种问题，比全局定位问题更复杂，其假设一开始知道机器人在环境中的位姿，但是在机器人不知道的情况下被外界移动到另一个位姿。因为在全局问题中机器人不知道其在环境中的位置，而在绑架问题中机器人甚至不知道自己的位姿已经被改变，机器人需要自己感知这一变化并能够正确处理。

目前，机器人的定位主要有基于自身携带加速度计、陀螺仪等传感器的自定位法，通过激光测距、超声测距、图像匹配的地图定位法、基于视觉与听觉的定位方法及网络环境平台等[53]。

1）定位方法受感知能力的影响　在应用中只有机器人位置状态已知的情况下，才能更有效地发挥传感器的监测功能。虽然机器人机动性能突出，但感知能力在某些环境下还存在一定的局限性，只有在适宜的环境下，传感器节点才可以根据目标传感信息，自动地感知目标实时位置，从而实现定位跟踪。

例如，学者将 WSN（Wireless Sensor Network）节点作为动态路标，组成局部定位系统以辅助机器人定位，该方法与自定位等传统方法相比具有较好的定位精度。

为了提高机器人的定位精度和稳定性，基于 EKF（Extended Kalman Filter）的定位方法使得定位精度得到了大幅提高，通过使用异质传感器信息融合的粒子群定位算法，不仅有效提高了定位精度，也改善了定位的收敛速度。

2）超声波定位及误差分析　超声波测距是超声波定位的基础，超声波测距时引起机器人不同距离下响应时间不同的因素有很多，一般主要归结为超声波模块计算误差、检测电路灵敏度产生的误差、启动计时和启动超声波发射之间的偏差等。

基于超声波定位的智能跟随小车，利用超声波定位和红外线避障，能够对特定移动目标进行实时跟踪。该定位技术具有体积小、电路简单、价格低等优势，在小范围定位方面得到越来越广泛的应用。利用超声波定位技术和跟随性技术，可以根据不同场合的跟踪要求设置小车的跟踪距离和跟踪速度等参数，以实现对运动目标的准确跟踪，但是机器人的载物能力以及避障能力较弱。

当跟随机器人采用超声波和无线模块定位技术时，其机械结构设计巧妙，不但能够准确定位承载能力较强的物体，而且具有无正方向及零转弯半径等特点。

3）网络环境平台　为了使机器人的定位更加准确，通常需要建立网络环境平台，如无线传感器网络环境平台。通过平台可以实现机器人与周边环境节点的信息交互，从而使自身的定位更加准确。

例如，在机器人机身上安装阅读器使信标节点分布在作业区域内，机器人对全局环境信息的了解便通过机器人机身上节点对环境信标节点进行读取来实现。

（2）基于数理基础的定位方法

依据理论和应用的不同，定位方法可以有多种分类。基于数理理论基础可以分为基于贝叶斯滤波理论的方法和基于模糊理论的方法。

1）基于贝叶斯滤波理论的定位方法　为处理机器人获取的不确定性信息，提取能够用于定位的数据，提出了许多基于贝叶斯滤波理论的机器人定位算法，取得较好的定位效果。这类算法主要有卡尔曼滤波器（KF）、扩展卡尔曼滤波器（EKF）、无迹卡尔曼滤波器（UKF）、多假设跟踪（MHT）、马尔可夫（Markov）定位（ML）及粒子滤波定位（PF）法。根据不同算法间的相关性，这些算法又可分为基于卡尔曼滤波器的机器人定位算法和基于马尔可夫理论的机器人定位算法。

① 基于卡尔曼滤波器的机器人定位算法　卡尔曼滤波器是一种获取状态最优估计的算法，该算法用于线性系统能够取得最优的滤波效果。实际的机器人定位中，卡尔曼滤波器用于线性系统取得了较好的定位效果和精度。但是，实际机器人系统模型和观测模型均带有非线性，受机器人自身及各种外界因素的影响，真实的系统噪声和观测噪声不完全是高斯白噪声，无法满足卡尔曼滤波器的前提要求，使得其在机器人定位领域的应用受到一定限制。

② 基于马尔可夫理论的机器人定位算法　马尔可夫定位法[54]基于观测值独立性假设及运动独立性假设，能够表示任意形式的概率分布，可以较好地解决机器人位姿跟踪及全局定位问题。马尔可夫定位算法，主要有基于栅格地图的实现[55]和基于拓扑地图的实现[56]等。基于拓扑地图的定位算法计算效率高，但定位精度低，应用范围较窄；相对于拓扑地图算法，基于栅格地图的定位算法因为具有较高的鲁棒性和精度而被广泛应用。

2）基于模糊理论的机器人定位方法　模糊理论主要包括模糊集合理论、模糊逻辑、模糊推理等方面的内容。模糊理论为描述和处理事物的模糊性及系统的不确定性提供了新的思路，在一定程度上模拟了人类所特有的模糊逻辑思维功能，为将人类思维模式运用到智能系统领域开辟了新的视角。由于模糊理论能够较好地处理不确定性信息及适应能力强的特点，该理论被引入到机器人定位领域，以解决机器人感知信息不确定的问题。目前，主要是将模糊理论与已有的定位算法进行融合并加以改进，形成更加有效的定位算法。

① 基于模糊理论的路标定位法　路标定位法主要包括人工路标定位法和自然路标定位法两种。自然路标定位法是指利用自然环境路标进行检测和识别，根据明显特征匹配产生的偏差信息进行定位，该方法计算复杂，鲁棒性不强且实用性差。人工路标定位法是通过机器

人识别获取路标的位置，根据路标位置获取机器人位置，具有较高的定位精度。但是，在对人工路标进行识别的过程中，可能存在因为阈值设置不合理导致识别失败的问题[57]。

② 基于模糊卡尔曼滤波的机器人定位法　常规的扩展卡尔曼滤波器算法能够较好地实现移动机器人局部位姿跟踪，但其所能达到的定位效果与模型的准确程度和对噪声的统计特性的估计有密切的关系，如果系统噪声协方差和观测噪声协方差提供的信息不准确，会导致扩展卡尔曼滤波器的状态估计精度降低，严重时会导致滤波器发散。

为了增强扩展卡尔曼滤波器的适应性和鲁棒性，可以将模糊理论和扩展卡尔曼滤波器结合起来，采用基于模糊卡尔曼滤波的机器人定位法。

③ 基于模糊神经网络的机器人定位方法　基于模糊神经网络的机器人定位方法主要利用模糊理论对模型或参数带有不确定性问题的良好的处理能力和神经网络对非线性函数有力的逼近效果，解决机器人定位过程中存在感知信息带有不确定性的问题，二者的结合同时也避免了模糊理论中隶属函数的建立依赖于专家经验的不足。

综上所述，根据数理基础不同，其定位方法有较大区别。目前的定位方法大多致力于改进机器人的定位精度、提高定位的实时性及降低定位过程中对计算资源的需求。由于贝叶斯滤波理论基于认知进行实践，通过实践指导认知，为有效处理带有不确定性的信息提供了理论基础和方法论，因此将贝叶斯滤波理论应用到感知信息带有不确定性的移动机器人定位领域具有一定的现实意义。但是，由于基于贝叶斯理论的方法对模型的要求较高，基于模糊理论的方法中隶属函数的建立严重依赖经验和专家知识，使得这两种方法的进一步发展都存在制约因素。同时，近年来小型机器人的迅速发展对机器人定位的实时性、计算速度、能源供应也提出了挑战。

(3) 智能移动机器人定位

智能移动机器人必须具有定位的能力，其目的就是确定机器人在运行环境中相对于世界坐标系的位置及航向。

定位方法分为以下几类。

1) 卫星定位　卫星定位主要用于室外无遮挡时的机器人定位。但是在城市、隧道、室内等环境下，因卫星信号被遮挡而无法应用。可采用双天线卫星定位系统获得航向，航向精度与基线长度有关。

2) 惯性定位　惯性定位是指通过对固联在载体上的三轴加速度计、三轴陀螺仪进行积分，获得载体实时、连续的位置、速度、姿态等信息，但惯性误差经过积分之后会产生无限的累积，因此惯性定位不适合长时间的精确定位。

3) 基于里程计的航位推算　基于里程计的航位推算是指通过车轮上安装光电编码器对车轮转动圈数进行记录，来计算载体的位置和姿态。由于是一种增量式定位方法，其定位误差会随时间累积。对于非轮式机器人或者机器人行驶在崎岖路面轮子存在打滑的情况，基于里程计的航位推算可采用视觉方法获得里程信息。

4) 电子地图匹配　电子地图匹配是指利用图像处理技术，将实时获取的环境图像与基准图进行匹配，从而确定载体当前的位置。匹配的特征可以为设定的路标、特定的景象或是道路曲率。电子地图匹配特别适用于对机器人系统长时间的定位误差进行校准。

以上定位方式中，惯性定位以及基于里程计的航位推算为相对定位方式，可以获得连续的位置、姿态信息，但存在累积误差；卫星定位和电子地图匹配等定位方式为绝对定位，可以获得精确的位置信息，但难以获得连续姿态信息。因此，相对定位与绝对定位方式存在着较强的互补性，通常采用将两者结合的组合定位方法，以相对定位为主导航方式，以卫星、里程及地图信息等为辅助手段。

定位是移动机器人导航最基本的环节，也是完成导航任务首先必须解决的问题。实现快速精确的定位是提高机器人性能的关键。

2.1.3 机器人导航

机器人导航是指机器人通过传感器感知环境和自身状态，实现在有障碍物的环境中面向目标的自主状态，主要包括机器人导航的目的、导航的基本任务及导航方式[58,59]等。

2.1.3.1 导航的目的

机器人导航的目的是让机器人具备从当前位置移动到环境中某一目标位置的能力，并且在这过程中能够保证机器人自身和周围环境的安全性。其核心在于解决所处环境是什么样，当前所处的位置在哪里，怎么到达目的地等问题。

为了使机器人导航行为能够被接受，机器人导航行为应具备舒适性、自然性及社交性等特性[60]。舒适性是指机器人的导航交互行为不会让人感觉到惊扰或者紧张，舒适性包括机器人导航强调的安全性，但并不限于安全性。自然性是指机器人的导航交互行为能够和人与人之间的交互行为相似，这种相似性体现在对机器人的运动控制上，例如运动的加速度、速度及距离控制等因素。社交性是指机器人的导航行为能够符合社交习惯，从较高层次来要求机器人行为，例如避让行人、排队保持合适距离等。

机器人导航是机器人领域的一项基本研究内容，在所处环境中能够自主运动是机器人能够完成其他复杂任务的前提[61]。近年来，随着机器人技术和人工智能技术的不断发展，以及整个社会对机器人日益增长的使用需求，学术界和工业界都投入了大量的资源对机器人导航技术进行深入研究和应用探索，使得机器人的导航技术日趋成熟[62,63]。

2.1.3.2 导航的基本任务

机器人导航的基本任务包括地图构建、定位及规划控制等。地图构建是指机器人能够感知环境信息、收集环境信息及处理环境信息，进而获取外部世界环境在机器人内部的模型表示，即地图构建功能。定位是指机器人在其运动过程中能够通过对周围的环境进行感知及识别环境特征，并根据已有的环境模型确定其在环境中的位置，即定位功能。规划控制是指机器人需要根据环境信息规划出可行的路径，并根据规划结果驱动执行机构来执行控制指令直至到达目标位置，即规划控制功能。

要实现机器人导航的基本任务，必须有配置信息、服务器维护信息及运行信息等支撑[64]。当机器人执行任务时，其运行所需的配置信息应集中存放在机器人服务器上，机器人运行时需要从服务器获取最新的信息。服务器维护信息主要分为运行信息、配置信息及交互信息等。通常，运行信息必须包括机器人当前的位置、任务状态和硬件状态。配置信息主要包括地理及地图信息。交互信息则主要包括用户交互时的文本信息及语音信息等。

2.1.3.3 导航方式

依据不同的理论和应用，导航方法可以有多种分类。例如惯性导航、路标导航、电磁导航、光电导航、磁带导航、激光导航、检测光栅导航及视觉导航等。

(1) 惯性导航

惯性导航是指利用陀螺仪和加速度计等惯性敏感器，通过测量加速度和角速度而实现的自主式导航方法。它是通过描述机器人的方位角和根据从某一参考点出发测定的行驶距离来确定当前位置的方法。该导航方式是通过与已知的地图路线比较进而控制机器人运动方向和距离，使机器人实现自主导航。陀螺仪是机器人惯性导航的一种非常重要的工具，在进行分析测试的时候，可以用其补偿传感器所产生的位姿误差，该导航方式的优点是不需要外部的参考，但随时间的积累，在对其进行积分之后，就算是一个很小的常数，它的误差也将无限增大。

（2）路标导航

按照路标类型不同，路标导航可分为人为路标导航和自然路标导航。路标是机器人从其内部传感器输入信息，并且所能识别出的特殊环境的标志，路标本身具有固定的位置，可以是数学中的几何形状，如三角形、圆形和锥形等。人为路标导航是通过事先做好标记，给安装在环境中专用的机器人进行导航设计，该方式较容易实现，价格低廉，而且还能提供额外的信息，主要缺点是人为地改变了机器人行走的环境。自然路标导航是不对原有环境进行改变，而是通过对周围环境进行自然特征的识别来实现导航，该方式灵活且不改变工作环境。但是路标要经过认真选择、使其容易识别，如此才能将其特征存入移动机器人的内存中并利用其实现导航。

（3）电磁导航

电磁导航是较为传统的导引方式之一，电磁导航是在自动导引车（Automated Guided Vehicle，AGV）的行驶路径上埋设金属线，并在金属线上加载导引频率，通过对导引频率的识别来实现 AGV 的导引。电磁导航引线隐蔽，不易污染和破损，导引简单可靠，对声光无干扰且成本较低，但是电磁导航致命的缺点是路径难以更改扩展，对复杂路径的局限性大，电磁导航 AGV 线路埋设时，会对地面造成一定的破坏，即在地面开槽，然后回填，对施工技术要求严格，才能恢复原地面美观要求。电磁导航、光电导航及磁带导航要求传感器与被检测金属线（磁带）的距离必须限制在一定范围内，距离太大将会使传感器无法检测到信号。

（4）激光导航

激光导航是利用激光的不发散性对机器人所处位置进行精确定位以指导机器人的行走。激光导航是伴随激光技术不断成熟而发展起来的一种新兴导航应用技术，适用于视线不良情况下的运行导航、野外勘测定向等工作，将它作为民用或军用导航手段是十分可取的。

在机器人领域，激光雷达传感器被用于帮助机器人完全自主地应对复杂、未知的环境，使机器人具备精细的环境感知能力。经过不断优化，激光雷达传感器目前已经基本实现了模块化和小型化。

例如，激光头安装在机器人的顶部，每隔数十毫秒旋转一周，发出经过调制的激光。收到经调制的反射光时，经过解调，就可以得到有效的信号。通过激光头下部角度数据的编码器，计算机可以及时读入激光器的旋转速度。

在机器人的工作场所需预先安置具有一定间隔的反射板，其坐标预先输入计算机。激光导航需要有很高的水平度要求，否则会影响其精度。

（5）检测光栅

检测光栅是通过安全光幕发射红外线以形成保护光幕，当光幕有物体通过导致红外线被遮挡时，装置会发出遮光信号，从而控制潜在危险设备停止工作或者报警，以避免安全事故的发生。检测光栅导航可以在凹凸不平路面上实现机器人自动导航。

除了上述导航，还有利用颜色传感器导航，颜色传感器是通过将物体颜色同前面已经示教过的参考颜色进行比较来检测颜色，当两个颜色在一定的误差范围内相吻合时输出检测结果，颜色传感器对检测距离的范围有要求。

(6) 视觉导航

视觉导航是指计算机视觉导航。由于计算机视觉拥有信息量丰富，智能化水平高等优点，所以近年来被广泛应用于机器人导航中。计算机视觉导航技术关键在于完成路标、障碍物的探测和辨识。主要的优点是其探测信号范围广泛，获取信息完整。计算机视觉导航技术可以从环境地图事先已知、同时定位与地图构建及无环境地图等方面来分类理解。

1）环境地图事先已知

① 环境地图的表示方法　目前，环境地图的表示方法多采用栅格地图、几何地图、拓扑地图和混合地图构建环境地图信息。

a. 栅格地图　栅格地图是指将栅格图像视为一矩形，均分为一系列栅格单元，将每个栅格单元赋予一个平均概率值，并利用传感信息估计每个单元内部障碍物的概率。构建栅格地图的优点是其地图表达形式直观，创建和维护比较容易；但当划分的栅格单元数量不断增多时，实时性就会慢慢变差；当划分的栅格单元越大时，环境地图的分辨率越低。

b. 几何地图　几何地图是指利用几何特征如点、直线、平面等来构成环境主要框架，且需要知道这些特征在环境中具体位置的信息，所以几何地图通常使用其对应的三维空间坐标来表示。几何地图构建过程相对简单，保留了室内环境的各种重要信息，是基于计算机视觉的定位与地图构建算法中最常用的一种表示方式。但是为了完成环境的建模需要标记大量的特征，从而计算量也非常大，降低了实时性，重建的地图也容易出现与全局不一致的情况。

c. 拓扑地图　拓扑地图是指用许多节点和连接这些节点的曲线来表示环境信息。其中，每个节点对应真实环境中的特征点，而节点之间的曲线表示两个节点对应的地点是相连通的。拓扑地图把环境信息表示在一张线图上，不需要精确表示不同节点间的地理位置关系，图像较为抽象，表示起来方便且简单。机器人首先识别这些节点，进而根据识别的节点选择节点与节点间的曲线作为可作业的路径。

d. 混合地图　混合地图主要包括栅格-几何地图、几何-拓扑地图以及栅格-拓扑地图等。混合地图是指采用多种地图表示，可结合多种地图的优势，与单一的地图表示相比更具有灵活性、准确性和鲁棒性，但不同类别的地图结合起来管理会比较复杂，难以协调，增加了地图构建的难度。

② 环境地图事先已知导航　在环境地图事先已知的导航中，路标信息保存在计算机内存的数据库中，视觉系统中心利用图像特征直接或间接向移动机器人提供一系列路标信息，一旦路标被确定后，通过匹配观察到的图像和所期望图像，机器人借助地图实现自身精确定位和导航。

目前，环境地图事先已知导航技术多依赖于环境地图信息。提前对外界环境特征进行提取和处理，建立全局地图，并将地图信息存储在机器人内存数据库中，在导航的时候实时进行地图匹配，即预存环境地图。

该导航技术过程可分为以下步骤[65]。

a. 图像获取　图像获取是指通过摄像头获取其周围的视频图像。

b. 路标识别及检测　路标识别及检测是指利用相关图像处理算法对图像进行一系列预处理，如进行边缘检测和提取、平滑、滤波及区域分割等。

c. 路标匹配标志　路标匹配标志是指在观察到的图像和所期望图像之间进行匹配，搜索现有的路标数据库进行标志路标。

d. 位置计算　位置计算是指当有特征点进行匹配时，视觉系统会根据数据库中的路标位置进行自身精确定位和导航。

2）同时定位与地图构建　同时定位与地图构建（Simultaneous Localization And Mapping，SLAM）是指在自身位置不确定的情况下，根据自身的摄像头获取周围未知环境信息，在作业时逐步构建周围的环境地图，根据构建的增量式地图自主实时定位和导航[66,67]。同时定位与地图构建即不知起点、不知地图。

3）无环境地图　在无环境地图系统中，机器人不需要依赖任何的环境地图信息，机器人的活动取决于其当时识别和提取出来的环境信息，不需要知道这些环境元素的绝对位置。无环境地图的导航技术包括基于光流的导航技术、基于外观信息的导航技术、基于目标识别的导航技术和基于目标跟踪的导航技术等。

① 基于光流的导航技术　光流是三维空间运动物体在观测成像面上的像素运动的瞬时速度，也是图像亮度的运动信息描述。基于光流的机器人导航，其最基本的思想就是测量两侧"眼睛"拍摄到画面场景变化速度之差，从而对机器人的位置进行判断和分析。

② 基于外观信息的导航技术　基于外观的机器人导航技术，不需要构建真实的地图导航，机器人通过自身所携带的摄像头和传感器感知周围目标的外观信息进行自主定位和导航。其中，所述的外观信息多为目标的颜色、亮度、形状、空间大小和物理纹路等。机器人在导航时存储连续视频帧的环境图像信息，并将连续视频帧与控制指令相关联，再执行指令规划有效路径到达目的地。

③ 基于目标识别的导航技术　目标识别是指一个特殊目标（或一种类型的目标）从其它目标（或其它类型的目标）中被区分出来的过程。它既包括两个非常相似目标的识别，也包括一种类型的目标同其他类型目标的识别。为了达到目标点或是识别目标，机器人很多时候只能获取少量的图像信息。基于目标识别导航技术是指用符号代替导航各个位置的赋值方法。该导航技术的难点在于是否可以准确实时地进行路标识别。

④ 基于目标跟踪的导航技术　基于目标跟踪的导航技术是指为机器人构造一个虚拟地图，机器人通过摄像头获取连续的视频序列来确定一个跟踪的目标，以达到对目标的精确定位和实时跟踪。

2.1.4　机器人受力与驱动

机器人关节受力与驱动负载，从根本上取决于机器人机构及结构形式。如何控制机器人的各个关节并使其末端表现出一定的力或力矩是机器人进行自动加工的基础。

（1）机器人机构

机器人机构是指由转动副、移动副以及圆柱副等组成的串联、并联和混联机构，其常用结构类型有数十种之多。以串联机器人为例，当串联机器人为固定构型时，通常为特定的工作设计，如高精度的工业生产、大量的重复性工业作业等，在工作阶段固定构型机器人的结构不再发生改变，但其受力、整体刚性及工作灵活性受到很大限制。

如图 2-11 所示为串联机器人机构示意图，该机器人为四自由度、重载型。串联机器人机构具有工作空间大、结构紧凑、灵活性好等优点，但机械臂的串联形式也使其整体刚性存在不足，并且当机器人末端负载完全由关节处的伺服电机分担时，增加了机械臂的驱动功率及能耗。对此，机器人大臂和小臂常放弃实体固定结构，而采用平行四边形活动框架结构。当机器人大臂和小臂均采用平行四边形框架及对角线驱动的结构形式时，平行四边形框架则可以起到平衡外部弯矩的作用[68]。

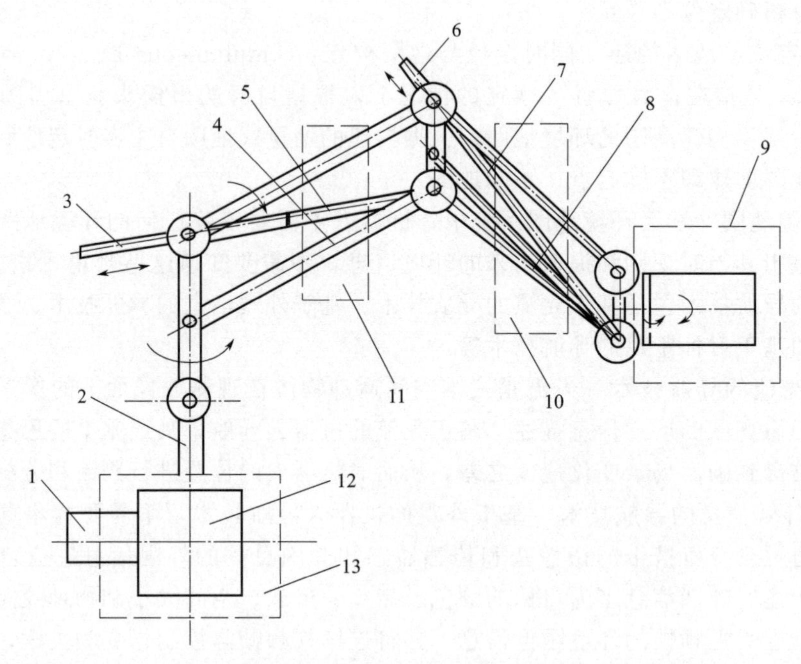

图 2-11　串联机器人机构示意图

1—伺服电机；2—立柱；3—大臂电机；4—大臂平衡缸；5—大臂电动缸；6—小臂电机；7—小臂电动缸；8—小臂平衡缸；9—腕部；10—小臂；11—大臂；12—基座；13—回转单元

图 2-11 中机器人本体包括回转单元、大臂、小臂及腕部等部分。机械臂可以实现水平和竖直方向两个自由度运动，机械臂及腕部可绕立柱回转，机器人腕部具有俯仰及摆动两个自由度，用于调整机器人末端姿态。与机械臂实体结构形式不同，该机器人大臂和小臂均采用平行四边形活动框架结构，由对角线电动缸驱动的结构形式，通过控制平行四边形对角线上的电动缸的伸缩运动，实现机械臂的水平和竖直运动。

1）大臂　大臂关节的位置和姿态影响着机械臂末端的受力与驱动。大臂推杆的结构如图 2-12 所示。

图 2-12 中，电动缸由伺服电机经安全离合器驱动滚珠丝杠做回转运动，滚珠丝杠经预

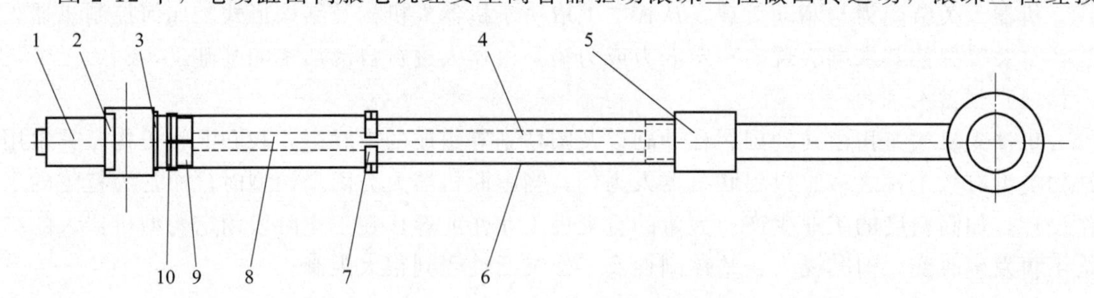

图 2-12　大臂推杆结构示意图

1—伺服电机；2—安全离合器；3—调整垫片；4—推杆；5,10—密封端盖；6—缸体；7—预压型双螺母；8—滚珠丝杠；9—轴承

压型双螺母将旋转运动转换为螺母及推杆的直线运动，通过缸体内壁加工的导向槽限制螺母的回转自由度。电动缸中的滚珠丝杠传动副采用双螺母预加载荷的方式来消除反向传动间隙并提高滚珠丝杠的刚度。

2）基座　机器人操作过程中，电机启动会引起基础部件振动、基础部件带动基座产生弹性振动等。由于基座与臂杆间存在着耦合关系，所以易造成末端轨迹偏差。为了提高机器人精度，设计基座结构时应加以考虑，基座提供回转运动，如图 2-13 所示。

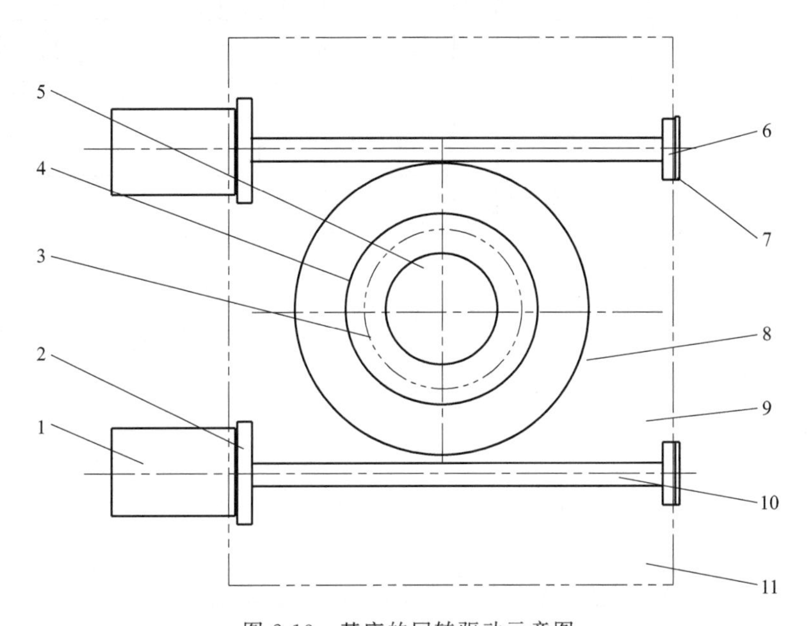

图 2-13　基座的回转驱动示意图

1—伺服电机；2—密封端盖；3—回转台用轴承；4—立柱；5—回转轴；6—轴承；7—端盖；8—蜗轮；9—箱体；10—蜗杆；11—基础部件

图 2-13 中的两台伺服电机与蜗杆分别对称布置在蜗轮的两侧并共同驱动蜗轮转动，蜗轮通过回转轴带动机器人立柱完成回转动作。采用双电机驱动的结构形式，可通过双电机主动消隙控制来消除蜗轮蜗杆副的传动间隙，以提高回转运动精度。此外，通过蜗轮蜗杆的大传动比可以实现减速的功能。当考虑基座的传动误差时，可采用级联控制法，抑制关节空间机械臂基座与关节的双重振动。

3）腕部　腕部的结构决定了腕关节的活动空间，是衡量腕关节工作性能的重要指标。其结构示意图如图 2-14 所示。

腕部结构基于差动原理设计，其传动示意图如图 2-15 所示。

图 2-15 所示传动原理主要由第一差动输入、第二差动输入及差动输出三个部分组成。第一差动输入包括蜗杆、蜗轮及锥齿轮；第二差动输入与第一差动输入关于 U 形支承对称并安装于 U 形支承件的外侧；差动输出部分主要包含锥齿轮及摆轴。

通过控制两侧蜗轮的转动使得腕部实现俯仰轴及摆轴两个自由度的回转运动，也可以采用消隙控制实现无间隙传动。由于腕关节机构本身的结构特点，使得运动受到约束，为实现腕部传动部件的合理布置并保证传动零部件工作在封闭空间内，支承件内外两侧锥齿轮与蜗轮分别通过传动轴和中空传动轴连接，其轴向位置均可通过套筒进行调整。

针对机器人各关节，应设计必要的防护环节。例如，机械臂做相对回转运动的大臂、小臂等杆件间均通过密封圈实现密封；关节转动副外部采用端盖密封，以实现对回转关节内部轴承的防护；电动缸的推杆伸出部分可采用褶皱保护罩进行完全防护，以有效地避免推杆暴露在外导致污物、异物等进入电动缸，影响滚珠丝杠的使用寿命。

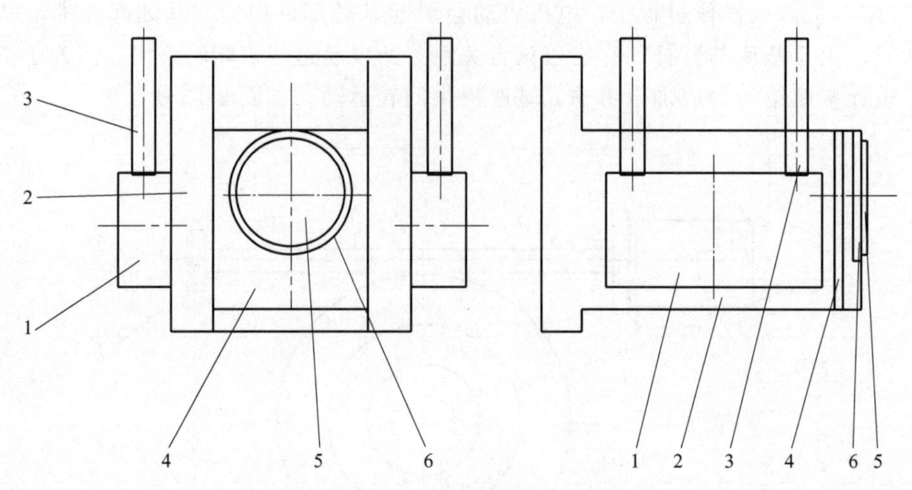

图 2-14　腕部结构示意图

1—蜗轮蜗杆减速箱体；2—U 形支承；3—伺服电机；4—密封端盖；5—仰俯部件；6—输出端盖

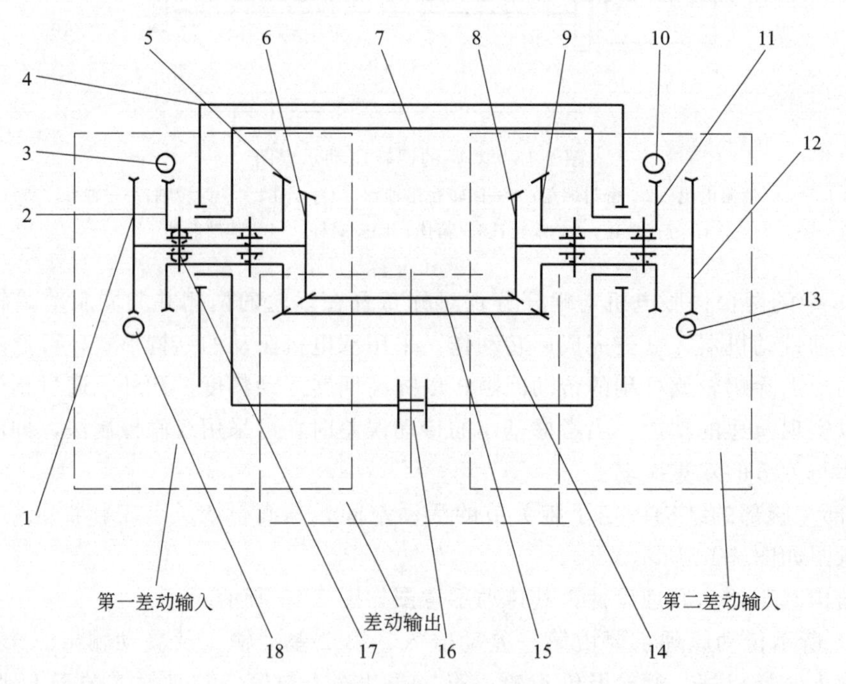

图 2-15　腕部传动示意图

1,12—主动蜗轮；2,11—从动蜗轮；3,10—从动蜗杆；4—U 形支承；5,9—从动锥齿轮；6,8—主动锥齿轮；7—仰俯部件；13,18—主动蜗杆；14—大锥齿轮；15—小锥齿轮；16—摆动摆轴；17—轴承

（2）*机器人受力及功率分析*

机器人驱动为机器人发出动作提供动力。以串联机器人为例，分析机械手臂的驱动功率，其串联机器人结构及工作空间布置如图 2-16 所示。

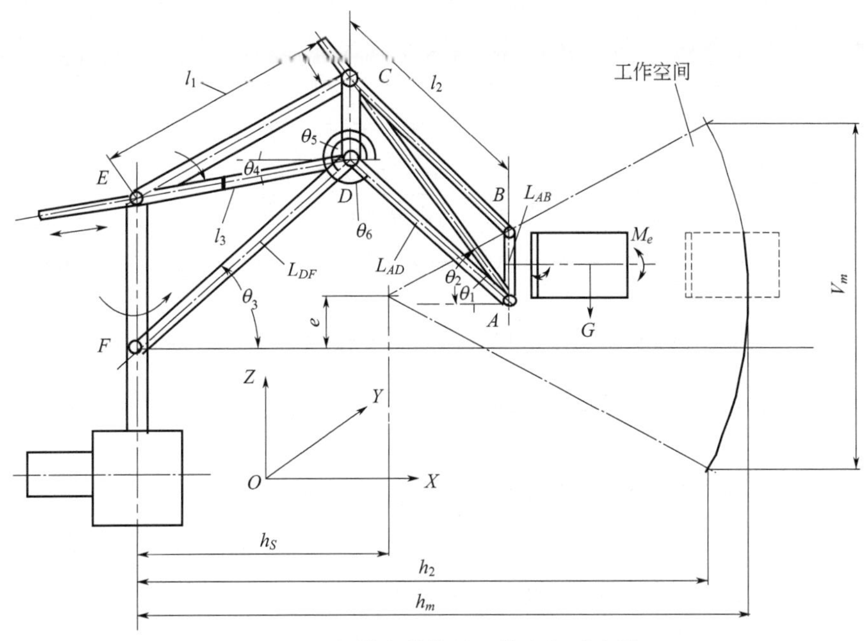

图 2-16　机器人结构及工作空间示意图

该机器人采用平行四杆机构，刚性好，负载能力强。参数要求包括：机器人小臂运动角度，小臂对角线上电动缸与水平方向倾斜角，大臂与水平方向的俯仰运动夹角，大臂对角线上电动缸与水平方向倾斜角及机器人水平方向可以到达的距离或空间范围等。机器人结构及工作空间的主要参数如图 2-16 所示。

1）机器人大臂和小臂与外部载荷关系　机器人大臂和小臂对角线电动缸所受载荷 F_{DE}、F_{AC} 与外部载荷关系可表示为式(2-61)。

$$\begin{cases} F_{AC}=\dfrac{\cos\theta_1}{\sin(\theta_2-\theta_1)}G \\ F_{DE}=\dfrac{\cos\theta_3}{\sin(\theta_3+\theta_4)}G \end{cases} \tag{2-61}$$

式中，θ_1、θ_2、θ_3、θ_4 为杆件之间夹角；G 为重力负载。

平行四边形框架杆件的受力与外部载荷关系为式(2-62)。

$$\begin{cases} F_{BC}=\dfrac{1}{L_{AB}\cos\theta_1}M_e \\ F_{AD}=\dfrac{-\cos\theta_2}{\sin(\theta_2-\theta_1)}G-F_{BC}=\dfrac{1}{L_{AB}\cos\theta_1}M_e \\ F_{CD}=-\dfrac{\cos\theta_1\sin\theta_2}{\sin(\theta_2-\theta_1)}(1+\cot\theta_2\tan\theta_3)G-\dfrac{1}{L_{AB}}(\tan\theta_1+\tan\theta_3)M_e \\ F_{CB}=\dfrac{\cos\theta_1\sin\theta_2}{\sin(\theta_2-\theta_1)\cos\theta_3}G-\dfrac{1}{L_{AB}\cos\theta_3}M_e \\ F_{DF}=-\left[\dfrac{\cos\theta_1\sin\theta_2}{\sin(\theta_2-\theta_1)\cos\theta_3}+\dfrac{\cos\theta_3}{\sin(\theta_3+\theta_4)}\right]G-\dfrac{1}{L_{AB}\cos\theta_1\cos\theta_3}M_e \end{cases} \tag{2-62}$$

式中，F_i 为杆件 i 作用力；M_e 为外部弯矩；L_{AB} 为杆件 AB 长度。

由式(2-61) 可得到大臂和小臂电动缸/电机驱动转矩 T_{DE}、T_{AC} 与外部载荷的关系，为式(2-63)。

$$\begin{cases} T_{AC}=\dfrac{F_{AC}p_{AC}}{2\pi\eta_1}=\dfrac{p_{AC}\cos\theta_1}{2\pi\eta_1\sin(\theta_2-\theta_1)}G \\ T_{DE}=\dfrac{F_{DE}p_{DE}}{2\pi\eta_2}=\dfrac{p_{DE}\cos\theta_3}{2\pi\eta_1\sin(\theta_3+\theta_4)}G \end{cases} \tag{2-63}$$

式中，p_{AC}，p_{DE} 分别为小臂和大臂的丝杠导程；η_1，η_2 分别为小臂和大臂的丝杠传动效率。

2）机器人大臂和小臂的驱动功率　机器人大臂和小臂的驱动功率可以表示为式(2-64)。

$$\begin{cases} P_B=\dfrac{1}{9550}\times\dfrac{v_B}{p_{DE}}T_{DE}=F_{DE}v_B \\ P_S=\dfrac{1}{9550}\times\dfrac{v_S}{p_{AC}}T_{AC}=F_{AC}v_S \end{cases} \tag{2-64}$$

其中

$$\begin{cases} v_B=L_{DF}\omega_B\sin(\theta_5-\theta_3) \\ v_S=L_{AD}\omega_S\sin(\pi-\theta_2-\theta_6) \end{cases} \tag{2-65}$$

式中，v_B，v_S 分别为大臂和小臂电动缸伸缩速度；ω_B，ω_S 分别为大臂和小臂的角速度；L_{DF}，L_{AD} 分别为大臂和小臂的长度。

3）机器人驱动能耗　上述串联机器人，若忽略功率损失等因素，在连续工作时间段（$0\sim T_0$）内，机器人驱动能耗可以表示为式(2-66)。

$$E=\int_0^{T_0}(P_S+P_B)\mathrm{d}t \tag{2-66}$$

当该机器人具体参数给定时，则可以据此公式得出相应数值。

4）机器人驱动功率　以四自由度机器人为例讨论其驱动功率的计算。设四自由度机器人结构如图 2-17 所示。

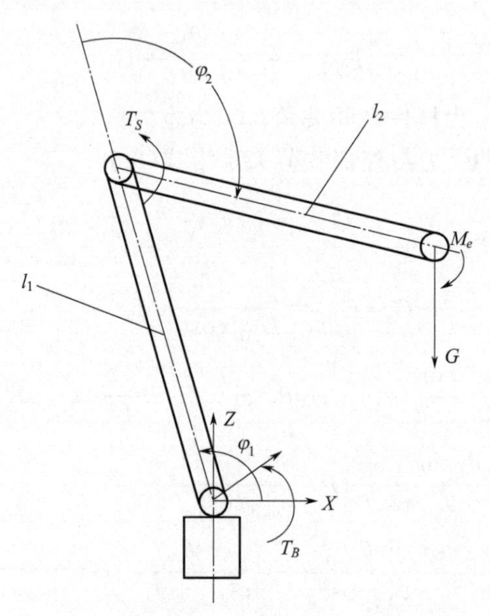

图 2-17　四自由度机器人结构

图 2-17 中机器人为四自由度，多用于搬运、码垛等场合，当用于重载时需考虑其大小臂驱动与承受能力。

根据图中机器人的结构关系，对应其小臂及大臂的驱动转矩可以表示为式(2-67)。

$$\begin{cases} T_S = l_2\cos(\varphi_1+\varphi_2)G+M_e \\ T_B = [l_1\cos\varphi_1+l_2\cos(\varphi_1+\varphi_2)]G+M_e \end{cases} \tag{2-67}$$

式中，l_1，l_2 分别为大臂和小臂长度；φ_1，φ_2 为杆件之间夹角。

小臂及大臂的驱动功率可以表示为式(2-68)。

$$\begin{cases} P_{IRS} = \dfrac{n_S T_S}{9550} \\ P_{IRB} = \dfrac{n_B T_B}{9550} \end{cases} \tag{2-68}$$

式中，n_S，n_B 分别为小臂和大臂的转速。

机械臂驱动负载所需消耗的驱动能量为式(2-69)。

$$E = \int_0^{T_0} (P_{IRS} + P_{IRB})\mathrm{d}t \tag{2-69}$$

当该机器人具体参数给定时，则可以根据式(2-69) 得出相应数值。

需要说明的是，计算机器人关节受力及驱动时不要忽视机器人结构的影响，即由机器人结构带来的误差影响。

① 平行四杆机构误差　在进行分析时将四杆机构作为理想的平行四边形，但由于杆件加工装配误差，四杆机构并不是理想的平行四边形，对于非理想的平行四边形结构，关节的实际转角与模型将存在偏差。同时，机器臂的自重也将造成关节的转角误差。因此，对于含平行四杆机构的机器人，关节处的转角误差既包含四杆机构的传动误差，又包含杆件自重及外加负载导致的柔性误差。

② 传动误差　由于各杆件在加工装配时存在误差，实际的平行四杆机构与理想模型存在着偏差，因此被动转角与主动转角的关系也将存在偏差。而且，由于被动关节转角是通过主动关节转角计算得到，主动关节的转角误差也将传递至被动关节的转角上。

③ 柔性误差　杆件自重的力矩作用在关节转轴上引起柔性误差。

④ 末端关节误差。

2.2 工业机器人基本参数

工业机器人基本参数表达了机器人基本结构、特征、性能及应用状况等。工业机器人的结构和类型很多，从材料搬运到机器维护，从焊接到切割，等等[69-71]。工业机器人产品较多，人们需要做的或许是：确定想要机器人干什么，或者在结构和类型众多的机器人中如何选择合适的一款。此时，工业机器人的基本技术参数便起着决定性的作用。工业机器人基本参数包括机器人负载、最大运动范围、自由度、精度及机器人重量和材料等。由于机器人的结构、用途和用户要求的不同，机器人基本参数的内容和数值差异均较大。

2.2.1 机器人负载

机器人负载是指机器人在工作时能够承受的最大载重，即机器人在工作范围内的任何位姿上所能承受的最大负载，它通常用质量、力矩、惯性矩表示。承载能力不仅取决于负载的质量，而且还与机器人运行的速度和加速度的大小和方向有关。一般低速运行时承载能力大，为安全考虑，规定在高速运行时所能抓取的工件质量作为承载能力指标。确定机器人负载时首先要知道机器人将从事何种工作，之后才是考虑负载数值。如果需要将零件从一台设备上搬至另外一处，就需要将零件重量和机器人抓手重量合并计算在负载内。

2.2.2 最大运动范围

机器人的最大运动范围是指机器人手臂或手部安装点所能达到的所有空间区域，即机器人的工作范围。其空间形状取决于机器人的自由度数和各运动关节的类型与配置。机器人所具有的自由度数目和机器组合决定着其运动图形的形状，而自由度的变化量即直线运动的距离和回转角度的大小，则决定着运动图形的大小。机器人工作范围的形状和大小均十分重要，机器人在执行作业时可能会因为存在手部不能达到的作业死区而无法完成工作任务。

在设计或选择机器人时，不仅要关注机器人负载，而且要关注其最大运动范围，需要了解机器人要到达的最大距离。例如，机器人制造公司会给出机器人的运动范围，用户可以从中查阅是否符合其应用的需要。

机器人的最大垂直运动范围是指机器人腕部能够到达的最低点（通常低于机器人的基座）与最高点之间的范围。机器人的最大水平运动范围是指机器人腕部能水平到达的最远点与机器人基座中心线的距离。另外，还需要参考最大动作范围（一般用运行角度表示）。规格不同的机器人最大运动范围区别很大，而且对某些特定的应用存在限制。

末端执行器的运动范围与其工作空间和执行部位有关，因为末端执行器的尺寸和形状是多种多样的，为了真实反映机器人的特征参数，这里指不安装末端执行器时的工作区域。按照执行部位的不同分别有点式末端执行器、线式末端执行器和面式末端执行器等。

（1）点式末端执行器

点式末端执行器的执行部位是一个点。例如电焊机器人末端执行器对应的工作空间。点式执行器工作空间是由若干点构成，从点到点必然经过一个连续的路径，因此点执行器的工作空间至少由一条路径构成，即至少有一个线性工作空间。许多装配机器人，在一个时段内，反复重复一个动作，从一点取元件，传递到另一个点装配元件，就属于这种情况。执行器实际工作时真正的点、数学上的点是没有的，一般是一个面。

（2）线式末端执行器

线式末端执行器的执行部位是一条线。例如手术机器人的末端执行器的执行部位对应的工作空间，线执行器的操作部是一条线段。一些手术机器人，手术刀可以看作是一条线段，虚拟车刀也可以看作是一条线段。确定一条线段的位置和姿态，执行器至少要有三个自由度，其工作空间是一个二维空间。

（3）面式末端执行器

面式末端执行器的执行部位是一个面。例如，喷漆机器人的末端执行器的执行部位对应的工作空间，面执行器的操作部是一个面。对于某些喷漆机器人、空中对接机器人，在工作空间内确定一个面的位置和姿态时，执行器至少要有四个自由度，其工作空间是一个三维空间。

（4）体式末端执行器

体式末端执行器的执行部位对应的工作空间是一个三维体。例如，飞行模拟机器人的执行器的执行部位对应的工作空间，体执行器的操作部是一个三维形体。对于某些飞行模拟机器人，在工作空间内确定一个三维形体的位置和姿态时，至少要有四个自由度，其工作空间是一个三维空间。

此外，还有混合末端执行器。混合末端执行器是上述几种执行器的组合。

最大运动范围或机器人工作空间通常用图解法和解析法两种方法进行表示。

2.2.3 自由度

物体能够相对于坐标系进行独立运动的数目称为自由度（Degrees of Freedom，DoF）。例如，刚体具有 6 个自由度，分别为 3 个旋转自由度 R_1、R_2、R_3 和 3 个平移自由度 T_1、T_2、T_3，如图 2-18 所示。质点在三维笛卡儿空间具有 2 个自由度，在平面内具有 2 个自由度。单位矢量在三维笛卡儿空间具有 2 个自由度。

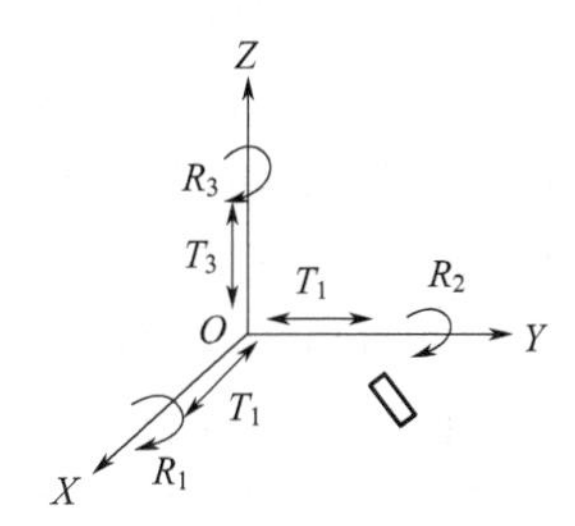

图 2-18　刚体的自由度

机器人的自由度是指确定机器人手部在空间位置和姿态时所需要的独立运动参数的数目，也就是机器人具有独立坐标轴运动的数目。工业机器人的自由度数取决于作业目标所要求的动作。对于只进行二维平面作业的机器人，有 3 个自由度就够了。如果执行器需要具有任意的位姿，机器人至少需要有 6 个自由度。如果机器人需要回避障碍，则需要 6 个以上的自由度。机器人常用的自由度数一般为 5～6 个，手指的开、合，以及手指关节的自由度一般不包括在内。机器人的操作臂用于调整末端执行器在空间的位置，一般具有 3 个自由度。

机器人轴的数量决定了其自由度，轴的数量选择通常取决于具体的应用。如果只是进行一些简单的应用，例如在传送带之间拾取—放置零件，那么四轴的机器人就足够了。如果机器人需要在一个狭小的空间内工作，而且机械臂需要扭曲或反转，六轴或者七轴机器人是最好的选择[72]。

机器人自由度取决于其可运动的关节数。关节数越多，自由度越高，运动精准度也越出色，同时需要的伺服电机数量相对较多。换言之，越精密的工业机器人，其内的伺服电机数量越多。需要注意的是，轴数多并不只为灵活性，机器人轴数多还可以有更多的应用。轴到用时方恨少，但是轴多时也有缺点，例如，对于六轴机器人，如果只需要其中的四轴，但还是得为剩下的那两个轴编程。机器人说明书中，倾向于用稍微有区别的名字为轴或者关节进行命名，也有一些厂商则使用字母为轴或关节命名。一般来说，最靠近机器人基座的轴或关节为 J_1，接下来是 J_2、J_3、J_4，以此类推，直到腕部。

2.2.4 精度

机器人精度主要是指机器人定位精度和机器人末端位姿精度。

（1）机器人定位精度

机器人定位精度即评估机器人实现末端姿态的精确程度，主要包括重复定位精度和绝对定位精度。重复定位精度是指机器人重复到达某一目标位置的差异程度，或在相同的位置指令下，机器人连续重复若干次其位置的分散情况，主要是由随机性误差产生。绝对定位精度是指机器人到达指定位姿的准确程度，即机器人实际到达的位置和姿态与控制指令期望到达的位置和姿态之间的偏差，绝对定位精度主要是由机器人系统原理性误差产生[73-75]。重复定位精度体现了机器人系统自身控制的一致性及本体结构的稳定性，而绝对定位精度体现了机器人系统本体模型的准确性及其与外部系统关联模型的准确性。原理上，机器人重复定位精度是绝对定位精度的前提，也是机器人定位误差补偿的上限。

影响机器人定位精度的因素众多，通常可以分为两类：静态因素和动态因素。其中静态因素是指作用效果不随环境、姿态等条件变化而变化的误差源，主要包括控制系统的误差、机器人运动学模型参数的实际值与名义值之间的偏差。动态因素是指作用效果随环境、姿态、负载等条件变化而变化的误差源，主要包括机器人自重、外加负载、惯性力等因素引起的杆件和关节振动或弹性变形，以及环境变化引起的模型参数误差。机器人最终的定位精度是两类因素共同作用的结果，而且各因素在不同的情况下对机器人定位精度的影响程度不同，试图对各因素单独分析建模与误差补偿，将导致整个精度分析工作变得相当繁杂。因此，应深入探究各影响因素的作用规律，对显著误差源进行归类，建立可靠的定位误差模型或相应的补偿机制，从而实现机器人定位精度的综合补偿[76-79]。

重复精度是机器人在完成每一个循环后，到达同一位置的精确度或差异度。机器人重复精度用于衡量一列误差值的密集程度，即重复度。重复精度的选择取决于应用，例如，如果用于制造电路板，这就需要一台超高重复精度的机器人；如果所从事的应用精度要求不高，那么机器人的重复精度也不必太高，以免产生不必要的费用。对于串联机器人由于其自身的定位精度不高，且随着机器人的使用和磨损，绝对定位精度下降得很快，使得机器人的重复性定位精度更低。设计时，重复精度在二维视图中通常用“±”表示其数值。

(2) *机器人末端位姿精度*

机器人末端位姿（即位置和姿态）误差测量是决定机器人标定精度的另一个重要因素[80]。目前绝大多数的机器人标定方法都是基于末端位置测量，常用的测量仪器有球杆仪、经纬仪系统、全站仪、三坐标测量机、摄影测量系统及激光跟踪仪等[81-87]。

机器人末端位姿精度的影响因素分为静态因素与动态因素两种。机械手位姿精度的影响因素很多，使得对机械手的精度与位姿误差补偿的研究有一定的难度。末端执行器往往会偏离理论作业位置，导致工作精度降低。

例如，对于 6 自由度机器人，机器人的每个关节均影响机器人末端位姿精度。每个关节影响机器人末端位姿精度的误差参数共有 6 个，如式(2-70) 所示。

$$\mathbf{V}=[\theta_{ex},\theta_{ey},\Delta\theta,r_{ex},r_{ey},r_{ez}] \tag{2-70}$$

式(2-70) 中，前 3 项可以表示综合因素影响下轴线偏转的角度误差，后 3 项表示轴线偏移的距离。

因为各误差参数对末端位姿的影响是独立作用的，所以应对各误差参数单独进行分析。在各误差参数允许的范围内，就某一误差参数，保持其他误差参数值不变，依次连续随机取 n 个对应参数值，分析其对末端位置（不考虑姿态）误差影响的分布情况。最后，求出各个误差参数独立作用时末端实际位置与理想位置的偏差，即式(2-71)。

$$\Delta_{ei}=\sqrt{(x_i-x)^2+(y_i-y)^2+(z_i-z)^2} \tag{2-71}$$

式中，x、y、z 为机器人末端执行器在空间中的理想位置；x_i、y_i、z_i 为含误差参数时机器人末端执行器在空间中的实际位置；Δ_{ei} 为机器人末端执行器在空间中理想位置与实际位置的偏差值。

将 n 次取值后得到的平均偏差 K 作为误差参数灵敏度评价指标，则有式(2-72) 成立。

$$K=\sum_{i=1}^{n}\Delta_{i}/n \tag{2-72}$$

式中，Δ_i 为第 i 个关节影响机器人末端位姿精度的偏差。

广义上来说，机器人精度与误差测量有关，因为机器人精度补偿效果直接取决于误差测量的质量。通过高精度测量设备获取的机器人实际定位误差数据是参数识别和误差估计的原始依据。误差测量的质量主要与所使用的测量工具和测量方法相关，实际应用中，工业机器人是由多关节串联铰接而成的开链机构，其末端位姿的实现需要对各关节独立且精确地控制。

2.2.5 速度

速度是指机器人在工作载荷条件下匀速运动过程中，其机械接口中心或工具中心点在单位时间内所移动的距离或转动的角度。

机器人产品说明书中一般提供了主要运动自由度的最大稳定速度，但是在实际应用中仅考虑最大稳定速度是不够的。这是因为运动循环包括加速启动、等速运行和减速制动三个过程。如果最大稳定速度高于允许的极限加速度，则加减速的时间就会长一些，即有效速度就要低一些。所以，在考虑机器人运动特性时，除了要注意最大稳定速度外，还应注意其最大允许的加减速度。用户需求不同速度也不同，通常它取决于工作需要完成的时间。规格表上通常只给出最大速度，机器人能提供的速度介于 0 和最大速度之间。一些机器人制造商还给出了最大加速度。

2.2.6 机器人重量

机器人重量由多个部分组成，每一个零部件也有不同的重量。机器人重量是设计者关注的重要参数，它影响着机器人刚度、速度、柔性及其他参数的设计，也是机器人本体设计的必要参数。同时，机器人重量也是应用者关注的一个重要参数，例如，如果工业机器人需要安装在定制的工作台甚至轨道上，就需要知道它的重量并设计相应的支承。

2.2.7 制动和惯性力矩

制动是指使运行中的机器人停止或减低速度的动作。制动方式有油压、机械、气压、真空助力气压、弹簧储能及电磁涡轮缓速器等多种方式。例如，在机器高速轴上固定一个轮或盘，在基座上安装与之相适应的闸瓦、带或盘，在外力作用下使之产生制动力矩，之后便可以产生制动。

惯性力矩是指机器人在受到力矩作用时绕轴线转动的数值，惯性力矩也是一种转矩，由其本身质量产生并且与质量和惯性有关。机器人每个杆件上均存在惯性力和惯性力矩。

制动和惯性力矩对于机器人的安全是至关重要的，为了在工作空间内确定精准和可重复的位置，机器人需要足够量的制动和惯性力矩。同时，也应该关注机器人各轴的允许力矩，例如，当需要一定的力矩去完成某应用时，就应该检查该轴的允许力矩是否能够满足要求，否则，机器人很可能会因为超负载而出现故障。

通常，机器人制造商会给出制动系统的相关信息，某些机器人会给出所有轴的制动信息，因此，对于用户而言，机器人特定部位的惯性力矩可以向制造商索取。

2.2.8 防护等级

防护等级取决于机器人的应用环境。通常是按照国际标准选择实际应用所需的防护等级，或者按照当地的规范选择。一些制造商会根据机器人工作的环境不同为同型号的机器人提供不同的防护等级。例如，机器人与食品相关的产品、实验室仪器、医疗仪器一起工作或者处在易燃的环境中，其所需的防护等级各有不同。

2.2.9 机器人材料

机器人材料的种类较多，有金属材料、非金属材料、复合材料。按照功能分有结构材料、涂装材料及控制材料等类型。工业机器人常用材料主要有不锈钢、铝合金、钛合金铸铁及钣金等。

（1）碳素结构钢和合金结构钢

这类材料强度好，特别是合金结构钢，其强度增大数倍，弹性模量 E 大，抗变形能力强，是应用最广泛的材料。

（2）铝、铝合金及其他轻合金材料

这类材料的共同特点是质量轻，弹性模量 E 并不大，但是材料密度 ρ 小，故 E/ρ 仍可与钢材相比。有些稀贵铝合金的品质得到了明显的改善，例如添加锂的铝合金，弹性模量增加，E/ρ 增加。

（3）纤维增强合金

这类合金如硼纤维增强铝合金、石墨纤维增强镁合金等，这种纤维增强金属材料具有非常高的 E/ρ，但价格昂贵。

（4）陶瓷

陶瓷材料具有良好的品质，但是脆性大，不易加工。日本已经在小型高精度机器人上使用陶瓷。

（5）纤维增强复合材料

这类材料具有极高的 E/ρ，而且还具有十分突出的大阻尼的优点。传统金属材料不可能具有这么大的阻尼，所以在高速机器人上应用复合材料的实例越来越多。

（6）黏弹性大阻尼材料

增大机器人连杆件的阻尼是改善机器人动态特性的有效方法。目前有许多方法用来增加结构件材料的阻尼，其中最适合机器人的一种方法是用黏弹性大阻尼材料对原构件进行约束层阻尼处理。

参考文献

[1] 陆冬平. 仿生四足一轮复合移动机构设计与多运动模式步态规划研究 [D]. 合肥：中国科学技术大学，2015.

[2] 向博，高丙团，张晓华，等. 非连续系统的 Simulink 仿真方法研究 [J]. 系统仿真学报，2006，18（7）：1750-1754.

[3] MAKOTO Y，JUN I，AKINORI O. Adaptive control of a skid-steer mobile robot with uncertain cornering stiffness [J]. Mechanical Engineering Journal，2015，2（4）：1-14.

[4] CORRADINI M L，LEO T，ORLANDO G. Experimental testing of a discrete-time sliding mode controller for trajectory tracking of a wheeled mobile robot in the presence of skidding effects [J]. Journal of Robotic Systems，19（4）：

177-188.
[5] 成贤锴，顾国刚，陈琦，等. 基于样条插值算法的工业机器人轨迹规划研究 [J]. 组合机床与自动化加工技术，2014，(11)：122-124.
[6] 杨璟，韩旭里. 插值区间型数据的鲁棒均匀 B-样条模型 [J]. 图学学报，2019，40 (3)：429-434.
[7] HU C，MAEKAWA T，SHERBROOKE E C，et al. Robust interval algorithm for curve intersections [J]. Computer-Aided Design，1996，28 (6-7)：495-506.
[8] AVERBAKH I，FANG S，ZHAO Y. Robust univariate cubic L2 splines：interpolating data with uncertain positions of measurements [J]. Journal of Industrial and Management Optimization，2009，5 (2)：351-361.
[9] 崔浩，戈新生. 自由漂浮空间机器人运动规划的多项式插值法 [J]. 北京信息科技大学学报，2019，34 (4)：17-23.
[10] 潘霄，叶小岭，熊雄，等. 基于三次样条插值的探空气温质量控制研究 [J]. 气象研究与应用，2019，40 (2)：90-93.
[11] 张一巍，张永民，黄元庆. 用高阶多项式插值解决机器人运动轨迹规划中的约束问题 [J]. 机器人技术与应用，2002，(2)：19-21.
[12] AVERBAKH I，ZHAO Y. Robust univariate spline models for interpolating interval data [J]. Operations Research Letters，2011，39 (1)：62-66.
[13] 王飞，陈发来，童伟华. 插值曲率线与特征线的 B 样条曲面构造 [J]. 计算机辅助设计与图形学学报，2018，30 (12)：2193-2202.
[14] 李林峰，马蕾. 三次均匀 B 样条在工业机器人轨迹规划中的应用研究 [J]. 科学技术与工程，2013，13 (13)：3621-3625.
[15] LAZANO-PEREZ T. Automatic planning of manipulator transfer movements [J]. IEEE Transactions on Systems，Man，and Cybernetics，1981，11 (10)：681-698.
[16] WEBER H. A motion planning and execution system for mobile robots driven by stepping motors [J]. Robotics and Autonomous Systems，2000，33 (4)：207-221.
[17] 赵东辉，李伟莉. 改进人工势场的机器人路径规划 [J]. 机械设计与制造，2017，(7)：252-255.
[18] 仇恒坦，平雪良，高文研，等. 改进人工势场法的移动机器人路径规划分析 [J]. 机械设计与研究，2017，33 (4)：36-40.
[19] 刘晓磊，蒋林，金祖飞，等. 非结构化环境中基于栅格法环境建模的移动机器人路径规划 [J]. 机床与液压，2016，44 (17)：1-7.
[20] 张唐烁. 轮式移动机器人惯性定位系统的研发 [D]. 广州：广东工业大学，2014.
[21] 曾明如，徐小勇，罗浩，等. 多步长蚁群算法的机器人路径规划研究 [J]. 小型微型计算机系统，2016，37 (2)：366-369.
[22] 谢伟枫. 自移动式机器人自主导航研究的新进展 [J]. 江苏科技信息，2015，(6)：49-50.
[23] 霍凤财，任伟建，刘东辉. 基于改进的人工势场法的路径规划方法研究 [J]. 自动化技术与应用，2016，35 (3)：63-67.
[24] BROOKS R，ROBIS A. Layered control system for a moile robot [J]. IEEE Trans on Robotics & Automation，1986，2 (1)：14-23.
[25] 王晓露. 模块化机器人协调运动规划与运动能力进化研究 [D]. 哈尔滨：哈尔滨工业大学，2016.
[26] 严钺，吴洪涛，申浩宇. 一种基于虚拟推力的冗余度机器人避障算法 [J]. 机械设计与制造，2016，(11)：5-8.
[27] 杨丽红，秦绪祥，蔡锦达，等. 工业机器人定位精度标定技术的研究 [J]. 控制工程，2013，20 (4)：785-788.
[28] 马西良，朱华. 对瓦斯分布区域避障的煤矿机器人路径规划方法 [J]. 煤炭工程，2016，48 (7)：107-110.
[29] 卢振利，谢亚飞，刘超，等. 基于幅值调整法的蛇形机器人避障研究 [J]. 高技术通讯，2016，26 (8-9)：761-766.
[30] 王巍，魏丁丁，李林茂. 仿人双机械臂协同建模与避障控制研究 [J]. 计算机仿真，2018，35 (11)：299-305.
[31] 白晶，于喜红，秦现生. 基于 PMAC 的码垛机器人模糊 PID 算法研究 [J]. 机械设计与制造工程，2016，45 (3)：46-49.
[32] 杨航，刘凌，倪骏康，等. 双关节刚性机器人自适应 BP 神经网络算法 [J]. 西安交通大学学报，2018，52 (1)：129-135.
[33] 姜明浩，陈洋，李威凌. 基于动态运动基元的移动机器人路径规划 [J]. 高技术通讯，2016，26 (12)：997-1005.

[34] 李长勇，蔡骏，房爱青，等.多传感器融合的机器人导航算法研究 [J].机械设计与制造，2017，(5)：238-240.

[35] YU J L，CHENG S Y，SUN Z Q，et al. An optimal algorithm of 3D path planning for mobile robots [J]. Journal of Central South University，2009，40 (2)：471-477.

[36] 高焕兵.带电抢修作业机器人运动分析与控制方法研究 [D].济南：山东大学，2015.

[37] 苏学满，孙丽丽，杨明，等.基于 matlab 的六自由度机器人运动特性分析 [J].机械设计与制造，2013，(1)：78-80.

[38] 周冬冬，王国栋，肖聚亮，等.新型模块化可重构机器人设计与运动学分析 [J].工程设计学报，2016，23 (1)：74-81.

[39] 吴挺，吴国魁，吴海彬.6R 工业机器人运动学算法的改进 [J].机电工程，2013，30 (7)：882-887.

[40] 那奇.四足机器人运动控制技术研究与实现 [D].北京：北京理工大学，2015.

[41] 田广军，谷栎娜，吕盼杰.一种旋转关节驱动装置及其电气驱动方案 [J].机械传动，2017，41 (5)：67-71.

[42] 蔡锦达，张剑皓，秦绪祥.六轴工业机器人的参数辨识方法 [J].控制工程，2013，20 (5)：805-808.

[43] 陈雪.二阶串联谐振系统 Matlab/Simulink 仿真 [J].长春工业大学学报，2011，32 (3)：243-246.

[44] 陈礼聪，柯建宏，代朝旭.关节型机器人运动仿真平台的研究 [J].组合机床与自动化加工技术，2014，(2)：69-71.

[45] 温锦华.续纱机器人及主控软件研究 [D].上海：东华大学，2015，2.

[46] 张凤，黄陆君，袁帅，等.NLOS 环境下基于 EKF 的移动机器人定位研究 [J].控制工程，2015，22 (1)：14-19.

[47] 刘洞波，刘国荣，喻妙华.融合异质传感信息的机器人粒子滤波定位方法 [J].电子测量与仪器学报，2011，25 (1)：38-43.

[48] 邓先瑞，聂雪媛，刘国平.WSNs 下移动机器人 HuberM-CKF 离散滤波定位 [J].计算机应用研究，2016，33 (6)：1839-1842.

[49] BORENSTEIN J，FENG L. Measurement and correction of systematic odometry errors in mobile robots [J]. IEEE Transactions on Robotics and Automation，1996，12 (6)：869-880.

[50] 郭戈，胡征峰，董江辉.移动机器人导航与定位技术 [J].微计算机信息，2003，19 (9)：10-11.

[51] 王鹏，李书杰，陈宗海.移动机器人定位方法研究综述 [C] //第 13 届中国系统仿真技术及其应用学术年会论文集. 2011：978-982.

[52] 杨云辉.基于单目视觉的工件定位技术研究.[J].电子科技，2019，32 (12)：72-75.

[53] 王颖，张波.传感器网络中利用反演集合估计的机器人定位方法 [J].计算机应用研究，2017，34 (4)：1055-1059.

[54] FOX D，BURGARD W，THRUN S. Active Markov Localization for Mobile Robots [J]. Robotics and Autonomous Systems，1998，25 (3-4)：195-207.

[55] LARKIN E，IVUTIN A，KOTOV V，et al. Generalized Model of Cyclic Dispatching Discipline in Mobile Robots Based on Swarm Systems [J]. Procedia Computer Science，2017，103：454-458.

[56] THRUN S. Learning metric-topological maps for indoor mobile robot navigation [J]. Artificial Intelligence，1998，99 (1)：21-71.

[57] BUSCHKA P，SAFFIOTTI A，WASIK Z. Fuzzy landmark-based localization for a legged robot [C] // Intelligent Robots and Systems，2000. (IROS 2000). Proceedings. 2000 IEEE/RSJ International Conference on. IEEE，2000：1205-1210.

[58] 谢伟枫.自移动式机器人自主导航研究的新进展 [J].江苏科技信息，2015，(6)：49-50.

[59] 徐世保，李世成，梁庆华.带电检修履带式移动机器人导航系统设计与分析 [J].机械设计与研究，2017，33 (3)：26-34.

[60] 陈赢峰.大规模复杂场景下室内服务机器人导航的研究 [D].合肥：中国科学技术大学，2017.

[61] 高健.小型履带式移动机器人遥自主导航控制技术研究 [D].北京：北京理工大学，2015.

[62] 鞠文龙.基于结构光视觉的爬行式弧焊机器人控制系统设计 [D].哈尔滨：哈尔滨工程大学，2014.

[63] 王宏健，李村，么洪飞，等.基于高斯混合容积卡尔曼滤波的 UUV 自主导航定位算法 [J].仪器仪表学报，2015，36 (2)：254-261.

[64] 郝昕玉，姬长英.农业机器人导航系统故障检测模块的设计 [J].安徽农业科学，2015，43 (34)：334-336.

[65] 朱江，雷云，刘亚利.一种基于无线电环境地图的路由优化机制 [J].电讯技术，2018，58 (9)：989-996.

[66] 赵建伟，张宏静，王洪燕，等.应用激光雷达构建室内环境地图的研究［J].机械设计与制造，2017，(5)：135-137.

[67] SMITH R C. On the representation and estimation of spatial uncertainty [J]. International Journal of Robotics Research，1986，5 (4)：56-68.

[68] 孙龙飞，房立金.机械手臂结构设计与性能分析［J].农业机械学报，2017，48 (9)：402-410.

[69] 叶艳辉.小型移动焊接机器人系统设计及优化［D].南昌：南昌大学，2015.

[70] 王殿君，彭文祥，高锦宏，等.六自由度轻载搬运机器人控制系统设计［J].机床与液压，2017，45 (3)：14-18.

[71] GUILLO M，DUBOURG L. Impact & improvement of tool deviation in friction stir welding：Weld quality & real-time compensation on an industrial robot [J]. Robotics and Computer Integrated Manufacturing，2016，39 (5)：22-31.

[72] 周会成，任正军.六轴机器人设计及动力学分析［J].机床与液压，2014，42 (9)：1-5.

[73] SAUND B，DEVLIEG R. High accuracy articulated robots with CNC control systems [J]. SAE International Journal of Aerospace，2013，6 (2)：780-784.

[74] DUMAS C，CARO S，Cherif M. Joint stiffness identification of industrial serial robots [J]. Robotica，2011，30 (4)：649-659.

[75] 尹仕斌.工业机器人定位误差分级补偿与精度维护方法研究［D].天津：天津大学，2015.

[76] 孙海龙，田威，焦嘉琛，等.基于关节反馈的机器人多向重复定位误差补偿［J].电气与自动化，2019，48 (1)：164-167+175.

[77] 李松洋.工业机器人定位精度补偿技术的研究与实现［D].无锡：江南大学，2017.

[78] 曾远帆.基于空间相似性的工业机器人定位精度补偿技术研究［D].南京：南京航空航天大学，2017.

[79] 张永贵，黄中秋.切削加工机器人的误差补偿研究［J].机械设计与制造工程，2018，47 (5)：19-22.

[80] NUBIOLA A，BONEV I A. Absolute calibration of an ABB IRB 1600 robot using a laser tracker [J]. Robotics and Computer Integrated Manufacturing，2013，29 (1)：236-245.

[81] WU P，KONG L，ZHANG S H. Research on simultaneous localization，calibration and mapping of network robot system [J]. Automatika，2015，56 (4)：466-477.

[82] NUBIOLA A，SLAMANI M，BONEV I A. A new method for measuring a large set of poses with a single telescoping ballbar [J]. Precision Engineering，2013，37 (2)：451-460.

[83] SANTOLARIA J，BROSED F J，VELAZQUEZ J，et al. Self-alignment of on-board measurement sensors for robot kinematic calibration [J]. Precision Engineering，2013，37 (3)：699-710.

[84] ALICI G，SHIRINZADEH B. A systematic technique to estimate positioning errors for robot accuracy improvement using laser interferometry based sensing [J]. Mechanism and Machine Theory，2005，40 (8)：879-906.

[85] 戴厚德，曾现萍，游鸿修，等.基于光学运动跟踪系统的机器人末端位姿测量与误差补偿［J］.机器人，2019，41 (2)：206-215.

[86] 李睿.机器人柔性制造系统的在线测量与控制补偿技术［D].天津：天津大学，2014.

[87] MOTTA J M S T，DE CARVALHO G C，MCMASTER R S. Robot calibration using a 3D vision-based measurement system with a single camera [J]. Robotics and Computer-Integrated Manufacturing，2001，17 (6)：487-497.

第3章 工业机器人系统与配置

工业机器人由主体、驱动系统和控制系统三个基本部分组成。机器人系统任何一个部件或者子模块的设计都会对机器人的整体功能和性能产生重要的影响。从系统论的角度来说，工业机器人作为工厂的生产设备之一，也可以归纳为现场设备。其系统设计的目的是按照任务要求实现机器人关键零部件运动和末端件作业。需要明确机器人系统组成、配置方案及成套装置等，如确定机器人规格和行程、选择元件和尺寸、构建硬件架构、开发软件、设计用户界面及性能评估等。

本章主要针对机器人系统组成、机器人配置方案及成套装置等进行探讨与分析。

3.1 机器人系统组成

简单的机器人系统主要进行点到点运动，只需要在关节空间对每个关节分别进行运动控制，不需要对机器人的末端运动轨迹进行控制，此时，仅需要保证机器人的运动平稳性。但是，当机器人实施轨迹跟踪运动时，则需要对各个关节按照联动进行控制，此时，机器人系统较为复杂。从本质上来讲，机器人系统就是将具有独立功能的个体组合成一个有机的整体。

下面仅从机器人被控部件、驱动及检测、控制平台及主要模块等几个方面对机器人系统进行分析。

3.1.1 被控部件

当将工业机器人视为一个被控系统时，其主要部件由驱动部分、传感部分、控制器、处理器及软件等组成。

(1) 驱动部分

在工业机器人中，驱动部分是机器人的“肌肉”。由于驱动部分是动力来源，同时又十分隐蔽，因此驱动部分对机器人的安全运行影响较大。

工业机器人常见的驱动包括电机、气缸及液压缸等驱动形式，也还有一些用于某些特殊场合的新型驱动器。例如，工业机器人驱动常采用无刷直流电机，但在长期工作过程中经常会发生发热和润滑不良故障。

超声电机（Ultrasonic Motor，USM）驱动控制方式可以调节驱动器输出信号的电压、频率以及两相输出信号之间的相位差等。由于超声电机驱动原理是建立在压电元件的超声振动力和机械摩擦力基础上的，这使得超声电机的模型变得非常复杂，而且电机的性能随工作温度、负载、转子速度、转动方向、电压及定转子压力的变化而变化。因此，超声电机的控制特性复杂且具有强非线性[1]。

为了实现超声电机快速、准确及稳定的控制，多种控制理论与方法被应用，例如模糊逻辑、神经网络和自适应控制方法等。模糊逻辑控制借助于人的经验，可以补偿系统的非线性，然而，它过多依赖设计者的直觉和经验。自适应控制可以自我调节控制器的参数来适应系统的变化，但是它往往需要系统的参考模型，这对超声电机来说是不实际的。神经网络控制可以处理系统复杂的非线性问题，但是它需要较长的训练和收敛时间。也有学者将模糊逻辑和神经网络结合起来，用模糊神经网络对超声电机进行运动控制，用模糊逻辑来描述行为，用神经网络来补偿参数的变化，但是这种方法增加了模糊逻辑规则的提炼，使控制系统变得更加复杂而难以实施[2]。

软体机器人的驱动方式有柔性流体驱动[3]、基于堵塞原理的半主动驱动[4]、嵌入柔软材料的可变长度驱动、电活性聚合物（Electroactive Polymers，EAP）软体驱动及特殊软体驱动[5] 等。

1）柔性流体驱动　柔性流体驱动主要是利用气、液等流体使软体机器人内部空腔收缩或膨胀，以达到运动的目的[6,7]。

2）基于堵塞原理的半主动驱动　半主动驱动主要是基于堵塞原理，使软体材料实现变刚度，以实现弯曲、扭转和伸展等运动[8,9]。

3）嵌入柔软材料的可变长度驱动　主要包括绳索驱动和形状记忆合金驱动。形状记忆合金驱动主要是在柔软材料里面嵌入形状记忆合金，对其加热，可产生形变。

4）电活性聚合物软体驱动　电活性聚合物软体驱动主要是利用电活性聚合物在外加电场时会产生弯曲、伸缩等形变的特性，实现软体机器人的运动[10,11]。

5）特殊软体驱动　例如，电磁驱动、基于可展机构的特种驱动、燃烧化学驱动等特殊的驱动方式也被广泛研究[12-14]。软体机器人设计所使用的材料都是柔软性材料，为了追求更大的自由度、灵活性、伸展性等特性，所选择的驱动方式的要求更为苛刻。

因此，不同驱动形式，由于本身的原理和作用不同，所以驱动部分通常受到系统其他部分的制约。

（2）传感部分

机器人准确的操作取决于其对自身状态、操作对象及作业环境的正确认识，这需要用到机器人传感部分，传感部分主要用来收集机器人内部状态的信息或用来与外部环境进行通信。

机器人传感按照用途可分为内部传感和外部传感两种。内部传感用于检测机器人自身状态，如速度、姿态及空间位置等。外部传感用于检测机器人与作业对象、作业环境之间的位置和作用关系，它类似于人的感觉器官。外部传感部分主要有视觉传感器、听觉传感器、触觉传感器、温度传感器及振动传感器等。在一般的工业机器人上通常安装的传感器有位移传感器、速度传感器、加速度传感器以及多维力传感器。

机器人传感部分和控制部分相互配合与协调。机器人控制部分需要知道每个连杆的位置才能知道机器人的总体构型。集成在机器人内部的传感部分将每一个关节和连杆的信息发送给控制部分，于是控制部分就能决定机器人的构型和作业状况。正如人在完全黑暗中也会知道胳膊和腿在哪里，这是因为肌腱内的中枢神经系统中的神经传感器将信息反馈给了人的大脑，大脑利用这些信息来测定肌肉伸缩程度进而确定胳膊和腿的状态。机器人配置的外部传感部分使机器人能与外界进行通信，装备有传感部分的机器人能灵敏地检测周围环境变化或者交互式接受指令。

机器人传感器是机器人技术研究和发展不可或缺的部件。目前，尽管机器人的感觉能力和处理意外事件的能力还很有限，但是，人们已经注意到了传感技术对于机器人智能化的重要意义。随着新材料、新技术的不断出现和研究，新型实用的机器人传感器将会获得更加迅速的发展。

（3）控制器

机器人控制器作为机器人的核心部分，是机器人的心脏，决定了机器人性能的优劣，并在一定程度上影响着机器人的发展。

机器人控制器从计算机获取数据、控制驱动器的动作，并与传感器反馈信息一起协调机器人的运动。例如，要机器人从箱柜里取出一个零件，它的第一个关节角度必须为确定的角度，如果第一关节尚未达到这一角度，控制器就会发出一个信号到驱动器（例如，输送电流到电机）使驱动器运动，然后通过关节上的反馈传感器（例如，电位器或编码器等）测量关节角度的变化，当关节达到预定角度时停止发送控制信号。同理，对于复杂的机器人，其运动速度和力也是由控制器进行控制的。

对于提高机器人系统的性能，采用控制器实现的方法和策略较多[15]。例如，利用非线性控制方法设计轨迹跟踪控制器，实现全局渐进稳定跟踪；采用自适应轨迹跟踪控制算法实现快速轨迹逼近；采用反演滑模设计控制器，使系统跟踪误差渐进收敛，以达到控制效果，等等。

对于直角坐标机器人（cartesian robot）运动控制，通常着重于对单轴进行跟踪控制，主要包括摩擦力补偿、前馈控制和扰动补偿等。但是，该方法对三轴同步、轨迹跟踪和轮廓误差控制的提升是有限的，系统外部扰动和参数摄动会严重影响三轴同步、轨迹跟踪及轮廓误差控制的精度[16]。此时，电机上可设计速度环滑模控制器，以抑制非周期干扰，设计位置环迭代学习控制器，以抑制周期性干扰和减小单轴跟踪误差。

由于人工智能、计算机科学、传感器技术及其他相关学科的长足进步，对机器人控制器的性能也不断提出更高的要求。对于不同类型的机器人，控制系统的综合方法有较大差别，其控制器的设计方案也各不相同。

（4）处理器

处理器通常指中央处理器（Central Processing Unit，CPU），是电子计算机的主要设备之一，电脑中的核心配件。其功能主要是解释计算机指令以及处理计算机软件中的数据。电脑中所有操作都由 CPU 负责读取指令，是对指令译码并执行指令的核心部件。

CPU 系列型号是指 CPU 厂商根据 CPU 产品的市场定位给属于同一系列的 CPU 产品确定一个系列型号，以便于分类和管理，一般而言系列型号是用于区分 CPU 性能的重要标识。主要厂商有 Intel 和 AMD。

对于机器人来说，处理器是机器人的大脑，用来计算机器人关节的运动，确定每个关节应移动多少、多远才能达到预定的速度和位置，并且监督控制器与传感器协调动作。工业机器人的处理器通常是一台专用计算机，该计算机也需要拥有操作系统、程序和像监视器那样的外部设备等。

(5) 软件

用于机器人的软件大致有三类。第一类是操作系统，用来操作计算机。第二类是机器人软件，该软件根据机器人运动方程计算每一个关节的动作，然后将这些信息传送到控制器，这种软件有多种级别，从机器语言到现代机器人使用的高级语言不等。第三类是例行程序集合和应用程序，这些软件是为了使用机器人外部设备而开发的，例如视觉通用程序；或者是为了执行特定任务而开发的程序。

目前，先进工业机器人的作业及状况是通过软件或建立平台实现的。通过对工业机器人操作机实施控制，完成特定的工作任务。例如，针对开放式控制系统的特点，以工业平板电脑和 PMAC（Programmable Multiple-Axis Controller）为基础，构建开放式硬件控制系统，基于 Visual C 进行上位机控制系统软件开发，等等。对此，机器人控制系统可以采用分级控制方式和模块化结构软件设计，上位机负责信息处理、路径规划、人机交互，下位机实现对各个关节的位置伺服控制；软件设计应便于增减机器人功能，并使系统具有良好的开放性和扩展性。

利用软件可以开发全新的机器人控制系统，提高模块间识别和通信可靠性，并增加模块的串联供电功能，等等[17]，为机器人整体协调运动提供可靠的硬件平台。通过虚拟仿真与实际步态映射机制和同步控制的实现，建立完善的机器人系统。

机器人软件与控制器、本体一样，一般由机器人厂家自主设计研发。目前国外主流机器人厂商的控制器均为在通用的多轴运动控制器平台基础上进行自主研发，各品牌机器人均有自己的控制系统与之匹配。

3.1.2 驱动及检测

驱动及检测是构建机器人系统的重要方面。需要对机器人的相关规格或参数进行制定或假设，对可获得的工作精度进行粗略的评估。机器人系统设计者，应广泛了解有关驱动及检测设备或元器件的特性及应用，以便于正确合理地进行选择。简单说来，伺服驱动和检测关键技术是机器人系统的主要方面。

(1) 伺服驱动

机器人系统中，常用伺服驱动电机。伺服驱动电机的选型主要原则是：a. 连续工作转矩＜伺服电机额定转矩；b. 瞬时最大转矩＜伺服电机最大转矩；c. 惯量比＜电机规定的惯量比；d. 连续工作速度＜电机额定转速。

(2) 检测关键技术

机器人系统中检测关键技术包括：数据获取、数据处理、数据拼接以及模型重建等。

主要的检测设备和方法包括：

1) 三坐标测量机　它为接触式测量，测量精度较高，通常是单点测量，测量效率较低；

2) 激光跟踪仪　它测量范围比较大，但因为多采用单点测量，测量效率低，价格昂贵；

3) 摄影测量　它是通过对光学摄影机摄取的二维影像进行处理和分析，单次测量范围大，但测前需贴标记点，耗时耗力，不适合大型复杂构件的测量；

4) 激光雷达　其测量精度高，测量范围大，但价格昂贵，测量误差随测量距离线性增大。

目前，大型复杂曲面构件的设计、制造以及检测是大型复杂曲面构件精确制造的关键问题。其中，检测主要是对制造的构件进行测量以评估其加工质量。大型复杂曲面构件的数字化三维重构为大型复杂曲面构件加工质量的高精度检测提供了重要手段，但是目前已有的大尺寸检测设备均存在价格昂贵、测量效率低、长距离精度无法保证的问题。因此，寻找高精高效的测量方法已成为大型复杂曲面构件测量亟待解决的问题。

当初步确定机器人规格或技术参数以后，可以用表格的形式示出其具体数值，以便于设备的使用、检测及规格控制。

3.1.3 控制平台

控制平台是以通信和网络技术为基础的控制系统，随着加工对象的工艺复杂化及综合要求越来越高，对工业机器人的控制系统要求也会随之提高。其控制平台的设计也愈加多样化。

控制平台主要涉及硬件结构、软件开发及用户界面等几个方面。

(1) 硬件结构

硬件结构是机器人系统不可缺少的构成部分。工业机器人硬件结构设计应包括控制计算机、示教盒、操作面板、数字和模拟量输入输出、传感器接口、轴控制器、辅助控制设备、通信接口及网络接口等。

对于机器人系统，主流的机器人架构主要有以控制卡为核心的控制架构和基于总线模式的控制架构。其中，以控制卡为核心的控制架构，其控制系统的开发受制于控制卡系统内部的算法，严重制约着该种架构的机器人系统开发；而基于总线模式的控制架构，其高速总线控制架构系统及分层控制的模式可实现复杂算法的计算，而且底层的控制接口设计简单，可以实现控制系统的模块化，易于实现后期电控系统调试等作业。

当机器人运行时，会受到其周围电气系统或设备产生的电磁等信号干扰。为了消除信号干扰，可以在电源主回路与负载之间安装滤波器。例如，某工业机器人的驱动电机选用交流伺服电机、运动控制模式为位置控制，此系统使用限位光隔板对限位、回零等标志信号增加光耦隔离，使用光隔接口板控制电磁阀的通断电状态，以此来控制系统的开合。

工业机器人系统使用示教方式时，示教盒需要完成示教工作轨迹和参数设定，以及所有人机交互操作。其中，操作面板由各种操作按键、状态指示灯构成，仅完成基本功能操作。此时，传感器接口用于信息的自动检测，而轴控制器则负责机器人各关节位置、速度和加速度控制。辅助控制设备用于和机器人配合的辅助设备控制，如变位器等。通信接口用于实现机器人和其他设备的信息交换，一般有串行接口、并行接口等。

硬件结构的基本配置应能满足最小速度和最大速度的要求。

移动机器人控制系统的硬件电路设计，应包括测距系统、驱动电路、前置放大电路、控制系统总体设计等硬件结构设计。其中，测距系统或许需要超声红外传感器、温度传感器等；驱动电路或许需要驱动直流电机和功率步进电机。为了使驱动机械手的步进电机获得足够的驱动电流，并提高控制信号的信噪比，需要进行前置放大电路的设计等。

(2) 软件开发

软件开发是根据用户要求开发出软件系统或者系统中软件部分的过程。软件开发是一项包括需求捕捉、需求分析与设计、需求实现和测试的系统工程。软件是研究机器人运动必不可少的工具。如在机器人运动仿真时，针对已经确定构型的机器人有相对成熟的仿真技术和仿真工具。

目前，有些商业的多体动力学仿真软件，通过模型导入、关节运动配置及其环境模型设定可以研究机器人在环境中的动力学运动效果，但是由于模块化机器人构型多变，对关节配置的繁杂操作费时费力[18,19]。

为了适应机器人多变的构型，往往不采用以鼠标操作为主的软件，而是选用支持脚本或者高级程序语言创建机器人构型的运动仿真软件，常见的该类商业机器人仿真软件有Webots、MSRS（Microsoft Robotics Studio）、V-REP（Virtual Robot Experimentation Platform）等。Webots目前已经在全世界多所大学及科研院所中使用，为全世界的使用者节省了大量的开发时间。MSRS为一个小规模团队秘密研发的机器人开发平台，目前针对教育学习者免费。V-REP是全球领先的机器人及模拟自动化软件平台，V-REP让使用者可以模拟整个机器人系统或其子系统（如感测器或机械结构），通过详尽的应用程序接口(API)，可以轻易地整合机器人的各项功能。V-REP可以在远程监控、硬件控制、快速原型验证、控制算法开发与参数调整、安全性检查、机器人教学、工厂自动化模拟及产品展示等各种领域中使用。

近几年出现的仿真平台还有Robot 3D和ReMod 3D。Robot 3D，具有群机器人运动、模块对接及机器人个体运动仿真等功能，其物理计算引擎采用ODE。ReMod 3D是针对模块化机器人的高效运动仿真软件，该软件采用PhysX物理引擎做物理计算，除Robot 3D具有的功能外，还增加了运动学解算和轮式小车等附加功能。因为PhysX引擎支持仿真计算的多核多线程自动加速，所以相对于ODE来说，更容易实现高效的运动仿真平台开发。

开发软件也有多种。目前软件开发多采用流行的MATLAB，它为经典控制和现代控制两类控制算法的标准和模块化设计功能提供了丰富的集合[20,21]。应用MATLAB/Simulink软件开发，可以实现的功能包括：a.控制和自动调整；b.几何误差校正和补偿；c.安全功能，如紧急停车和限位开关等。这些功能基本能够满足常用工业机器人的需要。

目前，有多种商品化的软件符合支撑平台的条件，因此可以借助它来构建用户平台。在选择控制系统硬件和软件进行开发时，其关键因素是灵活性、质量保证及功能实现。有关用于构建控制平台的商品化软件在市场中可以根据需要购买，在其他相关软件的现有资料中也有详细介绍，在此不再赘述。

(3) 用户界面

用户界面是指对软件的人机交互、操作逻辑、界面美观的整体设计。用户界面应该帮助设计或使用人员直观地管理使用设备，设置必要的接口并自动进行试验和操作。用户界面设计应该简单易操作。用户界面视具体应用的需要可以相应地增加和减少。

综上所述，对于机器人系统而言，控制平台是实施机器人控制的必要工具。建立机器人控制平台必须明确其主要功能，并考虑机器人工作空间、环境等特殊性要求。

对于制造类工业机器人，其机械臂运动控制算法功能、关节电机控制功能、系统运动规划功能、仿真试验测试功能以及实现对整个系统的通信能力的检测功能等均应视为主要功能。

对于控制平台的建立，不同机器人差距较大。例如，空间机器人其工作空间和环境等存在着特殊性[22]，空间机器人的手臂和安装基座之间存在着运动学和动力学耦合，在轨执行任务时存在着控制时延，必须考虑这种有耦合作用及控制时延的空间机器人建模方法和控制算法功能。如采用数值模拟的方法来模拟载体运动，采用自由落体的方法完成微重力试验，等等。

3.1.4 主要模块

工业机器人模块化设计时，主要模块应遵循模块化设计原则。模块化是通用性、标准化的前提，通过模块化设计使机器人构件有了统一的结构，可以大大简化设计和加工流程，提高效率[23,24]。将模块化构件组成机器人，易于实现功能的扩展，以及损坏部件的更换，节省维修时间。

机器人系统的主要模块即独立单元模块，在结构上可以分为机械模块、信息检测模块和控制模块等。

1）机械模块　机械模块是保证工业机器人具有一个或多个运动自由度的基本模块。机械模块一般包括操作机结构元件、配套传动及驱动装置等，它们通常是构成机械模块的最小元件和零部件，并可以接通能源、信息和控制的外部联系。

2）信息检测模块　信息检测模块通常由驱动机构、转换机构、传感器以及与控制系统相联系的各种配套组合装置所构成，该模块通常用于构成系统的闭环回路。

3）控制模块　控制模块通常是指在满足模块组合原则基础上构成的，用于不同水平等级控制的系统硬件以及软件变形控制的模块。

对机器人而言，某个部件或软件出现故障，往往会导致整个机器人系统的崩溃，维护修理成本非常高。当机器人由大量相同的模块组成时，便具有一定程度的冗余，这种冗余使得模块化机器人具有很高的鲁棒性，且当机器人由相同的模块组成时，用冗余的模块替换发生故障的模块就能够快速地实现自我修复。例如水下机器人、蛇形机器人等模块化机器人，可以利用相同的模块，通过自重构方式变换相应的工作构型，从而完成不同任务。

当机器人的模块在功能上和构造上是独立单元时，即指模块可以单独或者与其他模块组合使用，以构成具有特定技术性能和控制方式的工业机器人。

（1）机器人模块的基本要求

机器人模块的基本要求，这里是指对工业机器人模块结构的基本要求，其主要内容包括：

① 保证结构上和功能上的独立性；

② 保证设计的静态和动态特性；

③ 具有在不同位置和组合下与其他模块构成的可能性；

④ 模块可以连接具有标准化特征的各元件、管线及配套件；

⑤ 模块组装单元的标准化，包括单独单元、相近规格尺寸的组装及不同类型组件之间的组装等。

在工业机器人设计中，模块化设计思路可以很好地解决产品品种、规格与设计制造周期和生产成本之间的矛盾，为机器人产品快速更新换代、提高产品质量、方便维修及增强竞争力提供了条件，越来越显示出其独到的优越性。

（2）机器人模块的运动方式

机器人模块的运动方式与模块几何形状和连接方式有关[25,26]。模块化机器人根据模块中多个能够互相运动的子模块，主要可分为单一型模块和双子型模块两种。

1）单一型模块　该类型模块可以作为一个整体做刚体运动，由这种类型模块组成的模块化机器人，每两个模块间都可以相互分离，需要时也可以相互连接。模块与模块间的常见运动包括绕边旋转型和伸缩型。

① 绕边旋转型　该类型的每一个模块通常以一个整体做刚体运动。机器人自重构过程中，两个相邻模块以一条相邻边作为旋转轴，一个模块绕着旋转轴相对另一模块做旋转运动。绕边旋转型模块的旋转运动比较灵活，但由于模块之间没有机械连接机构，因此无法准确地控制翻转角度，只能通过与目标位置相邻的模块的阻拦使其停止翻转。

② 伸缩型　每个伸缩型模块都具有空间伸展和收缩的功能。伸缩型模块化机器人能够在模型内部通过不同模块间的伸展和收缩实现模块移动，完成构型变换。

2）双子型模块　若记模块的几何外形为 $\boldsymbol{\Phi}$，双子型模块在几何外形上可以分解为两个不互相重叠的基本几何单元 $\boldsymbol{\Phi}_1$ 和 $\boldsymbol{\Phi}_2$，即 $\boldsymbol{\Phi}=\boldsymbol{\Phi}_1\cup\boldsymbol{\Phi}_2$ 且 $\boldsymbol{\Phi}_1\cap\boldsymbol{\Phi}_2=\varnothing$（$\varnothing$表示空集）。每个几何单元对应一个子模块，子模块间通过连接件相连，不可分离但可以相互运动。当两个子模块间保持固定连接时不需要类似挂钩等复杂的连接器。根据不同的运动方式，两个子模块可以是相同的，也可以是不同的。双子型模块中两个子模块间的相互运动通常包括中心铰接型和边铰接型。

① 中心铰接型　中心铰接型是双子型模块的一种常见运动方式。该类型的模块由相互对称的两部分组成，以模块的中心为旋转中心，子模块间能发生相对旋转。模块间通过机械挂钩的伸出与收回实现连接或分离。该类型模块化机器人的自重构过程由每个模块内部两个子模块间的相对旋转实现。

② 边铰接型　边铰接型可以同时存在于双子型模块和单一型模块中，多见于双子型模块中。该类型中两个子模块由连接件相连，两个子模块均能与连接件做相对旋转运动，运动范围在$-90°$到$+90°$之间。

工业机器人的模块是集机械结构、驱动、控制和通信于一体的机电一体化产品，在设计过程中，不仅要考虑模块自身构造，还要考虑其适宜的尺寸，同时还要满足各项设计要求，设计结果要表现出良好的通用性和互换性，这样才有利于快速组装成不同的构型。

对于串联工业机器人，可以将机械臂划分成关节模块、连接杆模块及接口模块等形式，当模块化组合时便于利用接口模块将关节模块和连接杆模块连接在一起。

（3）机器人模块的硬件组成

机器人运动不仅与软件的算法密切相关，还与模块的硬件实现和硬件模块间的运动方式有着密切的关联。机器人的每个模块均可以视为一个基本的机器人单元，搭载着驱动器、连接器、计算和通信元件、传感器和电源，具有独立的处理能力，单个模块的不同运动方式正是因为其由不同的硬件所组成。

1）驱动器　从广义上来说，驱动器指的是驱动某类设备的驱动硬件。在计算机领域，驱动器指的是磁盘驱动器，是通过某个文件系统格式化并带有一个驱动器号的存储区域。存储区域可以是软盘、CD、硬盘或其他类型的磁盘。

驱动器是模块的动力单元，具有驱动单个模块产生运动和驱动整个机器人产生运动的功能。

① 驱动单个模块产生运动　多数机器人的单个模块具有自主移动的能力，通过感知周围环境，寻找其他模块并与之连接。在一些构型下，单个模块移动时可以不借助其他模块的帮助，这样就降低了自重构过程的难度。

模块自主移动的能力与水平高低对模块设计的复杂度有很大影响，较高的自主移动能力需要更多的驱动器，因此设计过程中通常需要在模块结构复杂度和自主移动能力两者之间进行权衡。

例如，机器人自重构过程中，对于组成机器人的多个模块，可以按照一定顺序并通过驱动器驱动单个模块逐个进行弯曲、扭转、收缩或扩张等操作，移动到某个预定目标位置并改变模块间的连接关系。

② 驱动整个机器人产生运动　在一些自重构机器人中，有的单个模块可以凭借自身动力驱动整个机器人。例如，在机器人底部的模块，通过自身轮子的滚动，驱使整个机器人向某个方向进行运动。另外一些自重构机器人只有在多个模块组成一个整体，并且在多个模块协调运动时，才能产生期望的运动。例如，蛇形机器人，需要每个模块按照一定的协调运动规律进行弯曲或扭转操作，才能完成行走或转弯等运动。

驱动器结构形式较多，也有些驱动器为整套驱动装置，如工业机器人驱动装置，其中包括步进、小型或高性能伺服、交流变速、大电流输出直流以及面板型驱动器等。

气动驱动器的代表是 McKibben 驱动器[27,28]，因为其运动特性与生物肌肉极为相似，也称之为气动人工肌肉。由于空气的可压缩性好，故气动驱动器的柔顺性较好。气动驱动器还具有结构简单、可直接驱动即无需减速机构、动作灵活以及不会损害操作对象等特点。

其他驱动器。例如，日本东芝公司研制的三自由度驱动器 FMA[29,30]（Flexible Micro-Actuator)，日本冈山大学研制的旋转型柔性驱动器，德国卡尔斯鲁厄计算机科学应用研究中心提出的柔性流体驱动器，等等。这些驱动器在具体结构上各有特色，均具有柔顺性好、动作平滑、噪声小、无污染等特点，并已应用于各种机器人柔性多指手的设计中。

驱动器类型的选择，取决于它所需要完成的功能，一般考虑尺寸大小、产生力矩的大小、控制难易程度和成本等因素。常用驱动器类型的分类可以参考相关资料。

2）连接器　机器人的每个模块内部都有连接器，用于实现模块之间的连接与分离。机器人的自重构，即通过改变模块间的连接关系达到改变机器人构型的目的。

连接器主要可以分为机械连接器、磁性连接器、静电力连接器及尼龙搭扣连接器等类型。

① 机械连接器　挂钩是一种常用的机械连接器类型。例如，在 PolyBot 系列机器人[31,32] 中，公连接器的挂钩通过驱动插入母连接器的凹槽中，闩结构落至相应位置防止挂钩脱出，分离时打开闩结构，释放挂钩。在 M-TRAN 系列机器人[33-35] 中，公连接器的挂钩直接钩住母连接器。University of Southern California 提出的 SINGO 连接器[36] 运用能自主分离的两个相互连接的挂钩，解决了一旦公连接器失效则无法分离的问题。由于连接和分离过程需要将挂钩放置于正确的位置和朝向，因此对精度的要求很高。由于多数机器人对连接器的强度要求较高，所以多数连接器都采用机械结构，虽然机械连接器强度高，但随之带来的是复杂度高、所占空间大及放置难度大等问题。

② 磁性连接器　最简单的磁性连接器是在两个需要连接的模块表面上放置永磁体的相反磁极，这种方法较容易实现，但分离时需要提供至少与磁力大小相等的力使两个模块分离[37]。一些机器人系统中也采用电磁体，通过控制电流使模块连接与分离。由于磁力与模块间距离成反比，仅仅依靠磁力来连接模块，相对于机械连接器来说磁力的连接强度较弱，但相比机械连接器，磁性连接器所占体积比较小。

③ 静电力连接器　工作原理与磁性连接器类似。对两个需要连接的模块表面充电形成不同的磁极，两者相互吸引形成连接[38]。与磁性连接器一样，静电力连接器的连接强度较

弱，可以考虑用在弱重力或无重力环境中，比如水下或太空等对连接强度要求不高的环境中。

④ 尼龙搭扣连接器　在两个需要连接的模块表面上分别放置尼龙钩带和尼龙绒带，通过施加压力，能产生较大的扣合力和撕揭力，相比其他几种连接器类型更加简单经济，缺点是必须通过人工进行分离。

3）计算和通信元件　由于每个模块都是一个具有独立功能的机器人单元，所以模块内部都应安装计算和通信元件。机器人系统中的计算方法和通信方式多种多样。机器人中的多个模块可以通过光学、电子或无线通信方式形成一个通信系统，每个模块中的微处理器通过通信系统连接成为一个网络。影响机器人运作性能的因素不仅包括单个微处理器的性能，还包括通信系统的性能。机器人通信系统的工作方式主要分为中心通信、全局通信、局部通信及多模式通信等[39]。

4）传感器　随着机器人的智能化发展，传感器多样化成为其先进性的一个重要特征。传感器种类非常多，主要包括：利用视觉传感器（如微型相机）判断是否具有障碍物，利用温度和湿度传感器感知环境的温度和湿度变化，利用扭力传感器防止驱动器损坏，利用压电式传感器测量模块所受到的动态压力，以及利用倾斜度传感器判断每个模块的朝向，等等。

工业机器人运行中，由于工作环境经常改变，对触觉力及力矩控制方面的要求高，因此力矩传感器发挥着重要作用。机械臂可以通过力矩传感器实时反馈力矩信息，以实现对机械关节力矩的控制。目前用于空间机械臂的力及力矩传感器是一个新颖而富有挑战性的课题，它具有普通环境使用的力及力矩传感器的共性问题，又具有自身使用环境的特殊问题。同样，机械手触觉影响机械臂的运动精度，触觉传感器对此起着重要的作用。机械手触觉传感器是仿人机械手感知外部环境的重要媒介，它对于仿人机械手正确地操作目标物体极其重要。在仿人机械手灵活自如运动的前提下，触觉传感器能够准确地感知外部环境，以便实现对目标物体的各种精准操作。迄今为止，国内外学术界对于触觉传感器构造、柔性敏感材料及其力学特性、触觉力数学建模和精确解耦等已经进行了广泛的探讨。

5）电源　电源用于给机器人供电，电源模块作为系统供电的主要器件，可以根据实际需要选择自带电源或者外接电源。如机器人所处环境复杂，应选择自带电源，自带电源的机器人直接使用电池，优点是工艺简单，但需要定时将电池取出充电或更换电池。如机器人位置较为固定，则可以选择使用外接电源通过线缆供电。

（4）机器人典型模块

在此仅对机器人模块组合方法和机器人典型模块的结构进行探讨分析。

1）机器人模块组合方法　机器人模块组合可以降低复杂度，调试和维护简单。机器人模块组合时必须满足模块结构的基本要求。由于机器人模块在功能上和构造上是独立单元，因此，模块化方法和机器人技术结合在一起时会产生一个问题，即对于不同任务会有不同的组合装配设计，需要在所有可行的设计中选出优选排序[40,41]。目前，工业机器人模块化组合方法主要有面向任务构型法和图论法等。

① 面向任务构型法　面向任务构型法主要是基于机器人作业要求进行其构型设计或组合。该方法对于作业要求少的情况，机器人构型较方便。但是，当作业要求较多时，模块化机器人的构型空间大，难以针对任务具体构型设计且构型复杂，此时采用遗传算法和迭代算法对机器人构型进行搜索并优化设计较为适宜。进行遗传算法后，再运用迭代算法对构型实

施运动学逆解进行求解，以计算出空间工作点的可达性、适应度。

② 图论法　图论本身是应用数学的一部分，历史上图论曾经被好多位数学家独立地建立过。例如，基于图论，用关联矩阵表达模块机器人的装配关系，将对称关系和图形结合建立等价关系并产生异构装配的算法。以图论为基础，将动力学和力学分析在重构设计中整合到设计过程里统筹考虑，增加了模块化机器人的优化程度，提高设计效率。在图论基础上分析模块化机器人的装配并生成树图，具体化后再得到机器人的详细图集。

也有学者采用组合数学理论对机器人组合装配特性进行分析。他们把机器人的模块化单元划分为摆动单元、旋转单元及辅助单元等三类不同单元，将这三类单元和组合数学理论结合在一起表达。

在现有的机器人组合方法中，面向任务构型法、图论法或者其他的数学组合方法，在研究中多偏重于机器人运动学及力学性能的分析，多侧重于对机械臂等结构的详细构成的研究[42,43]。从宏观角度来看，虽然这些方法存在片面性，但是对于整个机器人产品生命周期这一条主线来说，机器人模块组合方法则使设计效率变得更高[44]。

模块化机械臂是机器人模块组合的典型应用，例如，美国卡耐基梅隆大学于 20 世纪 80 年代研发的 6 自由度模块化机械臂 RMMS。再如，七自由度轻量化机械臂 LWR（Light Weight Robot）[45]。LWR 机械臂采用了模块化设计的方法，机械臂关节模块内集成了步进电机、行星齿轮减速器、增量式传感器及力矩传感器等核心元件。

为了得到完整系统模型，机器人模块组合被广泛应用在机器人系统领域。随着工业机器人技术的快速发展，人们对工业机器人系统的模块化组合也提出了更高的要求，通常需要对模块化组合及建模进行验证，以有效降低复杂系统的建模难度，提升建模效率。通过正确组合模块化模型可以得到满足属性需求的复杂系统模型。

2）机器人典型模块的结构　对于机器人模块，其标准化结构和配套件是极为重要的。标准化结构和配套件多为机器人典型模块结构，存在特定的结构形式，这方面的工作量很大并且任务繁杂，只有当标准化结构的模块和配套件具有一定规模和数量以后，工业机器人模块设计才会显现出特有的优势和广泛的实用价值。标准化结构的模块应包括机械模块、信息检测模块、控制模块及其他通用模块等。配套件包括驱动装置配件、传感器配件、程序控制装置配件、其他附属配件及夹具配件等[46]。

① 图 3-1 给出了工业机器人主要模块。

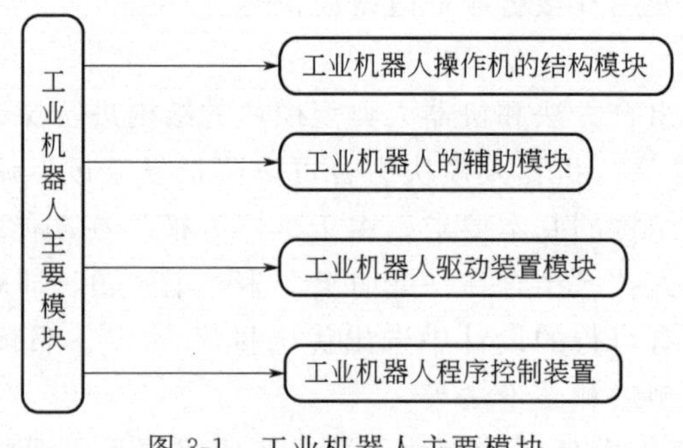

图 3-1　工业机器人主要模块

图 3-1 中包括工业机器人操作机的结构模块、工业机器人的辅助模块、工业机器人驱动装置模块及工业机器人程序控制装置等。

② 图 3-2 给出了工业机器人操作机的结构模块。

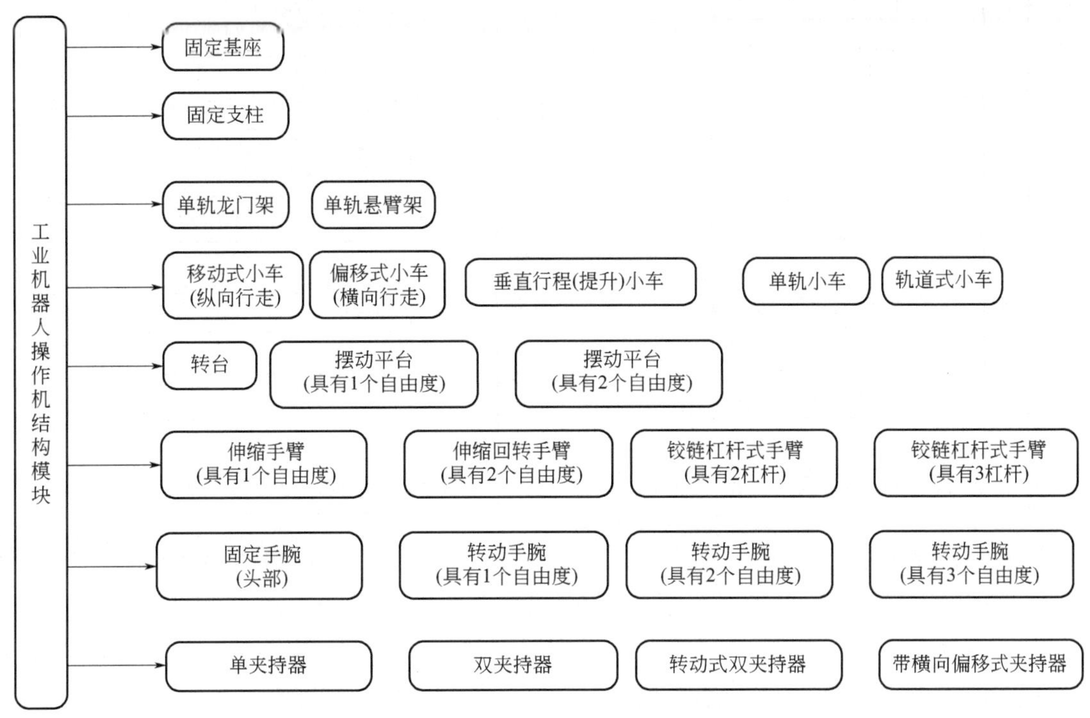

图 3-2 工业机器人操作机结构模块

图 3-2 中包括固定基座、固定支柱、单轨龙门架及单轨悬臂架，还包括多种小车、转台、手臂、手腕及夹持器等[47,48]。工业机器人操作机结构模块中机械模块形式较多，应用方便。例如，手臂包括伸缩手臂、伸缩回转手臂、铰链杠杆式双连杆手臂及杠杆式三连杆手臂等；涉及的机构包括手臂摆动机构、手腕（头）伸缩机构、手臂杆件回转补偿机构及手腕回转机构等；机械臂末端包括无调头装置的单夹持器头、带 180°调头的单夹持器头、带 90°和 180°调头的双夹持器头、带 180°调头的双夹持器头、带 90°和 180°调头且夹持器可自动更换的单夹持器头等。

③ 图 3-3 给出了工业机器人的辅助模块。

图 3-3 中包括循环式工作台（加载的）、可换夹持器库、可换夹持器夹紧装置及手臂回转补偿机构等。

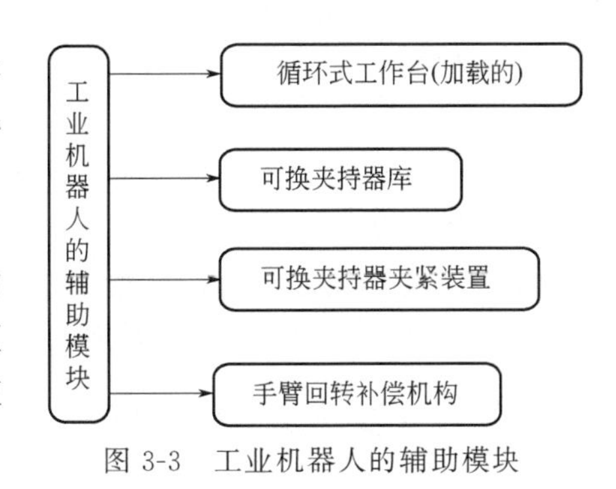

图 3-3 工业机器人的辅助模块

④ 图 3-4 给出了工业机器人驱动装置模块。

图 3 4 中包括可调液压驱动装置、可调气压驱动装置、电液步进驱动装置、电液随动驱动装置、直流随动电驱动装置、可调直流电驱动装置及可调交流异步电驱动装置等。

⑤ 图 3-5 给出了工业机器人程序控制装置。

图 3-5 中包括循环程序控制、点位式数字程序控制、轮廓式数字程序控制、通用（点位-轮廓式）数字程序控制、标准化循环程序控制（模块式）、标准化点位式数字程序控制（模块式）及标准化轮廓式数字程序控制（模块式）等。

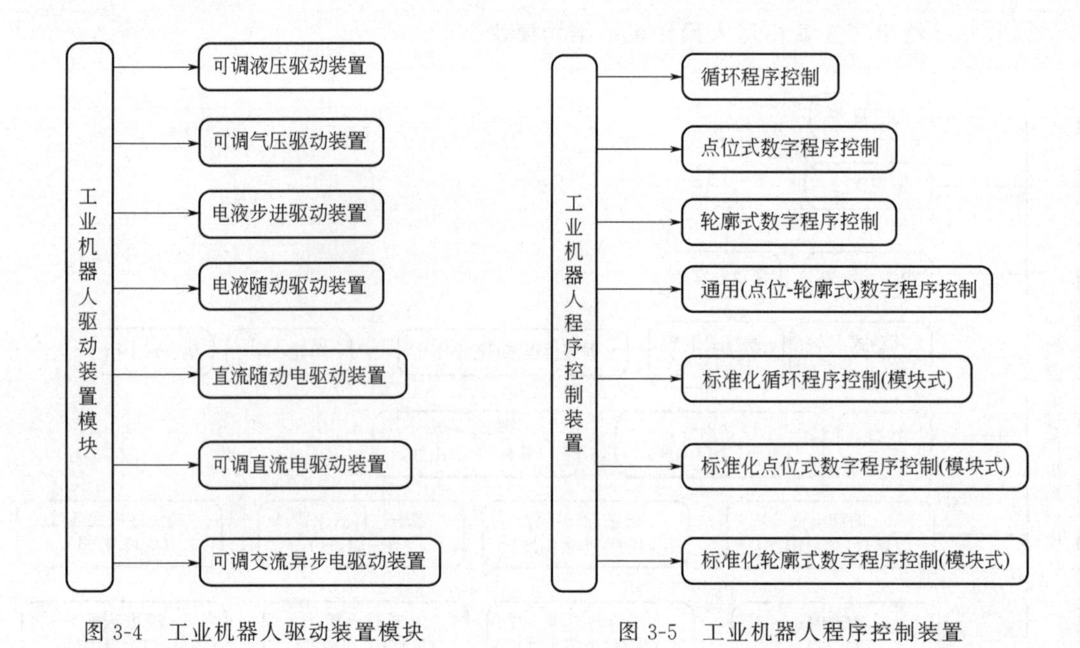

图 3-4 工业机器人驱动装置模块　　图 3-5 工业机器人程序控制装置

工业机器人系统的模块化主要以功能分析为基础，将系统划分为若干个功能相对独立的、通用的子模块，每一个模块控制完成一个或一阶段子任务，然后建立通用模块化模型。为了得到完整系统模型，还需要给模块化模型赋予合适的参数，再连接组合成为完整系统模型及模拟完成指定的功能，以满足系统的控制需要。

3.2 机器人配置方案及成套装置

机器人配置主要是指机器人末端件相对于机体的位置、方向以及传动方式的安排。通常，机器人的基本配置是以现有基本模块和元件及其相互组合为基础，用多种方法将这些基本模块和元件组合起来，从而制造出无限复杂的机器人。机器人种类与机器人的基本配置密切相关。工业机器人也可以通过自制组装、添加人工智能元器件等得到应用。

成套装置是指为生产或完成一定任务及功能提供必需的设备，把相关部件组合成一个整体。

从本质上讲，机器人是由人类制造的“动物”，它们是模仿人类和动物行为的机器，也可以看作是模仿人类或动物器官的集成，动物器官便是动物的基本配置。从这一角度来看，典型的机器人应该有一套可移动的身体结构、一部类似于马达的装置、一套传感系统、一个电源和一个用来控制所有这些要素的计算机“大脑”。

3.2.1 机器人配置方案

机器人配置就是把其缺少或不足之处补足并且设置好。当工业机器人的基本技术参数明确后，可以依据标准化、现有组合模块等配置方案进行配置。例如，门架轨道式是工业机器人常用的形式，在门架轨道式机器人的配置方案中，除标准化夹持装置外，均可以由机械模块、驱动装置、程序控制装置及信息检测模块进行配置。

根据机器人所采用关节种类、数量及布置方式等基本配置要求的不同，配置方案可以用直角坐标机器人、圆柱坐标机器人及极坐标机器人等形式表示。

（1）工业机器人直角坐标式

直角坐标机器人结构的空间运动是由三个相互垂直的直线运动来实现的，直角坐标系由三个相互正交的坐标轴组成，各个坐标轴运动独立，如图 3-6 所示。工业机器人直角平面式为直角坐标机器人的特例，其配置的基本特点是具有用直角坐标表达运动的方式。

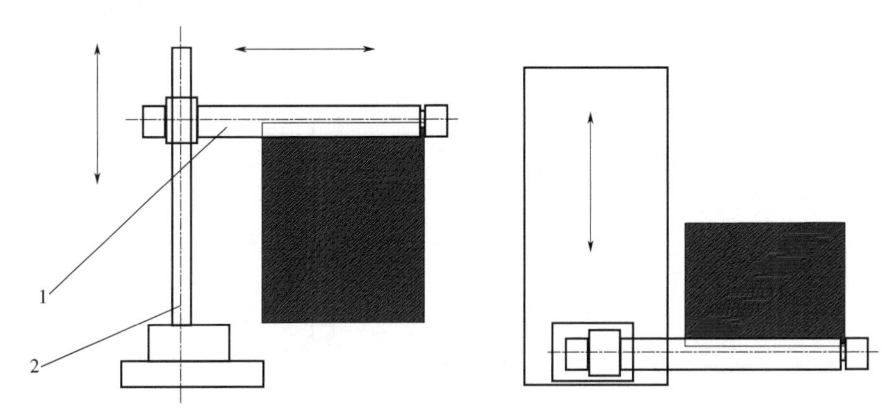

图 3-6　直角坐标机器人工作空间

1—手臂；2—立柱

由于直线运动易于实现全闭环的位置控制，所以直角坐标机器人有可能达到很高的位置精度。但是，直角坐标机器人的运动空间相对机器人的结构尺寸来讲是比较小的[49,50]。因此，为了实现一定的运动空间，直角坐标机器人的结构尺寸要比其他类型机器人的结构尺寸大得多。

典型的工业机器人直角平面式配置如图 3-7～图 3-10 所示，该类型配置的操作机及驱动装置简单，且具有超大行程、负载能力强、动态特性高、扩展能力强、简单经济及寿命长等特性。由于可以在末端夹持不同操作用途的工具，适用于多品种、小批量的柔性化作业，完成如焊接、码垛、包装、点胶、检测及打印等一系列作业。

1）如图 3-7 所示，配置用模块主要包括：托架，伸缩手臂，托架位移驱动装置，手臂伸缩驱动装置及无调头装置的单夹持器头等。

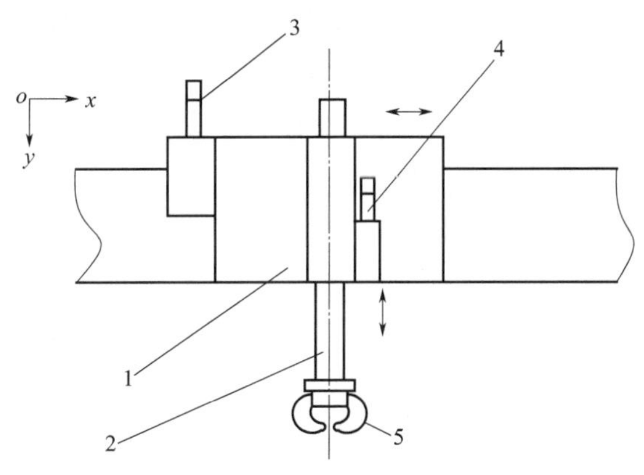

图 3-7　直角平面式 1

1—托架；2—伸缩手臂；3—托架位移驱动装置；4—手臂伸缩驱动装置；5—无调头装置的单夹持器头

图 3-7 中分别示出上下、水平两个平移运动。托架位移驱动装置上安装有位移传感器，可以用来检测托架位移量，并控制机器人的位置信息。

运动原理：“操作臂/伸缩手臂”通过“移动基座/托架”固定在机器人本体上，在“驱动电机/托架位移驱动装置”的驱动下实现 X 轴平移运动；在“驱动电机/手臂伸缩驱动装置”的驱动下实现 Y 轴方向的平移运动，从而带动“末端执行器/无调头装置的单夹持器头”执行操作任务。

2）如图 3-8 所示，对比图 3-7 直角平面式 1 多了一套手臂伸缩驱动装置。

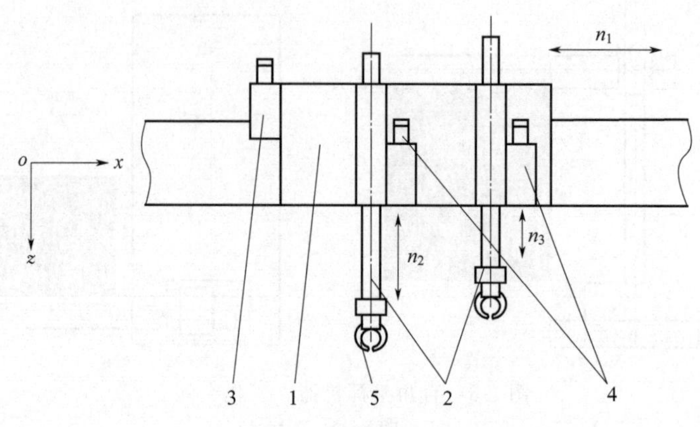

图 3-8　直角平面式 2

1—托架；2—伸缩手臂（两个）；3—托架位移驱动装置；4—手臂伸缩驱动装置；5—无调头装置的单夹持器头

图 3-8 中分别示出三个平移运动。托架位移驱动装置上安装有位移传感器，可以用来检测托架位移量，并控制机器人的位置信息。

运动原理：对比图 3-7 直角平面式 1，特别是在两套手臂伸缩驱动装置的驱动下，实现 Y 轴方向的灵活多变的运动。

3）如图 3-9 所示，配置用模块主要包括：托架，手臂摆动机构，无调头装置的单夹持器头，伸缩手臂，托架位移驱动装置，手臂伸缩驱动装置等。

图 3-9 中分别示出三个平移运动及一个转动。托架位移驱动装置上安装有位移传感器，可以用来检测托架位移量，并控制机器人的位置信息。

运动原理：与图 3-7、图 3-8 相似。

4）如图 3-10 所示，配置用模块主要包括：托架，无调头装置的单夹持器头，伸缩手臂（2 个），托架位移驱动装置，手臂伸缩驱动装置（2 个）等。

图 3-10 中分别示出三个平移运动。托架位移驱动装置上安装有位移传感器，可以用来检测托架位移量，并实施机器人的位置信息控制。

运动原理：与图 3-7、图 3-8 相似。

（2）工业机器人极坐标圆柱式

工业机器人极坐标形式即用极坐标表达运动的方式。该形式通常用于工业机器人，该形式的手臂非常适合作为一个固定设备使用。

工业机器人极坐标圆柱式配置的基本特点是具有用极坐标圆柱式表达运动的方式，极坐标圆柱式机器人的空间运动是用一个回转运动及两个直线运动来实现的，如图 3-11 所示。

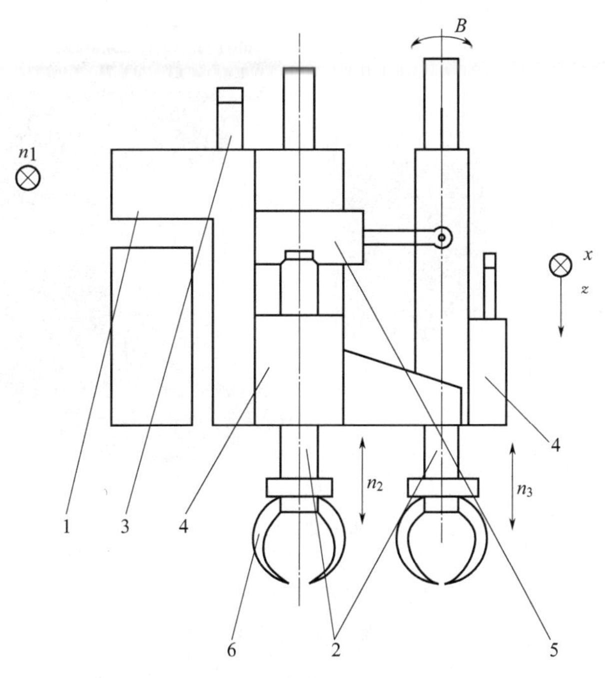

图 3-9　直角平面式 3

1—托架；2—伸缩手臂；3—托架位移驱动装置；4—手臂伸缩驱动装置；5—手臂摆动机构；6—无调头装置的单夹持器头

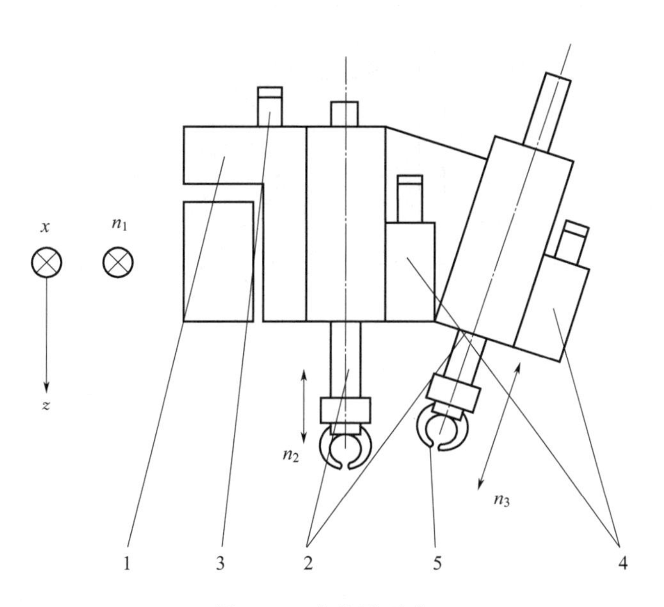

图 3-10　直角平面式 4

1—托架；2—伸缩手臂；3—托架位移驱动装置；4—手臂伸缩驱动装置；5—无调头装置的单夹持器头

图 3-11 中工作空间是一个圆柱状的空间。圆柱坐标机器人可以看作是由立柱和一个安装在立柱上的水平臂组成的，其立柱安装在回转基座上，水平臂可以自由伸缩，并可沿立柱上下移动，即该类机器人具有一个旋转轴和两个平移轴。这种形式机器人构造比较简单，精度较高，常用于搬运作业。

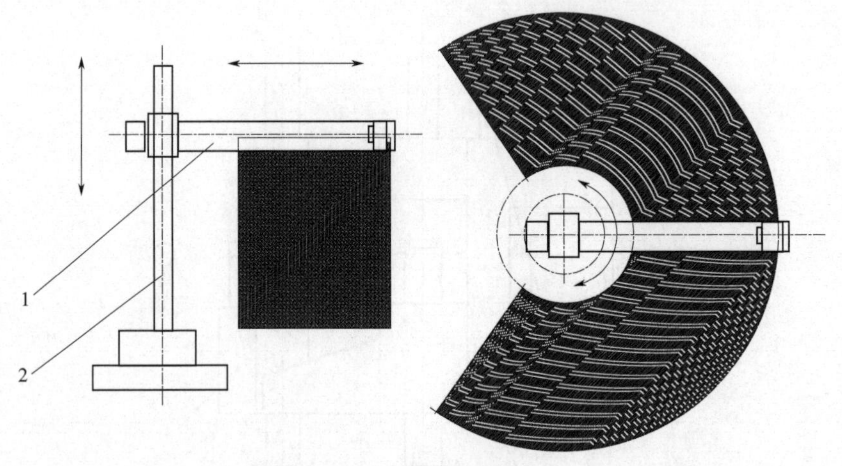

图 3-11　极坐标圆柱式工作空间

1—水平臂；2—立柱

工业机器人极坐标圆柱式配置如图 3-12～图 3-15 所示，该配置可保证机械手臂有较高的机动灵活性，并能从工艺装备上方和侧方进行工作。

1）如图 3-12 所示，配置主要包括：托架，托架位移驱动装置，肩回转驱动装置，手臂伸缩驱动装置，伸缩手臂，无调头装置的单夹持器头等。

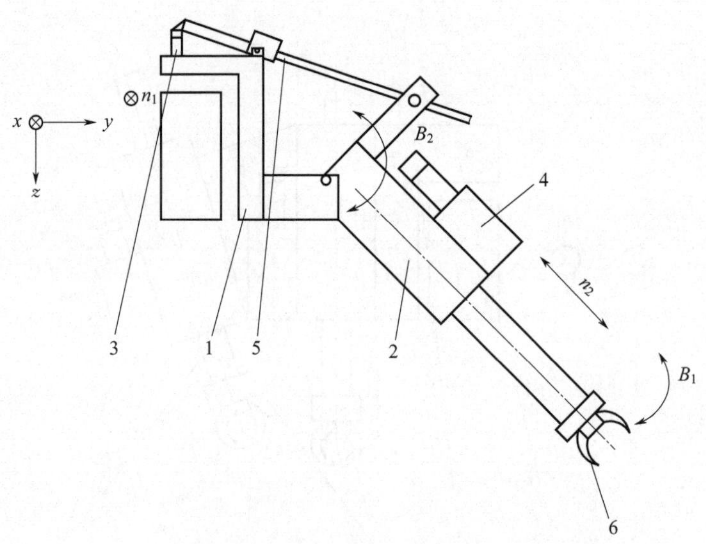

图 3-12　极坐标圆柱式 1

1—托架；2—伸缩手臂；3—托架位移驱动装置；4—手臂伸缩驱动装置；
5—肩回转驱动装置；6—无调头装置的单夹持器头

图 3-12 中分别示出两个平移运动及两个转动。托架位移驱动装置上安装有位移传感器，可以用来检测托架位移量，并控制机器人的位置信息。

2）图 3-13 中，配置主要包括：托架，回转手臂，托架位移驱动装置，手臂伸缩驱动装置，手臂回转驱动装置等。

图 3-13 中分别示出两个移动及一个转动。托架位移驱动装置上安装有位移传感器，可

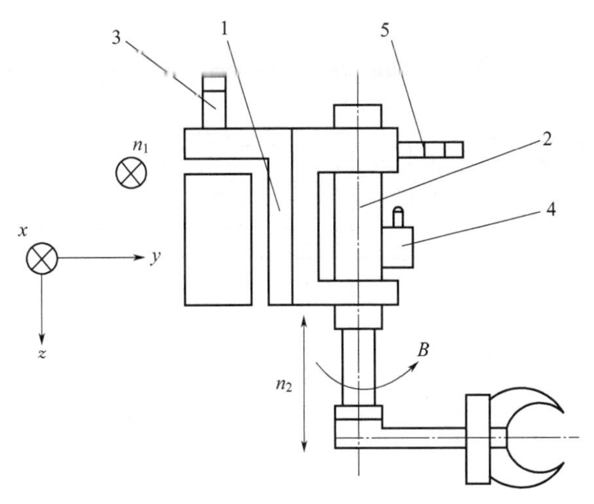

图 3-13　极坐标圆柱式 2

1—托架；2—回转手臂；3—托架位移驱动装置；4—手臂伸缩驱动装置；5—手臂回转驱动装置

以用来检测托架位移量，并控制机器人的位置信息。

3）图 3-14 中，配置主要包括：托架，托架位移驱动装置，手臂伸缩驱动装置，手臂回转驱动装置，回转手臂，手腕（头）伸缩机构，无调头装置的单夹持器头等。

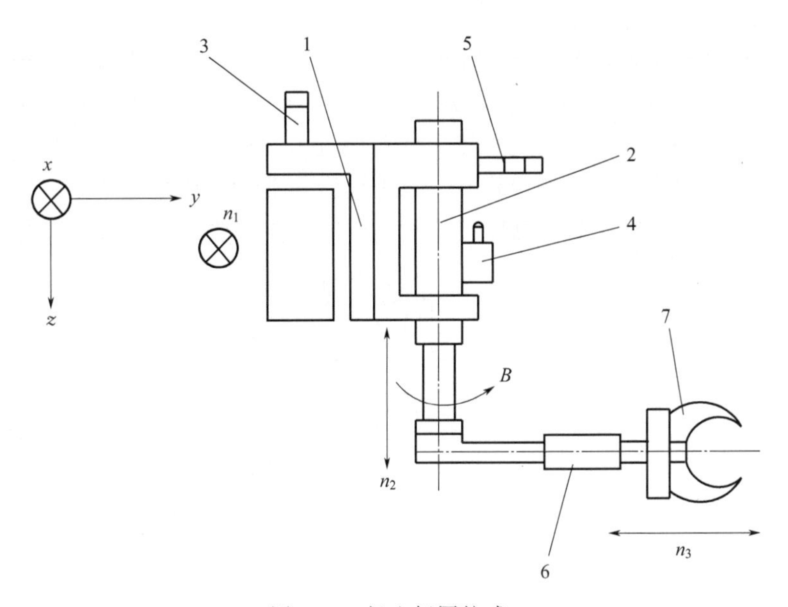

图 3-14　极坐标圆柱式 3

1—托架；2—回转手臂；3—托架位移驱动装置；4—手臂伸缩驱动装置；5—手臂回转驱动装置；
6—手腕（头）伸缩机构；7—无调头装置的单夹持器头

图 3-14 中分别示出三个平移运动及一个转动。托架位移驱动装置上安装有位移传感器，可以用来检测托架位移量，并控制机器人的位置信息。

4）图 3-15 中，配置主要包括：托架，托架位移驱动装置，手臂伸缩驱动装置，手臂回转驱动装置，回转手臂，手腕（头）伸缩机构，带 180°调头的单夹持器头等。

图 3-15 中分别示出三个平移运动及两个转动。托架位移驱动装置上安装有位移传感器，

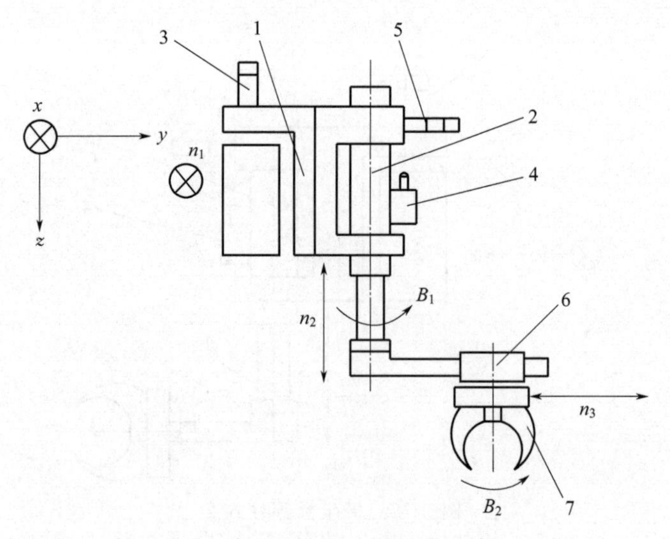

图 3-15 极坐标圆柱式 4

1—托架；2—回转手臂；3—托架位移驱动装置；4—手臂伸缩驱动装置；5—手臂回转驱动装置；6—手腕（头）伸缩机构；7—带 180°调头的单夹持器头

可以用来检测托架位移量，并控制机器人的位置信息。

（3）工业机器人极坐标复杂式

工业机器人极坐标复杂式配置的基本特点是灵活与多变。工业机器人极坐标复杂式配置如图 3-16～图 3-19 所示，该配置具有最大的机动灵活性。由于其具有手臂杆件回转角补偿平移机构，能保证夹持器头（或手腕）稳定的角位置，这种配置与直角平面式、极坐标圆柱式相比较为复杂，它们通常用在要求机器人具有综合作业能力的环境中。

1）如图 3-16 所示，配置主要包括：托架，托架位移驱动装置，肩回转驱动装置，肘回

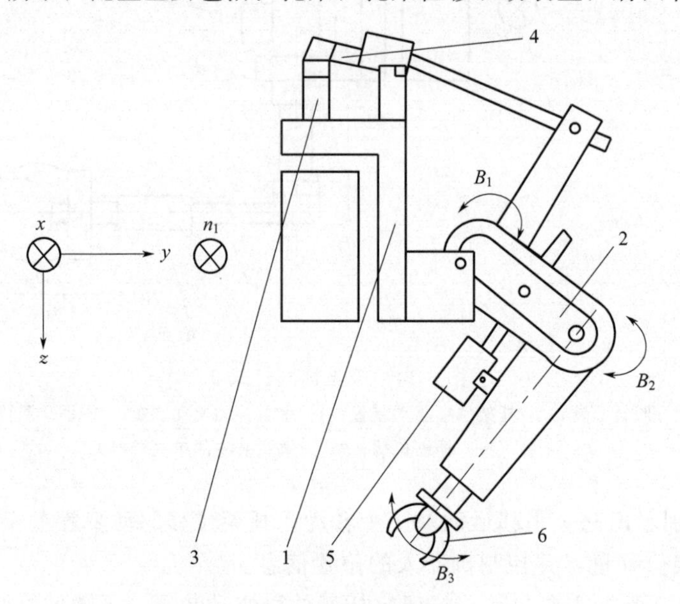

图 3-16 极坐标复杂式 1

1—托架；2—杠杆式双连杆手臂；3—托架位移驱动装置；4—肩回转驱动装置；5—肘回转驱动装置；6—带 180°调头的单夹持器头

转驱动装置，杠杆式双连杆手臂，带180°调头的单夹持器头等。

图3-16中分别示出一个平移运动及三个转动。托架位移驱动装置上安装有位移传感器，可以用来检测托架位移量并控制机器人的位置信息。

2）如图3-17所示，配置主要包括：托架，托架位移驱动装置，肩回转驱动装置，肘回转驱动装置，杠杆式双连杆手臂，带180°调头的单夹持器头，手腕（头）伸缩机构等。

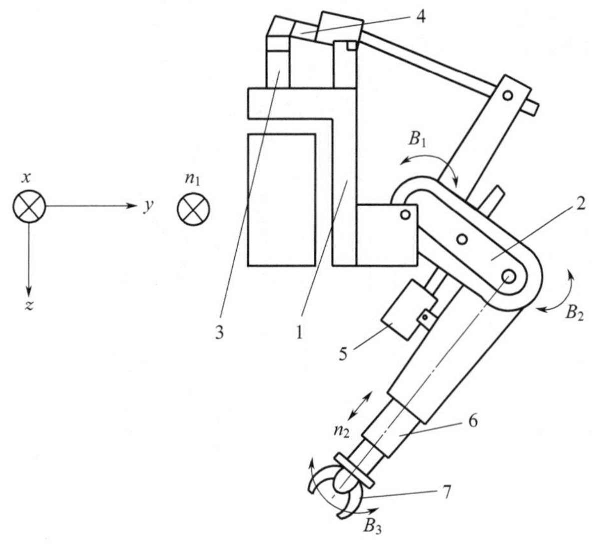

图3-17　极坐标复杂式2

1—托架；2—杠杆式双连杆手臂；3—托架位移驱动装置；4—肩回转驱动装置；5—肘回转驱动装置；6—手腕（头）伸缩机构；7—带180°调头的单夹持器头

图3-17中分别示出两个平移运动及三个转动。托架位移驱动装置上安装有位移传感器，可以用来检测托架位移量并控制机器人的位置信息。

3）如图3-18所示，配置主要包括：托架，托架位移驱动装置，肩回转驱动装置，肘回

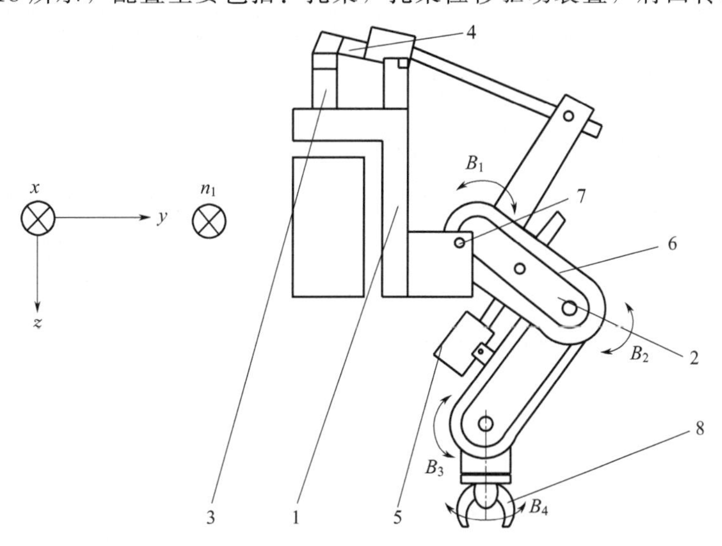

图3-18　极坐标复杂式3

1—托架；2—杠杆式三连杆手臂；3—托架位移驱动装置；4—肩回转驱动装置；5—肘回转驱动装置；6—手臂杆件回转补偿机构；7—手腕回转机构；8—带180°调头的单夹持器头

转驱动装置，杠杆式三连杆手臂，带 180°调头的单夹持器头，手臂杆件回转补偿机构，手腕回转机构等。

图 3-18 中分别示出一个移动及四个转动。托架位移驱动装置上安装有位移传感器，可以用来检测托架位移量并控制机器人的位置信息。

4）如图 3-19 所示，配置主要包括：托架，托架位移驱动装置，肩回转驱动装置，肘回转驱动装置，杠杆式三连杆手臂，带 180°调头的单夹持器头，手腕（头）伸缩机构，手臂杆件回转补偿机构，手腕回转机构等。

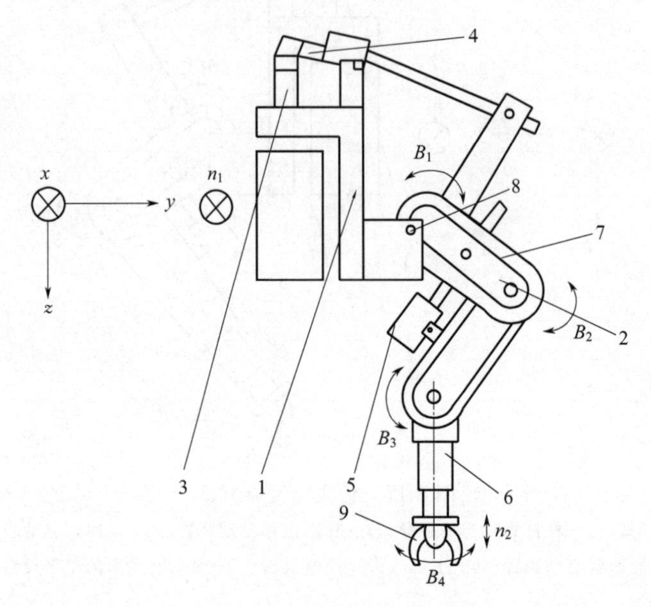

图 3-19　极坐标复杂式 4

1—托架；2—杠杆式三连杆手臂；3—托架位移驱动装置；4—肩回转驱动装置；5—肘回转驱动装置；6—手腕（头）伸缩机构；7—手臂杆件回转补偿机构；8—手腕回转机构；9—带 180°调头的单夹持器头

图 3-19 中分别示出两个平移运动及四个转动。托架位移驱动装置上安装有位移传感器，可以用来检测托架位移量并控制机器人的位置信息。

3.2.2　机器人操作机驱动及配置

要使机器人运行起来，必须给各个关节即每个运动自由度设置驱动方式、安装配套装置或传动装置。驱动的主要目的是实现作业功能，使机器人操作机更好地适应多变的任务环境。为了实现作业功能需要进行驱动控制，系统需要使用检测设备以实现对环境因素的检测。驱动配套装置可以提供机器人各部位、各关节动作的原动力，同时还应考虑可安装性和可拆卸性。

（1）*主要驱动方式*

当工业机器人操作机配套装置为驱动系统时，驱动系统可以是液压驱动、气压驱动、电驱动，或者是把它们结合起来应用的综合系统，也可以是直接驱动或者是通过同步带、链条、轮系、谐波齿轮等机械传动机构进行的间接驱动，不同驱动具有不同的特点。

下面仅讨论驱动方式、操作机其他配置及电驱动配置等几种主要的驱动方式。

1）电驱动　电驱动能源简单，效率高，速度变化范围大且速度和位置精度都很高。但电驱动直接驱动时比较困难，故多与减速装置相连。

对于工业机器人的电驱动，按技术特性来说有多种形式，它与所采用的电机有关。可分为直流、交流伺服电机驱动，步进电机驱动，谐波减速器电机驱动及电磁线性电机驱动，等等。

① 直流伺服电机电刷易磨损，且易形成火花，无刷直流电机的应用越来越广泛。

② 步进电机驱动多为开环控制，控制简单但功率低，多用于低精度小功率的机器人系统。

③ 谐波减速器电机驱动，结构简单、体积小、重量轻、传动比范围大、承载能力大、运动平稳且运动精度高、齿侧间隙可以调整、传动效率高、同轴性好，可实现向密闭空间传递运动及动力，也可实现高增速运动及差速传动等。

④ 在工业机器人中广泛应用的是带谐波齿轮减速器电驱动装置、直流成套可调及直流随动电驱动装置。

工业机器人电驱动装置的部件包括电机、变换器、变换器控制装置、电源电力变压器、电枢电路的扼流线圈，还包括内装测速发电机、位移传感器、谐波齿轮减速器及电磁制动器等。

电驱动装置在上电运行前要做如下检查。

① 电源电压是否合适（例如，过电压很可能造成驱动模块的损坏），对于直流输入的正负极性一定不能接错，驱动控制器上的电机型号或电流设定值是否合适。

② 控制信号线连接应牢靠，工业现场应考虑屏蔽问题，例如，采用双绞线。

③ 电驱动开始时只需连成最基本的系统，不要把所有的线全部接上，当运行良好时，再逐步连接。

④ 一定要清楚接地方式，或采用浮空不接。

⑤ 开始运行的半小时内要密切观察电机的状态，如运动是否正常、声音和温升情况等，发现问题立即停机调整。

电驱动也用于足球机器人、软体机器人等，例如驱动机器人 Tekken[51] 及 KOLT[52] 等，其具有结构紧凑、控制简便、传动效率高、控制精度高等优点，但它的功重比低（功重比是指动力设备能够产生的功率与其设备质量的比值），不适合有大负载能力要求的高性能机器人。

2）液压驱动　液压驱动是通过高精度的缸体和活塞来完成的，通过缸体和活塞杆的相对运动实现直线运动。其特点是功率大，可省去减速装置而直接与被驱动杆件相连接，结构紧凑、刚度好、响应快。但是，液压驱动装置需要独立的液压源（或泵站）、管道及油源冷却装置，价格贵、笨重，容易漏油及调整工作成本高。液压系统的工作温度一般控制在30～80℃之间。液压驱动不适合高、低温的场合，多用于特大功率的机器人系统。

由于液压驱动装置具有良好的静态、动态特性及较高的效率，因此具有液压、电液调节及随动调节驱动装置的工业机器人得到广泛应用，此类工业机器人能在自身尺寸小、重量轻的情况下输出较大的转矩。

液压驱动型足式机器人相对其他驱动类型的足式机器人而言，具有功重比大、承载能力高、响应快等优点。其具有独一无二的在复杂环境中行走的能力，例如森林、冰面、沙漠等其他机器人无法行走的环境中，液压驱动型足式机器人可以保持平衡并躲避障碍。1968 年，美国通用电气公司的 Mosher 和 Liston 研究制造了液压四足机器人 Walking Truck，并通过人力进行操控且进行了抬腿、落地及越障等多种动作[53]。2011年，为了检验美军防护服的性能，波士顿动力公司研发了双足人形机器人Petman[54]。该机器人由汽油发动机提供动力源，各关节由液压驱动，拥有跟普通人类相近的身高，像人一样行走。它还具有良好的平衡能力，在跑步机上奔跑时可以受推挤而不摔倒，可以在各种环境下模拟人类的动作和生理学特征。

3）气压驱动　气压的工作介质是压缩空气。气压驱动系统通常由气缸、气阀、气罐和空压机组成，其特点是气源方便、动作迅速、结构简单、造价较低及维修方便。但是，气压不可以太高，抓举能力较低，难以进行速度控制。在易燃、易爆场合下可采用气动逻辑元件组成控制装置。多用于实现两位式的或有限点位控制的中小机器人中。由于气压驱动装置控制简单、成本低、可靠、没有污染，且有防爆及防火性能，当在不需要大转矩或大推力的情况下，工业机器人可以采用气压驱动装置。气压驱动机器人虽具有结构紧凑、机身重量轻等优点，但由于气体的可压缩性，不适合在大交变负载工况下的高精度控制场合应用。工业机器人气压驱动装置静刚度不高，难以保持预定速度及实现精确定位，并且必须有专用储气罐及防锈蚀的润滑装置。

目前，工业机器人广泛应用的是成套电液驱动装置。因为，成套电液驱动装置在恒定转矩的情况下，具有调速范围宽的特点，可以实现较大范围的回转及直线运动。

美国Clemson大学的学者Walker对气压驱动连续型机器人做了大量研究[55,56]，采用了人工气动肌肉作为驱动器，并将气动肌肉相互连接形成并联驱动单元，最后将各个驱动单元串在一起形成类似章鱼触手的连续型机器人。该装置包含三段驱动模块，可以完成伸缩和弯曲等运动，利用这些运动，可完成抓取等任务。最后这个连续型机械臂可以安装到移动式移动平台上，从而具备实际作业能力。

同样采用气压驱动技术的还有Festo公式研制的一款象鼻仿生机械臂[57]，虽然结构上都是采用串并联式的布置连接，但是该装置采用了气压驱动波纹管，而不是人工气动肌肉，相较于人工气动肌肉而言，其质量更为轻便，具有良好的功重比。同时它还配备了柔性执行末端，因此具有相当安全的人机交互结构。

（2）电驱动方案与配置

电驱动是串联机构常用驱动方式，在此仅以串联机器人为例进行探讨。

串联机器人采用电驱动时的基本要求包括以下几个方面。

① 机器人机构紧凑，自身占用空间较小，工作范围大。

② 机器人可以到达生产设备无法到达的空间工作。例如，汽车行业使用时，手部可以进入像汽车车身内部这种结构复杂的空间中进行工作。

③ 机器人没有移动关节，不需要安装导轨。机器人转动关节相对于导轨容易密封润滑，转动关节使用轴承类零件，摩擦较小，可靠性较高。

④ 转动关节所需要的转动力矩小，对电机要求低。

机器人系统运行时，其中的零部件也需要合理的连接和配置，各组件分别实现各自的功能。

1）确定方案　相对于混联机器人，串联机器人组件之间的连接较为简单，设计简洁的配置便可实现方案。串联机器人机构简图，如图3-20所示。

依据基本要求①，本设计要求机器人体积小、重量轻及工作环境洁净等，因而机器人选用电机驱动，综合考虑后选择步进电机[58]。之后，综合考虑基本要求，该机器人驱动电机

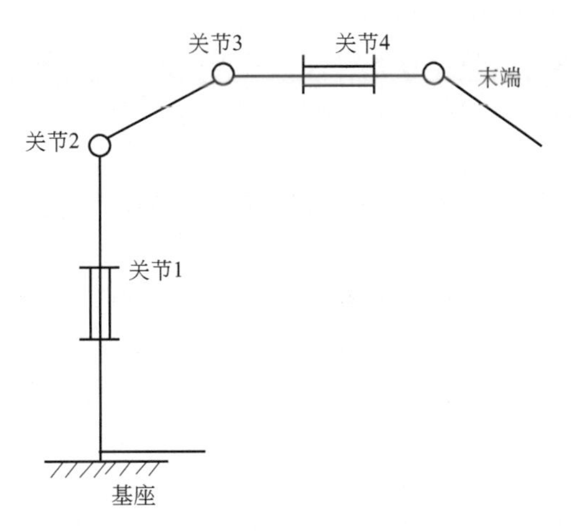

图 3-20　串联机器人机构简图

的第一级减速器选择行星齿轮减速器。然后再对主体结构如基座、大臂、小臂及末端执行器参数等进行设计。机器人的主体结构包括底部支承基座、腰部（关节 1）、大臂或侧臂（关节 2）、上臂（关节 3）、手腕关节（关节 4）和末端手爪等部件。

该机器人具备五个回转关节，每一个关节具备一个回转自由度，因而机器人含有五个自由度，分别为：腰部与底部支承基座之间的自由度（垂直于水平面旋转）、侧臂与腰部之间的自由度（关节 2）、上臂与侧臂之间的自由度（关节 3）、手腕与小臂之间的自由度以及手腕与末端执行器之间的自由度。其中底部支承基座是机器人的承重部分，安装在地面或工作台上，承载了整个机器人的执行机构和驱动系统。腰部（关节 1 处）是机器人的机械臂部分的承载基座，机械臂部分安装在腰部基座上，腰部通过第一关节可以在底部支承基座上进行回转（即垂直于水平面旋转），完成机器人的转动功能。侧臂（关节 2 处）是上臂（关节 3 处）的承载部件，通过侧臂的摆动可以调整末端执行器在水平方向上的位置，上臂末端部位安装了末端执行器，通过上臂的摆动可以调整末端在竖直方向上的坐标位置。手腕部（关节 4 处）的两个旋转关节可以细微调整抓取物品的位置和角度。

2）计算与对比　与其他机械运转设备类似，机器人在配置电机、减速器、编码器及制动器时同样需要针对各关节轴的转动惯量、转矩等进行理论计算与对比。主要包括力学计算、部件质量、载荷、关节转矩、电机选择及匹配等。

① 力学计算　由理论力学中的平行轴定理可得到绕各个关节轴的转动惯量 J_i，公式为式(3-1)。

$$J_i - \sum_{i=1} J_{Gi} + \sum_{j=1} m_j l_j^2 \tag{3 1}$$

式中，J_{Gi} 为腰部、侧臂、上臂、手腕和末端执行器绕各自的重心轴的转动惯量；m_j 为腰部、侧臂、上臂、手腕和末端的质量；l_j 为腰部、侧臂、上臂、手腕和末端各自重心分别到所要计算关节处的距离。其中 J_{Gi} 远小于 $m_j l_j^2$，可以忽略不计。

各关节的转矩公式为式(3-2)。

$$T_i = \sum_{j=1} m_j g l_j \tag{3-2}$$

式中，m_j 为腰部、大臂、小臂、手腕和末端的质量；l_j 为腰部、大臂、小臂、手腕和末端各自重心分别到正在计算的关节处的距离。

② 部件质量　根据机器人初设的主要技术参数，使用软件初步建立机器人底座、腰部、大臂、小臂和末端执行器的三维模型，通过软件的质量评估功能，初步估算机器人主要部件的质量。

③ 载荷　设定材质（如铝合金），通过软件初步估算出腰部、大臂、小臂及末端执行器等质量，设置载荷的大小。

④ 具体数值　给定具体数值：当机械手处于伸展极限时，大臂重心到第二关节的距离；小臂重心到第二关节距离以及到第三关节距离；末端执行器重心到第二关节的距离、到第三关节距离以及到第四关节距离；载荷重心到第二关节的距离、到第三关节距离以及到第四关节距离。

⑤ 关节转矩　根据式(3-1) 和式(3-2)，计算出所需要的第一关节到第四关节的转动惯量，如第一关节转动惯量 J_1，第二关节转动惯量 J_2，第三关节转动惯量 J_3，第四关节转动惯量 J_4。计算得到转矩，如第二关节转矩 T_2，第三关节转矩 T_3，第四关节转矩 T_4。

第一关节转矩 T_1，由式(3-3) 计算。

$$T=J\ \frac{\omega}{\Delta t} \tag{3-3}$$

式中，ω 为第一关节角速度；Δt 为第一关节从 0 加速到要求转速的时间。

如取 Δt，J_1 为第一关节转动惯量，则得到第一关节转矩为 T_1。考虑到摩擦力矩，如取安全系数为 2，则第一关节转矩为 $2T_1$。

⑥ 电机选择及匹配　根据第一关节的转矩可知，若减速器需要的最小转矩为 $2T_1$。可以据此选择电机型号，并选择与其匹配的行星齿轮箱型号。由此可以得知电机参数——额定输出功率、额定转矩、额定电流、额定转速、转子转动惯量及最大效率，并可以得知减速器参数——减速比、最大效率和一对圆柱齿轮的传动比，由此可计算出转矩。

⑦ 明确具体参数　电机在额定功率运行时，应满足运行时的最高转速。按照上述“计算与对比”方法可以选择其他关节所需要的电机以及减速器的型号。包括对于关节 1 至 5 所配置的电机型号、转速及功率等参数，机器人减速器型号及传动比等。

(3) 机器人操作机其他配置

要保证机器人的正常运行，除了对其动作进行原驱动力的配置外，还必须有支撑各个关节正常运行的其他配置。针对机器人操作机的优化配置曾有多种尝试，例如，针对驱动冗余平面并联机构采用旋量理论进行静力学推导，发现被动关节驱动冗余后，动平台的最大力及力偶负载明显增加[59]。基于能量守恒的驱动冗余逆动力学求解的新方法，采用最小范数解求解驱动力[60]。驱动冗余可以增加并联机构的有效载荷和加速度，并且优化载荷分布和减少每个电机的功率消耗[61]，冗余驱动则可以改善机器人的动力学性能。

由于操作机配置的方式和结构繁多且复杂，在此仅简单介绍转动部件配置、蜗杆-蜗轮减速器及手臂驱动装置等。

1) 转动部件配置　在机器人系统中，转动部件常采用气电配置形式且多为气电配置模块形式。气电配置模块常用于将电源传输到电机和测速发电机，及接通由反馈传感器传输的信息通道，等等。也用于实现将压缩空气、电能和信息通道中转传输到执行电机及机器人后续模块反馈传感器等。

工业机器人转动部件的气电配置模块示意图如图 3-21 所示。

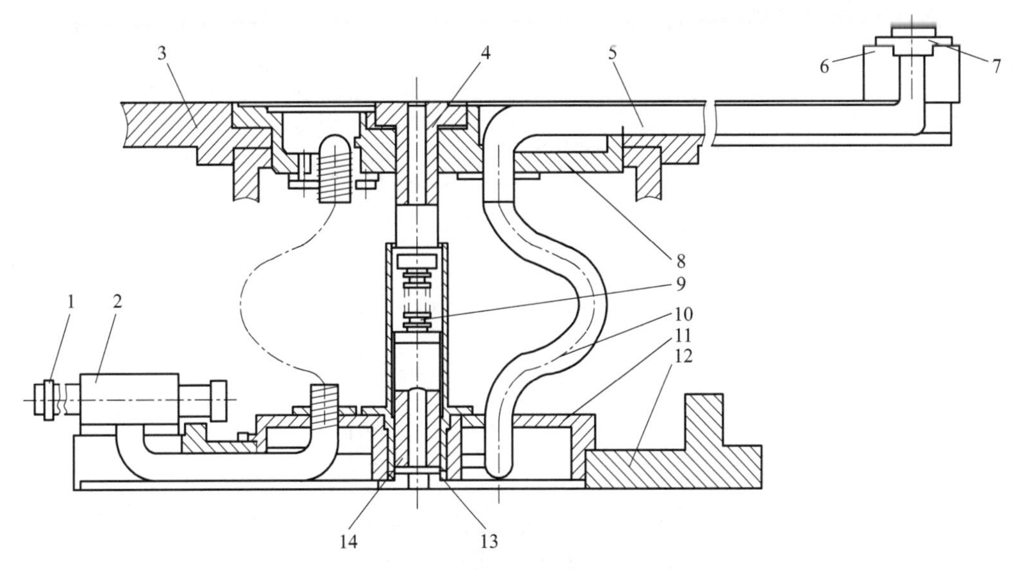

图 3-21　转动部件的气电配置模块示意图

1—输入接头；2—安装箱；3—平台；4—导管；5—电缆；6—支架；7—输出接头；8—上盖；9—波纹管；10—软金属接头；11—下盖；12—转台机体；13—橡胶圈；14—环形体

图 3-21 示出转动部件的气电配置模块的基本结构，主要包括：安装箱、输入接头、软金属接头、平台、导管、支架、输出接头、上盖、下盖、波纹管、转台机体、橡胶圈及环形体等。气电配置单元的基本部分是中继电缆单元，它包括若干个输入接头、输出接头、安装箱及若干根电缆等。其中，电缆用于模块固定部分与可动部分之间的能量和信息传输。输出接头固接在平台的支架上。转动部件固定部分和可动部分之间的连接是通过若干个软金属接头来实现的，其下法兰固定在下盖上，而上法兰则固定在上盖上。下盖装在转台机体上，上盖刚性固接在平台上。

在平台中间位置由软金属接头组成回路，该回路允许转动平台在一定角度范围内旋转。

由转动部件固定部分输送压缩空气到转动部件是靠空气导管来实现的，其上法兰固定在上盖上。空气导管下部用橡胶圈密封与环形体旋转连接，空气导管上、下部分的气密连接用波纹管来实现，它能补偿上盖和下盖连接孔的不同心度。

2）蜗杆-蜗轮减速器　以工业机器人操作机的转动模块为例，转动模块/减速器机构如图 3-22 所示。

图 3-22 示出转动模块/减速器机构的基本结构，该转动模块配置有蜗杆-蜗轮减速器，包括蜗杆轴、蜗轮、联轴器、测速发电机及位置传感器等。机构采用一定传动比的蜗杆传动（如四头蜗杆传动），电机连接蜗杆轴和蜗轮作为减速器的第一级传动。或者采用一定传动比的单头蜗杆，例如，用于焊接机器人的减速器。从蜗轮到转台的转动是靠圆柱齿轮减速器实现的。

减速器具有两个平行运动链：齿轮（序号 3）→齿轮（序号 4）→齿轮（序号 5）和齿轮（序号 3）→齿轮（序号 6）→扭杆（序号 7）→齿轮（序号 8）。两个齿轮（序号 5 和序号 8，这里相当于第 1 和第 2 能量流）与在转台上齿轮（序号 9）连接。减速器中齿轮传动的传动比一定。齿轮减速器通过扭杆预紧的方法，得到一定的力矩来消除间隙。

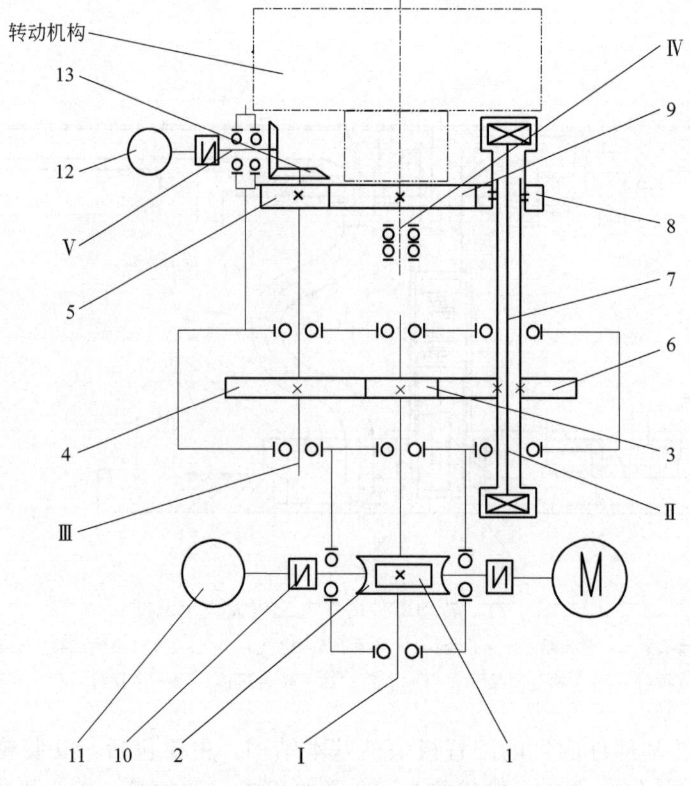

图 3-22　转动模块/减速器机构示意图

1—蜗杆轴；2—蜗轮；3～6,8,9,13—齿轮；7—扭杆；10—联轴器；11—测速发电机；12—位置传感器

由蜗杆轴通过联轴器带动速度传感器，该速度传感器安装在测速发电机上。在转台上安装的电位器式位置传感器与减速器的相连是通过锥齿轮来实现的。

3）手臂驱动装置Ⅰ　工业机器人中，其手臂常采用谐波减速器驱动装置。谐波减速器常被视为柔性减速器，因谐波减速器传动过程中可以通过柔轮的可控变形传递转矩。

下面以 P-4 型操作机手臂单自由度机电传动的驱动装置为例，分析谐波齿轮减速器的作用。

如图 3-23 所示。该操作机手臂单自由度机电传动的驱动装置中主要包括：电机、联轴器、位置编码器、柔性轴承、刚轮、托架、齿形带传动、轴、轴承、套筒、弹簧、凸轮及机体等。

图 3-23 所示的手臂驱动装置结构可以用于单自由度手臂的通用结构，驱动装置包括电机、装在机体中的谐波齿轮减速器、固定在托架上的角位置编码器和测速发电机。其中，测速发电机（序号 22）直接固定在电机的罩上，并用联轴器与电机转子相连。电机的轴与谐波齿轮减速器空心轴（序号 6）刚性连接，该空心轴的附加支承在空心轴的轴承上，减速器输出轴（序号 8）在该轴承的内孔中。并且，左端轴承内环压配在空心轴上，该轴与减速器输出轴同时实现滚珠联轴器的功能，将转矩传到附加支承轴承及谐波齿轮减速器输入轴（序号 10）上。为了能传递转矩，可以在谐波齿轮减速器输入轴的端部开槽，在槽中放置左端轴承的滚珠。左端轴承的外圈安装在沿轴运动的套筒中，靠弹簧将外环始终压向滚珠，以保证左端轴承中的张紧力。

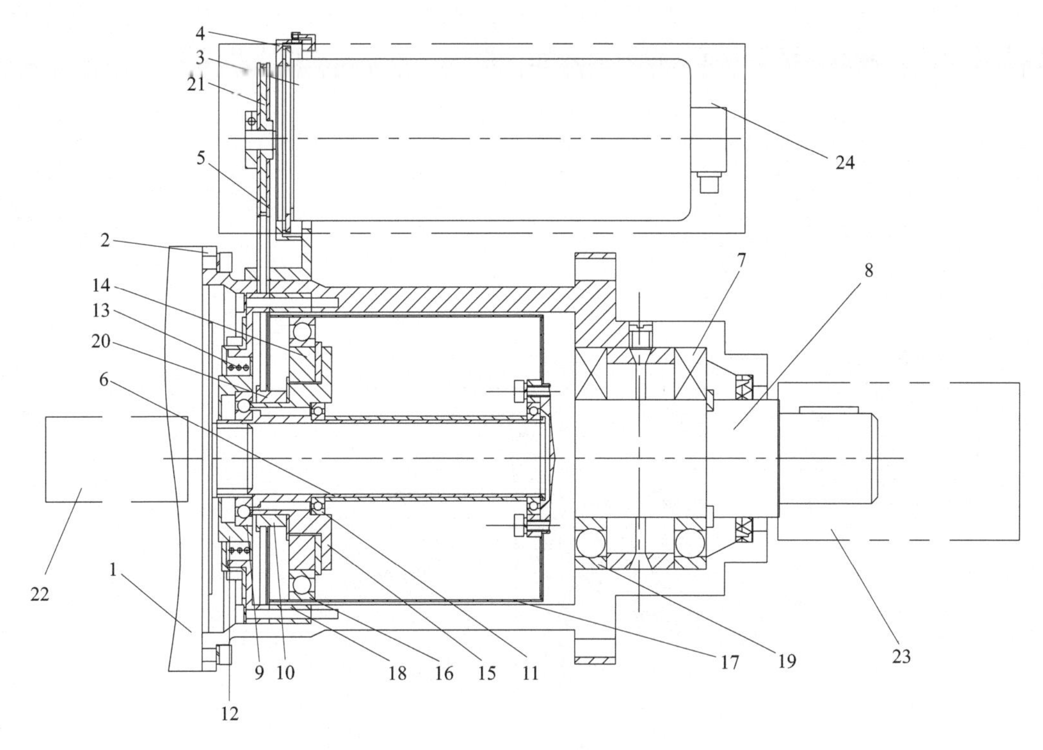

图 3-23 手臂驱动装置

1—电机；2—机体；3—角位置编码器；4—托架；5—齿形带；6—谐波齿轮减速器空心轴；7—空心轴的轴承；8—减速器输出轴；9—左端轴承；10—谐波齿轮减速器输入轴；11—附加支承轴承；12—套筒；13—弹簧；14—专用成型凸轮；15—补偿凸轮联轴器；16—柔性轴承；17—动柔轮；18—固定刚轮；19—输出端轴承；20—减速器输入轴端的带轮；21—传感器轴上的带轮；22—测速发电机；23—连接手臂；24—齿形带传动

在具有径向间隙的谐波齿轮减速器输入轴（序号 10）上固定有波发生器的专用成型凸轮，补偿凸轮联轴器与谐波齿轮减速器输入轴相连，用该补偿凸轮联轴器保证波发生器在工作过程中自动调整。在专用成型凸轮上安装的柔性轴承与柔轮相互作用，该柔轮为从动柔轮。为了使柔轮与机体中固定刚轮在两个最大径向变形区内啮合，从动柔轮需要与减速器输出轴相连，该输出轴装在轴承上。

该机构中也采用了齿形带（序号 5）传动进行减速运动，齿形带传动的零部件包括：装在减速器输入轴上的带轮、传感器轴上的带轮和齿形带等。

综上所述，在谐波减速器传动过程中虽然可以通过柔轮的可控变形传递转矩，但是，在大负载条件下柔轮变形为非线性，这将引起关节运动误差，柔轮变形、传动中的非线性摩擦、各零部件的制造和安装误差，会导致谐波减速器出现迟滞现象，这是值得注意的。

当机器人操作机驱动谐波减速器时，常被视为机械臂弹性关节结构，机械臂主要由伺服电机、谐波减速器、位置及力测量元件组成。其中，将谐波减速器作为驱动部件具有大减速比和大承载力的显著优点，但也使关节弹性特性更加明显，这种弹性特性在关节动力学建模中应充分考虑。若忽略谐波减速器弹性特性的影响，将给系统控制精度及稳定性带来不利影响。

4）手臂驱动装置Ⅱ P-40 型工业机器人操作机手臂回转驱动装置如图 3-24 所示。该装置为带谐波齿轮减速器的成套电动机构，可以用于操作机的手臂杆件的回转。

图 3-24 中主要包括：电机、测速发电机、位置传感器及驱动装置、波发生器、齿形带、联轴器、箱体、轴承、罩、柔轮、刚轮、齿轮、挡块、偏心轮及行程开关等。

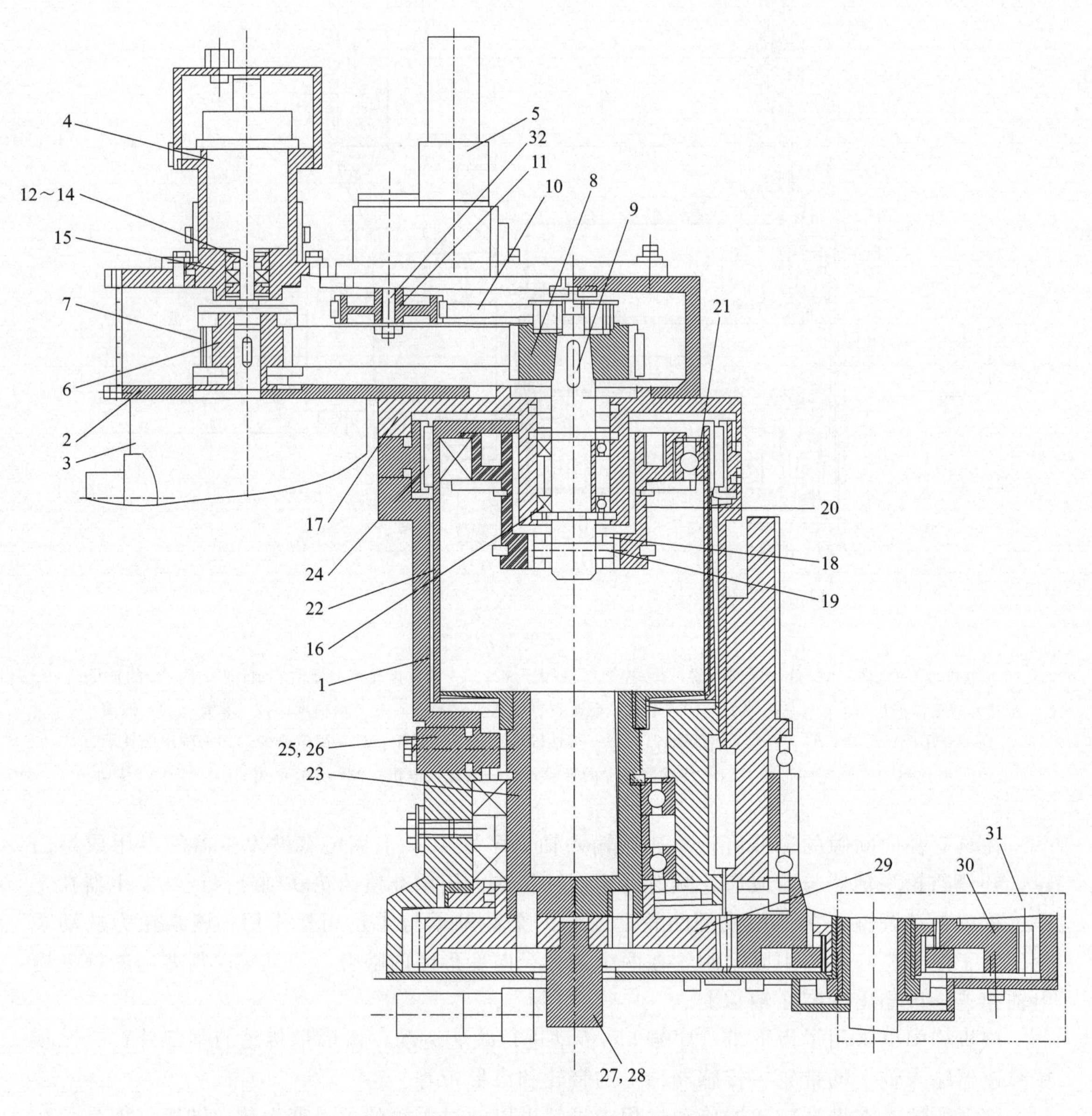

图 3-24　手臂回转驱动装置

1—谐波齿轮减速器箱体；2—附加箱体；3—电机；4—测速发电机；5—位置传感器驱动装置；6—带轮；7—齿形带；8—齿形带轮；9—谐波减速器输入轴；10—传感器齿形带；11—传感器的齿形带轮；12—测速输出轴；13—轴承；14—联轴器；15—套筒；16—谐波齿轮减速器轴承；17—罩；18—环；19—销钉；20—波发生器；21—柔性轴承；22—柔轮；23—减速器输出轴；24—刚轮；25—可动挡块；26—固定挡块；27—偏心轮；28—行程开关；29—减速器输出轴的齿轮；30—手臂套筒的齿轮；31—连接手臂；32—传感器输入轴

图 3-24 给出了 P-40 型工业机器人操作机手臂回转驱动装置机构。在谐波齿轮减速器箱体（序号 1）上另外安装着附加箱体，该附加箱体上固定着电机、测速发电机及电位器式位

置传感器驱动装置等。

在电机的轴上安装带轮，通过齿形带与齿形带轮的组件相连，而齿形带轮固定在谐波减速器输入轴（序号 9）上。其中，齿形带轮组件的一个带轮通过传感器齿形带与传感器的齿形带轮相连，该齿形带轮安装在传感器驱动装置输入轴上。在齿形带轮的一端固定测速输出轴，通过该测速输出轴使带轮附加支承在相应的轴承上。

通过联轴器将测速输出轴与测速发电机的轴相连，测速发电机的壳体装在套筒中，而该套筒由法兰固定在附加箱体的机体上。

谐波减速器输入轴安装在自身机体的轴承上，该轴承在罩内，波发生器通过环和销钉与谐波减速器输入轴相连。波发生器（序号 20）做成椭圆形，在其外表面固定柔性轴承，当谐波减速器轴旋转时，柔性轴承（序号 21）沿着柔轮（序号 22）的内表面滚动。该柔轮做成薄壁筒形，用法兰与减速器的输出轴刚性连接，柔轮通过波发生器的作用，在其最大径向变形范围内与固定刚轮相啮合。

用可动挡块、固定挡块来限定减速器输出轴的转角。

在减速器输出轴的一端固定有齿轮并与固装在操作机手臂套筒上的齿轮啮合。在减速器输出轴的自由端装有偏心轮，该偏心轮用以控制行程开关。

3.2.3 机器人操作机成套装置

工业机器人操作机成套装置是指机器人所用的联合装置。机器人成套装置种类多且包括面广，以下仅举例分析。

（1）手臂/手腕/夹持装置

以工业机器人手臂/手腕/夹持装置为例。该装置是带气压缸驱动的手臂/手腕/夹持为一体的成套装置，是为机器人关节和轴提供运动和力量的主要组合部件，如图 3-25 所示。

图 3-25 所示的工业机器人气压驱动手臂/手腕/夹持装置中主要包括：双作用气压缸、单作用气压缸、液压缓冲器、法兰、管道、活塞、活塞杆、手腕、联轴器、拉杆、齿条、液压缓冲器、马达、马达转子、管接头、轴承、叶片、挡块、杠杆机构、钳口及波纹护板等。

图 3-25 中给出了带直线及回转运动的气压驱动装置，该装置是包含手臂、手腕及夹持器的综合结构。手臂机体是由双作用气压缸和单作用气压缸相互串联而成。在双作用气压缸体后端的法兰上连接着多机构的空气管道，该管道为夹持器、手腕及手臂气压驱动装置的空气管道。在手腕的垂直平面上可以使双作用气压缸活塞做摆动运动，该活塞通过滚珠联轴器与活塞杆相连，此滚珠联轴器的套环上连着双作用气压缸活塞杆，滚珠联轴器可使活塞杆的力沿轴向传到右边拉杆上，此时拉杆与手腕一起绕自身轴线转动。

拉杆与齿条刚性连接，该齿条刚性连接在手腕摆动的齿轮-齿条机构中。手腕摆动方向的改变要根据压缩空气传入双作用气压缸的具体腔来决定。在双作用气压缸的活塞杆腔内装有液压缓冲器，因此，该气压缸是带有双作用气压缸活塞杆与左液压缓冲器活塞一起运动的双作用气压缸。左液压缓冲器将油注入液压缸的两腔中，当活塞运动时，油则通过左液压缓冲器活塞中的精密孔由一个腔流入另一个腔，以此来缓冲活塞杆的振动。

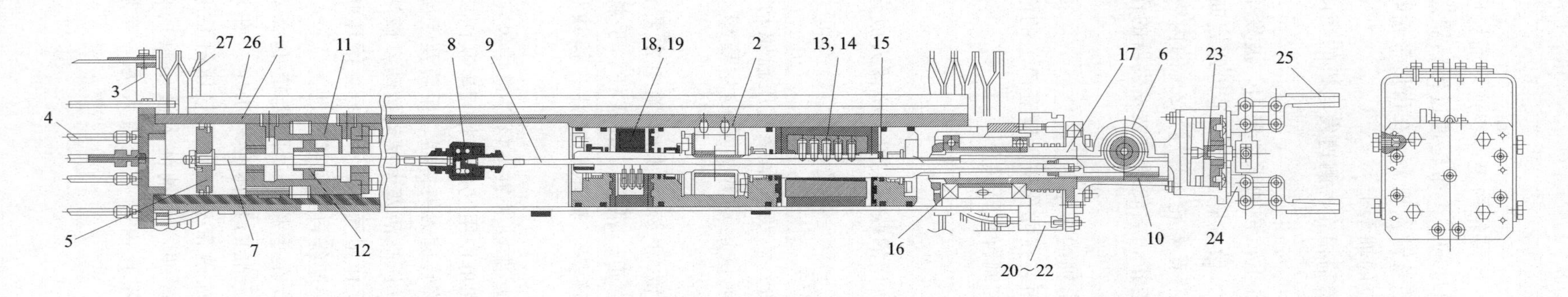

图 3-25　手臂/手腕/夹持装置

1—双作用气压缸；2—单作用气压缸；3,22—法兰；4—空气管道；5—双作用气压缸活塞；6—手腕；7—双作用气压缸的活塞杆；8—滚珠联轴器；9—拉杆；10—手腕摆动齿条；11—左液压缓冲器；12—左液压缓冲器活塞；13—摆动气动马达；14—管接头；15—马达转子；16—马达转子用轴承；17—带法兰主轴；18—中部液压缓冲器；19—叶片（液压缓冲器中）；20—挡块；21—滚珠；23—单作用气压缸活塞杆；24—杠杆机构；25—钳口；26—手臂轴向移动机构的齿条；27—波纹护板手腕相对于纵轴的转动由摆动气动马达来实现，该摆动气动马达安装在单作用气压缸的内孔中。压缩空气通过管接头注入其中一个工作腔。气动马达转子用渐开线花键与带法兰主轴相连，在轴承内安装着该主轴，手腕固定在此法兰上。在马达转子的另一端用花键与中部液压缓冲器的转子相连。中部液压缓冲器是摆动式液压马达，油通过叶片中的精密孔由马达的一腔流入另一腔。手腕回转运动由挡块来限定。在法兰的圆形槽中排放一定数量的滚珠，滚珠作用在挡块上。

在手腕前面的法兰上固接着单作用气压缸，该单作用气压缸为夹持机构的驱动装置，单作用气压缸的活塞杆通过杠杆机构与夹持器的钳口相连。

在双作用气压缸和单作用气压缸的上部固定着手臂轴向移动机构的齿条。该操作机的手臂机构采用波纹护板来防尘。

上述装置为气压驱动手臂/手腕/夹持装置的组合，该装置的重要意义在于当机器人工作时驱动、运动及末端精度具有高度一致性。

(2) 手臂平衡装置

工业机器人操作机手臂平衡装置，如图 3-26 所示，该装置主要用于手臂竖直或平移运动的平衡补偿。

该装置采用气压平衡的方式，可以用来减小作用在提升马达上的负载。该平衡装置在机器人正常运转过程中，可以对不平衡的变化自动进行补偿。如果减小该平衡机构的尺寸和质量，还可提高其启动频率。

图 3-26 所示的工业机器人操作机手臂平衡机构主要包括：平板、气缸、安全阀、消声器、活塞杆、铰链及手臂伸缩机构机体等。

该手臂平衡装置被固定在手臂垂直移动机构上，即手臂提升机构上。手臂平衡装置通过平板（序号 1）与手臂提升机构连接。图 3-26 中有内装有消声器的安全阀，消声器被安装在气缸（序号 2）的无活塞杆腔中。气缸的活塞杆通过铰链与手臂伸缩机构机体（序号 7）的前部分相连。

当手臂向上运动时，压缩空气压力充满气缸，以保证滚珠螺旋副和提升机构的电机能够从手臂伸缩机构中卸下。当手臂向下运动时，压缩空气由气缸通过内装消声器的安全阀（序号 3）排出。此消声器如同空气过滤器一样工作，可用于净化充满在气缸无活塞杆腔的空气。

另外，当手臂做回转运动时也常采用手臂平衡装置。由于手臂零部件材质不均匀或毛坯缺陷、加工及装配中产生误差，甚至设计时就具有非对称的几何形状等多种因素，使得手臂在旋转时，其上每个微小质点产生的离心惯性力不能相互抵消，离心惯性力通过轴承作用到机械及其基础上，引起振动、产生噪声，加速轴承磨损，缩短机械零部件寿命，严重时能造成破坏性事故。此时，必须对手臂进行平衡，使其达到许可的平衡精度等级，或使因此产生的机械振动幅度降到允许的范围内。

(3) 操作机杆件直线运动装置

操作机杆件直线运动装置是工业机器人传动装置的一种形式。传动装置是指把动力源的运动和动力传递给执行机构的装置，介于动力源和执行机构之间，可以改变运动速度、运动方式和力或转矩的大小。

下面的案例为带电液步进马达的成套驱动装置，其制动装置分别为机液式制动和电磁式制动。

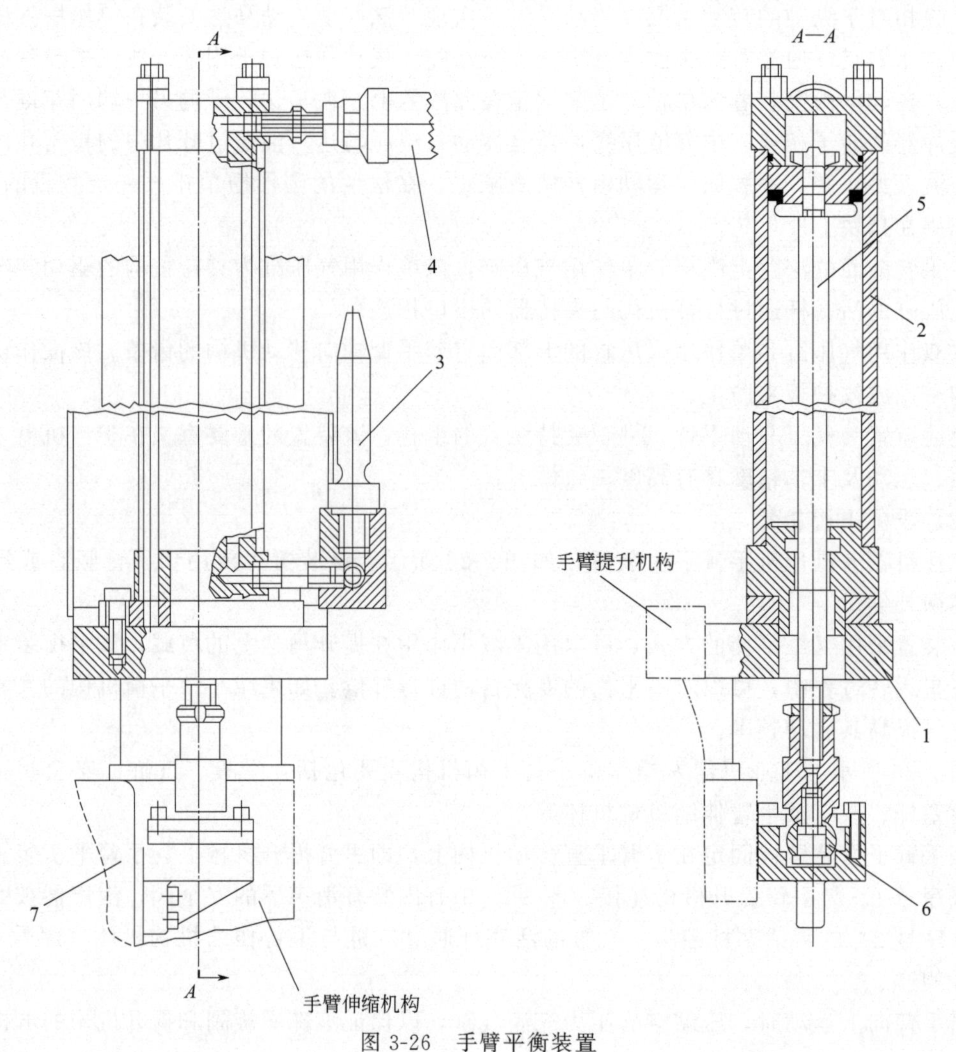

图 3-26 手臂平衡装置

1—平板；2—气缸；3—安全阀；4—消声器；5—活塞杆；6—铰链；7—手臂伸缩机构机体

图 3-27 和图 3-28 中均给出了带电液步进马达的液压驱动装置。两种结构均可以用于操作机杆件的直线运动，并为电液式制动装置。

图 3-27 和图 3-28 所示两种结构中均主要包括：成套电液步进马达、减速器箱体、齿轮、传动丝杠、丝杠螺母、柱塞、柱塞弹簧、杠杆、球轴承、机体及非接触式传感器等。

图 3-27 和图 3-28 两种结构形式的区别在于电液步进马达的配置，分别为左置和右置。小齿轮以其端面与制动装置相互作用。机液式制动装置由两个不同大小的柱塞组成，大、小柱塞均作用在杠杆上，该杠杆在相对于自身轴线转动时进入小齿轮端面的齿槽中。当推动制动装置大柱塞时，在柱塞弹簧的作用下，迫使杠杆转动，此时刹住小齿轮。当将压力油注入制动装置小柱塞的工作腔时，杠杆处于中间位置，此时小齿轮处于自由状态。

图 3-27 和图 3-28 所示两种结构中的传动丝杠安装在带预紧力的一对角接触球轴承上，以保证机构有较高的轴向刚度。滚珠丝杠螺母由两个半螺母组成，该滚珠螺母带有预紧力，也装在传动丝杠上。传动丝杠的初始角位置由非接触式传感器来检测。机体安装在操作机运动杆件的固定机体上，滚珠丝杠螺母安装在机体中，操作机杆件的直线运动由传动丝杠带动

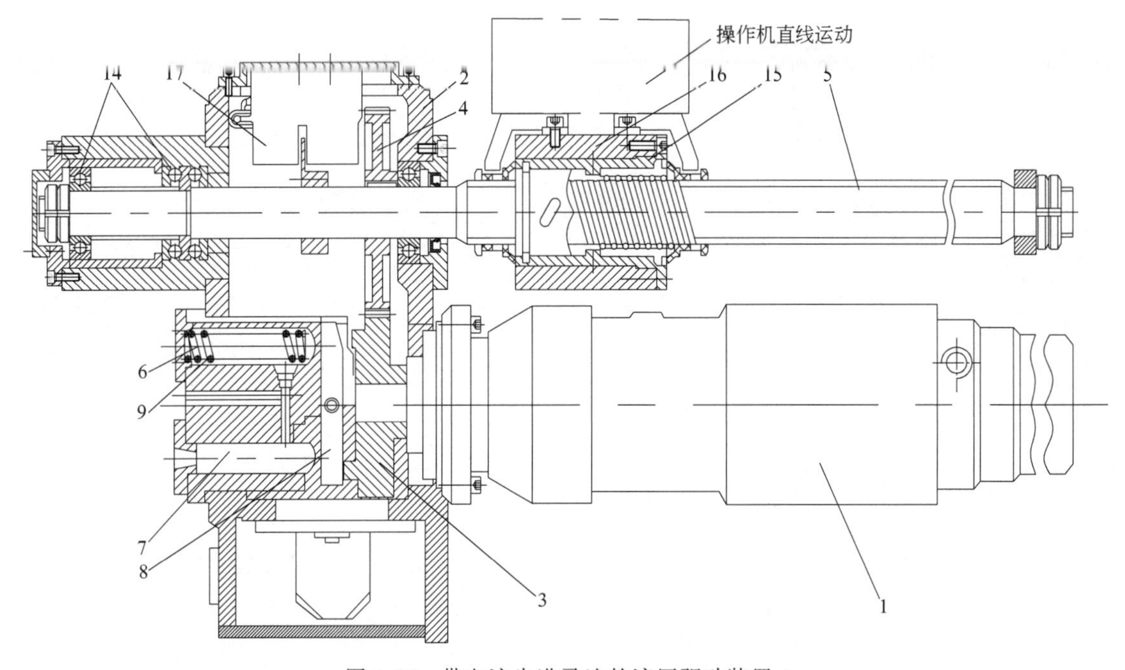

图 3-27　带电液步进马达的液压驱动装置 1

1—成套电液步进马达；2—减速器箱体；3—小齿轮；4—齿轮；5—传动丝杠；
6—制动装置大柱塞；7—制动装置小柱塞；8—制动装置杠杆；9—柱塞弹簧；
14—球轴承；15—滚珠丝杠螺母；16—机体；17—非接触式传感器

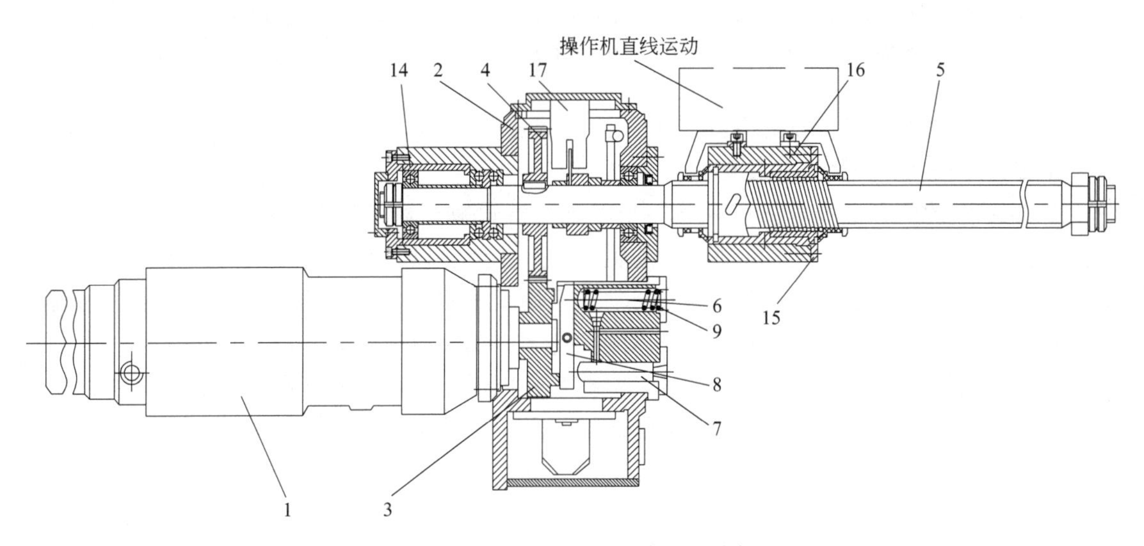

图 3-28　带电液步进马达的液压驱动装置 2

1—成套电液步进马达；2—减速器箱体；3—小齿轮；4—齿轮；5—传动丝杠；
6—制动装置大柱塞；7—制动装置小柱塞；8—制动装置杠杆；9—柱塞弹簧；
14—球轴承；15—滚珠丝杠螺母；16—机体；17—非接触式传感器

机体实现。

图 3-29 给出了带电液步进马达的液压驱动装置，该结构用于操作机杆件的直线运动，采用电磁制动形式。

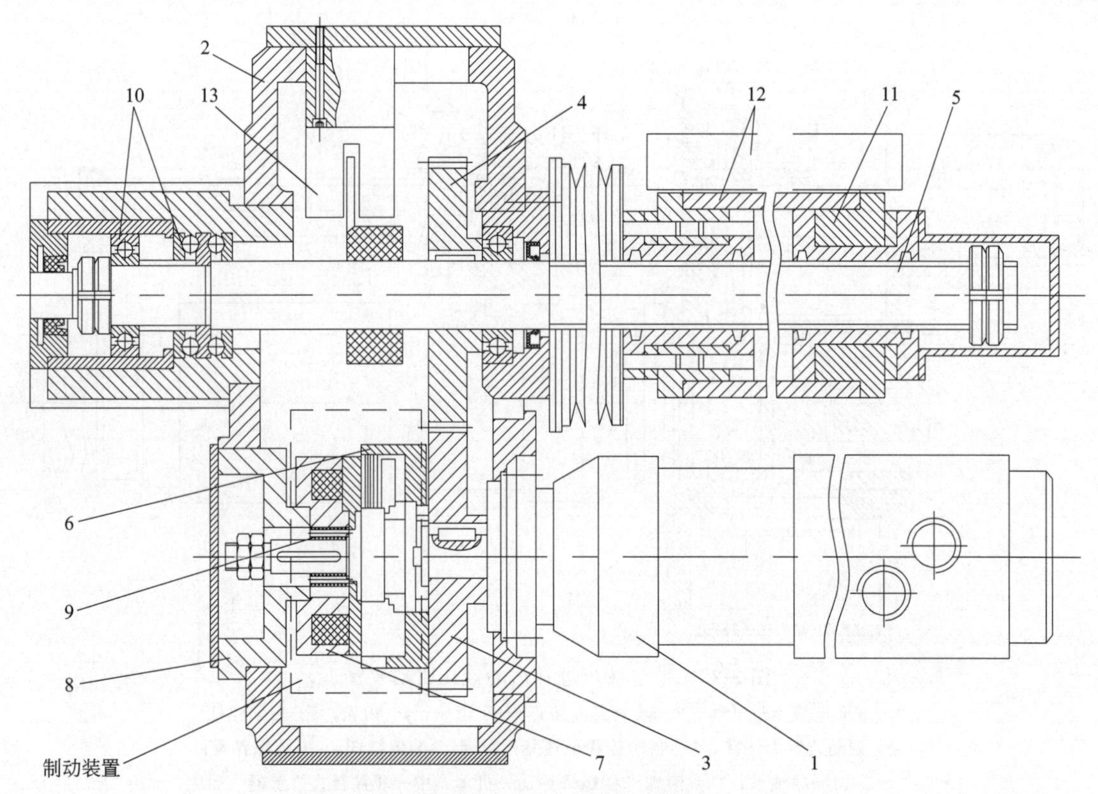

图 3-29　带电液步进马达的液压驱动装置 3

1—成套电液步进马达；2—减速器箱体；3—小齿轮；4—大齿轮；5—传动丝杠；6—壳体；7—线圈；8—法兰；9—弹簧；10—角接触球轴承；11—滚珠丝杠螺母；12—直线运动机体；13—非接触式传感器

图 3-29 中主要包括：成套电液步进马达、减速器箱体、齿轮、传动丝杠、滚珠丝杠螺母、弹簧、球轴承、机体及非接触式传感器等。

图 3-29 中的成套电液步进马达由法兰固定在齿轮减速器箱体上，小齿轮直接安装在马达转子上，而大齿轮则安装在传动丝杠的轴颈上。小齿轮以其端面与制动装置相互作用。该制动装置的结构形式为电磁铁式。电磁制动器采用摩擦联轴器，其壳体固定在小齿轮的端面上，而线圈与摩擦片用法兰与减速器箱体刚性连接。当绕组断电时，摩擦片在弹簧的作用下压下，从而刹住小齿轮；当绕组通电时，摩擦片在电磁场作用下松开压缩弹簧，小齿轮解除制动。传动丝杠安装在带预紧力的角接触球轴承上，滚珠螺母由两半螺母组成，装在该传动丝杠上。螺母安装在直线运动机体中。传动丝杠的初始角位置由非接触式传感器来检测。

以上案例均可以作为步进马达的通用装置，均可以用于不同操作机杆件的直线运动。

3.3　机器人系统的结构与配置实例

下面以串联机器人系统中结构配置为例进行分析。

机器人系统中机械系统结构主要包括基座、关节轴电机、滚珠丝杠-花键轴、大臂及小臂等。

机器人系统的配置应符合机器人工作性能要求：机器人机械结构的改进与优化，应在满足高刚度、高强度、低振动、小误差的要求的同时，实现质量小、体积小、结构简单等优点；利用先进的计算机技术对机器人进行最优控制，使机器人在复杂工作环境中具有高精度、高效率、高稳定性等。

3.3.1 机器人系统方案设计

机器人系统方案设计必须保证在结构与配置上符合工作环境以及工作性能基本要求，应尽力满足机器人特殊的技术要求。对于串联机器人系统，工作过程中机械臂的外伸是常态，外伸的机械臂在自重较大或承担一定负载时振动较大，机械臂的运动精度难以保证，在结构配置时需要关注机械系统、设计技术及结构等相关问题。

1）从机械系统上看，优化机械臂及提高其负载自重比的最好方法是将其自身的某些功能移至基座上，通过功能置换实现零部件置换，以减轻机械臂悬空部分臂体的重量。

2）从机械设计技术上看，将机器人上功能相似的部件进行整合，由一个功能部件提供所有部件所需的功能，以实现结构简化和替代，此时采用单马达驱动是最经济可行的。

3）从模块化考虑，采用相同的模块结构方案，选型时以负载大小、质量大小作为选型的重要依据，使悬臂部分从基座到机械臂末端形成广义锥形结构，该方案既具有通用性，又能满足悬臂结构的负荷优化要求，如图 3-30 所示的机器人系统方案设计。

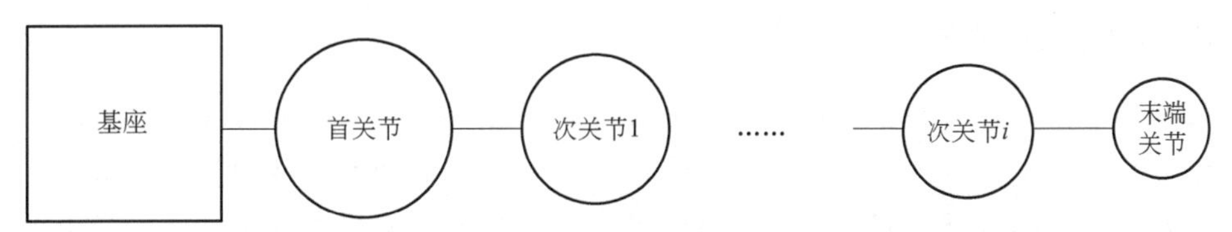

图 3-30 机器人系统方案设计简图

图 3-30 所示只是机器人系统方案设计的一种。由于机器人系统包括机械、硬件和软件、算法等部分，因此，具体设计时需要考虑结构设计、控制系统设计、力学分析等方面，内容较繁多。

下面仅主要分析关节驱动方式、机械臂功能置换措施及机器人关节与配置等。

3.3.2 关节驱动方式

机器人的工作性能主要由机器人各关节的驱动方式决定，各个关节驱动模块不仅用来实现机器人高精度转动，而且要用来承担整个机器人以及其负载的转矩，因此，对机器人关节驱动的选择与安装往往具有非常高的要求。

对于串联机器人，机械臂为主要关节驱动部件。机械臂关节通常由动力源、减速器及关节控制器等组成。动力源提供能量供给，用于将关节外部其他形式能量转变为机械能。减速器作为力和力矩的放大装置，用于力和速度的调整。关节控制器作为控制开关，控制输入关节机械能的大小。因此，从关节功能来看，只要满足关节的输入动能、有能量转换装置及能量转换开关，关节的功能就是完备的。而从关节自重的组成成分来看，关节重量的大部分为关节内的动力源，即电机重量。

从机械设计技术考虑时，当串联机器人关节驱动方式为单马达驱动时，整机结构控制简单、成本低。此时，单马达驱动可以将电机实体提取出来置于基础处，关节电机采用一根相同功率的高速轴来替换，同样安置减速器和关节控制器。因此，单马达驱动机器人或机械臂可以视为一个绕中心轴的输入运动产生许多沿中心轴展开的垂直或平行输出运动。这样，既可以减轻臂体自重，又保持了关节内基本功能的设计目标。单马达驱动机器人方式在减轻机器人悬臂部件质量并获得紧凑关节方面具有天然的优势。

3.3.3 机械臂功能置换措施

机械臂功能置换是指将靠近机械臂末端的功能部件提取出来，用其他质量较轻的部件替代这些功能部件，以减小臂体悬臂部分的质量。

对于运行的工业机器人来说，串联机械臂系统多为悬臂系统，大部分的有效负荷能力被用于抵偿其自身悬臂部分的重量，因此对其悬臂部分的减重是提高负载自重比的唯一途径。通常，机械臂的质量部件同时也是功能部件，减轻自重必定影响其功能的实现。然而，增加机械臂基座部分的质量，通常会提高机器人的整体刚度及系统稳定性。

机器人中杆件的悬臂部分和基座部分质量的分配，对机械臂的动态性能、负载自重比的影响很大。工作过程中，当机械臂处于悬臂状态时，其整个结构仅有基座一个支承点，此时机械臂的负载能力大部分用于克服臂体的自重。当在设计中采用功能置换时，若将杆件负载分配视为动态设计，则有助于提高机器人或机械臂结构的固有频率、自身的稳定性以及关节的灵活性。通过动态设计，实现机械臂质量的重新分布，优化动态性能。

3.3.4 机器人关节与配置

机器人关节是实现机器人特性和技术要求的主要元素之一，机械构件的外力冲击、速度运行不稳定等均与关节有关。因此，关节结构是影响机器人动态特性的重要因素。

机器人关节结构依据负载大小、机器人体积以及机器人重量等要求，可以采用不同的传动方式进行设计，常见的有“电机＋谐波减速器”“电机＋行星减速器”等结构。

1）“电机＋谐波减速器”直接驱动的方式，为机器人主流传动结构。由于减速器是使用高精密、小体积的谐波减速器，该结构的机器人体积一般较小。由于谐波减速器传动精度高、运动平稳等特点，通常应用在电子装配、食品包装等轻负载以及高精度要求的工作环境中，但高精密的谐波减速器价格昂贵，增加了机器人的成本。

2）“电机＋谐波减速器”的间接驱动方式，采用角接触球轴承进行输出轴安装，增加了机器人关节承受弯矩与转矩的能力。该结构最大的特点是能够承受非常大的负载。但是由于使用角接触球轴承输出，使得该结构的机器人关节具有较大的体积以及重量，增加了关节的转矩。该结构往往使用在大负载的工作环境中，比如分拣、搬运等场合。

3）“电机＋行星减速器”的间接驱动方式，采用该驱动方式的关节承担整个机器人的重量以及大负载，需要能够承受大的轴向力以及径向力，因此在输出轴上常用角接触球轴承。该结构关节使用体积较大的行星减速器并通过轴承输出，这在一定程度上增加了关节的体积与重量。但是当关节安装在基座中时，在一定的程度上消除了关节体积大、重量大的缺陷。因此该结构的机器人与“电机＋谐波减速器”直接驱动相比，在体积上相差不大，并且具有大负载、较长的使用寿命等优点。但是由于关节增加了许多零件，使其设计难度加大，机器人重量增加。

下面仅就机器人关节与配置中的传动关节、扭转关节、弯曲关节、混合关节进行分析。

（1）传动关节

传动关节是机器人传动配置的主要部分。机器人传动通常由主传动结构和低速传动结构配置而成，其中主传动结构由柔性轴或行星轮系组成，低速传动结构由离合器组和减速器组成。机械臂的传动关节可以是高速运动结构、耦合传动结构、低速运动结构及关节控制器等。

对于串联机器人，其传动方式可以采用单马达与离合器耦合方式。单马达与离合器耦合方式的传动关节由多个自由度结构组成，由一根高速轴串联多个运动关节，由基座内的一个动力源为所有关节提供动力，通过关节内的开关器件控制关节的能量输入。含有离合器耦合传动结构时，其关节可以由四部分组成，分别为高速运动结构、耦合传动结构、低速运动结构和关节控制器[62,63]。

① 高速运动结构　高速运动结构的作用是将基座内直流电机输出的高速旋转运动，无损或少损的依次通过各个串联关节传递到机械臂末端。高速运动结构的组成形式有两种：一是柔性轴方式，二是细长轴与行星轮系方式。柔性轴方式，即通过可弯折的柔性轴贯穿关节，所有关节均通过开关器件与柔性轴相连。细长轴与行星轮系方式，即通过一些齿轮组相连的分段高速轴替代一根贯穿臂体的高速轴，高速轴的主运动一定程度上受关节运动影响。

② 耦合传动结构　耦合传动结构的作用是将高速运动结构的能量输入到关节内，通过开关器件转化为关节所需要的能量。相对于纯机械传动结构而言，耦合传动结构含电磁部件，并由电磁设备控制能量输入的形式和大小。常用的控制机械能转换的电磁设备为电磁离合器，尤以单片摩擦式电磁离合器最为常用。

③ 低速运动结构　低速运动结构的作用是将关节所需的能量进行力矩放大以驱动待驱动体。由于低速大力矩马达是电机制造的难点，传统上机器人使用的关节电机均为高速电机配合减速器输出较大的力矩。目前，为了放大转矩降低关节转速，通常采用质量轻、小巧的大减速比减速器，其放大力矩后驱动待驱动体。

④ 关节控制器　关节控制器的作用是控制关节开关器件。目前，关节控制器大多是由离合器控制。

当机械臂的关节为球关节时，由于球关节难以制造，现在常用两个相邻轴线交叉的回转关节模拟球关节，由于轴线交叉形式的不同可分为斜交关节和正交关节两种结构形式。实际控制中可以通过反解算法控制两个关节联动，实现一个球关节运动。对于串联机器人，从关节结构形式上看，正交多关节的相邻两关节轴线交于一点，可替代一个球铰关节。当球关节采用正交方式时，虽然正交关节运动学求解较简单，但是关节运动范围受结构限制，不可回转 360°，实际设计中多个自由度集成难度很大。目前，使球关节结构封闭紧凑且具有较高的刚度，是机器人关节设计的发展方向。

（2）扭转关节

在此仅主要介绍扭转关节传动。扭转关节传动是基于离合器耦合传动基本原理设计，由高速运动结构、耦合传动结构及低速运动结构组成。关节内部不含动力源，使低速运动结构输出的关节运动轴线与高速运动结构运动轴线平行，实现待驱动关节绕关节轴线的旋转。其基本原理如图 3-31 所示。

图 3-31 中，扭转关节的高速传动结构采用“外快内慢式”。“外快内慢式”传动即通过换向齿轮组，使高速运动由低速运动结构外围的行星轮系传递给下一个关节，形成高速运动在外围，低速运动在内部的传动形式，从而避免两者干涉。

① 高速传动结构由输入换向齿轮组（图 3-31 中的直齿轮 1、2、3、4）和直齿轮行星轮系（图 3-31 中的直齿轮 3、8、9、10、11）以及贯穿离合器组连接直齿轮 3、8 的细长轴组

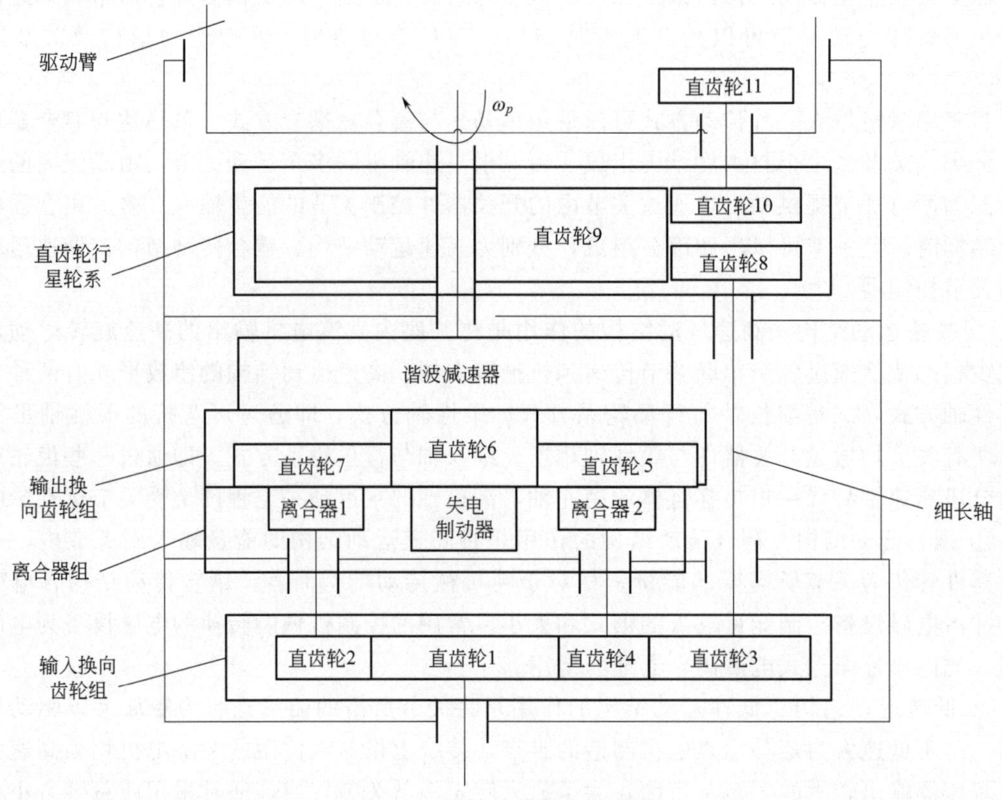

图 3-31　扭转关节基本原理图

成。通过输入换向齿轮组将高速旋转运动传递给耦合传动结构，通过低速运动结构外围的直齿轮行星轮系将高速运动传递给下一个关节。

② 耦合传动结构为单向输入双向输出失电保护式，离合器组的安装平面垂直于高速主轴运动轴线，由输入换向齿轮组（图 3-31 中的直齿轮 1、2、3、4）、离合器组（图 3-31 中的离合器 1、离合器 2、失电制动器）、输出换向齿轮组（图 3-31 中的直齿轮 5、6、7）组成。用于将输入关节的高速运动变换到低速运动结构输入端，其中两个离合器（图 3-31 中的离合器 1 和离合器 2）用于关节运动输入换向，失电制动器安置在两离合器中间用于关节制动和掉电保护。采用离合器耦合传动结构，其传动结构内部不含驱动器，控制系统容易建模。

③ 低速运动结构由谐波减速器和待驱动体组成，用于驱动待驱动体绕关节轴线旋转。

(3) 弯曲关节

在此仅主要介绍弯曲关节传动。弯曲关节是基于离合器耦合传动基本原理设计，由高速运动结构、耦合传动结构及低速运动结构组成。关节内部不含动力源，低速运动结构输出的关节运动轴线与高速运动结构运动轴线垂直，实现待驱动关节绕垂直关节轴线的旋转。

通常，弯曲关节的高速运动结构为“内快外慢式”。“内快外慢式”传动结构，即将低速运动结构设计成大中心孔式，使高速运动从低速运动结构中心通过，形成高速运动在内部而低速运动在外围的传动形式，使低速运动结构包围着高速运动结构。

低速运动结构将高速运动结构包裹于其中，可起到保护高速运动的作用。弯曲关节有扁平式和方正式两种结构形式。

① 扁平式弯曲关节传动　扁平式弯曲关节结构基本原理如图 3-32 所示。

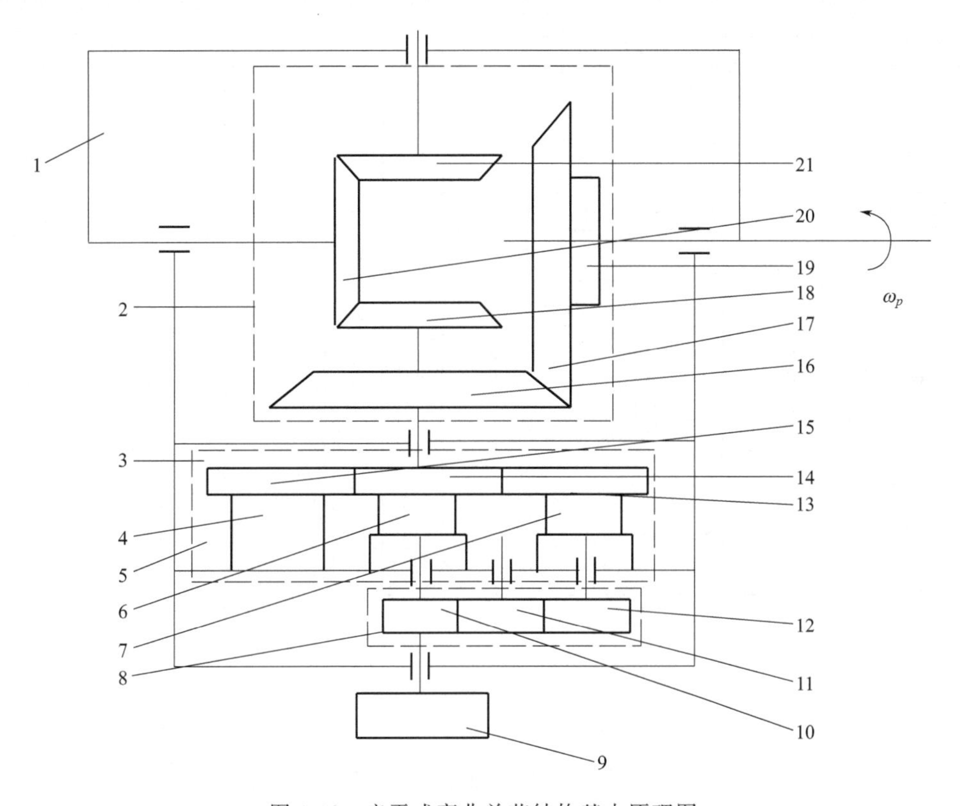

图 3-32　扁平式弯曲关节结构基本原理图

1—驱动臂；2—锥齿轮行星轮系；3—输出换向齿轮组；4—失电制动器；5—离合器组；6—离合器 1；7—离合器 2；8—输入换向齿轮组；9—直齿轮 12；10—直齿轮 6；11—直齿轮 7；12—直齿轮 8；13—直齿轮 9；14—直齿轮 10；15—直齿轮 11；16—锥齿轮 1；17—锥齿轮 2；18—锥齿轮 3；19—谐波减速器；20—锥齿轮 4；21—锥齿轮 5

图 3-32 中，弯曲关节的高速运动结构采用“内快外慢式”，由输入换向齿轮组（图 3-32 中的直齿轮 6、7、8）、离合器 1 中心轴以及锥齿轮组（图 3-32 中的锥齿轮 1、3、4、5）组成，通过输入换向齿轮组将高速旋转运动传递给耦合传动结构，通过两个同轴的锥齿轮行星轮系将高速运动传递给低速运动结构和下一个关节。

该耦合传动结构与扭转关节的耦合传动结构类似，运动传递形式是单向输入双向输出失电保护式，结构形式是垂直式，由输入换向齿轮组（图 3-32 中的直齿轮 6、7、8）、离合器组（即离合器 1、离合器 2、失电制动器）、输出换向齿轮组（图 3-32 中的直齿轮 9、10、11）组成。与扭转关节的耦合传动结构不同的是，其中一个离合器（离合器 1）安置在离合器组正中间部位用于传递高速主运动。低速运动结构在高速运动结构的外围，由谐波减速器和待驱动体组成，与扭转关节的不同在于谐波减速器布置在与关节垂直方向上，用于驱动待驱动体绕垂直关节轴线运动。

② 方正式弯曲关节传动　方正式弯曲关节传动基于离合器耦合传动基本原理设计，高速传动结构采用“内快外慢式”，耦合传动结构采用平面式的结构，实现低速运动结构输出的关节运动轴线与高速运动结构运动轴线垂直，待驱动关节绕垂直关节轴线旋转。其基本原

理如图 3-33 所示。

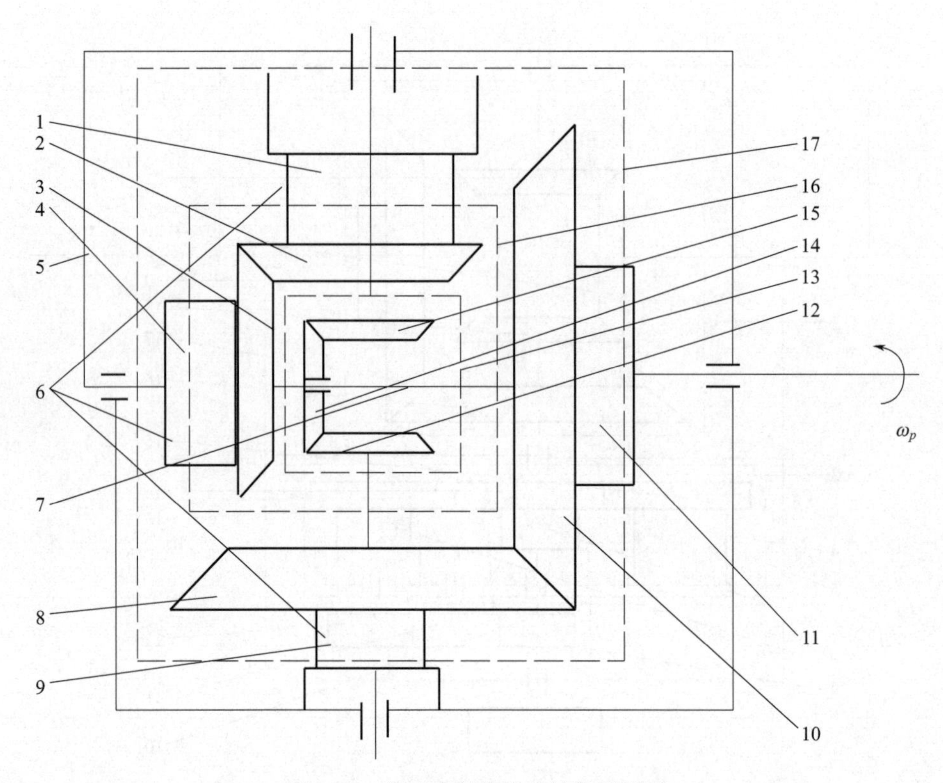

图 3-33　方正式弯曲关节结构原理图

1—离合器 2；2—锥齿轮 6；3—锥齿轮 7；4—制动器；5—驱动臂；6—离合器组；7—关节传动轴；8—锥齿轮 1；9—离合器 1；10—锥齿轮 2；11—谐波减速器；12—锥齿轮 3；13—小锥齿轮行星轮系；14—锥齿轮 4；15—锥齿轮 5；16—中锥齿轮行星轮系；17—大锥齿轮行星轮系

从结构形式上看，方正式弯曲关节不使用直齿轮而全部采用锥齿轮，三组锥齿轮同轴安装（图 3-33 中的锥齿轮 2、锥齿轮 4、锥齿轮 7 组和锥齿轮 3、锥齿轮 5、锥齿轮 6 组），并保证正常传动齿轮组不封闭。从离合器走线上看，两个离合器和一个制动器（图 3-33 中的离合器 1、离合器 2、制动器）组成空间正交布置，离合器之间高速运动，为避免绕线破坏，可以将控制线安装在驱动臂外部。

相对于扁平式弯曲关节传动结构，方正式弯曲关节传动结构的刚度更高，齿轮用量更少，结构更紧凑，传动效率更高，但三组锥齿轮系啮合传动的装配制造精度要求高，锥齿轮加工制造复杂，关节难度较大。

上述两种不同结构形式各有优劣，“外快内慢式”方式易于实现原理样机，检修方便，但易出现绕线现象；“外快内慢式”方式结构紧凑，无绕线现象，但实现较为复杂、检修调试困难。

（4）混合关节

在此仅主要介绍混合多关节运动配置。为实现类似于球关节的运动，采用扭转、弯曲混合关节，根据扭转关节和弯曲关节的结构基本原理，构造扭转与弯曲关节轴线正交的两自由度运动模块，其结构方案如图 3-34 所示。

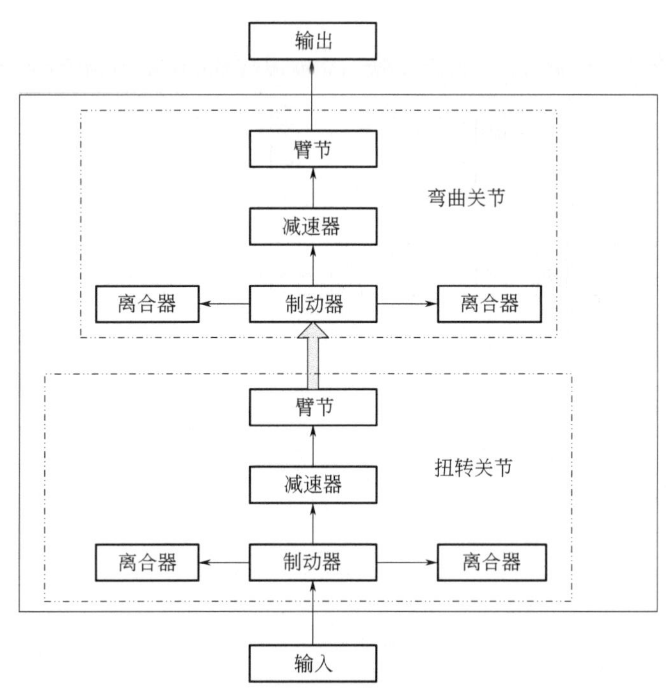

图 3-34 扭转-弯曲混合关节结构方案

图 3-34 为两自由度运动模块的扭转-弯曲混合关节结构方案，表示低速关节运动传递路线，制动器与离合器为反逻辑，当且仅当制动器释放时离合器才可以驱动关节运动，即在制动器释放关节时，高速输入运动可以经制动器输入给离合器，但制动器制动关节时，高速输入运动不可到达离合器。

可以把弯曲关节和扭转关节设计为运动模块，即运动模块由两个离合器组、两个减速器和两个待驱动臂节组成。当高速主运动从输入端传入该运动模块时，经离合器组换向后输入减速器，由减速器驱动臂节旋转。当机械臂的各个运动模块组成原理相同且机械结构类似时，将数个运动模块串联起来便构成了一条不含驱动器的机械臂，由此可以设计为单驱动多关节机械臂。根据运动模块的结构方案构造多关节机械臂的原理如图 3-35 所示。

图 3-35 中的串联机械臂由三个基本模块组成，分别为基节、次节和末节。各关节内均不含驱动器，由基座内的电机为六个关节提供动力，关节内安装有高速旋转的主轴，该高速旋转主轴由齿轮组啮合的分段主轴组成，由离合器组控制主轴输入关节的动能以代替关节电机。

在整机设计上，机器人系统可以采用关节模块化设计。根据模块化设计原则，各个运动模块的组成原理类似，相同功能关节的组成原理类似。实际设计中，可以根据动态设计结果，通过优化元件选型，使得从基节到末节关节体积重量逐渐减小，单关节负载也逐渐减小。为了操作方便，其中的机械臂通常水平安装，机械臂末节为较小的模块化结构，使悬臂部分的质量对基座的弯矩近似呈线性分布。

综上所述，分析和研究关节结构，可以为提高机器人系统运动精度、可靠性、稳定性、使用寿命等性能以及机器人系统控制策略提供依据，具有非常大的实际工程价值。

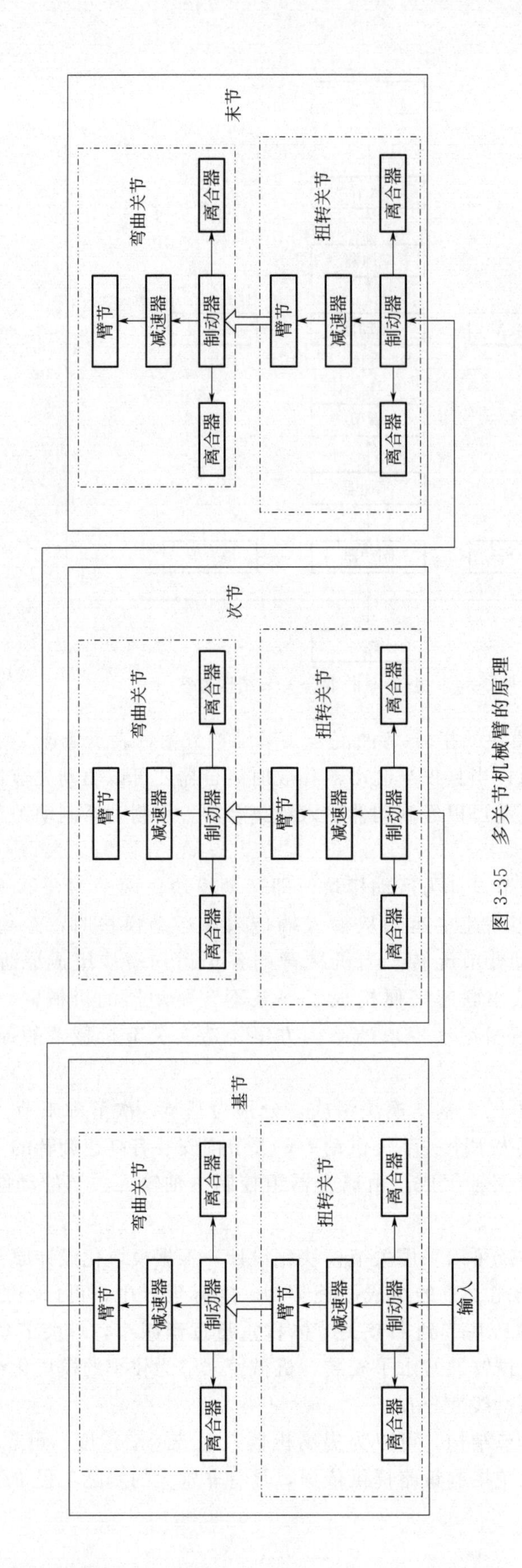

图 3-35 多关节机械臂的原理

参考文献

[1] 庄镇平，杜栋乾，张贵林. 超声波电机的研究现状及应用前景 [J]. 肇庆学院学报，2018，39（2）：13-16.

[2] CHAU K T，CHUNG S W，CHAN C C. Neuro-fuzzy speed tracking control of traveling-wave ultrasonic motor drives using direct pulsewidth modulation [J]. IEEE Transactions on Industry Applications，2003，39（4）：1061-1069.

[3] TOLLEY M T，SHEPHERD R F，MOSADEGH B，et al. Aresilient，untethered soft robot [J]. Soft Robotics，2014，1（3）：213-223.

[4] 尤小丹，宋小波，陈 峰. 环境自适应软体机器人驱动方式和路径规划研究 [J]. 南通大学学报（自然科学版），2013，12（3）：28-33.

[5] WEHNER M，TRUBY R L，FITZGERALD D J，et al. An integrated design and fabrication strategy for entirely soft，autonomous robots [J]. Nature，2016，536（7617）：451-455.

[6] 臧延旭，倘向阳，赵宣，等. 流体驱动式管道裂纹检测机器人探头结构设计 [J]. 机床与液压，2016，44（11）：50-53.

[7] AMEND J R，BROWN E，RODENBERG N，et al. A positive pressure universal gripper based on the jamming of granular material [J]. IEEE Transactions on Robotics，2012，28（2）：341- 350.

[8] AMEND J，CHENG N，FAKHOURI S，et al. Soft robotics commercialization：jamming grippers from research to product [J]. Soft Robot，2016，3（4）：213-222.

[9] 张忠强，邹娇，丁建宁，等. 软体机器人驱动研究现状 [J]. 机器人，2018，40（5）：648-658.

[10] PELRINE R，KORNBLUH R，PEI Q，et al. High-speed electrically actuated elastomers with strain greater than 100% [J]. Science，2000，287（5454）：836-839.

[11] 杨静，田爱芬，张东升，等. 新型 Cu-IPMC 的制备与性能测试及在软体驱动方面的应用 [J]. 功能材料，2019，50（6）：6019-6022.

[12] 王国贤，王树众，罗明. 固体燃料化学链燃烧技术的研究进展 [J]. 化工进展，2010，29（8）：1443-1150.

[13] RAFSANJANI A，ZHANG Y，LIU B，et al. Kirigami skins make a simple soft actuator crawl [J]. Science Robotics，2018，3（15）：7555.

[14] 张明，张亦旸，刘俊亮. 机器人软体材料研究进展 [J]. 科技导报，2017，35（18）：29-38.

[15] 冯云，杨瑾，唐梁吉. 国内外工业机器人控制器产业发展专利情报研究 [J]. 科技通报，2019，35（11）：206-213.

[16] RAMESH R，MANNAN M A，POO A N. Tracking and contour error control in CNC servo systems [J]. International Journal of Machine Tools& Manufacture，2005，45（3）：301- 326.

[17] 陈国强，李崇兴，黄书南. 精密运动控制：设计与实现 [M]. 韩兵，宣安，韩德彰，译. 北京：机械工业出版社，2011.

[18] 朱华炳，张娟，宋孝炳. 基于 ADAMS 的工业机器人运动学分析和仿真 [J]. 机械设计与制造，2013，（5）：204-206.

[19] 魏武，戴伟力. 基于 Adams 的六足爬壁机器人的步态规划与仿真 [J]. 计算机工程与设计，2013，34（1）：268-272.

[20] 扶宇阳，葛阿萍. 基于 MATLAB 的工业机器人运动学仿真研究 [J]. 机械工程与自动化，2013，（3）：40-42.

[21] 王晓强，王帅军，刘建亭. 基于 MATLAB 的 IRB2400 工业机器人运动学分析 [J]. 机床与液压，2014，42（3）：54-57.

[22] IWATA T，MURAKAMI H，KADAMA K，et al. Simultaneous control experiment of orientation and arm position of space robot using drop shaft [J]. Transactions of the Japan Society for Aeronautical and Space Sciences，1998，41（5）：46-53.

[23] SHAH S V，SAHA S K，DUTT J K. Modular framework for dynamic modeling and analyses of legged robots [J]. Mechanism and Machine Theory，2012，49（3）：234-255.

[24] WHITE P J，REVZEN S，THORNE C E，et al. A general stiffness model for programmable matter and modular robotic structures [J]. Robotics，2011，29（1）：103-121.

[25] 刘永进，余旻婧，叶子鹏，等. 自重构模块化机器人路径规划方法综述 [J]. 中国科学：信息科学，2018，48（2）：143-176.

[26] 李慧，马正先，逄波. 工业机器人及零部件设计 [M]. 北京：化学工业出版社，2017.
[27] 南卓江，杨扬，铃森康一，等. 基于细径 McKibben 型气动人工肌肉的仿生手研发 [J]. 机器人，2018，40 (3)：321-328.
[28] CALDWELL D G，MEDRANO-CERDA G A，GOODWIN M J. Control of pneumatic muscle actuators [J]. IEEE Control Systems Magazine，1995，15 (1)：40-48.
[29] 钱少明，王志恒，杨庆华. 基于气动柔性驱动器的三自由度手指指端输出力特性研究 [J]. 中国机械工程，2014，25 (11)：1438-1442.
[30] SUZUMORI K，IIKURA S，TANAKA H. Applying a Flexible Microactuator to Robotic Mechanisms [J]. IEEE Control Systems Magazine，1992，12 (2)：21-27.
[31] YIM M，ZHANG Y，ROUFAS K，et al. Connecting and disconnecting for chain self-reconfiguration with PolyBot [J]. IEEE/ASME Transactions on Mechatronics，2003，7 (4)：442-451.
[32] 曹燕军，葛为民，张华瑾. 一种新型模块化自重构机器人结构设计与仿真研究 [J]. 机器人，2013，35 (5)：568-575.
[33] 龙斌，毛立民，孙志宏，等. 国外自主变结构模块机器人发展现状 [J]. 机械设计，2005，22 (5)：1-3.
[34] MURATA S，YOSHIDA E，KAMIMURA A，et al. M-TRAN：self-reconfigurable modular robotic system [J]. Mechatronics IEEE/ASME Transactions on，2002，7 (4)：431-441.
[35] 唐术锋，朱延河，赵杰，等. 新型自重构机器人钩爪式连接机构 [J]. 吉林大学学报（工学版），2010，40 (4)：1086-1090.
[36] SHEN W M，KOVAC R，RUBENSTEIN M. SINGO：a single-end-operative and genderless connector for self-reconfiguration，self-assembly and self-healing [C]. In：Proceedings of IEEE International Conference on Robotics and Automation，Kobe，2009. 4253-4258.
[37] 张战峰，张明畏. 特种连接器技术发展概况 [J]. 机电元件，1994，14 (6)：54-64.
[38] 高亮. 航天电连接器空间环境可靠性试验与评估的研究 [D]. 杭州：浙江大学，2012.
[39] 王鸿博，李建东，崔晓晖，等. 基于工业机器人的分拣生产线群控通信系统设计 [J]. 制造技术与机床，2016，(3)：93-98.
[40] PEDERSEN R，NALPANTIDIS L，ANDERSEN R S，et al. Robot skills for manufacturing：From concept to industrial deployment [J]. Robotics and Computer-Integrated Manufacturing，2015，37：282-291.
[41] 白阳. 重心自调整的全方位运动轮椅机器人技术研究 [D]. 北京：北京理工大学，2016.
[42] 李桢. 猕猴桃采摘机器人机械臂运动学仿真与设计 [D]. 咸阳：西北农林科技大学，2015，5.
[43] 王化劼. 双机器人协作运动学分析与仿真研究 [D]. 青岛：青岛科技大学，2014.
[44] 王才东，吴健荣，王新杰，等. 六自由度串联机器人构型设计与性能分析 [J]. 机械设计与研究，2013，29 (3)：9-13.
[45] HIRZINGER G. Mechatronics for a new robot generation [J]. IEEE/ASME Transactions on Mechatronics，1996，1 (2)：149-157.
[46] 李慧，马正先，马辰硕. 工业机器人集成系统与模块化 [M]. 北京：化学工业出版社，2018.
[47] 李世站，李静. 两轴转台控制方法研究及 Simulink 仿真 [J]. 计算机与数字工程，2014，42 (1)：22-23.
[48] 聂小东. 单轨约束条件下多机器人柔性制造单元的建模与调度方法研究 [D]. 广州：广东工业大学，2016.
[49] 赵景山，冯之敬，褚福磊. 机器人机构自由度分析理论 [M]. 北京：科学出版社，2009.
[50] 谭民，徐德，侯增广，等. 先进机器人控制 [M]. 北京：高等教育出版社，2007.
[51] KIMURA H，FUKUOKA Y，COHEN A H. Adaptive dynamic walking of a quadruped robot on natural ground based on biological concepts [J]. International Journal of Robotics Research，2007，26 (5)：475-490.
[52] NICHOL J G，SINGH S P N，WALDRON K J，et al. System design of a quadrupedal galloping machine [J]. International Journal of Robotics Research，2004，23 (11-12)：1013-1027.
[53] 余联庆. 仿马四足机器人机构分析与步态研究 [D]. 武汉：华中科技大学，2007.
[54] 丁良宏. BigDog 四足机器人关键技术分析 [J]. 机械工程学报，2015，51 (7)：1-23.
[55] DEEPAK T，RAHN C D，KIER W M，et al. Soft Robotics：Biological inspiration，state of the art，and future research [J]. Applied Bionics and Biomechanics，2008，5 (3)：99-117.

[56] 鲍官军，张亚琪，许宗贵，等.软体机器人气压驱动结构研究综述 [J].高技术通讯，2019，29（5）：467-479.

[57] XU K，SIMAAN N. An investigation of the intrinsic force sensing capabilities of continuum robots [J]. IEEE Transactions on Robotics，2008，24（3）：576-587.

[58] 王济阳.小型五自由度串联机器人的结构设计及运动学分析 [D].天津：天津科技大学，2017.

[59] NOKLEBY S B，FISHER R，PODHORODESKI R P，et al. Force capabilities of redundantly-actuated parallel manipulators [J]. Mechanism & Machine Theory，2005，40（5）：578-599.

[60] XU Y，YAO J，ZHAO Y. Inverse dynamics and internal forces of the redundantly actuated parallel manipulators [J]. Mechanism & Machine Theory，2012，51：172-184.

[61] ABEDINNASAB M H，VOSSOUGHI G R. Analysis of a 6-DOF redundantly actuated 4-legged parallel mechanism [J]. Nonlinear Dynamics，2009，58（4）：611-622.

[62] 刘洋.单马达驱动多关节机械臂的关键技术研究 [D].武汉：华中科技大学，2009.

[63] 任晓琳，李洪文.复杂多关节机械臂建模及逆运动学比较分析 [J].吉林大学学报（信息科学版），2016，34（6）：753-760.

第4章 工业机器人结构及特性分析

本章主要针对机器人结构类型、机器人模型影响因素、机器人特性分析及相关实例进行探讨分析。通过对机器人运动学和动力学分析，明确工业机器人的相关特性及机器人设计的方法和理论。通过实例介绍拉格朗日-欧拉（Lagrange-Euler）法、牛顿-欧拉（Newton-Euler）法等在工业机器人设计中的意义、作用和应用。

4.1 机器人结构类型

机器人结构类型主要指本体机械结构类型，机械结构对机器人的性能起着至关重要的作用，它决定了机器人能否实现预定的运动功能、能否满足能量消耗的指标、能否避免运动的奇异性并保证最优的灵活工作空间等，而优秀的结构可以满足机器人快速、稳定、灵活运动的需求。

机器人结构设计时常遵循对称性设计原则，因为在功能、原理及结构层面上的对称性可以有效地改善机械系统的性能。应用对称性可以简化设计过程、避免奇异位形、减小驱动关节力矩峰值、降低控制系统复杂程度等。对称性在机械系统中具有十分重要的意义和价值，同时，对称性设计依赖于坐标系的选择。

机器人的分类或种类非常多，这与机器人结构是密切相关的。工业机器人按结构形式分类的方法很多，当按照机器人操作机的机械结构形式分类时，最常用的有直角坐标机器人、圆柱坐标机器人、球坐标机器人及关节机器人等。前三种形式的坐标计算都比较简单，可以得到很高的运动精度。关节式主要由回转关节组成，在三维空间内能有效地得到任意位姿，它的坐标计算及控制比较复杂，精度较低，但关节式适合几乎任何轨迹或角度的工作，且动作灵活，结构紧凑，是目前工业中应用最广的一种结构形式。

4.1.1 直角坐标机器人结构

由直角坐标的定义可知，直角坐标机器人的工作空间为一空间长方体。直角坐标机器人有多个自由度，各自由度可建成空间直角关系，具有运动简单、强度高、能重复编程及不产生奇异状态等优点。因此，直角坐标机器人结构的工作方式可以是悬臂式、龙门式及天车式等，该结构机器人主要用于装配作业及搬运作业。笛卡儿操作臂是常用的直角坐标机器人结构，当操作臂工作时，虽然有妨碍工作的可能性，且占地面积大，运动速度低及密封性不好等问题，但是操作臂很容易通过计算机进行控制，并容易达到高精度。

直角坐标机器人操作臂的应用包括：

① 焊接、搬运、上下料、包装、码垛、拆垛、检测、探伤、分类、装配、贴标、喷码、打码、喷涂、目标跟随及排爆等一系列工作[1-4]；

② 特别适用于多品种、变批量的柔性化作业，对于稳定提高产品质量，提高劳动生产率，改善劳动条件及产品的快速更新换代有着十分重要的作用。

直角坐标系之间的微分运动变换可以表示两个坐标系微运动之间的关系，可以得到一个坐标系的微分运动对另一个坐标系造成的影响。该理论已经广泛应用于直角坐标系机器人的误差建模中，计算机器人各个关节误差对末端执行器精度的影响，可为机器人误差标定和误差补偿提供依据。另外，直角坐标系之间微分运动关系可以建立机器人雅可比矩阵，雅可比矩阵在机器人运动学分析和动力学分析中扮演重要角色，同时为机器人的结构设计和运动控制提供帮助。

4.1.2 圆柱坐标机器人结构

圆柱坐标机器人结构是指转轴能够形成圆柱坐标系的机器人。由圆柱坐标的定义可知，圆柱坐标机器人的工作范围是圆柱体形状，其可以到达的空间受到限制。例如，不能到达近立柱或近地面的空间，直线驱动结构部分较难密封、需要防尘，工作时手臂的后端有碰到工作范围内其他物体的可能等。但是，圆柱坐标机器人操作臂，设计结构和计算均较简单，直线运动部分可采用液压驱动，可以输出较大的动力，能够伸入型腔式机器的内部进行作业。例如，圆柱面坐标型操作臂来源于圆柱坐标机器人结构。

4.1.3 球坐标机器人结构

由球坐标的定义可知，球坐标机器人结构的空间运动是由两个回转运动和一个直线运动来实现的，其工作空间是一个类球形的空间，如图 4-1 所示。

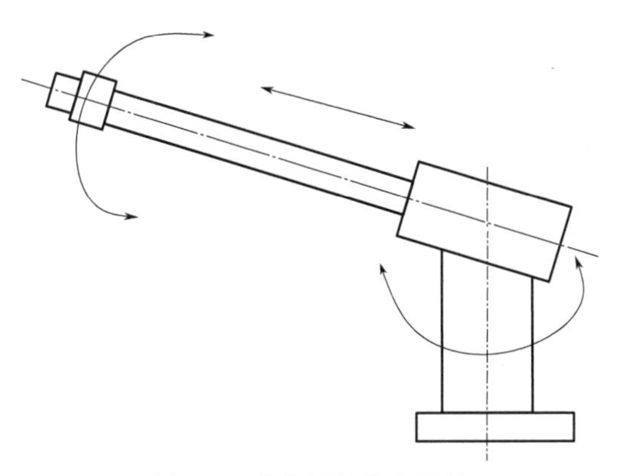

图 4-1　球坐标机器人结构

球坐标结构常用于空间并联机构机器人，当对球坐标机器人特性分析时，需要进行如下基本假设：铰链摩擦和轴承接触变形忽略不计；动平台或机器人末端的刚度远远大于其他构件，故忽略其弹性对末端变形的影响。

球面坐标型操作臂是球坐标机器人结构的应用，操作机手臂具有两个旋转运动和一个直线运动关节，按球坐标形式动作。虽然球面坐标型操作臂的坐标复杂、精度不高并难以控制，且直线驱动装置存在密封难的问题。但是操作臂的中心支架附近工作范围大，两个转动驱动装置容易密封，覆盖工作空间较大。球面坐标机器人结构简单、成本较低，主要应用于搬运作业。

4.1.4 关节型机器人结构

由关节型机器人的定义可知，关节型机器人结构的工作空间主要由三个回转运动实现，如图 4-2 所示。

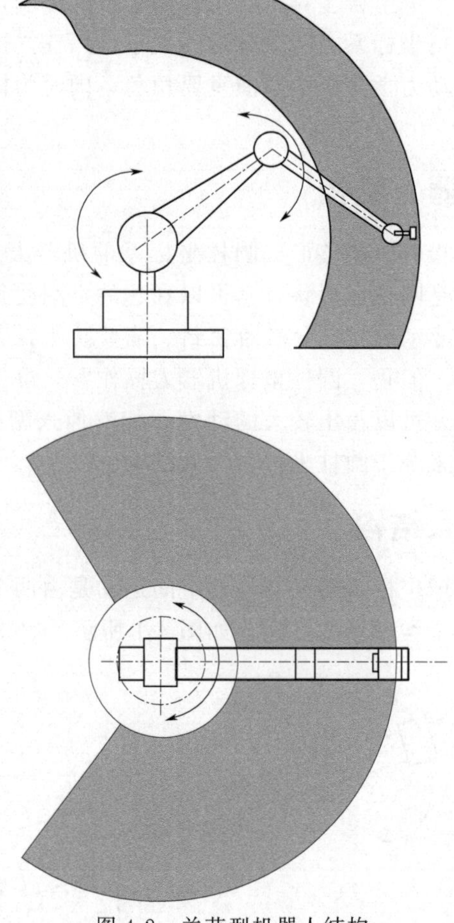

图 4-2　关节型机器人结构

关节型机器人又称机械手臂，是最常见的机器人形态之一。关节型机器人具有多个旋转自由度和移动自由度，适合于几乎任何轨迹或角度的工作，关节型机器人常用水平关节型和垂直关节型两种结构。关节型机器人动作灵活，结构紧凑，占地面积小。相对机器人本体尺寸，关节型机器人结构的工作空间比较大，但关节型机器人的铰链构件存在弹性，其结构刚度较差。

在自动化生产加工领域，关节型工业机器人可完成不适合人力完成、有害身体健康的危险工作。铰链型操作臂的关节全都是旋转的，类似于人的手臂，是工业机器人中最常见的结构，其工作范围较为复杂，常应用在多个领域：

① 汽车零配件、模具、钣金件、塑料制品、运动器材、玻璃制品、陶瓷、航空等的快速检测及产品开发；

② 车身装配、通用机械装配、制造质量控制等的三坐标测量及误差检测；

③ 古董、艺术品、雕塑、卡通人物造型、人像制品等的快速原型制作；

④ 汽车整车现场测量和检测；

⑤ 在人工智能领域，关节型机器人配套多种传感器灵活应用于人体形状测量、骨骼医疗器材制作、人体外形制作及医学整容等。

关节型机器人的工业应用十分广泛，如焊接、喷漆、搬运及装配等作业都广泛采用这种类型的机器人。

4.1.5 其他结构

机器人结构类型除了直角坐标机器人、圆柱坐标机器人、球坐标机器人及关节机器人外，还有冗余结构机器人、闭环结构机器人等。

(1) 冗余结构

冗余结构或冗余机构，常用于增加结构的可靠性。

冗余驱动机构可以提高机构的承载能力与控制精度，获得较好的刚度特性及动态性能[5,6]。但冗余驱动中驱动数大于自由度数，因此理论上驱动力与功率分配有无穷多解，需要根据优化目标对其进行优化。

空间定位通常需要 6 个自由度，7 个自由度则通常是利用附加的关节即冗余机构帮助机构避开奇异位形。如图 4-3 所示的双臂机器人样机。

图 4-3 中双臂机器人总共有 30 个自由度，其中单机械臂 7 个自由度，单腿 6 个自由度，腰关节 2 个自由度，头部 2 个自由度。

图 4-3 双臂机器人的单机械臂在进行自由度配置时，独立单臂采用 7 自由度冗余机械臂，以增加双臂机器人运动可靠性和灵活性，提高回避空间奇异位形和避障能力。双臂机器人的两手臂协调操作用于扩展操作空间以及提高手臂抓取能力。单机械臂 7 个自由度均为旋转自由度，采用串联形式连接且相邻两个自由度相互垂直。每个旋转关节包含直流电机、编码器和电机驱动器等。此外，对于需要提供较高驱动力矩的关节常采用谐波减速器、行星减速器和同步带进行二级或三级减速传动以增大关节驱动力矩。

双臂机器人常采用仿人设计，它涉及运动学约束，动力学约束以及作业周期约束。

目前大多现代产品和工程设计中都应用了冗

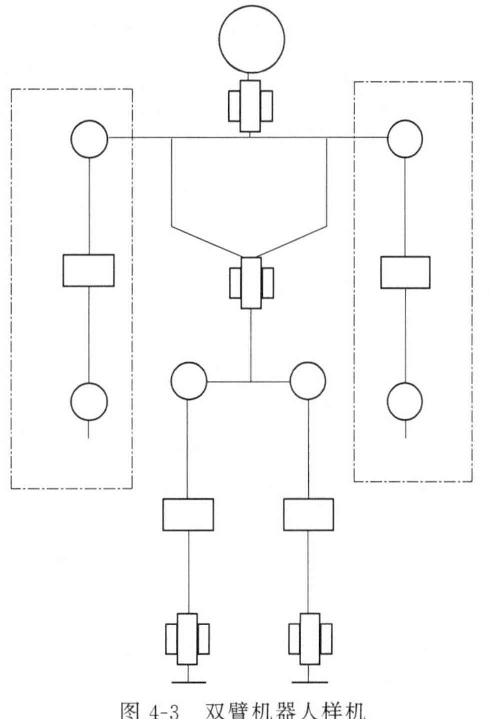

图 4-3 双臂机器人样机

○—3 个自由度；□—1 个自由度

余度这个思想和理论。对于工业机器人，冗余度就是从安全角度考虑多余的一个量，以保障机器人在非正常情况下也能正常运转。工程上具有冗余自由度的机械设备也较为多见。混凝土泵车的布料机构、液压反铲挖掘机的工作装置等均属于空间冗余度机器人的范畴。这类工程机械所具有的冗余度，已不只是为了增加机构的灵活性和改善动力学性能，而是工作任务和作业范围的需要。

从运动学的观点讲，对于三维空间，6个自由度即可到达空间中任意一点。冗余度可以用来避障、避奇异、克服关节极限，提高机械臂的灵活性以及改善各关节的力与力矩状况。机器人在完成某一特定任务时具有多余的自由度，为了完成各种几何和运动学约束下的任务，需要使用冗余度，但是7自由度机械臂的逆运动学却很难求解。

（2）闭环结构

闭环结构常用于提高机构刚度，但会减小关节的运动范围，使工作空间有一定的减小。闭环结构主要用于下面一些情况：a. 运动模拟器；b. 并联机床；c. 微操作机器人；d. 力传感器；e. 生物医学工程中的细胞操作机器人，可实现细胞的注射和分割；f. 微外科手术机器人；g. 大型射电天文望远镜的姿态调整装置；h. 混联装备等。

综上所述，由于不同机构具有各自的构型特点，这就造成结构参数对不同特性的影响规律各不相同，因而会导致采用不同特性指标对机构进行设计或优化的结果往往各不相同。

4.2 机器人模型影响因素

机器人模型是机器人学的基础，也是机器人系统控制的主要对象。机器人零部件模型与整机模型相互影响，整机机构建模时涉及自由度数、驱动方式、传动机构及多个机械结构等，这些都会直接影响机器人系统运动和动力性能。机器人动力学建模的主要目的是研究机器人运动平台所受驱动力与平台的运动参量（位移、速度及加速度）之间的关系，得出描述有关机器人驱动力、负载及加速度的动力学方程，以表达机器人的动力学特性。

动力学建模是机器人驱动系统和控制系统设计的基础，也是机构动力学性能评价、动力学优化设计及实时控制的必要条件。同串联机器人相比，并联机器人缺少了复杂的空间多环机构，其构件数目倍增，构件间存在严重耦合关系，从而使得其动力学方程相当复杂。

典型的动力学研究方法主要是Newton-Euler法、Lagrange法和Kane（凯恩）法等[7]。对于简单结构的机器人，机构建模时主要考虑组成部件的结构特点；而对于复杂结构机器人，机构建模时不仅要考虑组成部件的结构特点，还应考虑机器人形态、各部件位姿、协调运动能力以及机器人建模工具等。

4.2.1 机器人形态与模块结构

机器人形态是指机器人在一定条件下的表现形式，即机器人姿态或形式。模块结构是指将程序或系统按照功能或其他原则划分为若干个具有一定独立性和大小的模块，每个模块具有各自的功能。

复杂机器人机构建模时，机器人形态是必须考虑的问题，机器人形态应该由具有一定结构特点的基本模块产生。根据基本模块的外形与结构特点可以分为链式形态结构、晶格结构和混合结构[8]。

1）链式形态结构　链式形态结构的机器人具有较好的协调运动能力，多用于机器人的整体运动规划和控制，但当模块间采用固接式链式形态结构连接时，不具有局部通信和连接方位判断功能。例如，固接式链式结构机器人，其机器人模块间皆为机械式连接，每个模块仅具有一个转动自由度。

2）晶格结构　晶格结构的机器人具有较好的空间位置填充能力，常用于机器人的重构路径规划。例如，三维晶格结构机器人，其每个模块的空间位置改变是依靠其他模块的旋转来辅助实现的。

3）混合结构　混合结构的模块化自重构机器人兼具链式结构和晶格结构的特点，不仅具有较好的运动能力，而且在重构运动下具有良好的空间位置填充能力。混合结构兼具链式结构、晶格结构的功能特点，可以组装成为多自由度机器人以实现多关节机器人的整体协调运动，提高机器人的运动能力。混合结构允许重新配置基于环境知识的控制器系统，增加柔性到控制系统中。

4.2.2　机器人全局与局部关系

机器人全局与局部关系影响机器人机构的建模。

首先，机器人机构的建模除了需要满足系统的技术性能外，还需要满足经济性要求。必须在满足机器人预期技术指标的同时，考虑用材合理、制造安装便捷、价格低廉以及高可靠性等，这些均涉及全局与局部关系。机器人关节数量是机器人全局建模的关键问题之一，例如串联工业机器人，其关节数量与工作载荷、运动以及灵活性有很大的关系[9]，如果在对关节数量与性能进行定性评价的基础上设计机器人结构，则可以从理论上保证机器人的动态稳定性和负载能力。

其次，机器人各局部机构能够产生机器人的全局骨架，这也是构造组合模块的理论基础；每个子模块应有完整的物理意义，能描述系统的某些特定属性需求；通用模块化模型应通过正确的连接组合形成复杂系统模型，得到完整的系统模型网络。

其他因素，如稳定性、节能性、冗余性、关节控制性的要求，以及制造成本、质量、所需传感器的复杂性等均可以作为辅助因素考虑[10]其对机器人全局或局部关系产生的影响。

从全局或系统角度考虑机器人建模时，还应同时考虑机械本体、控制系统以及机器人结构优化[2,11]。基本模型建立时应对第三方使用者透明，它不要求使用者具备专业的机器人控制代码的阅读和编程能力，就能够使用已有的模块化模型组合得到满足需求规范的系统模型。模块化模型可以在同一系统或多个不同系统中被多次复用，它只需要被赋予合适的参数就能得到满足不同需求的子任务模型，可以很好地满足系统的多变性需求。

当确定机器人配置和分布形式时，也需要考虑重要杆件设计的细节问题，例如，杆件在主平面内的构形，杆件的相对弯曲方向，等等。需要说明，机器人的运动关节从机械本体上看是开链结构，相当于串联结构，但是，当其检测环节与机械本体同时工作时将会构成多自由度机构的闭链结构。因此，机器人机构自由度的计算既可以依据常用的机械原理公式，也可以参照简化后的并联机器人[12]自由度模型进行。

4.2.3 机器人建模工具

机器人建模工具能以较低的成本表现所设计的机器人，并可以产生直观视觉效果，同时有利于修改设计缺陷。机器人建模是被广为接受的工程技术。常用的机器人建模工具有如下几种。

1）Rhino　它是美国 Robert McNeel & Assoc 开发的在 PC 上具有强大的专业 3D 造型的软件，它对机器配置要求很低，可以广泛地应用于三维动画制作、工业制造、科学研究以及机械设计等领域。

2）MATLAB　它是美国 Math Works 公司出品的软件，用于算法开发、数据可视化、数据分析以及数值计算的高级技术计算语言和交互式环境，主要包括 Simulink、机器人建模、仿真及过程构建等。

3）ABB Robot Studio　它是 ABB 公司开发的一款集机器人建模、编程开发及仿真于一体的软件，其便于操作。

4）MAYA　它是美国 Autodesk 公司官方出品的世界顶级的 3D 动画软件，为命令较多的软件之一。

5）3D Studio Max（简称 3ds Max 或 MAX）　它是 Discreet 公司开发的（后被 Autodesk 公司合并）基于 PC 系统的三维动画渲染和制作软件。

6）D-H（Denavit-Hartenberg）　机械臂的建模常使用 D-H 表示法，该方法在计算雅可比矩阵和分析力的作用时简洁便利，但在多类型关节同时存在的机械臂中建模复杂。

传统工业机器人在组合分析、装配、制造及维护的过程中，设计改动量较大，开发周期长而导致开发成本增加。在现在的工业机器人开发中，当运用建模工具时，可以把设计决策过程中相关的影响因素结合在一起，运用它的算法来确定可能的设计方案。通过建模能够清楚表达设计需求，减少设计过程的重复，快速排除设计过程中的不合理方案，提高设计效率，且能够使得工业机器人进行形式化描述，易于实现计算机的操作和表达。

4.3 机器人特性分析

通过机器人运动学和动力学分析，可以明确工业机器人特性。

4.3.1 机器人运动学

机器人运动学着重研究机器人各个坐标系之间的运动关系，是机器人进行运动控制的基础。机器人运动学描述的是组成机器人各连杆与机器人关节之间的运动关系。为了控制机器人运动，首先需要对机器人建立适宜的坐标系，如直角坐标、圆柱坐标以及球坐标等。在串联机器人中，常用关节坐标系描述各关节的运动；常用笛卡儿坐标系描述末端位置和姿态。机器人逆运动学就是通过已知机器人末端的位置及姿态，计算所对应的全部关节的变量，机器人逆运动学是机器人运动规划和轨迹控制的基础。

（1）机器人位置描述与姿态描述

机器人运动分析是指对机器人的各个部件和作业环境内的对象设定坐标系，进行位置与姿态描述，然后分析这些坐标系之间的位置和姿态的关系。

研究机器人运动时机器人可以视为刚体。为了更好地进行描述，也可以将弧焊机器人等的连杆、手腕等视为刚体。对于一个刚体，其在一个坐标系中的位置和姿态（简称位姿）具有多种表示方法，这些方法为机器人运动学的相关数学基础。

下面仅介绍几种比较常见的表示方法[13]。

1）位置描述　位置描述就是用矩阵方式表示空间坐标系中的矢量。在实际应用中，往往需要建立多个坐标系，这就需要描述这些坐标系之间的关系。常用的位置描述分别为笛卡儿坐标系下的位置描述，柱面坐标系下的位置描述，球面坐标系下的位置描述，等等。

① 笛卡儿坐标系下的位置描述　笛卡儿坐标系就是直角坐标系和斜坐标系的统称。相交于原点的两条数轴，构成了平面放射坐标系，如两条数轴上的度量单位相等，则称此放射坐标系为笛卡儿坐标系。两条数轴互相垂直的笛卡儿坐标系，称为笛卡儿直角坐标系，否则称为笛卡儿斜坐标系。笛卡儿坐标系下的位置描述，可以采用三维坐标、位置矢量、矩阵等形式。

如图 4-4 所示，建立直角坐标系 $\{A\}$，并将空间点 p 在坐标系 $\{A\}$ 中位置矢量记为 ${}^{A}\boldsymbol{p}$。假设点 p 在坐标系 $\{A\}$ 中的 X、Y、Z 轴的位置分别为 p_x、p_y 和 p_z，则利用坐标表示的点 p 的位置为 $[p_x, p_y, p_z]$。

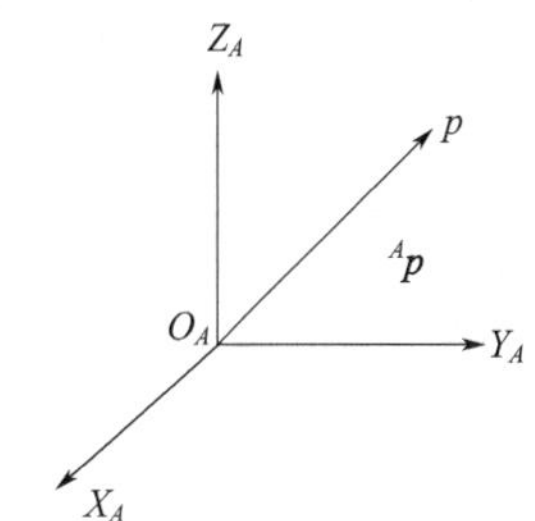

图 4-4　笛卡儿坐标下的位置

利用位置矢量表示的点 p 的位置为式(4-1)，利用矩阵表示的点 p 的位置为式(4-2)。

$$
{}^{A}\boldsymbol{p}=p_x\boldsymbol{i}+p_y\boldsymbol{j}+p_z\boldsymbol{k} \tag{4-1}
$$

$$
{}^{A}\boldsymbol{p}=\begin{bmatrix} p_x \\ p_y \\ p_z \end{bmatrix}=\begin{bmatrix} p_x & p_y & p_z \end{bmatrix}^{\mathrm{T}} \tag{4-2}
$$

位置矢量 ${}^{A}\boldsymbol{p}$ 的模为式(4-3)。

$$
\|{}^{A}\boldsymbol{p}\|=\sqrt{p_x^2+p_y^2+p_z^2} \tag{4-3}
$$

模为 1 的位置矢量，称为单位位置矢量。

笛卡儿坐标系在数控机床中得到广泛应用。

② 柱面坐标下的位置描述　柱面坐标下的位置描述，可以认为是在笛卡儿坐标系的基础上，先沿基坐标系的 X 轴平移 d，再绕基坐标系的 Z 轴旋转 α，再沿基坐标系的 Z 轴平移 p_z 得到的。柱面坐标使用平面极坐标和 Z 方向距离来定义物体的空间坐标。

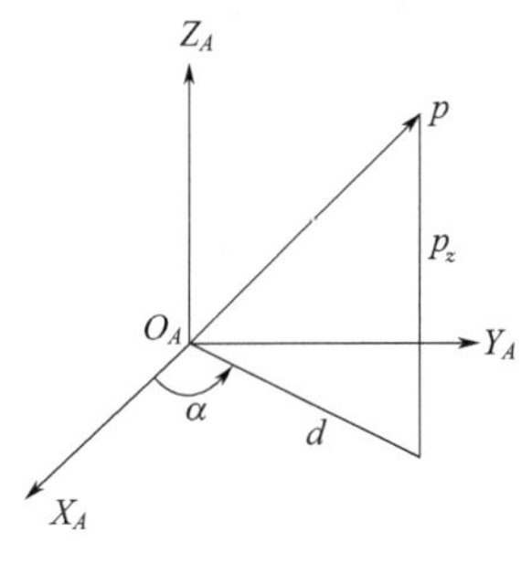

图 4-5　柱面坐标下的位置

如图 4-5 所示柱面坐标下的位置，采用点 p 在笛卡儿坐标系下的 Z 轴的位置分量矢量在 XOY 平面的投影长度 d，以及该投影与 X 轴的夹角 α 表示。

将柱面坐标下的位置记为 $\mathrm{Cyl}(p_z,\alpha,d)$。将平移变换记为 $\mathrm{Trans}(p_x,p_y,p_z)$，其中 $[p_x,p_y,p_z]$ 分别为沿 X、Y、Z 轴的平移量。将旋转变换记为 $\mathrm{Rot}(A,\alpha)$，其中 A 为旋转轴，可以是 X、Y、Z 轴，α 为旋转角。于是，柱面坐标下的位置描述与笛卡儿坐标系下的位置与姿态之间的关系，可以表示为式(4-4)。

$$\mathrm{Cyl}(p_z,\alpha,d)=\mathrm{Trans}(0,0,p_z)\mathrm{Rot}(Z,\alpha)\mathrm{Trans}(d,0,0)$$

$$=\begin{bmatrix}1&0&0&0\\0&1&0&0\\0&0&1&p_z\\0&0&0&1\end{bmatrix}\begin{bmatrix}\cos\alpha&-\sin\alpha&0&0\\\sin\alpha&\cos\alpha&0&0\\0&0&1&0\\0&0&0&1\end{bmatrix}\begin{bmatrix}1&0&0&d\\0&1&0&0\\0&0&1&0\\0&0&0&1\end{bmatrix}\tag{4-4}$$

$$=\begin{bmatrix}\cos\alpha&-\sin\alpha&0&d\cos\alpha\\\sin\alpha&\cos\alpha&0&d\sin\alpha\\0&0&1&p_z\\0&0&0&1\end{bmatrix}$$

若需要相对于不转动的坐标系规定姿态，则需要对式(4-4)的位置与姿态绕新的 Z 轴旋转 $-\alpha$，即为式(4-5)。

$$\mathrm{Cyl}(p_z,\alpha,d)=\begin{bmatrix}\cos\alpha&-\sin\alpha&0&d\cos\alpha\\\sin\alpha&\cos\alpha&0&d\sin\alpha\\0&0&1&p_z\\0&0&0&1\end{bmatrix}\begin{bmatrix}\cos(-\alpha)&-\sin(-\alpha)&0&0\\\sin(-\alpha)&\cos(-\alpha)&0&0\\0&0&1&0\\0&0&0&1\end{bmatrix}\tag{4-5}$$

$$=\begin{bmatrix}1&0&0&d\cos\alpha\\0&1&0&d\sin\alpha\\0&0&1&p_z\\0&0&0&1\end{bmatrix}$$

柱面坐标下的典型应用实例，如光学测量仪、顺应性装配机器手臂等。

③ 球面坐标下的位置描述　球面坐标下的位置描述，可以认为是在笛卡儿坐标系的基础上，先沿基坐标系的 Z 轴平移 r，再绕基坐标系的 Y 轴旋转 β，再绕基坐标系的 Z 轴旋转 α 得到的。球面坐标系是表示三维空间中某一点的另一种方式，它要求三个数值，其中两个是角度，第三个是距离。

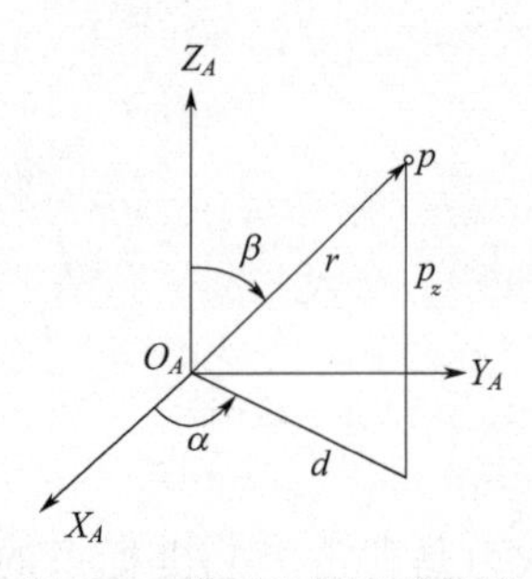

图 4-6　球面坐标下的位置

如图 4-6 所示，球面坐标下的位置，采用点 p 在笛卡儿坐标系下的矢量模 r、矢量在 XOY 平面的投影与 X 轴的夹角 α、矢量与 Z 轴的夹角 β 表示。

将球面坐标下的位置记为 $\mathrm{Sph}(\alpha,\beta,r)$，则球面坐标下的位置描述与笛卡儿坐标系下的位置与姿态之间的关系，可以表示为式(4-6)。

$$\mathrm{Sph}(\alpha,\beta,r)=\mathrm{Rot}(Z,\alpha)\mathrm{Rot}(Y,\beta)\mathrm{Trans}(0,0,r)$$

$$=\begin{bmatrix}\cos\alpha&-\sin\alpha&0&0\\\sin\alpha&\cos\alpha&0&0\\0&0&1&0\\0&0&0&1\end{bmatrix}\begin{bmatrix}\cos\beta&0&\sin\beta&0\\0&1&0&0\\-\sin\beta&0&\cos\beta&0\\0&0&0&1\end{bmatrix}\begin{bmatrix}1&0&0&0\\0&1&0&0\\0&0&1&r\\0&0&0&1\end{bmatrix}\tag{4-6}$$

$$=\begin{bmatrix}\cos\alpha\cos\beta&-\sin\alpha&\cos\alpha\cos\beta&r\cos\alpha\sin\beta\\\sin\alpha\sin\beta&\cos\alpha&\sin\alpha\sin\beta&r\sin\alpha\sin\beta\\-\sin\beta&0&\cos\beta&r\cos\beta\\0&0&0&1\end{bmatrix}$$

若需要相对于不转动的坐标系规定姿态，则需要对式(4-6)的位置与姿态绕新的 Y 轴旋转 $-\beta$，再绕新的 Z 轴旋转 $-\alpha$，即得到式(4-7)。

$$\mathrm{Sph}(\alpha,\beta,r)=\begin{bmatrix}\cos\alpha\cos\beta & -\sin\alpha & \cos\alpha\cos\beta & r\cos\alpha\sin\beta\\ \sin\alpha\sin\beta & \cos\alpha & \sin\alpha\sin\beta & r\sin\alpha\sin\beta\\ -\sin\beta & 0 & \cos\beta & r\cos\beta\\ 0 & 0 & 0 & 1\end{bmatrix}$$

$$\begin{bmatrix}\cos(-\beta) & 0 & \sin(-\beta) & 0\\ 0 & 1 & 0 & 0\\ -\sin(-\beta) & 0 & \cos(-\beta) & 0\\ 0 & 0 & 0 & 1\end{bmatrix}\begin{bmatrix}\cos(-\alpha) & -\sin(-\alpha) & 0 & 0\\ \sin(-\alpha) & \cos(-\alpha) & 0 & 0\\ 0 & 0 & 1 & 0\\ 0 & 0 & 0 & 1\end{bmatrix} \tag{4-7}$$

$$=\begin{bmatrix}1 & 0 & 0 & r\cos\alpha\sin\beta\\ 0 & 1 & 0 & r\sin\alpha\sin\beta\\ 0 & 0 & 1 & r\cos\beta\\ 0 & 0 & 0 & 1\end{bmatrix}$$

球面坐标下应用实例，如各种球坐标工业机械手、喷漆机器人等。

工业机器人精度受其运动位置的影响很大，减小工业机器人位置误差，可以改进和优化机器人的结构，从而降低工业机器人的制造成本。位置描述是位置误差分析的基础，因此位置描述对工业机器人的研究起着非常关键的作用[14]。位置误差是评价工业机器人精度的重要标准之一，在理论上和实践中都有很重要的研究价值，并得到许多国内外学者的关注。

2）姿态描述　在机器人学中，位置和姿态经常成对出现，为表示空间中的刚体，不仅需要刚体的位置，而且需要刚体的姿态。机器人运动学研究时，通常采用矩阵运算形式，所以包括末端关节的各关节空间姿态是向量形式。姿态可以采用姿态变换矩阵、欧拉角(Euler angles)、RPY 角以及转轴和转角等方式进行描述。

对于刚体，常用的姿态描述包括笛卡儿坐标系下利用旋转矩阵的姿态描述，利用欧拉角的姿态描述，利用滚转（roll）、俯仰（pitch）、偏转（yaw）角的姿态描述，等等。

在笛卡儿坐标系下，可以利用固定于物体的坐标系描述方位（orientation），方位又称为姿态（pose）。在刚体 B 上设置直角坐标系 $\{B\}$，利用与 $\{B\}$ 的坐标轴平行的三个单位矢量 ${}^A\boldsymbol{x}_B$，${}^A\boldsymbol{y}_B$ 和 ${}^A\boldsymbol{z}_B$ 表示刚体 B 在基坐标系中的姿态，如图 4-7 所示。坐标系 $\{A\}$、$\{B\}$ 又称为框架或框 $\{A\}$、$\{B\}$。

假设单位矢量 ${}^A\boldsymbol{x}_B$，${}^A\boldsymbol{y}_B$ 和 ${}^A\boldsymbol{z}_B$ 表示为式(4-8)。

$$\begin{cases}{}^A\boldsymbol{x}_B=r_{11}\boldsymbol{i}+r_{21}\boldsymbol{j}+r_{31}\boldsymbol{k}\\ {}^A\boldsymbol{y}_B=r_{12}\boldsymbol{i}+r_{22}\boldsymbol{j}+r_{32}\boldsymbol{k}\\ {}^A\boldsymbol{z}_B=r_{13}\boldsymbol{i}+r_{23}\boldsymbol{j}+r_{33}\boldsymbol{k}\end{cases} \tag{4-8}$$

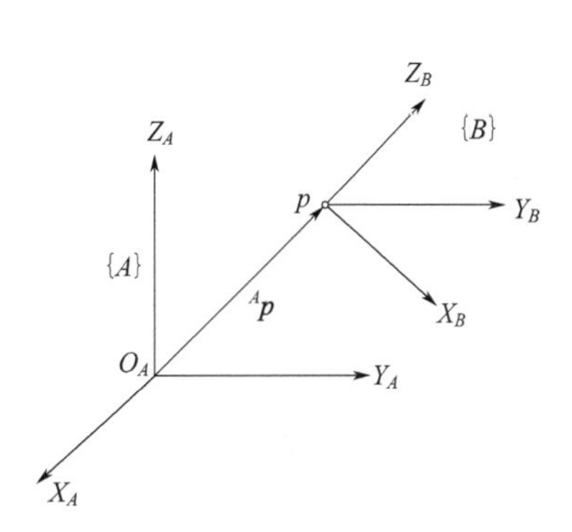

图 4-7　刚体在基坐标系中的姿态

将式(4-8)写成矩阵形式，得到表示姿态的旋转矩阵，即式(4-9)。

$${}^A\boldsymbol{R}_B=[{}^A\boldsymbol{x}_B \quad {}^A\boldsymbol{y}_B \quad {}^A\boldsymbol{z}_B]=\begin{bmatrix}r_{11} & r_{12} & r_{13}\\ r_{21} & r_{22} & r_{23}\\ r_{31} & r_{32} & r_{33}\end{bmatrix} \tag{4-9}$$

其中，${}^A\boldsymbol{R}_B$ 表示刚体 B 相对于坐标系 $\{A\}$ 的姿态的旋

转矩阵。旋转变换矩阵，通常又记为式(4-10) 的形式。

$$^{A}\boldsymbol{R}_{B}=[\boldsymbol{n}\quad \boldsymbol{o}\quad \boldsymbol{\alpha}]=\begin{bmatrix} n_x & o_x & a_x \\ n_y & o_y & a_y \\ n_z & o_z & a_z \end{bmatrix} \tag{4-10}$$

式中，$\boldsymbol{n}$，$\boldsymbol{o}$，$\boldsymbol{\alpha}$ 分别为单位矢量$^{A}\boldsymbol{x}_{B}$，$^{A}\boldsymbol{y}_{B}$ 和$^{A}\boldsymbol{z}_{B}$。

在旋转矩阵$^{A}\boldsymbol{R}_{B}$ 中虽然有 9 个元素，但只有 3 个独立变量。旋转矩阵$^{A}\boldsymbol{R}_{B}$ 是单位正交矩阵，其中的 3 个矢量是单位正交矢量，满足正交条件和单位模长约束，见式(4-11)。此外，该旋转变换矩阵的逆（反）变换等于其转置，见式(4-12)。

$$\begin{cases} ^{A}\boldsymbol{x}_{B}\cdot {}^{A}\boldsymbol{y}_{B}={}^{A}\boldsymbol{y}_{B}\cdot {}^{A}\boldsymbol{z}_{B}={}^{A}\boldsymbol{z}_{B}\cdot {}^{A}\boldsymbol{x}_{B}=0 \\ ^{A}\boldsymbol{x}_{B}\cdot {}^{A}\boldsymbol{x}_{B}={}^{A}\boldsymbol{y}_{B}\cdot {}^{A}\boldsymbol{y}_{B}={}^{A}\boldsymbol{z}_{B}\cdot {}^{A}\boldsymbol{z}_{B}=1 \\ ^{A}\boldsymbol{x}_{B}\times {}^{A}\boldsymbol{y}_{B}={}^{A}\boldsymbol{z}_{B},\ {}^{A}\boldsymbol{y}_{B}\times {}^{A}\boldsymbol{z}_{B}={}^{A}\boldsymbol{x}_{B},\ {}^{A}\boldsymbol{z}_{B}\times {}^{A}\boldsymbol{x}_{B}={}^{A}\boldsymbol{y}_{B} \end{cases} \tag{4-11}$$

$$^{B}\boldsymbol{R}_{A}={}^{A}\boldsymbol{R}_{B}^{-1}={}^{A}\boldsymbol{R}_{B}^{\mathrm{T}},\ \|{}^{A}\boldsymbol{R}_{B}\|=\|{}^{B}\boldsymbol{R}_{A}\|=1 \tag{4-12}$$

利用欧拉角描述刚体的姿态，可以认为是在笛卡儿坐标系的基础上，先绕 Z 轴旋转角度ψ，再绕新的$Y(Y')$ 轴旋转角度θ，再绕新的$Z(Z')$ 轴旋转φ。旋转角度ψ、θ 和φ 称为欧拉角，用以表示所有的姿态。欧拉变换在基坐标系中的表示为式(4-13)。

$$\begin{aligned} \mathrm{Euler}(\psi,\theta,\varphi) &= \mathrm{Rot}(z,\psi)\mathrm{Rot}(y,\theta)\mathrm{Rot}(z,\varphi) \\ &= \begin{bmatrix} \cos\psi & -\sin\psi & 0 & 0 \\ \sin\psi & \cos\psi & 0 & 0 \\ 0 & 0 & 1 & 0 \\ 0 & 0 & 0 & 1 \end{bmatrix} \begin{bmatrix} \cos\theta & 0 & \sin\theta & 0 \\ 0 & 1 & 0 & 0 \\ -\sin\theta & 0 & \cos\theta & 0 \\ 0 & 0 & 0 & 1 \end{bmatrix} \begin{bmatrix} \cos\varphi & -\sin\varphi & 0 & 0 \\ \sin\varphi & \cos\varphi & 0 & 0 \\ 0 & 0 & 1 & 0 \\ 0 & 0 & 0 & 1 \end{bmatrix} \\ &= \begin{bmatrix} \cos\psi\cos\theta\cos\varphi-\sin\psi\sin\varphi & -\cos\psi\cos\theta\sin\varphi-\sin\psi\cos\varphi & \cos\psi\sin\theta & 0 \\ \cos\psi\cos\theta\cos\varphi+\cos\psi\sin\varphi & -\sin\varphi\cos\theta\sin\varphi+\cos\psi\sin\theta & \sin\psi\sin\varphi & 0 \\ -\sin\varphi\cos\varphi & \sin\theta\sin\varphi & \cos\theta & 0 \\ 0 & 0 & 0 & 1 \end{bmatrix} \end{aligned} \tag{4-13}$$

RPY 变换在基坐标系中可表示为式(4-14)。

$$\begin{aligned} \mathrm{RPY}(\psi,\theta,\varphi) &= \mathrm{Rot}(Z,\psi)\mathrm{Rot}(Y,\theta)\mathrm{Rot}(X,\varphi) \\ &= \begin{bmatrix} \cos\psi & -\sin\psi & 0 & 0 \\ \sin\psi & \cos\psi & 0 & 0 \\ 0 & 0 & 1 & 0 \\ 0 & 0 & 0 & 1 \end{bmatrix} \begin{bmatrix} \cos\theta & 0 & \sin\theta & 0 \\ 0 & 1 & 0 & 0 \\ -\sin\theta & 0 & \cos\theta & 0 \\ 0 & 0 & 0 & 1 \end{bmatrix} \begin{bmatrix} 1 & 0 & 0 & 0 \\ 0 & \cos\varphi & -\sin\varphi & 0 \\ 0 & \sin\varphi & \cos\varphi & 0 \\ 0 & 0 & 0 & 1 \end{bmatrix} \\ &= \begin{bmatrix} \cos\psi\cos\theta & \cos\psi\sin\theta\sin\varphi-\sin\psi\cos\varphi & \cos\psi\sin\theta\cos\varphi+\sin\psi\sin\varphi & 0 \\ \sin\psi\cos\varphi & \sin\psi\sin\varphi\sin\theta+\cos\psi\cos\varphi & \sin\psi\sin\theta\cos\varphi-\cos\psi\sin\varphi & 0 \\ -\sin\theta & \cos\theta\sin\varphi & \cos\theta\cos\varphi & 0 \\ 0 & 0 & 0 & 1 \end{bmatrix} \end{aligned} \tag{4-14}$$

① 旋转变换矩阵与欧拉角之间的转换　旋转变换是指由一个图形变为另一个图形，在改变过程中，原图上所有的点都绕一个固定的点变换同一方向，转动同一个角度。旋转矩阵和欧拉角（Euler angles）可同时表示刚体在三维空间的旋转。

由式(4-13) 得到由欧拉角表示的姿态转换为旋转变换矩阵表示的姿态，即式(4-15)。

$$
{}^{A}\boldsymbol{R}_{B}=\begin{bmatrix} n_x & o_x & a_x \\ n_y & o_y & a_y \\ n_z & o_z & a_z \end{bmatrix}
$$

$$
=\begin{bmatrix} \cos\psi\cos\theta\cos\varphi-\sin\psi\sin\varphi & -\cos\psi\cos\theta\sin\varphi-\sin\psi\cos\varphi & \cos\psi\sin\theta \\ \cos\psi\cos\theta\cos\varphi+\cos\psi\sin\varphi & -\sin\varphi\cos\theta\sin\varphi+\cos\psi\sin\theta & \sin\psi\sin\varphi \\ -\sin\varphi\cos\varphi & \sin\theta\sin\varphi & \cos\theta \end{bmatrix} \tag{4-15}
$$

由旋转变换矩阵表示的姿态转换为欧拉角表示的姿态，可分为以下几种。

a. 若 $a_z=1$，则 $\theta=0$。同时，根据旋转变换矩阵的约束条件，由式(4-11) 和式(4-12) 可知，$n_z=0$，$o_z=0$，$a_x=0$，$a_y=0$。此时，式(4-15) 可变成式(4-16)。

$$
\begin{bmatrix} n_x & o_x & 0 \\ n_y & o_y & 0 \\ 0 & 0 & 1 \end{bmatrix}=\begin{bmatrix} \cos(\psi+\varphi) & -\sin(\psi+\varphi) & 0 \\ \sin(\psi+\varphi) & -\cos(\psi+\varphi) & 0 \\ 0 & 0 & 1 \end{bmatrix} \tag{4-16}
$$

由式(4-16)，利用等式两边第二行第一列、第二列对应元素相等，得到式(4-17)。

$$
\psi+\varphi=\arctan2(n_y,o_y) \tag{4-17}
$$

式(4-17) 的物理意义：由欧拉角的定义可知，在 $\theta=0$ 时，Z 轴方向不变，两次绕 Z 轴旋转角度 ψ 和 φ 等价于一次绕 Z 轴的旋转角度 $\psi+\varphi$。

b. 若 $a_z=-1$，则 $\theta=\pi$。同时，根据旋转变换矩阵的约束条件，由式(4-11) 和式(4-12) 可知，$n_z=0$，$o_z=0$，$a_x=0$，$a_y=0$。此时，式(4-15) 可变成式(4-18)。

$$
\begin{bmatrix} n_x & o_x & 0 \\ n_y & o_y & 0 \\ 0 & 0 & -1 \end{bmatrix}=\begin{bmatrix} -\cos(\psi-\varphi) & \sin(\psi-\varphi) & 0 \\ \sin(\psi-\varphi) & \cos(\psi-\varphi) & 0 \\ 0 & 0 & -1 \end{bmatrix} \tag{4-18}
$$

由式(4-18)，利用等式两边第二行第一列、第二列对应元素相等，得到式(4-19)。

$$
\varphi-\psi=\arctan2(n_y,o_y) \tag{4-19}
$$

式(4-19) 的物理意义：由欧拉角的定义可知，在 $\theta=\pi$ 时，绕 Y 轴旋转之后，新的 Z 轴方向与原来的 Z 轴方向相反。两次分别绕 Z 轴旋转角度 ψ 和 φ 等价于一次绕 Z 轴的旋转角度 $\psi-\varphi$。

c. 若 $a_z\neq\pm1$，则 $\sin\theta\neq0$。由式(4-15)，利用等式两边第三行第一列、第二列对应元素相等，得到 φ 的解。若 $\sin\theta>0$，ψ 和 φ 的解为式(4-20)。

$$
\begin{cases} \varphi=\arctan2(o_z,-n_z) \\ \psi=\arctan2(a_y,a_x) \end{cases} \tag{4-20}
$$

若 $\sin\theta<0$，ψ 和 φ 的解为式(4-21)。

$$
\begin{cases} \varphi=\arctan2(-o_z,n_z) \\ \psi=\arctan2(-a_y,-a_x) \end{cases} \tag{4-21}
$$

由式(4-15) 等式两边第三列对应元素相等，得到 θ 的解为式(4-22)。

$$
\theta=\arctan2(a_x\cos\psi+a_y\sin\psi,a_z) \tag{4-22}
$$

由式(4-20)～式(4-22) 中 ψ、θ 和 φ 的两组解分别代入式(4-15)，利用等式两边第一行的第一列和第二列、第二行的第一列和第二列的四个对应元素相等，可判断出 ψ、θ 和 φ 的正确解。

② 旋转变换矩阵与 RPY 角之间的转换　旋转变换矩阵与 RPY 角之间的转换，由

式(4-14) 得到由 RPY 角表示的姿态转换，即式(4-23)，为旋转变换矩阵表示的姿态。

其中，欧拉角 RPY 分别代表 roll（滚转角）、pitch（俯仰角）、yaw（偏转角），分别对应绕 X、Y、Z 轴旋转角度。旋转方向：从 X、Y、Z 轴的箭头方向看顺时针为正，逆时针为负。

$$
\begin{aligned}
{}^{A}\boldsymbol{R}_{B} &= \begin{bmatrix} n_x & o_x & a_x \\ n_y & o_y & a_y \\ n_z & o_z & a_z \end{bmatrix} \\
&= \begin{bmatrix} \cos\psi\cos\theta & \cos\psi\sin\theta\sin\varphi-\sin\psi\cos\varphi & \cos\psi\sin\theta\cos\varphi+\sin\psi\sin\varphi \\ \sin\psi\cos\varphi & \sin\psi\sin\varphi\sin\theta+\cos\psi\cos\varphi & \sin\psi\sin\theta\cos\varphi-\cos\psi\sin\varphi \\ -\sin\theta & \cos\theta\sin\varphi & \cos\theta\cos\varphi \end{bmatrix}
\end{aligned} \tag{4-23}
$$

由旋转变换矩阵表示的姿态转换为 RPY 角表示的姿态，分为以下几种情况。

a. 若 $n_z=1$，则 $\theta=-\pi/2$。同时，根据旋转变换矩阵的约束条件，由式(4-11) 和式(4-12) 可知，$n_x=0$，$n_y=0$，$o_z=0$，$a_z=0$。此时，式(4-23) 可变成式(4-24)。

$$
\begin{bmatrix} 0 & o_x & a_x \\ 0 & o_y & a_y \\ 1 & 0 & 0 \end{bmatrix} = \begin{bmatrix} 0 & -\sin(\psi+\varphi) & -\cos(\psi+\varphi) \\ 0 & \cos(\psi+\varphi) & -\sin(\psi+\varphi) \\ 1 & 0 & 0 \end{bmatrix} \tag{4-24}
$$

由式(4-24)，利用等式两边第二行第二列、第三列对应元素相等，得到式(4-25)。

$$
\psi+\varphi=\operatorname{arctan2}(-a_y, o_y) \tag{4-25}
$$

式(4-25) 的物理意义：由 RPY 角的定义可知，在 $\theta=-\pi/2$ 时，绕 Y 轴旋转后新的 X 轴与旋转前的 Z 轴方向相同。因此，分别绕 Z 轴旋转角度 ψ 和绕新的 X 轴旋转角度 φ 等价于一次绕 Z 轴的旋转角度 $\psi+\varphi$。

b. 若 $n_z=-1$，则 $\theta=\pi/2$。同时，根据旋转变换矩阵的约束条件，由式(4-11) 和式(4-12) 可知，$n_x=0$，$n_y=0$，$o_z=0$，$a_z=0$。此时，式(4-23) 可变成式(4-26)。

$$
\begin{bmatrix} 0 & o_x & a_x \\ 0 & o_y & a_y \\ -1 & 0 & 0 \end{bmatrix} = \begin{bmatrix} 0 & \sin(\varphi-\psi) & \cos(\varphi-\psi) \\ 0 & \cos(\varphi-\psi) & -\sin(\varphi-\psi) \\ -1 & 0 & 0 \end{bmatrix} \tag{4-26}
$$

由式(4-26)，利用等式两边第二行第二列、第三列对应元素相等，得到式(4-27)。

$$
\varphi-\psi=\operatorname{arctan2}(-a_y, o_y) \tag{4-27}
$$

式(4-27) 的物理意义：由 RPY 角的定义可知，在 $\theta=\pi/2$ 时，绕 Y 轴旋转后新的 X 轴与旋转前的 Z 轴方向相反。因此，分别绕 Z 轴旋转角度 ψ 和绕新的 X 轴旋转角度 φ 等价于一次绕 Z 轴的旋转角度 $\psi-\varphi$。

c. 若 $a_z\neq\pm1$，则 $\cos\theta\neq0$。由式(4-23) 等式两边第三行第二列、第三列对应元素相等，得到 φ 的解。由式(4-23) 等式两边第一行、第二行第二列对应元素相等，得到 ψ 的解。若 $\cos\theta>0$，ψ 和 φ 的解为式(4-28)；若 $\cos\theta<0$，ψ 和 φ 的解为式(4-29)。

$$
\begin{cases} \varphi=\operatorname{arctan2}(o_z, a_z) \\ \psi=\operatorname{arctan2}(n_y, n_x) \end{cases} \tag{4-28}
$$

$$
\begin{cases} \varphi=\operatorname{arctan2}(-o_z, -a_z) \\ \psi=\operatorname{arctan2}(-n_y, -n_x) \end{cases} \tag{4-29}
$$

由式(4-23) 等式两边第一列对应元素相等，得到 θ 的解为式(4-30)。

$$\theta=\arctan 2(-n_z, n_x\cos\psi+n_y\sin\psi) \tag{4-30}$$

将式(4-28)～式(4-30) 中 ψ、θ 和 φ 的两组解分别代入式(4-23)，由等式两边第一行的第二列和第三列、第二行的第二列和第三列的四个对应元素相等，可判定出 ψ、θ 和 φ 的正确解。

3）位姿描述　刚体的位置与姿态简称为位姿。使用位置矢量、坐标系和平面的概念描述刚体之间的关系。

相对于参考坐标系$\{A\}$，坐标系$\{B\}$的原点位置和坐标轴的方位可以由位置矢量和旋转矩阵进行描述。刚体 B 在参考坐标系$\{A\}$的位姿利用坐标系$\{B\}$来描述，即式(4-31)。

$$\{B\}=\{{}^{A}\boldsymbol{R}_{B} \quad {}^{A}\boldsymbol{p}_{B}\} \tag{4-31}$$

其中，${}^{A}\boldsymbol{R}_{B}$ 为刚体 B 相对于坐标系$\{A\}$的姿态的旋转矩阵，${}^{A}\boldsymbol{p}_{B}$ 为坐标系$\{B\}$的原点在坐标系$\{A\}$中位置矢量。

当表示位置时，${}^{A}\boldsymbol{R}_{B}=\boldsymbol{I}$；当表示方位时，${}^{A}\boldsymbol{p}_{B}=\boldsymbol{0}$。

为便于运算，通常将式(4-31) 可写成齐次矩阵形式，即式(4-32)。

$${}^{A}\boldsymbol{T}_{B}=\begin{bmatrix}{}^{A}\boldsymbol{R}_{B} & {}^{A}\boldsymbol{p}_{B}\\ \boldsymbol{0} & 1\end{bmatrix}=\begin{bmatrix}\boldsymbol{n} & \boldsymbol{o} & \boldsymbol{a} & \boldsymbol{p}\\ 0 & 0 & 0 & 1\end{bmatrix}=\begin{bmatrix}n_x & o_x & a_x & p_x\\ n_y & o_y & a_y & p_y\\ n_z & o_z & a_z & p_z\\ 0 & 0 & 0 & 1\end{bmatrix} \tag{4-32}$$

除式(4-31) 和式(4-32) 的位姿表示方式外，位姿矢量也是较常用的位姿表示方式。例如，利用笛卡儿坐标位置与欧拉角表示的位姿矢量 $\begin{bmatrix}p_x & p_y & p_z & \psi_u & \theta_u & \varphi_u\end{bmatrix}^{\mathrm{T}}$，利用笛卡儿坐标位置与 RPY 角表示的位姿矢量 $\begin{bmatrix}p_x & p_y & p_z & \psi_r & \theta_r & \varphi_r\end{bmatrix}^{\mathrm{T}}$。其中，为便于区分，利用 ψ_u、θ_u 和 φ_u 表示欧拉角，ψ_r、θ_r 和 φ_r 表示 RPY 角。

工业机器人精度受其位姿的影响很大，减小工业机器人位姿误差，可以优化机器人的结构，从而降低工业机器人的制造成本，位姿描述是位姿误差分析的基础。因此，位姿描述对工业机器人的研究起着非常关键的作用，在理论上和实践中都有很重要的研究价值，同时也得到了许多国内外学者的关注[14-16]。

（2）坐标变换

坐标变换是机器人学中常用的数学工具。坐标变换有平移坐标变换、旋转坐标变换、复合坐标变换、联体坐标变换及齐次坐标变换等。

1）平移坐标变换　平移坐标变换，如图 4-8 所示，坐标系$\{B\}$与坐标系$\{A\}$的各个坐标

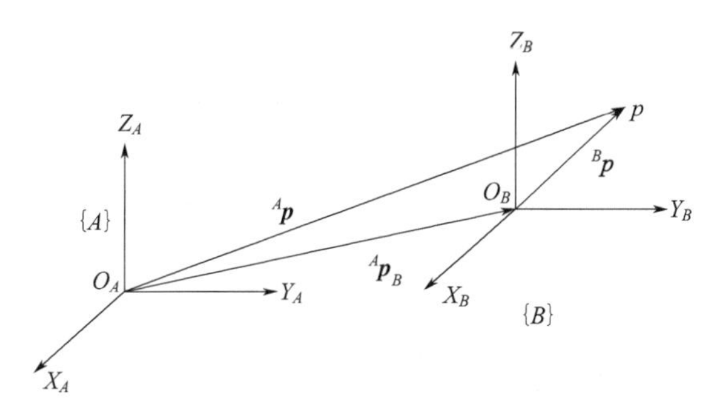

图 4-8　平移坐标变换

轴平行，但坐标系的原点不同。点 p 在坐标系$\{B\}$与坐标系$\{A\}$的位置矢量之间的变换，称为平移变换（translation transformation）。

点 p 在坐标系$\{A\}$中的位置矢量$^{A}\boldsymbol{p}$ 可由点 p 在坐标系$\{B\}$中的位置矢量$^{B}\boldsymbol{p}$ 与坐标系$\{B\}$的原点在坐标系$\{A\}$中位置矢量$^{A}\boldsymbol{p}_{B}$ 相加获得，即式(4-33)。

$$^{A}\boldsymbol{p}={}^{B}\boldsymbol{p}+{}^{A}\boldsymbol{p}_{B} \tag{4-33}$$

2）旋转坐标变换　旋转坐标变换是指由一个图形改变为另一个图形，在改变过程中，原图上所有的点都绕一个固定的点变换同一方向，转动同一个角度。如图 4-9 所示，坐标系$\{B\}$与坐标系$\{A\}$的原点相同，但两个坐标系的各个坐标轴方向不同。

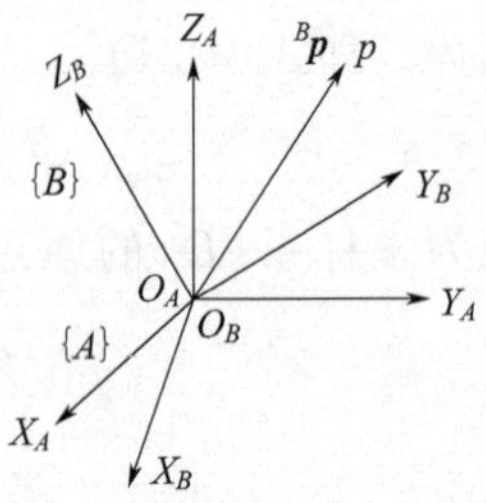

图 4-9　旋转坐标变换

点 p 在坐标系$\{B\}$与坐标系$\{A\}$的位置矢量之间的变换，称为旋转变换（rotation transformation）。点 p 在坐标系$\{A\}$中的位置矢量$^{A}\boldsymbol{p}$ 可由点 p 在坐标系$\{B\}$中的位置矢量$^{B}\boldsymbol{p}$ 与坐标系$\{B\}$在坐标系$\{A\}$中姿态矩阵$^{A}\boldsymbol{R}_{B}$ 相乘获得，即式(4-34)。

$$^{A}\boldsymbol{p}={}^{A}\boldsymbol{R}_{B}\,{}^{B}\boldsymbol{p} \tag{4-34}$$

点 p 在坐标系$\{B\}$中的位置矢量$^{B}\boldsymbol{p}$ 可由点 p 在坐标系$\{A\}$中的位置矢量$^{A}\boldsymbol{p}$ 与坐标系$\{A\}$在坐标系$\{B\}$中姿态矩阵$^{B}\boldsymbol{R}_{A}$ 相乘获得，即式(4-35)。

$$^{B}\boldsymbol{p}={}^{B}\boldsymbol{R}_{A}\,{}^{A}\boldsymbol{p}={}^{A}\boldsymbol{R}_{B}^{\mathrm{T}}\,{}^{A}p \tag{4-35}$$

分别绕 X、Y、Z 轴的旋转变换称为基本旋转变换。任何旋转变换可以由有限个基本旋转变换合成得到。基本旋转变换的姿态矩阵可表示为式(4-36)。

$$\boldsymbol{R}(X,\theta)=\begin{bmatrix}1 & 0 & 0\\ 0 & \cos\theta & -\sin\theta\\ 0 & \sin\theta & \cos\theta\end{bmatrix},\boldsymbol{R}(Y,\theta)=\begin{bmatrix}\cos\theta & 0 & \sin\theta\\ 0 & 1 & 0\\ -\sin\theta & 0 & \cos\theta\end{bmatrix},\boldsymbol{R}(Z,\theta)=\begin{bmatrix}\cos\theta & -\sin\theta & 0\\ \sin\theta & \cos\theta & 0\\ 0 & 0 & 1\end{bmatrix} \tag{4-36}$$

3）复合坐标变换　复合坐标变换是指由平移和旋转构成的坐标变换。如图 4-10 所示，坐标系$\{A\}$经过平移后成为坐标系$\{C\}$，坐标系$\{C\}$经过旋转后成为坐标系$\{B\}$，坐标系$\{B\}$与坐标系$\{A\}$之间就构成了复合坐标变换。

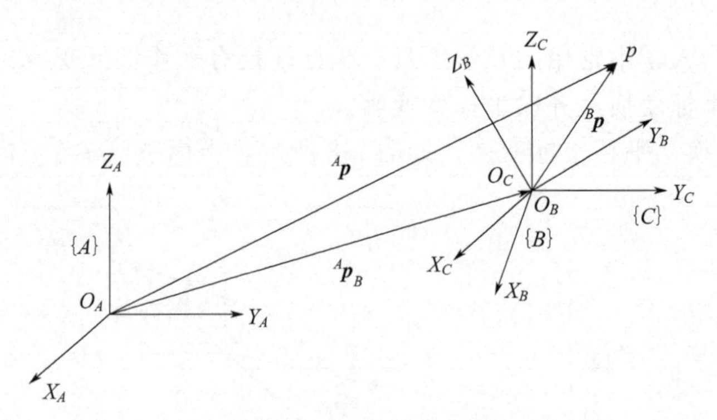

图 4-10　复合坐标变换

由式(4-34) 和式(4-35) 可知，点 p 在坐标系$\{A\}$中的位置矢量$^{A}\boldsymbol{p}$，可由点 p 在坐标系$\{B\}$中的位置矢量$^{B}\boldsymbol{p}$ 与坐标系$\{B\}$在坐标系$\{A\}$中的姿态矩阵$^{A}\boldsymbol{R}_{B}$ 相乘后，与坐标系$\{B\}$

的原点在坐标系$\{A\}$中的位置矢量${}^{A}\boldsymbol{p}_{B}$相加获得，即式(4-37)。

$$ {}^{A}\boldsymbol{p}={}^{C}\boldsymbol{p}+{}^{A}\boldsymbol{p}_{C}={}^{A}\boldsymbol{R}_{B}{}^{B}\boldsymbol{p}+{}^{A}\boldsymbol{p}_{B} \tag{4-37} $$

4）联体坐标变换　对于坐标系$\{A\}$、$\{B\}$、$\{C\}$，假设$\{A\}$是参考坐标系（或基坐标系），则$\{B\}$相对于$\{A\}$的坐标变换以及$\{C\}$相对于$\{B\}$的坐标变换称为联体坐标变换。

设$\{B\}$在$\{A\}$中的表示为$\boldsymbol{T}_1$，$\{C\}$在$\{B\}$中的表示为$\boldsymbol{T}_2$，刚体在$\{C\}$中的表示为$\boldsymbol{T}_3$，刚体在$\{A\}$中的表示为$\boldsymbol{T}$，则可用式(4-38)表示。

$$ \boldsymbol{T}=\boldsymbol{T}_1\boldsymbol{T}_2\boldsymbol{T}_3 \tag{4-38} $$

式(4-38)可以理解为，从基坐标系变换到联体坐标系的变换采用右乘。式(4-38)也可以理解为，从联体坐标系变换到基坐标系的变换采用左乘。简记为“右乘联体左乘基”。

关于坐标变换与变换次序之间的关系，可以总结如下：纯平移变换与变换次序无关，旋转变换与变换次序有关，复合变换与变换次序有关。

例如，式(4-39)中的旋转变换，是先绕基坐标系的Y轴旋转角度φ，再绕新的坐标系的Z轴旋转角度θ，再绕新的坐标系的X轴旋转角度α得到的。

$$ \begin{aligned} \boldsymbol{R}(Y,\varphi)\boldsymbol{R}(Z,\theta)\boldsymbol{R}(X,\alpha)&=\begin{bmatrix}\cos\varphi & 0 & \sin\varphi\\ 0 & 1 & 0\\ -\sin\varphi & 0 & \cos\varphi\end{bmatrix}\begin{bmatrix}\cos\theta & -\sin\theta & 0\\ \sin\theta & \cos\theta & 0\\ 0 & 0 & 1\end{bmatrix}\begin{bmatrix}1 & 0 & 0\\ 0 & \cos\alpha & -\sin\alpha\\ 0 & \sin\alpha & \cos\alpha\end{bmatrix}\\ &=\begin{bmatrix}\cos\varphi\cos\theta & \sin\varphi\sin\alpha-\cos\varphi\sin\theta\cos\alpha & \sin\varphi\cos\alpha+\cos\varphi\sin\theta\sin\alpha\\ \sin\theta & \cos\theta\cos\alpha & -\cos\theta\sin\alpha\\ -\sin\varphi\cos\theta & \cos\varphi\sin\alpha+\sin\varphi\sin\theta\cos\alpha & \cos\varphi\cos\varphi-\sin\varphi\sin\theta\sin\alpha\end{bmatrix} \end{aligned} \tag{4-39} $$

而式(4-40)中的旋转变换，是先绕基坐标系的X轴旋转角度α，再绕新的坐标系的Z轴旋转角度θ，再绕新的坐标系的Y轴旋转角度φ得到的。

$$ \begin{aligned} \boldsymbol{R}(X,\alpha)\boldsymbol{R}(Z,\theta)\boldsymbol{R}(Y,\varphi)&=\begin{bmatrix}1 & 0 & 0\\ 0 & \cos\alpha & -\sin\alpha\\ 0 & \sin\alpha & \cos\alpha\end{bmatrix}\begin{bmatrix}\cos\theta & -\sin\theta & 0\\ \sin\theta & \cos\theta & 0\\ 0 & 0 & 1\end{bmatrix}\begin{bmatrix}\cos\varphi & 0 & \sin\varphi\\ 0 & 1 & 0\\ -\sin\varphi & 0 & \cos\varphi\end{bmatrix}\\ &=\begin{bmatrix}\cos\varphi\cos\theta & -\sin\theta & -\sin\varphi\cos\theta\\ \sin\varphi\sin\alpha+\cos\varphi\sin\theta\cos\alpha & \cos\theta\cos\alpha & -\cos\varphi\sin\alpha+\sin\varphi\sin\theta\cos\alpha\\ \sin\varphi\cos\alpha+\cos\varphi\sin\theta\sin\alpha & \cos\theta\sin\alpha & \cos\varphi\cos\varphi+\sin\varphi\sin\theta\sin\alpha\end{bmatrix} \end{aligned} \tag{4-40} $$

从式(4-39)和式(4-40)可见，虽然这两个旋转变换都是绕X轴旋转角度α，绕Y轴旋转角度φ，绕Z轴旋转角度θ得到的，但由于旋转变换的顺序不同，得到的结果是不同的。

通过这个实例，说明旋转变换与变换的顺序是有关的。另外，利用齐次变换容易验证，对于由平移变换和旋转变换构成的复合变换，先平移再旋转，与先旋转再平移，得到的变换结果也是不同的。这说明复合变换与变换的顺序也是有关的。

5）齐次坐标变换　所谓齐次坐标就是将一个原本是n维的向量用一个$n+1$维向量来表示。将位置矢量利用齐次坐标表示，矩阵乘积形式可表示为式(4-41)。

$$ {}^{A}\boldsymbol{p}={}^{A}\boldsymbol{R}_{B}{}^{B}\boldsymbol{p}+{}^{A}\boldsymbol{p}_{B}\Rightarrow\begin{bmatrix}{}^{A}\boldsymbol{p}\\ 1\end{bmatrix}=\begin{bmatrix}{}^{A}\boldsymbol{R}_{B} & {}^{A}\boldsymbol{p}_{B}\\ \boldsymbol{0} & 1\end{bmatrix}\begin{bmatrix}{}^{B}\boldsymbol{p}\\ 1\end{bmatrix}\Rightarrow{}^{A}\boldsymbol{p}'={}^{A}\boldsymbol{T}_{B}{}^{B}\boldsymbol{p}' \tag{4-41} $$

其中，${}^{A}\boldsymbol{p}'$、${}^{B}\boldsymbol{p}'$称为点P的齐次坐标，${}^{A}\boldsymbol{T}_{B}$称为齐次坐标变换矩阵或位姿矩阵，即式(4-42)。

$$
{}^{A}\boldsymbol{p}'=\begin{bmatrix}{}^{A}\boldsymbol{p}\\1\end{bmatrix},\quad {}^{A}\boldsymbol{T}_{B}=\begin{bmatrix}{}^{A}\boldsymbol{R}_{B} & {}^{A}\boldsymbol{p}_{B}\\ \boldsymbol{0} & 1\end{bmatrix},{}^{B}\boldsymbol{p}'=\begin{bmatrix}{}^{B}\boldsymbol{p}\\1\end{bmatrix} \tag{4-42}
$$

式(4-41）为复合变换的齐次坐标变换（homogeneous transformation)，对于平移变换，其齐次坐标变换可以表示为式(4-43)。

$$
\mathrm{Trans}(a,b,c)=\begin{bmatrix}1&0&0&a\\0&1&0&b\\0&0&1&c\\0&0&0&1\end{bmatrix} \tag{4-43}
$$

式中，a、b、c 分别为平移变换沿 X、Y、Z 轴的平移量。

对于旋转变换，其齐次变换可以表示为式(4-44)。

$$
\begin{cases}
\mathrm{Rot}(X,\theta)=\begin{bmatrix}1&0&0&0\\0&\cos\theta&-\sin\theta&0\\0&\sin\theta&\cos\theta&0\\0&0&0&1\end{bmatrix}\\
\mathrm{Rot}(Y,\theta)=\begin{bmatrix}\cos\theta&0&\sin\theta&0\\0&1&0&0\\-\sin\theta&0&\cos\theta&0\\0&0&0&1\end{bmatrix}\\
\mathrm{Rot}(Z,\theta)=\begin{bmatrix}\cos\theta&-\sin\theta&0&0\\\sin\theta&\cos\theta&0&0\\0&0&1&0\\0&0&0&1\end{bmatrix}
\end{cases} \tag{4-44}
$$

利用齐次坐标变换，容易得到先平移后旋转的复合变换结果，即式(4-45)；先旋转后平移的复合变换结果，即式(4-46)。从式(4-45）和式(4-46）可知，复合变换与变换次序相关。

$$
{}^{A}\boldsymbol{T}_{B}=\begin{bmatrix}\boldsymbol{I} & {}^{A}\boldsymbol{p}_{B}\\ \boldsymbol{0} & 1\end{bmatrix}\begin{bmatrix}{}^{A}\boldsymbol{R}_{B} & \boldsymbol{0}\\ \boldsymbol{0} & 1\end{bmatrix}=\begin{bmatrix}{}^{A}\boldsymbol{R}_{B} & {}^{A}\boldsymbol{p}_{B}\\ \boldsymbol{0} & 1\end{bmatrix} \tag{4-45}
$$

$$
{}^{A}\boldsymbol{T}_{B}=\begin{bmatrix}{}^{A}\boldsymbol{R}_{B} & \boldsymbol{0}\\ \boldsymbol{0} & 1\end{bmatrix}\begin{bmatrix}\boldsymbol{I} & {}^{A}\boldsymbol{p}_{B}\\ \boldsymbol{0} & 1\end{bmatrix}=\begin{bmatrix}{}^{A}\boldsymbol{R}_{B} & {}^{A}\boldsymbol{R}_{B}{}^{A}\boldsymbol{p}_{B}\\ \boldsymbol{0} & 1\end{bmatrix} \tag{4-46}
$$

利用齐次坐标变换可以描述刚体的位置和姿态。刚体上其他点在参考坐标系中的位置，可以由变换矩阵乘以该点在刚体坐标系中的位置获得。

对于坐标系$\{A\}$、$\{B\}$，假设$\{A\}$是参考坐标系，$\{B\}$是相对于$\{A\}$的坐标系。$\{B\}$相对于$\{A\}$的描述${}^{A}\boldsymbol{T}_{B}$ 见式(4-45）或式(4-46)。而$\{A\}$相对于$\{B\}$的描述${}^{B}\boldsymbol{T}_{A}$，称为齐次坐标变换${}^{A}\boldsymbol{T}_{B}$ 的逆变换，即式(4-47)。

$$
{}^{B}\boldsymbol{T}_{A}={}^{A}\boldsymbol{T}_{B}^{-1}=\begin{bmatrix}{}^{A}\boldsymbol{R}_{B} & {}^{A}\boldsymbol{p}_{B}\\ \boldsymbol{0} & 1\end{bmatrix}^{-1}=\begin{bmatrix}{}^{A}\boldsymbol{R}_{B} & -{}^{A}\boldsymbol{R}_{B}{}^{A}\boldsymbol{p}_{B}\\ \boldsymbol{0} & 1\end{bmatrix} \tag{4-47}
$$

一般的，齐次坐标变换的逆变换，可以表示为式(4-48)。

$$\boldsymbol{T}=\begin{bmatrix} n_x & o_x & a_x & p_x \\ n_y & o_y & a_y & p_y \\ n_z & o_z & a_z & p_z \\ 0 & 0 & 0 & 1 \end{bmatrix},\boldsymbol{T}^{-1}=\begin{bmatrix} n_x & n_y & n_z & -\boldsymbol{p}.\boldsymbol{n} \\ o_x & o_y & o_z & -\boldsymbol{p}.\boldsymbol{o} \\ a_x & a_y & a_z & -\boldsymbol{p}.\boldsymbol{a} \\ 0 & 0 & 0 & 1 \end{bmatrix} \tag{4-48}$$

引入齐次坐标的目的主要是合并矩阵运算中的乘法和加法。几何齐次坐标变换矩阵常用于描述机器人从基座坐标系变换到末端执行器坐标系所经历的一系列坐标变换；运动齐次坐标变换矩阵用于描述几何齐次坐标变换后关节的姿态。在计算机图形学和计算机视觉中物体之间的关系，也常用齐次坐标变换来描述。

(3) 旋转变换

这里的旋转变换指通用旋转变换，是姿态表示的一种形式。它将姿态表示为 $\boldsymbol{f}$ 和 θ，$\boldsymbol{f}$ 是一个单位矢量，θ 是绕 $\boldsymbol{f}$ 的旋转角度。刚体的任何姿态均可以利用一个单位矢量 $\boldsymbol{f}$ 和绕 $\boldsymbol{f}$ 的旋转角 θ 表示，θ 的范围为 $[0, \pi]$。

1) 通用旋转变换　设坐标系$\{B\}$在基坐标系$\{W\}$下的描述为${}^W\boldsymbol{T}_B$。设 $\boldsymbol{f}$ 为坐标系$\{B\}$的 Z 轴上的单位矢量，即式(4-49)。

$${}^W\boldsymbol{T}_B=\begin{bmatrix} n_x & o_x & a_x & 0 \\ n_y & o_y & a_y & 0 \\ n_z & o_z & a_z & 0 \\ 0 & 0 & 0 & 1 \end{bmatrix},\quad \boldsymbol{f}=a_x\boldsymbol{i}+a_y\boldsymbol{j}+a_z\boldsymbol{k} \tag{4-49}$$

显然，绕矢量 $\boldsymbol{f}$ 的旋转等价于绕坐标系$\{B\}$的 Z 轴的旋转，即式(4-50)。

$$\mathrm{Rot}(\boldsymbol{f},\theta)=\mathrm{Rot}(Z_B,\theta) \tag{4-50}$$

如图 4-11 所示，对于某一坐标系$\{C\}$，在基坐标系$\{W\}$下的描述为${}^W\boldsymbol{T}_C$，在坐标系$\{B\}$下的描述为${}^B\boldsymbol{T}_C$，则有式(4-51) 成立。

$${}^W\boldsymbol{T}_C={}^W\boldsymbol{T}_B\,{}^B\boldsymbol{T}_C \tag{4-51}$$

由式(4-51) 两边同乘以${}^W\boldsymbol{T}_B^{-1}$ 得到${}^B\boldsymbol{T}_C$，得到式(4-52)。

$${}^B\boldsymbol{T}_C={}^W\boldsymbol{T}_B{}^{-1}\,{}^W\boldsymbol{T}_C \tag{4-52}$$

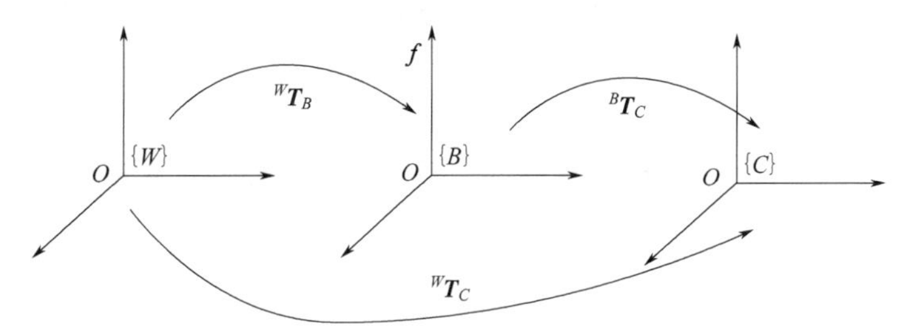

图 4-11　坐标旋转变换示意图

坐标系$\{C\}$在基坐标系下绕 $\boldsymbol{f}$ 旋转，等价于坐标系$\{C\}$绕坐标系$\{B\}$的 Z 轴的旋转。于是，有式(4-53) 成立。

$$\mathrm{Rot}(\boldsymbol{f},\theta)\,{}^W\boldsymbol{T}_C={}^W\boldsymbol{T}_B\,\mathrm{Rot}(Z,\theta)\,{}^B\boldsymbol{T}_C \tag{4-53}$$

式(4-53) 两边同乘以${}^W\boldsymbol{T}_C^{-1}$，并将式(4-52) 代入，即得式(4-54)。

$$\mathrm{Rot}(\boldsymbol{f},\theta)={}^W\boldsymbol{T}_B\,\mathrm{Rot}(Z,\theta)\,{}^B\boldsymbol{T}_C\,{}^W\boldsymbol{T}_B^{-1} \tag{4-54}$$

将式(4-49) 中的${}^{W}\boldsymbol{T}_B$ 代入式(4-54)，得到式(4-55)。

$$
\mathrm{Rot}(\boldsymbol{f},\theta)=\begin{bmatrix} n_x & o_x & a_x & 0 \\ n_y & o_y & a_y & 0 \\ n_z & o_z & a_z & 0 \\ 0 & 0 & 0 & 1 \end{bmatrix}\begin{bmatrix} \cos\theta & -\sin\theta & 0 & 0 \\ \sin\theta & \cos\theta & 0 & 0 \\ 0 & 0 & 1 & 0 \\ 0 & 0 & 0 & 1 \end{bmatrix}\begin{bmatrix} n_x & n_y & n_z & 0 \\ o_x & o_y & o_z & 0 \\ a_x & a_y & a_z & 0 \\ 0 & 0 & 0 & 1 \end{bmatrix}
$$

$$
=\begin{bmatrix} n_xn_x\cos\theta-n_xo_x\sin\theta+n_xo_x\sin\theta+o_xo_x\cos\theta+a_xa_x & n_xn_y\cos\theta-n_xo_y\sin\theta+n_yo_x\sin\theta+o_yo_x\cos\theta+a_xa_y & n_xn_z\cos\theta-n_xo_z\sin\theta+n_zo_x\sin\theta+o_zo_x\cos\theta+a_xa_z & 0 \\ n_yn_x\cos\theta-n_yo_x\sin\theta+n_xo_y\sin\theta+o_yo_x\cos\theta+a_ya_x & n_yn_y\cos\theta-n_yo_y\sin\theta+n_yo_y\sin\theta+o_yo_y\cos\theta+a_ya_y & n_yn_z\cos\theta-n_yo_z\sin\theta+n_zo_y\sin\theta+o_zo_y\cos\theta+a_ya_z & 0 \\ n_zn_x\cos\theta-n_zo_x\sin\theta+n_xo_z\sin\theta+o_zo_x\cos\theta+a_za_x & n_zn_y\cos\theta-n_zo_y\sin\theta+n_yo_z\sin\theta+o_yo_z\cos\theta+a_za_y & n_zn_z\cos\theta-n_zo_z\sin\theta+n_zo_z\sin\theta+o_zo_z\cos\theta+a_za_z & 0 \\ 0 & 0 & 0 & 1 \end{bmatrix} \tag{4-55}
$$

令 $\mathrm{vers}\theta=1-\cos\theta$，并利用下列式

$$
{}^{A}\boldsymbol{x}_B\cdot{}^{A}\boldsymbol{y}_B={}^{A}\boldsymbol{y}_B\cdot{}^{A}\boldsymbol{z}_B={}^{A}\boldsymbol{z}_B\cdot{}^{A}\boldsymbol{x}_B=0
$$

$$
{}^{A}\boldsymbol{x}_B\cdot{}^{A}\boldsymbol{x}_B={}^{A}\boldsymbol{y}_B\cdot{}^{A}\boldsymbol{y}_B={}^{A}\boldsymbol{z}_B\cdot{}^{A}\boldsymbol{z}_B=1
$$

$$
{}^{A}\boldsymbol{x}_B\times{}^{A}\boldsymbol{y}_B={}^{A}\boldsymbol{z}_B,{}^{A}\boldsymbol{y}_B\times{}^{A}\boldsymbol{z}_B={}^{A}\boldsymbol{x}_B,{}^{A}\boldsymbol{z}_B\times{}^{A}\boldsymbol{x}_B={}^{A}\boldsymbol{y}_B
$$

进行化简。由此，得到式(4-54) 的化简结果，即为通用旋转变换式(4-56)。

$$
\mathrm{Rot}(\boldsymbol{f},\theta)=\begin{bmatrix} f_xf_x\mathrm{vers}\theta+\cos\theta & f_yf_x\mathrm{vers}\theta-f_z\sin\theta & f_zf_x\mathrm{vers}\theta+f_y\sin\theta & 0 \\ f_xf_y\mathrm{vers}\theta+f_z\sin\theta & f_yf_y\mathrm{vers}\theta+\cos\theta & f_zf_y\mathrm{vers}\theta-f_x\sin\theta & 0 \\ f_xf_z\mathrm{vers}\theta-f_y\sin\theta & f_yf_z\mathrm{vers}\theta+f_x\sin\theta & f_zf_z\mathrm{vers}\theta+\cos\theta & 0 \\ 0 & 0 & 0 & 1 \end{bmatrix} \tag{4-56}
$$

其中，单位矢量 $\boldsymbol{f}$ 为通用旋转变换的旋转轴，θ 是通用旋转变换的转角。式(4-56) 为通用旋转变换的齐次变换矩阵。

2）通用旋转变换的转轴与转角求取　给出一任意旋转变换，即可根据式(4-56) 求得通用旋转变换的等效转角与转轴。

令式(4-49) 中的${}^{W}\boldsymbol{T}_B$ 与式(4-56) 的 $\mathrm{Rot}(\boldsymbol{f},\theta)$ 相等，并将对角线上的三项含有 $\cos\theta$ 的元素相加，得到式(4-57)。

$$
n_x+o_y+a_z=(f_x^2+f_y^2+f_z^2)\mathrm{vers}\theta+3\cos\theta=1+2\cos\theta \tag{4-57}
$$

由式(4-29)，得到 $\cos\theta$，即式(4-58)。

$$
\cos\theta=\frac{1}{2}(n_x+o_y+a_z-1) \tag{4-58}
$$

由式(4-56) 中含有 $\sin\theta$ 的元素，得到式(4-59)。

$$\begin{cases} o_x - a_y = 2f_x \sin\theta \\ a_x - n_z = 2f_y \sin\theta \\ n_y - o_x = 2f_z \sin\theta \end{cases} \tag{4-59}$$

由于通用旋转变换的旋转轴 $\boldsymbol{f}$ 为单位矢量，所以将式(4-59) 中的各公式取平方和，可以消除旋转轴 $\boldsymbol{f}$，进而得到 $\sin\theta$，即式(4-60)。

$$\sin\theta = \pm\frac{1}{2}\sqrt{(o_z - a_y)^2 + (a_x - n_z)^2 + (n_y - o_x)^2} \tag{4-60}$$

将旋转规定为绕矢量 $\boldsymbol{f}$ 的正向旋转，使得 $0° \leqslant \theta \leqslant 180°$。于是由式(4-60) 和式(4-58) 得到旋转角 θ，即式(4-61)。

$$\theta = \arctan2\left[\sqrt{(o_z - a_y)^2 + (a_x - n_z)^2 + (n_y - o_x)^2}, n_x + o_y + a_z - 1\right] \tag{4-61}$$

在求旋转角 θ 时，之所以采用反正切函数，而不采用反正弦函数或者反余弦函数，是因为反正切函数具有较高的求解精度。

求解出旋转角 θ 后，由式(4-59)，得到通用旋转变换的单位旋转矢量即旋转轴 $\boldsymbol{f}$，即式(4-62)。

$$\begin{cases} f_x = (o_z - a_y)/2\sin\theta \\ f_y = (a_x - n_z)/2\sin\theta \\ f_z = (n_y - o_x)/2\sin\theta \end{cases} \tag{4-62}$$

上述表示方法，应用比较广泛。例如，在求取机器人的末端位置与姿态时，姿态变换矩阵较常用。在对舰船、导弹、卫星的姿态进行控制时，常用 RPY 角描述目标的姿态。在对 6 自由度机器人的运动进行控制时，常采用欧拉角（Euler angles）以及转轴和转角（通用旋转变换）表示机器人的末端姿态。

通常，任意点在空间中需要经过旋转变换和平移变换之后才能实现任意两个坐标系的变换。

（4）建立坐标系方法及基本结构参数

建立机器人坐标系主要依据两种方法：D-H（Denavit-Hartenberg，迪纳维特-哈坦伯格）法则和旋量理论。自 1955 年，首次采用系统化的矩阵方法描述串联连杆坐标系统以来，D-H 法则已经成为描述机器人和对机器人进行建模的标准方法[17]。D-H 法则应用广泛[18-20]，旋量理论应用较少[21,22]。

建立机器人坐标系与基本结构参数有关，基本结构参数主要包括连杆与关节、关节轴线及连杆参数等。

1）连杆与关节　通常工业机器人由若干运动副（kinematic pair）和杆件连接而成，这些杆件称为连杆（floating link）。连接相邻两个连杆的运动副称为关节（joint）。多自由度关节可以看成多个单自由度关节与长度为零的连杆构成，单自由度关节分为平移关节和旋转关节，如图 4-12 所示。

建立机器人的运动学模型时，需要建立一种对机器人结构的描述方法，机器人可以看作是一组连杆的集合，而连杆之间通过运动副相连接。连接连杆的关节，约束它们之间的相对运动。依据关节变量参数可以求得运动学方程。

2）关节轴线　对于旋转关节，其转动轴的中心线作为关节轴线。对于平移关节，取移动方向的中心线作为关节轴线。

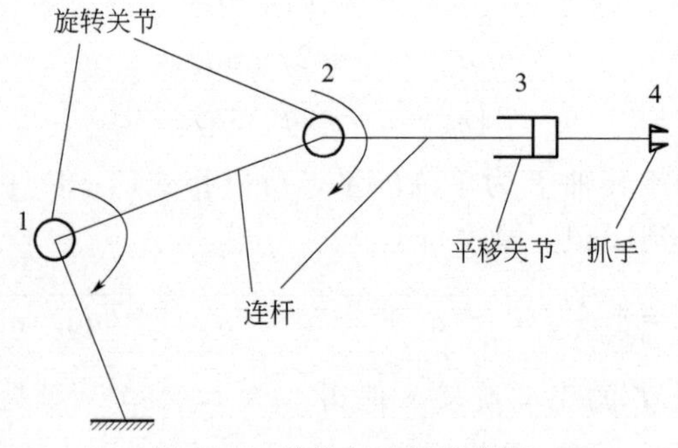

图 4-12　关节与连杆示意图

3）连杆参数　一般来说，串联机器人机械臂的运动链由两类连杆组成：中间连杆和终端连杆。将一个终端连杆作为基础连杆，然后连接关节，关节再连接中间连杆，然后连接关节，以此类推，最后关节连接另外一个终端连杆（一般称为末端执行器）。连杆从基础连杆到末端执行器依次编号为 0，1，2，…，n，连接第 $i-1$ 个连杆和第 i 个连杆的运动副记作第 i 个关节，这样机械臂可以看作是由 $n+1$ 个连杆和 n 个关节组成。

设第 i 个关节的轴线为 J_i，第 i 个连杆记为 C_i，如图 4-13 所示。连杆参数包括连杆长度、连杆扭转角、连杆偏移量及关节角。

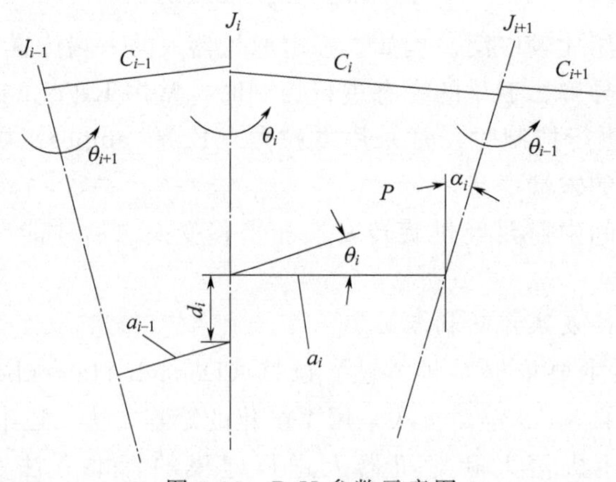

图 4-13　D-H 参数示意图

连杆长度：两个关节的关节轴线 J_i 与 J_{i+1} 的公垂线距离为连杆长度，记为 a_i。

连杆扭转角：由 J_i 与公垂线组成平面 P，J_{i+1} 与平面 P 的夹角为连杆扭转角，记为 α_i。

连杆偏移量：除第一和最后连杆外，中间连杆的两个关节轴线 J_i 与 J_{i+1} 都有一条公垂线。一个关节的相邻两条公垂线 a_i 与 a_{i-1} 的距离为连杆偏移量，记为 d_i。

关节角：关节 J_i 的相邻两条公垂线 a_i 与 a_{i-1}，在以 J_i 为法线的平面上的投影的夹角为关节角，记为 θ_i。

a_i、α_i、d_i、θ_i 这组参数称为 D-H 参数。在 4 个连杆参数中，需要特别注意的是连杆长度参数 a_i，其是两个关节的关节轴线 J_i 与 J_{i+1} 的公垂线距离，不是第 i 个连杆 C_i 的长度。另外，对于平移关节，连杆参数中的连杆偏移量 d_i 是变量，其他 3 个参数是常数；对于旋转关节，连杆参数中的关节角 θ_i 是变量，其他 3 个参数是常数。在连杆的 4 个 D-H 参数中，除了关节对应的变量之外，其他参数是由连杆的机械属性所决定的，与建立的连杆坐标系有关，但不随关节的运动而变化。

应用D-H法则表达机器人基本结构参数及建模时，D-H法则参数少且建立过程简单，但其不足之处是存在奇异性。当相邻关节轴线平行或者接近平行时，关节距离 d_i 的变化非常敏感，故D-H模型不满足完整性与连续性的要求。

(5) 连杆坐标系及变换矩阵

在此仅主要介绍连杆坐标系及连杆变换矩阵。根据坐标系在关节建立位置的不同，D-H法则中坐标系的建立通常可分为坐标系前置法和坐标系后置法。坐标系前置法是指将第 i 个坐标系建立在第 i 个关节处，而坐标系后置法是指将第 i 个坐标系建立在第 $i+1$ 个关节处。

1）连杆坐标系　连杆坐标系的建立有多种方式。在每种建立方式中，具体的连杆坐标系根据连杆所处的位置面有所不同。

下面仅对采用D-H法则的坐标系前置法进行分析。

对于相邻两个连杆 C_i 和 C_{i+1}，有3个关节，其关节轴线分别为 J_{i-1}、J_i 和 J_{i+1}，如图4-14所示。在建立连杆坐标系时，首先选定坐标系的原点 O_i，然后选择 Z_i 轴和 X_i 轴，最后根据右手定则确定 Y_i 轴。

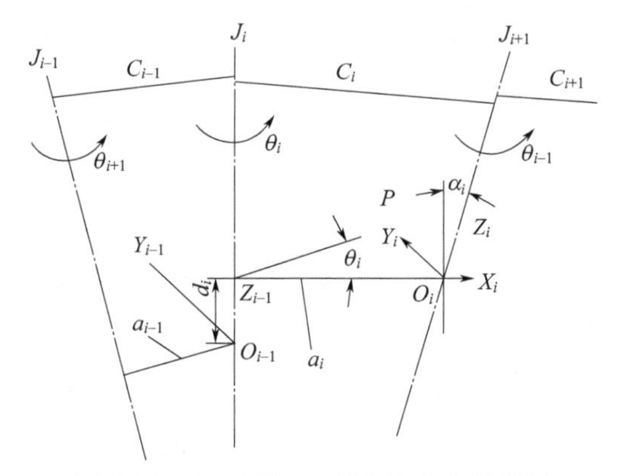

图4-14　建立连杆坐标系的方法示意图

① 中间连杆 C_i 坐标系的建立　主要步骤：

a. 原点 O_i　取关节轴线 J_i 与 J_{i+1} 的公垂线在 J_{i+1} 的交点为坐标系原点。

b. Z_i 轴　取 J_{i+1} 的方向为 Z_i 轴方向。

c. X_i 轴　取关节轴线 J_i 与 J_{i+1} 的公垂线，指向 O_i 的方向为 X_i 轴方向。

d. Y_i 轴　根据右手定则，由 X_i 轴和 Z_i 轴确定 Y_i 轴的方向。

② 第一连杆 C_1 坐标系的建立　主要步骤：

a. 原点 O_1　取基坐标系原点为坐标系原点。

b. Z_1 轴　取 J_1 的方向为 Z_1 轴方向。

c. X_1 轴　X_1 轴方向任意选取。

d. Y_1 轴　根据右手定则，由 X_1 轴和 Z_1 轴确定 Y_1 轴的方向。

③ 最后连杆 C_n 坐标系的建立　最后一个连杆一般是抓手，下面以抓手为例说明最后一个连杆的坐标系建立方法。主要步骤：

a. 原点 O_n　取抓手末端中心点为坐标系原点。

b. Z_n 轴　取抓手的朝向，即指向被抓取物体的方向为 Z_n 轴方向。

c. X_n 轴　取抓手一个指尖到另一个指尖的方向为 X_n 轴方向。

d. Y_n 轴　根据右手定则，由 X_n 轴和 Z_n 轴确定 Y_n 轴的方向。

图 4-14 给出了连杆坐标系的建立示意图，连杆 C_i 坐标系的原点 O_i，选取在公垂线 a_i 与 J_{i+1} 的交点处。C_i 坐标系的 X_i 轴，选取公垂线 a_i 指向 O_i 的方向。C_i 坐标系的 Z_i 轴，选取 J_{i+1} 的方向。C_i 坐标系的 Y_i 轴，根据 X_i 轴和 Z_i 轴的方向利用右手定则确定。同样地，连杆 C_{i-1} 坐标系的原点 O_{i-1}，选取在公垂线 a_{i-1} 与 J_{i-1} 的交点处。C_{i-1} 坐标系的 X_{i-1} 轴选取公垂线 a_{i-1} 指向 O_{i-1} 的方向，Z_{i-1} 轴选取 J_i 的方向，Y_{i-1} 轴根据 X_{i-1} 轴和 Z_{i-1} 轴的方向确定。

2）连杆变换矩阵　利用建立的连杆坐标系，可以得到相邻连杆之间的连杆变换矩阵。

对于上述“连杆坐标系”中建立的连杆坐标系，C_{i-1} 连杆的坐标系经过两次旋转和两次平移可以变换到 C_i 连杆的坐标系，参见图 4-14 和图 4-15。这四次变换分别为：

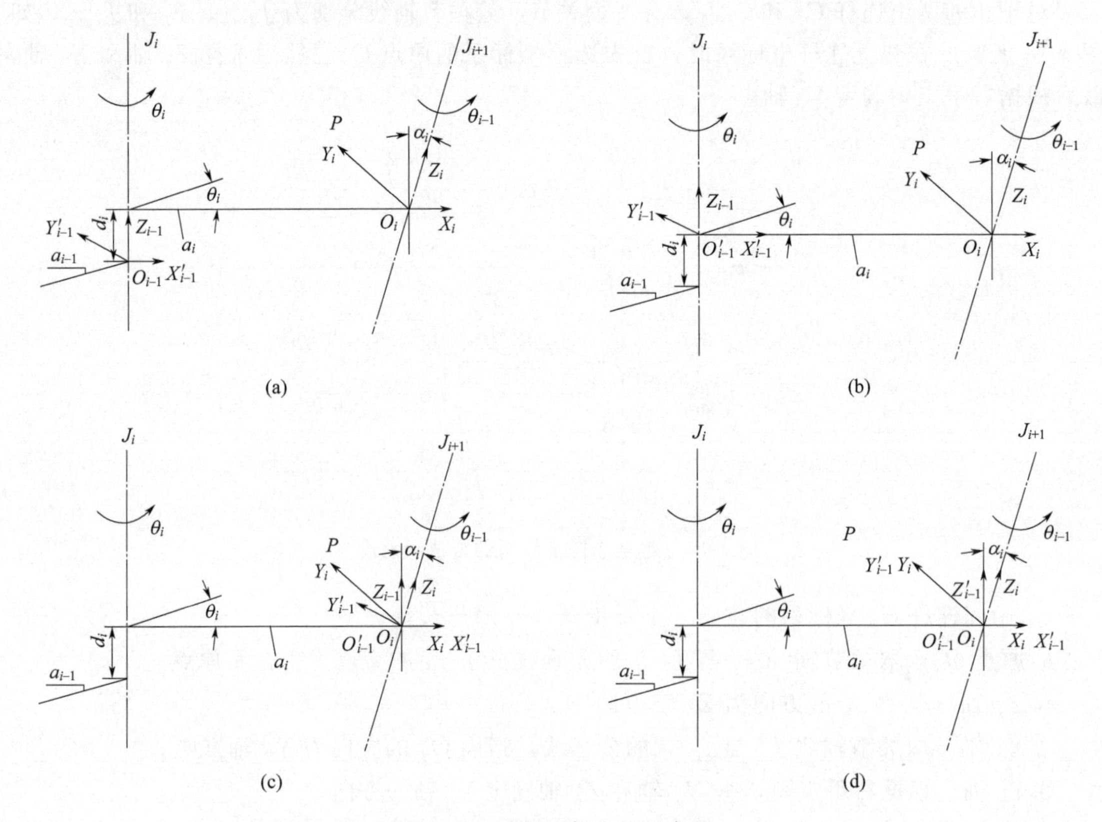

图 4-15　连杆坐标变换示意图

① 第一次：以 Z_{i-1} 轴为转轴，旋转 θ 角度，使新的 X_{i-1} 轴（X'_{i-1}）与 X_i 轴同向。变换后的 C_{i-1} 连杆坐标系如图 4-15(a) 所示。

② 第二次：沿 Z_{i-1} 轴平移 d_i，使新的 O_{i-1}（O'_{i-1}）移动到关节轴线 J_i 与 J_{i+1} 的公垂线与 J_i 的交点。变换后的 C_{i-1} 连杆坐标系如图 4-15(b) 所示。

③ 第三次：X'_{i-1} 轴（X_i）平移 a_i，使新的 O_{i-1}（O'_{i-1}）移动到 O_i。变换后的 C_{i-1} 连杆坐标系如图 4-15(c) 所示。

④ 第四次：以 X_i 轴为转轴，旋转 α_i 角度，使新的 Z_{i-1} 轴（Z'_{i-1}）与 Z_i 轴同向。变换后的 C_{i-1} 连杆坐标系如图 4-15(d) 所示。

至此，坐标系 $O_{i-1}X_{i-1}Y_{i-1}Z_{i-1}$ 与坐标系 $O_iX_iY_iZ_i$ 已经完全重合。这种关系可以用连杆 C_{i-1} 到连杆 C_i 的 4 个齐次变换来描述。这 4 个齐次变换构成的总变换矩阵（D-H 矩阵）为式(4-63)。

$$\begin{aligned}
&\mathrm{Rot}(Z,\theta_i)\mathrm{Trans}(0,0,d_i)\mathrm{Trans}(a_i,0,0)\mathrm{Rot}(X_i,\alpha_i)\\
&=\begin{bmatrix}\cos\theta_i & -\sin\theta_i & 0 & 0\\ \sin\theta_i & \cos\theta_i & 0 & 0\\ 0 & 0 & 1 & 0\\ 0 & 0 & 0 & 1\end{bmatrix}\begin{bmatrix}1 & 0 & 0 & 0\\ 0 & 1 & 0 & 0\\ 0 & 0 & 1 & d_i\\ 0 & 0 & 0 & 1\end{bmatrix}\begin{bmatrix}1 & 0 & 0 & a_i\\ 0 & 1 & 0 & 0\\ 0 & 0 & 1 & 0\\ 0 & 0 & 0 & 1\end{bmatrix}\begin{bmatrix}1 & 0 & 0 & 0\\ 0 & \cos\alpha_i & -\sin\alpha_i & 0\\ 0 & \sin\alpha_i & \cos\alpha_i & 0\\ 0 & 0 & 0 & 1\end{bmatrix}\\
&=\begin{bmatrix}\cos\theta_i & -\sin\theta_i\cos\alpha_i & \sin\theta_i\sin\alpha_i & a_i\cos\alpha_i\\ \sin\theta_i & \cos\theta_i\cos\alpha_i & -\cos\theta_i\sin\alpha_i & a_i\sin\theta_i\\ 0 & \sin\alpha_i & \cos\alpha_i & d_i\\ 0 & 0 & 0 & 1\end{bmatrix}
\end{aligned} \tag{4-63}$$

D-H 法则的本质是坐标变换，是将坐标系建立在机器人的移动或转动关节处，然后进行相应的坐标变换，得到关节变量参数表，代入运动方程获得解析解。D-H 法则对简单的机器人结构十分有效，但对复杂的机械结构可能会较复杂甚至可能产生错误。对此，可以通过 D-H 法则辅助法弥补复杂机械结构对建立坐标的影响，能够根据实际需求灵活地建立机器人坐标系，有效降低推导难度，提高坐标系建立的准确性。

(6) *正、逆向运动学及求解*

机器人正向运动学是给定各个关节变量之后，机器人末端位置和姿态是唯一确定的，而逆运动学一般具有多重解或无解，因此当出现多重解的情况下对于唯一解的确定就尤为重要。

1) 正向运动学　由机器人关节坐标系的坐标到机器人末端的位置和姿态之间的映射，称为机器人的正向运动学，通常也简称为运动学。正向运动学是根据主动构件的运动，求得末端件的运动，它建立了关节变量的增量和末端位形增量之间的关系。机器人运动学模型描述了机器人末端位姿与关节转角之间的映射关系，由 Denavit 和 Hartenberg 提出的 D-H 模型是最早提出也是使用最广泛的运动学模型，即按照一定规则在机器人各连杆上建立关节坐标系，每个连杆与相邻连杆之间通过齐次坐标变换矩阵联系起来。

对于 n 个自由度的工业机器人，其所有连杆的位置和姿态可以用一组关节变量来描述，通常称为关节矢量或关节坐标。由这些矢量描述的空间称为关节空间。对于串联结构工业机器人（如机械臂）的末端位置与姿态，通常利用位姿矩阵进行描述。一旦确定了机器人各个关节的关节坐标，机器人末端的位姿也就随之确定。因此，由机器人的关节空间到机器人的末端笛卡儿空间之间的映射，是一种单射关系。机器人的正向运动学，描述的就是机器人的关节空间到末端空间之间的映射关系。

例如，对于有 n 个自由度的串联结构工业机器人，第一个关节是主动关节，各个连杆坐标系之间属于联体坐标关系。若各个连杆的 D-H 矩阵分别为 $\boldsymbol{A}_1$，$\boldsymbol{A}_2$，…，$\boldsymbol{A}_n$，则机器人末端的位置和姿态可由式(4-64) 求取。

$$\boldsymbol{T}=\boldsymbol{A}_1\boldsymbol{A}_2\boldsymbol{A}_3\cdots\boldsymbol{A}_n \tag{4-64}$$

对于相邻连杆 C_{i-1} 和 C_i，两个连杆坐标系之间的变换矩阵即为连杆变换矩阵，即式(4-65)。而机器人末端相对于连杆 C_{i-1} 坐标系的位置即姿态，即式(4-66)。

$$^{i-1}\boldsymbol{T}_i=\boldsymbol{A}_i \tag{4-65}$$

$$^{i-1}\boldsymbol{T}_n=\boldsymbol{A}_i\boldsymbol{A}_{i+1}\cdots\boldsymbol{A}_n \tag{4-66}$$

由于坐标系的建立不是唯一的，不同的坐标系下 D-H 矩阵是不同的，末端位姿 $\boldsymbol{T}$ 也不同。但对于相同的基坐标系，不同的 D-H 矩阵下的末端位姿 $\boldsymbol{T}$ 相同。

基于正向运动学建立的动力学模型是关于主动关节变量的微分方程组，经数值积分可以得到关节运动规律，从而进行动力学仿真。

2）逆向运动学　由机器人末端的位置和姿态到机器人关节坐标系的坐标之间的映射，称逆向运动学，通常也简称为逆运动学。图 4-16 为某机器人关节位置与末端姿态。对于机器人的任何一组关节坐标，都具有确定的机器人末端的位姿与之对应，但对于不同的两组关节坐标，可能对应相同的末端位姿。因此，由机器人的末端笛卡儿空间到机器人的关节空间之间的映射，是一种满射关系。

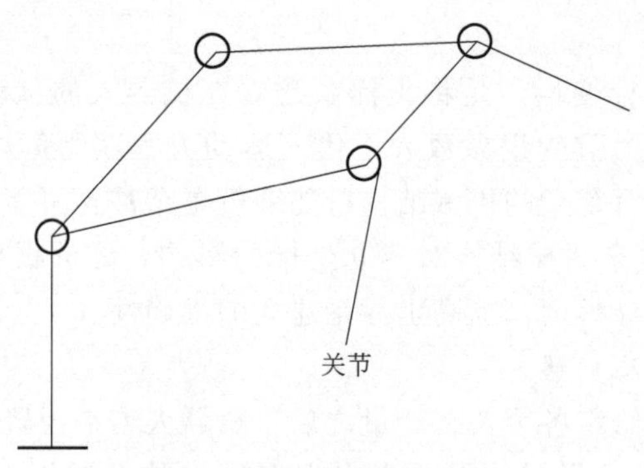

图 4-16　关节位置与末端姿态

机器人关节空间与末端笛卡儿空间映射关系，如图 4-17 所示。机器人的逆向运动学，描述的是机器人的末端笛卡儿空间到关节空间之间的映射关系，常用于误差补偿。误差补偿包括误差测量、误差溯源和误差建模补偿三个阶段，逆向运动学在误差建模阶段起作用。

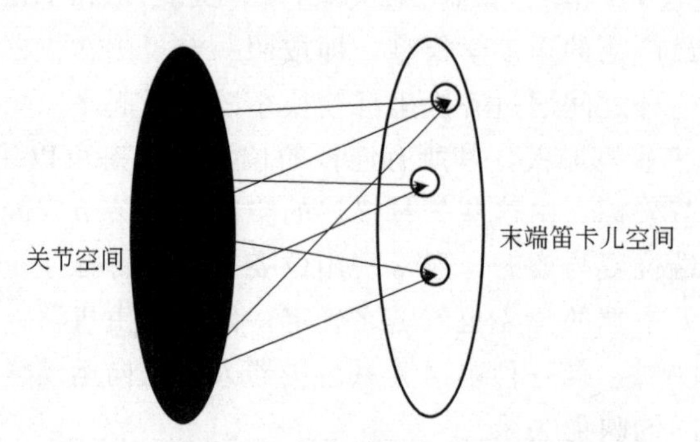

图 4-17　关节空间与末端笛卡儿空间映射关系

机器人逆向运动学，常用于机器人末端在笛卡儿空间的位姿控制，是机器人运动规划和轨迹控制的基础[23]。由于机器人的末端笛卡儿空间到关节空间的映射是满射，所以根据机器人的末端位姿求解得到的关节坐标有多组解，即逆向运动学有多解。

逆向运动学的求解方法有数值法、解析法和几何法等[24,25]。由于受到关节数目的限制，解析法与几何法在描述较多自由度的机械臂时不够准确。数值法是获取机械臂工作空间最为常用的求解方法，它的优势是不受机器人关节数的限制，并且以极值理论和优化方法为基础，因此简单且适用于工程问题。数值法常用于一般臂形的逆运动学求解，运算量较大，不适合做实时控制；解析法常用于特殊臂形，运算量较小，适合做实时控制。

3）机器人运动的正解和逆解　机器人运动的正解，是指已知各关节的运动参数求末端执行器的相对参考坐标系的位姿。机器人运动的逆解，则是指根据已给定的满足工作要求的末端执行器相对参考坐标系的位姿求各关节的运动参数。其区别在于求解的方向相反。

例如，给定机器人各关节的角度，计算出机器人末端的空间位姿时，属于正解；给定机器人末端的位姿，计算机器人各关节的角度值时，属于逆解。机器人运动的逆解对于机器人的重要性不言而喻，只有计算出机器人逆解才能确定机器人每个轴对应的角度，进而使机器人到达期望的位姿。

机械臂的各个关节通过驱动设备控制机械臂在空间中的运动，为了执行给定的作业任务，轨迹运动过程中需要频繁计算机械臂运动的逆解。同样，在多类型关节的机械臂中必然存在复杂的逆运动学问题。相对于正运动学解的唯一性，逆运动学计算需要完成笛卡儿坐标到关节坐标的非线性映射，该过程通常遇到关节的奇异值和非线性方程的多解问题。但是，尺寸机构复杂的机械臂，利用迭代算法计算逆运动学解时，因运算速度慢而不满足实时控制的要求[26,27]。

实际工况下，需要准确和快速地计算结果。一直以来，机械臂逆运动学的研究在不断深入和优化。

下面仅以串联机器人为例，分析机器人运动的正解和逆解。

① 机器人运动分析　以串联机器人腰部结构的运动为例[28]。串联机器人通常具有单驱动、多自由度、结构简单、运动分级精确及易控制的特点。机器人腰部可以完成正反回转、左右摆动、前后俯仰运动，而且仅由一个电机驱动，通过电磁离合器的吸合与断开控制每个自由度方向上的运动。

a. 机器人运动机构　机器人腰部机构的运动简图如图 4-18 所示。

图 4-18 中示出了各轮系之间的运动关系，包括腰部（序号 1）和上身（序号 8）运动。

腰部具有 3 个自由度：分别是正反回转，如图 4-19 所示的回转机构；左右摆动以及前后俯仰运动，如图 4-20 所示。即腰部的 3 个自由度为围绕空间三坐标轴的转动。

图 4-20 中主要包括摆动机构、俯仰机构、盖板、电磁离合器及锥齿轮等。

b. 机器人腰部机构运动分析　下面结合图 4-18 机器人腰部机构运动简图，对其进行其运动分析。

机器人主要是靠电磁离合器的吸合以及齿轮传动实现运动的传递，电机驱动主轴（序号 19）顺时针转动，直齿轮（序号 18）通过齿轮副将运动传递到齿轮（序号 4）。

正转时电磁离合器（序号 2）吸合，其余离合器均断开，齿轮（左，序号 4）与内齿轮（序号 15）组成运动副实现机器人的正转；反转时电磁离合器（序号 17）吸合，其余均断开，齿轮（右，序号 4）先通过过渡齿轮（序号 16）将运动反转，再与内齿轮（序号 15）相连，可实现运动的反向。

机器人腰部机构相对于自身左右摆动时，电机驱动主轴首先将运动传递到锥齿轮（序号 12），再通过锥齿轮（序号 12）将运动传递到锥齿轮（序号 11），当电磁离合器（序号 14）

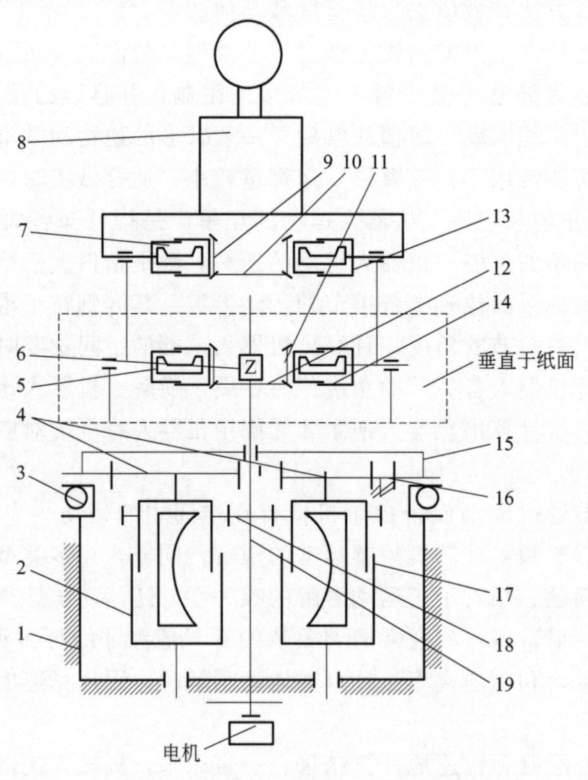

图 4-18　机器人腰部机构运动简图

1—腰部；2,5,7,13,14,17—电磁离合器；3—轴承；4—齿轮；6—十字万向节；8—上身或头部；9～12—锥齿轮；15—内齿轮；16—过渡齿轮；18—直齿轮；19—电机驱动主轴

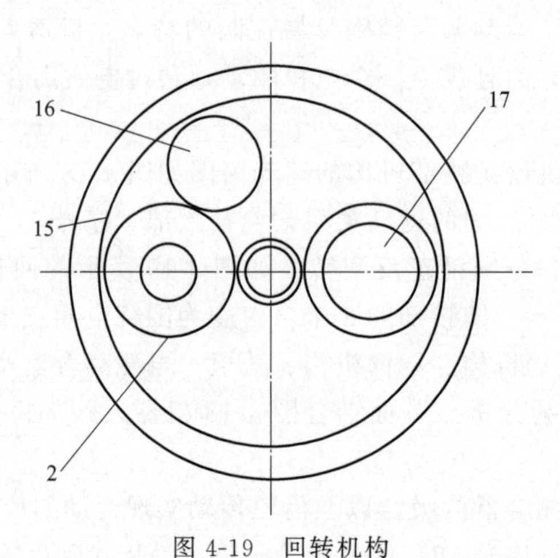

图 4-19　回转机构

2,17—电磁离合器；15—内齿轮；16—过渡齿轮

吸合，其余均断开时，可实现左摆运动；右摆时运动传递到锥齿轮（序号 11），电磁离合器（序号 5）吸合，其余均断开，可实现右摆运动。

前倾后仰运动时，首先运动由电机传递到锥齿轮（序号 10），再通过齿轮副传递到锥齿轮（序号 9），电磁离合器（序号 7）吸合，其余断开，可实现前倾运动；电磁离合器（序号

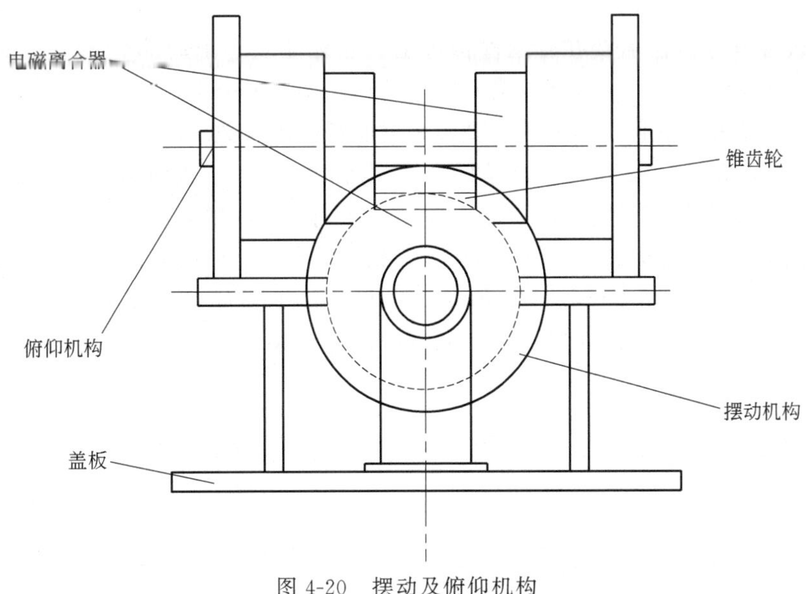

图 4-20 摆动及俯仰机构

13）吸合，其余均断开，可实现后仰运动。

机器人的躲闪动作由左右摆动和前后俯仰运动合成实现，图 4-18 中使用十字万向节（序号 6）补偿主轴的轴向间隙。

三个方向的运动合成，可获得不同躲闪位姿，最终完成机器人的躲闪动作。机器人的腰部结构不仅具有躲闪功能，而且相关参数的计算以及控制系统简单、易操作。如图 4-18 所示，当电磁离合器断开时，与之对应的齿轮即会处于“空转”状态，不会进行运动的传递。根据各传动齿轮的齿数可以计算其传动比，得到每个自由度方向上的转速，为设计机器人躲闪动作的相关参数以及求解机器人正解和逆解备用。

② 初始参数的设定 初始参数设定主要包括以下两个方面。

a. 串联机器人的工作空间应基于上述机构运动设定。

b. 设定机器人转动、前倾后仰及摆动角度值时应考虑工作环境，如突出腰部躲闪动作，可以参考人体的稳定极限以及是否能方便控制和更有效地工作（例如，某机器人转动、前倾后仰及摆动的角度设定在 20°左右）。

③ 机器人动作的设计 以机器人躲闪动作为例。机器人的动作与离合器、传感器相关，传感器主要用来测量与障碍物的距离。例如，机器人上半身的“宽×高”尺寸。设计躲闪动作分为以下几部分：头部及上身左侧面、头部及上身右侧面、正面等。当物体距离机器人一定位置时，即会触发传感器产生躲闪信号，不同部位的传感器识别到物体时，会产生不同的躲闪动作。

该机器人动作设计时，需要“部位—动作—离合器接合状态”等参数支撑；机构运动设计时，需要明确“部位—回转速度—回转时间—摆动、俯仰速度—摆动、俯仰时间”等参数。

④ 机器人运动空间位姿矩阵及正解、逆解 在分析机器人运动学关系时，通常将机器人各部位当作刚性构件来处理，忽略其弹性形变等因素，并通过研究各刚体之间的位置及运动关系来表述机器人构件之间的位置关系。常选用 D-H 变换矩阵法描述刚体的空间运动

位姿。

应用 D-H 变换矩阵法需要在各刚性构件上合理地建立一个局部坐标系，分析这些局部坐标系之间的空间位置关系，得出各构件之间的运动位置和姿态。

当建立了局部坐标系后，相邻两个坐标系之间有四个参数：

偏距 s_j。坐标轴 X_i 至 X_j 公垂线的长度，沿着坐标轴 Z_j 正向为正。

转角 θ_j。坐标轴 X_i 旋转至 X_j 的角度，沿坐标轴 Z_j 轴的逆时针方向为正。

杆长 h_i。坐标轴 Z_i 至 Z_j 公垂线的长度，沿坐标轴 X_i 正向为正。

扭角 α_{ij}。坐标轴 Z_i 旋转至 Z_j 的角度，绕坐标轴 X_i 的逆时针方向为正。

在机器人各关节位置处建立局部坐标系（D-H 坐标系），如图 4-21 所示。

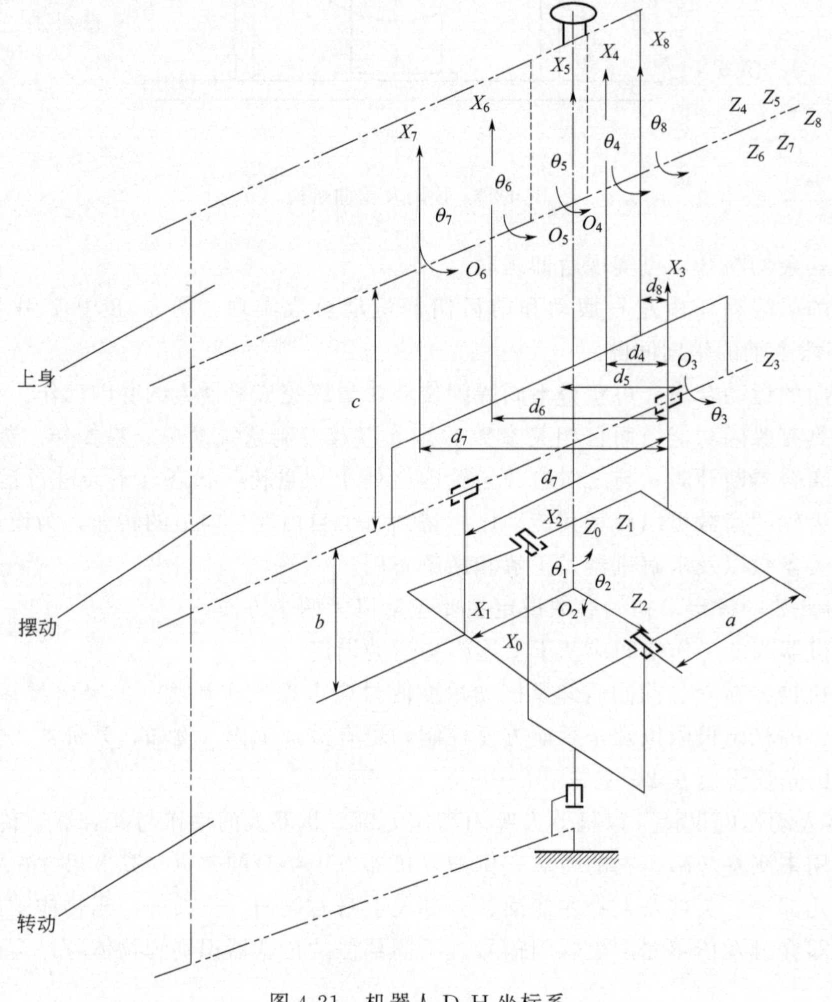

图 4-21　机器人 D-H 坐标系

a. 求机器人正解　图 4-21 中，将机器人分为上身、摆动和转动三个部分，取每个部分的几何中心作为末端执行动作坐标系的原点。之后，可建立相应的机器人位姿的旋转矩阵。由于该机器人结构中各运动副均为转动副，因此转角 θ_j 为关节变量，当给定相邻局部坐标系的参数（S_j、θ_j、h_j、α_j、q_j）时，根据 D-H 变换矩阵法可写出各相邻两坐标系的相对位置与姿态矩阵。

例如某机器人，可写出的各相邻两坐标系的相对位置与姿态矩阵为式(4-67)～式(4-72)。式中，$c\theta_i$ 表 $\cos\theta_i$，$s\theta_i$ 表示 $\sin\theta_i$。

$$\boldsymbol{M}_{01}=\begin{bmatrix} c\theta_1 & -s\theta_1 & 0 & 0 \\ s\theta_1 & c\theta_1 & 0 & 0 \\ 0 & 0 & 1 & 0 \\ 0 & 0 & 0 & 1 \end{bmatrix} \tag{4-67}$$

$$\boldsymbol{M}_{12}=\begin{bmatrix} c\theta_2 & -s\theta_2 & 0 & 0 \\ 0 & 0 & 1 & 0 \\ -s\theta_2 & -c\theta_2 & 0 & 0 \\ 0 & 0 & 0 & 1 \end{bmatrix} \tag{4-68}$$

$$\boldsymbol{M}_{23}=\begin{bmatrix} c\theta_3 & -s\theta_3 & 0 & b \\ 0 & 0 & -1 & -a \\ s\theta_3 & c\theta_3 & 0 & 0 \\ 0 & 0 & 0 & 1 \end{bmatrix} \tag{4-69}$$

$$\boldsymbol{M}_{3r}=\begin{bmatrix} c\theta_r & -s\theta_r & 0 & c \\ s\theta_r & c\theta_r & 0 & 0 \\ 0 & 0 & 1 & -d_r \\ 0 & 0 & 0 & 1 \end{bmatrix} \tag{4-70}$$

$$\boldsymbol{M}_{03}=\boldsymbol{M}_{01}\boldsymbol{M}_{12}\boldsymbol{M}_{23}=\begin{bmatrix} c\theta_1 c\theta_2 c\theta_3-s\theta_1 s\theta_3 & -c\theta_1 c\theta_2 s\theta_3-s\theta_1 c\theta_3 & 0 & b c\theta_1 c\theta_2+a c\theta_1 s\theta_2 \\ s\theta_1 c\theta_2 c\theta_3+c\theta_1 s\theta_3 & -s\theta_1 c\theta_2 s\theta_3+c\theta_1 c\theta_3 & 0 & b c\theta_1 c\theta_2+a c\theta_1 s\theta_2 \\ -s\theta_2 c\theta_3 & s\theta_2 s\theta_3 & c\theta_2 & -b s\theta_2+a c\theta_2 \\ 0 & 0 & 0 & 1 \end{bmatrix} \tag{4-71}$$

$$\boldsymbol{M}_{13}=\boldsymbol{M}_{12}\boldsymbol{M}_{23}=\begin{bmatrix} c\theta_2 c\theta_3 & -c\theta_2 s\theta_3 & 0 & b c\theta_2+a s\theta_2 \\ s\theta_3 & c\theta_3 & 0 & 0 \\ -s\theta_2 c\theta_3 & s\theta_2 s\theta_3 & c\theta_2 & -b s\theta_2+a c\theta_2 \\ 0 & 0 & 0 & 1 \end{bmatrix} \tag{4-72}$$

图 4-21 所示机器人上身各躲闪动作的位姿矩阵是通过位姿矩阵 $\boldsymbol{M}_{03}$ 平移得到，因此，其旋转矩阵的形式是一样的，通式为式(4-73)。

$$\boldsymbol{M}_{0r}=\boldsymbol{M}_{03}\boldsymbol{M}_{3r}=\begin{bmatrix} i_x & j_x & k_x & x_r \\ i_y & j_y & k_y & y_r \\ i_z & j_z & k_z & y_r \\ 0 & 0 & 0 & 1 \end{bmatrix} \tag{4-73}$$

其中，当各 i 为已知数值时，由式(4-73) 可以验证图 4-21 机器人初始姿态的情况是否一致。例如，将某机器人初始状态的位置与姿态参数（某机器人 $\theta_1=0°$、$\theta_2=-90°$、$\theta_3=0°$、$\theta_r=0°$）代入式(4-73) 中，可得式(4-74)。

$$\begin{bmatrix} i_x & j_x & k_x & x_r \\ i_y & j_y & k_y & y_r \\ i_z & j_z & k_z & y_r \\ 0 & 0 & 0 & 1 \end{bmatrix} = \begin{bmatrix} 0 & 0 & -1 & d_t-a \\ 0 & 1 & 0 & 0 \\ 1 & 0 & 0 & b+c \\ 0 & 0 & 0 & 1 \end{bmatrix} \tag{4-74}$$

由此可知，式(4-74) 和图 4-21 机器人初始姿态的情况一致，因此式(4-73) 是正确的。

通过上述机器人动作设计及机构运动设计的各个参数，可获得各级传动的角速度，代入式(4-73) 中可得相应躲闪动作的正解。由于正解方程存在多组运动学解，所以，主动构件连续运动时，末端件可以实现多种不同的连续轨迹，其真实运动取决于它的初始位置。

b. 求机器人逆解　逆向运动学通过计算各个变量的数值，可以使腰部机构到达空间的指定位置。

当所设计机器人两侧身和躲闪动作（例如 60°～120°）是单独运动时，此时只有前后俯仰动作，因此，$\boldsymbol{M}_{01}$、$\boldsymbol{M}_{12}$ 为单位矩阵。机器人上身坐标系相对 O_2 的转角 θ_r 与坐标系 O_3 相对 O_2 的转角 θ_3 相等，即 $\theta_r=\theta_3$；因此，求解机器人运动学逆解可以简化为求转角 θ_1、θ_2、θ_3。即式(4-74) 变为式(4-75)。

$$\boldsymbol{M}_{03}=\boldsymbol{M}_{01}\boldsymbol{M}_{12}\boldsymbol{M}_{23}=\begin{bmatrix} n_x & o_x & a_x & p_r \\ n_y & o_y & a_y & p_r \\ n_z & o_z & a_z & p_r \\ 0 & 0 & 0 & 1 \end{bmatrix} \tag{4-75}$$

求解机器人运动学逆解时，机器人的末端输出参数均给定，用矩阵 $\boldsymbol{M}_{01}$ 的逆矩阵$\boldsymbol{M}_{01}^{-1}$ 左乘式(4-75) 两边，得到式(4-76)。

$$\boldsymbol{M}_{01}^{-1}\boldsymbol{M}_{03}=\boldsymbol{M}_{12}\boldsymbol{M}_{23} \tag{4-76}$$

式(4-76) 矩阵中的各元素都可根据前面获得，然后令式(4-76) 矩阵方程左右两端对应的元素相等，可得式(4-77)。

$$\begin{cases} -p_x\sin\theta_1+p_y\cos\theta_1=0 \\ \cos\theta_2=a_z \\ \sin\theta_2\sin\theta_3=o_z \end{cases} \tag{4-77}$$

根据式(4-77) 可解得式(4-78)。

$$\begin{cases} \theta_1=\arctan\theta\dfrac{p_y}{p_x} \qquad (-20°\leqslant\theta_1\leqslant 20°) \\ \theta_2=\arccos a_z \qquad (-110.25°\leqslant\theta_2\leqslant -69.75°) \\ \theta_3=\arcsin\dfrac{o_z}{\sqrt{1-a_z^2}} \qquad (-20.25°\leqslant\theta_3\leqslant 20.25°) \end{cases} \tag{4-78}$$

目前，解决多重逆解的方法很多，如遗传算法、粒子群算法、蚁群算法、微分进化算法和神经网络算法等[29,31]，当考虑结构限制时只选择最适合的一组解来满足工作要求。

(7) 机器人的微分运动

机器人的微分运动是指机器人关节空间的微小变化与机器人末端坐标系的微小变化之间的关系。微分运动学是机器人运动学误差建模的理论基础。

直角坐标系微分运动关系已经成为机器人学的基础知识之一。微分运动矢量在不同的坐标系下表示是不同的，在已知一个直角坐标系中的微分运动后，可根据直角坐标系微分运动关系得到其在另一个直角坐标系的微分运动。这个关系对机器人的速度分析、静力分析和动力学分析起到非常重要的作用。两个坐标系之间的微分运动关系可以通过变换矩阵建立，这个矩阵就是微分运动矩阵，微分运动矩阵可以通过两个坐标系之间的齐次变换矩阵计算得到。

1）微分变换　机器人的微分变换指机器人末端坐标系或基坐标系的微小平移和旋转运动导致的末端位姿的变化。对于已知坐标系 $\{T\}$，微分变换既可以表示为基坐标系下的变换，又可以表示为联体坐标系下的变换。

① 基坐标系下的微分变换　基坐标系下的微分变换，是指相对于基坐标系微小运动导致的机器人末端的位姿变化。假设机器人的末端位姿为 $\boldsymbol{T}$，经过基于基坐标系的微小运动后机器人末端的位姿为式(4-79)。

$$\boldsymbol{T}+\mathrm{d}\boldsymbol{T}=\mathrm{Trans}(d_x,d_y,d_z)\mathrm{Rot}(\boldsymbol{f},\mathrm{d}\theta)\boldsymbol{T} \tag{4-79}$$

由式(4-79)，得到机器人末端的位姿变化，即式(4-80)。

$$\mathrm{d}\boldsymbol{T}=[\mathrm{Trans}(d_x,d_y,d_z)\mathrm{Rot}(\boldsymbol{f},\mathrm{d}\theta)-\boldsymbol{I}]\boldsymbol{T}=\boldsymbol{\Delta T} \tag{4-80}$$

其中，$\boldsymbol{\Delta}$ 称为微分变换。由通用旋转变换可知，任何姿态均可以利用一个单位矢量 $\boldsymbol{f}$ 和绕 $\boldsymbol{f}$ 的旋转角 θ 表示。对于微小旋转运动，当 θ 趋近于 0 时，有式(4-81) 成立。

$$\begin{cases}\lim\limits_{\theta\to0}\sin\theta=0\\ \lim\limits_{\theta\to0}\cos\theta=1\\ \lim\limits_{\theta\to0}\mathrm{vers}\theta=\lim\limits_{\theta\to0}(1-\cos\theta)=0\end{cases} \tag{4-81}$$

将式(4-81) 中的 θ 换作 $\mathrm{d}\theta$，并代入通用旋转变换公式，得到微小旋转运动的位姿矩阵，即式(4-82)。

$$\begin{aligned}\mathrm{Rot}(\boldsymbol{f},\theta)&=\begin{bmatrix}f_xf_x\mathrm{vers}\theta+\cos\theta & f_yf_x\mathrm{vers}\theta-f_z\sin\theta & f_zf_x\mathrm{vers}\theta+f_y\sin\theta & 0\\ f_xf_y\mathrm{vers}\theta+f_z\sin\theta & f_yf_y\mathrm{vers}\theta+\cos\theta & f_zf_y\mathrm{vers}\theta-f_x\sin\theta & 0\\ f_xf_z\mathrm{vers}\theta-f_y\sin\theta & f_yf_z\mathrm{vers}\theta+f_x\sin\theta & f_zf_z\mathrm{vers}\theta+\cos\theta & 0\\ 0&0&0&1\end{bmatrix}\\ &=\begin{bmatrix}1 & -f_z\mathrm{d}\theta & f_y\mathrm{d}\theta & 0\\ f_z\mathrm{d}\theta & 1 & -f_x\mathrm{d}\theta & 0\\ -f_y\mathrm{d}\theta & f_x\mathrm{d}\theta & 1 & 0\\ 0&0&0&1\end{bmatrix}\end{aligned} \tag{4-82}$$

另外，微小平移运动的位姿矩阵，可以表示为式(4-83)。

$$\mathrm{Trans}(d_x,d_y,d_z)=\begin{bmatrix}1&0&0&d_x\\0&1&0&d_y\\0&0&1&d_z\\0&0&0&1\end{bmatrix} \tag{4-83}$$

将式(4-82) 和式(4-83) 代入式(4-80)，得到微分变换 $\boldsymbol{\Delta}$，即式(4-84)。

$$\boldsymbol{\Delta}=\begin{bmatrix}1&0&0&d_x\\0&1&0&d_y\\0&0&1&d_z\\0&0&0&1\end{bmatrix}\begin{bmatrix}1&-f_z\mathrm{d}\theta&f_y\mathrm{d}\theta&0\\f_z\mathrm{d}\theta&1&-f_x\mathrm{d}\theta&0\\-f_y\mathrm{d}\theta&f_x\mathrm{d}\theta&1&0\\0&0&0&1\end{bmatrix}-\begin{bmatrix}1&0&0&0\\0&1&0&0\\0&0&1&0\\0&0&0&1\end{bmatrix}$$

$$=\begin{bmatrix}0&-f_z\mathrm{d}\theta&f_y\mathrm{d}\theta&d_x\\f_z\mathrm{d}\theta&0&-f_x\mathrm{d}\theta&d_y\\-f_y\mathrm{d}\theta&f_x\mathrm{d}\theta&0&d_z\\0&0&0&0\end{bmatrix}=\begin{bmatrix}0&-\delta_z&\delta_y&d_x\\\delta_z&0&-\delta_x&d_y\\-\delta_y&\delta_x&0&d_z\\0&0&0&0\end{bmatrix}\tag{4-84}$$

其中，δ_x、δ_y、δ_z 为微分旋转矢量的三个分量，即式(4-85)。微分平移矢量和微分旋转矢量见式(4-86)。

$$\begin{cases}\delta_x=f_x\mathrm{d}\theta\\\delta_y=f_x\mathrm{d}\theta\\\delta_z=f_x\mathrm{d}\theta\end{cases}\tag{4-85}$$

$$\begin{cases}\boldsymbol{d}=d_x\boldsymbol{i}+d_y\boldsymbol{j}+d_z\boldsymbol{k}\\\boldsymbol{\delta}=\delta_x\boldsymbol{i}+\delta_y\boldsymbol{j}+\delta_z\boldsymbol{k}\end{cases}\tag{4-86}$$

此外，机器人的末端位姿可以表示为式(4-87)，利用微分原理也可以导出微分变换。

$$\boldsymbol{T}=\mathrm{Trans}(x,y,z)\mathrm{Rot}(\boldsymbol{f},\mathrm{d}\theta)\tag{4-87}$$

对式(4-87) 微分，将得到式(4-88)。

$$\begin{aligned}\mathrm{d}\boldsymbol{T}&=\mathrm{Trans}(d_x,d_y,d_z)\mathrm{Rot}(\boldsymbol{f},\mathrm{d}\theta)+\mathrm{Trans}(x,y,z)\mathrm{Rot}(f,\mathrm{d}\theta)\boldsymbol{h}_4\mathrm{d}\theta\\&=\begin{bmatrix}1&0&0&d_x\\0&1&0&d_y\\0&0&1&d_z\\0&0&0&1\end{bmatrix}\mathrm{Rot}(\boldsymbol{f},\mathrm{d}\theta)+\boldsymbol{T}\begin{bmatrix}0&-f_z\mathrm{d}\theta&f_y\mathrm{d}\theta&0\\f_z\mathrm{d}\theta&0&-f_x\mathrm{d}\theta&0\\-f_y\mathrm{d}\theta&f_x\mathrm{d}\theta&0&0\\0&0&0&0\end{bmatrix}\end{aligned}\tag{4-88}$$

其中，$\boldsymbol{h}_4$ 为反对称矩阵，见式(4-89)。

$$\boldsymbol{h}_4=\begin{bmatrix}0&-f_z&f_y&0\\f_z&0&-f_x&0\\-f_y&f_x&0&0\\0&0&0&0\end{bmatrix}\tag{4-89}$$

在忽略高阶无穷小的前提下，可得式(4-90)。

$$\begin{aligned}&\boldsymbol{T}\begin{bmatrix}0&-f_z\mathrm{d}\theta&f_y\mathrm{d}\theta&0\\f_z\mathrm{d}\theta&0&-f_x\mathrm{d}\theta&0\\-f_y\mathrm{d}\theta&f_x\mathrm{d}\theta&0&0\\0&0&0&0\end{bmatrix}=\boldsymbol{T}\left\{\begin{bmatrix}1&0&0&0\\0&1&0&0\\0&0&1&0\\0&0&0&1\end{bmatrix}-\begin{bmatrix}1&-f_z\mathrm{d}\theta&f_y\mathrm{d}\theta&0\\f_z\mathrm{d}\theta&1&-f_x\mathrm{d}\theta&0\\-f_y\mathrm{d}\theta&f_x\mathrm{d}\theta&1&0\\0&0&0&1\end{bmatrix}\right\}\\&=\left\{\begin{bmatrix}1&0&0&0\\0&1&0&0\\0&0&1&0\\0&0&0&1\end{bmatrix}-\begin{bmatrix}1&-f_z\mathrm{d}\theta&f_y\mathrm{d}\theta&0\\f_z\mathrm{d}\theta&1&-f_x\mathrm{d}\theta&0\\-f_y\mathrm{d}\theta&f_x\mathrm{d}\theta&1&0\\0&0&0&1\end{bmatrix}\right\}\boldsymbol{T}=\begin{bmatrix}0&-f_z\mathrm{d}\theta&f_y\mathrm{d}\theta&0\\f_z\mathrm{d}\theta&0&-f_x\mathrm{d}\theta&0\\-f_y\mathrm{d}\theta&f_x\mathrm{d}\theta&0&0\\0&0&0&0\end{bmatrix}\boldsymbol{T}\end{aligned}\tag{4-90}$$

容易验证，式(4-91) 成立。

$$\begin{bmatrix}0&0&0&d_x\\0&0&0&d_y\\0&0&0&d_z\\0&0&0&0\end{bmatrix}\begin{bmatrix}1&0&0&x\\0&1&0&y\\0&0&1&z\\0&0&0&1\end{bmatrix}=\begin{bmatrix}0&0&0&d_x\\0&0&0&d_y\\0&0&0&d_z\\0&0&0&0\end{bmatrix} \tag{4-91}$$

将式(4-90) 和式(4-91) 代入式(4-88)，得式(4-92)。

$$\mathrm{d}\boldsymbol{T}=\begin{bmatrix}1&0&0&d_x\\0&1&0&d_y\\0&0&1&d_z\\0&0&0&1\end{bmatrix}\boldsymbol{T}+\begin{bmatrix}0&-f_z\mathrm{d}\theta&f_y\mathrm{d}\theta&0\\f_z\mathrm{d}\theta&0&-f_x\mathrm{d}\theta&0\\-f_y\mathrm{d}\theta&f_x\mathrm{d}\theta&0&0\\0&0&0&0\end{bmatrix}\boldsymbol{T}$$

$$=\begin{bmatrix}0&-f_z\mathrm{d}\theta&f_y\mathrm{d}\theta&d_x\\f_z\mathrm{d}\theta&0&-f_x\mathrm{d}\theta&d_y\\-f_y\mathrm{d}\theta&f_x\mathrm{d}\theta&0&d_z\\0&0&0&0\end{bmatrix}\boldsymbol{T}=\begin{bmatrix}0&-\delta_z&\delta_y&d_x\\\delta_z&0&-\delta_x&d_y\\-\delta_y&\delta_x&0&d_z\\0&0&0&0\end{bmatrix}\boldsymbol{T} \tag{4-92}$$

由式(4-92) 得到微分变换 $\boldsymbol{\Delta}$。这与前述式(4-84) 相同。即

$$\boldsymbol{\Delta}=\begin{bmatrix}1&0&0&d_x\\0&1&0&d_y\\0&0&1&d_z\\0&0&0&1\end{bmatrix}\begin{bmatrix}1&-f_z\mathrm{d}\theta&f_y\mathrm{d}\theta&0\\f_z\mathrm{d}\theta&1&-f_x\mathrm{d}\theta&0\\-f_y\mathrm{d}\theta&f_x\mathrm{d}\theta&1&0\\0&0&0&1\end{bmatrix}-\begin{bmatrix}1&0&0&0\\0&1&0&0\\0&0&1&0\\0&0&0&1\end{bmatrix}$$

$$=\begin{bmatrix}0&-f_z\mathrm{d}\theta&f_y\mathrm{d}\theta&d_x\\f_z\mathrm{d}\theta&0&-f_x\mathrm{d}\theta&d_y\\-f_y\mathrm{d}\theta&f_x\mathrm{d}\theta&0&d_z\\0&0&0&0\end{bmatrix}=\begin{bmatrix}0&-\delta_z&\delta_y&d_x\\\delta_z&0&-\delta_x&d_y\\-\delta_y&\delta_x&0&d_z\\0&0&0&0\end{bmatrix}$$

② 联体坐标系下的微分变换　联体坐标系下的微分变换，是指相对于机器人末端坐标系的微小运动导致的机器人末端的位姿变化。假设机器人的末端位姿为 $\boldsymbol{T}$，经过基于末端坐标系的微小运动后机器人末端的位姿可表示为式(4-93)。

$$\boldsymbol{T}+{}^{T}\mathrm{d}\boldsymbol{T}=\boldsymbol{T}\mathrm{Trans}({}^{T}d_x,{}^{T}d_y,{}^{T}d_z)\mathrm{Rot}({}^{T}\boldsymbol{f},{}^{T}\mathrm{d}\theta) \tag{4-93}$$

由式(4-93)，得到机器人末端的位姿变化，即式(4-94)。

$${}^{T}\mathrm{d}\boldsymbol{T}=\boldsymbol{T}[\mathrm{Trans}({}^{T}d_x,{}^{T}d_y,{}^{T}d_z)\mathrm{Rot}({}^{T}\boldsymbol{f},{}^{T}\mathrm{d}\theta)-I]=\boldsymbol{T}\,{}^{T}\boldsymbol{\Delta} \tag{4-94}$$

类似于前面的推导，得到联体坐标系下的微分变换 ${}^{T}\boldsymbol{\Delta}$，即式(4-95)。

$${}^{T}\boldsymbol{\Delta}=\begin{bmatrix}0&-{}^{T}f_z{}^{T}\mathrm{d}\theta&{}^{T}f_y{}^{T}\mathrm{d}\theta&{}^{T}d_x\\{}^{T}f_z{}^{T}\mathrm{d}\theta&0&-{}^{T}f_x{}^{T}\mathrm{d}\theta&{}^{T}d_y\\-{}^{T}f_y{}^{T}\mathrm{d}\theta&{}^{T}f_x{}^{T}\mathrm{d}\theta&0&{}^{T}d_z\\0&0&0&0\end{bmatrix}=\begin{bmatrix}0&-{}^{T}\delta_z&{}^{T}\delta_y&{}^{T}d_x\\{}^{T}\delta_z&0&-{}^{T}\delta_x&{}^{T}d_y\\-{}^{T}\delta_y&{}^{T}\delta_x&0&{}^{T}d_z\\0&0&0&0\end{bmatrix} \tag{4-95}$$

其中，δ_x、δ_y、δ_z 为联体坐标系下的微分旋转矢量的三个分量，见式(4-96)。

$$\begin{cases} {}^T\delta_x = {}^T f_x {}^T \mathrm{d}\theta \\ {}^T\delta_y = {}^T f_y {}^T \mathrm{d}\theta \\ {}^T\delta_z = {}^T f_z {}^T \mathrm{d}\theta \end{cases} \tag{4-96}$$

联体坐标系下的微分平移矢量和微分旋转矢量，见式(4-97)。

$$\begin{cases} {}^T d = {}^T d_x i + {}^T d_y j + {}^T d_z k \\ {}^T \delta = {}^T \delta_x i + {}^T \delta_y j + {}^T \delta_z k \end{cases} \tag{4-97}$$

③ 微分变换的等价变换　微分变换的等价变换，是指联体坐标系下的微分变换与基坐标系下的微分变换之间的关系。具体而言，对于机器人末端的相同位姿变化，微分变换的等价变换是从在基坐标系下的微分运动到在联体坐标系下的微分运动的转换。

由前述基坐标系下的微分变换，得到机器人末端的位姿变化，见式(4-80)。由前述联体坐标系下的微分变换，得到机器人末端的位姿变化，见式(4-94)。

由于微分变换的等价变换是针对机器人末端的相同位姿变化，所以令式(4-80) 中的 $\mathrm{d}\boldsymbol{T}$ 与式(4-94) 中的 ${}^T\mathrm{d}\boldsymbol{T}$ 相等，以求取 ${}^T\boldsymbol{\Delta}$ 和 $\boldsymbol{\Delta}$ 之间的关系。由式(4-80) 和式(4-94)，整理后得到式(4-98)。

$${}^T\boldsymbol{\Delta} = \boldsymbol{T}^{-1}\boldsymbol{\Delta}\boldsymbol{T} \tag{4-98}$$

这里，将 $\boldsymbol{T} = \begin{bmatrix} n_x & o_x & a_x & p_x \\ n_y & o_y & a_y & p_y \\ n_z & o_z & a_z & p_z \\ 0 & 0 & 0 & 1 \end{bmatrix}$ 中的 $\boldsymbol{T}$ 和式(4-99) 相乘，得到式(4-100)。

$$\begin{aligned} \boldsymbol{\Delta} &= \begin{bmatrix} 1 & 0 & 0 & d_x \\ 0 & 1 & 0 & d_y \\ 0 & 0 & 1 & d_z \\ 0 & 0 & 0 & 1 \end{bmatrix} \begin{bmatrix} 1 & -f_z\mathrm{d}\theta & f_y\mathrm{d}\theta & 0 \\ f_z\mathrm{d}\theta & 1 & -f_x\mathrm{d}\theta & 0 \\ -f_y\mathrm{d}\theta & f_x\mathrm{d}\theta & 1 & 0 \\ 0 & 0 & 0 & 1 \end{bmatrix} - \begin{bmatrix} 1 & 0 & 0 & 0 \\ 0 & 1 & 0 & 0 \\ 0 & 0 & 1 & 0 \\ 0 & 0 & 0 & 1 \end{bmatrix} \\ &= \begin{bmatrix} 0 & -f_z\mathrm{d}\theta & f_y\mathrm{d}\theta & d_x \\ f_z\mathrm{d}\theta & 0 & -f_x\mathrm{d}\theta & d_y \\ -f_y\mathrm{d}\theta & f_x\mathrm{d}\theta & 0 & d_z \\ 0 & 0 & 0 & 0 \end{bmatrix} = \begin{bmatrix} 0 & -\delta_z & \delta_y & d_x \\ \delta_z & 0 & -\delta_x & d_y \\ -\delta_y & \delta_x & 0 & d_z \\ 0 & 0 & 0 & 0 \end{bmatrix} \end{aligned} \tag{4-99}$$

$$\begin{aligned} \boldsymbol{\Delta}\boldsymbol{T} &= \begin{bmatrix} 0 & -\delta_z & \delta_y & d_x \\ \delta_z & 0 & -\delta_x & d_y \\ -\delta_y & \delta_x & 0 & d_z \\ 0 & 0 & 0 & 0 \end{bmatrix} \begin{bmatrix} n_x & o_x & a_x & p_x \\ n_y & o_y & a_y & p_y \\ n_z & o_z & a_z & p_z \\ 0 & 0 & 0 & 1 \end{bmatrix} \\ &= \begin{bmatrix} -\delta_z n_y + \delta_y n_z & -\delta_z o_y + \delta_y o_z & -\delta_z a_y + \delta_y a_z & -\delta_z p_y + \delta_y p_z + d_x \\ \delta_z n_x + \delta_x n_z & \delta_z o_x + \delta_x o_z & \delta_z a_x + \delta_x a_z & \delta_z p_x + \delta_x p_z + d_y \\ -\delta_y n_x + \delta_x n_y & -\delta_y o_x + \delta_x o_y & -\delta_y a_x + \delta_x a_y & -\delta_z p_x + \delta_x p_y + d_z \\ 0 & 0 & 0 & 0 \end{bmatrix} \end{aligned}$$

$$
=\begin{bmatrix} (\boldsymbol{\delta}\times\boldsymbol{n})_x & (\boldsymbol{\delta}\times\boldsymbol{o})_x & (\boldsymbol{\delta}\times\boldsymbol{a})_x & (\boldsymbol{\delta}\times\boldsymbol{p}+\boldsymbol{d})_x \\ (\boldsymbol{\delta}\times\boldsymbol{n})_y & (\boldsymbol{\delta}\times\boldsymbol{o})_y & (\boldsymbol{\delta}\times\boldsymbol{a})_y & (\boldsymbol{\delta}\times\boldsymbol{p}+\boldsymbol{d})_y \\ (\boldsymbol{\delta}\times\boldsymbol{n})_z & (\boldsymbol{\delta}\times\boldsymbol{o})_z & (\boldsymbol{\delta}\times\boldsymbol{a})_z & (\boldsymbol{\delta}\times\boldsymbol{p}+\boldsymbol{d})_z \\ 0 & 0 & 0 & 0 \end{bmatrix} \tag{4-100}
$$

将 $\boldsymbol{T}^{-1}$ 和式(4-100) 中的 $\boldsymbol{\Delta T}$ 代入式(4-98) 中，得到式(4-101)。

$$
{}^{T}\boldsymbol{\Delta}=\boldsymbol{T}^{-1}\boldsymbol{\Delta T}=\begin{bmatrix} n_x & n_y & n_z & -\boldsymbol{p}\cdot\boldsymbol{n} \\ o_x & o_y & o_z & -\boldsymbol{p}\cdot\boldsymbol{o} \\ a_x & a_y & a_z & -\boldsymbol{p}\cdot\boldsymbol{a} \\ 0 & 0 & 0 & 1 \end{bmatrix}\begin{bmatrix} (\boldsymbol{\delta}\times\boldsymbol{n})_x & (\boldsymbol{\delta}\times\boldsymbol{o})_x & (\boldsymbol{\delta}\times\boldsymbol{a})_x & (\boldsymbol{\delta}\times\boldsymbol{p}+\boldsymbol{d})_x \\ (\boldsymbol{\delta}\times\boldsymbol{n})_y & (\boldsymbol{\delta}\times\boldsymbol{o})_y & (\boldsymbol{\delta}\times\boldsymbol{a})_y & (\boldsymbol{\delta}\times\boldsymbol{p}+\boldsymbol{d})_y \\ (\boldsymbol{\delta}\times\boldsymbol{n})_z & (\boldsymbol{\delta}\times\boldsymbol{o})_z & (\boldsymbol{\delta}\times\boldsymbol{a})_z & (\boldsymbol{\delta}\times\boldsymbol{p}+\boldsymbol{d})_z \\ 0 & 0 & 0 & 0 \end{bmatrix}
$$

$$
=\begin{bmatrix} \boldsymbol{n}\cdot(\boldsymbol{\delta}\times\boldsymbol{n}) & \boldsymbol{n}\cdot(\boldsymbol{\delta}\times\boldsymbol{o}) & \boldsymbol{n}\cdot(\boldsymbol{\delta}\times\boldsymbol{a}) & \boldsymbol{n}\cdot(\boldsymbol{\delta}\times\boldsymbol{p}+\boldsymbol{d}) \\ \boldsymbol{o}\cdot(\boldsymbol{\delta}\times\boldsymbol{n}) & \boldsymbol{o}\cdot(\boldsymbol{\delta}\times\boldsymbol{o}) & \boldsymbol{o}\cdot(\boldsymbol{\delta}\times\boldsymbol{a}) & \boldsymbol{o}\cdot(\boldsymbol{\delta}\times\boldsymbol{p}+\boldsymbol{d}) \\ \boldsymbol{a}\cdot(\boldsymbol{\delta}\times\boldsymbol{n}) & \boldsymbol{a}\cdot(\boldsymbol{\delta}\times\boldsymbol{o}) & \boldsymbol{a}\cdot(\boldsymbol{\delta}\times\boldsymbol{a}) & \boldsymbol{a}\cdot(\boldsymbol{\delta}\times\boldsymbol{p}+\boldsymbol{d}) \\ 0 & 0 & 0 & 0 \end{bmatrix} \tag{4-101}
$$

对式(4-101) 运用矢量相乘的性质 $\boldsymbol{a}\cdot(\boldsymbol{b}\times\boldsymbol{c})=\boldsymbol{b}\cdot(\boldsymbol{c}\times\boldsymbol{a})=\boldsymbol{c}\cdot(\boldsymbol{a}\times\boldsymbol{b})$，$\boldsymbol{a}\cdot(\boldsymbol{a}\times\boldsymbol{c})=0$。于是，得到式(4-102)。

$$
{}^{T}\boldsymbol{\Delta}=\begin{bmatrix} 0 & \boldsymbol{\delta}\cdot(\boldsymbol{o}\times\boldsymbol{n}) & \boldsymbol{\delta}\cdot(\boldsymbol{a}\times\boldsymbol{n}) & \boldsymbol{\delta}\cdot(\boldsymbol{p}\times\boldsymbol{n})+\boldsymbol{d}\cdot\boldsymbol{n} \\ \boldsymbol{\delta}\cdot(\boldsymbol{n}\times\boldsymbol{o}) & 0 & \boldsymbol{\delta}\cdot(\boldsymbol{a}\times\boldsymbol{o}) & \boldsymbol{\delta}\cdot(\boldsymbol{p}\times\boldsymbol{o})+\boldsymbol{d}\cdot\boldsymbol{o} \\ \boldsymbol{\delta}\cdot(\boldsymbol{n}\times\boldsymbol{a}) & \boldsymbol{\delta}\cdot(\boldsymbol{o}\times\boldsymbol{a}) & 0 & \boldsymbol{\delta}\cdot(\boldsymbol{p}\times\boldsymbol{a})+\boldsymbol{d}\cdot\boldsymbol{a} \\ 0 & 0 & 0 & 0 \end{bmatrix}
$$

$$
=\begin{bmatrix} 0 & -\boldsymbol{\delta}\cdot\boldsymbol{a} & \boldsymbol{\delta}\cdot\boldsymbol{o} & \boldsymbol{\delta}\cdot(\boldsymbol{p}\times\boldsymbol{n})+\boldsymbol{d}\cdot\boldsymbol{n} \\ \boldsymbol{\delta}\cdot\boldsymbol{a} & 0 & -\boldsymbol{\delta}\cdot\boldsymbol{o} & \boldsymbol{\delta}\cdot(\boldsymbol{p}\times\boldsymbol{o})+\boldsymbol{d}\cdot\boldsymbol{o} \\ -\boldsymbol{\delta}\cdot\boldsymbol{o} & \boldsymbol{\delta}\cdot\boldsymbol{n} & 0 & \boldsymbol{\delta}\cdot(\boldsymbol{p}\times\boldsymbol{a})+\boldsymbol{d}\cdot\boldsymbol{a} \\ 0 & 0 & 0 & 0 \end{bmatrix} \tag{4-102}
$$

式(4-102) 就是微分变换的等价变换。根据式(4-102)，微分运动量之间的等价关系为式(4-103)。

$$
\begin{cases} {}^{T}d_x=\boldsymbol{\delta}\cdot(\boldsymbol{p}\times\boldsymbol{n})+\boldsymbol{d}\cdot\boldsymbol{n}=\boldsymbol{n}\cdot(\boldsymbol{\delta}\times\boldsymbol{p}+\boldsymbol{d}) \\ {}^{T}d_y=\boldsymbol{\delta}\cdot(\boldsymbol{p}\times\boldsymbol{o})+\boldsymbol{d}\cdot\boldsymbol{o}=\boldsymbol{o}\cdot(\boldsymbol{\delta}\times\boldsymbol{p}+\boldsymbol{d}) \\ {}^{T}d_z=\boldsymbol{\delta}\cdot(\boldsymbol{p}\times\boldsymbol{a})+\boldsymbol{d}\cdot\boldsymbol{a}=\boldsymbol{a}\cdot(\boldsymbol{\delta}\times\boldsymbol{p}+\boldsymbol{d}) \end{cases},\quad \begin{cases} {}^{T}\delta_x=\boldsymbol{\delta}\cdot\boldsymbol{n} \\ {}^{T}\delta_y=\boldsymbol{\delta}\cdot\boldsymbol{o} \\ {}^{T}\delta_z=\boldsymbol{\delta}\cdot\boldsymbol{a} \end{cases} \tag{4-103}
$$

此外，微分运动量之间的等价关系也可以表示成矩阵形式，即式(4-104)。

$$
\begin{bmatrix} {}^{T}d_x \\ {}^{T}d_y \\ {}^{T}d_z \\ {}^{T}\delta_x \\ {}^{T}\delta_y \\ {}^{T}\delta_z \end{bmatrix}=\begin{bmatrix} n_x & n_y & n_z & (\boldsymbol{p}\times\boldsymbol{n})_x & (\boldsymbol{p}\times\boldsymbol{n})_y & (\boldsymbol{p}\times\boldsymbol{n})_z \\ o_x & o_y & o_z & (\boldsymbol{p}\times\boldsymbol{o})_x & (\boldsymbol{p}\times\boldsymbol{o})_y & (\boldsymbol{p}\times\boldsymbol{o})_z \\ a_x & a_y & a_z & (\boldsymbol{p}\times\boldsymbol{a})_x & (\boldsymbol{p}\times\boldsymbol{a})_y & (\boldsymbol{p}\times\boldsymbol{a})_z \\ 0 & 0 & 0 & n_x & n_y & n_z \\ 0 & 0 & 0 & o_x & o_y & o_z \\ 0 & 0 & 0 & a_x & a_y & a_z \end{bmatrix}\begin{bmatrix} d_x \\ d_y \\ d_z \\ \delta_x \\ \delta_y \\ \delta_z \end{bmatrix} \tag{4-104}
$$

$$\Rightarrow \begin{bmatrix} {}^T\boldsymbol{d} \\ {}^T\boldsymbol{\delta} \end{bmatrix} = \begin{bmatrix} \boldsymbol{R}^{\mathrm{T}} & -{}^T\boldsymbol{RS}(\boldsymbol{p}) \\ \boldsymbol{0} & \boldsymbol{R}^{\mathrm{T}} \end{bmatrix} \begin{bmatrix} d \\ \delta \end{bmatrix}$$

其中，$\boldsymbol{R} = \begin{bmatrix} n_x & o_x & a_x \\ n_y & o_y & a_y \\ n_z & o_z & a_z \end{bmatrix}$，$\boldsymbol{S}(\boldsymbol{p}) = \begin{bmatrix} 0 & -p_z & p_y \\ p_z & 0 & -p_x \\ -p_y & p_x & 0 \end{bmatrix}$

同样地，容易导出末端微分运动与在基坐标系下微分运动的等价关系，即式(4-105)。

$$\begin{bmatrix} d_x \\ d_y \\ d_z \\ \delta_x \\ \delta_y \\ \delta_z \end{bmatrix} = \begin{bmatrix} n_x & o_x & a_x & (\boldsymbol{p}\times\boldsymbol{n})_x & (\boldsymbol{p}\times\boldsymbol{o})_x & (\boldsymbol{p}\times\boldsymbol{a})_x \\ n_y & o_y & a_y & (\boldsymbol{p}\times\boldsymbol{n})_y & (\boldsymbol{p}\times\boldsymbol{o})_z & (\boldsymbol{p}\times\boldsymbol{a})_y \\ n_z & o_z & a_z & (\boldsymbol{p}\times\boldsymbol{n})_z & (\boldsymbol{p}\times\boldsymbol{o})_z & (\boldsymbol{p}\times\boldsymbol{a})_z \\ 0 & 0 & 0 & n_x & o_x & a_x \\ 0 & 0 & 0 & n_y & o_y & a_y \\ 0 & 0 & 0 & n_z & o_z & a_z \end{bmatrix} \begin{bmatrix} {}^Td_x \\ {}^Td_y \\ {}^Td_z \\ {}^T\delta_x \\ {}^T\delta_y \\ {}^T\delta_z \end{bmatrix} \tag{4-105}$$

④ 微分运动的性质　对于旋转变换，其齐次变换可以表示为式(4-106)。

$$\begin{cases} \mathrm{Rot}(X,\theta) = \begin{bmatrix} 1 & 0 & 0 & 0 \\ 0 & \cos\theta & -\sin\theta & 0 \\ 0 & \sin\theta & \cos\theta & 0 \\ 0 & 0 & 0 & 1 \end{bmatrix} \\ \mathrm{Rot}(Y,\theta) = \begin{bmatrix} \cos\theta & 0 & \sin\theta & 0 \\ 0 & 1 & 0 & 0 \\ -\sin\theta & 0 & \cos\theta & 0 \\ 0 & 0 & 0 & 1 \end{bmatrix} \\ \mathrm{Rot}(Z,\theta) = \begin{bmatrix} \cos\theta & -\sin\theta & 0 & 0 \\ \sin\theta & \cos\theta & 0 & 0 \\ 0 & 0 & 1 & 0 \\ 0 & 0 & 0 & 1 \end{bmatrix} \end{cases} \tag{4-106}$$

由式(4-106)，得到微小旋转的齐次变换矩阵，见式(4-107)～式(4-109)。

$$\mathrm{Rot}(x,\delta_x) = \begin{bmatrix} 1 & 0 & 0 & 0 \\ 0 & 1 & -\delta_x & 0 \\ 0 & \delta_x & 1 & 0 \\ 0 & 0 & 0 & 1 \end{bmatrix} \tag{4-107}$$

$$\mathrm{Rot}(y,\delta_y) = \begin{bmatrix} 1 & 0 & \delta_y & 0 \\ 0 & 1 & 0 & 0 \\ -\delta_y & 0 & 1 & 0 \\ 0 & 0 & 0 & 1 \end{bmatrix} \tag{4-108}$$

$$\mathrm{Rot}(z,\delta_z) = \begin{bmatrix} 1 & -\delta_z & 0 & 0 \\ \delta_z & 1 & 0 & 0 \\ 0 & 0 & 1 & 0 \\ 0 & 0 & 0 & 1 \end{bmatrix} \tag{4-109}$$

由式(4-107) 和式(4-109)，得到不同顺序二次微小旋转的齐次变换矩阵，见式(4-110) 和式(4-111)。

$$\mathrm{Rot}(x,\delta_x)\mathrm{Rot}(z,\delta_z)=\begin{bmatrix}1 & -\delta_z & 0 & 0\\ \delta_z & 1 & -\delta_x & 0\\ \delta_x\delta_z & \delta_x & 1 & 0\\ 0 & 0 & 0 & 1\end{bmatrix} \tag{4-110}$$

$$\mathrm{Rot}(z,\delta_z)\mathrm{Rot}(x,\delta_x)=\begin{bmatrix}1 & -\delta_z & \delta_x\delta_z & 0\\ \delta_z & 1 & -\delta_x & 0\\ 0 & \delta_x & 1 & 0\\ 0 & 0 & 0 & 1\end{bmatrix} \tag{4-111}$$

不同顺序的三次微小旋转的齐次变换矩阵，见式(4-112) 和式(4-113)。

$$\mathrm{Rot}(x,\delta_x)\mathrm{Rot}(y,\delta_y)\mathrm{Rot}(z,\delta_z)=\begin{bmatrix}1 & -\delta_z & \delta_y & 0\\ \delta_x\delta_y+\delta_z & 1-\delta_x\delta_y\delta_z & -\delta_x & 0\\ -\delta_y+\delta_x\delta_z & \delta_y\delta_z+\delta_x & 1 & 0\\ 0 & 0 & 0 & 1\end{bmatrix} \tag{4-112}$$

$$\mathrm{Rot}(z,\delta_z)\mathrm{Rot}(y,\delta_y)\mathrm{Rot}(x,\delta_x)=\begin{bmatrix}1 & -\delta_z+\delta_x\delta_y & \delta_x\delta_y+\delta_z & 0\\ \delta_z & 1+\delta_x\delta_y\delta_z & -\delta_x+\delta_y\delta_z & 0\\ -\delta_y & \delta_x & 1 & 0\\ 0 & 0 & 0 & 1\end{bmatrix} \tag{4-113}$$

在忽略高阶无穷小的前提下，式(4-110) 与式(4-111) 的结果相同，式(4-112) 与式(4-113) 的结果相同。另外，容易验证，在忽略高阶无穷小的前提下，微小平移和微小旋转与变换顺序无关。由此可以得出结论，在忽略高次项的前提下，微分变换与次序无关，即微分变换具有无序性。

2) 雅可比矩阵　在向量微积分中，雅可比矩阵是一阶偏导数以一定方式排列的矩阵，其行列式称为雅可比行列式。机械手的笛卡儿空间运动速度与关节空间运动速度之间的变换，称为雅可比矩阵 (Jacobian matrix)。雅可比矩阵是关节空间速度向笛卡儿空间速度的传动比，因此，利用雅可比矩阵可以实现机器人在笛卡儿空间的速度控制。

设 $\boldsymbol{x}$ 为机械手末端位姿的广义位置矢量，是 6 维矢量；$\boldsymbol{q}$ 为机械手的关节坐标矢量，n 个关节则为 n 维矢量。由广义位置矢量与关节坐标矢量之间的关系，可以导出广义速度矢量与关节速度矢量之间的关系，为式(4-114)。

$$\boldsymbol{x}=\boldsymbol{x}(\boldsymbol{q})\Rightarrow\dot{\boldsymbol{x}}=\sum_{i=1}^{6}\sum_{j=1}^{n}\frac{\partial x_i}{\partial q_j}\dot{\boldsymbol{q}}=J(\boldsymbol{q})\dot{\boldsymbol{q}} \tag{4-114}$$

式中，$\boldsymbol{J}_{ij}(\boldsymbol{q})=\dfrac{\partial x_i}{\partial q_j}$，$\boldsymbol{J}(\boldsymbol{q})$ 为 $6\times n$ 的矩阵。

式(4-114) 又可以表示为式(4-115) 的形式。

$$\begin{bmatrix} \boldsymbol{v} \\ \boldsymbol{\omega} \end{bmatrix} = \begin{bmatrix} J_{11} & J_{12} & \cdots & J_{1n} \\ J_{21} & J_{22} & \cdots & J_{2n} \\ J_{31} & J_{32} & \cdots & J_{3n} \\ J_{41} & J_{42} & \cdots & J_{4n} \\ J_{51} & J_{52} & \cdots & J_{5n} \\ J_{61} & J_{62} & \cdots & J_{6n} \end{bmatrix} \begin{bmatrix} \dot{q}_1 \\ \dot{q}_1 \\ \vdots \\ \dot{q}_{n-1} \\ \dot{q}_n \end{bmatrix} \tag{4-115}$$

式中，$\boldsymbol{v}$ 为机器人末端的平移线速度；$\boldsymbol{\omega}$ 为机器人末端绕等效转轴的旋转角速度；$\boldsymbol{J}_{ij}$ 为雅可比矩阵。

由式(4-114) 可以得到广义位置矢量的微分运动量与关节坐标矢量的微分，即式(4-116)。

$$\mathrm{d}\boldsymbol{x} = \boldsymbol{J}(\boldsymbol{q})\mathrm{d}\boldsymbol{q} \tag{4-116}$$

式中，$\mathrm{d}\boldsymbol{x} = \begin{bmatrix} \boldsymbol{d} \\ \boldsymbol{\delta} \end{bmatrix}$ 是广义位置矢量的微分运动量。

雅可比矩阵的重要性在于它体现了一个可微方程与给出点的最优线性逼近。雅可比矩阵类似于多元函数的导数。当采用 D-H 法则做机器雅可比计算时，假设以下条件成立：连杆模型中某个关节处的连杆参数（α、d、a、θ）的微小的变化只会导致其他参数微小的变人化（而不是显著的很大的变化），即微分变化。

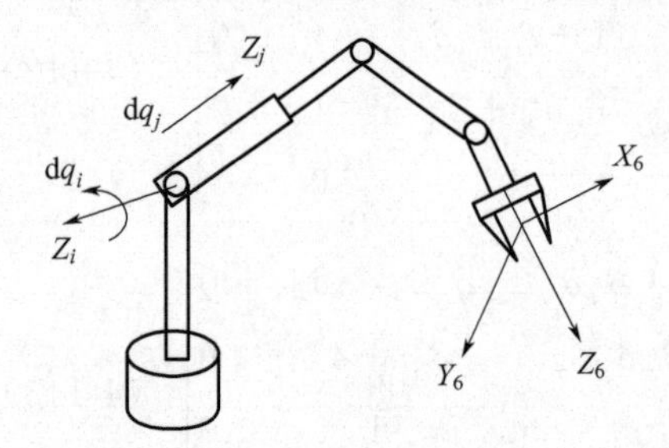

图 4-22　工业机器人关节微小运动

根据前述连杆坐标系的建立方法，连杆坐标系的 Z 轴取其关节轴线的方向。在求取第 i 个关节与广义位置矢量之间的雅可比矩阵列矢量时，将连杆坐标系看作是机器人的微分运动中微分变换的基坐标系。

工业机器人关节微小运动，如图 4-22 所示。

图 4-22 中的第 i 个关节，其关节运动在连杆坐标系中是绕 Z_i 轴的旋转。因此，其微分平移运动量为 0。微分旋转矢量的 Z_i 轴分量不为 0，即表示为式(4-117)。

$$\mathrm{d}q_i = \mathrm{d}\theta_i \tag{4-117}$$

因此，转动关节的微分平移和微分旋转矢量可表示为式(4-118)。

$$\boldsymbol{d} = \begin{bmatrix} 0 \\ 0 \\ 0 \end{bmatrix}, \boldsymbol{\delta} = \begin{bmatrix} 0 \\ 0 \\ 1 \end{bmatrix} \mathrm{d}q_i \tag{4-118}$$

将第 i 连杆坐标系看作“微分变换”中微分变换的基坐标系，并将式(4-118) 代入式(4-103) 中，得到微分变换的等价变换，即式(4-119)。

$$\begin{bmatrix} {}^T d_x \\ {}^T d_y \\ {}^T d_z \\ {}^T \delta_x \\ {}^T \delta_y \\ {}^T \delta_z \end{bmatrix} = \begin{bmatrix} (\boldsymbol{p} \times \boldsymbol{n})_z \\ (\boldsymbol{p} \times \boldsymbol{o})_z \\ (\boldsymbol{p} \times \boldsymbol{a})_z \\ n_z \\ o_z \\ a_z \end{bmatrix} \mathrm{d}q_i \tag{4-119}$$

其中，$\boldsymbol{n}$、$\boldsymbol{o}$ 和 $\boldsymbol{a}$ 矢量构成第 i 连杆坐标系到机器人末端坐标系之间变换的旋转变换矩阵，$\boldsymbol{p}$ 是第 i 连杆坐标系到机器人末端坐标系之间变换的位置矢量。

由式(4-115) 和式(4-119) 可知，对于转动关节的第 i 连杆，其雅可比矩阵的列矢量为式(4-120)。

$$\boldsymbol{J}_i=\left[(\boldsymbol{p}\times\boldsymbol{n})_z \quad (\boldsymbol{p}\times\boldsymbol{o})_z \quad (\boldsymbol{p}\times\boldsymbol{a})_z \quad n_z \quad o_z \quad a_z\right]^{\mathrm{T}} \tag{4-120}$$

对于平移关节，如图 4-22 中的第 j 个关节，其关节运动在连杆坐标系中是沿 Z_j 轴的平移。因此，其微分旋转矢量为 0。微分平移运动量的 Z_j 轴分量 $\mathrm{d}q_j$ 不为 0，平移关节的微分平移和微分旋转矢量，可表示为式(4-121)。

$$\boldsymbol{d}=\begin{bmatrix}0\\0\\1\end{bmatrix}\mathrm{d}q_j\ ,\boldsymbol{\delta}=\begin{bmatrix}0\\0\\0\end{bmatrix} \tag{4-121}$$

将第 j 连杆坐标系看作“微分变换”中微分变换的基坐标系，并将式(4-121) 代入式(4-103) 中，得到微分变换的等价变换，即式(4-122)。

$$\begin{bmatrix}{}^{T}d_x\\{}^{T}d_y\\{}^{T}d_z\\{}^{T}\delta_x\\{}^{T}\delta_y\\{}^{T}\delta_z\end{bmatrix}=\begin{bmatrix}n_z\\o_z\\a_z\\0\\0\\0\end{bmatrix}\mathrm{d}q_i \tag{4-122}$$

其中，$\boldsymbol{n}$、$\boldsymbol{o}$ 和 $\boldsymbol{a}$ 矢量构成第 j 连杆坐标系到机器人末端坐标系之间变换的旋转变换矩阵。

由式(4-115) 和式(4-122) 可知，对于平移关节的第 j 连杆，其雅可比矩阵的列矢量可以表示为式(4-123)。

$$\boldsymbol{J}_j=\left[n_z \quad o_z \quad a_z \quad 0 \quad 0 \quad 0\right]^{\mathrm{T}} \tag{4-123}$$

利用上述方法得到的雅可比矩阵的列矢量，代表了关节坐标矢量的一个分量的微分运动量与机器人末端坐标系的广义位置矢量的微分运动量之间的关系。因此，分别利用式(4-120) 和式(4-123) 求取旋转关节和平移关节到机器人末端的雅可比矩阵列矢量时，需要首先求取该关节到机器人末端的变换矩阵。

应用雅可比矩阵时，为了使机构在可达工作空间全域不出现奇异位形，需要对雅可比矩阵的行列式进行约束。

4.3.2 机器人动力学

机器人动力学主要研究和分析作用于机器人上的力和力矩。为了使机器人加速运动，驱动器必须提供足够的力和力矩来驱动机器人运动。通过建立机器人的动力学方程来确定力、质量和加速度以及力矩、转动惯量和角加速度之间的关系，并计算出完成机器人特定运动时各驱动器所需的驱动力。

机器人动力学方程实质是机器人机械系统的运动方程，它表示机器人各关节对时间的一阶导数、二阶导数、各执行器驱动力或力矩之间的关系。

通过机器人动力学分析，设计者可依据机器人的外部载荷计算出机器人的最大载荷，进而为机器人选择合适的驱动器。并且，通过机器人动力学的理论分析可以提高控制系统的稳定性和精度。工业机器人动力学方程对于机器人的设计、驱动器选择、运动速度和加速度控制具有重要的作用。

工业机器人动力学可以通过拉格朗日法、牛顿-欧拉法、凯恩法、虚功原理等方法得到机构的动力学模型[32-34]，并进行分析。对于多自由度、三维质量分布的工业机器人来说，采用拉格朗日力学方法可以建立结构完美的机器人动力学方程，但是计算困难，若不加以简化，很难用于机器人的实际控制。采用牛顿力学方法可以建立一组效率很高的递归方程，但限于其动力学方程结构，很难用于推导高级控制方法。虚功原理法主要是采用虚位移的思想解决静系统的力平衡问题，该建模方法在执行效率和算法上较为出色，适合对机构进行实时控制。目前，牛顿-欧拉法、拉格朗日法、凯恩法等是研究机器人动力学的主要方法。

(1) 拉格朗日-欧拉法

拉格朗日法相当于观察者追踪着某一流体质点，观察它在不同时刻的速度、加速度等参数。而欧拉法不直接追踪质点的运动过程，而是以充满运动液体质点的空间流场为对象。两者区别明显，但拉格朗日法和欧拉法并不是相互独立的。拉格朗日力学是基于能量项对系统变量及时间微分的方法。

拉格朗日函数的定义可以用式(4-124) 来表示。

$$L = K - P \tag{4-124}$$

式中 L——拉格朗日函数；

K——系统动能；

P——系统势能。

对于工业机器人，拉格朗日法是根据全部杆件的动能和势能求出拉格朗日函数，再代入拉格朗日方程式中，导出机械运动方程式。该方法的主要特征是可以不考虑杆件之间的内部约束力，缺点是计算十分烦琐。

对于工业机器人，式(4-124) 中的 K 为操作臂的总动能，P 为操作臂的总势能。因而有拉格朗日-欧拉方程，即式(4-125)。

$$\boldsymbol{\tau}_i = \frac{\mathrm{d}}{\mathrm{d}t}\left(\frac{\partial L}{\partial \dot{\boldsymbol{q}}_i}\right) - \frac{\partial L}{\partial \boldsymbol{q}_i} \tag{4-125}$$

式中 L——拉格朗日函数；

$\boldsymbol{\tau}_i$——系统广义的力或力矩；

$\boldsymbol{q}_i$——系统变量；

$\dot{\boldsymbol{q}}_i$——系统变量的一阶导数，$i=1,2,\cdots,n$。

对于工业机器人，$\boldsymbol{\tau}_i$ 为在关节 i 处作用于系统用以驱动杆件 i 的广义力或力矩，$\boldsymbol{q}_i$ 为操作臂的广义坐标，$\dot{\boldsymbol{q}}_i$ 为操作臂广义坐标的一阶导数。从式(4-125) 可知，需要选取一组能够方便而准确地描述系统的广义坐标。

工业机器人各转动关节的转角、移动关节的位移可以通过电位计、编码器等传感器测量，因此，工业机器人的广义坐标常由各转动关节转角和移动关节位移来定义。

利用拉格朗日-欧拉法建立动力学方程时，将涉及机器人的连杆速度、机器人的动能及机器人的势能等。

1) 机器人的连杆速度　为了计算系统的动能，应用拉格朗日-欧拉法必须知道机器人各关节的速度，计算出操作臂上各点的速度，研究各关节之间的相互影响。

如图 4-23 所示的四连杆机器人，为了简化分析、降低机器人的控制难度，该机械手腕部无自由度。

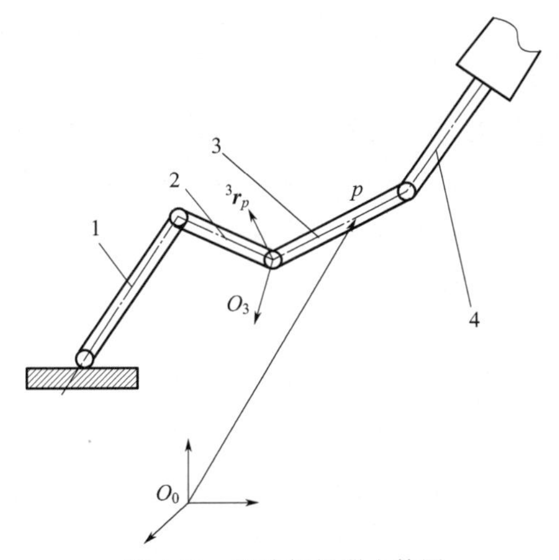

图 4-23　四连杆机器人简图

以连杆 3 上的 p 点为例计算其速度、加速度和速度平方。p 点的坐标可表示为式(4-126)。

$$^0\boldsymbol{r}_p={}^0\boldsymbol{T}_3{}^3\boldsymbol{r}_p \tag{4-126}$$

式中，$^0\boldsymbol{r}_p$ 为 p 点在基坐标系中的坐标 $[^0x_p\ ^0y_p\ ^0z_p\ 1]^{\mathrm{T}}$，$^3\boldsymbol{r}_p$ 为 p 点在局部坐标系（相对关节 O_3）中的坐标 $[^3x_p\ ^3y_p\ ^3z_p\ 1]^{\mathrm{T}}$，$^0\boldsymbol{T}_3$ 为变换矩阵。

因此，p 点的速度可以用式(4-127) 表示。

$$^0\boldsymbol{v}_p=\frac{\mathrm{d}}{\mathrm{d}t}(^0\boldsymbol{r}_p)=\frac{\mathrm{d}}{\mathrm{d}t}(^0\boldsymbol{T}_3{}^3\boldsymbol{r}_p)=\frac{\mathrm{d}}{\mathrm{d}t}(^0\boldsymbol{T}_3)^3\boldsymbol{r}_p=\left(\sum_{j=1}^{3}\frac{\partial^0\boldsymbol{T}_3}{\partial\boldsymbol{q}_j}\dot{\boldsymbol{q}}_j\right)^3\boldsymbol{r}_p \tag{4-127}$$

同样地，p 点的加速度可以用式(4-128) 表示。

$$\begin{aligned}^0\boldsymbol{a}_p&=\frac{\mathrm{d}}{\mathrm{d}t}(^0\boldsymbol{v}_p)=\frac{\mathrm{d}}{\mathrm{d}t}\left(\sum_{j=1}^{3}\frac{\partial\ ^0\boldsymbol{T}_3}{\partial\ \boldsymbol{q}_j}\dot{\boldsymbol{q}}_j\right)^3\boldsymbol{r}_p\\&=\left(\sum_{j=1}^{3}\frac{\partial\ ^0\boldsymbol{T}_3}{\partial\ \boldsymbol{q}_j}\ddot{\boldsymbol{q}}_j\right)^3\boldsymbol{r}_p+\left(\sum_{k=1}^{3}\sum_{j=1}^{3}\frac{\partial\ ^{20}\boldsymbol{T}_3}{\partial\ \boldsymbol{q}_k\ \partial\ \boldsymbol{q}_j}\dot{\boldsymbol{q}}_k\dot{\boldsymbol{q}}_j\right)^3\boldsymbol{r}_p\end{aligned} \tag{4-128}$$

速度的平方为式(4-129)。

$$\begin{aligned}(^0\boldsymbol{v}_p)^2&={}^0\boldsymbol{v}_p\cdot{}^0\boldsymbol{v}_p=\mathrm{Trace}[(^0\boldsymbol{v}_p)(^0\boldsymbol{v}_p)^{\mathrm{T}}]\\&=\mathrm{Trace}\left\{\left[\left(\sum_{j=1}^{3}\frac{\partial^0\boldsymbol{T}_3}{\partial\boldsymbol{q}_j}\dot{\boldsymbol{q}}_j\right)^3\boldsymbol{r}_p\right]\cdot\left[\left(\sum_{j=1}^{3}\frac{\partial^0\boldsymbol{T}_3}{\partial\boldsymbol{q}_j}\dot{\boldsymbol{q}}_j\right)^3\boldsymbol{r}_p\right]^{\mathrm{T}}\right\}\\&=\mathrm{Trace}\left[\sum_{j=1}^{3}\sum_{k=1}^{3}\frac{\partial(^0\boldsymbol{T}_3)}{\partial\boldsymbol{q}_j}(^3\boldsymbol{r}_p)(^3\boldsymbol{r}_p)^{\mathrm{T}}\frac{\partial(^0\boldsymbol{T}_3)^{\mathrm{T}}}{\partial\boldsymbol{q}_j}\dot{\boldsymbol{q}}_j\dot{\boldsymbol{q}}_k\right]\end{aligned} \tag{4-129}$$

其中，Trace 表示矩阵的迹，对于 n 阶矩阵且来说，迹为其对角线上各元素之和，即可以用式(4-130) 表示。

$$\mathrm{Trace}(\boldsymbol{A})=\sum_{i=1}^{n}a_{ii} \tag{4-130}$$

同理，对于任意连杆 i 上点的位置，就可以用式(4-131) 来表示。

$$^{0}\boldsymbol{r}_i = {}^{0}\boldsymbol{T}_i\,{}^{i}\boldsymbol{r}_i \tag{4-131}$$

因此，任意连杆 i 上点的速度可以用式(4-132) 来表示。

$$\begin{aligned} {}^{0}\boldsymbol{v}_i &= {}^{0}\dot{\boldsymbol{T}}_1\,{}^{1}\boldsymbol{T}_2\cdots{}^{i-1}\boldsymbol{T}_i\,{}^{i}\boldsymbol{r}_i + {}^{0}\boldsymbol{T}_1\,{}^{1}\dot{\boldsymbol{T}}_2\cdots{}^{i-1}\boldsymbol{T}_i\,{}^{i}\boldsymbol{r}_i + \cdots + {}^{0}\boldsymbol{T}_1\cdots{}^{i-1}\dot{\boldsymbol{T}}_i\,{}^{i}\boldsymbol{r}_i + {}^{0}\boldsymbol{T}_i\,{}^{i}\dot{\boldsymbol{r}}_i \\ &= \left(\sum_{j=1}^{i}\frac{\partial\,{}^{0}\boldsymbol{T}_i}{\partial\,\boldsymbol{q}_j}\dot{\boldsymbol{q}}_j\right){}^{i}\boldsymbol{r}_i \end{aligned} \tag{4-132}$$

对于旋转关节，广义坐标 q_i 为关节转角 θ_i，因而 θ_i 的导数可以用式(4-133) 来表示。

$$\begin{aligned} \frac{\partial({}^{i-1}\boldsymbol{T}_i)}{\partial\theta_i} &= \frac{\partial}{\partial\theta_i}\begin{bmatrix}\cos\theta_i & -\sin\theta_i\cos\alpha_i & \sin\theta_i\sin\alpha_i & a_i\cos\theta_i\\ \sin\theta_i & \cos\theta_i\cos\alpha_i & -\cos\theta_i\sin\alpha_i & a_i\sin\theta_i\\ 0 & \sin\alpha_i & \cos\alpha_i & d_i\\ 0 & 0 & 0 & 1\end{bmatrix} \\ &= \begin{bmatrix}-\sin\theta_i & -\cos\theta_i\cos\alpha_i & \cos\theta_i\sin\alpha_i & -a_i\sin\theta_i\\ \cos\theta_i & -\sin\theta_i\cos\alpha_i & \sin\theta_i\sin\alpha_i & a_i\cos\theta_i\\ 0 & 0 & 0 & 0\\ 0 & 0 & 0 & 0\end{bmatrix} \\ &= \begin{bmatrix}0 & -1 & 0 & 0\\ 1 & 0 & 0 & 0\\ 0 & 0 & 0 & 0\\ 0 & 0 & 0 & 0\end{bmatrix}\begin{bmatrix}\cos\theta_i & -\sin\theta_i\cos\alpha_i & \sin\theta_i\sin\alpha_i & a_i\cos\theta_i\\ \sin\theta_i & \cos\theta_i\cos\alpha_i & -\cos\theta_i\sin\alpha_i & a_i\sin\theta_i\\ 0 & \sin\alpha_i & \cos\alpha_i & d_i\\ 0 & 0 & 0 & 1\end{bmatrix} = \boldsymbol{Q}_i\,{}^{i-1}\boldsymbol{T}_i \end{aligned} \tag{4-133}$$

对于滑动关节，广义坐标 $\boldsymbol{q}_i$ 为滑动关节位移 d_i，因而 d_i 的导数可以用式(4-134) 来表示。

$$\begin{aligned} \frac{\partial({}^{i-1}\boldsymbol{T}_i)}{\partial d_i} &= \frac{\partial}{\partial d_i}\begin{bmatrix}\cos\theta_i & -\sin\theta_i\cos\alpha_i & \sin\theta_i\sin\alpha_i & a_i\cos\theta_i\\ \sin\theta_i & \cos\theta_i\cos\alpha_i & -\cos\theta_i\sin\alpha_i & a_i\sin\theta_i\\ 0 & \sin\alpha_i & \cos\alpha_i & d_i\\ 0 & 0 & 0 & 1\end{bmatrix} = \begin{bmatrix}0 & 0 & 0 & 0\\ 0 & 0 & 0 & 0\\ 0 & 0 & 0 & 1\\ 0 & 0 & 0 & 0\end{bmatrix} \\ &= \begin{bmatrix}0 & 0 & 0 & 0\\ 0 & 0 & 0 & 0\\ 0 & 0 & 0 & 1\\ 0 & 0 & 0 & 0\end{bmatrix}\begin{bmatrix}\cos\theta_i & -\sin\theta_i\cos\alpha_i & \sin\theta_i\sin\alpha_i & a_i\cos\theta_i\\ \sin\theta_i & \cos\theta_i\cos\alpha_i & -\cos\theta_i\sin\alpha_i & a_i\sin\theta_i\\ 0 & \sin\alpha_i & \cos\alpha_i & d_i\\ 0 & 0 & 0 & 1\end{bmatrix} = \boldsymbol{Q}_i\,{}^{i-1}\boldsymbol{T}_i \end{aligned} \tag{4-134}$$

在式(4-133) 和式(4-134) 中 $\boldsymbol{Q}_i$ 为常数矩阵。

对于转动关节，$\boldsymbol{Q}_i$ 可以表示为式(4-135)。

$$\boldsymbol{Q}_i = \begin{bmatrix}0 & -1 & 0 & 0\\ 1 & 0 & 0 & 0\\ 0 & 0 & 0 & 0\\ 0 & 0 & 0 & 0\end{bmatrix} \tag{4-135}$$

对于滑动关节，$\boldsymbol{Q}_i$ 可以表示为式(4-136)。

$$\boldsymbol{Q}_i=\begin{bmatrix}0&0&0&0\\0&0&0&0\\0&0&0&1\\0&0&0&0\end{bmatrix} \tag{4-136}$$

依据式(4-133)～式(4-136)，给出如下定义，即式(4-137)。

$$\boldsymbol{U}_{ij}\triangleq\frac{\partial({}^0\boldsymbol{T}_i)}{\partial\boldsymbol{q}_i}=\begin{cases}{}^0\boldsymbol{T}_{j-1}\boldsymbol{Q}_i{}^{i-1}\boldsymbol{T}_i,j\leqslant i\\ \boldsymbol{0},j>i\end{cases} \tag{4-137}$$

使用上述符号代替式(4-132) 中的相应部分可得式(4-138)。

$${}^0\boldsymbol{v}_i=(\sum_{j=1}^{i}\boldsymbol{U}_{ij}\dot{\boldsymbol{q}}_j)\,{}^i\boldsymbol{r}_i \tag{4-138}$$

则速度的平方为式(4-139)。

$$({}^0\boldsymbol{v}_i)^2=\mathrm{Trace}[({}^0\boldsymbol{v}_i)({}^0\boldsymbol{v}_i)^{\mathrm{T}}]=\mathrm{Trace}\left[(\sum_{j=1}^{i}\boldsymbol{U}_{ij}\dot{\boldsymbol{q}}_j)\,{}^i\boldsymbol{r}_i\,{}^i\boldsymbol{r}_i{}^{\mathrm{T}}(\sum_{k=1}^{i}\boldsymbol{U}_{ik}\dot{\boldsymbol{q}}_k)^{\mathrm{T}}\right] \tag{4-139}$$

依据式(4-133)～式(4-136)，还给出如下定义，即式(4-140)。

$$\boldsymbol{U}_{ijk}\triangleq\frac{\partial(\boldsymbol{U}_{ij})}{\partial\boldsymbol{q}_k}=\frac{\partial^2({}^0\boldsymbol{T}_i)}{\partial\boldsymbol{q}_i\partial\boldsymbol{q}_k}=\begin{cases}{}^0\boldsymbol{T}_{j-1}\boldsymbol{Q}_j{}^{j-1}\boldsymbol{T}_{k-1}\boldsymbol{Q}_k{}^{k-1}\boldsymbol{T}_i,j\leqslant k\leqslant i\\ \boldsymbol{T}_{k-1}\boldsymbol{Q}_k{}^{k-1}\boldsymbol{T}_{j-1}\boldsymbol{Q}_j{}^{j-1}\boldsymbol{T}_i,k\leqslant j\leqslant i\\ \boldsymbol{0},i<j\text{ 且 }i<k\end{cases} \tag{4-140}$$

式(4-140) 给出了各关节之间的相互作用，即关节 j 和关节 k 运动对杆件 i 的影响。

2）机器人的动能　在获得杆件上各点的速度后，就可以计算杆件的动能了。假设 K_i 是杆件 $i(i=1,2,\cdots,n)$相对于基坐标系表示的动能，而 $\mathrm{d}K_i$ 是杆件 i 上微元质量 $\mathrm{d}m$ 的动能，则 $\mathrm{d}K_i$ 可表示为式(4-141)。

$$\begin{aligned}\mathrm{d}K_i&=\frac{1}{2}({}^0v_i)^2\mathrm{d}m=\frac{1}{2}\mathrm{Trace}\left[(\sum_{j=1}^{i}\boldsymbol{U}_{ij}\dot{\boldsymbol{q}}_j)\,{}^i\boldsymbol{r}_i(\sum_{k=1}^{i}\boldsymbol{U}_{ik}\dot{\boldsymbol{q}}_k\,{}^i\boldsymbol{r}_i)^{\mathrm{T}}\right]\mathrm{d}m\\&=\frac{1}{2}\mathrm{Trace}\left[(\sum_{j=1}^{i}\sum_{k=1}^{i}\boldsymbol{U}_{ij}\,{}^i\boldsymbol{r}_i\,{}^i\boldsymbol{r}_i^{\mathrm{T}}\boldsymbol{U}_{ik}^{\mathrm{T}}\dot{\boldsymbol{q}}_j\dot{\boldsymbol{q}}_k)\right]\mathrm{d}m\\&=\frac{1}{2}\mathrm{Trace}\left\{\left[\sum_{j=1}^{i}\sum_{k=1}^{i}\boldsymbol{U}_{ij}({}^i\boldsymbol{r}_i\mathrm{d}m\,{}^i\boldsymbol{r}_i^{\mathrm{T}})\boldsymbol{U}_{ik}^{\mathrm{T}}\dot{\boldsymbol{q}}_j\dot{\boldsymbol{q}}_k\right]\right\}\end{aligned} \tag{4-141}$$

所以，连杆 i 的动能可以通过对方程 (4-141) 的积分获得，即式(4-142)。

$$K_i=\int\mathrm{d}K_i=\frac{1}{2}\mathrm{Trace}\left[\sum_{j=1}^{i}\sum_{k=1}^{i}\boldsymbol{U}_{ij}\left(\int{}^i\boldsymbol{r}_i\,{}^i\boldsymbol{r}_i^{\mathrm{T}}\mathrm{d}m\right)\boldsymbol{U}_{ik}^{\mathrm{T}}\dot{\boldsymbol{q}}_j\dot{\boldsymbol{q}}_k\right] \tag{4-142}$$

式(4-142) 中括号内的部分为杆件 i 上各点的惯量，即式(4-143)。

$$\boldsymbol{I}_i=\int_{\text{杠杆}i}{}^i\boldsymbol{r}_i\,{}^i\boldsymbol{r}_i^{\mathrm{T}}\mathrm{d}m=\int_{\text{杠杆}i}\begin{bmatrix}{}^ix_i\\{}^iy_i\\{}^iz_i\\1\end{bmatrix}\begin{bmatrix}{}^ix_i&{}^iy_i&{}^iz_i&1\end{bmatrix}\mathrm{d}m$$

$$
= \begin{bmatrix} \int_{杠杆i} {}^i x_i^2 \mathrm{d}m & \int_{杠杆i} {}^i x_i^i y_i \mathrm{d}m & \int_{杠杆i} {}^i x_i^i z_i \mathrm{d}m & \int_{杠杆i} {}^i x_i \mathrm{d}m \\ \int_{杠杆i} {}^i x_i^i y_i \mathrm{d}m & \int_{杠杆i} {}^i y_i^2 \mathrm{d}m & \int_{杠杆i} {}^i y_i^i z_i \mathrm{d}m & \int_{杠杆i} {}^i y_i \mathrm{d}m \\ \int_{杠杆i} {}^i x_i^i z_i \mathrm{d}m & \int_{杠杆i} {}^i y_i^i z_i \mathrm{d}m & \int_{杠杆i} {}^i z_i^2 \mathrm{d}m & \int_{杠杆i} {}^i z_i \mathrm{d}m \\ \int_{杠杆i} {}^i x_i \mathrm{d}m & \int_{杠杆i} {}^i y_i \mathrm{d}m & \int_{杠杆i} {}^i z_i \mathrm{d}m & \int_{杠杆i} \mathrm{d}m \end{bmatrix} \tag{4-143}
$$

其中，$\boldsymbol{I}_i = \int_{杠杆i} {}^i\boldsymbol{r}_i {}^i\boldsymbol{r}_i^{\mathrm{T}} \mathrm{d}m$ 称为杆件 i 的伪惯量矩阵。

依据理论力学、物理学可知，物体的转动惯量、矢量积、一阶矩分别为：

$$I_{xx} = \int (y^2 + z^2) \mathrm{d}m \text{ , } I_{yy} = \int (x^2 + z^2) \mathrm{d}m \text{ , } I_{zz} = \int (x^2 + y^2) \mathrm{d}m \text{ ；}$$

$$I_{xy} = I_{yz} = \int xy \mathrm{d}m \text{ , } I_{xz} = I_{zx} = \int xz \mathrm{d}m \text{ , } I_{yz} = I_{zy} = \int yz \mathrm{d}m \text{ ；}$$

$$mx = \int x \mathrm{d}m \text{ , } my = \int y \mathrm{d}m \text{ , } mz = \int z \mathrm{d}m$$

如果令：

$$
\begin{aligned}
\int x^2 \mathrm{d}m &= -\frac{1}{2}\int (y^2+z^2)\mathrm{d}m + \frac{1}{2}\int (x^2+z^2)\mathrm{d}m + \frac{1}{2}\int (x^2+y^2)\mathrm{d}m \\
&= (-I_{xx} + I_{yy} + I_{zz})/2 \\
\int y^2 \mathrm{d}m &= -\frac{1}{2}\int (y^2+z^2)\mathrm{d}m - \frac{1}{2}\int (x^2+z^2)\mathrm{d}m + \frac{1}{2}\int (x^2+y^2)\mathrm{d}m \\
&= (I_{xx} - I_{yy} + I_{zz})/2 \\
\int z^2 \mathrm{d}m &= -\frac{1}{2}\int (y^2+z^2)\mathrm{d}m - \frac{1}{2}\int (x^2+z^2)\mathrm{d}m - \frac{1}{2}\int (x^2+y^2)\mathrm{d}m \\
&= (I_{xx} + I_{yy} - I_{zz})/2
\end{aligned}
$$

则有式(4-144) 成立。

$$
\boldsymbol{I}_i = \begin{bmatrix} \dfrac{-I_{ixx} + I_{iyy} + I_{izz}}{2} & I_{ixy} & I_{ixz} & m_i {}^i\overline{x}_i \\ I_{ixy} & \dfrac{I_{ixx} - I_{iyy} + I_{izz}}{2} & I_{iyz} & m_i {}^i\overline{y}_i \\ I_{ixz} & I_{iyz} & \dfrac{I_{ixx} + I_{iyy} - I_{izz}}{2} & m_i {}^i\overline{z}_i \\ m_i {}^i\overline{x}_i & m_i {}^i\overline{y}_i & m_i^i\overline{z}_i & m_i \end{bmatrix} \tag{4-144}
$$

式中，$[{}^i\overline{x}_i \quad {}^i\overline{y}_i \quad {}^i\overline{z}_i \quad 1]$ 为以杆件 i 为基准的坐标系下杆件 i 的质心位置；m_i 为杆件 i 的质量。

由式(4-142)～式(4-144)，可得具有 n 个杆件的机器人系统总动能，即式(4-145)。

$$
\begin{aligned}
K &= \sum_{i=1}^{k} K_i = \frac{1}{2}\mathrm{Trace}\left[\left(\sum_{j=1}^{i}\sum_{k=1}^{i} \boldsymbol{U}_{ij}\boldsymbol{I}_i\boldsymbol{U}_{ik}^{\mathrm{T}}\dot{\boldsymbol{q}}_j\dot{\boldsymbol{q}}_k\right)\right] \\
&= \frac{1}{2}\sum_{i=1}^{n}\sum_{j=1}^{i}\sum_{k=1}^{i} \mathrm{Trace}(\boldsymbol{U}_{ij}\boldsymbol{I}_i\boldsymbol{U}_{ik}^{\mathrm{T}})\dot{\boldsymbol{q}}_j\dot{\boldsymbol{q}}_k
\end{aligned} \tag{4-145}
$$

式(4-145) 中忽略了各杆件传动装置的动能，若计入各杆件传动装置的动能，机器人系统总动能为式(4-146)。

$$
\begin{aligned}
K_t &= \sum_{i=1}^{k} K_i + \sum_{i=1}^{k} K_{ai} = \frac{1}{2}\sum_{i=1}^{n}\sum_{j=1}^{i}\sum_{k=1}^{i} \mathrm{Trace}(\boldsymbol{U}_{ij}\boldsymbol{I}_i\boldsymbol{U}_{ik}^{\mathrm{T}}\dot{\boldsymbol{q}}_j\dot{\boldsymbol{q}}_k) + \sum_{i=1}^{k}\frac{1}{2}\boldsymbol{I}_{ai}\dot{\boldsymbol{q}}_i^2 \\
&= \frac{1}{2}\sum_{i=1}^{n}\sum_{j=1}^{i}\sum_{k=1}^{i} \mathrm{Trace}(\boldsymbol{U}_{ij}\boldsymbol{I}_i\boldsymbol{U}_{ik}^{\mathrm{T}})\dot{\boldsymbol{q}}_j\dot{\boldsymbol{q}}_k + \frac{1}{2}\sum_{i=1}^{k}\boldsymbol{I}_{ai}\dot{\boldsymbol{q}}_i^2
\end{aligned}
\tag{4-146}
$$

式中，K_{ai} 为杆件 i 传动装置的动能；$\boldsymbol{I}_{ai}$ 为传动装置的等效转动惯量或等效质量；$\dot{\boldsymbol{q}}_i$ 为关节 i 的速度。

3）机器人的势能　如果机器人的总势能为 P，而各杆件的势能为 P_i，则有式(4-147)。

$$
P_i = -m_i \boldsymbol{g}\,{}^0\bar{\boldsymbol{r}}_i = -m_i\boldsymbol{g}({}^0\boldsymbol{T}_i\,{}^i\bar{\boldsymbol{r}}_i)
\tag{4-147}
$$

式中，$\boldsymbol{g}=[g_x \quad g_y \quad g_z \quad 0]$ 为基坐标系下重力的各分量；${}^i\bar{\boldsymbol{r}}_i=[{}^i\bar{x}_i \quad {}^i\bar{y}_i \quad {}^i\bar{z}_i \quad 1]^{\mathrm{T}}$ 为杆件 i 的质心在杆件 i 为基准的坐标系下的位置。

由式(4-147) 可计算机器人的总势能，即式(4-148)。

$$
P = \sum_{i=1}^{n} P_i = \sum_{i=1}^{n} -m_i\boldsymbol{g}({}^0\boldsymbol{T}_i\,{}^i\bar{\boldsymbol{r}}_i)
\tag{4-148}
$$

传动装置因重力而产生的势能一般很小，可以忽略不计。

4）动力学方程　在完成动能和势能两方面表达后，可以用拉格朗日函数描述具有完整约束的机器人系统。

依据式(4-146) 和式(4-148)，可以建立机器人的拉格朗日函数，即式(4-149)。

$$
L = K_t - P = \frac{1}{2}\sum_{i=1}^{n}\sum_{j=1}^{i}\sum_{k=1}^{i}\mathrm{Trace}(\boldsymbol{U}_{ij}\boldsymbol{I}_i\boldsymbol{U}_{ik}^{\mathrm{T}})\dot{\boldsymbol{q}}_j\dot{\boldsymbol{q}}_k + \frac{1}{2}\sum_{i=1}^{k}\boldsymbol{I}_{ai}\dot{\boldsymbol{q}}_i^2 + \sum_{i=1}^{n} m_i\boldsymbol{g}({}^0\boldsymbol{T}_i\,{}^i\bar{\boldsymbol{r}}_i)
\tag{4-149}
$$

计算拉格朗日函数的导数有

$$
\frac{\partial L}{\partial \boldsymbol{q}_i} = \sum_{j=1}^{n}\sum_{k=1}^{j}\mathrm{Trace}(\boldsymbol{U}_{jk}\boldsymbol{I}_j\boldsymbol{U}_{ji}^{\mathrm{T}})\dot{\boldsymbol{q}}_k + I_{ai}\dot{\boldsymbol{q}}_i
$$

$$
\begin{aligned}
\frac{\mathrm{d}}{\mathrm{d}t}\left(\frac{\partial L}{\partial \dot{\boldsymbol{q}}_i}\right) &= \sum_{j=1}^{n}\sum_{k=1}^{j}\mathrm{Trace}[\boldsymbol{U}_{jk}\boldsymbol{I}_j\boldsymbol{U}_{ji}^{\mathrm{T}}]\ddot{\boldsymbol{q}}_k + \sum_{j=1}^{n}\sum_{k=1}^{j}\sum_{m=1}^{j}\mathrm{Trace}(\boldsymbol{U}_{jkm}\boldsymbol{I}_j\boldsymbol{U}_{ji}^{\mathrm{T}})\dot{\boldsymbol{q}}_m\dot{\boldsymbol{q}}_k + \\
&\quad \sum_{j=1}^{n}\sum_{k=1}^{j}\sum_{m=1}^{j}\mathrm{Trace}(\boldsymbol{U}_{jkm}\boldsymbol{I}_j\boldsymbol{U}_{ji}^{\mathrm{T}})\dot{\boldsymbol{q}}_k\dot{\boldsymbol{q}}_m + \boldsymbol{I}_{ai}\ddot{\boldsymbol{q}}_i \\
&= \sum_{j=1}^{n}\sum_{k=1}^{j}\mathrm{Trace}(\boldsymbol{U}_{jk}\boldsymbol{I}_j\boldsymbol{U}_{ji}^{\mathrm{T}})\ddot{\boldsymbol{q}}_k + \boldsymbol{I}_{ai}\ddot{\boldsymbol{q}}_i + 2\sum_{j=1}^{n}\sum_{k=1}^{j}\sum_{m=1}^{j}\mathrm{Trace}(\boldsymbol{U}_{jkm}\boldsymbol{I}_j\boldsymbol{U}_{ji}^{\mathrm{T}})\dot{\boldsymbol{q}}_k\dot{\boldsymbol{q}}_m
\end{aligned}
$$

由此可以得到式(4-150)。

$$
\begin{aligned}
\frac{\partial L}{\partial \dot{\boldsymbol{q}}_i} &= \frac{1}{2}\sum_{j=1}^{n}\sum_{m=1}^{j}\sum_{k=1}^{j}\mathrm{Trace}(\boldsymbol{U}_{jmk}\boldsymbol{I}_j\boldsymbol{U}_{ji}^{\mathrm{T}})\dot{\boldsymbol{q}}_j\dot{\boldsymbol{q}}_k + \frac{1}{2}\sum_{j=1}^{n}\sum_{m=1}^{j}\sum_{k=1}^{j}\mathrm{Trace}(\boldsymbol{U}_{jik}\boldsymbol{I}_j\boldsymbol{U}_{jm}^{\mathrm{T}})\dot{\boldsymbol{q}}_j\dot{\boldsymbol{q}}_k + \\
&\quad \sum_{j=1}^{m} m_i\boldsymbol{g}\boldsymbol{U}_{ji}\,{}^j\bar{\boldsymbol{r}}_j \\
&= \sum_{j=1}^{n}\sum_{m=1}^{j}\sum_{k=1}^{j}\mathrm{Trace}(\boldsymbol{U}_{jmk}\boldsymbol{I}_j\boldsymbol{U}_{ji}^{\mathrm{T}})\dot{\boldsymbol{q}}_j\dot{\boldsymbol{q}}_k + \sum_{j=1}^{n} m_i\boldsymbol{g}\boldsymbol{U}_{ji}\,{}^j\bar{\boldsymbol{r}}_j
\end{aligned}
\tag{4-150}
$$

因此，可以得到工业机器人的动力学方程，即式(4-151)。

$$\begin{aligned}\boldsymbol{T}_i &= \frac{\mathrm{d}}{\mathrm{d}t}\left(\frac{\partial L}{\partial \dot{\boldsymbol{q}}_i}\right) - \frac{\partial L}{\partial \boldsymbol{q}_i} \\ &= \sum_{j=1}^{i}\sum_{k=1}^{i}\mathrm{Trace}(\boldsymbol{U}_{jk}\boldsymbol{I}_j\boldsymbol{U}_{ji}^{\mathrm{T}})\ddot{\boldsymbol{q}}_k + \boldsymbol{I}_{ai}\ddot{\boldsymbol{q}}_i \\ &= \sum_{j=1}^{n}\sum_{k=1}^{j}\sum_{m=1}^{j}\mathrm{Trace}(\boldsymbol{U}_{jkm}\boldsymbol{I}_j\boldsymbol{U}_{ji}^{\mathrm{T}})\dot{\boldsymbol{q}}_k\dot{\boldsymbol{q}}_m - \sum_{j=1}^{n} m_j \boldsymbol{g}\boldsymbol{U}_{ji}{}^{j}\bar{\boldsymbol{r}}_j \end{aligned} \tag{4-151}$$

式中，$i=1,2,\cdots,n$。

可以将式(4-149) 简化为矩阵符号形式，即得到式(4-152)。

$$\boldsymbol{\tau}_i = \sum_{k=1}^{n} D_{ik}\ddot{\boldsymbol{q}}_k + \boldsymbol{I}_{ai}\ddot{\boldsymbol{q}}_i + \sum_{k=1}^{j}\sum_{m=1}^{j} D_{ikm}\dot{\boldsymbol{q}}_k\dot{\boldsymbol{q}}_m + D_i \tag{4-152}$$

式中，$D_{ik} = \sum\limits_{j=\max(i,k)}^{n} \mathrm{Trace}(\boldsymbol{U}_{jk}\boldsymbol{I}_j\boldsymbol{U}_{ji}^{\mathrm{T}})$；$D_{ikm} = \sum\limits_{j=\max(i,k,m)}^{n} \mathrm{Trace}(\boldsymbol{U}_{jkm}\boldsymbol{I}_j\boldsymbol{U}_{ji}^{\mathrm{T}})$；$D_i = \sum\limits_{j=1}^{n}(-m_j\boldsymbol{g}\boldsymbol{U}_{ji}{}^{j}\bar{\boldsymbol{r}}_j)$。

在式(4-152) 中，第一部分是角加速度惯量项，第二部分是角驱动器惯量项，第三部分是科里奥利力（简称科氏力）和向心力项，最后是重力项。惯量项和重力项对于机器人系统的稳定性和定位精度至关重要。而向心力和科里奥利力在机器人低速运动时可以忽略，但在机器人高速运动时非常重要。

对于一个 6 轴转动关节机器人，式(4-152) 可以展开得到式(4-153)。

$$\begin{aligned} T_i =\ & D_{i1}\ddot{\theta}_1 + D_{i2}\ddot{\theta}_2 + D_{i3}\ddot{\theta}_3 + D_{i4}\ddot{\theta}_4 + D_{i5}\ddot{\theta}_5 + D_{i6}\ddot{\theta}_6 + I_{ai}\ddot{\theta} + \\ & D_{i11}\dot{\theta}_1^2 + D_{i22}\dot{\theta}_2^2 + D_{i33}\dot{\theta}_3^2 + D_{i44}\dot{\theta}_4^2 + D_{i55}\dot{\theta}_5^2 + D_{i66}\dot{\theta}_6^2 + \\ & D_{i12}\dot{\theta}_1\dot{\theta}_2 + D_{i13}\dot{\theta}_1\dot{\theta}_3 + D_{i14}\dot{\theta}_1\dot{\theta}_4 + D_{i15}\dot{\theta}_1\dot{\theta}_5 + D_{i16}\dot{\theta}_1\dot{\theta}_6 + \\ & D_{i21}\dot{\theta}_2\dot{\theta}_1 + D_{i23}\dot{\theta}_2\dot{\theta}_3 + D_{i24}\dot{\theta}_2\dot{\theta}_4 + D_{i25}\dot{\theta}_2\dot{\theta}_5 + D_{i26}\dot{\theta}_2\dot{\theta}_6 + \\ & D_{i31}\dot{\theta}_3\dot{\theta}_1 + D_{i32}\dot{\theta}_3\dot{\theta}_2 + D_{i34}\dot{\theta}_3\dot{\theta}_4 + D_{i35}\dot{\theta}_3\dot{\theta}_5 + D_{i36}\dot{\theta}_3\dot{\theta}_6 + \\ & D_{i41}\dot{\theta}_4\dot{\theta}_1 + D_{i42}\dot{\theta}_4\dot{\theta}_2 + D_{i43}\dot{\theta}_4\dot{\theta}_3 + D_{i45}\dot{\theta}_4\dot{\theta}_5 + D_{i46}\dot{\theta}_4\dot{\theta}_6 + \\ & D_{i51}\dot{\theta}_5\dot{\theta}_1 + D_{i52}\dot{\theta}_5\dot{\theta}_2 + D_{i53}\dot{\theta}_5\dot{\theta}_3 + D_{i54}\dot{\theta}_5\dot{\theta}_4 + D_{i56}\dot{\theta}_5\dot{\theta}_6 + \\ & D_{i61}\dot{\theta}_6\dot{\theta}_1 + D_{i62}\dot{\theta}_6\dot{\theta}_2 + D_{i63}\dot{\theta}_6\dot{\theta}_3 + D_{i64}\dot{\theta}_6\dot{\theta}_4 + D_{i65}\dot{\theta}_6\dot{\theta}_5 + D_i \end{aligned} \tag{4-153}$$

上述应用拉格朗日-欧拉方程在动能和势能两方面描述了具有完整约束的机器人系统。拉格朗日法虽然可导出标准形式的动力学模型，但涉及大量的偏微分推导和运算。

(2) 牛顿-欧拉法

牛顿-欧拉法属于经典力学体系，对于建模解决工程问题起着重要作用。牛顿-欧拉法具有物理意义清楚，容易求解系统内力等特点。应用牛顿-欧拉法分两步：首先向外迭代，计算出各个杆的角速度、角加速度、质心线加速度，进而计算出每个连杆的合外力（矩）；再向内迭代，计算出每个连杆的内力，进而得到关节力矩。

牛顿-欧拉法可以利用牛顿力学的刚体力学知识导出逆动力学的递推计算公式，再由它归纳出机器人动力学的数学模型，牛顿-欧拉法是建立机器人动力学方程的有效方法。利用牛顿方程和欧拉方程逐步迭代递推，即牛顿-欧拉法也可以计算机器人各关节的力和力矩。

牛顿方程可表示为式(4-154)。

$$F=\frac{\mathrm{d}(m\boldsymbol{v})}{\mathrm{d}t}=m\boldsymbol{a} \tag{4-154}$$

式中，$\boldsymbol{F}$ 为刚体所受总外力；m 为刚体的质量；$\boldsymbol{a}$ 为刚体的加速度。

欧拉方程可表示为式(4-155)。

$$\boldsymbol{M}=\frac{\mathrm{d}(\boldsymbol{I\omega})}{\mathrm{d}t}=\boldsymbol{I}\dot{\boldsymbol{\omega}}+\boldsymbol{\omega}\times(\boldsymbol{I\omega}) \tag{4-155}$$

式中，$\boldsymbol{M}$ 为刚体所受总外力矩；$\boldsymbol{\omega}$ 为刚体转动的角速度；$\dot{\boldsymbol{\omega}}$ 为刚体转动的角加速度；$\boldsymbol{I}$ 为刚体的惯量矩阵；$\boldsymbol{\omega}\times(\boldsymbol{I\omega})$ 为 $\boldsymbol{\omega}$ 和 $\boldsymbol{I\omega}$ 的矢量积。

若采用牛顿方程计算，其运动方程则有：

$$F-kx=ma\ ,F=ma+kx$$

式中，k 为弹性系数；x 为位移变化量。

牛顿-欧拉法动力学方程的闭式形式直接反映了输入与输出之间的动力学关系，即机器人加速度与驱动力之间的关系。应用牛顿-欧拉法建立动力学方程时，涉及机器人的转动坐标系和平移坐标系及杆件的运动学等。

1）转动坐标系和平移坐标系　通过对转动坐标系和平移坐标系的探讨，可以了解转动坐标系和平移坐标系下的速度和加速度如何变换为固定坐标下的速度和加速度。

如图 4-24 所示，惯性坐标系 $OX_aY_aZ_a$ 和转动坐标系 $OX_bY_bZ_b$ 其原点重合于 O 点，转动坐标系 OX_b、OY_b、OZ_b 轴围绕通过 O 点的某个轴 OQ 以角速度 ω 旋转。惯性坐标系 $OX_aY_aZ_a$ 沿各轴的方向矢量为（i_a，j_a，k_a），而转动坐标系 $OX_bY_bZ_b$ 沿各轴的方向矢量为（i_b，j_b，k_b）。对于转动坐标系 $OX_bY_bZ_b$ 下的固定点 r，其在惯性坐标系 $OX_aY_aZ_a$ 和转动坐标系 $OX_bY_bZ_b$ 下可表示为式(4-156)。

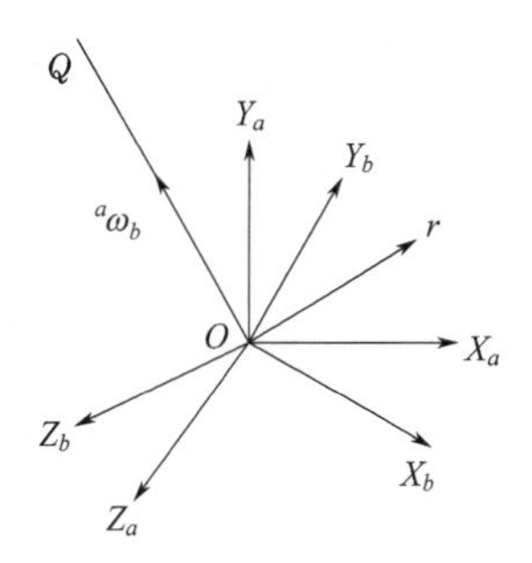

图 4-24　转动坐标系

$$\boldsymbol{r}=x_a\boldsymbol{i}_a+y_a\boldsymbol{j}_a+z_a\boldsymbol{k}_a\ ,\boldsymbol{r}=x_b\boldsymbol{i}_b+y_b\boldsymbol{j}_b+z_b\boldsymbol{k}_b \tag{4-156}$$

其在不同坐标下的导数可表示为式(4-157)。

$$\begin{gathered}\frac{\mathrm{d}^a\boldsymbol{r}}{\mathrm{d}t}=\dot{x}_a\boldsymbol{i}_a+\dot{y}_a\boldsymbol{j}_a+\dot{z}_a\boldsymbol{k}_a+x_a\frac{\mathrm{d}^a\boldsymbol{i}_a}{\mathrm{d}t}+y_a\frac{\mathrm{d}^a\boldsymbol{j}_a}{\mathrm{d}t}+z_a\frac{\mathrm{d}^a\boldsymbol{k}_a}{\mathrm{d}t}=\dot{x}_a\boldsymbol{i}_a+\dot{y}_a\boldsymbol{j}_a+\dot{z}_a\boldsymbol{k}_a\\ \frac{\mathrm{d}^b\boldsymbol{r}}{\mathrm{d}t}=\dot{x}_b\boldsymbol{i}_b+\dot{y}_b\boldsymbol{j}_b+\dot{z}_b\boldsymbol{k}_b+x_b\frac{\mathrm{d}^b\boldsymbol{i}_b}{\mathrm{d}t}+y_b\frac{\mathrm{d}^b\boldsymbol{j}_b}{\mathrm{d}t}+z_b\frac{\mathrm{d}^b\boldsymbol{k}_b}{\mathrm{d}t}=\dot{x}_b\boldsymbol{i}_b+\dot{y}_b\boldsymbol{j}_b+\dot{z}_b\boldsymbol{k}_b\end{gathered} \tag{4-157}$$

其中，$\frac{\mathrm{d}^a\boldsymbol{r}}{\mathrm{d}t}$ 表示 $\boldsymbol{r}$ 在坐标系 $OX_aY_aZ_a$ 下的导数；$\frac{\mathrm{d}^b\boldsymbol{r}}{\mathrm{d}t}$ 表示 $\boldsymbol{r}$ 在坐标系 $OX_bY_bZ_b$ 下的导数。

旋转坐标系下时间导数与惯性坐标系下时间导数之间的关系，可表示为式(4-158)。

$$\begin{aligned}\frac{\mathrm{d}^a\boldsymbol{r}}{\mathrm{d}t}&=\dot{x}_b\boldsymbol{i}_b+\dot{y}_b\boldsymbol{j}_b+\dot{z}_b\boldsymbol{k}_b+x_b\frac{\mathrm{d}^a\boldsymbol{i}_b}{\mathrm{d}t}+y_b\frac{\mathrm{d}^a\boldsymbol{j}_b}{\mathrm{d}t}+z_b\frac{\mathrm{d}^a\boldsymbol{k}_b}{\mathrm{d}t}\\&=\frac{\mathrm{d}^b\boldsymbol{r}}{\mathrm{d}t}+x_b\frac{\mathrm{d}^a\boldsymbol{i}_b}{\mathrm{d}t}+y_b\frac{\mathrm{d}^a\boldsymbol{j}_b}{\mathrm{d}t}+z_b\frac{\mathrm{d}^a\boldsymbol{k}_b}{\mathrm{d}t}\end{aligned} \tag{4-158}$$

为了求取 $\frac{\mathrm{d}^a \boldsymbol{i}_b}{\mathrm{d}t}$、$\frac{\mathrm{d}^a \boldsymbol{j}_b}{\mathrm{d}t}$、$\frac{\mathrm{d}^a \boldsymbol{k}_b}{\mathrm{d}t}$，假设坐标系 $OX_bY_bZ_b$ 绕通过原点 O 的轴 OQ 以角速度 $\boldsymbol{\omega}$ 旋转，$\boldsymbol{\omega}$ 为矢量，其大小和方向如图 4-25 所示。

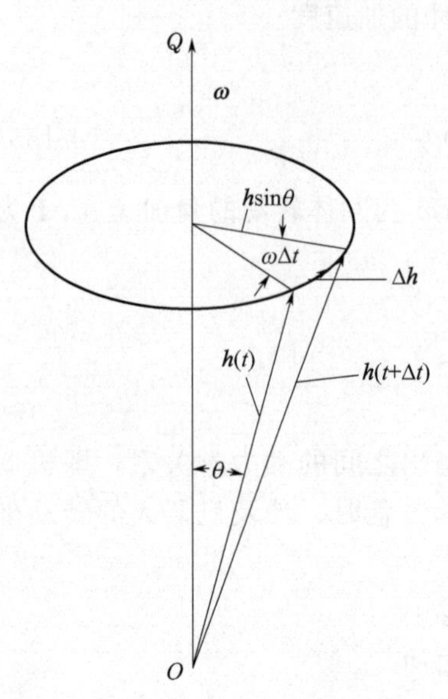

图 4-25 转动坐标系时间导数的计算

若 $\boldsymbol{h}$ 为坐标系 $OX_bY_bZ_b$ 中一固定矢量，则 $\frac{\mathrm{d}^b \boldsymbol{h}}{\mathrm{d}t}=0$，而 $\frac{\mathrm{d}\boldsymbol{h}}{\mathrm{d}t}=\boldsymbol{\omega}\times\boldsymbol{h}$ 。

由于 $|\boldsymbol{\omega}\times\boldsymbol{h}|=\boldsymbol{\omega h}\sin\theta$ ，$|\Delta\boldsymbol{h}|=(\boldsymbol{h}\sin\theta)(\boldsymbol{\omega}\Delta t)$ ，因此有

$$\frac{\mathrm{d}\boldsymbol{h}}{\mathrm{d}t}=\lim_{\Delta t\to 0}\frac{\boldsymbol{h}(t+\Delta t)-\boldsymbol{h}(t)}{\Delta t}=\lim_{\Delta t\to 0}\frac{\Delta\boldsymbol{h}}{\Delta t}$$

当 Δt 很小时，$\left|\frac{\Delta\boldsymbol{h}}{\Delta t}\right|=|\boldsymbol{\omega}\times\boldsymbol{h}|$ ，而且两者的矢量方向一致，因此 $\frac{\mathrm{d}^b\boldsymbol{h}}{\mathrm{d}t}=\boldsymbol{\omega}\times\boldsymbol{h}$ 显然成立，于是得到式(4-159)。

$$\begin{aligned}\frac{\mathrm{d}^a\boldsymbol{r}}{\mathrm{d}t}&=\frac{\mathrm{d}^b\boldsymbol{r}}{\mathrm{d}t}+x_b({}^a\boldsymbol{\omega}_b\times\boldsymbol{i}_b)+y_b({}^a\boldsymbol{\omega}_b\times\boldsymbol{j}_b)+z_b({}^a\boldsymbol{\omega}_b\times\boldsymbol{k}_b)\\&=\frac{\mathrm{d}^b\boldsymbol{r}}{\mathrm{d}t}+{}^a\boldsymbol{\omega}_b\times\boldsymbol{r}\end{aligned}\tag{4-159}$$

同理，可求得 $\boldsymbol{r}$ 的二阶时间导数 $\frac{\mathrm{d}^{2_a}\boldsymbol{r}}{\mathrm{d}t^2}$ ，即式(4-160)。

$$\begin{aligned}\frac{\mathrm{d}^{2_a}\boldsymbol{r}}{\mathrm{d}t^2}&=\frac{\mathrm{d}}{\mathrm{d}t}\left(\frac{\mathrm{d}^b\boldsymbol{r}}{\mathrm{d}t}\right)+{}^a\boldsymbol{\omega}_b\times\frac{\mathrm{d}^a\boldsymbol{r}}{\mathrm{d}t}+\frac{\mathrm{d}^a\boldsymbol{\omega}_b}{\mathrm{d}t}\times\boldsymbol{r}\\&=\frac{\mathrm{d}^{2_b}\boldsymbol{r}}{\mathrm{d}t^2}+{}^a\boldsymbol{\omega}_b\times\frac{\mathrm{d}^b\boldsymbol{r}}{\mathrm{d}t}+{}^a\boldsymbol{\omega}_b\times\left(\frac{\mathrm{d}^b\boldsymbol{r}}{\mathrm{d}t}+{}^a\boldsymbol{\omega}_b\times\boldsymbol{r}\right)+\frac{\mathrm{d}^a\boldsymbol{\omega}_b}{\mathrm{d}t}\times\boldsymbol{r}\\&=\frac{\mathrm{d}^{2_b}\boldsymbol{r}}{\mathrm{d}t^2}+2{}^a\boldsymbol{\omega}_b\times\frac{\mathrm{d}^b\boldsymbol{r}}{\mathrm{d}t}+{}^a\boldsymbol{\omega}_b\times({}^a\boldsymbol{\omega}_b\times\boldsymbol{r})+\frac{\mathrm{d}^a\boldsymbol{\omega}_b}{\mathrm{d}t}\times\boldsymbol{r}\end{aligned}\tag{4-160}$$

式(4-160) 称为科氏定理，其中第一项为 r 点相对于坐标系 $OX_bY_bZ_b$ 的加速度，第二项称为科里奥利加速度，第三项为 r 点绕轴转动的向心加速度。

在旋转坐标系的基础上，可以增加坐标系的平移运动。

如图 4-26 所示，r 点在坐标系 $OX_bY_bZ_b$ 和惯性坐标系 $OX_aY_aZ_a$ 中的矢量有如式(4-161) 所示的关系。

$$\boldsymbol{r}_a=\boldsymbol{r}_b+\boldsymbol{s}_a\tag{4-161}$$

若坐标系 $OX_bY_bZ_b$ 相对于惯性坐标系 $OX_aY_aZ_a$ 有平移和旋转运动，则 r 点在惯性坐标系中的速度可以用式(4-162) 表示。

$$\boldsymbol{v}(t)=\frac{\mathrm{d}^a\boldsymbol{r}_a}{\mathrm{d}t}=\frac{\mathrm{d}^a\boldsymbol{r}_b}{\mathrm{d}t}+\frac{\mathrm{d}^a\boldsymbol{s}_a}{\mathrm{d}t}=\frac{\mathrm{d}^a\boldsymbol{r}_b}{\mathrm{d}t}+{}^a\boldsymbol{\omega}_b\times\boldsymbol{r}_b+\frac{\mathrm{d}^a\boldsymbol{s}_a}{\mathrm{d}t}\tag{4-162}$$

r 点在惯性坐标系中的加速度可以用式(4-163) 表示。

$$\boldsymbol{a}(t)=\frac{\mathrm{d}\boldsymbol{v}(t)}{\mathrm{d}t}=\frac{\mathrm{d}^2\boldsymbol{r}_a}{\mathrm{d}t^2}+\frac{\mathrm{d}^2\boldsymbol{s}_a}{\mathrm{d}t^2}$$

$$=\frac{d^{b^2}\boldsymbol{r}_b}{dt}+2^a\boldsymbol{\omega}_b\times\frac{d^b\boldsymbol{r}}{dt}+{}^a\boldsymbol{\omega}_b\times({}^a\boldsymbol{\omega}_b\times\boldsymbol{r})+\frac{d\boldsymbol{\omega}}{dt}\times\boldsymbol{r}_b+\frac{d^{a^2}\boldsymbol{s}_a}{dt} \quad (4\text{-}163)$$

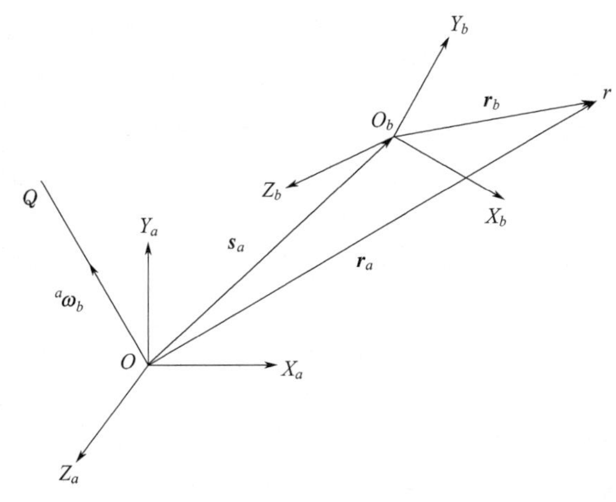

图 4-26　平移坐标系

2）杆件的运动学　如图 4-27 所示，(X_0, Y_0, Z_0) 为以 O 为原点的基坐标系，$(X_{i-1}, Y_{i-1}, Z_{i-1})$ 为建立在关节 i 上以 O^* 为原点的固连在杆件 $i-1$ 上的坐标系，而 (X_i, Y_i, Z_i) 为建立在关节 $i+1$ 上以 O' 为原点的固连在杆件 i 上的坐标系。原点 O' 在以 O 为原点的坐标系和以 O^* 为原点的坐标系中的位置矢量分别为 $\boldsymbol{p}_i$ 和 $\boldsymbol{p}_i^*$。O^* 在以 O 为原点的坐标系中的位置矢量为 $\boldsymbol{p}_{i-1}$。

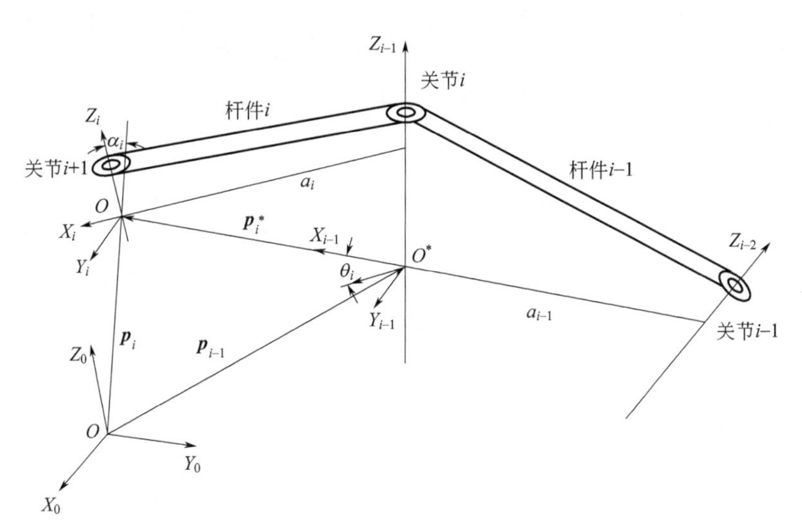

图 4-27　坐标系之间的关系

若 $\boldsymbol{v}_{i-1}$ 和 $\boldsymbol{\omega}_{i-1}$ 分别为坐标系 $(X_{i-1}, Y_{i-1}, Z_{i-1})$ 相对于基坐标系 (X_0, Y_0, Z_0) 的线速度和角速度，$\boldsymbol{\omega}_i$ 和 $\boldsymbol{\omega}_i^*$ 分别为原点 O' 相对于坐标系 (X_0, Y_0, Z_0) 和坐标系 $(X_{i-1}, Y_{i-1}, Z_{i-1})$ 的角速度，则坐标系 (X_i, Y_i, Z_i) 相对于基坐标系的线速度 $\boldsymbol{v}_i$ 和角速度 $\boldsymbol{\omega}_i$ 可分别表示为式(4-164) 和式(4-165)。

$$\boldsymbol{v}_i=\frac{d^*\boldsymbol{p}_i^*}{dt}+\boldsymbol{\omega}_{i-1}\times\boldsymbol{p}_i^*+\boldsymbol{v}_{i-1} \quad (4\text{-}164)$$

$$\boldsymbol{\omega}_i=\boldsymbol{\omega}_{i-1}+\boldsymbol{\omega}_i^* \tag{4-165}$$

坐标系（X_i，Y_i，Z_i）相对于基坐标系的线加速度 $\dot{\boldsymbol{v}}_i$ 和角加速度 $\dot{\boldsymbol{\omega}}_i$ 可分别表示为式(4-166) 和式(4-167)。

$$\dot{\boldsymbol{v}}_i=\frac{\mathrm{d}^{2*}\boldsymbol{p}_i^*}{\mathrm{d}t^2}+\dot{\boldsymbol{\omega}}_{i-1}\times\boldsymbol{p}_i^*+2\boldsymbol{\omega}_{i-1}\times\frac{\mathrm{d}^*\boldsymbol{p}_i^*}{\mathrm{d}t}+\boldsymbol{\omega}_{i-1}\times(\boldsymbol{\omega}_{i-1}\times\boldsymbol{p}_i^*)+\dot{\boldsymbol{v}}_{i-1} \tag{4-166}$$

$$\dot{\boldsymbol{\omega}}_i=\dot{\boldsymbol{\omega}}_{i-1}+\dot{\boldsymbol{\omega}}_i^* \tag{4-167}$$

因为坐标系（X_i，Y_i，Z_i）相对于坐标系（X_{i-1}，Y_{i-1}，Z_{i-1}）的角加速度为

$$\dot{\boldsymbol{\omega}}_i^*=\frac{\mathrm{d}^*\boldsymbol{\omega}_i^*}{\mathrm{d}t}+\boldsymbol{\omega}_{i-1}\times\boldsymbol{\omega}_i^*$$

所以有式(4-168) 成立。

$$\dot{\boldsymbol{\omega}}_i=\dot{\boldsymbol{\omega}}_{i-1}+\frac{\mathrm{d}^*\boldsymbol{\omega}_i^*}{\mathrm{d}t}+\boldsymbol{\omega}_{i-1}\times\boldsymbol{\omega}_i^* \tag{4-168}$$

对于杆件 i，若其在坐标系（X_{i-1}，Y_{i-1}，Z_{i-1}）中是移动的，它就沿 Z_{i-1} 方向相对于杆件 $i-1$ 以关节速度 $\dot{\boldsymbol{q}}_i$ 平移；若其在坐标系（X_{i-1}，Y_{i-1}，Z_{i-1}）中是转动的，它就绕 Z_{i-1} 轴相对杆件 $i-1$ 以角速度 $\boldsymbol{\omega}_i^*$ 转动，即式(4-169)。

$$\boldsymbol{\omega}_i^*=\begin{cases}\boldsymbol{Z}_{i-1}\dot{\boldsymbol{q}}_i & \text{杆件 } i \text{ 转动}\\ 0 & \text{杆件 } i \text{ 平移}\end{cases} \tag{4-169}$$

其中，$Z_{i-1}\dot{\boldsymbol{q}}_i$ 为杆件 i 在坐标系（X_{i-1}，Y_{i-1}，Z_{i-1}）下绕 Z_{i-1} 轴转动的角速度。

$$\frac{\mathrm{d}^*\boldsymbol{\omega}_i^*}{\mathrm{d}t}=\begin{cases}Z_{i-1}\ddot{\boldsymbol{q}}_i & \text{杆件 } i \text{ 转动}\\ 0 & \text{杆件 } i \text{ 平移}\end{cases} \tag{4-170}$$

其中，$Z_{i-1}\ddot{\boldsymbol{q}}_i$ 为杆件 i 在坐标系（X_{i-1}，Y_{i-1}，Z_{i-1}）下绕 Z_{i-1} 轴转动的角加速度。

由式(4-165)、式(4-168)～式(4-170)，可得式(4-171) 和式(4-172)。

$$\boldsymbol{\omega}_i=\begin{cases}\boldsymbol{\omega}_{i-1}+Z_{i-1}\dot{\boldsymbol{q}}_i & \text{杆件 } i \text{ 转动}\\ \boldsymbol{\omega}_{i-1} & \text{杆件 } i \text{ 平移}\end{cases} \tag{4-171}$$

$$\dot{\boldsymbol{\omega}}_i=\begin{cases}\dot{\boldsymbol{\omega}}_{i-1}+Z_{i-1}\ddot{\boldsymbol{q}}_i & \text{杆件 } i \text{ 转动}\\ \dot{\boldsymbol{\omega}}_{i-1} & \text{杆件 } i \text{ 平移}\end{cases} \tag{4-172}$$

杆件 i 相对于杆件 $i-1$ 的线速度和线加速度分别为式(4-173) 和式(4-174)。

$$\frac{\mathrm{d}^*\boldsymbol{p}_i^*}{\mathrm{d}t}=\begin{cases}\boldsymbol{\omega}_i^*\times\boldsymbol{p}_i^* & \text{杆件 } i \text{ 转动}\\ Z_{i-1}\dot{\boldsymbol{q}}_i & \text{杆件 } i \text{ 平移}\end{cases} \tag{4-173}$$

$$\frac{\mathrm{d}^{*2}\boldsymbol{p}_i^*}{\mathrm{d}t^2}=\begin{cases}\dfrac{\mathrm{d}^*\boldsymbol{\omega}_i^*}{\mathrm{d}t}\times\boldsymbol{p}_i^*+\boldsymbol{\omega}_i^*\times(\boldsymbol{\omega}_i^*\times\boldsymbol{p}_i^*) & \text{杆件 } i \text{ 转动}\\ Z_{i-1}\ddot{q}_i & \text{杆件 } i \text{ 平移}\end{cases} \tag{4-174}$$

依据式(4-164)、式(4-165) 和式(4-173)，则有式(4-175) 成立。

$$v_i=\begin{cases}\dot{\boldsymbol{\omega}}\times\boldsymbol{p}_i^*+\dot{\boldsymbol{v}}_{i-1} & \text{杆件 } i \text{ 转动}\\ Z_{i-1}\dot{\boldsymbol{q}}_i+\dot{\boldsymbol{\omega}}_{i-1}\times\boldsymbol{p}_i^*+\boldsymbol{v}_{i-1} & \text{杆件 } i \text{ 平移}\end{cases} \tag{4-175}$$

依据式(4-166)、式(4-169)～式(4-174)，则有式(4-176) 成立。

$$\dot{\boldsymbol{v}}_i=\begin{cases}\dot{\boldsymbol{\omega}}_i\times\boldsymbol{p}_i^*+\boldsymbol{\omega}_i\times(\boldsymbol{\omega}_i\times\boldsymbol{p}_i^*)+\boldsymbol{v}_{i-1} & \text{杆件 } i \text{ 转动}\\ Z_{i-1}\ddot{\boldsymbol{q}}_i+\boldsymbol{\omega}_{i-1}\times\boldsymbol{p}_i^*+2\boldsymbol{\omega}_{i-1}\times(Z_{i-1}\dot{\boldsymbol{q}}_i)+ & \\ \boldsymbol{\omega}_{i-1}\times(\boldsymbol{\omega}_{i-1}\times\boldsymbol{p}_i^*)+\boldsymbol{v}_{i-1} & \text{杆件 } i \text{ 平移}\end{cases} \tag{4-176}$$

由于杆件 i 平移运动时 $\omega_i=\omega_{i-1}$，所以式(4-176) 可改写为式(4-177)。

$$\dot{\boldsymbol{v}}_i=\begin{cases}\dot{\boldsymbol{\omega}}_i\times\boldsymbol{p}_i^*+\boldsymbol{\omega}_i\times(\boldsymbol{\omega}_i\times\boldsymbol{p}_i^*)+\boldsymbol{v}_{i-1} & \text{杆件 } i \text{ 转动}\\ Z_{i-1}\ddot{\boldsymbol{q}}_i+\dot{\boldsymbol{\omega}}_i\times\boldsymbol{p}_i^*+2\boldsymbol{\omega}_i\times(Z_{i-1}\dot{\boldsymbol{q}}_i)+ & \\ \boldsymbol{\omega}_i\times(\boldsymbol{\omega}_i\times\boldsymbol{p}_i^*)+\boldsymbol{v}_{i-1} & \text{杆件 } i \text{ 平移}\end{cases} \tag{4-177}$$

3）机器人的递归动力学方程　在对机器人杆件运动速度和加速度分析的基础上，利用牛顿方程和欧拉方程可以给出递归形式的机器人动力学方程。

$$\boldsymbol{F}=\frac{\mathrm{d}(m\boldsymbol{v})}{\mathrm{d}t}=m\boldsymbol{a}$$

$$\boldsymbol{M}=\frac{\mathrm{d}(\boldsymbol{I\omega})}{\mathrm{d}t}=\boldsymbol{I}\dot{\boldsymbol{\omega}}+\boldsymbol{\omega}\times(\boldsymbol{I\omega})$$

参照图 4-27 的定义，图 4-28 中 C 点为杆件 i 的质心，$\boldsymbol{r}_i^C$ 为杆件 i 的质心在基坐标系中的位置矢量；$\boldsymbol{s}_i$ 是杆件 i 的质心在坐标系（X_i，Y_i，Z_i）中的位置矢量，$\boldsymbol{f}_i$ 为杆件 $i-1$ 在坐标系(X_{i-1}，Y_{i-1}，Z_{i-1}) 中作用在杆件 i 上来支承杆件 i 及 i 上各杆件的力，$\boldsymbol{n}_i$ 为杆件 $i-1$ 在坐标系(X_{i-1}，Y_{i-1}，Z_{i-1}) 中作用在杆件 i 上的力矩。

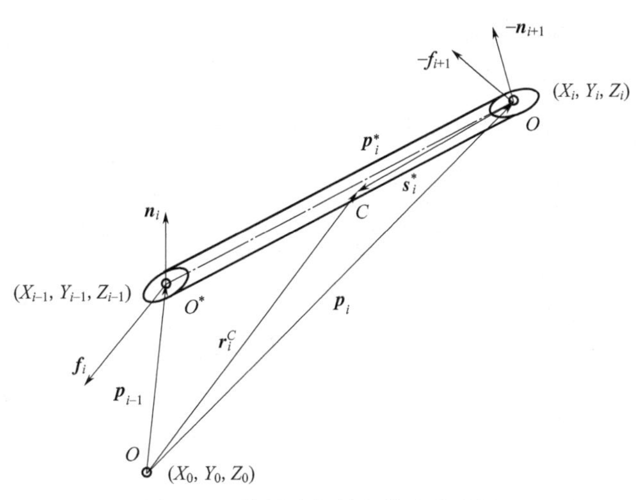

图 4-28　作用在杆件上的力和力矩

若杆件 i 的质量为 m_i，$\boldsymbol{F}_i$ 为作用于杆件 i 质心的总外力，$\boldsymbol{N}_i$ 为作用于杆件 i 质心的总外力矩，$\boldsymbol{I}_i$ 为坐标系（X_0，Y_0，Z_0）中杆件 i 相对于其质心的惯性矩阵，相对于坐标系（X_0，Y_0，Z_0）的杆件 i 的质心线速度为 $\boldsymbol{v}_i^C=\dfrac{\mathrm{d}\boldsymbol{r}_i^C}{\mathrm{d}t}$，线加速度 $\boldsymbol{a}_i^C=\dfrac{\mathrm{d}\boldsymbol{v}_i^C}{\mathrm{d}t}$，则有式(4-178) 和式(4-179)。

$$\boldsymbol{F}_i=\frac{\mathrm{d}(m_i\boldsymbol{v}_i)}{\mathrm{d}t}=m_i\boldsymbol{a}_i^C \tag{4-178}$$

$$\boldsymbol{N}_i=\frac{\mathrm{d}(I_i\boldsymbol{\omega}_i)}{\mathrm{d}t}=I_i\dot{\boldsymbol{\omega}}_i+\boldsymbol{\omega}_i\times(I_i\boldsymbol{\omega}_i) \tag{4-179}$$

杆件 i 质心的线速度和线加速度分别为式(4-180) 和式(4-181)。

$$\dot{\boldsymbol{v}}_i^C=\boldsymbol{\omega}_i\times\boldsymbol{s}_i+\boldsymbol{v}_i \tag{4-180}$$

$$\boldsymbol{a}_i^C=\dot{\boldsymbol{\omega}}_i\times\boldsymbol{s}_i+\boldsymbol{\omega}_i\times(\boldsymbol{\omega}_i\times\boldsymbol{s}_i)+\dot{\boldsymbol{v}}_i \tag{4-181}$$

杆件 i 上的总外力和总外力矩分别为式(4-182) 和式(4-183)。

$$\boldsymbol{F}_i=\boldsymbol{f}_i-\boldsymbol{f}_{i+1} \tag{4-182}$$

$$\begin{aligned}\boldsymbol{N}_i&=\boldsymbol{n}_i-\boldsymbol{n}_{i+1}+(\boldsymbol{p}_{i-1}-\boldsymbol{r}_i^C)\times\boldsymbol{f}_i-(\boldsymbol{p}_i-\boldsymbol{r}_i^C)\times\boldsymbol{f}_{i+1}\\&=\boldsymbol{n}_i-\boldsymbol{n}_{i+1}+(\boldsymbol{p}_{i-1}-\boldsymbol{r}_i^C)\times\boldsymbol{F}_i-\boldsymbol{p}_i^*\times\boldsymbol{f}_{i+1}\end{aligned} \tag{4-183}$$

将上述两式可以转化成递归方程形式，分别为式(4-184) 和式(4-185)。

$$\boldsymbol{f}_i=\boldsymbol{F}_i+\boldsymbol{f}_{i+1} \tag{4-184}$$

$$\boldsymbol{n}_i=\boldsymbol{n}_{i+1}+\boldsymbol{p}_i^*\times\boldsymbol{f}_{i+1}+(\boldsymbol{p}_i^*+\boldsymbol{s}_i)\times\boldsymbol{F}+\boldsymbol{N}_i \tag{4-185}$$

通过上述方程可以计算 n 个杆件的机器人各杆件所受的力和力矩 $(\boldsymbol{f}_i,\boldsymbol{n}_i),i=1,2,\cdots,n$，其中 $\boldsymbol{f}_{i+1}$ 和 $\boldsymbol{n}_{i+1}$ 为机器人手部作用在外部物体上的力和力矩。

依据杆件之间的运动学关系可以得到关节 i 的输入力或力矩，即式(4-186)。

$$\boldsymbol{\tau}_i=\begin{cases}\boldsymbol{n}_i^{\mathrm{T}}\boldsymbol{Z}_{i-1}+b_i\dot{\boldsymbol{q}}_i & \text{杆件 } i \text{ 转动}\\ \boldsymbol{f}_i^{\mathrm{T}}\boldsymbol{Z}_{i-1}+b_i\dot{\boldsymbol{q}}_i & \text{杆件 } i \text{ 平移}\end{cases} \tag{4-186}$$

式中，$\boldsymbol{\tau}_i$ 为关节 i 输出的力或力矩；b_i 为关节 i 的阻尼黏滞系数；$\boldsymbol{q}_i$ 为关节 i 的转动弧度或移动位移；$\boldsymbol{Z}_{i-1}$ 为坐标系（X_{i-1}，Y_{i-1}，Z_{i-1}）沿主轴的单位矢量。

对于基座与地基固定在一起的情况，杆件 0 静止，则

$$\boldsymbol{\omega}_0=\dot{\boldsymbol{\omega}}_0=\boldsymbol{0}，\boldsymbol{v}_0=\boldsymbol{0}'，\dot{\boldsymbol{v}}_0=\boldsymbol{g}=[g_x \quad g_y \quad g_z]^{\mathrm{T}}$$

前述的杆件运动学和递归动力学方程都是转化到基准坐标系进行计算，为了计算方便，也可以将杆件运动学和递归动力学方程转化到各杆件自身所在的坐标系进行计算。在各杆件自身坐标系中，前面的杆件运动学和递归动力学方程可以描述为式(4-187)～式(4-195)。

$${}^i\boldsymbol{T}_0\boldsymbol{\omega}_i=\begin{cases}{}^i\boldsymbol{T}_{i-1}({}^{i-1}\boldsymbol{T}_0\boldsymbol{\omega}_{i-1}+\boldsymbol{Z}_0\dot{\boldsymbol{q}}_{i1} & \text{杆件 } i \text{ 转动}\\ {}^i\boldsymbol{T}_{i-1}({}^{i-1}\boldsymbol{T}_0\boldsymbol{\omega}_{i-1}) & \text{杆件 } i \text{ 平移}\end{cases} \tag{4-187}$$

$${}^i\boldsymbol{T}_0\dot{\boldsymbol{\omega}}_i=\begin{cases}{}^i\boldsymbol{T}_{i-1}[{}^{i-1}\boldsymbol{T}_0\dot{\boldsymbol{\omega}}_{i-1}+\boldsymbol{Z}_0\ddot{\boldsymbol{q}}_i+({}^{i-1}\boldsymbol{T}_0\boldsymbol{\omega}_{i-1})\times\boldsymbol{Z}_0\dot{\boldsymbol{q}}_i] & \text{杆件 } i \text{ 转动}\\ {}^i\boldsymbol{T}_{i-1}({}^{i-1}\boldsymbol{T}_0\dot{\boldsymbol{\omega}}_{i-1}) & \text{杆件 } i \text{ 平移}\end{cases} \tag{4-188}$$

$${}^i\boldsymbol{T}_0\dot{\boldsymbol{v}}_i=\begin{cases}({}^i\boldsymbol{T}_0\dot{\boldsymbol{\omega}}_i)\times({}^i\boldsymbol{T}_0\boldsymbol{p}_i^*)+({}^i\boldsymbol{T}_0\boldsymbol{\omega}_i)\times\\ [({}^i\boldsymbol{T}_0\boldsymbol{\omega}_i)\times({}^i\boldsymbol{T}_0\dot{\boldsymbol{\omega}}_i)]+{}^i\boldsymbol{T}_{i-1}({}^{i-1}\boldsymbol{T}_0\dot{\boldsymbol{v}}_{i-1}) & \text{杆件 } i \text{ 转动}\\ {}^i\boldsymbol{T}_{i-1}(\boldsymbol{Z}_0\ddot{\boldsymbol{q}}_i+{}^{i-1}\boldsymbol{T}_0\dot{\boldsymbol{v}}_{i-1})+({}^i\boldsymbol{T}_0\dot{\boldsymbol{\omega}}_i)\times({}^i\boldsymbol{T}_0\boldsymbol{p}_i^*)+2({}^i\boldsymbol{T}_0\boldsymbol{\omega}_i)\times\\ ({}^i\boldsymbol{T}_{i-1}\boldsymbol{Z}_0\dot{\boldsymbol{q}}_i)+({}^i\boldsymbol{T}_0\boldsymbol{\omega}_i)\times[({}^i\boldsymbol{T}_0\boldsymbol{\omega}_i)\times({}^i\boldsymbol{T}_0\boldsymbol{p}_i^*)] & \text{杆件 } i \text{ 平移}\end{cases} \tag{4-189}$$

$${}^i\boldsymbol{T}_0\boldsymbol{a}_i^C=({}^i\boldsymbol{T}_0\dot{\boldsymbol{\omega}}_i)\times({}^i\boldsymbol{T}_0\boldsymbol{s}_i)+({}^i\boldsymbol{T}_0\boldsymbol{\omega}_i)\times[({}^i\boldsymbol{T}_0\boldsymbol{\omega}_i)\times({}^i\boldsymbol{T}_0\boldsymbol{s}_i)]+{}^i\boldsymbol{T}_0\dot{\boldsymbol{v}}_i \tag{4-190}$$

$${}^i\boldsymbol{T}_0\boldsymbol{F}_i=m_i\,{}^i\boldsymbol{T}_0\boldsymbol{a}_i^C \tag{4-191}$$

$${}^i\boldsymbol{T}_0\boldsymbol{N}_i=({}^i\boldsymbol{T}_0\boldsymbol{I}_i\,{}^i\boldsymbol{T}_i)({}^i\boldsymbol{T}_0\dot{\boldsymbol{\omega}}_i)+({}^i\boldsymbol{T}_0\boldsymbol{\omega}_i)\times[({}^i\boldsymbol{T}_0\boldsymbol{I}_i\,{}^i\boldsymbol{T}_i)({}^i\boldsymbol{T}_0\boldsymbol{\omega}_i)] \tag{4-192}$$

$${}^i\boldsymbol{T}_0\boldsymbol{f}_i={}^i\boldsymbol{T}_{i+1}({}^{i+1}\boldsymbol{T}_0\boldsymbol{f}_{i+1})+{}^i\boldsymbol{T}_0\boldsymbol{F}_i \tag{4-193}$$

$$\begin{aligned}{}^i\boldsymbol{T}_0\boldsymbol{n}_i={}&{}^i\boldsymbol{T}_{i+1}[{}^{i+1}\boldsymbol{T}_0\boldsymbol{n}_{i+1}+({}^{i+1}\boldsymbol{T}_0\boldsymbol{p}_i^*)\times({}^{i+1}\boldsymbol{T}_0\boldsymbol{f}_{i+1})]+\\&({}^i\boldsymbol{T}_0\boldsymbol{p}_i^*+{}^{i+1}\boldsymbol{T}_0\boldsymbol{s}_i)\times({}^i\boldsymbol{T}_0\boldsymbol{F}_i)+{}^i\boldsymbol{T}_0\boldsymbol{N}_i\end{aligned} \tag{4-194}$$

$$\boldsymbol{\tau}_i=\begin{cases}({}^i\boldsymbol{T}_0\boldsymbol{n}_i)^{\mathrm{T}}({}^i\boldsymbol{T}_{i-1}\boldsymbol{z}_0)+b_i\dot{\boldsymbol{q}}_i & \text{杆件 } i \text{ 转动}\\ ({}^i\boldsymbol{T}_0\boldsymbol{f}_i)^{\mathrm{T}}({}^i\boldsymbol{T}_{i-1}\boldsymbol{z}_0)+b_i\dot{\boldsymbol{q}}_i & \text{杆件 } i \text{ 平移}\end{cases} \tag{4-195}$$

式中，$\boldsymbol{Z}_0=[0 \quad 0 \quad 1]^{\mathrm{T}}$；${}^i\boldsymbol{T}_0\boldsymbol{s}_i$ 为杆件 i 的质心在坐标系（X_i，Y_i，Z_i）中的位置；

$({}^{i}\boldsymbol{T}_0\boldsymbol{I}_i{}^{i}\boldsymbol{T}_i)$ 为在坐标系(X_i, Y_i, Z_i)中杆件 i 相对于其质心的惯性矩阵；${}^{i}\boldsymbol{T}_0\boldsymbol{p}_i^*$ 为坐标系$(X_{i-1}, Y_{i-1}, Z_{i-1})$原点指向坐标系$(X_i, Y_i, Z_i)$原点的矢量在坐标系$(X_i, Y_i, Z_i)$中的位置，其值为式(4-196)。

$$
{}^{i}\boldsymbol{T}_0\boldsymbol{p}_i^* = \left[\alpha_i \quad d_i\sin\alpha \quad d_i\cos\alpha\right] \tag{4-196}
$$

上述牛顿-欧拉法是将杆件相互的约束力及相对运动作为向量进行处理，根据力和力矩的平衡来推导运动方程式。应用牛顿-欧拉法，需要首先求出铰链内力。该方法的主要特征是必须考虑三维空间内的力和力矩的平衡，繁复的计算少，可以避免拉格朗日法涉及的大量偏微分推导和运算。

(3) 机器人动力学参数辨识

机器人动力学模型是机器人研究的基础，而动力学参数辨识是获得动力学模型的有效途径之一。机器人动力学参数辨识一般包含：建模、激励轨迹设计、数据采样处理、参数估计及模型验证等，如图 4-29 所示。

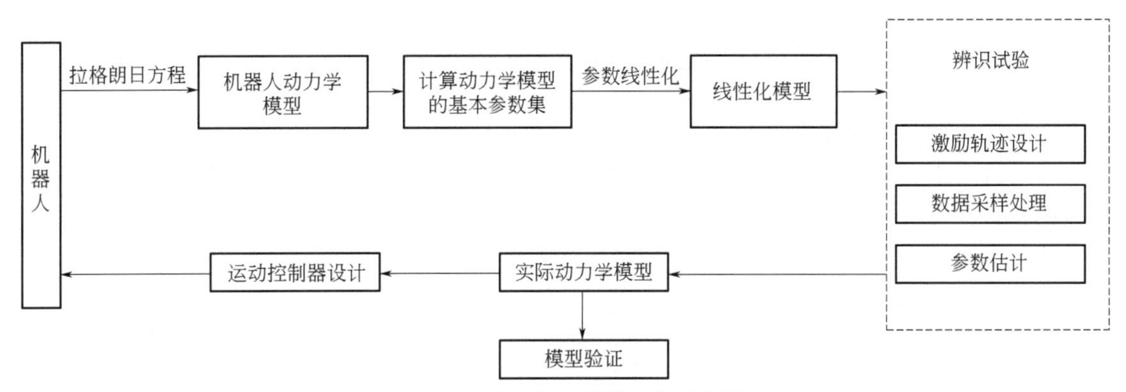

图 4-29　动力学参数辨识主要步骤

其中激励轨迹选择、数据采样精度和参数估计方法决定了参数辨识的精度。

在动力学参数辨识中可以采用基于模型的控制算法。对于基于模型的控制算法来说，随着关节数目的增加，其计算量将呈指数增长。同时，由于模型复杂度的增长、参数数目的增加，参数辨识方法的应用变得烦冗，参数辨识的精度难以保证。因此，当关节数目大于 3 时，基于模型的控制算法难以适用，此时可以考虑应用其他的控制算法。

4.4 实例

动力学分析的方法有很多种，如 *Lagrange* 方法、*Newton-Euler* 方法、*Gauss* 方法、*Kane* 方法、旋量（对偶数）方法和 *Roberson-Wittenberg* 方法等。动力学分析推导的过程也是消除内力，建立驱动力与运动之间的关系的过程。

4.4.1 拉格朗日-欧拉法在两自由度机械臂的应用

下面以两自由度机器臂为例，探讨拉格朗日-欧拉法的应用[14]。

(1) 机器臂构型方案

对于两自由度机械臂，其构型方案及建立坐标系如图 4-30 所示。

图 4-30 中的构型方案中包括了机器人的相关参数。

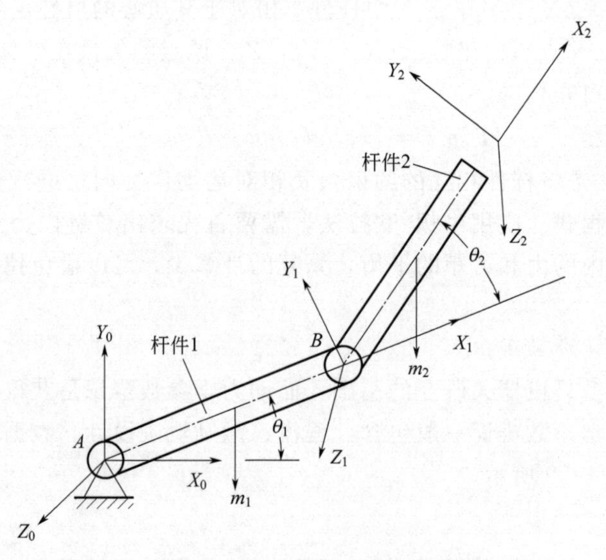

图 4-30 两自由度机械臂构型方案及建立坐标系

(2) 动力学模型的建立

通过机器人动力学建模得出描述机器人驱动力、负载及加速度的动力学方程，以表达机器人的动力学特性。

依据图 4-30，机器人关节和杆件的参数为：$d_1=0, d_2=0, a_1=l, a_2=l, \alpha_1=0, \alpha_2=0$，则有

$$
{}^0\boldsymbol{T}_1=\begin{bmatrix}\cos\theta_1 & -\sin\theta_1 & 0 & l\cos\theta_1\\ \sin\theta_1 & \cos\theta_1 & 1 & l\sin\theta_1\\ 0 & 0 & 1 & 0\\ 0 & 0 & 0 & 1\end{bmatrix},\ {}^1\boldsymbol{T}_2=\begin{bmatrix}\cos\theta_2 & -\sin\theta_2 & 0 & l\cos\theta_2\\ \sin\theta_2 & \cos\theta_2 & 1 & l\sin\theta_2\\ 0 & 0 & 1 & 0\\ 0 & 0 & 0 & 1\end{bmatrix},
$$

$$
{}^0\boldsymbol{T}_2={}^0\boldsymbol{T}_1{}^1\boldsymbol{T}_2\begin{bmatrix}\cos(\theta_1+\theta_2) & -\sin(\theta_1+\theta_2) & 0 & l[\cos(\theta_1+\theta_2)+\cos\theta_1]\\ \sin(\theta_1+\theta_2) & \cos(\theta_1+\theta_2) & 1 & l[\cos(\theta_1+\theta_2)+\sin\theta_1]\\ 0 & 0 & 1 & 0\\ 0 & 0 & 0 & 1\end{bmatrix},
$$

由于只有转动关节，依据式(4-135)，则有

$$
\boldsymbol{Q}=\begin{bmatrix}0 & -1 & 0 & 0\\ 1 & 0 & 0 & 0\\ 0 & 0 & 0 & 0\\ 0 & 0 & 0 & 0\end{bmatrix}
$$

依据式(4-137)，有

$$
\boldsymbol{U}_{ij}\triangleq\frac{\partial\,({}^0\boldsymbol{T}_i)}{\partial\,\boldsymbol{q}_j}=\frac{\partial\,({}^0\boldsymbol{T}_1{}^2\boldsymbol{T}_2\cdots{}^{j-1}\boldsymbol{T}_j\cdots{}^{i-1}\boldsymbol{T}_i)}{\partial\,\boldsymbol{q}_j}={}^0\boldsymbol{T}_1{}^2\boldsymbol{T}_2\cdots\boldsymbol{Q}_j{}^{j-1}\boldsymbol{T}_j\cdots{}^{i-1}\boldsymbol{T}_i
$$

所以，

$$\boldsymbol{U}_{11}=\boldsymbol{Q}^0\boldsymbol{T}_1=\begin{bmatrix}-\sin\theta_1 & -\cos\theta_1 & 0 & l\sin\theta_1\\ \cos\theta_1 & -\sin\theta_1 & 0 & l\cos\theta_1\\ 0 & 0 & 0 & 0\\ 0 & 0 & 0 & 0\end{bmatrix},$$

$$\boldsymbol{U}_{12}=\frac{\partial({}^0\boldsymbol{T}_1)}{\partial\theta_2}=0,$$

$$\boldsymbol{U}_{111}=\frac{\partial(\boldsymbol{Q}^0\boldsymbol{T}_1)}{\partial\theta_1}=\boldsymbol{Q}\boldsymbol{Q}^0\boldsymbol{T}_1,$$

$$\boldsymbol{U}_{112}=\frac{\partial(\boldsymbol{Q}^0\boldsymbol{T}_1)}{\partial\theta_2}=0,$$

$$\boldsymbol{U}_{21}=\boldsymbol{Q}^0\boldsymbol{T}_1{}^1\boldsymbol{T}_2\begin{bmatrix}-\sin(\theta_1+\theta_2) & -\cos(\theta_1+\theta_2) & 0 & -l[\sin(\theta_1+\theta_2)+\sin\theta_1]\\ \cos(\theta_1+\theta_2) & -\sin(\theta_1+\theta_2) & 1 & l[\cos(\theta_1+\theta_2)+\cos\theta_1]\\ 0 & 0 & 0 & 0\\ 0 & 0 & 0 & 0\end{bmatrix},$$

$$\boldsymbol{U}_{211}=\frac{\partial(\boldsymbol{Q}^0\boldsymbol{T}_1{}^1\boldsymbol{T}_2)}{\partial\theta_1}=\boldsymbol{Q}\boldsymbol{Q}^0\boldsymbol{T}_1{}^1\boldsymbol{T}_2,$$

$$\boldsymbol{U}_{212}=\frac{\partial(\boldsymbol{Q}^0\boldsymbol{T}_1{}^1\boldsymbol{T}_2)}{\partial\theta_2}=\boldsymbol{Q}^0\boldsymbol{T}_1\boldsymbol{Q}^1\boldsymbol{T}_2,$$

$$\boldsymbol{U}_{22}={}^0\boldsymbol{T}_1\boldsymbol{Q}^1\boldsymbol{T}_2\begin{bmatrix}-\sin(\theta_1+\theta_2) & -\cos(\theta_1+\theta_2) & 0 & -l\sin(\theta_1+\theta_2)\\ \cos(\theta_1+\theta_2) & -\sin(\theta_1+\theta_2) & 1 & l\cos(\theta_1+\theta_2)\\ 0 & 0 & 0 & 0\\ 0 & 0 & 0 & 0\end{bmatrix},$$

依据式(4-144)，则有

$$\boldsymbol{I}_1=\begin{bmatrix}\frac{1}{3}m_1l^2 & 0 & 0 & -\frac{1}{2}m_1l^2\\ 0 & 0 & 0 & 0\\ 0 & 0 & 0 & 0\\ -\frac{1}{2}m_1l^2 & 0 & 0 & m_1\end{bmatrix},$$

$$\boldsymbol{I}_2=\begin{bmatrix}\frac{1}{3}m_2l^2 & 0 & 0 & -\frac{1}{2}m_2l^2\\ 0 & 0 & 0 & 0\\ 0 & 0 & 0 & 0\\ -\frac{1}{2}m_2l^2 & 0 & 0 & m_2\end{bmatrix}$$

依据式(4-152)，则有

$$\tau_1=D_{11}\ddot{\theta}_1+D_{12}\ddot{\theta}_2+D_{111}\dot{\theta}_1^2+D_{122}\dot{\theta}_2^2+2D_{112}\dot{\theta}_1\dot{\theta}_2+D_1+I_{a1}\ddot{\theta}_1,$$

$$\tau_2=D_{21}\ddot{\theta}_1+D_{22}\ddot{\theta}_2+D_{211}\dot{\theta}_1^2+D_{222}\dot{\theta}_2^2+2D_{212}\dot{\theta}_1\dot{\theta}_2+D_2+I_{a2}\ddot{\theta}_2$$

其中：

$$D_{11}=\text{Trace}(\boldsymbol{U}_{11}\boldsymbol{I}_1\boldsymbol{U}_{11}{}^{\text{T}})+\text{Trace}(\boldsymbol{U}_{21}I_2\boldsymbol{U}_{21}{}^{\text{T}})=\frac{1}{3}m_1l^2+\frac{4}{3}m_2l^2+m_2l^2\cos\theta_2;$$

$$D_{12}=\text{Trace}(\boldsymbol{U}_{22}\boldsymbol{I}_2\boldsymbol{U}_{21}{}^{\text{T}})=\frac{1}{3}m_2l^2+\frac{1}{2}m_2l^2\cos\theta_2;$$

$$D_{111}=\text{Trace}(\boldsymbol{U}_{11}\boldsymbol{I}_1\boldsymbol{U}_{11}{}^{\text{T}})+\text{Trace}(\boldsymbol{U}_{211}\boldsymbol{I}_2\boldsymbol{U}_{21}{}^{\text{T}})=0;$$

$$D_{122}=\text{Trace}(\boldsymbol{U}_{222}\boldsymbol{I}_2\boldsymbol{U}_{21}{}^{\text{T}})=-\frac{1}{2}m_2l^2\sin\theta_2;$$

$$D_{112}=\text{Trace}(\boldsymbol{U}_{212}\boldsymbol{I}_2\boldsymbol{U}_{21}{}^{\text{T}})=-\frac{1}{2}m_2l^2\sin\theta_2;$$

$$D_{21}=\text{Trace}(\boldsymbol{U}_{21}\boldsymbol{I}_2\boldsymbol{U}_{22}{}^{\text{T}})=-\frac{1}{3}m_2l^2+\frac{1}{2}m_2l^2\cos\theta_2;$$

$$D_{22}=\text{Trace}(\boldsymbol{U}_{22}\boldsymbol{I}_2\boldsymbol{U}_{22}{}^{\text{T}})=\frac{1}{3}m_2l^2;$$

$$D_{211}=\text{Trace}(\boldsymbol{U}_{211}\boldsymbol{I}_2\boldsymbol{U}_{22}{}^{\text{T}})=\frac{1}{2}m_2l^2\sin\theta_2;$$

$$D_{222}=\text{Trace}(\boldsymbol{U}_{222}\boldsymbol{I}_2\boldsymbol{U}_{22}{}^{\text{T}})=0;$$

$$D_{212}=\text{Trace}(\boldsymbol{U}_{212}\boldsymbol{I}_2\boldsymbol{U}_{22}{}^{\text{T}})=0。$$

对于 $\boldsymbol{g}=[0\quad -g\quad 0\quad 0]$，${}^1\overline{\boldsymbol{r}}_1={}^2\overline{\boldsymbol{r}}_2=\begin{bmatrix}-\frac{l}{2} & 0 & 0 & 1\end{bmatrix}^{\text{T}}$，则有

$$D_1=-m_1\boldsymbol{g}\boldsymbol{U}_{11}{}^1\overline{\boldsymbol{r}}_1-m_2\boldsymbol{g}\boldsymbol{U}_{21}{}^2\overline{\boldsymbol{r}}_2=\frac{1}{2}m_1gl\cos\theta_1+\frac{1}{2}m_2gl\cos(\theta_1+\theta_2)+m_2gl\cos\theta_1$$

$$D_2=-m_1\boldsymbol{g}\boldsymbol{U}_{12}{}^1\overline{\boldsymbol{r}}_1-m_2\boldsymbol{g}\boldsymbol{U}_{22}{}^2\overline{\boldsymbol{r}}_2=\frac{1}{2}m_2gl\cos(\theta_1+\theta_2)$$

所以，可以建立两自由度机器人动力学方程，为

$$\begin{bmatrix}T_1\\T_2\end{bmatrix}=\begin{bmatrix}-\frac{1}{3}m_1l^2+\frac{4}{3}m_2l^2+m_2l^2\cos\theta_2 & -\frac{1}{3}m_2l^2+\frac{1}{2}m_2l^2\cos\theta_2\\ -\frac{1}{3}m_2l^2+\frac{1}{2}m_2l^2\cos\theta_2 & \frac{1}{3}m_2l^2\end{bmatrix}\begin{bmatrix}\ddot{\theta}_1\\\ddot{\theta}_2\end{bmatrix}+$$

$$\begin{bmatrix}0 & -\frac{1}{2}m_2l^2\sin\theta_2\\ \frac{1}{2}m_2l^2\sin\theta_2 & 0\end{bmatrix}\begin{bmatrix}\dot{\theta}_1\\\dot{\theta}_2\end{bmatrix}+\begin{bmatrix}-\frac{1}{2}m_2l^2\sin\theta_2 & -\frac{1}{2}m_2l^2\sin\theta_2\\ 0 & 0\end{bmatrix}\begin{bmatrix}\dot{\theta}_1 & \dot{\theta}_2\\\dot{\theta}_2 & \dot{\theta}_1\end{bmatrix}+$$

$$\begin{bmatrix}\frac{1}{2}m_1gl\cos\theta_1+\frac{1}{2}m_2gl\cos(\theta_1+\theta_2)+m_2gl\cos\theta_1\\ \frac{1}{2}m_2gl\cos(\theta_1+\theta_2)\end{bmatrix}+\begin{bmatrix}I_{a1} & 0\\0 & I_{a2}\end{bmatrix}\begin{bmatrix}\ddot{\theta}_1\\\ddot{\theta}_2\end{bmatrix}$$

4.4.2 拉格朗日法在搬运机器人的应用

下面以六自由度搬运机器人为例，探讨拉格朗日法的应用。

(1) 机器人构型方案

通常来说，搬运活动的运动位置轨迹点设置较多，例如“货件”位置包含抓取点位、点

位上方，即分为两个点位，且采用正交移动方式，这两个点位程序的设计及过程一般为：先将机械臂移动到“货件”抓取点，并记录该位置点，而后再次运用正交移动方式将手爪向上移动至对应的高度，再记录该位置点。由此，可以得到六自由度搬运机器人构型方案[35,36]，如图 4-31 所示。

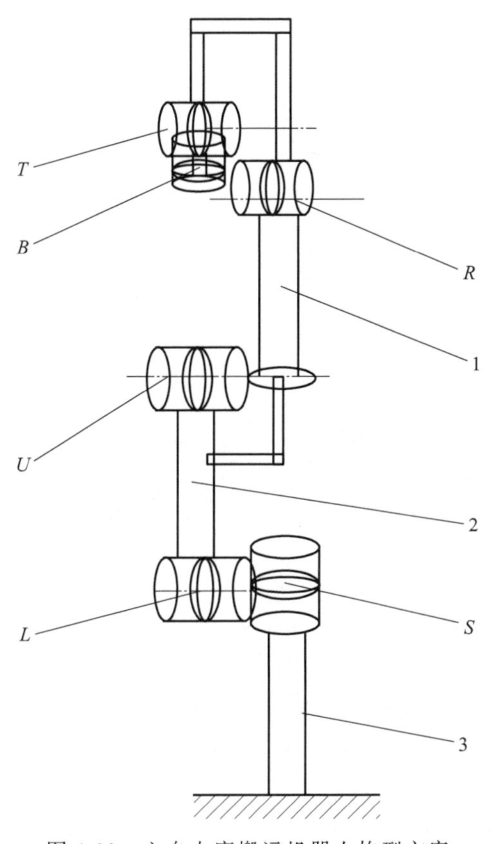

图 4-31　六自由度搬运机器人构型方案

1—小臂管；2—大臂管；3—基座；S—大臂回转关节；L—大臂摆动关节；U—小臂仰俯关节；R—小臂回转关节；B—腕部仰俯关节；T—腕部回转关节

六自由度搬运机器人包括小臂管、大臂管及基座等。关节结构简单，主要由关节、外壳、电机及减速器等构成，可以在一定负载和精度下较好地应用于重复规律的搬运工作，机器人内部没有过多复杂的结构，各关节重量轻，体积小，灵活性高。

图 4-31 中机器人具有六个自由度。其中 S、L、U 为前三个大关节，R、B、T 为后三个小关节。即 S 为大臂回转关节，L 为大臂摆动关节，U 为小臂仰俯关节，R 为小臂回转关节，B 为腕部仰俯关节，T 为腕部回转关节。外部构型只有 L、U 关节和 U、R 关节通过臂管连接，其他关节都直接相连，机器人后三个关节相互垂直。各关节分别由电机和减速器控制，能较好地应用于重复规律的搬运工作。

（2）动力学模型的建立

1）机器人连杆坐标系　图 4-31 所示机器人六个关节均为转动关节，将六个坐标系的原点分别固定在各关节的中心，取关节的轴线为坐标系的 Z 轴，则各坐标系的 Z 轴相互垂直或平行，根据该机器人的构型特点，采用 D-H 法建立的连杆坐标系，如图 4-32 所示。

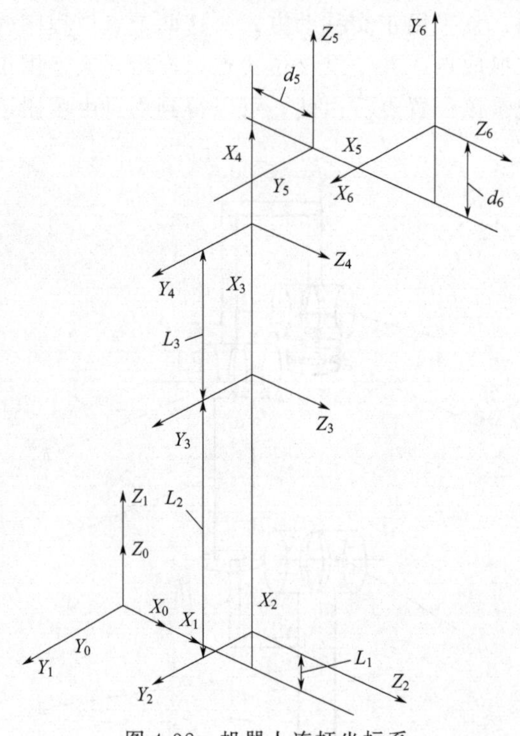

图 4-32　机器人连杆坐标系

机器人连杆参数主要包括 6 个关节 S、L、U、R、B、T 的转角变量 θ_n、偏距 d_n、扭角 α_n 和公垂线 a_n。

2）建立拉格朗日方程　求解机器人动力学方程的方法很多，但拉格朗日分析方法只需基于能量项，以较为简便的形式进行动力学方程的推导。针对该机器人的构型，采用拉格朗日法对机器人进行动力学分析较为方便。

设机器人的六个关节的转角变量为：

$$\boldsymbol{\theta}=[\theta_1 \quad \theta_2 \quad \theta_3 \quad \theta_4 \quad \theta_5 \quad \theta_6]$$

各关节驱动力矩变量为：

$$\boldsymbol{T}=[T_1 \quad T_2 \quad T_3 \quad T_4 \quad T_5 \quad T_6]$$

则机器人连杆的动能可表示为式(4-197)。

$$K_i=\frac{1}{2}\sum_{i=1}^{n}\sum_{j=1}^{i}\sum_{k=1}^{i}\mathrm{Trace}(\boldsymbol{U}_{ij}\boldsymbol{J}_i\boldsymbol{U}_{ik}^{\mathrm{T}})\dot{\boldsymbol{q}}_j\dot{\boldsymbol{q}}_k+\frac{1}{2}\sum_{i=1}^{n}\boldsymbol{I}_i\dot{\boldsymbol{q}}_i^2 \tag{4-197}$$

式中　$\boldsymbol{U}_{ij}$、$\boldsymbol{U}_{ik}$——变换矩阵关于关节转动角度的导数；

$\boldsymbol{J}_i$——惯量矩阵；

$\boldsymbol{I}_i$——驱动器的转动惯量。

由于机器人连杆的势能等于所有杆件的势能之和，连杆势能可以表示为式(4-198)。

$$P=\sum_{i=1}^{n}P_i=\sum_{i=1}^{n}[-m_i\boldsymbol{g}^{\mathrm{T}}\,{}^0\boldsymbol{T}_i\,{}^i\bar{\boldsymbol{r}}_i] \tag{4-198}$$

式中　$\boldsymbol{g}^{\mathrm{T}}$——1×4 的矩阵，它是由连杆重力加速度在 x、y、z 方向上的投影组成的；

${}^0\boldsymbol{T}_i$——坐标系 i 相对于基坐标系的坐标变换；

${}^i\bar{\boldsymbol{r}}_i$——连杆质心在坐标系 i 中的位置。

综上所述，可得出拉格朗日方程，即式(4-199)。

$$L=K-P=\frac{1}{2}\sum_{i=1}^{n}\sum_{j=1}^{i}\sum_{k=1}^{i}\mathrm{Trace}(\boldsymbol{U}_{ij}\boldsymbol{I}_{i}\boldsymbol{U}_{ik}^{\mathrm{T}})\dot{\boldsymbol{q}}_{j}\dot{\boldsymbol{q}}_{k}+\frac{1}{2}\sum_{i=1}^{n}\boldsymbol{I}_{i}\dot{\boldsymbol{q}}_{i}^{2}+\sum_{i=1}^{n}m_{i}\boldsymbol{g}^{\mathrm{T}\,0}\boldsymbol{T}_{i}\,{}^{i}\bar{\boldsymbol{r}}_{i} \tag{4-199}$$

计算拉格朗日函数的导数有

$$\frac{\partial L}{\partial \dot{\boldsymbol{q}}_{i}}=\sum_{j=1}^{n}\sum_{k=1}^{j}\mathrm{Trace}[\boldsymbol{U}_{jk}\boldsymbol{I}_{j}\boldsymbol{U}_{ji}^{\mathrm{T}}]\dot{\boldsymbol{q}}_{k}+\boldsymbol{I}_{ai}\dot{\boldsymbol{q}}_{i} \tag{4-200}$$

$$\begin{aligned}\frac{\mathrm{d}}{\mathrm{d}t}\left[\frac{\partial L}{\partial \dot{\boldsymbol{q}}_{i}}\right]=&\sum_{j=1}^{n}\sum_{k=1}^{j}\mathrm{Trace}[\boldsymbol{U}_{jk}\boldsymbol{I}_{j}\boldsymbol{U}_{ji}^{\mathrm{T}}]\ddot{\boldsymbol{q}}_{k}+\sum_{j=1}^{n}\sum_{m=1}^{j}\sum_{k=1}^{j}\mathrm{Trace}(\boldsymbol{U}_{jkm}\boldsymbol{I}_{j}\boldsymbol{U}_{ji}^{\mathrm{T}})\dot{\boldsymbol{q}}_{m}\dot{\boldsymbol{q}}_{k}+\\&\sum_{j=1}^{n}\sum_{m=1}^{j}\sum_{k=1}^{j}\mathrm{Trace}(\boldsymbol{U}_{jik}\boldsymbol{I}_{j}\boldsymbol{U}_{jm}^{\mathrm{T}})\dot{\boldsymbol{q}}_{m}\dot{\boldsymbol{q}}_{k}+\boldsymbol{I}_{ai}\ddot{\boldsymbol{q}}_{i}\\=&\sum_{j=1}^{n}\sum_{k=1}^{j}\mathrm{Trace}[\boldsymbol{U}_{jk}\boldsymbol{I}_{j}\boldsymbol{U}_{ji}^{\mathrm{T}}]\ddot{\boldsymbol{q}}_{k}+\boldsymbol{I}_{ai}\ddot{\boldsymbol{q}}_{i}+2\sum_{j=1}^{n}\sum_{m=1}^{j}\sum_{k=1}^{j}\mathrm{Trace}(\boldsymbol{U}_{jmk}\boldsymbol{I}_{j}\boldsymbol{U}_{ji}^{\mathrm{T}})\dot{\boldsymbol{q}}_{m}\dot{\boldsymbol{q}}_{k}\end{aligned} \tag{4-201}$$

$$\begin{aligned}\frac{\partial L}{\partial \dot{\boldsymbol{q}}_{i}}=&\frac{1}{2}\sum_{j=1}^{n}\sum_{m=1}^{j}\sum_{k=1}^{j}\mathrm{Trace}(\boldsymbol{U}_{jmk}\boldsymbol{I}_{j}\boldsymbol{U}_{ji}^{\mathrm{T}})\dot{\boldsymbol{q}}_{j}\dot{\boldsymbol{q}}_{k}+\frac{1}{2}\sum_{j=1}^{n}\sum_{m=1}^{j}\sum_{k=1}^{j}\mathrm{Trace}(\boldsymbol{U}_{jik}\boldsymbol{I}_{j}\boldsymbol{U}_{jm}^{\mathrm{T}})\dot{\boldsymbol{q}}_{j}\dot{\boldsymbol{q}}_{k}+\\&\sum_{j=1}^{n}m_{i}\boldsymbol{g}^{\mathrm{T}}\boldsymbol{U}_{ji}\,{}^{j}\bar{\boldsymbol{r}}_{j}\\=&\sum_{j=1}^{n}\sum_{m=1}^{j}\sum_{k=1}^{j}\mathrm{Trace}(\boldsymbol{U}_{jmk}\boldsymbol{I}_{j}\boldsymbol{U}_{ji}^{\mathrm{T}})\dot{\boldsymbol{q}}_{j}\dot{\boldsymbol{q}}_{k}+\sum_{j=1}^{n}m_{i}\boldsymbol{g}^{\mathrm{T}}\boldsymbol{U}_{ji}\,{}^{j}\bar{\boldsymbol{r}}_{j}\end{aligned} \tag{4-202}$$

通过式(4-200)～式(4-202)，得到工业机器人的动力学方程为

$$\begin{aligned}T_{i}=&\frac{\mathrm{d}}{\mathrm{d}t}\left(\frac{\partial L}{\partial \dot{\boldsymbol{q}}_{i}}\right)-\frac{\partial L}{\partial \boldsymbol{q}_{i}}\\=&\sum_{j=1}^{i}\sum_{k=1}^{i}\mathrm{Trace}[\boldsymbol{U}_{jk}\boldsymbol{I}_{j}\boldsymbol{U}_{ji}^{\mathrm{T}}]\ddot{\boldsymbol{q}}_{k}+\boldsymbol{I}_{ai}\ddot{\boldsymbol{q}}_{i}+\sum_{j=1}^{n}\sum_{k=1}^{j}\sum_{m=1}^{j}\mathrm{Trace}(\boldsymbol{U}_{jkm}\boldsymbol{I}_{j}\boldsymbol{U}_{ji}^{\mathrm{T}})\dot{\boldsymbol{q}}_{k}\dot{\boldsymbol{q}}_{m}-\sum_{j=1}^{n}m_{j}\boldsymbol{g}^{\mathrm{T}}\boldsymbol{U}_{ji}\,{}^{j}\bar{\boldsymbol{r}}_{j}\end{aligned} \tag{4-203}$$

式中，$i=1,2,\cdots,n$。

可以将式(4-203) 简化为矩阵符号形式：

$$\boldsymbol{\tau}_{i}=\sum_{j=1}^{n}\boldsymbol{D}_{ij}\ddot{\boldsymbol{q}}_{j}+\boldsymbol{I}_{i}\ddot{\boldsymbol{q}}_{i}+\sum_{j=1}^{n}\sum_{k=1}^{n}\boldsymbol{D}_{ijk}\dot{\boldsymbol{q}}_{j}\dot{\boldsymbol{q}}_{k}+\boldsymbol{D}_{i} \tag{4-204}$$

式中 $\sum_{j=1}^{n}\boldsymbol{D}_{ij}\ddot{\boldsymbol{q}}_{j}$ ——广义角加速度所产生的惯性力对动力系统的影响；

$\boldsymbol{I}_{i}\ddot{\boldsymbol{q}}_{i}$ ——电机等驱动装置所产生的惯量项；

$\sum_{j=1}^{n}\sum_{k=1}^{n}\boldsymbol{D}_{ijk}\dot{\boldsymbol{q}}_{j}\dot{\boldsymbol{q}}_{k}$ ——科氏力和向心力项；

$\boldsymbol{D}_{i}$ ——重力项对关节转矩的影响。

$\boldsymbol{D}_{ij}=\sum_{P=\max(i,\ j)}^{6}\mathrm{Trace}(\boldsymbol{U}_{Pj}\boldsymbol{J}_{P}\boldsymbol{U}_{Pi}^{\mathrm{T}})$，$\boldsymbol{D}_{ijk}=\sum_{P=\max(i,j,k)}^{6}\mathrm{Trace}(\boldsymbol{U}_{Pjk}\boldsymbol{J}_{P}\boldsymbol{U}_{Pi}^{\mathrm{T}})$，$\boldsymbol{D}_{i}=\sum_{p=i}^{6}[-m_{p}\boldsymbol{g}^{\mathrm{T}}(\boldsymbol{U}_{Pj}\bar{\boldsymbol{r}}_{p})]$

将式(4-201) 展开可得：

$$
\begin{aligned}
T_i = & D_{i1}\ddot{\theta}_1 + D_{i2}\ddot{\theta}_2 + D_{i3}\ddot{\theta}_3 + D_{i4}\ddot{\theta}_4 + D_{i5}\ddot{\theta}_5 + D_{i6}\ddot{\theta}_6 + I_i\ddot{\theta}_i + \\
& D_{i11}\dot{\theta}_1^2 + D_{i22}\dot{\theta}_2^2 + D_{i33}\dot{\theta}_3^2 + D_{i44}\dot{\theta}_4^2 + D_{i55}\dot{\theta}_5^2 + D_{i66}\dot{\theta}_6^2 + \\
& D_{i12}\dot{\theta}_1\dot{\theta}_2 + D_{i13}\dot{\theta}_1\dot{\theta}_3 + D_{i14}\dot{\theta}_1\dot{\theta}_4 + D_{i15}\dot{\theta}_1\dot{\theta}_5 D_{i16}\dot{\theta}_1\dot{\theta}_6 + \\
& D_{i21}\dot{\theta}_2\dot{\theta}_1 + D_{i23}\dot{\theta}_2\dot{\theta}_3 + D_{i24}\dot{\theta}_2\dot{\theta}_4 + D_{i25}\dot{\theta}_2\dot{\theta}_5 + D_{i26}\dot{\theta}_2\dot{\theta}_6 + \\
& D_{i31}\dot{\theta}_3\dot{\theta}_1 + D_{i32}\dot{\theta}_3\dot{\theta}_2 + D_{i34}\dot{\theta}_3\dot{\theta}_4 + D_{i35}\dot{\theta}_3\dot{\theta}_5 + D_{i36}\dot{\theta}_3\dot{\theta}_6 + \\
& D_{i41}\dot{\theta}_4\dot{\theta}_1 + D_{i42}\dot{\theta}_4\dot{\theta}_2 + D_{i43}\dot{\theta}_4\dot{\theta}_3 + D_{i45}\dot{\theta}_4\dot{\theta}_5 + D_{i46}\dot{\theta}_4\dot{\theta}_6 + \\
& D_{i51}\dot{\theta}_5\dot{\theta}_1 + D_{i52}\dot{\theta}_5\dot{\theta}_2 + D_{i53}\dot{\theta}_5\dot{\theta}_3 + D_{i54}\dot{\theta}_5\dot{\theta}_4 + D_{i56}\dot{\theta}_5\dot{\theta}_6 + \\
& D_{i61}\dot{\theta}_6\dot{\theta}_1 + D_{i62}\dot{\theta}_6\dot{\theta}_2 + D_{i63}\dot{\theta}_6\dot{\theta}_3 + D_{i64}\dot{\theta}_6\dot{\theta}_4 + D_{i65}\dot{\theta}_6\dot{\theta}_5 + D_i
\end{aligned}
$$

其中，T_i 为各关节驱动力矩。

因此，机器人系统的定位精度与稳定性很大一部分的影响来自角加速度的惯量项和重力项，当机器人在运动速度较快时，科氏力与向心力将会对机器人动力学产生较大的影响。机器人在工作时，S、L 关节转动相对比较缓慢，此时科氏力和向心力对机器人系统的影响就变得很小，可以忽略不计。但是，上部分的小臂和腕部关节的转动速度相对较快，在求解过程中不可忽略科氏力和向心力对机器人系统的影响。S、L、U 关节的质量比较大，产生的惯量也相对较大，需要着重分析。而 R、B、T 关节的质量相对较小，产生的惯量也相对较小，可以忽略其对机器人动力系统的影响。

尽管影响机器人系统的因素很多，但是可以依据机器人的动力系统，找出影响动力系统的主要因素，可以适当地化简各个关节的力矩，进而得出各个关节的力矩公式。

4.4.3 拉格朗日-欧拉法在双臂机器人的应用

双机械臂相互协调运动以弥补单臂机器人的局限性，完成由单机械臂机器人无法完成的任务。

下面仅以双臂夹持机器人为例，探讨拉格朗日-欧拉法的应用。

(1) 机器人构型方案

双臂夹持机器人常用于机械设备的辅助工作，并安装于可移动式的门架或框架上，如图 4-33 所示。

双臂夹持机器人具有以下特点：

① 机械臂系统成本低，可重构性强，可以根据具体的作业对象合理配置不同形式的加工系统；

② 机器人与灵巧末端执行器的结合，保证了加工位姿的快速调整，对曲率变化较大的大型复杂构件适应性更强；

③ 机械臂系统运动灵活性高，可适用于狭小作业空间，而且不需要铺设轨道等烦琐工程。

图 4-33 所示的双臂夹持机器人主要结构包括电机、齿轮减速器、滚珠丝杠、肩部、小车驱动机构、机械臂及支架轴等。小车及电机机构和手臂承载机构沿着导轨移动，导轨装在

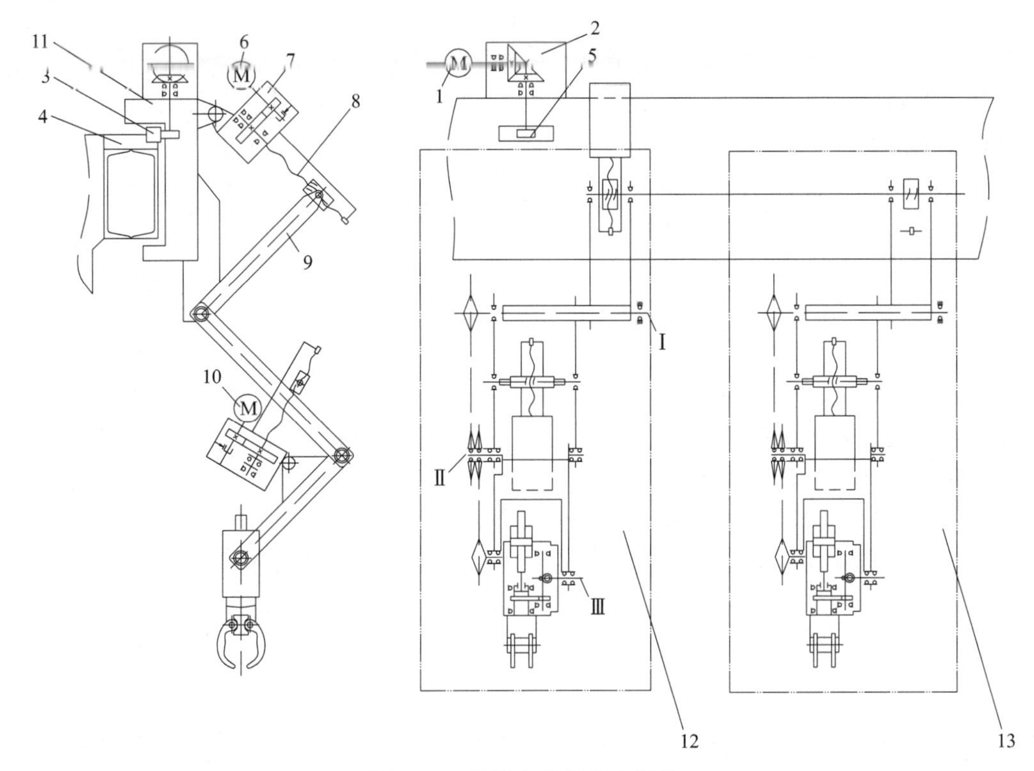

图 4-33　双臂夹持机器人结构

1,6,10—电机;2—手臂承载机构;3—导轨;4—横梁;5—小车;7—齿轮减速器;8—滚珠丝杠;9—肩部;11—小车驱动机构;12—机械臂 1;13—机械臂 2;Ⅰ,Ⅱ,Ⅲ—支架轴

横梁上，位于被应用或看管的设备上方。双臂夹持机器人整机可实现直角坐标系方向的平移，可适用于多维度大尺寸复杂构件的加工作业。

双臂夹持机器人操作机有 4 个自由度。分别是：小车沿单轨位移 X，手臂在肩关节中的转动 A，手臂在肘关节中的转动 D 及手腕（夹持器的头）绕自身轴线旋转 C。

① 在垂直平面中手臂和肘的摆动共同保证承载夹持器的手腕水平和垂直位移。为了夹紧和松开毛坯或零件，需要规定夹持器钳口的运动。

② 双臂机器人的肩关节（图中Ⅰ）和肘关节（图中Ⅱ）均设计成双自由度机构。其中，电机（序号 6）通过锥齿轮传动实现手臂外展，偏置电机（序号 10）通过直齿轮传动实现手臂前后摆动。肘关节与肩关节结构设计原理相同。手臂末端是手腕等外围部件的安装接口，通过偏心法兰对直齿轮传动系统进行消隙。偏置电机（序号 10）与腕部的驱动板卡，便于后期的调试与维护。手臂内也可安装触摸传感器模块，通过对人体的感知可做出相应的语音或表情等动作，提高与人的互动性与趣味性。

（2）动力学模型的建立

拉格朗日法的物理意义较明确，该方法中涉及摩擦因素及惯性力项、离心力和科氏力项、重力项等，通过分别求取拉格朗日公式的各项，易于编程，便于多关节机器人的求解和应用。双臂机器人运动学模型往往呈高度非线性特性，当摩擦因素及惯性力、离心力及重力项等已经确定时，便可以建立其动力学模型[37]。

1）惯性力项　机器人系统中速度传递的雅可比矩阵可表示为式(4-205)。

$$\begin{bmatrix} \boldsymbol{v} \\ \boldsymbol{\omega} \end{bmatrix} = \begin{bmatrix} \boldsymbol{J}_L \\ \boldsymbol{J}_A \end{bmatrix}_{6\times 6} \dot{\boldsymbol{\Theta}} \tag{4-205}$$

其中，$\boldsymbol{J}$ 是电机和负载的惯量之和；速度大小 $v=\omega/2\pi$；$\dot{\boldsymbol{\Theta}}=\begin{bmatrix}\dot{q}_1 & \dot{q}_2 & \cdots & \dot{q}_6\end{bmatrix}^{\mathrm{T}}$。

系统动能表达式为：

$$T=\frac{1}{2}\dot{\boldsymbol{\Theta}}^{\mathrm{T}}\boldsymbol{M}\dot{\boldsymbol{\Theta}}=\frac{1}{2}\left[\sum_{i=1}^{n}(m_i\dot{\boldsymbol{\Theta}}^{\mathrm{T}}\boldsymbol{L}_L^{(i)\mathrm{T}}\boldsymbol{J}_L^{(i)}\dot{\boldsymbol{\Theta}}+\dot{\boldsymbol{\Theta}}^{\mathrm{T}}\boldsymbol{J}_A^{(i)\mathrm{T}}\boldsymbol{I}_i\boldsymbol{J}_A^{(i)}\dot{\boldsymbol{\Theta}})\right]$$

由此，可得质量矩阵，即式(4-206)。

$$\boldsymbol{M}=\sum_{i=1}^{n}(m_i\boldsymbol{L}_L^{(i)\mathrm{T}}\boldsymbol{J}_L^{(i)}+\boldsymbol{J}_A^{(i)\mathrm{T}}\boldsymbol{I}_i\boldsymbol{J}_A^{(i)}) \tag{4-206}$$

其中，$\boldsymbol{J}_L^{(i)}$ 、$\boldsymbol{J}_A^{(i)}$ 分别为质心雅可比矩阵的线速度和角速度对应项。此处的雅可比矩阵不是常规雅可比矩阵，而是质心雅可比矩阵。质心雅可比矩阵表示的是关节速度到某关节质心的速度传递，而常规雅可比矩阵表示的是关节速度到机械手末端速度的传递。质心雅可比矩阵代表关节 $1\sim i$ 速度到连杆 i 质心的速度传递，其与关节 $(i+1)\sim n$ 无关，故有：

质心雅可比矩阵的线速度为

$$\boldsymbol{J}_L^{(i)}=[j_{L1}\cdots j_{Li}\quad 0\cdots 0]$$

同理，质心雅可比矩阵的角速度为

$$\boldsymbol{J}_A^{(i)}=[j_{R1}\cdots j_{Ri}\quad 0\cdots 0]$$

2）离心力和科氏力（Coriolis force）项　离心力和科氏力项的 $\boldsymbol{C}$ 矩阵可由质量矩阵 $\boldsymbol{M}$ 矩阵求得，即式(4-207)。

$$\boldsymbol{C}_{ij}=\sum_{k=1}^{n}\boldsymbol{C}_{ij,k}\dot{\boldsymbol{q}}_k=\sum_{k=1}^{n}\frac{1}{2}\left(\frac{\partial m_{ij}}{\partial \boldsymbol{q}_k}+\frac{\partial m_{ik}}{\partial \boldsymbol{q}_j}-\frac{\partial m_{jk}}{\partial \boldsymbol{q}_i}\right)\dot{\boldsymbol{q}}_k \tag{4-207}$$

式中，$\boldsymbol{q}$ 为关节变量；$\dot{\boldsymbol{q}}$ 为关节速度。

在求出质量矩阵 $\boldsymbol{M}$ 矩阵后代入式(4-207)，即可得到 $\boldsymbol{C}_{ij}$ 矩阵。

3）重力项　双臂机器人提高了机器人的负载能力，同时也增加了重力向量。机器人系统中，重力项为

$$\boldsymbol{G}=\begin{bmatrix}G_1\\ \vdots \\ G_n\end{bmatrix}$$

机械手总的重力势能可表示为式(4-208)。

$$V(\boldsymbol{q})=\sum_{i=1}^{n}V_i(\boldsymbol{q})=\sum_{i=1}^{n}m_i\boldsymbol{g}^{\mathrm{T}}\boldsymbol{r}_i(\boldsymbol{q}) \tag{4-208}$$

其中，$\boldsymbol{g}$ 是机器人基坐标系的重力向量，$V(\boldsymbol{q})$ 与关节变量 $\boldsymbol{q}$ 相关，而与关节速度 $\dot{\boldsymbol{q}}$ 无关。故重力项为式(4-209)。

$$\boldsymbol{G}=\frac{\partial V}{\partial \boldsymbol{q}_i}=\frac{\partial}{\partial \boldsymbol{q}_i}\left[\sum_{i=1}^{n}m_i\boldsymbol{g}^{\mathrm{T}}\boldsymbol{r}_i(\boldsymbol{q})\right]=\sum_{i=1}^{n}m_i\boldsymbol{g}^{\mathrm{T}}\frac{\partial \boldsymbol{r}_i(\boldsymbol{g})}{\partial \boldsymbol{q}_i}=\sum_{i=1}^{n}m_i\boldsymbol{g}^{\mathrm{T}}j_{L,i} \tag{4-209}$$

4）动力学模型　关节摩擦等因素会造成系统参数的不确定性。机器人系统中，当考虑摩擦影响时完整的动力学模型表达式为式(4-210)。

$$\boldsymbol{M}(\boldsymbol{q})\ddot{\boldsymbol{q}}+\boldsymbol{C}(\boldsymbol{q},\dot{\boldsymbol{q}})\dot{\boldsymbol{q}}+\boldsymbol{F}_v\dot{\boldsymbol{q}}+\boldsymbol{F}_s\,\mathrm{sign}(\dot{\boldsymbol{q}})=\boldsymbol{\tau}-\boldsymbol{J}^{\mathrm{T}}(\boldsymbol{q})\boldsymbol{f}_{ext} \tag{4-210}$$

式中，$\boldsymbol{F}_v\in\boldsymbol{R}^{n\times n}$ 、$\boldsymbol{F}_s\in\boldsymbol{R}^{n\times n}$ 为黏性摩擦和静摩擦系数对角矩阵；$\boldsymbol{f}_{ext}$ 为杆件受力；向

量 $\text{sign}(\dot{\boldsymbol{q}}) \in \boldsymbol{R}^{n \times n}$ 为关节速度的符号函数；$\boldsymbol{\tau}$ 为关节力矩矢量。

模型中的摩擦项（如 $\boldsymbol{F}_v$、$\boldsymbol{F}_s$）能够在很大程度上提高机器人的模型精度，动力学模型中的参数可以通过系统辨识算法和试验数据获得。

双机械臂系统的协调作业，可以有效提升加工效率与产品质量，但是由于机械臂本身刚度不足以及移动平台的非固定性，易导致机器人具有弱刚性，使其系统的加工振动阻抗能力变差。

4.4.4 拉格朗日法在柔性机械臂的应用

无论是结构还是应用上，柔性机械臂相对于刚性机械臂有许多不同，并表现在机器人动力学分析方面。

下面仅以柔性机械臂为例，探讨拉格朗日法的应用。

（1）柔性机械臂构型方案

对于柔性机械臂，由于该类柔性结构模态频率和阻尼极低，且机构采用由伺服电机和谐波减速器组成的关节进行驱动，从关节驱动端的输入力矩到柔性附件末端的输出位移之间的传递函数为非最小相位特性函数，导致系统在完成关节定位的操作后，柔性结构自身产生的弹性振动难以快速衰减[38,39]。这不仅严重影响系统的稳定性和精度，而且在执行连续操作任务时还会降低工作效率。因此，分析柔性结构的动力学特性，对系统在实现关节定位的同时快速抑制自身的弹性振动具有重要意义。

柔性空间机器人机械臂如图 4-34 所示。

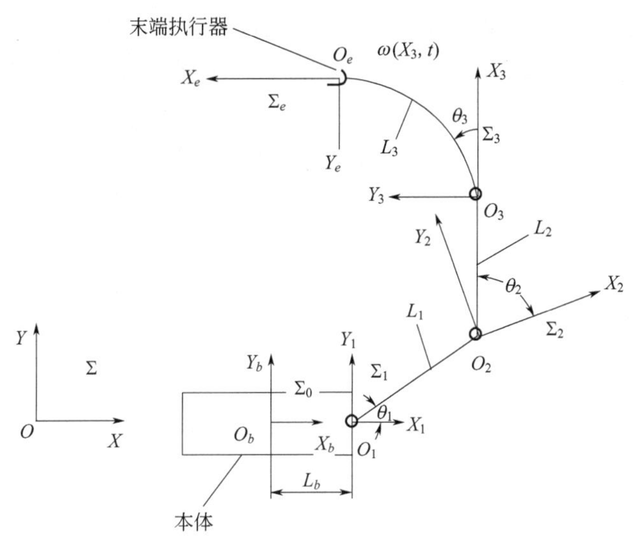

图 4-34　柔性空间机器人机械臂

图 4-34 表示自由浮动的空间机械臂系统，其为平面三连杆的刚柔耦合形式，由本体基座、机械臂和末端执行器等组成。机械臂包括刚性连杆和柔性连杆。

图 4-34 中连杆的参数 m_i、L_i、$I_i(i=1,2,3)$分别表示三个连杆的质量、长度和转动惯量；L_b 为本体端点到其质心的距离。例如，L_1 和 L_2 为材料相同的机械臂的刚性连杆，L_3 为机械臂的柔性连杆。$\boldsymbol{\theta}=[\theta_1 \quad \theta_2 \quad \theta_3]^{\mathrm{T}}$ 为机械臂连杆的关节角向量。Σ-OXY 为空间机械臂系统的惯性坐标系，Σ_0-$O_bX_bY_b$ 为固定于本体质心的本体坐标系，Σ_e-$O_eX_eY_e$ 为末

端坐标系，Σ_i-$O_iX_iY_i$ 为连杆坐标系，各连杆联体坐标系按照 D-H 参数建立。末端执行器的位姿为 $\boldsymbol{X}_e=[x_e \quad y_e \quad \theta_e]^{\mathrm{T}}$，本体的位姿为 $\boldsymbol{X}_b=[x_b \quad y_b \quad \theta_b]^{\mathrm{T}}$。

(2) 动力学模型的建立

采用混合坐标方法建立其动力学模型，如图 4-34 所示。混合坐标方法是零次近似方法，建模时直接套用结构动力学小变形假设，忽略大范围刚体运动和小位移弹性变形的耦合项。当系统做低速大范围运动时，忽略的耦合项对系统的动力学特性影响较小，但当系统做高速大范围运动时，零次近似耦合模型的计算结果将出现发散。用假设模态法描述柔性机械臂的弹性形变，故在进行该机器人系统的动力学分析时，做如下假设[40,41]。

① 各连杆及系统本体的密度分布均匀。

② 假设连杆的长度远大于其截面尺寸，忽略运动过程中所产生的轴向变形和剪切变形，仅考虑机械臂连杆的横向弯曲变形，且假设弯曲振动为小变形。

③ 忽略末端执行器的大小，假设其归为第三连杆的末端。

④ 不计结构和材料阻尼，忽略关节处电机的质量，不考虑电机的阻尼。

将平面内三连杆刚柔耦合冗余度空间机械臂视为简支梁，用假设模态法描述柔性连杆的弹性形变，即式(4-211)。

$$\omega(x_3,t)=\sum_{i=1}^{n}\sin(i\pi x_3/L_3)\eta_i(t) \tag{4-211}$$

式中，$\eta_i(t)$ 为柔性连杆的广义坐标；x_3 为柔性连杆的联体坐标系中关于 X_3 方向的坐标；L_3 为柔性连杆 L_3 的长度。这里取二阶模态，柔性连杆的广义坐标变量为

$$\boldsymbol{Q}=[Q_1 \quad Q_2]^{\mathrm{T}}=[\eta_1 \quad \eta_2]^{\mathrm{T}}$$

在惯性坐标系 Σ-OXY 下，空间机械臂连杆 L_i 上任意一点坐标可分别表示为式(4-212)、式(4-213) 和式(4-214)。

$$\boldsymbol{R}_1(x,y)=\begin{bmatrix} x_1\cos(\theta_b+\theta_1)+L_b\cos(\theta_b)+x_b \\ x_1\sin(\theta_b+\theta_1)+L_b\sin(\theta_b)+y_b \end{bmatrix} \tag{4-212}$$

$$\boldsymbol{R}_2(x,y)=\begin{bmatrix} L_1\cos(\theta_b+\theta_1)+x_2\cos(\theta_b+\theta_1+\theta_2)+L_b\cos(\theta_b)+x_b \\ L_1\sin(\theta_b+\theta_1)+x_2\sin(\theta_b+\theta_1+\theta_2)+L_b\sin(\theta_b)+y_b \end{bmatrix} \tag{4-213}$$

$$\boldsymbol{R}_3(x,y)=\begin{bmatrix} L_1\cos(\theta_b+\theta_1)+L_2\cos(\theta_b+\theta_1+\theta_2)+x_3\cos(\theta_b+\theta_1+\theta_2+\theta_3)+ \\ \omega(x_3,t)\sin(\theta_b+\theta_1+\theta_2+\theta_3)+L_b\cos\theta_b+x_b \\ L_1\sin(\theta_b+\theta_1)+L_2\sin(\theta_b+\theta_1+\theta_2)+x_3\sin(\theta_b+\theta_1+\theta_2+\theta_3)- \\ \omega(x_3,t)\cos(\theta_b+\theta_1+\theta_2+\theta_3)+L_b\sin\theta_b+y_b \end{bmatrix} \tag{4-214}$$

空间机械臂系统的总动能可以表示为式(4-215)。

$$T=T_b+\sum_{i=1}^{3}T_i \tag{4-215}$$

式中，T_b、T_i $(i=1,2,3)$分别为本体的动能和第 i 连杆运行动能，即

$$T_b=\frac{1}{2}I_b\dot{\theta}_b^2+\frac{1}{2}m_b\dot{x}_b^2+\frac{1}{2}m_b\dot{y}_b^2$$

$$T_i=\frac{1}{2}I_i\dot{\theta}_i^2+\frac{1}{2}\int_0^{L_i}\rho_i\dot{R}_i^{\mathrm{T}}\dot{R}_i dx_i$$

式中，m_b、I_b 分别为本体基座的质量和转动惯量；ρ_i 为第 i 连杆的线密度；$\dot{R}_i$ 为第 i 连杆上任意一点的速度。

空间机械臂系统的总势能可以表示为式(4-216)。

$$U=U_b+\sum_{i=1}^{3}U_i \tag{4-216}$$

式中，U_b 和 U_i 分别为本体和第 i 连杆的势能。

由于空间环境是一个微重力环境，空间机械臂系统的重力势能可以忽略，所以系统的势能仅由柔性连杆的弹性形变产生，即 $U=U_3$，则柔性连杆 L_3 产生的势能可以表示为式(4-217)。

$$U_3=\frac{1}{2}\int_0^{L_3}EI\left[\frac{\partial^2\omega(x_3,t)}{\partial x_3^2}\right]\mathrm{d}x \tag{4-217}$$

式中，EI 为弹性模量。

根据拉格朗日原理，推导出方程，即式(4-218)。

$$\begin{cases}\dfrac{\mathrm{d}}{\mathrm{d}t}\left(\dfrac{\delta L}{\delta\dot{\boldsymbol{\theta}}_i}\right)-\dfrac{\delta L}{\delta\boldsymbol{\theta}_i}=\boldsymbol{\tau}_i & i=1,2,3\\ \dfrac{\mathrm{d}}{\mathrm{d}t}\left(\dfrac{\delta L}{\delta\dot{\boldsymbol{\eta}}_i}\right)-\dfrac{\delta L}{\delta\boldsymbol{\eta}_i}=\mathbf{0} & i=1,2\end{cases} \tag{4-218}$$

式中，$\boldsymbol{\tau}_i\in\boldsymbol{R}^{3\times1}$ 为第 $\boldsymbol{\psi}=\mathrm{diag}(\psi_1\psi_2\cdots\psi_n)$ 连杆关节驱动力矩。

平面内三连杆的自由浮动空间刚柔耦合冗余空间机械臂系统的总动量，即线动量和角动量分别为式(4-219) 和式(4-220)。

$$\boldsymbol{P}=m_b\boldsymbol{V}_b+\sum_{i=1}^{3}\int_0^{L_i}\rho_i\dot{\boldsymbol{R}}_i\mathrm{d}x_i \tag{4-219}$$

$$\boldsymbol{L}=I_b\dot{\boldsymbol{\theta}}_b+\boldsymbol{r}_b\times m_b\boldsymbol{V}_b+\sum_{i=1}^{3}(I_i\dot{\boldsymbol{\theta}}_i+\boldsymbol{r}_i\times m_i\boldsymbol{V}_i) \tag{4-220}$$

式中，$\boldsymbol{P}$ 为空间机械臂系统的线动量；$\boldsymbol{L}$ 为其角动量；m_i、$I_i(i=1,2,3)$分别为三个连杆的质量和转动惯量；$\boldsymbol{V}_b$、$\boldsymbol{V}_i$ 分别是系统的本体质心的速度和各连杆质心的速度；ρ_i 为连杆的线密度；$\dot{\boldsymbol{R}}_i$ 为各连杆上的速度；$\boldsymbol{r}_b$、$\boldsymbol{r}_i$ 分别是系统的惯性坐标系原点到本体坐标系原点和各连杆质心的位置矢量。

4.4.5 牛顿-欧拉法在两自由度机械臂的应用

“拉格朗日-欧拉法在两自由度机械臂的应用”在前面已经提及，下面仅对“牛顿-欧拉法”的应用进行讨论。

(1) 机器臂构型方案

对于两自由度机械臂，其构型方案、建立坐标系及力分析如图 4-35 所示。

图 4-35 中的构型方案包括了机器人的相关参数。牛顿-欧拉方程，是基于所有作用在机械臂连杆上力的平衡形成的数学表达式，需构造一系列迭代的等式[42]。

(2) 动力学模型的建立

对于两自由度机械臂，如图 4-35 所示。各关节的转轴均沿着 Z 轴垂直于纸面，各参数及坐标系已设置。由于牛顿-欧拉法求解运算量小且可以求取支反力，动力学推导的过程也

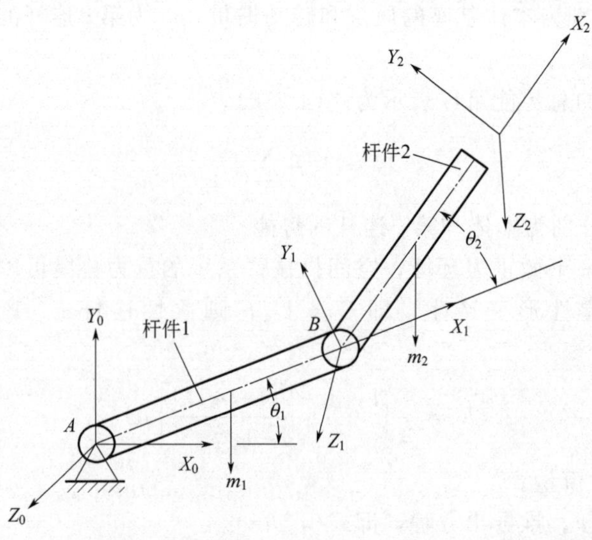

图 4-35 两自由度机械臂构型方案、建立坐标系及力分析

已消除内力，可以建立驱动力与运动之间的关系，并通过牛顿-欧拉法求解其动力学方程。

① 首先计算旋转矩阵。

$$
{}^0\boldsymbol{T}_1=\begin{bmatrix}\cos\theta_1 & -\sin\theta_1 & 0\\ \sin\theta_1 & \cos\theta_1 & 0\\ 0 & 0 & 1\end{bmatrix},\ {}^1\boldsymbol{T}_2=\begin{bmatrix}\cos\theta_2 & -\sin\theta_2 & 0\\ \sin\theta_2 & \cos\theta_2 & 0\\ 0 & 0 & 1\end{bmatrix},
$$

$$
{}^0\boldsymbol{T}_2=\begin{bmatrix}\cos(\theta_1+\theta_2) & -\sin(\theta_1+\theta_2) & 0\\ \sin(\theta_1+\theta_2) & \cos(\theta_1+\theta_2) & 0\\ 0 & 0 & 1\end{bmatrix},
$$

$$
{}^1\boldsymbol{T}_0=\begin{bmatrix}\cos\theta_1 & \sin\theta_1 & 0\\ -\sin\theta_1 & \cos\theta_1 & 0\\ 0 & 0 & 1\end{bmatrix},\ {}^2\boldsymbol{T}_1=\begin{bmatrix}\cos\theta_2 & \sin\theta_2 & 0\\ -\sin\theta_2 & \cos\theta_2 & 0\\ 0 & 0 & 1\end{bmatrix},
$$

$$
{}^2\boldsymbol{T}_0=\begin{bmatrix}\cos(\theta_1+\theta_2) & \sin(\theta_1+\theta_2) & 0\\ -\sin(\theta_1+\theta_2) & \cos(\theta_1+\theta_2) & 0\\ 0 & 0 & 1\end{bmatrix}
$$

② 若初始条件为 $\boldsymbol{\omega}_0=\dot{\boldsymbol{\omega}}_0=\boldsymbol{v}_0=\boldsymbol{0}$ 和 $\dot{\boldsymbol{v}}_0=[0\quad g\quad 0]^{\mathrm{T}}$，则转动关节 1 角速度为

$$
{}^1\boldsymbol{T}_0\boldsymbol{\omega}_1={}^1\boldsymbol{T}_0(\boldsymbol{\omega}_0+\boldsymbol{Z}_0\dot{\theta}_1)=\begin{bmatrix}\cos\theta_1 & \sin\theta_1 & 0\\ -\sin\theta_1 & \cos\theta_1 & 0\\ 0 & 0 & 1\end{bmatrix}\left(\begin{bmatrix}0\\0\\0\end{bmatrix}+\begin{bmatrix}0\\0\\1\end{bmatrix}\dot{\theta}_1\right)=\begin{bmatrix}0\\0\\1\end{bmatrix}\dot{\theta}_1
$$

转动关节 2 角速度为

$$
{}^2\boldsymbol{T}_0\boldsymbol{\omega}_2={}^2\boldsymbol{T}_1({}^1\boldsymbol{T}_0\boldsymbol{\omega}_1+\boldsymbol{Z}_0\dot{\theta}_2)=\begin{bmatrix}\cos\theta_2 & \sin\theta_2 & 0\\ -\sin\theta_2 & \cos\theta_2 & 0\\ 0 & 0 & 1\end{bmatrix}\left(\begin{bmatrix}0\\0\\1\end{bmatrix}\dot{\theta}_1+\begin{bmatrix}0\\0\\1\end{bmatrix}\dot{\theta}_2\right)=\begin{bmatrix}0\\0\\1\end{bmatrix}(\dot{\theta}_1+\dot{\theta}_2)
$$

③ 转动关节 1 角加速度为

$$
{}^{1}\boldsymbol{T}_0\dot{\boldsymbol{\omega}}_1={}^{1}\boldsymbol{T}_0(\dot{\boldsymbol{\omega}}_0+\boldsymbol{Z}_0\ddot{\theta}_1+\boldsymbol{\omega}_0\times\boldsymbol{Z}_0\dot{\theta}_1)=\begin{bmatrix}0\\0\\1\end{bmatrix}\ddot{\theta}_1
$$

转动关节 2 角速度为

$$
{}^{2}\boldsymbol{T}_0\dot{\boldsymbol{\omega}}_2={}^{2}\boldsymbol{T}_1[{}^{1}\boldsymbol{T}_0\dot{\boldsymbol{\omega}}_1+\boldsymbol{Z}_0\ddot{\theta}_2+({}^{1}\boldsymbol{T}_0\boldsymbol{\omega}_1\times\boldsymbol{Z}_0\dot{\theta}_2)]=\begin{bmatrix}0\\0\\1\end{bmatrix}(\ddot{\theta}_1+\ddot{\theta}_2)
$$

④ 转动关节 1 线加速度为

$$
\begin{aligned}
{}^{1}\boldsymbol{T}_0\dot{\boldsymbol{v}}_1&=({}^{1}\boldsymbol{T}_0\dot{\boldsymbol{\omega}}_1)\times({}^{1}\boldsymbol{T}_0\boldsymbol{p}_1^*)+({}^{1}\boldsymbol{T}_0\boldsymbol{\omega}_1)\times[({}^{1}\boldsymbol{T}_0\boldsymbol{\omega}_1)\times({}^{1}\boldsymbol{T}_0\boldsymbol{p}_1^*)]+({}^{1}\boldsymbol{T}_0\dot{\boldsymbol{v}}_0)\\
&=\begin{bmatrix}0\\0\\1\end{bmatrix}\ddot{\theta}_1\times\begin{bmatrix}l\\0\\0\end{bmatrix}+\left(\begin{bmatrix}0\\0\\1\end{bmatrix}\dot{\theta}_1\times\begin{bmatrix}0\\0\\1\end{bmatrix}\dot{\theta}_1\times\begin{bmatrix}l\\0\\0\end{bmatrix}\right)+\begin{bmatrix}g\sin\theta_1\\g\cos\theta_1\\0\end{bmatrix}\\
&=\begin{bmatrix}-l\dot{\theta}_1^2+g\sin\theta_1\\l\ddot{\theta}_1+g\cos\theta_1\\0\end{bmatrix}
\end{aligned}
$$

转动关节 2 线加速度为

$$
\begin{aligned}
{}^{1}\boldsymbol{T}_0\dot{\boldsymbol{v}}_2&=({}^{2}\boldsymbol{T}_0\dot{\boldsymbol{\omega}}_2)\times({}^{2}\boldsymbol{T}_0\boldsymbol{p}_2^*)+({}^{2}\boldsymbol{T}_0\boldsymbol{\omega}_2)\times[({}^{2}\boldsymbol{T}_0\boldsymbol{\omega}_2)\times({}^{2}\boldsymbol{T}_0\dot{\boldsymbol{\omega}}_2)]+{}^{2}\boldsymbol{T}_1({}^{1}\boldsymbol{T}_0\dot{\boldsymbol{v}}_1)\\
&=\begin{bmatrix}0\\0\\\ddot{\theta}_1+\ddot{\theta}_2\end{bmatrix}\times\begin{bmatrix}l\\0\\0\end{bmatrix}+\begin{bmatrix}0\\0\\\dot{\theta}_1+\dot{\theta}_2\end{bmatrix}\times\left\{\begin{bmatrix}0\\0\\\dot{\theta}_1+\dot{\theta}_2\end{bmatrix}\times\begin{bmatrix}l\\0\\0\end{bmatrix}\right\}+\\
&\quad\begin{bmatrix}\cos\theta_2&\sin\theta_2&0\\-\sin\theta_2&\cos\theta_2&0\\0&0&1\end{bmatrix}\begin{bmatrix}-l\dot{\theta}_1^2+g\sin\theta_1\\l\ddot{\theta}_1+g\cos\theta_1\\0\end{bmatrix}\\
&=\begin{bmatrix}l(\sin\theta_2\ddot{\theta}_1-\cos\theta_2\dot{\theta}_1^2-\dot{\theta}_1^2-\dot{\theta}_2^2-2\dot{\theta}_1\dot{\theta}_2)+g\sin(\theta_1+\theta_2)\\l(\ddot{\theta}_1+\ddot{\theta}_2+\cos\theta_2\ddot{\theta}_1+\sin\theta_2\dot{\theta}_1^2)+g\cos(\theta_1+\theta_2)\\0\end{bmatrix}
\end{aligned}
$$

⑤ 在得到各关节角速度、角加速度、线速度及线加速度后，可以计算各杆件质心的线加速度。

杆件 1 的质心线加速度为

$$
{}^{1}\boldsymbol{T}_0\boldsymbol{a}_1^C=({}^{1}\boldsymbol{T}_0\dot{\boldsymbol{\omega}}_1)\times({}^{1}\boldsymbol{T}_0\boldsymbol{s}_1)+({}^{1}\boldsymbol{T}_0\boldsymbol{\omega}_1)\times[({}^{1}\boldsymbol{T}_0\omega_1)\times({}^{1}\boldsymbol{T}_0\boldsymbol{s}_1)]+{}^{1}\boldsymbol{T}_0\dot{\boldsymbol{v}}_1
$$

由于

$$
\boldsymbol{s}_1=\begin{bmatrix}-\dfrac{l}{2}\cos\theta_1\\-\dfrac{l}{2}\sin\theta_1\\0\end{bmatrix},\ {}^{1}\boldsymbol{T}_0\boldsymbol{s}_1=\begin{bmatrix}\cos\theta_1&\sin\theta_1&0\\-\sin\theta_1&\cos\theta_1&0\\0&0&1\end{bmatrix}\begin{bmatrix}-\dfrac{l}{2}\cos\theta_1\\-\dfrac{l}{2}\sin\theta_1\\0\end{bmatrix}=\begin{bmatrix}-\dfrac{l}{2}\\0\\0\end{bmatrix}
$$

因此有

$$
{}^1\boldsymbol{T}_0\boldsymbol{a}_1^C=\begin{bmatrix}0\\0\\1\end{bmatrix}\ddot{\theta}_1\times\begin{bmatrix}-\frac{l}{2}\\0\\0\end{bmatrix}+\left\{\begin{bmatrix}0\\0\\\dot{\theta}_1\end{bmatrix}\times\begin{bmatrix}0\\0\\\dot{\theta}_1\end{bmatrix}\times\begin{bmatrix}-\frac{l}{2}\\0\\0\end{bmatrix}\right\}+\begin{bmatrix}-l\dot{\theta}_1^2+g\sin\theta_1\\l\ddot{\theta}_1+g\cos\theta_1\\0\end{bmatrix}
$$

$$
=\begin{bmatrix}-\frac{l}{2}\dot{\theta}_1^2+g\sin\theta_1\\\frac{l}{2}\ddot{\theta}_1+g\cos\theta_1\\0\end{bmatrix}
$$

杆件 2 的质心线加速度为

$$
{}^2\boldsymbol{T}_0\boldsymbol{a}_2^C=({}^2\boldsymbol{T}_0\dot{\boldsymbol{\omega}}_2)\times({}^2\boldsymbol{T}_0\boldsymbol{s}_2)+({}^2\boldsymbol{T}_0\boldsymbol{\omega}_2)\times[({}^2\boldsymbol{T}_0\boldsymbol{\omega}_2)\times({}^2\boldsymbol{T}_0\boldsymbol{s}_2)]+{}^2\boldsymbol{T}_0\dot{\boldsymbol{v}}_2
$$

由于

$$
\boldsymbol{s}_2=\begin{bmatrix}-\frac{l}{2}\cos(\theta_1+\theta_2)\\-\frac{l}{2}\sin(\theta_1+\theta_2)\\0\end{bmatrix},
$$

$$
{}^2\boldsymbol{T}_0\boldsymbol{s}_2=\begin{bmatrix}\cos(\theta_1+\theta_2)&\sin(\theta_1+\theta_2)&0\\-\sin(\theta_1+\theta_2)&\cos(\theta_1+\theta_2)&0\\0&0&1\end{bmatrix}\begin{bmatrix}-\frac{l}{2}\cos(\theta_1+\theta_2)\\-\frac{l}{2}\sin(\theta_1+\theta_2)\\0\end{bmatrix}=\begin{bmatrix}-\frac{l}{2}\\0\\0\end{bmatrix}
$$

因此有

$$
{}^2\boldsymbol{T}_0\boldsymbol{a}_2^C=\begin{bmatrix}0\\0\\\ddot{\theta}_1+\ddot{\theta}_2\end{bmatrix}\times\begin{bmatrix}-\frac{l}{2}\\0\\0\end{bmatrix}+\begin{bmatrix}0\\0\\\dot{\theta}_1+\dot{\theta}_2\end{bmatrix}\times\left\{\begin{bmatrix}0\\0\\\dot{\theta}_1+\dot{\theta}_2\end{bmatrix}\times\begin{bmatrix}-\frac{l}{2}\\0\\0\end{bmatrix}\right\}+
$$

$$
\begin{bmatrix}l(\sin\theta_2\ddot{\theta}_1-\cos\theta_2\dot{\theta}_1^2-\dot{\theta}_1^2-\dot{\theta}_2^2-2\theta_1\theta_2)+g\sin(\theta_1+\theta_2)\\l(\ddot{\theta}_1+\ddot{\theta}_2+\cos\theta_2\ddot{\theta}_1+\sin\theta_2\dot{\theta}_1^2+g\cos(\theta_1+\theta_2)\\0\end{bmatrix}
$$

$$
=\begin{bmatrix}l(\sin\theta_2\ddot{\theta}_1-\cos\theta_2\dot{\theta}_1^2-\frac{1}{2}\dot{\theta}_1^2-\frac{1}{2}\dot{\theta}_2^2-\dot{\theta}_1\dot{\theta}_2)+g\sin(\theta_1+\theta_2)\\l\left(\frac{1}{2}\ddot{\theta}_1+\frac{1}{2}\ddot{\theta}_2+\cos\theta_2\ddot{\theta}_1+\sin\theta_2\dot{\theta}_1^2+g\cos(\theta_1+\theta_2)\right)\\0\end{bmatrix}
$$

⑥ 假设 $\boldsymbol{f}_3=\boldsymbol{n}_3=\boldsymbol{0}$，则可以计算各杆件上所受的力。

杆件 2 上所受的力为

$$
{}^{2}\boldsymbol{T}_0\boldsymbol{f}_2={}^{2}\boldsymbol{T}_3({}^{3}\boldsymbol{T}_0\boldsymbol{f}_3)+{}^{2}\boldsymbol{T}_0\boldsymbol{F}_2=m_2\,{}^{2}\boldsymbol{T}_0\boldsymbol{a}_2^C
$$

$$
=\begin{bmatrix} m_2l(\sin\theta_2\ddot{\theta}_1-\cos\theta_2\dot{\theta}_1^2-\frac{1}{2}\dot{\theta}_1^2-\frac{1}{2}\dot{\theta}_2^2-\dot{\theta}_1\dot{\theta}_2)+m_2g\sin(\theta_1+\theta_2) \\ m_2l\left(\frac{1}{2}\ddot{\theta}_1+\frac{1}{2}\ddot{\theta}_2+\cos\theta_2\dot{\theta}_1+\sin\theta_2\dot{\theta}_1^2\right)+m_2g\cos(\theta_1+\theta_2) \\ 0 \end{bmatrix}
$$

杆件 1 上所受的力为

$$
{}^{1}\boldsymbol{T}_0\boldsymbol{f}_1={}^{1}\boldsymbol{T}_2({}^{2}\boldsymbol{T}_0\boldsymbol{f}_2)+{}^{1}\boldsymbol{T}_0\boldsymbol{F}_1
$$

$$
=\begin{bmatrix} \cos\theta_2 & -\sin\theta_2 & 0 \\ \sin\theta_2 & \cos\theta_2 & 0 \\ 0 & 0 & 1 \end{bmatrix}\begin{bmatrix} m_2l\left(\sin\theta_2\ddot{\theta}_1-\cos\theta_2\dot{\theta}_1-\frac{1}{2}\dot{\theta}_1-\frac{1}{2}\dot{\theta}_2-\dot{\theta}_1\dot{\theta}_2\right)+m_2g\sin(\theta_1+\theta_2) \\ m_2l\left(\frac{1}{2}\ddot{\theta}_1+\frac{1}{2}\ddot{\theta}_2+\cos\theta_2\ddot{\theta}_1+\sin\theta_2\dot{\theta}_1\right)+m_2g\cos(\theta_1+\theta_2) \\ 0 \end{bmatrix}+
$$

$$
m_1\,{}^{1}\boldsymbol{T}_0\boldsymbol{a}_1^C
$$

$$
=\begin{bmatrix} m_2l\left[-\dot{\theta}_1^2-\frac{1}{2}\cos\theta_2(\dot{\theta}_1^2+\dot{\theta}_2^2)-\cos\theta_2\dot{\theta}_1\dot{\theta}_2-\frac{1}{2}\sin\theta_2(\ddot{\theta}_1+\ddot{\theta}_2)\right]- \\ m_2g\left[\cos(\theta_1+\theta_2)\sin\theta_2-\cos\theta_2\sin(\theta_1+\theta_2)-\frac{1}{2}m_1l\dot{\theta}_1^2+m_1g\sin\theta_1\right] \\ m_2l\left[\ddot{\theta}_1-\frac{1}{2}\sin\theta_2(\dot{\theta}_1^2+\dot{\theta}_2^2)-\sin\theta_2\dot{\theta}_1\dot{\theta}_2+\sin\theta_2\dot{\theta}_1^2+\frac{1}{2}\cos\theta_2(\ddot{\theta}_1+\ddot{\theta}_2)\right]+ \\ m_2g\cos\theta_1+\frac{1}{2}m_1l\ddot{\theta}_1+m_1g\cos\theta_1 \\ 0 \end{bmatrix}
$$

⑦ 假设 $\boldsymbol{f}_3=\boldsymbol{n}_3=\boldsymbol{0}$，可以计算各杆件上所受的力矩。

杆件 2 上所受的力矩为

$$
{}^{2}\boldsymbol{T}_0\boldsymbol{n}_2=({}^{2}\boldsymbol{T}_0\boldsymbol{p}_2^*+{}^{2}\boldsymbol{T}_0\boldsymbol{s}_2)\times({}^{2}\boldsymbol{T}_0\boldsymbol{F}_2)+{}^{2}\boldsymbol{T}_0\boldsymbol{N}_2
$$

$$
\boldsymbol{p}_2^*=\begin{bmatrix} l\cos(\theta_1+\theta_2) \\ l\sin(\theta_1+\theta_2) \\ 0 \end{bmatrix}
$$

$$
{}^{2}\boldsymbol{R}_0\boldsymbol{p}_2^*=\begin{bmatrix} \cos(\theta_1+\theta_2) & \sin(\theta_1+\theta_2) & 0 \\ -\sin(\theta_1+\theta_2) & \cos(\theta_1+\theta_2) & 0 \\ 0 & 0 & 1 \end{bmatrix}\begin{bmatrix} l\cos(\theta_1+\theta_2) \\ l\sin(\theta_1+\theta_2) \\ 0 \end{bmatrix}=\begin{bmatrix} l \\ 0 \\ 0 \end{bmatrix}
$$

因此有

$$
{}^{2}\boldsymbol{T}_0\boldsymbol{n}_2=\begin{bmatrix} \frac{l}{2} \\ 0 \\ 0 \end{bmatrix}\times\begin{bmatrix} m_2l\left(\sin\theta_2\ddot{\theta}_1-\cos\theta_2\dot{\theta}_1^2-\frac{1}{2}\dot{\theta}_1^2-\frac{1}{2}\dot{\theta}_2^2-\dot{\theta}_1\dot{\theta}_2\right)+m_2g\sin(\theta_1+\theta_2) \\ m_2l\left(\frac{1}{2}\ddot{\theta}_1+\frac{1}{2}\ddot{\theta}_2+\cos\theta_2\ddot{\theta}_1+\sin\theta_2\dot{\theta}_1^2+m_2g\cos(\theta_1+\theta_2)\right. \\ 0 \end{bmatrix}+
$$

$$\begin{bmatrix}0 & 0 & 0\\ 0 & \dfrac{m_2 l^2}{12} & 0\\ 0 & 0 & \dfrac{m_2 l^2}{12}\end{bmatrix}\begin{bmatrix}0\\ 0\\ \ddot{\theta}_1+\ddot{\theta}_2\end{bmatrix}$$

$$=\begin{bmatrix}0\\ 0\\ \dfrac{1}{3}m_2 l^2\ddot{\theta}_1+\dfrac{1}{3}m_2 l^2\ddot{\theta}_2+\dfrac{1}{2}m_2 l^2(\cos\theta_2\ddot{\theta}_1+\sin\theta_2\dot{\theta}_1^2)+\dfrac{1}{2}m_2 l\cos(\theta_1+\theta_2)\end{bmatrix}$$

杆件 1 上所受的力矩为

$$^1\boldsymbol{T}_0\boldsymbol{n}_1={}^1\boldsymbol{T}_2[{}^2\boldsymbol{T}_0\boldsymbol{n}_2+({}^2\boldsymbol{T}_0\boldsymbol{p}_1^*)({}^2\boldsymbol{T}_0\boldsymbol{f}_2)]+({}^1\boldsymbol{T}_0\boldsymbol{p}_1^*+{}^2\boldsymbol{T}_0\boldsymbol{s}_1)({}^1\boldsymbol{T}_0\boldsymbol{F}_1)+{}^1\boldsymbol{T}_0\boldsymbol{N}_1$$

由于 $\boldsymbol{p}_1^*=\begin{bmatrix}l\cos\theta_1\\ l\sin\theta_1\\ 0\end{bmatrix}$，${}^2\boldsymbol{T}_0\boldsymbol{p}_1{}^*=\begin{bmatrix}l\cos\theta_2\\ -l\sin\theta_2\\ 0\end{bmatrix}$，${}^1\boldsymbol{T}_0\boldsymbol{p}_1^*=\begin{bmatrix}l\\ 0\\ 0\end{bmatrix}$，因此

$$^1\boldsymbol{T}_0\boldsymbol{n}_1={}^1\boldsymbol{T}_2[{}^2\boldsymbol{T}_0\boldsymbol{n}_2+({}^2\boldsymbol{T}_0\boldsymbol{p}_1^*)({}^2\boldsymbol{T}_0\boldsymbol{f}_2)]+\begin{bmatrix}\dfrac{l}{2} & 0 & 0\end{bmatrix}^{\mathrm{T}}({}^1\boldsymbol{T}_0\boldsymbol{F}_1)+{}^1\boldsymbol{T}_0\boldsymbol{N}_1$$

根据计算所得各杆件的力矩，则可求取各关节所受力矩。若阻尼黏滞系数 $b_1=b_2=0$，则关节 2 驱动器上的力矩为

$$\begin{aligned}\boldsymbol{\tau}_2&=({}^2\boldsymbol{T}_0\boldsymbol{n}_2)^{\mathrm{T}}({}^2\boldsymbol{T}_1\boldsymbol{z}_0)\\ &=\frac{1}{3}m_1 l^2\ddot{\theta}_1+\frac{4}{3}m_2 l^2\ddot{\theta}_1+\frac{1}{2}m_2 l^2(\cos\theta_2\ddot{\theta}_1+\sin\theta_2\dot{\theta}_1^2)+\frac{1}{2}m_2 gl\cos(\theta_1+\theta_2)\end{aligned}$$

关节 1 驱动器上的力矩为

$$\begin{aligned}\boldsymbol{\tau}_1&=({}^1\boldsymbol{T}_0\boldsymbol{n}_1)^{\mathrm{T}}({}^1\boldsymbol{T}_0\boldsymbol{z}_0)\\ &=\frac{1}{3}m_1 l^2\ddot{\theta}_1+\frac{4}{3}m_2 l^2\ddot{\theta}_1+m_2 l^2\cos\theta_2\ddot{\theta}_1+\frac{1}{3}m_2 l^2\ddot{\theta}_2+\frac{1}{2}m_2 l^2\cos\theta_2\ddot{\theta}_2-\\ &\quad m_2 l^2\sin\theta_2\dot{\theta}_1\dot{\theta}_2-\frac{1}{2}m_2 l^2\sin\theta_2\dot{\theta}_2^2+\frac{1}{2}m_1 gl\cos\theta_1+\frac{1}{2}m_2 gl\cos(\theta_1+\theta_2)+\\ &\quad m_2 gl\cos\theta_1\end{aligned}$$

综上所述，拉格朗日-欧拉法建立的动力学方程形式完整，适于设计较复杂的机器人。牛顿-欧拉法建立的动力学递归方程计算量较拉格朗日-欧拉法建立的动力学方程要小得多，适合于实时计算机器人各关节的力和力矩。

参 考 文 献

[1] 叶艳辉. 小型移动焊接机器人系统设计及优化 [D]. 南昌：南昌大学，2015.

[2] 王殿君，彭文祥，高锦宏，等. 六自由度轻载搬运机器人控制系统设计 [J]. 机床与液压，2017，45 (3)：14-18.

[3] GUILLO M，DUBOURG L. Impact & improvement of tool deviation in friction stir welding：Weld quality & real-time compensation on an industrial robot [J]. Robotics and Computer-Integrated Manufacturing，2016，39 (5)：22-31.

[4] 周会成，任正军. 六轴机器人设计及动力学分析 [J]. 机床与液压，2014，(9)：1-5.

[5] ISAKSSON M，MARLOW K，MACIEJEWSKI A，et al. Novel fault-tolerance indices for redundantly actuated parallel robots [J]. ASME Journal of Mechanical Design，2017，139 (4)：042301.

[6] CHAKAROV D. Study of the antagonistic stiffness of parallel manipulators with actuation redundancy [J]. Mechanism

& Machine Theory，2004，39（6）：583-601.

[7] HOLLERBACH J M，WAMPLER C W. The Calibration Index and Taxonomy for Robot Kinematic Calibration Methods [J]. The International Journal of Robotics Research，1996，15（6）：573-591.

[8] 刘永进，余旻婧，叶子鹏，等.自重构模块化机器人路径规划方法综述 [J].中国科学：信息科学，2018，48（2）：143-176.

[9] 潘祥生，沈惠平，李露，等.基于关节阻尼的6自由度工业机器人优化分析 [J].机械设计，2013，30（9）：15-18.

[10] 孙中波.动态双足机器人有限时间稳定性分析与步态优化控制研究 [D].长春：吉林大学，2016.

[11] 宫赤坤，余国鹰，熊吉光，等.六自由度机器人设计分析与实现 [J].现代制造工程，2014，（11）：60-63.

[12] 陈正升.高速轻型并联机器人集成优化设计与控制 [D].哈尔滨：哈尔滨工业大学，2015.

[13] 谭民，徐德，侯增广，等.先进机器人控制 [M].北京：高等教育出版社，2007.

[14] 侯小雨，朱华炳，江磊.基于刚柔耦合建模的6R机器人位置误差分析 [J].组合机床与自动化加工技术，2018，（1）：51-55.

[15] ZHANG Z X，JIANG Z X，YANG YM. Joint clearance effects on robot manipulators positionalerror [J]. Journal of National University of Defense Technology，2014，36（6）：185-190.

[16] CHEN G L，WANG H，LIN Z Q. A unified approach to the accuracy analysis of planar parallel manipulators both with input uncertainties and jointclearance [J]. Mechanism and Machine Theory，2013，64（8）：1-17.

[17] DENAVIT J，HARTENBERG R S. A kinematic notation for lower-pair mechanisms based onmatrices [J]. ASME Journal of Applied Mechanics，1955，22：215- 221.

[18] KUMAR R，KALRA P，PRAKASH N R. A virtual RV-M1 robot system [J]. Robotics & Computer Integrated Manufacturing，2011，27（6）：994-1000.

[19] TAROKH M，HO H D，BOULOUBASIS A. Systematic kinematics analysis and balance control of high mobility rovers over rough terrain [J]. Robotics and Autonomous Systems，2013，61（1）：13-24.

[20] LEE R S，LIN Y H. Development of universal environment for constructing 5-axis virtual machine tool based on modified D-H notation and OpenGL [J]. Robotics and Computer-Integrated Manufacturing，2010，26（3）：253-262.

[21] AL-WIDYAN K，MA X Q，ANGELES J. The robust design of parallel spherical robots [J]. Mechanism & Machine Theory，2011，46（3）：335-343.

[22] ROCHA C R，TONETTO C P，DIAS A. A comparison between the Denavit-Hartenberg and the screw-based methods used in kinematic modeling of robot manipulators [J]. Robotics and Computer-Integrated Manufacturing，2011，27（4）：723-728.

[23] 熊有伦.机器人学 [M].北京：机械工业出版社，1993.

[24] PAUL R P，B E SHIMANO，G MAYER. Kinematic Control Equations for Simple Manipulators [J]. Systems，Man and Cybernetics，IEEE Transactions on，1981，11（6）：449-455.

[25] LEE C S G，ZIEGLER M. Geometric approach in solving inverse kinematics of PUMA robots [J]. IEEE Transactions on Aerospace and Electronic Systems，1984，AES-20（6）：695-706.

[26] KUO Y L，LIN T P，WU C Y. Experimental and numerical study on the semi-closed loop control of a planar parallel robot manipulator [J]. Mathematical Problems in Engineering，2014，（5）：1-9.

[27] RUBIO J D J，BRAVO A G，PACHECO J，et al. Passivity analysis and modeling of robotic arms [J]. IEEE Latin America Transactions，2014，12（8）：1389-1397.

[28] 胡艳凯，郑勐等，侯昭，等.一种单驱动机器人腰部结构的运动学分析 [J].机械传动，2018，42（9）：75-79.

[29] KÖKER R，CAKAR T. A neuro-genetic-simulated annealing approach to the inverse kinematics solution of robots：a simulation based study [J]. Engineering with Computers，2016，32（4）：553-565.

[30] HUANG H C，HSU H S. Biologically inspired deoxyribonucleic acid soft computing for inverse kinematics solver of five-DOF robotic manipulators [J]. Soft Computing，2015，19（4）：875-881.

[31] DAS L，MAHAPATRA S S. Prediction of inverse kinematics of a 5-DOF pioneer robotic arm having 6-DOF end-effector using ANFIS [J]. International Journal of Computational Vision and Robotics，2015，5（4）：365-384.

[32] ENFERADI J，AKBARZADEH TOOTOONCHI A. Inverse dynamics analysis of a general spherical star-triangle

parallel manipulator using principle of virtual work [J]. Nonlinear Dynamics，2010，61 (3)：419-434.

[33] ZHAO Y，GAO F. Dynamic performance comparison of the 8PSS redundant parallel manipulator and its non-redundant counterpart-the 6PSS parallel manipulator [J]. Mechanism & Machine Theory，2009，44 (5)：991-1008.

[34] 陈修龙，孙德才，王清. 基于拉格朗日的冗余驱动并联机构刚体动力学建模 [J]. 农业机械学报，2015，46 (12)：329-336.

[35] 王殿君，关似玉，陈亚，等. 六自由度搬运机器人动力学分析及仿真 [J]. 机械设计与制造，2017，(1)：25-29.

[36] 吴长征，刘殿富，岳义，等. 空间双臂机器人运动学及动力学分析与建模研究 [J]. 上海航天，2017，34 (3)：80-87.

[37] VAKIL M，FOTOUHI R，NIKIFORUK P N. On the zeros of the transfer function of flexible link manipulators and their non-minimum phase behaviour [J]. Proceedings of the Institution of Mechanical Engineers，Part C：Journal of Mechanical Engineering Science，2010，224 (10)：2083-2096.

[38] TINKIR M，ÖNEN Ü，KALYONCU M. Modelling of neurofuzzy control of a flexiblelink [J]. Proceedings of the Institution of Mechanical Engineers，Part I-Journal of Systems and Control Engineering，2010，224 (5)：529-543.

[39] 杜欣，蔡国平. 带有末端集中质量的双连杆柔性机械臂主动控制 [J]. 应用力学学报，2009，26 (4)：672-678.

[40] CAI G P，TENG Y Y，LIM C W. Active control and experiment study of a flexible hub-beamsystem [J]. Acta Mechanica Sinica，2010，26 (2)：289-298.

[41] 陈修龙，王成硕. 基于牛顿—欧拉法的 4-UPS-RPS 机构刚体动力学分析 [J]. 计算机集成制造系统，2014，20 (7)：1709-1715.

[42] 毛志伟，邓凡灵，罗香彬，等. 三自由度搬运机器人运动学分析及仿真 [J]. 南昌大学学报 (工科版)，2014，36 (1)：25-29.

第5章 工业机器人优化设计

所谓优化设计就是在规定的各种设计限制条件下，将实际设计问题首先转为最优化问题，然后运用最优化理论和方法进行自动调优计算，从满足各种设计要求及限制条件的全部可行方案中，选出最优设计方案。机器人优化主要包括轨迹优化[1,2]、拓扑优化[3] 及尺寸优化[4,5] 等，其中尺寸优化对机器人各运动关节的布局起到关键作用，对机器人的性能尤为重要。对串联、并联以及混联机器人的结构尺寸，其优化过程大多需考虑机构的奇异性、关节约束、机构几何尺寸约束、力的传递性能和动态性能等条件。

本章主要涉及机构与架构的优化设计，机器人杆件的优化设计及机器人本体的优化设计等方面。通过对机构优化、架构优化等概念的理解，认识机器人机构与架构的优化设计；通过对杆件静态性能、机械臂运动性能、机械臂运动误差、杆件力学性能及机械臂性能测试等的分析，明确机器人杆件的优化设计问题；通过机器人本体方案制定、机器人关节对性能的影响、机器人分析及优化等，实施对机器人本体的优化设计。

5.1 机构与架构的优化设计

随着机器人能够实现的位姿和功能越来越多，机构与架构的优化设计逐渐成为实现整个机器人系统功能的重要方面。

机器人关节多、机械结构复杂，机器人所有功能的实现都是基于其机构原理，因此，对机器人机构进行优化成为机器人设计不可或缺的方面。架构设计是机器人主要作业及功能实现的前提，机器人架构设计主要体现在机体及杆件本身的结构设计方面。

5.1.1 机构优化

合理的结构参数一直是优化设计的基础，直接影响机械运动性能的优劣。目前，已有很多在结构参数优化方面的研究成果。例如，利用空间模型技术法研究机构结构参数与各性能指标之间的关系，该方法能揭示单一的性能指标与机构尺寸之间的映射关系；采用遗传算法对机构进行结构参数优化时，可以考虑机构的动力学性能、速度传递性能以及刚度性能，将三者作为优化目标函数[6,7]。虽然，这些方法有一定的局限性，但是，通过优化结构参数来提高机构性能是富有意义的研究。

这里所指的机构优化，主要是研究机构参数对机器人工作空间的影响，以及机构参数对机器人灵活性的影响等方面。

(1) 机构参数对机器人工作空间的影响

机器人工作空间是指机器人运动末端件可达范围，工作空间是衡量机器人运动能力的重要指标。机构参数主要指连杆参数及关节角等。

在分析机构的工作空间前，首先要确定其结构约束条件，然后求解行程机构的工作空间。设置具体结构约束条件时，驱动杆长应满足运动空间要求，要使工作空间完整，避免在运动过程中产生死点；满足驱动杆长的最小杆长、最大杆长要求，在整个工作空间内驱动杆之间不发生干涉。

在进行工业机器人机构参数分析和优化设计时，可以把机器人视作串联式多关节机械，视机器人空间点集合为其运动的活动范围。当机器人相当于串联式多关节机械结构时，求解工作空间即相当于求解机器人末端参考点所能达到的空间点集合，这是机器人机构优化和驱动控制需要考虑的重要方面。

目前，机器人工作空间的求解方法主要有解析法、投影法、图解法以及数值法等。

1) 解析法　解析法又称为分析法，它是应用数学推导、演绎去求解数学模型的方法。解析法通过多次包络来确定工作空间边界，把工作空间的边界用方程表示出来，通过精确的代数推导求得满足约束的姿态，并能够得出姿态的解析表达式。

下面仅以串联机器人为例，探讨解析法的应用。

① 机器人结构及方程建立　以六自由度串联机器人为例[8,9]，建立机器人的连杆坐标系，如图 5-1 所示。

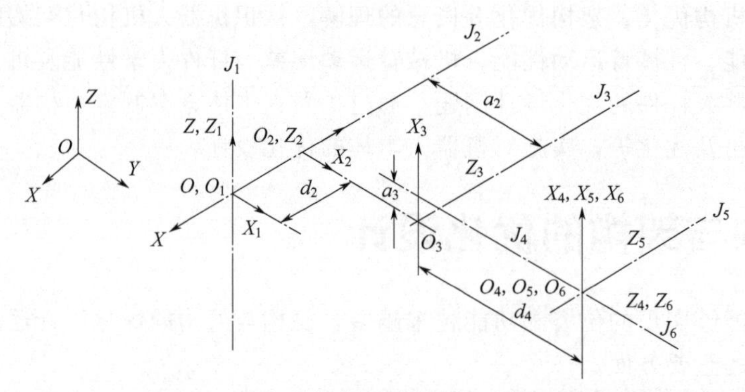

图 5-1　六自由度串联机器人的连杆坐标系

图 5-1 中，$i=1 \sim 6$。J_i 为第 i 个关节的轴线。a_i 为连杆长度，表示两个关节的关节轴线 J_i 与 J_{i+1} 的公垂线距离。α_i 为连杆扭转角，表示 J_{i+1} 与由 J_i 与公垂线组成平面 P 的夹角。d_i 为连杆偏移量，表示一个关节的相邻两条公垂线 a_i 与 a_{i-1} 的距离。θ_i 为关节角，表示关节 J_i 的相邻两条公垂线 a_i 与 a_{i-1} 在以 J_i 为法线的平面上投影的夹角。

根据六自由度串联机器人的结构特点和运动特性，它存在如下条件约束。

a. 各驱动副转角范围　由于受到机器人机械臂上各零部件的影响和限制，机器人的大部分关节都有自己的转动范围，很难实现全周转动。

b. 臂长　机器人的臂长越长其工作空间越大，但是为了适应不同的工作环境，需要设计不同臂长的机器人。设各个连杆的参数如表 5-1 所示。

表 5-1 机器人连杆参数表

连杆 i	θ_i 关节角	扭转角 α_{i-1}	连杆长度 a_{i-1}	连杆偏移量 d_i
1	$\theta_1(90°)$	0°	0	0
2	$\theta_2(0°)$	−90°	0	d_2
3	$\theta_3(-90°)$	0°	a_2	0
4	$\theta_4(0°)$	−90°	a_3	d_4
5	$\theta_5(0°)$	90°	0	0
6	$\theta_6(0°)$	−90°	0	0

注：关节角 θ_i 括号中的数值为机器人处在初始状态时 θ_i 的取值[1]。

对于六自由度串联机器人，采用 D-H 坐标系后置法建立连杆坐标系，如图 5-2 所示。连杆坐标系后置法是指将第 i 个坐标系建立在第 $i+1$ 个关节处。

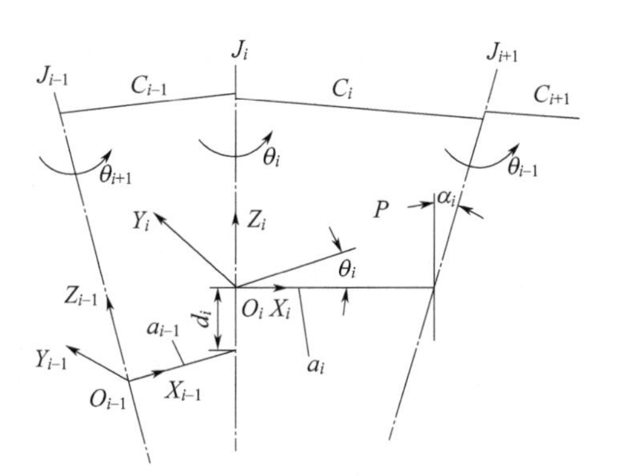

图 5-2 连杆坐标系示意图

C_i，C_{i-1}，C_{i+1}—连杆

图 5-2 中，C_{i-1} 连杆的坐标系经过两次旋转和两次平移可以变换到 C_i 连杆的坐标系，图 5-3 中(a)～(d)，即为采用连杆坐标系后置法的连杆坐标变换过程。

通过上述变换过程，坐标系 $O_{i-1}X_{i-1}Y_{i-1}Z_{i-1}$ 与坐标系 $O_iX_iY_iZ_i$ 已经完全重合。这种关系可以用连杆 C_{i-1} 到连杆 C_i 的 4 个齐次变换来描述。这 4 个齐次变换构成的总变换矩阵（D-H 矩阵），即为式(5-1)。

$$\begin{aligned}\mathbf{A}_i &= \mathrm{Trans}(a_{i-1},0,0)\mathrm{Rot}(X_{i-1},\alpha_{i-1})\mathrm{Trans}(0,0,d_i)\mathrm{Rot}(Z_i,\theta_i)\\ &=\begin{bmatrix}1&0&0&a_{i-1}\\0&1&0&0\\0&0&1&0\\0&0&0&1\end{bmatrix}\begin{bmatrix}1&0&0&0\\0&\cos\alpha_{i-1}&-\sin\alpha_{i-1}&0\\0&\sin\alpha_{i-1}&\cos\alpha_{i-1}&0\\0&0&0&1\end{bmatrix}\begin{bmatrix}1&0&0&0\\0&1&0&0\\0&0&1&d_i\\0&0&0&1\end{bmatrix}\begin{bmatrix}\cos\theta_i&-\sin\theta_i&0&0\\\sin\theta_i&\cos\theta_i&0&0\\0&0&1&0\\0&0&0&1\end{bmatrix}\\ &=\begin{bmatrix}\cos\theta_i&-\sin\theta_i&0&a_{i-1}\\\sin\theta_i\cos\alpha_{i-1}&\cos\theta_i\cos\alpha_{i-1}&-\sin\alpha_{i-1}&-d_i\sin\alpha_{i-1}\\\sin\theta_i\sin\alpha_{i-1}&\cos\theta_i\sin\alpha_{i-1}&\cos\alpha_{i-1}&d_i\cos\alpha_{i-1}\\0&0&0&1\end{bmatrix}\end{aligned} \tag{5-1}$$

根据式(5-1) 并利用表 5-1 中的参数，可以得到各个连杆的变换矩阵，见式(5-2)～式(5-7)。

$$\mathbf{A}_1=\begin{bmatrix}\cos\theta_1&-\sin\theta_1&0&0\\\sin\theta_1&\cos\theta_1&0&0\\0&0&1&0\\0&0&0&1\end{bmatrix} \tag{5-2}$$

$$\mathbf{A}_2=\begin{bmatrix}\cos\theta_2&-\sin\theta_2&0&0\\0&0&1&d_2\\-\sin\theta_2&-\cos\theta_2&0&0\\0&0&0&1\end{bmatrix} \tag{5-3}$$

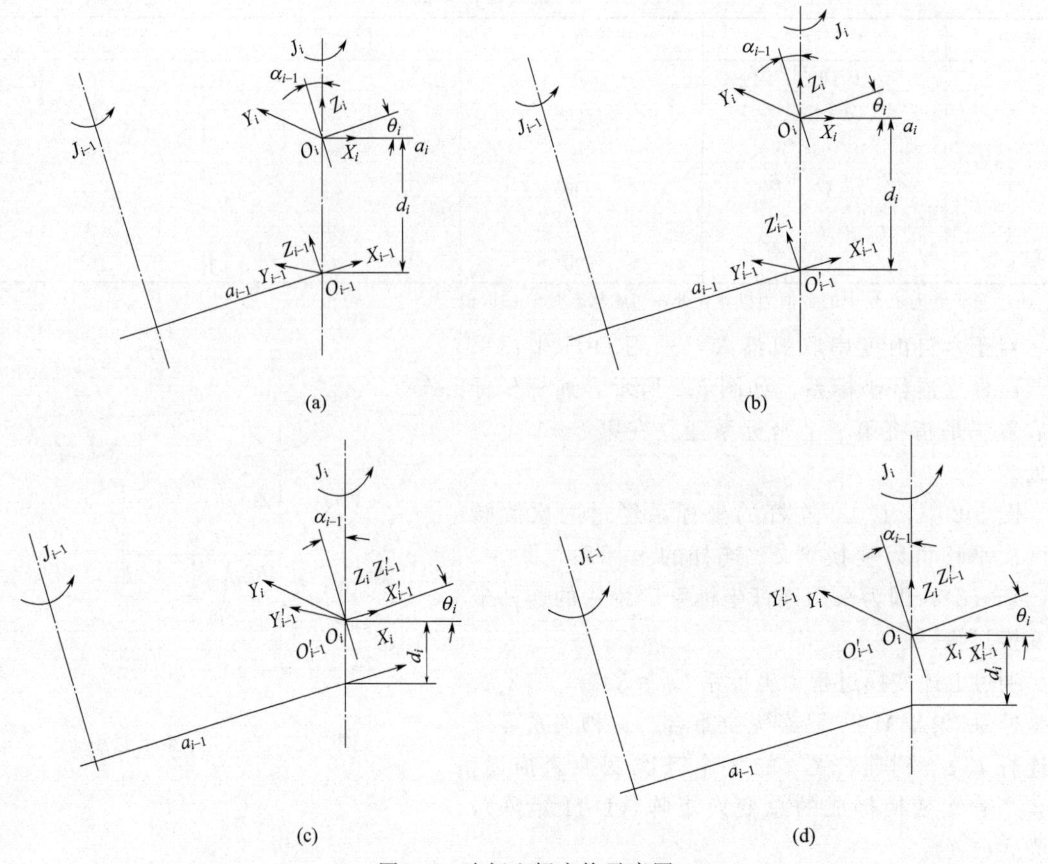

图 5-3　连杆坐标变换示意图

$$\boldsymbol{A}_3=\begin{bmatrix}\cos\theta_3 & -\sin\theta_3 & 0 & a_2\\ \sin\theta_3 & -\cos\theta_3 & 0 & 0\\ 0 & 0 & 1 & 0\\ 0 & 0 & 0 & 1\end{bmatrix} \tag{5-4}$$

$$\boldsymbol{A}_4=\begin{bmatrix}\cos\theta_4 & -\sin\theta_4 & 0 & a_3\\ 0 & 0 & 1 & d_4\\ -\sin\theta_4 & -\cos\theta_4 & 0 & 0\\ 0 & 0 & 0 & 1\end{bmatrix} \tag{5-5}$$

$$\boldsymbol{A}_5=\begin{bmatrix}\cos\theta_5 & -\sin\theta_5 & 0 & 0\\ 0 & 0 & -1 & 0\\ \sin\theta_5 & \cos\theta_5 & 0 & 0\\ 0 & 0 & 0 & 1\end{bmatrix} \tag{5-6}$$

$$\boldsymbol{A}_6=\begin{bmatrix}\cos\theta_6 & -\sin\theta_6 & 0 & 0\\ 0 & 0 & 1 & 0\\ -\sin\theta_6 & -\cos\theta_6 & 0 & 0\\ 0 & 0 & 0 & 1\end{bmatrix} \tag{5-7}$$

② 求解机器人关节角 $\theta_1 \sim \theta_6$　机器人关节角既表示机构的转动能力，又表示杆件的取值范围。求解机器人各个关节的关节角 $\theta_1 \sim \theta_6$，就是针对式(5-8) 给定的末端位姿，根据逆向运动学原理求解。

$$\boldsymbol{T}=\begin{bmatrix} n_x & o_x & a_x & p_x \\ n_y & o_y & a_y & p_y \\ n_z & o_z & a_z & p_z \\ 0 & 0 & 0 & 1 \end{bmatrix} \tag{5-8}$$

下面简单分析机器人关节角 $\theta_1 \sim \theta_6$ 的求解过程。

a. 求取 θ_1　由机器人理论得知，对于有 n 个自由度的串联结构工业机器人，各个连杆坐标系之间属于联体坐标关系。若将各个连杆的 D-H 矩阵分别设为 $\boldsymbol{A}_1$，$\boldsymbol{A}_2$，…，$\boldsymbol{A}_n$，则机器人末端的位置和姿态可由式(5-9) 求取。

$$\boldsymbol{T}=\boldsymbol{A}_1\boldsymbol{A}_2\boldsymbol{A}_3\cdots\boldsymbol{A}_n \tag{5-9}$$

对于相邻连杆 C_{i-1} 和 C_i，两个连杆坐标系之间的变换矩阵即为连杆变换矩阵，即式(5-9a)。而机器人末端相对于连杆 C_{i-1} 坐标系的位置即姿态，即式(5-9b)。

$${}^{i-1}\boldsymbol{T}_i=\boldsymbol{A}_i \tag{5-9a}$$

$${}^{i-1}\boldsymbol{T}_n=\boldsymbol{A}_i\boldsymbol{A}_{i+1}\cdots\boldsymbol{A}_n \tag{5-9b}$$

对于有六个自由度的串联机器人，$n=6$。依据式(5-9a)、式(5-9b) 得到式(5-10)。

$$\boldsymbol{A}_1^{-1}\boldsymbol{T}=\boldsymbol{A}_2\boldsymbol{A}_3\boldsymbol{A}_4\boldsymbol{A}_5\boldsymbol{A}_6 \tag{5-10}$$

将式(5-10) 等式的两端分别展开，得到式(5-11) 和式(5-12)。由于只关心矩阵中的第4列，所以在式(5-11) 和式(5-12) 中未列出矩阵前3列的具体计算结果。

$$\boldsymbol{A}_1^{-1}\boldsymbol{T}=\begin{bmatrix} \cos\theta_1 & \sin\theta_1 & 0 & 0 \\ -\sin\theta_1 & \cos\theta_1 & 0 & 0 \\ 0 & 0 & 1 & 0 \\ 0 & 0 & 0 & 1 \end{bmatrix}\begin{bmatrix} n_x & o_x & a_x & p_x \\ n_y & o_y & a_y & p_y \\ n_z & o_z & a_z & p_z \\ 0 & 0 & 0 & 1 \end{bmatrix}$$

$$=\begin{bmatrix} t_{111} & t_{112} & t_{113} & \cos\theta_1 p_x+\sin\theta_1 p_y \\ t_{121} & t_{122} & t_{123} & -\sin\theta_1 p_x+\cos\theta_1 p_y \\ t_{131} & t_{132} & t_{133} & p_z \\ 0 & 0 & 0 & 1 \end{bmatrix} \tag{5-11}$$

$$\boldsymbol{A}_2\boldsymbol{A}_3\boldsymbol{A}_4\boldsymbol{A}_5\boldsymbol{A}_6=\begin{bmatrix} m_{111} & m_{112} & m_{113} & a_2\cos\theta_2+a_3\cos(\theta_2+\theta_3)-d_4\sin(\theta_2+\theta_3) \\ m_{121} & m_{122} & m_{123} & d_2 \\ m_{131} & m_{132} & m_{133} & -a_2\sin\theta_2-a_3\sin(\theta_2+\theta_3)-d_4\cos(\theta_2+\theta_3) \\ 0 & 0 & 0 & 1 \end{bmatrix} \tag{5-12}$$

式(5-12) 的第4列第2行是常数，利用式(5-11) 和式(5-12) 中的第4列第2行元素相等，得到式(5-13)。

$$-\sin\theta_1 p_x+\cos\theta_1 p_y=d_2 \tag{5-13}$$

令　$$p_x=\rho\cos\varphi,\ p_y=\rho\sin\varphi,\ \rho=\sqrt{p_x^2+p_y^2},\ \varphi=\arctan2(p_x,p_y) \tag{5-14}$$

将式(5-14) 代入式(5-13)，利用三角函数公式，得到式(5-15)。

$$\sin(\varphi-\theta_1)=\frac{d_2}{\rho},\ \cos(\varphi-\theta_1)=\pm\sqrt{1-\left(\frac{d_2}{\rho}\right)^2} \tag{5-15}$$

由式(5-15)，利用反正切函数得到 $\varphi-\theta_1$。

$$\varphi-\theta_1=\arctan2\left[\frac{d_2}{\rho},\pm\sqrt{1-\left(\frac{d_2}{\rho}\right)^2}\right] \tag{5-16}$$

将式(5-14) 中的 φ 和 ρ 代入式(5-16) 中，得到 θ_1 的两个解，即式(5-17)。

$$\begin{aligned}\theta_1&=\arctan2(p_y,p_x)-\arctan2\left[\frac{d_2}{\rho},\pm\sqrt{1-\left(\frac{d_2}{\rho}\right)^2}\right]\\&=\arctan2(p_y,p_x)-\arctan2\left[d_2,\pm\sqrt{p_x^2+p_y^2-d_2^2}\right]\end{aligned} \tag{5-17}$$

b. 求取 θ_3　若直接求解 θ_2，会因为参数不够无法直接求出，故先求解 θ_3，这里求解 θ_3 的参数是足够的，可以直接求出。求解 θ_3 之后再求解 θ_2 的具体解。

由式(5-11) 和式(5-12) 中的第 4 列前 3 行元素对应相等，得到式(5-18)。

$$\begin{cases}\cos\theta_1 p_x+\sin\theta_1 p_y=a_2\cos\theta_2+a_3\cos(\theta_2+\theta_3)-d_4\sin(\theta_2+\theta_3)\\-\sin\theta_1 p_x+\cos\theta_1 p_y=d_2\\p_z=-a_2\sin\theta_2-a_3\sin(\theta_2+\theta_3)-d_4\cos(\theta_2+\theta_3)\end{cases} \tag{5-18}$$

对上式取平方和，有式(5-19) 成立。

$$-\sin\theta_3 d_4+\cos\theta_3 a_3=k \tag{5-19}$$

其中，$k=\dfrac{p_x^2+p_y^2+p_z^2-a_2^2-a_3^2-d_2^2-d_4^2}{2a_2}$。

参照式(5-13)～式(5-17) 中 θ_1 的求取，由式(5-19) 可以求得 θ_3 的两个解，即得到式(5-20)。

$$\theta_3=\arctan2(a_3,d_4)-\arctan2\left(d_2,\pm\sqrt{a_3^2+d_4^2-k^2}\right) \tag{5-20}$$

c. 求取 θ_2　由式(5-9) 得式(5-21)。

$$\boldsymbol{A}_3^{-1}\boldsymbol{A}_2^{-1}\boldsymbol{A}_1^{-1}\boldsymbol{T}=\boldsymbol{A}_4\boldsymbol{A}_5\boldsymbol{A}_6 \tag{5-21}$$

在式(5-21) 中，等式的左边只有一个未知参数 θ_2。利用等式右边的常数项与等式左边含有 θ_2 的项相等，可以求解出 θ_2。

将式(5-21) 左右两侧分别展开，得到式(5-22) 和式(5-23)。其中，第 1 列和第 2 列的元素不用于 θ_2 的求解，在这里没有列出。

$$\boldsymbol{A}_3^{-1}\boldsymbol{A}_2^{-1}\boldsymbol{A}_1^{-1}\boldsymbol{T}=\begin{bmatrix}t_{311} & t_{312} & \cos\theta_1\cos(\theta_2+\theta_3)\alpha_x+\sin\theta_1\cos(\theta_2+\theta_3)\alpha_y-\sin(\theta_2+\theta_3)\alpha_z & \cos\theta_1\cos(\theta_2+\theta_3)p_x+\sin\theta_1\cos(\theta_2+\theta_3)p_y-\sin(\theta_2+\theta_3)p_z-a_2\cos\theta_3\\t_{321} & t_{322} & -\cos\theta_1\sin(\theta_2+\theta_3)\alpha_x-\sin\theta_1\sin(\theta_2+\theta_3)\alpha_y-\cos(\theta_2+\theta_3)\alpha_z & -\cos\theta_1\cos(\theta_2+\theta_3)p_x-\sin\theta_1\cos(\theta_2+\theta_3)p_y-\cos(\theta_2+\theta_3)p_z+a_2\sin\theta_3\\t_{331} & t_{332} & -\sin\theta_1\alpha_x+\cos\theta_1\alpha_y & -\sin\theta_1 p_x+\cos\theta_1 p_y-d_2\\0 & 0 & 0 & 1\end{bmatrix} \tag{5-22}$$

$$
\boldsymbol{A}_4\boldsymbol{A}_5\boldsymbol{A}_6=\begin{bmatrix} m_{111} & m_{112} & -\cos\theta_4\sin\theta_5 & a_3 \\ m_{121} & m_{122} & \cos\theta_5 & d_4 \\ m_{131} & m_{132} & \sin\theta_4\sin\theta_5 & 0 \\ 0 & 0 & 0 & 1 \end{bmatrix} \tag{5-23}
$$

式(5-23) 第 4 列第 1 行和第 2 行的元素为常数，利用这两项与式(5-22) 中的对应项相等，得到式(5-24)。

$$
\begin{cases} \cos\theta_1\cos(\theta_2+\theta_3)p_x+\sin\theta_1\cos(\theta_2+\theta_3)p_y-\sin(\theta_2+\theta_3)p_z-a_2\cos\theta_3=a_3 \\ -\cos\theta_1\cos(\theta_2+\theta_3)p_x-\sin\theta_1\cos(\theta_2+\theta_3)p_y-\cos(\theta_2+\theta_3)p_z+a_2\sin\theta_3=d_4 \end{cases} \tag{5-24}
$$

在式(5-24) 中，将 $\sin(\theta_2+\theta_3)$ 和 $\cos(\theta_2+\theta_3)$ 看作是两个变量，则式(5-24) 可以转换成线性方程组。利用线性方程组求解，可以得到 $\sin(\theta_2+\theta_3)$ 和 $\cos(\theta_2+\theta_3)$，即式(5-25)。

$$
\begin{cases} \sin(\theta_2+\theta_3)=\dfrac{(-a_3-a_2\cos\theta_3)p_z+(\cos\theta_1p_x+\sin\theta_1p_y)(a_2\sin\theta_3-d_4)}{p_z^2+(\cos\theta_1p_x+\sin\theta_1p_y)^2} \\ \cos(\theta_2+\theta_3)=\dfrac{(-d_4-a_2\sin\theta_3)p_z-(\cos\theta_1p_x+\sin\theta_1p_y)(-a_2\cos\theta_3-a_3)}{p_z^2+(\cos\theta_1p_x+\sin\theta_1p_y)^2} \end{cases} \tag{5-25}
$$

由式(5-25)，可以获得 θ_2 的解，即式(5-26)。

$$
\begin{aligned} \theta_2=\arctan2\,[&(-a_3-a_2\cos\theta_3)p_z+(\cos\theta_1p_x+\sin\theta_1p_y)(a_2\sin\theta_3-d_4), \\ &(-d_4-a_2\sin\theta_3)p_z-(\cos\theta_1p_x+\sin\theta_1p_y)(-a_2\cos\theta_3-a_3)]-\theta_3 \end{aligned} \tag{5-26}
$$

由于 θ_1 和 θ_3 各有两组解，所以 θ_2 具有 4 组解。

d. 求取 θ_4　由式(5-22) 和式(5-23) 的第 3 列第 1 行、第 3 行对应元素相等，得到

$$
\begin{cases} \cos\theta_1\cos(\theta_2+\theta_3)a_x+\sin\theta_1\cos(\theta_2+\theta_3)a_y-\sin(\theta_2+\theta_3)a_z=-\cos\theta_4\sin\theta_5 \\ -\sin\theta_1a_x+\cos\theta_1a_y=\sin\theta_4\sin\theta_5 \end{cases}
$$

当 $\sin\theta_5\neq0$ 时，由上式可以获得 θ_4 的两组解，即式(5-27)。

$$
\begin{cases} \theta_{41}=\arctan2\,[-\sin\theta_1a_x+\cos\theta_1a_y-\cos\theta_1\cos(\theta_2+\theta_3)a_x-\sin\theta_1\cos(\theta_2+\theta_3)a_y+ \\ \qquad \sin(\theta_2+\theta_3)a_z] \\ \theta_{42}=\theta_{41}+\pi \end{cases} \tag{5-27}
$$

当 $\theta_5=0$ 时，有无穷多组 θ_4、θ_6 构成同一位姿，即逆向运动学求解会有无穷多组解。

e. 求取 θ_5　由式(5-9) 得到式(5-28)。

$$
\boldsymbol{A}_4^{-1}\boldsymbol{A}_3^{-1}\boldsymbol{A}_2^{-1}\boldsymbol{A}_1^{-1}\boldsymbol{T}=\boldsymbol{A}_5\boldsymbol{A}_6 \tag{5-28}
$$

求解出 $\theta_1\sim\theta_4$ 后，在式(5-28) 的左边已经没有未知参数。等式右边展开后得到式(5-29)。

$$
\boldsymbol{A}_5\boldsymbol{A}_6=\begin{bmatrix} \cos\theta_5\sin\theta_5 & -\cos\theta_5\sin\theta_5 & -\sin\theta_5 & 0 \\ \sin\theta_6 & \cos\theta_6 & 0 & 0 \\ \sin\theta_5\sin\theta_6 & -\sin\theta_5\cos\theta_6 & \cos\theta_5 & 0 \\ 0 & 0 & 0 & 1 \end{bmatrix} \tag{5-29}
$$

利用第3列第1行、第3行的元素与等式左边展开后的对应项相等，得到式(5-30)。

$$\begin{cases}\sin\theta_5=-[\cos\theta_1\cos(\theta_2+\theta_3)\cos\theta_4+\sin\theta_1\sin\theta_4]a_x-[\sin\theta_1\cos(\theta_2+\theta_3)\cos\theta_4-\\ \qquad\cos\theta_1\sin\theta_4]a_y+\sin(\theta_2+\theta_3)\cos\theta_4 a_z\\ \cos\theta_5=-\cos\theta_1\sin(\theta_2+\theta_3)a_x-\sin\theta_1\sin(\theta_2+\theta_3)a_y-\cos(\theta_2+\theta_3)a_z\end{cases}\tag{5-30}$$

由式(5-30)，可以求解出 θ_5，即式(5-31)。

$$\theta_5=\arctan2(\sin\theta_5,\cos\theta_5)\tag{5-31}$$

f. 求取 θ_6　由式(5-9) 可得到式(5-32)。

$$\boldsymbol{A}_5^{-1}\boldsymbol{A}_4^{-1}\boldsymbol{A}_3^{-1}\boldsymbol{A}_2^{-1}\boldsymbol{A}_1^{-1}\boldsymbol{T}=\boldsymbol{A}_6\tag{5-32}$$

求解出 $\theta_1\sim\theta_5$ 后，在式(5-32) 的左边已经没有未知参数。等式右边展开后即得到

$$\boldsymbol{A}_6=\begin{bmatrix}\cos\theta_6 & -\sin\theta_6 & 0 & 0\\ 0 & 0 & 1 & 0\\ -\sin\theta_6 & -\cos\theta_6 & 0 & 0\\ 0 & 0 & 0 & 1\end{bmatrix}$$

利用第1列第1行、第3行的元素与等式左边展开后的对应项相等，得到式(5-33)。由式(5-33)，可以求解出 θ_6，即式(5-34)。

$$\begin{cases}\sin\theta_6=-[\cos\theta_1\cos(\theta_2+\theta_3)\sin\theta_4-\sin\theta_1\cos\theta_4]n_x-[\sin\theta_1\cos(\theta_2+\theta_3)\sin\theta_4-\\ \qquad\cos\theta_1\cos\theta_4]n_y+\sin(\theta_2+\theta_3)\cos\theta_4 n_z\\ \cos\theta_6=\{[\cos\theta_1\cos(\theta_2+\theta_3)\cos\theta_4+\sin\theta_1\sin\theta_4]\cos\theta_5-\cos\theta_1\sin(\theta_2+\theta_3)\sin\theta\}n_x+\\ \qquad\{[\sin\theta_1\cos(\theta_2+\theta_3)\cos\theta_4-\cos\theta_1\sin\theta_4]\cos\theta_5-\sin\theta_1\sin(\theta_2+\theta_3)\sin\theta_5\}n_y-\\ \qquad[\sin(\theta_2+\theta_3)\cos\theta_4\cos\theta_5+\cos(\theta_2+\theta_3)\sin\theta_5]n_z\end{cases}\tag{5-33}$$

$$\theta_6=\arctan2(\sin\theta_6,\cos\theta_6)\tag{5-34}$$

由此，六自由度串联机器人的逆向运动学共有8组解，其解如图5-4所示。

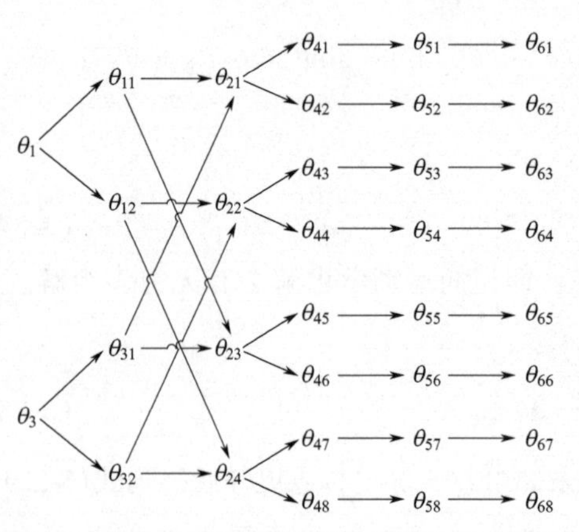

图5-4　六自由度串联机器人的逆向运动学解

由于机械约束，这8组解中部分解处于机器人的不可达空间。在实际应用中，根据机器人的实际可达空间以及机器人当前的运动情况，确定所需要的逆向运动学的解。

虽然解析法可以清晰地用方程表示解，但从工程的角度来说，其直观性不强并且十分烦琐。

2）投影法与解析法相结合　前面对解析法进行了分析，分析表明解析法以“数”解析几何关系。

投影法是图解法，投影法以“形”图解几何问题，它可以形象、简捷地在二维平面上求解三维空间几何问题。利用图形的三维空间形象，想象出图形间的关系而产生鲜明立体的直观性，同时作图简便且敏捷，但投影法准确性较差。

解析法的“数”为投影法的“形”提供了计算的依据，而“形”为“数”提供了几何模

型。因此，对空间几何问题，投影法与解析法的结合是定性与定量的结合，直观与抽象的结合。采用解析法时要设空间几何图形为 $f(x,y,z)=0$，再按变换规律，求得新几何图形，即 $x-\varphi_1(x_1, y_1, z_1)$、$y=\varphi_2(x_1, y_1, z_1)$、$z=\varphi_3(x_1, y_1, z_1)$，将其代入方程 $f(x,y,z)=0$ 中得 $F(x,y,z)=0$。

就其本质而言，投影法与解析法只是不同的表达形式，随着计算技术的发展，解析法与投影法相结合已是图解法发展的一种趋势。

下面仅以串联机器人为例，探讨投影法与解析法相结合的逆向运动学求解方法。

① 机器人结构及方程建立　针对六自由度串联机器人结构，建立该机器人的连杆坐标系[9,10]，如图 5-5 所示。

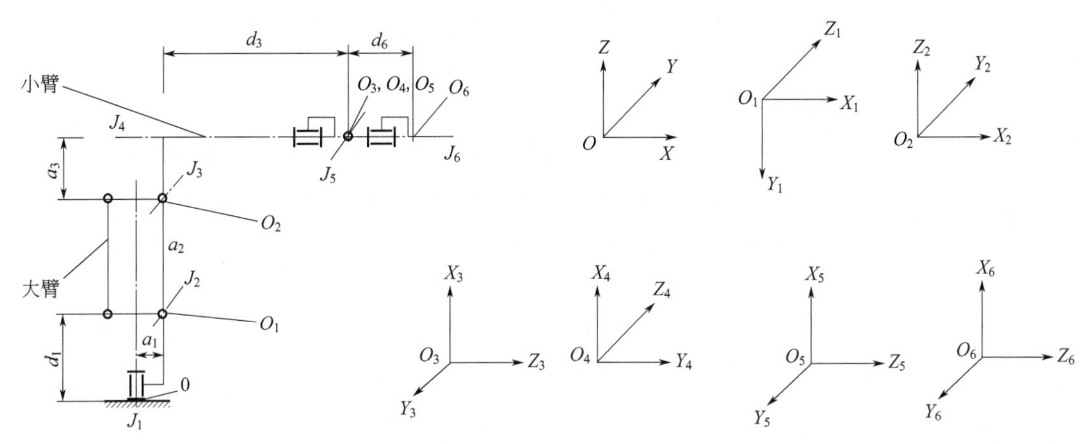

图 5-5　六自由度串联机器人结构与连杆坐标系

图 5-5 中，a_1 为连杆长度，表示关节轴线 J_1 与 J_2 的公垂线长度。d_1 为连杆偏移量，表示在关节轴线 J_1 上，过 O_1 的公垂线与 J_1 的交点到 O 的距离。

② 求解机器人关节角 $\theta_1 \sim \theta_6$。

a. 奇异位姿　对于上面工业机器人，当 $\theta_5=0$ 时形成奇异位姿。

当 $\theta_5=0$ 时

$$\boldsymbol{A}_5=\begin{bmatrix}1 & 0 & 0 & 0\\0 & 0 & 1 & 0\\0 & -1 & 0 & 0\\0 & 0 & 0 & 1\end{bmatrix}$$

于是，有式(5-35) 成立。

$$\begin{aligned}\boldsymbol{A}_4\boldsymbol{A}_5\boldsymbol{A}_6 &= \begin{bmatrix}\cos\theta_4 & 0 & \sin\theta_4 & 0\\ \sin\theta_4 & 0 & -\cos\theta_4 & 0\\ 0 & 1 & 0 & 0\\ 0 & 0 & 0 & 1\end{bmatrix}\begin{bmatrix}1 & 0 & 0 & 0\\0 & 0 & 1 & 0\\0 & -1 & 0 & 0\\0 & 0 & 0 & 1\end{bmatrix}\begin{bmatrix}\cos\theta_6 & -\sin\theta_6 & 0 & 0\\ \sin\theta_6 & \cos\theta_6 & 0 & 0\\ 0 & 0 & 1 & d_6\\ 0 & 0 & 0 & 1\end{bmatrix}\\ &= \begin{bmatrix}\cos(\theta_4+\theta_6) & -\sin(\theta_4+\theta_6) & 0 & 0\\ \sin(\theta_4+\theta_6) & \cos(\theta_4+\theta_6) & 0 & 0\\ 0 & 0 & 1 & d_6\\ 0 & 0 & 0 & 1\end{bmatrix}\end{aligned}\tag{5-35}$$

式(5-35)说明，当 $\theta_5=0$ 时，关节4、5、6这3个关节已退化为一个关节。可见，当 $\theta_5=0$ 时，由无穷多组 θ_4、θ_6 构成同一位姿，即逆向运动学求解会有无穷多组解。

解析法通用性较强，但计算量较大，用于机器人实时控制时影响控制的实时性。几何投影法比较直观，计算量较小，但要求最后三轴交于一点，而且未考虑机械手末端工具的位姿；另外，几何投影法对奇异位姿的处理困难。鉴于该机器人的奇异位姿发生在 $\theta_5=0$ 时，因此，可以利用投影法求解 $\theta_1\sim\theta_3$，利用解析法求解 $\theta_4\sim\theta_6$。

b. 投影法求解 $\theta_1\sim\theta_3$　设手部位姿为

$$\boldsymbol{T}=\begin{bmatrix} n_x & o_x & a_x & p_x \\ n_y & o_y & a_y & p_y \\ n_z & o_z & a_z & p_z \\ 0 & 0 & 0 & 1 \end{bmatrix}$$

经推导，在基坐标系下的位姿 $\boldsymbol{T}_5$ 为

$$\boldsymbol{T}_5=\boldsymbol{T}_6\boldsymbol{A}_6^{-1}=\begin{bmatrix} n_x\cos\theta_6-o_x\sin\theta_6 & n_x\sin\theta_6+o_x\cos\theta_6 & a_x & -a_xd_6+p_x \\ n_y\cos\theta_6-o_y\sin\theta_6 & n_y\sin\theta_6+o_y\cos\theta_6 & a_y & -a_yd_6+p_y \\ n_z\cos\theta_6-o_z\sin\theta_6 & n_z\sin\theta_6+o_z\cos\theta_6 & a_z & -a_zd_6+p_z \\ 0 & 0 & 0 & 1 \end{bmatrix}$$

手部位姿 T_6 投影到 T_5 后，将该机器人的 $O_5X_5Y_5Z_5$ 投影到基坐标系的 XOY 平面，如图5-6～图5-8所示。

图 5-6　基坐标系

于是，根据图5-6，由 (p_x,p_y) 可以求出第1个关节的旋转角 θ_1。

$$\theta_{10}=\arctan2(p_y,p_x)=\arctan2(p_y-a_yd_6,p_x-a_xd_6) \tag{5-36}$$

θ_1 有两种情况，当机器人为前臂时，$\theta_1=\theta_{10}$；当机器人为后臂时，$\theta_1=\theta_{10}+\pi$。

在基坐标系的 XOY 平面中，坐标原点到 (p_x,p_y) 点构成矢量 $\boldsymbol{r}$，$r=|\boldsymbol{r}|=\sqrt{p_x^2+p_y^2}$。将 $O_5X_5Y_5Z_5$ 投影到 $\boldsymbol{r}$ 和基坐标系的 Z 轴构成的平面，前臂时如图5-7所示，后臂时如图5-8所示。

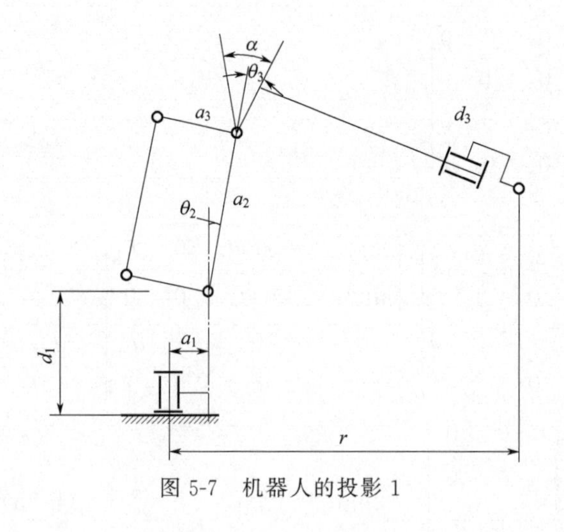

图 5-7　机器人的投影 1

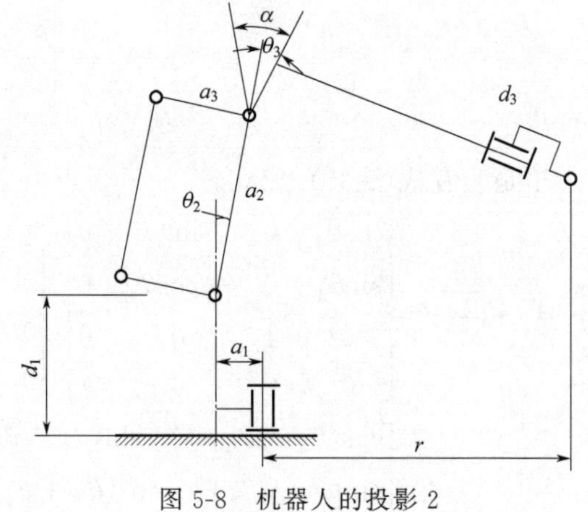

图 5-8　机器人的投影 2

设 $\alpha=\theta_2+\theta_3$，对应于前臂时有式(5-37)。

$$\begin{cases} r = a_1 + a_2\sin\theta_2 + a_3\sin\alpha + d_3\cos\alpha \\ p_z = d_1 + a_2\cos\theta_2 + a_3\cos\alpha - d_3\cos\alpha \end{cases} \tag{5-37}$$

设 $\begin{cases} D_1 = r - a_1 \\ D_2 = P_z - d_1 \end{cases}$，则式(5-37) 可重写为式(5-38)。

$$\begin{cases} a_2\sin\theta_2 = D_1 - a_3\sin\alpha - d_3\cos\alpha \\ a_2\cos\theta_2 = D_2 - a_3\cos\alpha + d_3\sin\alpha \end{cases} \tag{5-38}$$

对式(5-38) 两边平方后相加，并令

$$\begin{cases} B_1 = 2(D_2 d_3 - D_1 a_3) \\ B_2 = 2(D_1 d_3 + D_2 a_3) \\ \beta_0 = \mathrm{arctan2}(B_2, B_1) \\ \gamma_0 = \arcsin\left[(a_2^2 - D_1^2 - D_2^2 - a_3^2 - d_3^2)/\sqrt{B_1^2 + B_2^2}\right] \end{cases} \tag{5-39}$$

由式(5-39)，可以将式(5-38) 改写为式(5-40)。

$$B_1\sin\alpha - B_2\cos\alpha = a_2^2 - D_1^2 - D_2^2 - a_3^2 - d_3^2 \tag{5-40}$$

当 $B_1 \neq 0, B_2 \neq 0$ 时，则可解出 α，即式 (5-41)。

$$\alpha = \beta + \gamma \tag{5-41}$$

其中，β 和 γ 各有两种取值，即 $\beta = \begin{cases} \beta_0 \\ \pi + \beta_0 \end{cases}$ 和 $\gamma = \begin{cases} \gamma_0 \\ \pi - \gamma_0 \end{cases}$。

于是，可获得 4 个不同的 α 值，即 $\alpha_1 = \beta_0 + \gamma_0$，$\alpha_2 = \pi + \beta_0 + \gamma_0$，$\alpha_3 = \pi + \beta_0 - \gamma_0$，$\alpha_4 = 2\pi + \beta_0 - \gamma_0 = \beta_0 - \gamma_0$。将 α 代入式 (5-38)，则可以解出 θ_2。因此，利用 4 个不同的 α 值可以获得 4 组 θ_2、θ_3。

$$\begin{cases} \theta_2 = \mathrm{arctan2}(D_1 - a_3\sin\alpha - d_3\cos\alpha, D_2 - a_3\cos\alpha + d_3\sin\alpha) \\ \theta_3 = \alpha - \theta_2 \end{cases} \tag{5-42}$$

对应于后臂时，有式 (5-43) 成立。

$$\begin{cases} -r = a_1 + a_2\sin\theta_2 + a_3\sin\alpha + d_3\cos\alpha \\ p_z = d_1 + a_2\cos\theta_2 + a_3\cos\alpha - d_3\cos\alpha \end{cases} \tag{5-43}$$

将 D_1 修改为 $D_1 = -r - \alpha_1$，利用式(5-39) 和式(5-42) 可以获得 4 组新的 θ_2、θ_3 的解。

c. 解析法求解 $\theta_4 \sim \theta_6$　由式(5-9) 得到式(5-44)。

$$\boldsymbol{A}_3^{-1}\boldsymbol{A}_2^{-1}\boldsymbol{A}_1^{-1}\boldsymbol{T}_6\boldsymbol{A}_6^{-1} = \boldsymbol{A}_4\boldsymbol{A}_5 \tag{5-44}$$

$\boldsymbol{T}_6\boldsymbol{A}_6^{-1}$ 即为 $\boldsymbol{T}_5$。将 $\boldsymbol{A}_1^{-1}$、$\boldsymbol{A}_2^{-1}$、$\boldsymbol{A}_3^{-1}$ 与 $\boldsymbol{T}_5$ 代入式(5-44) 的左端，将式(5-44) 的左端展开，即为式(5-45)。

$$\boldsymbol{A}_3^{-1}\boldsymbol{A}_2^{-1}\boldsymbol{A}_1^{-1} = \begin{bmatrix} b_{11} & b_{12} & b_{13} & b_{14} \\ b_{21} & b_{22} & 0 & 0 \\ b_{31} & b_{32} & b_{33} & b_{34} \\ 0 & 0 & 0 & 1 \end{bmatrix}, \boldsymbol{A}_3^{-1}\boldsymbol{A}_2^{-1}\boldsymbol{A}_1^{-1}\boldsymbol{T}_6\boldsymbol{A}_6^{-1} = \begin{bmatrix} c_{11} & c_{12} & c_{13} & c_{14} \\ c_{21} & c_{22} & c_{23} & c_{24} \\ c_{31} & c_{32} & c_{33} & c_{34} \\ 0 & 0 & 0 & 1 \end{bmatrix} \tag{5-45}$$

其中，$b_{11} = \cos\theta_1\sin\theta_2\cos\theta_3 + \cos\theta_1\cos\theta_2\sin\theta_3$；

$b_{12}=\sin\theta_1\sin\theta_2\cos\theta_3+\sin\theta_1\cos\theta_2\sin\theta_3$；

$b_{13}=\cos\theta_2\cos\theta_3-\sin\theta_2\sin\theta_3$；

$b_{14}=a_1\sin\theta_2\cos\theta_3-a_1\cos\theta_2\sin\theta_3-d_1\cos\theta_2\cos\theta_3+d_1\sin\theta_2\sin\theta_3-a_2\cos\theta_3-a_3$；

$b_{21}=\sin\theta_1$；

$b_{22}=-\cos\theta_1$；

$b_{31}=-\cos\theta_1\sin\theta_2\sin\theta_3+\cos\theta_1\cos\theta_2\cos\theta_3$；

$b_{32}=-\sin\theta_1\sin\theta_2\sin\theta_3+\sin\theta_1\cos\theta_2\cos\theta_3$；

$b_{33}=-\cos\theta_2\sin\theta_3-\sin\theta_2\cos\theta_3$；

$b_{34}=a_1\sin\theta_2\cos\theta_3-a_1\cos\theta_2\cos\theta_3+d_1\cos\theta_2\sin\theta_3+d_1\sin\theta_2\cos\theta_3+a_2\sin\theta_3-d_3$；

$c_{11}=(b_{11}n_x+b_{12}n_y+b_{13}n_z)\cos\theta_6-(b_{11}o_x+b_{12}o_y+b_{13}o_z)\sin\theta_6$；

$c_{12}=(b_{11}n_x+b_{12}n_y+b_{13}n_z)\sin\theta_6+(b_{11}o_x+b_{12}o_y+b_{13}o_z)\cos\theta_6$；

$c_{13}=b_{11}a_x+b_{12}a_y+b_{13}a_z$；

$c_{14}=-(b_{11}n_x+b_{12}n_y+b_{13}n_z)d_6+(b_{11}p_x+b_{12}p_y+b_{13}p_z)+b_{14}$；

$c_{21}=(b_{21}n_x+b_{22}n_y)\cos\theta_6-(b_{21}o_x+b_{22}o_y)\sin\theta_6$；

$c_{22}=(b_{21}n_x+b_{22}n_y)\sin\theta_6+(b_{21}o_x+b_{22}o_y)\cos\theta_6$；

$c_{23}=b_{21}a_x+b_{22}a_y$；

$c_{24}=-(b_{21}a_x+b_{22}a_y)d_6+(b_{21}p_x+b_{22}p_y)$；

$c_{31}=(b_{31}n_x+b_{32}n_y+b_{33}n_z)\cos\theta_6-(b_{31}o_x+b_{32}o_y+b_{33}o_z)\sin\theta_6$；

$c_{32}=(b_{31}n_x+b_{32}n_y+b_{33}n_z)\sin\theta_6+(b_{31}o_x+b_{32}o_y+b_{33}o_z)\cos\theta_6$；

$c_{33}=b_{31}a_x+b_{32}a_y+b_{33}a_z$；

$c_{34}=-(b_{31}n_x+b_{32}n_y+b_{33}n_z)d_6+(b_{31}p_x+b_{32}p_y+b_{33}p_z)+b_{34}$。

式(5-44) 的右端展开，可得到式(5-46)。

$$\mathbf{A}_4\mathbf{A}_5=\begin{bmatrix}\cos\theta_4\cos\theta_5 & -\sin\theta_4 & -\cos\theta_4\sin\theta_5 & 0\\ \sin\theta_4\cos\theta_5 & \cos\theta_4 & -\sin\theta_4\sin\theta_5 & 0\\ \sin\theta_5 & 0 & \cos\theta_5 & 0\\ 0 & 0 & 0 & 1\end{bmatrix} \tag{5-46}$$

根据式(5-44) 的左、右两端各个元素分别相等，可计算出 $\theta_4\sim\theta_6$。首先根据 $\theta_1\sim\theta_3$ 的值，计算 $b_{11}\sim b_{34}$。然后由 $c_{32}=f_{32}$[1]，求得 θ_6。

若 $b_{31}n_x+b_{32}n_y+b_{33}n_z=0$，且 $b_{31}o_x+b_{32}o_y+b_{33}o_z\neq0$，则 $\theta_6=\pi/2$ 或 $-\pi/2$。

若 $b_{31}n_x+b_{32}n_y+b_{33}n_z\neq0$，且 $b_{31}o_x+b_{32}o_y+b_{33}o_z=0$，则 $\theta_6=0$ 或 π。

若 $b_{31}n_x+b_{32}n_y+b_{33}n_z\neq0$，且 $b_{31}o_x+b_{32}o_y+b_{33}o_z\neq0$，则得到式(5-47)。

$$\theta_6=\begin{cases}\operatorname{arctan2}[-(b_{31}o_x+b_{32}o_y+b_{33}o_z),(b_{31}n_x+b_{32}n_y+b_{33}n_z)]\\ \operatorname{arctan2}[(b_{31}o_x+b_{32}o_y+b_{33}o_z),-(b_{31}n_x+b_{32}n_y+b_{33}n_z)]\end{cases} \tag{5-47}$$

若 $b_{31}n_x+b_{32}n_y+b_{33}n_z=0$，且 $b_{31}o_x+b_{32}o_y+b_{33}o_z=0$，由 $c_{31}=f_{31}$，有 $\sin\theta_5=0$，说明机器人处在奇异位姿，取 θ_6 等于上次的值。

求得 θ_6 后，便可计算出 $c_{11}\sim c_{34}$。由 $\begin{cases}c_{12}=f_{12}\\ c_{22}=f_{22}\end{cases}$ 和 $\begin{cases}c_{31}=f_{31}\\ c_{33}=f_{33}\end{cases}$ 唯一地确定一组 θ_4、θ_5，

[1] 式(5-46) 中 f_{32} 与式(5-45) 中 c_{32} 根据式(5-44) 可知对应相等，以下类似。

即式（5-48）。

$$\begin{cases}\theta_4 = \arctan2(-c_{12}, c_{22}) \\ \theta_5 = \arctan2(c_{31}, c_{33})\end{cases} \tag{5-48}$$

利用 c_{11}、c_{13}、c_{14}、c_{21}、c_{23}、c_{24}、c_{34} 是否与 f_{11}、f_{13}、f_{14}、f_{21}、f_{23}、f_{24}、f_{34} 分别相等，判定 $\theta_1 \sim \theta_6$ 的解是否正确。若上述各项分别相等，则该组 $\theta_1 \sim \theta_6$ 是正确解；否则，不是正确解。对于每一个 θ_6，可以唯一地确定一个 θ_4、θ_5，因此利用两个不同的 θ_6 值可以获得两组 θ_4、θ_5。

对投影法求得的各组 $\theta_1 \sim \theta_3$，分别利用式(5-47)、式(5-48) 求解获得 $\theta_4 \sim \theta_6$，从而获得给定位姿的逆向运动学的所有解。

3）其他方法　探讨机构参数对机器人工作空间的影响，还有许多其他方法。机器人工作空间求解除了上述解析法和投影法外，还常用图解法和数值法等。

图解法可以用来求解机器人的工作空间边界，得到的往往是工作空间的各类剖截面或者截面线。这种方法直观性强，但是也受到自由度数的限制，当关节数较多时必须进行分组处理。

数值法是以极值理论和优化方法为基础对机器人工作空间进行计算的。首先计算机器人工作空间边界曲面上的特征点，用这些点构成的线表示机器人的边界曲线，用这些边界曲线构成的面表示机器人的边界曲面。随着计算机的广泛应用，对机器人工作空间的分析越来越倾向于数值法，在计算机上用数值法计算机器人的工作空间，实质上就是随机地选取尽可能多的独立的不同关节变量组合，再利用机器人的正向运动学方程计算出机器人末端杆件端点的坐标值，这些坐标值就形成了机器人的工作空间。坐标值的数目越多，越能反映机器人的实际工作空间，这种方法速度快、精度高、应用简便且适用于任意形式的机器人结构，因而得到人们的广泛应用。

（2）机构参数对机器人灵活性的影响

机器人的灵活性是保证其在选定点以匀速运动时，能在工作空间机构中自由地、大幅度地改变位姿。机器人灵活度可作为灵活性的评价指标。

机构参数对机器人灵活度的影响，常采用正向运动学进行分析。针对不同应用领域设计机器人时，常采用数值或几何的方法进行机器人构型并求解其灵活的工作空间[11]。

在此仅以串联机器人和移动机器人运动学为例进行分析。

1）串联机器人灵活性　在有限的工作空间，机械结构的灵活度是选择机器人机构需要考虑的一个重要因素。对于串联机器人，不同的关节转角和机械臂长度会影响机器人末端执行器的灵活度，较多的关节具有较大的灵活度，但同时也会带来控制的复杂化。

下面针对串联机器人结构及末端位置和姿态，运用运动学原理进行灵活性的研究分析。

① 机器人坐标系　根据机器人技术要求并结合典型关节机器人的常用结构，设计机器人机体结构，主要包括：选择机械臂关节，腰部、大臂及小臂连接等。机器人应动作灵活，工作空间大，占地面积小。为了增加机器人灵活性，机械手腕部采用多自由度机构等。

以六自由度串联机器人为例，该机器人设计有 6 个旋转关节，其中机械手腕部采用 3 个自由度，建立机器人坐标系如图 5-9 所示。

图 5-9 中机器人的第一个关节，即关节轴线为 J_1 的关节，通常被称为腰关节。关节轴线为 J_2 的关节，通常被称为肩关节。关节轴线为 J_3 的关节，通常被称为肘关节。关节轴线为 J_4、J_5 和 J_6 的关节，通常被统称为腕关节。其中，绕 J_4 轴的旋转被称为腕扭转；绕

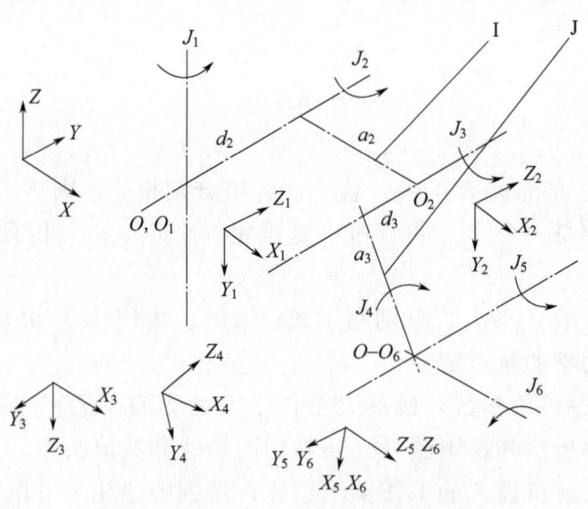

图 5-9　机器人坐标系示意图

I—大臂；J—小臂

J_5 轴的旋转被称为腕弯曲；绕 J_6 轴的旋转被称为腕旋转。肩关节与肘关节之间的连杆，即关节轴线 J_2 与 J_3 之间的连杆称为大臂。肘关节与腕关节之间的连杆称为小臂。

各个连杆参数见表 5-2。

表 5-2　机器人连杆参数表

连杆 i	关节角 θ_i	扭转角 α_i	连杆长度 a_i	连杆偏移量 d_i
1	θ_1	$-90°$	0	0
2	θ_2	$0°$	a_2	d_2
3	θ_3	$-90°$	a_3	d_3
4	θ_4	$90°$	0	0
5	θ_5	$-90°$	0	0
6	θ_6	$0°$	0	0

② 建立机器人运动学方程　机器人运动学方程的建立，可以参考图 5-9。通过坐标系的依次平移与旋转，可以获得各杆件坐标系之间的变换矩阵，将各个变换矩阵相乘得到末端执行器相对于基坐标的位姿。根据图 5-9 中连杆坐标系及连杆参数，得到由齐次变换构成的总变换矩阵，即式(5-49)。

$$\mathrm{Rot}(Z,\theta_i)\mathrm{Trans}(0,0,d_i)\mathrm{Trans}(a_i,0,0)\mathrm{Rot}(X_i,\alpha_i)$$

$$=\begin{bmatrix}\cos\theta_i & -\sin\theta_i & 0 & 0\\ \sin\theta_i & \cos\theta_i & 0 & 0\\ 0 & 0 & 1 & 0\\ 0 & 0 & 0 & 1\end{bmatrix}\begin{bmatrix}1 & 0 & 0 & 0\\ 0 & 1 & 0 & 0\\ 0 & 0 & 1 & d_i\\ 0 & 0 & 0 & 1\end{bmatrix}\begin{bmatrix}1 & 0 & 0 & a_i\\ 0 & 1 & 0 & 0\\ 0 & 0 & 1 & 0\\ 0 & 0 & 0 & 1\end{bmatrix}\begin{bmatrix}1 & 0 & 0 & 0\\ 0 & \cos\alpha_i & -\sin\alpha_i & 0\\ 0 & \sin\alpha_i & \cos\alpha_i & 0\\ 0 & 0 & 0 & 1\end{bmatrix}$$

$$=\begin{bmatrix}\cos\theta_i & -\sin\theta_i\cos\alpha_i & \sin\theta_i\sin\alpha_i & a_i\cos\theta_i\\ \sin\theta_i & \cos\theta_i\cos\alpha_i & -\cos\theta_i\sin\alpha_i & a_i\sin\theta_i\\ 0 & \sin\alpha_i & \cos\alpha_i & d_i\\ 0 & 0 & 0 & 1\end{bmatrix} \tag{5-49}$$

由式(5-49) 得到：

坐标系 $OXYZ$ 与 $O_1X_1Y_1Z_1$ 之间的连杆变换矩阵 $\boldsymbol{A}_1$，即式(5-50)。

$$\boldsymbol{A}_1=\begin{bmatrix}\cos\theta_1 & 0 & -\sin\theta_1 & 0\\ \sin\theta_1 & 0 & \cos\theta_i & 0\\ 0 & -1 & \cos\alpha_i & 0\\ 0 & 0 & 0 & 1\end{bmatrix} \tag{5-50}$$

坐标系 $O_1X_1Y_1Z_1$ 与 $O_2X_2Y_2Z_2$ 之间的连杆变换矩阵 $\boldsymbol{A}_2$，即式(5-51)。

$$\boldsymbol{A}_2=\begin{bmatrix}\cos\theta_2 & -\sin\theta_2 & 0 & a_2\cos\theta_2\\ \sin\theta_2 & \cos\theta_2 & 0 & a_2\sin\theta_2\\ 0 & 0 & 1 & d_2\\ 0 & 0 & 0 & 1\end{bmatrix} \tag{5-51}$$

坐标系 $O_2X_2Y_2Z_2$ 与 $O_3X_3Y_3Z_3$ 之间的连杆变换矩阵 $\boldsymbol{A}_3$，即式(5-52)。

$$\boldsymbol{A}_3=\begin{bmatrix}\cos\theta_3 & -\sin\theta_3 & 0 & a_3\cos\theta_3\\ \sin\theta_3 & \cos\theta_3 & 0 & a_3\sin\theta_3\\ 0 & -1 & 1 & d_3\\ 0 & 0 & 0 & 1\end{bmatrix} \tag{5-52}$$

坐标系 $O_3X_3Y_3Z_3$ 与 $O_4X_4Y_4Z_4$ 之间的连杆变换矩阵 $\boldsymbol{A}_4$，即式(5-53)。

$$\boldsymbol{A}_4=\begin{bmatrix}\cos\theta_4 & 0 & \sin\theta_4 & 0\\ \sin\theta_4 & 0 & -\cos\theta_4 & 0\\ 0 & 1 & 1 & 0\\ 0 & 0 & 0 & 1\end{bmatrix} \tag{5-53}$$

坐标系 $O_4X_4Y_4Z_4$ 与 $O_5X_5Y_5Z_5$ 之间的连杆变换矩阵 $\boldsymbol{A}_5$，即式(5-54)。

$$\boldsymbol{A}_5=\begin{bmatrix}\cos\theta_5 & 0 & -\sin\theta_5 & 0\\ \sin\theta_5 & 0 & \cos\theta_5 & 0\\ 0 & -1 & 1 & 0\\ 0 & 0 & 0 & 1\end{bmatrix} \tag{5-54}$$

坐标系 $O_5X_5Y_5Z_5$ 与 $O_6X_6Y_6Z_6$ 之间的连杆变换矩阵 $\boldsymbol{A}_6$，即式(5-55)。

$$\boldsymbol{A}_6=\begin{bmatrix}\cos\theta_6 & -\sin\theta_6 & 0 & 0\\ \sin\theta_6 & \cos\theta_6 & 0 & 0\\ 0 & 0 & 1 & 0\\ 0 & 0 & 0 & 1\end{bmatrix} \tag{5-55}$$

若将上述连杆矩阵 $\boldsymbol{A}_1, \boldsymbol{A}_2, \cdots, \boldsymbol{A}_6$，代入式(5-9)，则可以求取机器人末端在基坐标系下的位置和姿态，即得到了运动学方程。

在串联机器人实际作业过程中，机器人灵活性是末端执行器在某一确定位置时，在给定的关节运动范围内所具有的姿态运动能力；而角度误差尤其是转角误差对机器人末端位置误差的影响与末端距关节点的距离有关，即关节点离机器人末端位置越远，其角度误差对末端位置精度的影响越大。因此，机器人的工作空间与灵活性应合理设置。

2）移动机器人灵活性　移动机器人主要由无人驾驶自动导引车辆、管理系统、监控系统和智能充电系统等部分组成。目前机器人在地面上移动时，其运动机构主要是轮式机构和腿式机构。轮式移动机器人在移动机器人应用中占有很大的比例，采用轮式移动小车，移动灵活。

下面仅以轮式移动机器人为例进行探讨。

① 移动机器人运动系统　轮式移动机器人根据其转向方式的不同，可以分为导向驱动式和差动驱动式。在导向驱动式移动机器人中，由导向轮决定其运动方向，由驱动轮确定其运动速度；在差动驱动式移动机器人中，由两个驱动轮的速度差决定其运动方向，以两个驱动轮速度的平均值作为机器人的运动速度。

导向驱动式移动机器人运动系统，如图 5-10 所示。

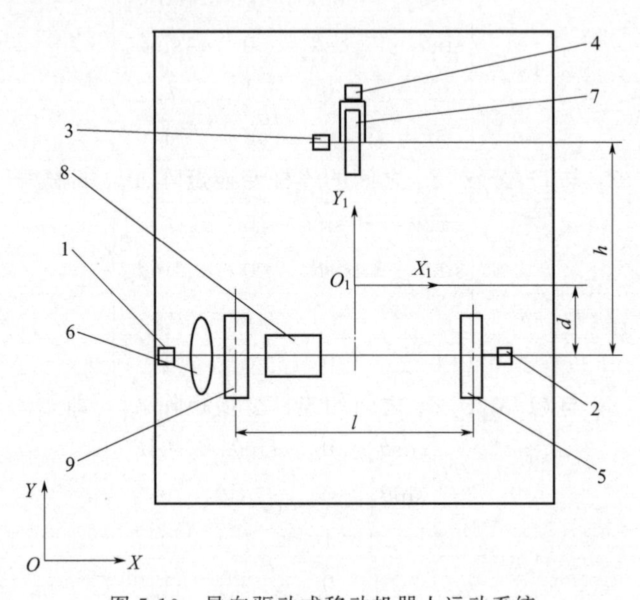

图 5-10　导向驱动式移动机器人运动系统

1～4—编码器；5—平衡轮（后轮）；6—测量轮；7—导向轮（前轮）；8—驱动电机；9—驱动轮（后轮）

图 5-10 中的导轮式移动机器人共有三个轮，前轮为导向轮，左后轮为驱动轮，右后轮为平衡轮。

该系统选择驱动电机时，需保证电机的峰值转矩大于负载峰值转矩，若降低负载峰值转矩，可以选择质量更小的电机，驱动系统的越障功耗也随之降低，从而有利于提高移动机器人运动系统的运动性能和连续工作性能。

为消除启动、刹车时驱动轮的滑动对运动距离测量数据的影响，在驱动轮一侧增加测量轮，使测量轮受地面摩擦力的作用而转动。

在测量轮、平衡轮和导向轮上各装有一个旋转编码器，用于测量各轮的运动距离，如图 5-10 所示的编码器 1～3。在导向轮上还装有一个旋转编码器，用于测量导向轮的转向角，如图 5-10 所示的编码器 4。编码器 1～3 采用相对码盘，编码器 4 采用绝对码盘。

图 5-10 中，XOY 为基坐标系，$X_1O_1Y_1$ 为机器人坐标系。取移动机器人的前进方向为 Y 轴方向，两个后轮轴向方向的连线为 Y 轴方向。

② 导向驱动式移动机器人的运动学模型　建立导向驱动式移动机器人运动坐标系，如图 5-11 所示。

移动机器人的运动可以通过式(5-56) 进行描述。

$$
\begin{cases}
\dot{x}=v\cos\theta \\
\dot{y}=v\sin\theta \\
\dot{\theta}=(v/l)\tan\varphi
\end{cases} \tag{5-56}
$$

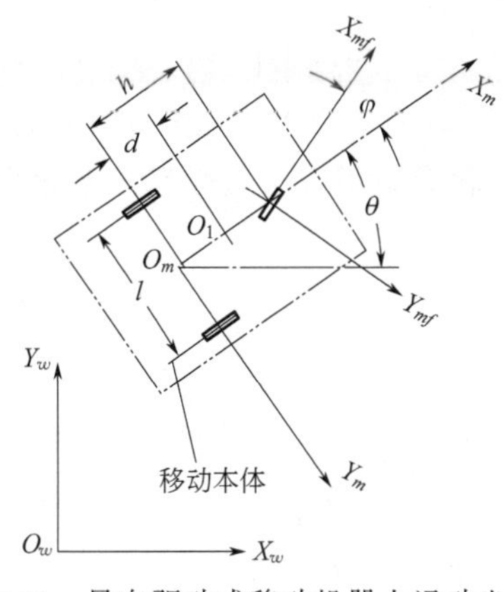

图 5-11　导向驱动式移动机器人运动坐标系

式中，$\dot{x}$、$\dot{y}$ 和 $\dot{\theta}$ 分别表示移动机器人坐标系在世界坐标系中的平移速度和旋转速度；v 是驱动轮的运动速度；θ 是移动机器人的方向角，即 X_m 与 X_w 之间的夹角；φ 是导向轮的转向角；h 是前、后轮之间的距离；l 是两后轮之间的距离。

式(5-56) 即为移动机器人的运动学模型。

显然，由于受机械约束，轮子不会沿着垂直于轮平面的方向平移。对于后轮，O_m 点不能够单独沿 X_m 轴平移；对于前轮，不会沿 X_{mf} 轴平移。于是，得到前轮和后轮的约束方程，即式(5-57)。

$$
\begin{cases}
\dot{x}\sin(\theta+\varphi)-\dot{y}\cos(\theta+\varphi)-l\dot{\theta}\cos\varphi=0 \\
\dot{x}\sin\theta-\dot{y}\cos\theta=0
\end{cases} \tag{5-57}
$$

式(5-57) 所示的约束，为非完整约束（non-holonomic constraint)，具有这种约束关系的移动机器人，又称为非完整约束移动机器人。在实际控制系统中通常要考虑与外部环境的接触因素，系统会带有一定的约束条件，被称为受限系统。

③ 运动学位置模型　以上述移动机器人圆弧运动为例，基于轨迹建立其坐标系如图 5-12 所示。

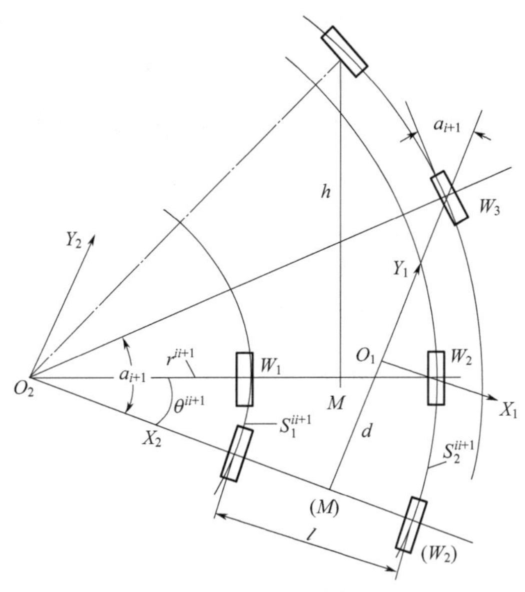

图 5-12　圆弧运动轨迹

图 5-12 中，以 W_1 表示驱动与测量轮，W_2 表示平衡轮，W_3 表示导向轮，O_1 表示机器人底盘的几何中心。设 W_1 和 W_2 之间的距离为 J，W_3 到 W_1、W_2 之间的垂线距离为 h，O_1 到 W_1、W_2 之间的垂线距离为 d，并假设 W_1 和 W_2 之间直线的中点 M 与 O_1、W_3 在同

一条直线上，且该直线为 W_3 到 W_1、W_2 之间的垂线。

以 XOY 为基坐标系，$X_1O_1Y_1$ 为机器人坐标系，Y_1 的方向取为从 O_1 指向 W_3。

以 S_j^{ii+1} 表示 W_j 在第 i 次和第 $i+1$ 次采样期间的运动距离，以 Y_1 方向为正。机器人的位置和方向用齐次坐标表示，记为式(5-58)。

$$\boldsymbol{T}_{O_1}^i=\begin{bmatrix} m_x^i & n_x^i & p_x^i \\ m_y^i & n_y^i & p_y^i \\ 0 & 0 & 1 \end{bmatrix} \tag{5-58}$$

其中，$\boldsymbol{T}_{O_1}^i$ 表示机器人的 O_1 点在第 i 次采样时的位置和姿态。$m_x^i i+m_y^i j$ 为 X_1 在 XOY 坐标系中的表示，$n_x^i i+n_y^i j$ 为 Y_1 在 XOY 坐标系中的表示，(p_x^i, p_y^i) 为 O_1 点在 XOY 坐标系中的位置。

由此，移动机器人的运动轨迹可以用直线运动和圆弧运动进行描述。直线运动时，机器人的位置和方向可由运动距离导出；圆弧运动时，由圆弧的半径和圆心角导出。

a. 直线运动　直线运动时，机器人沿 Y_1 方向运动，$S_1^{ii+1}=S_2^{ii+1}=S_3^{ii+1}$，而且 W_3 的转向角 $\alpha^i=0$。O_1 点在第 $i+1$ 次采样时的位姿 $\boldsymbol{T}_{O_1}^{i+1}$ 可由平移变换获得，即式(5-59)。

$$\boldsymbol{T}_{O_1}^{i+1}=\begin{bmatrix} m_x^i & n_x^i & p_x^i+S_1^{i+1}n_x^i \\ m_y^i & n_y^i & p_y^i+S_1^{ii+1}n_y^i \\ 0 & 0 & 1 \end{bmatrix} \tag{5-59}$$

b. 圆弧运动　圆弧的半径和圆心角由编码器 1～4 经信息融合获得，这里将其作为已知参数。

圆弧运动时，圆弧中心 O_2 可以看作一个旋转关节，取 X_2、Y_2 与 X_1、Y_1 方向相同，如图 5-12 所示。于是，$X_2O_2Y_2$ 坐标系在第 i 次采样时的位姿 $\boldsymbol{T}_{O_2}^i$ 可由 $\boldsymbol{T}_{O_1}^{i+1}$ 经平移变换获得，$X_2O_2Y_2$ 坐标系在第 $i+1$ 次采样时的位姿 $\boldsymbol{T}_{O_2}^{i+1}$ 可由 $\boldsymbol{T}_{O_2}^i$ 经旋转变换获得，$X_1O_1Y_1$ 坐标系在第 $i+1$ 次采样时的位姿 $\boldsymbol{T}_{O_1}^{i+1}$ 可由 $\boldsymbol{T}_{O_2}^{i+1}$ 经平移变换获得，即式(5-60)。

$$\begin{aligned}
\boldsymbol{T}_{O_1}^{i+1}&=\boldsymbol{T}_{O_1}^i\,\mathrm{Trans}(-r^{ii+1}-l/2,-d)\mathrm{Rot}(\theta^{ii+1})\mathrm{Trans}(r^{ii+1}+l/2,d)\\
&=\begin{bmatrix} m_x^i & n_x^i & p_x^i \\ m_y^i & n_y^i & p_y^i \\ 0 & 0 & 1 \end{bmatrix}\begin{bmatrix} 1 & 0 & -r^{ii+1}-l/2 \\ 0 & 1 & -d \\ 0 & 0 & 1 \end{bmatrix}\begin{bmatrix} \cos\theta^{ii+1} & -\sin\theta^{ii+1} & 0 \\ \sin\theta^{ii+1} & \cos\theta^{ii+1} & 0 \\ 0 & 0 & 1 \end{bmatrix}\begin{bmatrix} 1 & 0 & r^{ii+1}+l/2 \\ 0 & 1 & d \\ 0 & 0 & 1 \end{bmatrix}\\
&=\left[\begin{matrix} m_x^i\cos\theta^{ii+1}+n_x^i\sin\theta^{ii+1} & -m_x^i\sin\theta^{ii+1}+n_x^i\cos\theta^{ii+1} \\ m_y^i\cos\theta^{ii+1}+n_y^i\sin\theta^{ii+1} & -m_y^i\sin\theta^{ii+1}+n_y^i\cos\theta^{ii+1} \\ 0 & 0 \end{matrix}\right.\\
&\qquad\left.\begin{matrix} m_x^i\cos\theta^{ii+1}+n_x^i\sin\theta^{ii+1}-m_x^i(r^{ii+1}+l/2)-(m_x^i\sin\theta^{ii+1}-n_x^i\cos\theta^{ii+1}+n_x^i)d+p_x^i \\ m_y^i\cos\theta^{ii+1}+n_y^i\sin\theta^{ii+1}-m_y^i(r^{ii+1}+l/2)-(m_y^i\sin\theta^{ii+1}-n_y^i\cos\theta^{ii+1}+n_y^i)d+p_y^i \\ 1 \end{matrix}\right]
\end{aligned} \tag{5-60}$$

式中，r^{ii+1} 为第 i 次和第 $i+1$ 次采样期间 W_1 的圆弧轨迹与 X_2 轴交点的横坐标；θ^{ii+1} 为第 i 次和第 $i+1$ 次采样期间圆弧轨迹的圆心角。

综上所述，当机器人面对任务对象时，完成各种任务时的灵活性是十分重要的，国内外学者对灵活性进行了大量的研究，也提出了一些灵活性指标。主要包括条件数[12]、可操作度[13]和方向可操作度等。文献［14］研究了离线和在线方法，即当机器人在隔离和与人类合作情况下进行装配的灵活性研究。

5.1.2 架构优化

架构设计是在产品生命周期比较早期进行的活动，尤其对于工业机器人这类离散制造的复杂产品，其早期难以取得关于需求及约束等方面的精确信息。为实现制造系统的智能化，必须深入分析现有的制造架构，对离散制造系统现有的操作体系、通信方式及管理模式等系统模型进行高度的整合，分析其存在的问题与不足，全面引入先进的传感技术、控制技术及信息技术等，以实现智能的离散型制造系统。

架构设计本身也较为复杂，需要结合不同方面及不同类型的知识，如性能、成本、环境、效率、数学、物理及经验等。通常，机械产品的架构是通过机器功能、机器行为和机械载体这三方面来描述的。所谓机器功能是指用户能接触了解到的机械产品的用途，即使用该产品的目的，例如，按照制造中应用领域分解形成架构体系的功能构建要素，并将这些功能构建要素放在架构的综合管理中考虑。机器行为是指机械产品要实现它的任务功能需要经历的状态，例如，将支持机器行为的集成技术、基础技术和支撑环境等要素定位在机器行为的基本架构中，并以此确定架构的信息技术标准，对相关的信息技术构建应用方法等。机械载体则指的是完成该机器行为的产品的直接零部件，例如，机器人产品的专用零件、外购件、外协件及标准件等。

由于机器人制造存在着产品品种多、个性化需求多、定制变化多，中小批量、单件生产混合，产品规格繁多、结构复杂、技术难度大，产品物料需求量大，外购件、外协件和标准件多及物流管理复杂等特点，因此，实现架构设计的基础是建立产品的信息形式化模型。为了适当地描述设计过程的方案、功能以及它们之间的复杂联系，必须选用合适的形式化语言。在架构设计阶段，通常采用“图-树”的形式对产品的属性、功能、行为、需求、结构和约束等进行描述，例如，借助几何图形，通过功能方法树、功能结构图、域结构模型等来表达。

由于计算机建模和人脑建模不同，计算机建模偏重于图形和符号的处理以及计算推理过程，而人脑主要通过感官和视觉来建模处理，因此，人脑和计算机的建模方式侧重是不同的。计算机在推理过程中会产生约束，作用对象不同会导致约束类型不同。对于简单系统，这些约束可能是一种、几种或者不一定都存在，但是对于复杂系统有较多约束，这样鲜明的区分具有重要的意义，既能全面地反映产品的设计信息，提高设计效率，又能防止组合爆炸。

因此，对于复杂产品的架构设计，必须采用恰当的模型来准确、有效地表达不同方面和类型的知识，更全面反应产品设计信息，架构优化可以排除不合理方案，提高设计的效率。

5.2 机器人杆件的优化设计

杆件包括机器人的肩、臂、肘及腕等。杆件是机器人的重要组成部分，也是机器人机械设计的关键之一。

杆件设计的要求可简单归纳为以下3点。

① 实现运动的要求　机器人杆件应当具有实现转动和平移运动的能力，且要求杆件能

够灵活转向，末端件具备特定的运动和工作空间。

② 承载能力的要求　机器人杆件必须能够在运动过程中支承机体及载荷的质量，杆件必须具备与整机质量相适应的刚性和承载能力。

③ 结构实现和方便控制的要求　从结构设计的要求看，机器人杆件不能过于复杂，杆件过多会导致结构庞大和传动困难[15]。在兼顾运动灵活性和可靠性的基础上，对机构参数进行优化配置，选择最优的杆长比例，利用分析得出的优化尺寸。各个关节杆的长度比例是影响工作空间大小的主要因素。杆件连接的各关节可以由电机、减速箱和齿轮机构共同驱动，以便用简单的结构获得较大的工作空间和灵活度。

下面主要以串联工业机器人为例，对杆件静态性能、机械臂运动性能、机械臂运动误差及杆件力学性能等进行分析。

5.2.1 杆件静态性能

杆件静态性能属于机器人系统的静力学性能，对机器人精度起着决定性作用。在一定条件下，视机器人系统为一个刚性系统并且系统中的各杆件之间没有相对运动，此时主要分析在各种力的作用下，各杆件的受力和强度问题，此时机器人杆件刚度比强度更为重要。若杆件结构轻且刚度大，则机器人重复定位精度高，此时，提高杆件刚度非常重要，杆件结构对精度起着决定性作用。

杆件静态性能的影响因素包括挠度变形、扭转形变、关节及连杆等。例如，手臂杆件的悬臂尽量短可以减小挠度变形；拉伸压缩杆件采用实心轴，扭转杆件用空心轴，并控制其连接间隙；小臂结构设计采用矩形截面杆件，可以保障更高的抗拉、抗扭以及抗弯曲性能等。

(1) 挠度变形计算

挠度变形计算所涉及的参数有负载、杆件或定位单元长度、材料弹性模量、材料截面惯性矩及挠度形变等。应注意在计算静态形变的挠度形变时，杆件或梁的自重产生的变形是否被忽视、自重是否按均布载荷计算等问题。

实际应用中，机器人一直处于变速运动状态，因此必须考虑由加速、减速产生的惯性力所产生的形变，并进行合理计算，因为这种形变会直接影响机器人的运行精度。

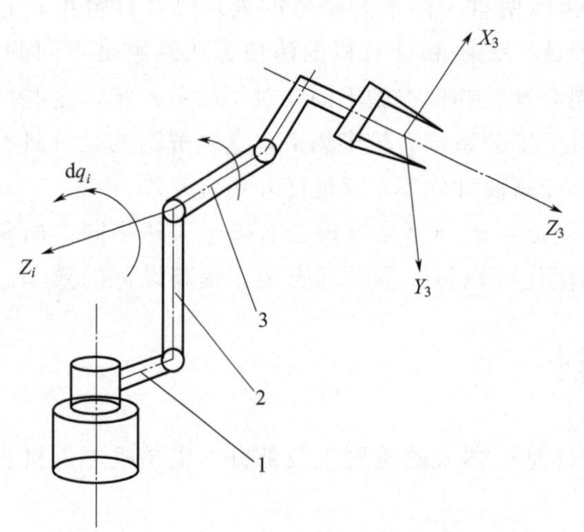

图 5-13　三连杆串联机器人

1～3—杆件

(2) 扭转形变计算

当一根梁或杆件的一端固定，另一端施加一个绕轴转矩后，将产生扭转形变。

实际中产生扭转形变的原因一般是负载偏心或有绕轴加速旋转的物体存在，此时需要扭转形变的计算。

(3) 关节等效力矩

关节等效力矩是指机器人构件中不同构件上的力及力矩替代的结果。等效力矩作用的构件为等效构件。

下面以三连杆串联机器人为例，探讨各关节等效静力矩的计算，如图 5-13 所示。

串联机器人由三连杆组合构成机械臂，其主要含有三个旋转关节。假设在机器人的

末端沿 Z_3 轴方向向被操作目标施加 kN 的静力，而在 X_3 和 Y_3 轴方向的静力为 0，绕各个轴的力矩为 0。

1）建立三连杆串联机械臂的坐标系[9,10]，如图 5-14 所示。为了简化分析，手腕部采用直联的方式。通过正向运动学方法分析机器人等效静力矩。

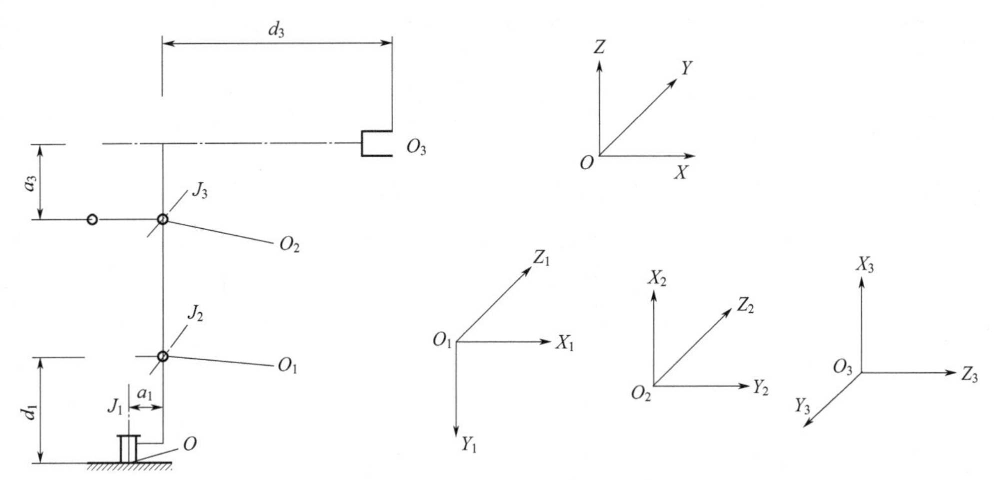

图 5-14　三连杆串联机械臂的坐标系

在图 5-14 所示坐标系的基础上，得到连杆变换矩阵，见式(5-61)～式(5-63)。

$$A_1=\begin{bmatrix}\cos\theta_1 & 0 & -\sin\theta_1 & a_1\cos\theta_1\\ \sin\theta_1 & 0 & \cos\theta_1 & a_1\sin\theta_1\\ 0 & -1 & 1 & d_1\\ 0 & 0 & 0 & 1\end{bmatrix} \tag{5-61}$$

$$A_2=\begin{bmatrix}\sin\theta_2 & \cos\theta_2 & 0 & a_2\sin\theta_2\\ -\cos\theta_2 & \sin\theta_2 & 0 & -a_2\cos\theta_2\\ 0 & 0 & 1 & 0\\ 0 & 0 & 0 & 1\end{bmatrix} \tag{5-62}$$

$$A_3=\begin{bmatrix}\cos\theta_3 & 0 & -\sin\theta_3 & a_3\cos\theta_3-d_3\sin\theta_3\\ \sin\theta_3 & 0 & \cos\theta_3 & a_3\sin\theta_3+d_3\cos\theta_3\\ 0 & -1 & 0 & 0\\ 0 & 0 & 0 & 1\end{bmatrix} \tag{5-63}$$

2）对于第 3 个关节，式(5-63) 即是第 3 关节的连杆坐标系到三连杆机器人末端坐标系的变换矩阵。

对于三连杆机器人，其连杆雅可比矩阵的列矢量可以通过式(5-64) 表示

$$\boldsymbol{J}_i=[(\boldsymbol{p}\times\boldsymbol{n})_z \quad (\boldsymbol{p}\times\boldsymbol{o})_z \quad (\boldsymbol{p}\times\boldsymbol{a})_z \quad n_z \quad o_z \quad a_z]^{\mathrm{T}} \tag{5-64}$$

式(5-64) 为第 i 连杆雅可比矩阵的列矢量。此处的 $\boldsymbol{n}$、$\boldsymbol{o}$ 和 $\boldsymbol{a}$ 矢量构成第 i 连杆坐标系到机器人末端坐标系之间变换的旋转变换矩阵，$\boldsymbol{p}$ 是第 i 连杆坐标系到机器人末端坐标系之间变换的位置矢量。对于转动关节，当 $\boldsymbol{n}$、$\boldsymbol{o}$、$\boldsymbol{a}$ 和 $\boldsymbol{p}$ 分别表示雅可比矩阵的列向量时，此时第 3 个关节连杆变换矩阵 $\boldsymbol{A}_3$ 的向量与此对应。

分析式(5-63) 和式(5-64)，可以得到式(5-65)。也就是，对于三连杆机器人转动关节，

雅可比矩阵的列矢量 $\boldsymbol{J}_3$，即式(5-65)。

$$\boldsymbol{J}_3=\begin{bmatrix}-d_x & 0 & a_3 & 0 & -1 & 0\end{bmatrix}^{\mathrm{T}} \tag{5-65}$$

3）对于第 2 个关节，$\boldsymbol{A}_2\boldsymbol{A}_3$ 是该关节的连杆坐标系到末端坐标系的变换矩阵，即式(5-66)。

$$\boldsymbol{A}_2\boldsymbol{A}_3=\begin{bmatrix}\sin(\theta_2+\theta_3) & 0 & \cos(\theta_2+\theta_3) & a_3\sin(\theta_2+\theta_3)+d_3\cos(\theta_2+\theta_3)+a_2\sin\theta_2 \\ -\cos(\theta_2+\theta_3) & 0 & \sin(\theta_2+\theta_3) & -a_3\cos(\theta_2+\theta_3)+d_3\sin(\theta_2+\theta_3)-a_2\cos\theta_2 \\ 0 & -1 & 0 & 0 \\ 0 & 0 & 0 & 1\end{bmatrix} \tag{5-66}$$

将其中的 $\boldsymbol{n}$、$\boldsymbol{o}$、$\boldsymbol{a}$ 和 $\boldsymbol{p}$ 代入式(5-64)，得到式(5-67)。

$$\boldsymbol{J}_2=\begin{bmatrix}-d_x+a_2\sin\theta_3 & 0 & a_3+a_2\cos\theta_3 & 0 & -1 & 0\end{bmatrix}^{\mathrm{T}} \tag{5-67}$$

4）对于第 1 个关节，$\boldsymbol{A}_1\boldsymbol{A}_2\boldsymbol{A}_3$ 是该关节的连杆坐标系到末端坐标系的变换矩阵，即式(5-68)。

$$\boldsymbol{A}_1\boldsymbol{A}_2\boldsymbol{A}_3=\begin{bmatrix}\cos\theta_1\sin(\theta_2+\theta_3) & \sin\theta_1 & \cos\theta_1\cos(\theta_2+\theta_3) & a_3\cos\theta_1\sin(\theta_2+\theta_3)+d_3\cos\theta_1\cos(\theta_2+\theta_3)+a_2\cos\theta_1\sin\theta_2+a_1\cos\theta_1 \\ \sin\theta_1\sin(\theta_2+\theta_3) & -\cos\theta_1 & \sin\theta_1\cos(\theta_2+\theta_3) & -a_3\sin\theta_1\sin(\theta_2+\theta_3)+d_3\sin\theta_1\cos(\theta_2+\theta_3)+a_2\sin\theta_1\sin\theta_2+a_1\sin\theta_1 \\ 0 & 0 & -\sin(\theta_2+\theta_3) & a_3\cos(\theta_2+\theta_3)-d_3\sin(\theta_2+\theta_3)+a_2\cos\theta_2+d_1 \\ 0 & 0 & 0 & 1\end{bmatrix} \tag{5-68}$$

将其中的 $\boldsymbol{n}$、$\boldsymbol{o}$、$\boldsymbol{a}$ 和 $\boldsymbol{p}$ 代入式(5-64)，得到雅可比矩阵的列矢量 $\boldsymbol{J}_1$，即式(5-69)。

$$\boldsymbol{J}_1=\begin{bmatrix}0 & -a_3\sin(\theta_2+\theta_3)-d_3\cos(\theta_2+\theta_3)-a_2\sin\theta_2-a_1 & 0 & \cos(\theta_2+\theta_3) & 0 & -\sin(\theta_2+\theta_3)\end{bmatrix}^{\mathrm{T}} \tag{5-69}$$

5）由式(5-65)、式(5-67) 和式(5-69) 中的 3 个矢量，构成机器人的雅可比矩阵 J，即式(5-70)。由于该机器人具有 3 个关节，所以 J 是 6×3 矩阵。

$$\boldsymbol{J}=\begin{bmatrix}0 & -d_3+a_2\sin\theta_3 & -d_3 \\ -a_3\sin(\theta_2+\theta_3)-d_3\cos(\theta_2+\theta_3)-a_2\sin\theta_2-a_1 & 0 & 0 \\ 0 & a_3+a_2\cos\theta_3 & a_3 \\ \cos(\theta_2+\theta_3) & 0 & 0 \\ 0 & -1 & -1 \\ -\sin(\theta_2+\theta_3) & 0 & 0\end{bmatrix} \tag{5-70}$$

由此，可以得到各个关节的等效静力矩，即式(5-71)。

$$\boldsymbol{F}_{\mathrm{q}}=\boldsymbol{J}^{\mathrm{T}}\boldsymbol{F}=\begin{bmatrix}0 & k(a_3+a_2\cos\theta_3) & ka_3\end{bmatrix}^{\mathrm{T}} \tag{5-71}$$

式(5-71) 说明，为保证机器人末端 Z 轴方向具有 kN 的力，关节 3 需要施加 ka_3N·m 的力矩，关节 2 需要施加 $k(a_3+a_2\cos\theta_3)$ N·m 的力矩，关节 1 不需要施加力矩。对照图 5-14，容易发现关节静力的物理意义，当末端 Z 轴方向施加 kN 的力时，关节 3 处的力矩为 ka_3N·m，关节 2 处的力矩为 $k(a_3+a_2\cos\theta_3)$ N·m。此外，关节 1 的力矩对机器人末端 Z 轴方向的力没有贡献。

(4) 关节轴设计

关节轴设计是机器人结构设计的必要环节。其中的拉伸压缩杆件采用实心轴，扭转杆件用空心轴，并控制各轴的连接间隙。

关节轴材料可以通过资料进行选择。例如，通常初步选择为 45 钢。

例如，第一关节轴，按照扭转强度及刚度计算轴径，可由公式(5-72) 计算。

$$d = A\sqrt[3]{\frac{P}{n}} \times \frac{1}{\sqrt[3]{1-\alpha^4}} \tag{5-72}$$

式中，d 为计算剖面处轴的直径，mm；P 为轴传递的额定功率，kW；n 为轴的转速，r/min；A 为按照许用扭应力定的系数；α 为空心圆轴的内径与外径之比。

之后，进行其他关节轴的设计。

(5) 连杆静态位姿

影响机器人静态位姿精度的误差源有很多，包括外部环境引起的误差和内部机构参数误差。外部环境引起的误差主要包括周围环境的温度、邻近设备的振动、电网电压波动、空气湿度与污染、操作者的干预等，内部机构参数误差主要包括几何参数误差、受力变形、热变形、摩擦力及振动等。连杆静态位姿对机器人静态位姿精度的影响很大，主要体现在对末端执行器位姿的影响。目前，机器人末端执行器位姿的静态精度误差分析大多采用传递矩阵法或矢量法。

为了使连杆静态位姿的问题简化，静态精度误差分析时，可以假设机器人构件为质量忽略不计的理想刚体，假设机器人各构件参数及各关节运动变量已知。在这种假设下，引起机器人末端执行器位姿精度误差的主要因素为连杆参数误差和关节运动变量误差。

1）连杆参数对静态位姿精度影响　机器人的连杆参数误差可以视为微小位移，当连杆参数误差存在时，相邻连杆之间的连杆变换也将出现误差，这种误差也可以视为由连杆参数误差所引起的微分变换。

在此以五自由度串联机器人为例，讨论连杆参数对静态位姿精度影响，建立五自由度串联机器人连杆坐标系，如图 5-15 所示。

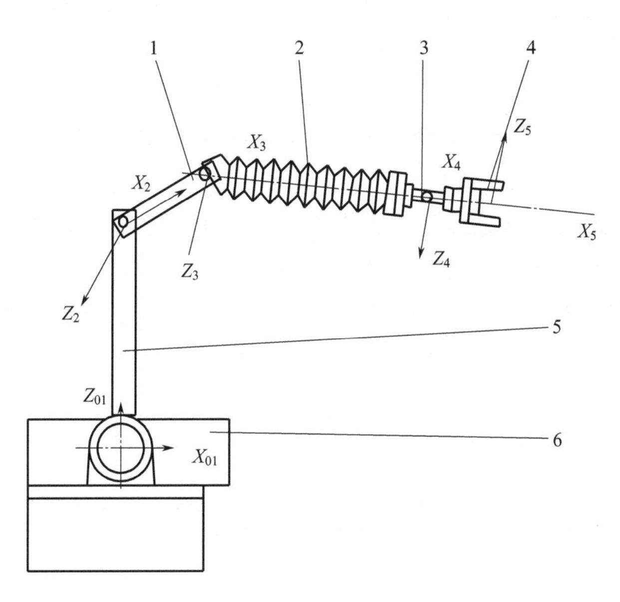

图 5-15　五自由度串联机器人连杆坐标系

1—肩；2—手臂；3—手腕；4—机械手；5—躯干；6—底座

① 假设该机器人关节转角 θ_i 和关节参数 d_i、a_i 和 α_i 均服从正态分布，并建立表 5-3

所示的五自由度串联机器人连杆及关节参数。

表 5-3　五自由度串联机器人连杆及关节参数

关节 i	变量 θ_i(初值)/rad	d_i(均值)/mm	a_{i-1}(均值)/mm	α_{i-1}(均值)/rad
1	$\theta_1(0)$	$d_1(0)$	$a_0(0)$	$\alpha_0(0)$
2	$\theta_2(\pi/3)$	$d_2(0)$	$a_1(0)$	$\alpha_1(\pi/2)$
3	$\theta_3(\pi/3)$	$d_3(0)$	$a_2(375)$	$\alpha_2(0)$
4	$\theta_4(0)$	$d_4(0)$	$a_3(800)$	$\alpha_3(0)$
5	$\theta_5(0)$	$d_5(0)$	$a_4(150)$	$\alpha_4(\pi/2)$

② 设关节参数 d_i、a_i 和 α_i 的标准差分别为 0.05mm、0.05mm 和 0.5°，关节转角 θ_i 标准差为 0.5°。计算各关节从零位置转动 45°时，机器人末端执行器位姿准确度的可靠度。

由于

$$^{i-1}\boldsymbol{T}_i=\mathrm{Rot}(x_{i-1},\alpha_i)\mathrm{Trans}(x_{i-1},a_i)\mathrm{Rot}(z_i,\theta_i)\mathrm{Trans}(z_i,d_i) \tag{5-73}$$

基于 D-H 模型，第 i 个连杆坐标系相对于第 $i-1$ 个连杆坐标系的相对位姿矩阵为式(5-74)。

$$^{i-1}\boldsymbol{T}_i=\begin{bmatrix}\cos\theta_i & -\sin\theta_i & 0 & a_{i-1}\\ \sin\theta_i\cos\alpha_{i-1} & \cos\theta_i\cos\alpha_{i-1} & -\sin\alpha_{i-1} & -d_i\sin\alpha_{i-1}\\ \sin\theta_i\sin\alpha_{i-1} & \cos\theta_i\sin\alpha_{i-1} & \cos\alpha_{i-1} & d_i\cos\alpha_{i-1}\\ 0 & 0 & 0 & 1\end{bmatrix} \tag{5-74}$$

由此，得到式(5-75)。

$$^{0}\boldsymbol{T}_N={}^{0}\boldsymbol{T}_1^{1}\boldsymbol{T}_2\cdots{}^{N-1}\boldsymbol{T}_N=\begin{bmatrix}\boldsymbol{n} & \boldsymbol{o} & \boldsymbol{a} & \boldsymbol{p}\\ 0 & 0 & 0 & 1\end{bmatrix}=\begin{bmatrix}n_x & o_x & a_x & p_x\\ n_y & o_y & a_y & p_y\\ n_z & o_z & a_z & p_z\\ 0 & 0 & 0 & 1\end{bmatrix} \tag{5-75}$$

这里，变换矩阵 $^{0}\boldsymbol{T}_N$ 是关于 N 个关节变量的函数，如果能得到机器人关节位置传感器的值，机器人末端连杆在笛卡儿坐标系里的位姿就能通过 $^{0}\boldsymbol{T}_N$ 计算出来。通过式(5-74) 和式(5-75) 可以得到串联机器人末端执行器坐标系相对于基坐标系的转换矩阵公式。

③ 若对五自由度串联机器人的随机变量进行抽样，代入式(5-75) 便可以得到机器人末端执行器在所达点处的 $^{0}\boldsymbol{T}_5$，之后，可分别计算末端执行器位置和姿态误差值。

例如：对随机变量进行 10^5 次抽样，得到末端执行器在 $\theta_1=45°$，$\theta_2=45°$，$\theta_3=105°$，$\theta_4=45°$，$\theta_5=45°$所达点 C 处的 $^{0}\boldsymbol{T}_5$。设位姿理想值和抽样计算所得样本的数字特征[16,17]，如表 5-4 所示，其中，各参数误差对 Z-Y-Z 欧拉角 $\Delta\alpha$ 均值影响最大。

表 5-4　机器人末端执行器位姿误差理想值和样本的数字特征

位姿误差	理想值	样本均值	样本标准差	最大值	最小值
位置/mm					
ΔP	0	−0.0001	3.4563	15.8329	−15.0084
X-Y-Z 固定角/rad					
$\Delta\alpha$	0	−0.0001	0.0151	0.0794	−0.0773

续表

位姿误差	理想值	样本均值	样本标准差	最大值	最小值
X-Y-Z 固定角/rad					
$\Delta\beta$	0	0.0001	0.0179	0.0652	−0.065
$\Delta\gamma$	0	0.0001	0.0200	0.0846	−0.0829
Z-Y-Z 欧拉角/弧度					
$\Delta\alpha$	0	−1.5708	0.0163	0.0983	−0.1055
$\Delta\beta$	0	0	0.0231	0.0708	−0.0699
$\Delta\gamma$	0	0	0.0229	0.1094	−0.0927

注：ΔP—位置误差，$\Delta\alpha$、$\Delta\beta$、$\Delta\gamma$—姿态误差。

④ 计算所得的位置误差、姿态误差，分别如图 5-16～图 5-19 所示。

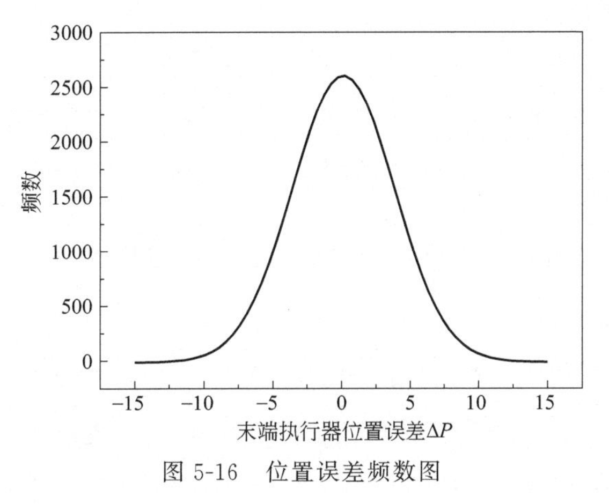

图 5-16　位置误差频数图

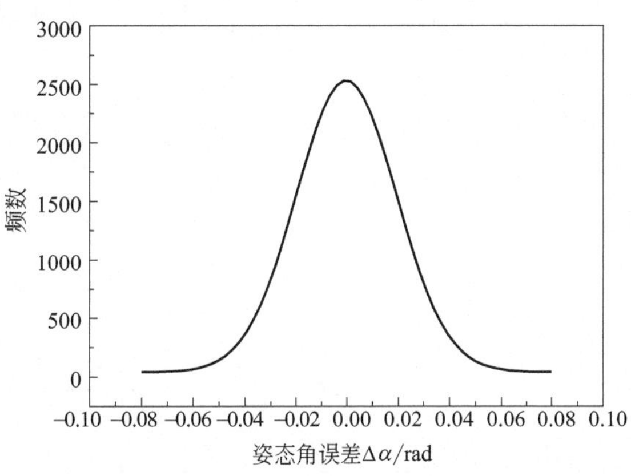

图 5-17　*X-Y-Z* 固定角坐标系姿态角 α 误差频数图

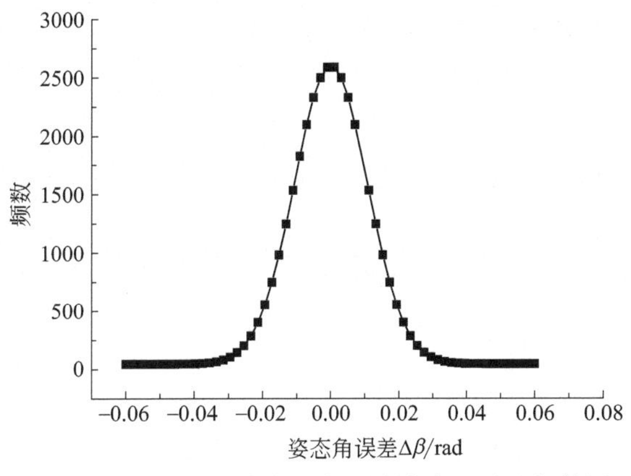

图 5-18　*X-Y-Z* 固定角坐标系姿态角 β 误差频数图

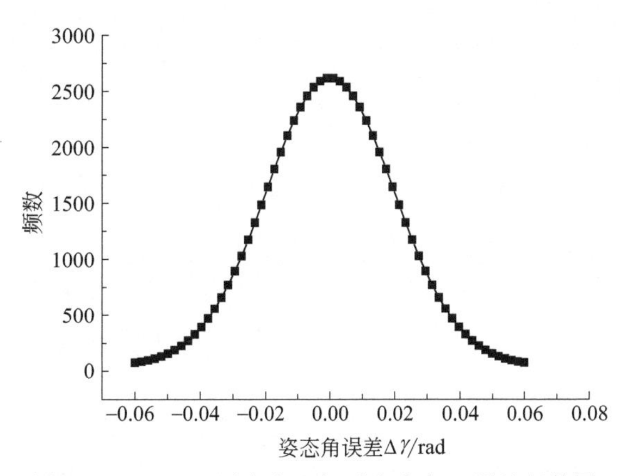

图 5-19　*X-Y-Z* 固定角坐标系姿态角 γ 误差频数图

应用上述方法，以机构可靠度为评价指标，在机器人关节转角 θ_i 和关节参数 d_i、a_i、α_i 的标准差都减小 5 倍的情况下，关节转角 θ_i 误差标准差的减小，使机构位置精度可靠性显著提高；连杆转角 α_i、连杆长度 a_i、连杆偏距 d_i 误差标准差的减小对机构位置精度可靠性的影响不明显。各参数对末端执行器姿态精度可靠性的影响程度同机构位置精度可靠性。

由此可以得出，关节转角 θ_i 的误差分布对机器人机构可靠度影响较大。

为了提高机器人的可靠度，可以通过采用精度较高的驱动电机、减小动力传动中的传递误差等措施来控制末端位姿误差。

2）关节变量及误差。

① 机器人末端静态位姿误差的影响　串联机器人末端执行器的位姿精度受多方面因素影响，如内部控制分辨率、坐标变换误差、关节实际结构尺寸与机器人控制系统的差异，以及机械缺陷如间隙、滞回、摩擦及外部条件（如温度）等。这些因素的变化均会使连杆关节变量和关节参数产生误差（$\Delta\theta_i$、Δd_i、Δa_i、$\Delta\alpha_i$），从而使机器人末端执行器位姿产生误差。

从误差理论与传递情况分析，机器人末端受各关节的影响。机器人末端执行器的位姿误差与各组成连杆的运动变量和结构参数误差之间存在着函数关系。实际中，基于 D-H 模型，第 N 个连杆坐标系相对于基座的相对位姿矩阵为

$$
{}^{0}\boldsymbol{T}_N = {}^{0}\boldsymbol{T}_1^{1}\boldsymbol{T}_2\cdots{}^{N-1}\boldsymbol{T}_N = \begin{bmatrix} \boldsymbol{n} & \boldsymbol{o} & \boldsymbol{a} & \boldsymbol{p} \\ 0 & 0 & 0 & 1 \end{bmatrix} = \begin{bmatrix} n_x & o_x & a_x & p_x \\ n_y & o_y & a_y & p_y \\ n_z & o_z & a_z & p_z \\ 0 & 0 & 0 & 1 \end{bmatrix}
$$

其中，θ_i、d_i、a_i、α_i 均为随机变量，可以利用微小位移合成法，首先确定机器人在某一姿态下的误差阵，即 $\Delta\boldsymbol{T}$ 为式(5-76)。

$$
\Delta\boldsymbol{T} = \sum_{i=1}^{n}\left(\frac{\partial\boldsymbol{T}}{\partial\theta_i}\Delta\theta_i + \frac{\partial\boldsymbol{T}}{\partial d_i}\Delta d_i + \frac{\partial\boldsymbol{T}}{\partial a_i}\Delta a_i + \frac{\partial\boldsymbol{T}}{\partial\alpha_i}\Delta\alpha_i\right) \tag{5-76}
$$

其中 $\partial\boldsymbol{T}/\partial\theta_i$、$\partial\boldsymbol{T}/\partial d_i$、$\partial\boldsymbol{T}/\partial a_i$、$\partial\boldsymbol{T}/\partial\alpha_i$ 分别为连杆转角 θ_i、连杆距离 d_i、连杆长度 a_i、连杆扭转角 α_i 的误差传递矩阵。且由式(5-75)，可知：

$$
\Delta\boldsymbol{T} = \begin{bmatrix} \Delta n_x & \Delta o_x & \Delta a_x & \Delta p_x \\ \Delta n_y & \Delta o_y & \Delta a_y & \Delta p_y \\ \Delta n_z & \Delta o_z & \Delta a_z & \Delta p_z \\ 0 & 0 & 0 & 1 \end{bmatrix}
$$

其中，Δp_x、Δp_y、Δp_z 为实际位姿坐标与指令位姿坐标的差。实际位姿点与指令位姿点距离为 $\Delta r = \sqrt{\Delta p_x^2 + \Delta p_y^2 + \Delta p_z^2}$。

假定 $V_{ij}\,(j=1,2,3,4)$ 相应地代表机器人各组成连杆的关节变量和结构参数 d_i、θ_i、a_i 和 α_i，则由式(5-74) 可得矩阵对于各参数的偏导数，即式(5-77)～式(5-80)。

$$
\frac{\partial^{i-1}\boldsymbol{T}_i}{\partial V_{i1}} = \frac{\partial^{i-1}\boldsymbol{T}_i}{\partial\theta_i} = \begin{bmatrix} -\sin\theta_i & -\cos\theta_i & 0 & 0 \\ \cos\theta_i\cos\alpha_{i-1} & -\sin\theta_i\cos\alpha_{i-1} & 0 & 0 \\ \cos\theta_i\sin\alpha_{i-1} & -\sin\theta_i\sin\alpha_{i-1} & 0 & 0 \\ 0 & 0 & 0 & 0 \end{bmatrix} \tag{5-77}
$$

$$
\frac{\partial^{i-1}\boldsymbol{T}_i}{\partial V_{i2}} = \frac{\partial^{i-1}\boldsymbol{T}_i}{\partial d_i} = \begin{bmatrix} 0 & 0 & 0 & 0 \\ 0 & 0 & 0 & -\sin\alpha_{i-1} \\ 0 & 0 & 0 & \cos\alpha_{i-1} \\ 0 & 0 & 0 & 0 \end{bmatrix} \tag{5-78}
$$

$$\frac{\partial^{i-1}\boldsymbol{T}_i}{\partial V_{i3}}=\frac{\partial^{i-1}\boldsymbol{T}_i}{\partial a_{i-1}}=\begin{bmatrix}0&0&0&1\\0&0&0&0\\0&0&0&0\\0&0&0&0\end{bmatrix} \tag{5-79}$$

$$\frac{\partial^{i-1}\boldsymbol{T}_i}{\partial V_{i4}}=\frac{\partial^{i-1}\boldsymbol{T}_i}{\partial \alpha_{i-1}}=\begin{bmatrix}0&0&0&0\\-\sin\theta_i\sin\alpha_{i-1}&-\cos\theta_i\sin\alpha_{i-1}&-\cos\alpha_{i-1}&-d\cos\alpha_{i-1}\\\sin\theta_i\sin\alpha_{i-1}&\cos\theta_i\cos\alpha_{i-1}&\sin\alpha_{i-1}&-d\sin\alpha_{i-1}\\0&0&0&0\end{bmatrix} \tag{5-80}$$

由式(5-75) 可得机器人末端执行器的位姿矩阵 ${}^0\boldsymbol{T}_N$ 对于各组成连杆的关节变量和结构参数 d_i、θ_i、a_i 和 α_i 的偏导数，即式(5-81)。

$$\frac{\partial^0\boldsymbol{T}_N}{\partial V_{ij}}={}^0\boldsymbol{T}_1^1\boldsymbol{T}_2\cdots\frac{\partial^{i-1}\boldsymbol{T}_N}{\partial V_{ij}}\cdots{}^{N-1}\boldsymbol{T}_N=\begin{bmatrix}n'_x&o'_x&\alpha'_x&p'_x\\n'_y&o'_y&\alpha'_y&p'_y\\n'_z&o'_z&\alpha'_z&p'_z\\0&0&0&0\end{bmatrix} \tag{5-81}$$

其中，$i=1,2,\cdots,n;j=1,2,3,4$。

机器人末端执行器的位置广义坐标对于各组成连杆的关节变量和结构参数的偏导数为式(5-82)。

$$\frac{\partial \boldsymbol{p}}{\partial V_{ij}}=\left[\frac{\partial p_x}{\partial V_{ij}},\frac{\partial p_y}{\partial V_{ij}},\frac{\partial p_z}{\partial V_{ij}}\right]^{\mathrm{T}}=[p'_x,p'_y,p'_z]^{\mathrm{T}} \tag{5-82}$$

当姿态广义坐标取为 X-Y-Z 固定坐标系 (α,β,γ) 时，得到式(5-83)。

$$\begin{cases}\beta=\operatorname{arctan2}\left(-n_z,\sqrt{n_x^2+n_y^2}\right)\\\alpha=\operatorname{arctan2}(n_y/\mathrm{c}\beta,n_x/\mathrm{c}\beta)\\\gamma=\operatorname{arctan2}(o_z/\mathrm{c}\beta,a_z/\mathrm{c}\beta)\end{cases} \tag{5-83}$$

式(5-83) 表示当姿态广义坐标取为 X-Y-Z 固定角坐标时，根据式(5-75) 末端执行器相对于固定坐标系的姿态广义坐标求得。

当姿态广义坐标取为 Z-Y-Z 欧拉角坐标 (α,β,γ) 时，得到式(5-84)。

$$\begin{cases}\beta=\operatorname{arctan2}(\sqrt{n_z^2+o_z^2},a_z)\\\alpha=\operatorname{arctan2}(a_y/\mathrm{s}\beta,a_x/\mathrm{s}\beta)\\\gamma=\operatorname{arctan2}(o_z/\mathrm{s}\beta,-n_z/\mathrm{s}\beta)\end{cases} \tag{5-84}$$

式(5-84) 表示当姿态广义坐标取为 Z-Y-Z 欧拉角坐标时，根据式(5-75) 末端执行器相对于固定坐标系的姿态广义坐标求得。

根据式(5-83) 和式(5-84) 末端执行器姿态对于各组成连杆的关节变量和结构参数 d_i、θ_i、a_i 和 α_i 求偏导数，即得到式(5-85)。

$$\frac{\partial \boldsymbol{\phi}}{\partial V_{ij}}=\left[\frac{\partial \alpha}{\partial V_{ij}},\frac{\partial \beta}{\partial V_{ij}},\frac{\partial \gamma}{\partial V_{ij}}\right]^{\mathrm{T}} \tag{5-85}$$

② 串联机器人静态位姿精度分析　串联机器人静态位姿精度受多关节的影响大。对于多关节运动，串联机器人各几何参数误差具有随机性，故其引起的末端执行器位姿误差亦具有随机性。

当应用随机抽样方法进行静态位姿精度分析时，可以利用随机数进行统计试验，以求得的统计特征值（如均值、方差、概率等）作为待解问题的数值解。通过误差模拟，对具有不同分布特性的原始误差随机量进行抽样，按照误差模型计算和统计误差值分布。

a. 随机抽样方法　将误差的抽样值代入末端执行器的误差数学模型，获得末端执行器位姿误差的抽样值。

b. 位置误差按计算公式　位置误差可按式(5-86) 计算。

$$\Delta \boldsymbol{P}_i = \boldsymbol{P}_i - \boldsymbol{P}_c \tag{5-86}$$

式中，$\boldsymbol{P}_i$ 是在同一位姿对关节变量和结构参数（d_i、θ_i、a_i 和 α_i）抽样计算第 i 次时所得的矢量；$\boldsymbol{P}_c$ 为机器人末端执行器理想位置矢量。

c. 姿态误差计算公式　姿态误差可按式(5-87) 计算。

$$\begin{cases} \Delta\alpha_i = \alpha_i - \alpha_c \\ \Delta\beta_i = \beta_i - \beta_c \\ \Delta\gamma_i = \gamma_i - \gamma_c \end{cases} \tag{5-87}$$

式中，α_i、β_i 和 γ_i 是在同一位姿对关节变量和结构参数（d_i、θ_i、a_i 和 α_i）抽样计算第 i 次时所得的姿态角；α_c、β_c 和 γ_c 为机器人末端执行器理想姿态坐标值。

由此，就确定了 $\boldsymbol{P}_c$、α_c、β_c 和 γ_c 为机器人末端执行器的理想位姿。

d. 可靠度　量化分析手部位姿误差时，可以用精度可靠度表示。通过末端执行器的位置误差落在半径为 R 的误差球体内的概率、姿态误差小于给定误差 $\boldsymbol{T}$ 的概率，来量化分析手部位姿误差。

设位置误差 $\Delta\boldsymbol{P}_i$ 和姿态误差 $\Delta\boldsymbol{\phi}_i = (\Delta\alpha_i \quad \Delta\beta_i \quad \Delta\gamma_i)^{\mathrm{T}}$ 小于给定误差 $\boldsymbol{R}$（末端执行器的位置误差落在半径为 R 的误差球体内），$\boldsymbol{T} = (T_\alpha \quad T_\beta \quad T_\gamma)^{\mathrm{T}}$（末端执行器的给定误差 $\boldsymbol{T}$）的样本数分别为 $\boldsymbol{\lambda}_p$ 和 $\boldsymbol{\lambda}_\varphi$，$\boldsymbol{\lambda}_\varphi = (\lambda_\alpha \quad \lambda_\beta \quad \lambda_\gamma)^{\mathrm{T}}$ 那么机器人位置误差和姿态误差小于给定误差 $\boldsymbol{R}$ 和 $\boldsymbol{T}$ 的概率近似等于位姿小于给定误差的样本数除以样本总数 $\boldsymbol{\lambda}$，即机器人精度可靠度可表示为式(5-88)。

$$\begin{cases} \boldsymbol{P}(|\Delta\boldsymbol{P}_i| < \boldsymbol{R}) = \boldsymbol{\lambda}_p / \boldsymbol{\lambda} \\ \boldsymbol{P}(|\Delta\boldsymbol{\varphi}_i| < \boldsymbol{T}) = \boldsymbol{\lambda}_{\varphi_i} / \boldsymbol{\lambda} \end{cases} \tag{5-88}$$

机器人精度可靠度属机构功能可靠性范畴，所谓机构可靠度是指机构在给定主动件运动规律的条件下，机构中指定构件上某一点的位移、速度、加速度等满足规定要求的概率。机构可靠度与设计因素、生成因素、环境因素、使用因素、人为因素等有关系。

综上所述，对于各关节的静态位姿精度，也可以用统计学参数来评价，以可靠度为指标对串联机器人末端执行器运动精度误差进行研究。其方法主要包括：假设指令位姿，即表示出机器人连杆及关节参数；从机器人连杆及关节参数中取出对末端执行器位姿精度可靠性影响最大的关节转角 θ_i；改变关节转角 θ_i 分散性，其他参数分布形式不变进行分析（例如，取各关节标准差 $\sigma_{\theta_1} \sim \sigma_{\theta_5}$ 分别减小 5 倍），研究其对机器人末端执行器位姿精度可靠性的影响，并由此得到结果，通过对结果进行分析，可以方便观察关节转角 θ_i 对末端执行器位姿精度可靠性的影响。

5.2.2 机械臂运动性能

在此，机械臂运动性能主要讨论关节对转速的影响、关节对机械臂频率特性的影响、机械臂运动学模型及偏心质量对机械臂运动误差的影响等[18,19] 内容。

（1）机械臂与输出转速

以扭转-弯曲组合式关节减速器为例，讨论关节对转速的影响，为了使问题简化，机械臂忽略其重力的影响。机械臂中高速主轴的运动方向如图 5-20 和 5-21 所示，该高速主轴结构主要包含电机、基节、次节和末节等关节。

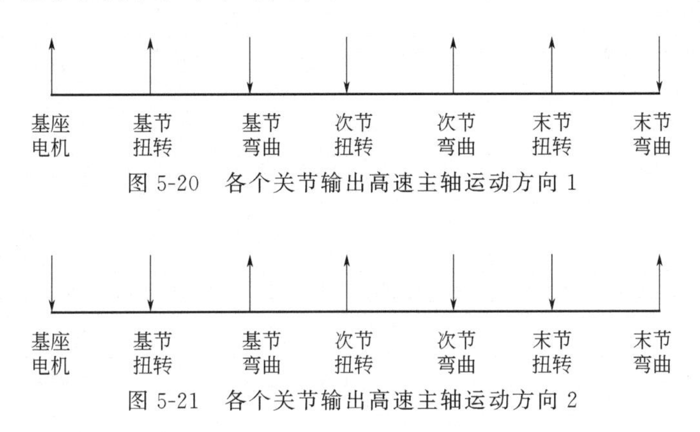

图 5-20　各个关节输出高速主轴运动方向 1

图 5-21　各个关节输出高速主轴运动方向 2

图 5-20 和图 5-21 所表示的各个关节输出的高速主轴运动方向均为在正交方向的运动方向，对于不同的电机输入速度，各个关节输出的高速运动方向也不同。例如，输入扭转关节的高速运动，是经行星轮系之后输出方向一致的高速运动；而输入弯曲关节的高速运动，是经行星轮系之后输出方向相反的高速运动。因此每经过四个关节（即两个关节模块，每个关节模块均为“扭转＋弯曲”结构），关节输出高速运动方向与基座电机运动方向一致。

1）单关节主轴速度　假设其输入速度为 w，输出速度为 w_{out}，关节减速器的减速比均为 r。由以上分析可知：

① 扭转关节速度为 $w_t = \pm\dfrac{w}{r}$（这里 $r=r_t$），扭转关节输出速度为 $w_{\text{tout}} = Z_t w_t + w_{\text{tin}}$（依据扭转关节结构原理）。

式中，Z_t 为扭转关节输出与齿轮结构相关的系数。

② 弯曲关节速度为 $w_p = \pm\dfrac{w}{r}$（这里 $r=r_p$），弯曲关节输出速度为 $w_{\text{pout}} = -w_{\text{pin}} + 2w_p$ 。

因此有式(5-89) 成立。

$$w_{\text{out}} = -w_{\text{pin}} + 2w_p = w_{\text{pin}}\left(-1 \pm \frac{2}{r_p}\right) = \left(w_{\text{tin}} \pm Z_t \frac{w_{\text{tin}}}{r_i}\right)\left(-1 \pm \frac{2}{r_p}\right) \tag{5-89}$$

其中，$w_{\text{out}} = w_{\text{pout}}$。

2）组合关节主轴速度　由结构分析可知，当扭转、弯曲组合关节同时运动时，主轴输出速度会有多种情况出现。当扭转、弯曲关节均为单向输入双向输出结构时，有以下四种情况：

① 当扭转关节速度为 $w_t = \dfrac{w}{r}$，弯曲关节速度为 $w_p = \dfrac{w}{r}$ 时，有式(5-90)。

$$w_{out}=\left(w_{tin}+Z_t\frac{w_{tin}}{r_i}\right)\left(-1+\frac{2}{r_p}\right)=-w-Z_t\frac{w}{r_i}+2Z_t\frac{w}{r_ir_p}+\frac{2w}{r_p} \tag{5-90}$$

这里 $r=r_p=r_i$。

② 当扭转关节速度为 $w_i=-\frac{w}{r}$，弯曲关节速度为 $w_p=\frac{w}{r}$ 时，有式(5-91)。

$$w_{out}=\left(w_{tin}-Z_t\frac{w_{tin}}{r_i}\right)\left(-1+\frac{2}{r_p}\right)=-w+Z_t\frac{w}{r_i}-2Z_t\frac{w}{r_ir_p}+\frac{2w}{r_p} \tag{5-91}$$

这里 $r=r_p=r_i$。

③ 当扭转关节速度为 $w_i=\frac{w}{r}$，弯曲关节速度为 $w_p=-\frac{w}{r}$ 时，有式(5-92)。

$$w_{out}=\left(w_{tin}+Z_t\frac{w_{tin}}{r_i}\right)\left(-1-\frac{2}{r_p}\right)=-w-Z_t\frac{w}{r_i}-2Z_t\frac{w}{r_ir_p}-\frac{2w}{r_p} \tag{5-92}$$

这里 $r=r_p=r_i$。

④ 当扭转关节速度为 $w_i=-\frac{w}{r}$，弯曲关节速度为 $w_p=-\frac{w}{r}$ 时，有式(5-93)。

$$w_{out}=\left(w_{tin}-Z_t\frac{w_{tin}}{r_i}\right)\left(-1-\frac{2}{r_p}\right)=-w+Z_t\frac{w}{r_i}+2Z_t\frac{w}{r_ir_p}-\frac{2w}{r_p} \tag{5-93}$$

这里 $r=r_p=r_i$。

3）机械臂末端速度　假设输入速度为 w，输出速度为 w_{out}，运动模块（这里指关节模块）数为 n，所有关节内减速器的减速比均为 r。

当所有关节均正向运动时，由以上分析可知，单运动模块（这里指独立的扭转或弯曲）的输出速度为式(5-94)。

$$w_{out}=w\left(1+Z_t\frac{1}{r}\right)\left(-1+\frac{2}{r}\right) \tag{5-94}$$

因此，整个机械臂的末端高速输出速度为：

$$w_{out}=w\left(1+Z_t\frac{1}{r}\right)^n\left(-1+\frac{2}{r}\right)^n$$

假设 $Z_t=6.8333$，$r=125$，基座内电机输出速度为 $w=375\text{r/min}$。由此，可以得到图 5-22 所示的结果，即关节数与各个关节主轴高速速度的变化关系。

由图 5-22 可知，当所有关节被制动器锁定时，机械臂末端输出的高速主轴速度与基座内电机的输出速度相等，说明基座电机的动力通过高速运动结构传递到了每一个串联关节。当所有关节均正向运行时，正向的关节运动作为支架通过关节之间行星轮系累加到行星轮上，增大了行星轮的绝对运动速度。当所有关节均反向运行时，反向的关节运动同样作为支架通过关节之间行星轮系累加到行星轮上，减小了行星轮的绝对运动速度。

由此，对于关节输出高速运动的影响，主要来自关节内行星轮系的运动，减小 z_9/z_{10} 值或提高减速比 r，将有助于减小主轴速度的变化。

另外，在模块数、自由度数超过一定数值以后，如果所有关节均同时运动，则使得机械臂末端输出的高速主轴速度与基座电机输出速度有较大误差，不能再将高速运动认为恒定不变。

4）关节主轴转速　不考虑多关节运行的情况，仅分析基座电机在负载变换情况下的运动。

① 关节转速的变化情况。当所有关节分别正转、反转时，由式(5-94) 得到各个关节转速。例如，图 5-23 所示是六关节轻型机械臂关节主轴转速。

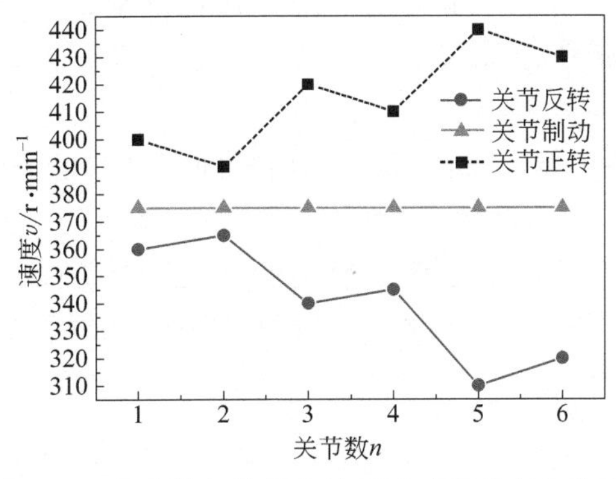

图 5-22　关节数与关节主轴高速速度的变化关系

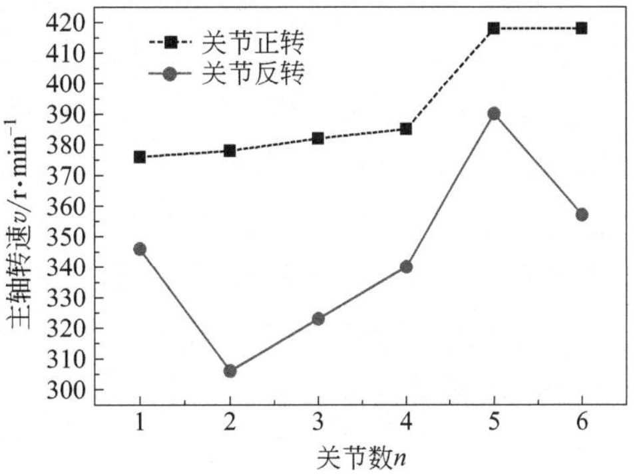

图 5-23　六关节轻型机械臂关节主轴转速

关节正转表示关节均为沿重力方向轻载情况下的转速，关节反转表示关节均为逆重力方向重载情况下的转速。

由图 5-23 可知，关节全部正转时，末节扭转输出速度最大，且大于基座电机转速，可以得出误差；关节全部反转时，末节扭转输出速度最小，且小于基座电机转速，可以得出误差。当各个关节减速器的减速比一定时，即使多个关节同时运动，以基座电机输出速度为计算基准的最大关节速度误差也不大，在对关节精度要求不是很苛刻的情况下，可认为主轴速度这一影响可以忽略。另外，在连续轨迹控制过程中，所有关节不会同时正转和反转，关节输出的最大速度与基座电机相差不至于太大。

② 通过单个关节运动测试多关节机械臂，以获得单个关节运动输出的主轴速度。通过单个关节多次联动测试多关节机械臂，可以获得所有关节运动输出的主轴速度，再将这些关节联动的试验值与理论值进行对比。

③ 关节转速与机械臂姿态相关，不同的机械臂姿态表现出不同的关节转速。由于电机功率恒定，由试验结果可知，一般机械臂臂体克服重力作用整体向上运动时，关节转速小于沿重力方向整体向下运动时的关节转速。当基座内电机反转时，关节输出速度与电机正转时类似。

④ 在进行机械臂连续轨迹控制时，机械臂末端笛卡儿坐标系下的速度需通过雅可比矩阵换算为关节的转速，而在机械臂开环控制设计中通过计算法确定关节速度时，可通过多次测定机械臂的关节运动转速的平均值得到关节速度控制的基准。因此，在高精高速控制中，关节高速运动速度将影响机械臂末端轨迹的精度。

（2）关节对机械臂频率特性影响

对于多关节机械臂和冗余机械臂，当悬臂部分较长时，机械臂的整体刚度较低，结构固有频率较低，因此，在运动过程中易造成运动激励与固有频率共振现象。由此，机械臂频率特性与关节刚度有着重要关系。零部件的固有频率也是影响机器人抑振性能的关键，固有频率低的零部件很容易形成共振现象，例如，当机械臂关节采用大减速比减速器时，减速器的刚度对机器人动态性能有着很大影响。

1）刚性关节　假定关节采用刚性减速器，则机械臂的动力学特性仅与机械臂拓扑结构形式有关。

一般受其结构的前三阶固有频率对结构的振动影响最大。因此结构动态设计中，一般分析结构的前三阶固有频率。前三阶固有频率的振型可描述为：第一阶固有频率对应绕 X 轴的摆动，第二阶固有频率对应绕 Y 轴的摆动，第三阶固有频率对应绕 Z 轴的摆动。

① 当弯曲关节锁定为 0，扭转关节在限定转角范围（扭转关节转角范围为［－160°，160°］）内运动时，刚性机械臂的前三阶固有频率分布如图 5-24 所示。

图 5-24 中，仅扭转关节运动时（即弯曲关节锁定），机械臂的前两阶固有频率近似恒定值，第三阶固有频率随扭转角变化呈对称分布。由于所有的弯曲关节转角均为 0°，可知第三阶固有频率的波动是机械臂关节偏心质量的位姿变化引起绕 Z 轴的惯量变化造成的。

② 当扭转关节锁定为 0，弯曲关节在限定转角范围（弯曲关节转角范围为［0°,60°］）内运动时，机械臂的前三阶固有频率分布如图 5-25 所示。

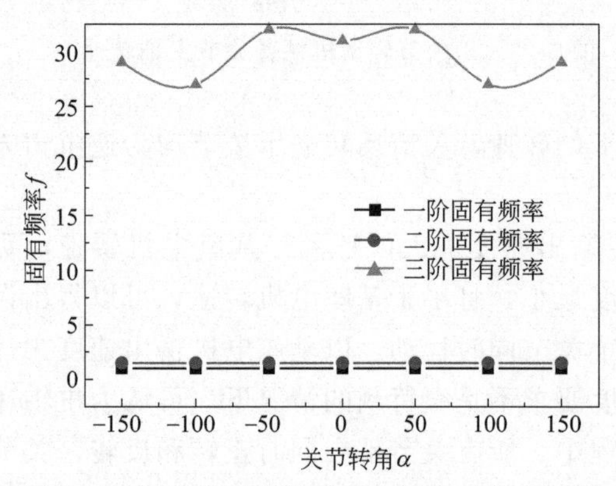

图 5-24　刚性机械臂的前三阶固有频率分布图

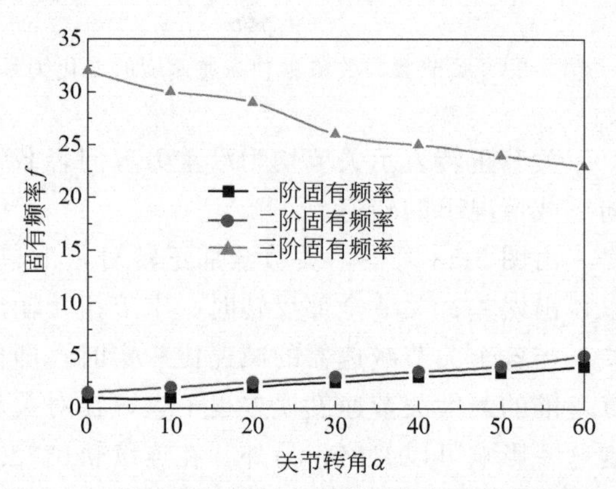

图 5-25　刚性机械臂固有频率随弯曲关节的变化图

图 5-25 中，仅弯曲关节运动时（即扭转关节锁定），机械臂的前两阶固有频率随弯曲角的增加而增大，这说明，当机械臂从完全开链式结构逐渐转成半封闭结构时，其结构的拓扑形式发生变化，其结构的刚度有所增加；而第三阶固有频率呈下降趋势，这说明，随着弯曲角增大臂体绕 Z 轴的惯量有所增大。

2）柔性关节　柔性关节是实现柔顺操作的基本单元，其是将机器人的电机、驱动、谐波减速器及传感器等核心部件集成一体，从而使机械臂具有体积小、质量轻、功耗低及负载自重比大等特点。假定关节采用柔性减速器，则机械臂的动力学特性与机械臂拓扑结构形式和减速器柔性有关。当获知减速器柔性时，可以分析柔性机械臂的固有频率分布。

下面以某柔性减速器为例，采用与刚性机械臂类似的分析方法对柔性关节进行分析。

① 当弯曲关节锁定为 0，扭转关节在限定转角范围内运动时，柔性机械臂的前三阶固有频率分布如图 5-26 所示。

图 5-26 中，当弯曲关节锁定仅扭转关节运动时，相对于刚性机械臂分析结果，柔性机械臂的前两阶固有频率开始分离，说明关节减速器对柔性机械臂固有频率的影响很大；前三阶固有频率均随扭转角的变化呈波动状的对称分布，说明机械臂关节的偏心质量将在小幅范围内影响所有固有频率的分布。

② 当扭转关节锁定为0，弯曲关节在限定转角范围内运动时，柔性机械臂的前三阶固有频率分布如图5-27所示。

图5-27中，当扭转关节锁定仅弯曲关节运动时，柔性机械臂前三阶固有频率的变化与刚性机械臂的变化趋势相同，这说明，当柔性机械臂从完全开链式结构逐渐转变成半封闭结构时，随着其结构的拓扑形式的变化，其结构的刚度有所增加。

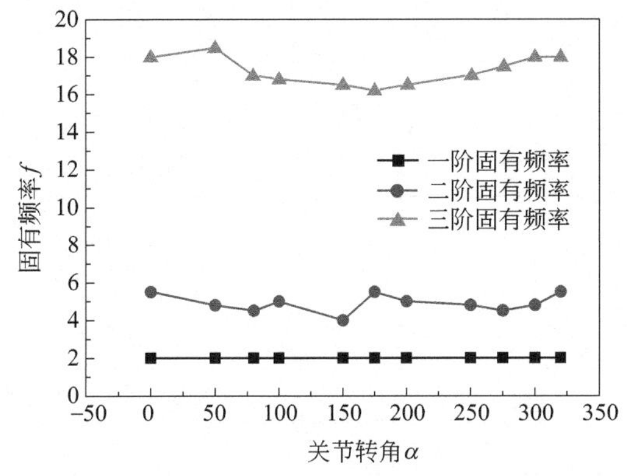

图5-26　柔性机械臂前三阶固有频率分布图1

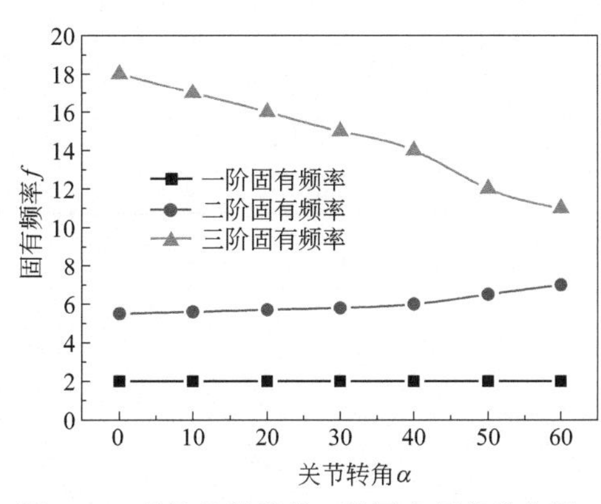

图5-27　柔性机械臂前三阶固有频率分布图2

综上所述，对于刚性机械臂操作，特别是拾放操作时，在机械臂末端从一个点到另一个点的运动过程中动态特性并不重要，重要的是保证机械臂末端在目标点位置的动态特性，在抓取点机械臂不会出现共振现象。对于柔性机械臂，在进行低速机械臂运动控制前，应准确获知机械臂的固有频率并进行分析。由于共振易造成机械臂毁灭性的破坏，通常可以采用虚拟设计的方式，在合理简化的基础上对机械臂进行尽可能准确的建模，以确定机械臂在可达范围内的固有频率带。

(3) 刚性机械臂运动学模型

运动学模型是确定机械臂运动极为重要的因素，运动学模型不准确是产生机械臂定位精度误差的主要原因。

机器人工作环境影响和结构形式不同时其静态误差也不同，机器人静态误差主要是受机械臂关节尺寸误差、关节间隙及末端位置精度的影响。

在此仅以刚性六连杆驱动机械臂为例进行分析。驱动机械臂关节包含离合器和减速器，主要特征是离合器采用耦合传动结构，减速器采用小型轻质关节。对于刚性六连杆机械臂，根据D-H法则可建立机械臂的连杆坐标系，如图5-28所示。

设坐标系由齐次变换矩阵定义连杆位姿，通过机器人正向运动学求机械臂末端位置坐标。由图5-28坐标系可以得出机械臂的连杆参数，如表5-5所示。

表5-5　机械臂D-H参数表

连杆序号	α	a	θ	d
1	0°	0	0°	L_1+L_2
2	−90°	0	0°	0
3	90°	0	0°	L_3+L_4
4	−90°	0	0°	0

续表

连杆序号	α	a	θ	d
5	90°	0	0°	L_5+L_6
6	−90°	0	0°	0
Tool	90°	0	0°	L_t

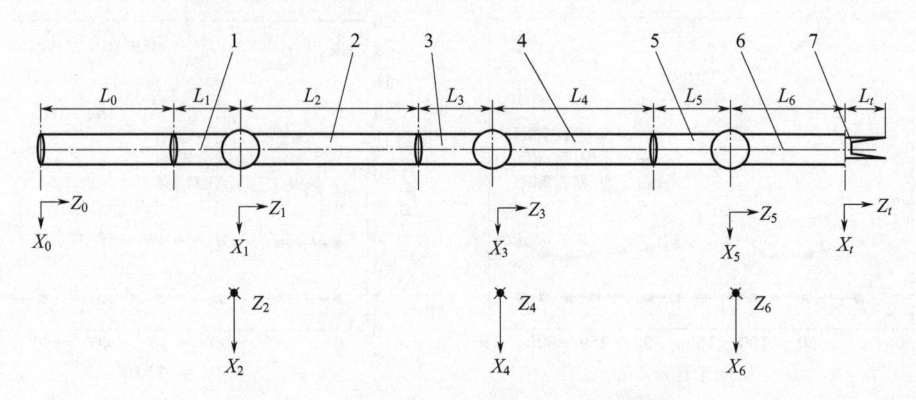

图 5-28　刚性六连杆机械臂及连杆坐标系

1—基节扭转关节连杆；2—基节弯曲关节连杆；3—次节扭转关节连杆；4—次节弯曲关节连杆；5—末节扭转关节连杆；6——末节弯曲关节连杆；7—末端操作器；L_0—基座长度；L_1—基节扭转关节的连杆长度；L_2—基节弯曲关节的连杆长度；L_3—次节扭转关节的连杆长度；L_4—次节弯曲关节的连杆长度；L_5—末节扭转关节的连杆长度；L_6—末节弯曲关节的连杆长度；L_t—为末端操作器的连杆长度

驱动机械臂结构原理如图 5-29 所示。

图 5-29 中，在机械臂关节内高速运动从图的下部输入，通过扭转关节和弯曲关节从末节输出。机械臂由三个运动模块组成，分别为基节、次节和末节。在关节设计上各关节内均不含驱动器，由基座内的电机为六个关节提供动力。根据 D-H 变换，可知：

$$
{}^{i-1}\boldsymbol{T}_i=\begin{bmatrix} c\theta_i & -s\theta_i & 0 & a_{i-1} \\ s\theta_i c\alpha_{i-1} & c\theta_i c\alpha_{i-1} & -s\alpha_{i-1} & -d_i s\alpha_{i-1} \\ s\theta_i s\alpha_{i-1} & c\theta_i s\alpha_{i-1} & c\alpha_{i-1} & d_i c\alpha_{i-1} \\ 0 & 0 & 0 & 1 \end{bmatrix}
$$

式中，c 为 cos 的简记；s 为 sin 的简记。

$$
{}^0\boldsymbol{T}_1=\begin{bmatrix} c_1 & -s_1 & 0 & 0 \\ s_1 & c_1 & 0 & 0 \\ 0 & 0 & 1 & L_1+L_2 \\ 0 & 0 & 0 & 1 \end{bmatrix},\ {}^1\boldsymbol{T}_2=\begin{bmatrix} c_2 & -s_2 & 0 & 0 \\ 0 & 0 & 1 & 0 \\ -s_2 & -c_2 & 0 & 0 \\ 0 & 0 & 0 & 1 \end{bmatrix},
$$

$$
{}^2\boldsymbol{T}_3=\begin{bmatrix} c_3 & -s_3 & 0 & 0 \\ 0 & 0 & -1 & -L_3-L_4 \\ s_3 & c_3 & 0 & 0 \\ 0 & 0 & 0 & 1 \end{bmatrix},\ {}^3\boldsymbol{T}_4=\begin{bmatrix} c_4 & -s_4 & 0 & 0 \\ 0 & 0 & 1 & 0 \\ -s_4 & -c_4 & 0 & 0 \\ 0 & 0 & 0 & 1 \end{bmatrix},
$$

$$
{}^4\boldsymbol{T}_5=\begin{bmatrix} c_5 & -s_5 & 0 & 0 \\ 0 & 0 & -1 & -L_5-L_6 \\ s_5 & c_5 & 0 & 0 \\ 0 & 0 & 0 & 1 \end{bmatrix},\ {}^5\boldsymbol{T}_6=\begin{bmatrix} c_6 & -s_6 & 0 & 0 \\ 0 & 0 & 1 & 0 \\ -s_6 & -c_6 & 0 & 0 \\ 0 & 0 & 0 & 1 \end{bmatrix}
$$

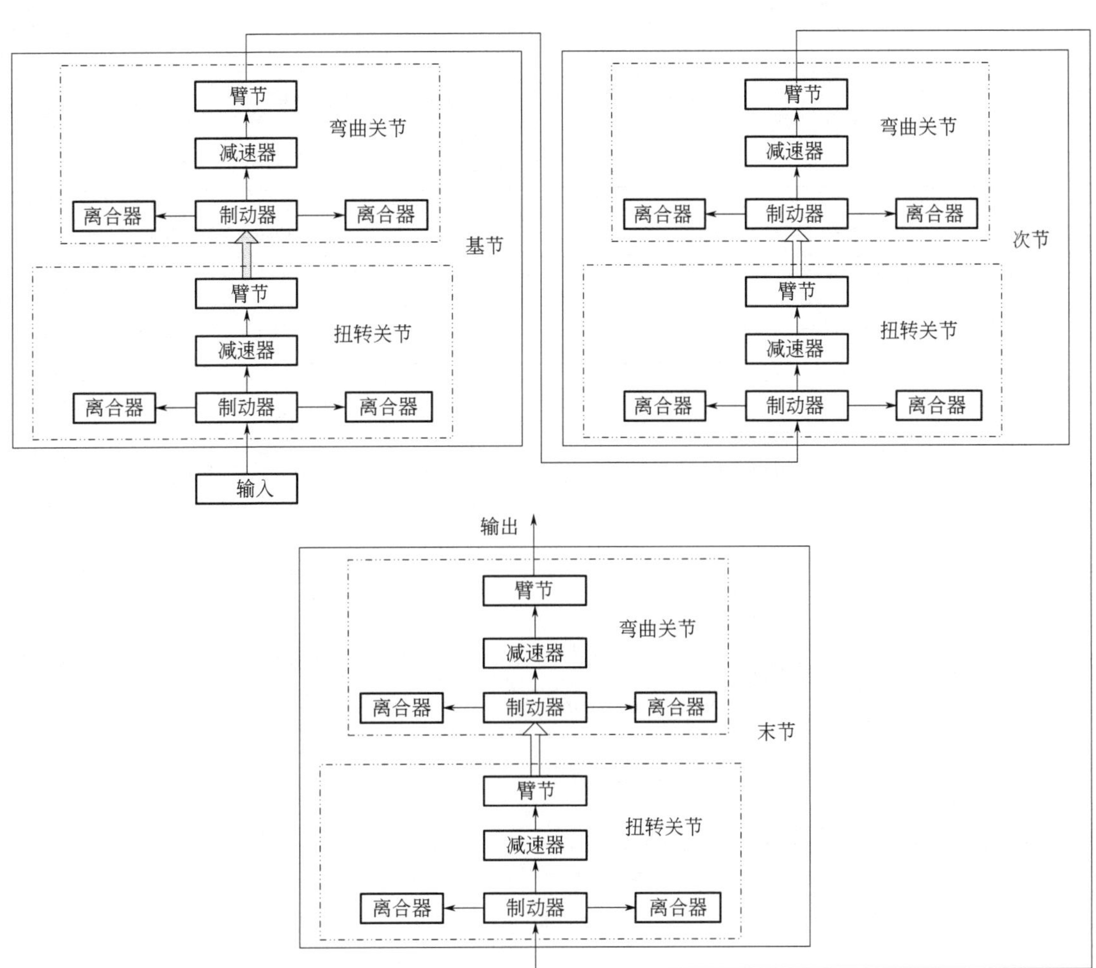

图 5-29 驱动机械臂结构原理

已知 ${}^0\boldsymbol{T}_t={}^0\boldsymbol{T}_1{}^1\boldsymbol{T}_2{}^2\boldsymbol{T}_3{}^3\boldsymbol{T}_4{}^4\boldsymbol{T}_5{}^5\boldsymbol{T}_6{}^6\boldsymbol{T}_t$

得到工具坐标系（这里指末端）对基坐标系的变换矩阵，见式(5-95)。

$$
{}^0_t\boldsymbol{T}=\begin{bmatrix} n_x & o_x & a_x & p_x \\ n_y & o_y & a_y & p_y \\ n_z & o_z & a_z & p_z \\ 0 & 0 & 0 & 1 \end{bmatrix} \tag{5-95}
$$

式(5-95) 描述了刚性机械臂的工具坐标系相对于基坐标系的位姿。

当取一定的关节运动规律后，可以得到不同角度 $\theta_1\sim\theta_6$。例如，不同角度每组运行 16s，得到刚性机械臂末端 X、Y、Z 方向的位移随扭转关节转角变化情况，分别如图 5-30～图 5-32 所示。

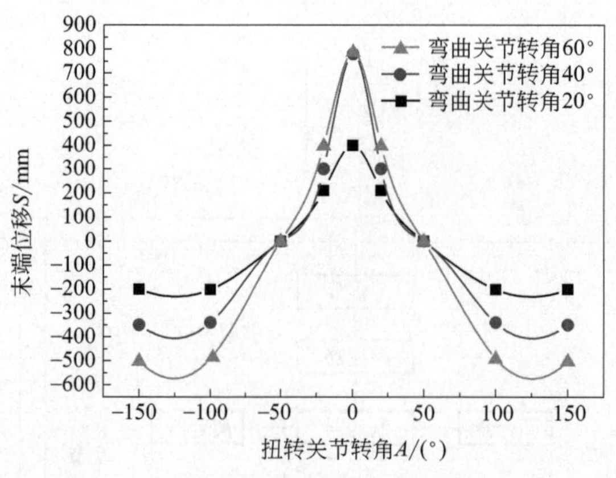

图 5-30　末端运动轨迹 X 向（刚性机械臂）

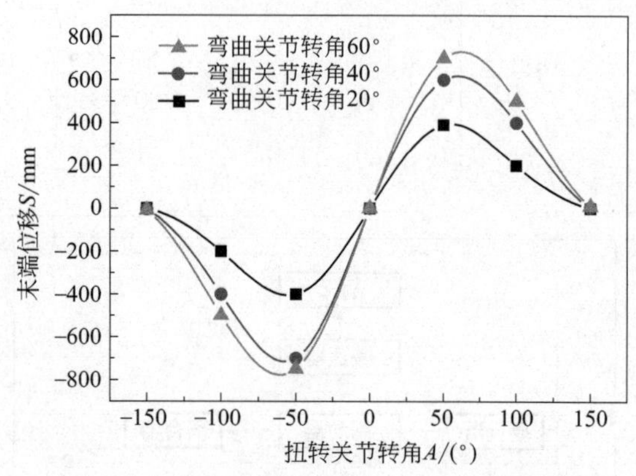

图 5-31　末端运动轨迹 Y 向（刚性机械臂）

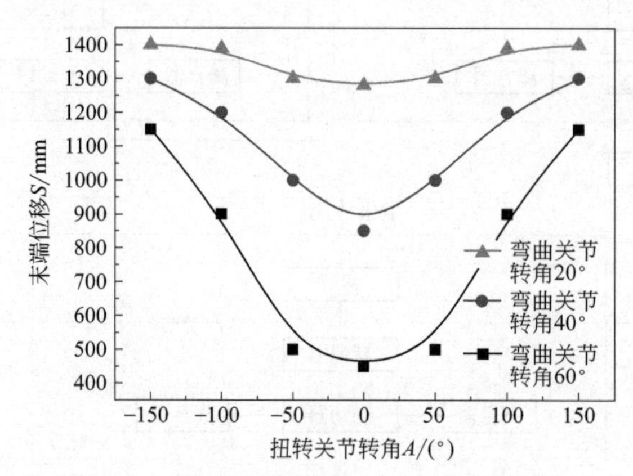

图 5-32　末端运动轨迹 Z 向（刚性机械臂）

由机器人运动学可知：$\boldsymbol{D}=\boldsymbol{J}(\boldsymbol{q})\mathrm{d}\boldsymbol{q}$

其中，$\boldsymbol{D}$ 是指末端微分运动矢量，$\mathrm{d}\boldsymbol{q}$ 是关节微分运动矢量。

当所有关节均为转动关节时，基于工具坐标系的雅可比矩阵为：

$$
{}^{T}\boldsymbol{J}_{i}=\begin{bmatrix}(\boldsymbol{p}\times\boldsymbol{n})_{z}\\(\boldsymbol{p}\times\boldsymbol{o})_{z}\\(\boldsymbol{p}\times\boldsymbol{a})_{z}\\n_{z}\\o_{z}\\\boldsymbol{a}_{z}\end{bmatrix}=\begin{bmatrix}-n_{x}p_{y}+n_{y}p_{x}\\-o_{x}p_{y}+o_{y}p_{x}\\-a_{x}p_{y}+a_{y}p_{x}\\n_{z}\\o_{z}\\\boldsymbol{a}_{z}\end{bmatrix}
$$

基于基坐标系的雅可比矩阵为：$\boldsymbol{J}=\begin{bmatrix}{}_{0}^{R}\boldsymbol{R} & \boldsymbol{0}\\\boldsymbol{0} & {}_{0}^{R}\boldsymbol{R}\end{bmatrix}^{\mathrm{T}}\boldsymbol{J}$

由此，当 $\boldsymbol{J}$ 的具体数值确定后，可以根据机器人正向运动学求得刚性机械臂末端的运动轨迹。

（4）柔性机械臂对运动误差的影响

实际工作中，由于重力、材料和结构等关系，机械臂关节通常表现出一定的弹性，负载变化时机械臂关节也会有弹性以至柔性等多种表现形式，如臂关节尺寸误差、关节间隙及末端位置的变化等，柔性机械臂、柔性关节及变刚度柔性关节等对运动误差的影响较大。

1）机械臂连杆模型　机器人各杆件的自重以及外加负载都将引起各关节和连杆发生柔性变形，直接影响机器人的定位精度和控制柔顺性。机器人自重及外加负载造成的关节变形要明显强于杆件变形[20]，关节轴线的柔顺性主要取决于驱动电机转轴的扭曲、齿轮传动机构的柔顺性等。

为保证机器人的控制精度，需要通过对机器人柔性误差分析，建立相应的柔性误差补偿模型[21-23]。

以柔性机械臂为例建立柔性机械臂的连杆模型，如图 5-33 所示。

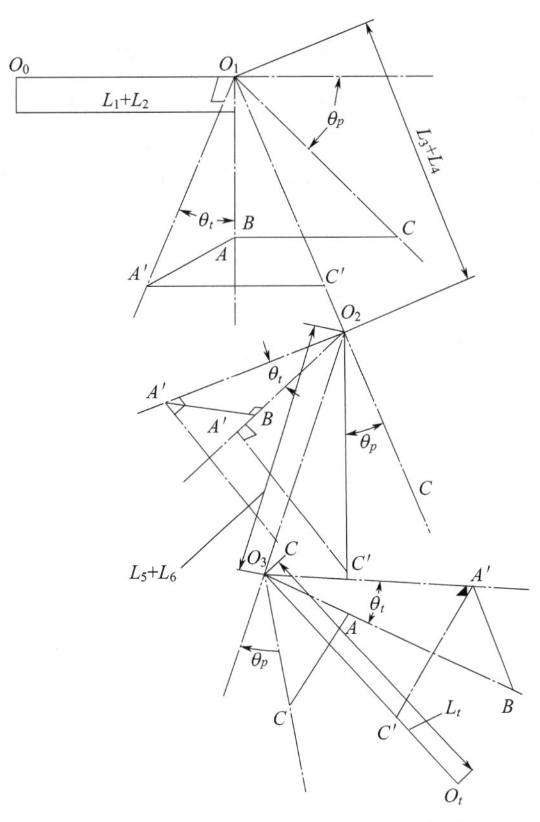

图 5-33　具有柔性关节的机械臂的连杆模型

从图 5-33 可知，其基座在 O_0 处，O_1、O_2、O_3 是机械臂连杆坐标系的坐标原点，O_t 为待研究的机械臂末端点。

假定机械臂为刚性臂、柔性关节，不考虑集中力对杆件变形的影响。则连杆 O_1O_2、O_2O_3、O_3O_t 对关节点 O_1 的转矩和弯矩分别由基节扭转和基节弯曲关节承担；连杆 O_2O_3、O_3O_t 对关节点 O_2 的转矩和弯矩分别由次节扭转和次节弯曲关节承担；连杆 O_3O_t 对关节点 O_3 的转矩和弯矩分别由末节扭转和末节弯曲关节承担。

实际上，工业机器人的机械臂大多带有柔性。

① 当考虑连杆柔性时，连杆坐标系的微分运动包括微分平移和微分旋转，分别表示为

Trans（d_x，d_y，d_z）和 Rot（$\boldsymbol{k}$，$\delta\theta$），其中 d_x、d_y、d_z 分别表示沿三个坐标轴的微分平移量，微分转动 $\delta\theta$ 绕矢量 $\boldsymbol{k}$ 进行。

② 假定 $\boldsymbol{T}(t+\Delta t)$ 是 $\boldsymbol{T}(t)$ 微分运动后的结果，由机器人运动学可知，对于坐标系 $\boldsymbol{T}(t+\Delta t)$ 有

$$\boldsymbol{T}(t+\Delta t)=\mathrm{Trans}({}^{T}d_x,{}^{T}d_y,{}^{T}d_z)\mathrm{Rot}({}^{T}\boldsymbol{k},{}^{T}\delta\theta)$$

2）受力分析　工业机器人的主要运动构件是连接机器人基座和末端法兰之间的杆件（杆件包括大臂和小臂），它们的自重及加载在末端法兰上的负载都会对关节轴线产生力矩作用，导致关节的柔性变形。虽然外加负载的重量通常可以通过测量获得，但其重心位置将随关节转动而变化。机器人杆件的自重通常难以确定，但其相对于关节轴线的位置为定值，并且，相比于外加负载引起的柔性误差，机器人自重引起的柔性误差一直存在并与几何误差相互耦合。因此，需要对机器人自重与外加负载导致的关节误差进行分析，分析时主要考虑以下两点。

① 考虑重力对杆件变形的影响时，连杆的自重主要集中在大臂和小臂处。定义重力方向矢量为 $\boldsymbol{P}(1,0,0)$，假定每个连杆均为均质连杆，重心在连杆长度的中心。

② 外加负载处产生的力矩最大，关节柔性误差最明显。各个关节点的弯矩和转矩均由重力引起，为简便起见，假设每个关节减速器仅承受纯转矩，则关节点的转矩和弯矩分别由扭转、弯曲关节承受。

重力矢量 $\boldsymbol{P}$ 在对应的连杆坐标系中的表示为矢量 $\boldsymbol{P}_t$，则有 $\boldsymbol{P}_t=\boldsymbol{TP}'$。这里，连杆轴向力的分量 P_{tz} 设为 0，此处忽略轴向力对杆件伸长长度的影响；P_{tx} 为计算关节力矩的重力分量。由 D-H 坐标系可知，计算关节力矩为齐次变换矩阵 $\boldsymbol{T}$ 的 Y 向位移分量。

① 对于基节扭转关节有

$$\boldsymbol{P}_{t10}=\boldsymbol{R}_{10}'\boldsymbol{P}'$$

所有连杆对基节转矩作用为

$$T=T_{m21y}P_{t10x}G_2+T_{m41y}P_{t10x}G_3+T_{m61y}P_{t10x}G_4$$

其中，T_{m21y} 为重心 m_2 在坐标系 $O_1X_1Y_1Z_1$ 中的 Y 向坐标；T_{m41y} 为重心 m_3 在坐标系 $O_1X_1Y_1Z_1$ 中的 Y 向坐标；T_{m61y} 为重心 m_4 在坐标系 $O_1X_1Y_1Z_1$ 中的 Y 向坐标；P_{t10x} 为重力矢量 $\boldsymbol{P}$ 在坐标系 $O_1X_1Y_1Z_1$ 中 X 向投影。

同理可得，所有连杆对基节的弯矩为

$$M=-T_{m22y}P_{t20x}G_2-T_{m42y}P_{t20x}G_3-T_{m62y}P_{t20x}G_4$$

② 次节扭转关节的转矩为

$$T=T_{m43y}P_{t30x}G_3+T_{m63y}P_{t30x}G_4$$

次节弯曲关节的弯矩为

$$M=-T_{m44y}P_{t40x}G_3-T_{m64y}P_{t40x}G_4$$

③ 末节扭转关节的转矩为

$$T=T_{m65y}P_{t50x}G_4$$

末节弯曲关节的弯矩为

$$M=-T_{m66y}P_{t60x}G_4$$

3）变形分析　设机械臂的关节变形角 $\gamma=T/K$ ，K 表示刚度，则

$$
{}^{0}\boldsymbol{T}_1=\begin{bmatrix} c_1 & -s_1 & 0 & 0 \\ s_1 & c_1 & 0 & 0 \\ 0 & 0 & 1 & L_1+L_2 \\ 0 & 0 & 0 & 1 \end{bmatrix}
$$

简记：$s_i=\sin\theta_i$，$c_i=\cos\theta_i$，$i=1$，2，3，4，5。式中 $s_1=\sin\theta_1$，$c_1=\cos\theta_1$。

由经过关节弹性变形后的齐次变换矩阵，即式(5-96)。

$$
{}^{0}\boldsymbol{T}_1={}^{0}\boldsymbol{T}_1\boldsymbol{R}(\boldsymbol{Z},\gamma_1) \tag{5-96}
$$

其中，$\boldsymbol{R}(\boldsymbol{Z},\ \gamma_1)=\begin{bmatrix} c\gamma_1 & -s\gamma_1 & 0 & 0 \\ s\gamma_1 & c\gamma_1 & 0 & 0 \\ 0 & 0 & 1 & 0 \\ 0 & 0 & 0 & 1 \end{bmatrix}$

将上式代入式(5-96) 中，可得

$$
{}^{0}\boldsymbol{T}_1^n=\begin{bmatrix} c_1 & -s_1 & 0 & 0 \\ s_1 & c_1 & 0 & 0 \\ 0 & 0 & 1 & L_1+L_2 \\ 0 & 0 & 0 & 1 \end{bmatrix}\begin{bmatrix} c\gamma_1 & -s\gamma_1 & 0 & 0 \\ s\gamma_1 & c\gamma_1 & 0 & 0 \\ 0 & 0 & 1 & 0 \\ 0 & 0 & 0 & 1 \end{bmatrix}=\begin{bmatrix} c_1c\gamma_1-s_1s\gamma_1 & -c_1s\gamma_1-s_1c\gamma_1 & 0 & 0 \\ s_1c\gamma_1+c_1s\gamma_1 & c_1c\gamma_1-s_1s\gamma_1 & 0 & 0 \\ 0 & 0 & 1 & L_1+L_2 \\ 0 & 0 & 0 & 1 \end{bmatrix}
$$

同上，可得

$$
{}^{1}\boldsymbol{T}_2^n=\begin{bmatrix} c_2 & -s_2 & 0 & 0 \\ 0 & 0 & 1 & 0 \\ -s_2 & -c_2 & 0 & 0 \\ 0 & 0 & 0 & 1 \end{bmatrix}\begin{bmatrix} c\gamma_2 & -s\gamma_2 & 0 & 0 \\ s\gamma_2 & c\gamma_2 & 0 & 0 \\ 0 & 0 & 1 & 0 \\ 0 & 0 & 0 & 1 \end{bmatrix}=\begin{bmatrix} c_2c\gamma_2-s_2s\gamma_2 & -c_2s\gamma_2-s_2c\gamma_2 & 0 & 0 \\ 0 & 0 & 1 & 0 \\ -c_2s\gamma_2-s_2c\gamma_2 & s_2s\gamma_2-c_2c\gamma_2 & 0 & 0 \\ 0 & 0 & 0 & 1 \end{bmatrix}
$$

$$
{}^{2}\boldsymbol{T}_3^n=\begin{bmatrix} c_3 & -s_3 & 0 & 0 \\ 0 & 0 & -1 & -(L_3+L_4) \\ s_3 & c_3 & 0 & 0 \\ 0 & 0 & 0 & 1 \end{bmatrix}\begin{bmatrix} c\gamma_3 & -s\gamma_3 & 0 & 0 \\ s\gamma_3 & c\gamma_3 & 0 & 0 \\ 0 & 0 & 1 & 0 \\ 0 & 0 & 0 & 1 \end{bmatrix}=\begin{bmatrix} c_3c\gamma_3-s_3s\gamma_3 & -s_3c\gamma_3-c_3s\gamma_3 & 0 & 0 \\ 0 & 0 & -1 & -L_3-L_4 \\ s_3c\gamma_3+c_3s\gamma_3 & c_3c\gamma_3-s_3s\gamma_3 & 0 & 0 \\ 0 & 0 & 0 & 1 \end{bmatrix}
$$

$$
{}^{3}\boldsymbol{T}_4^n=\begin{bmatrix} c_4 & -s_4 & 0 & 0 \\ 0 & 0 & 1 & 0 \\ -s_4 & -c_4 & 0 & 0 \\ 0 & 0 & 0 & 1 \end{bmatrix}\begin{bmatrix} c\gamma_4 & -s\gamma_4 & 0 & 0 \\ s\gamma_4 & c\gamma_4 & 0 & 0 \\ 0 & 0 & 1 & 0 \\ 0 & 0 & 0 & 1 \end{bmatrix}=\begin{bmatrix} c_4c\gamma_4-s_4s\gamma_4 & -s_4c\gamma_4-c_4s\gamma_4 & 0 & 0 \\ 0 & 0 & 1 & 0 \\ -s_4c\gamma_4-c_4s\gamma_4 & s_4s\gamma_4-c_4c\gamma_4 & 0 & 0 \\ 0 & 0 & 0 & 1 \end{bmatrix}
$$

$$
{}^{4}\boldsymbol{T}_5^n=\begin{bmatrix} c_5 & -s_5 & 0 & 0 \\ 0 & 0 & -1 & -(L_5+L_6) \\ s_5 & c_5 & 0 & 0 \\ 0 & 0 & 0 & 1 \end{bmatrix}\begin{bmatrix} c\gamma_5 & -s\gamma_5 & 0 & 0 \\ s\gamma_5 & c\gamma_5 & 0 & 0 \\ 0 & 0 & 1 & 0 \\ 0 & 0 & 0 & 1 \end{bmatrix}=\begin{bmatrix} c_5c\gamma_5-s_5s\gamma_5 & -c_5s\gamma_5-s_5c\gamma_5 & 0 & 0 \\ 0 & 0 & -1 & -(L_5+L_6) \\ c_5s\gamma_5+s_5c\gamma_5 & c_5c\gamma_5-s_5s\gamma_5 & 0 & 0 \\ 0 & 0 & 0 & 1 \end{bmatrix}
$$

$$
{}^{5}\boldsymbol{T}_6^n=\begin{bmatrix} c_6 & -s_6 & 0 & 0 \\ 0 & 0 & 1 & 0 \\ -s_6 & -c_6 & 0 & 0 \\ 0 & 0 & 0 & 1 \end{bmatrix}\begin{bmatrix} c\gamma_6 & -s\gamma_6 & 0 & 0 \\ s\gamma_6 & c\gamma_6 & 0 & 0 \\ 0 & 0 & 1 & 0 \\ 0 & 0 & 0 & 1 \end{bmatrix}=\begin{bmatrix} c_6c\gamma_6-s_6s\gamma_6 & -s_6c\gamma_6-c_6s\gamma_6 & 0 & 0 \\ 0 & 0 & 1 & 0 \\ -s_6c\gamma_6-c_6s\gamma_6 & s_6s\gamma_6-c_6c\gamma_6 & 0 & 0 \\ 0 & 0 & 0 & 1 \end{bmatrix}
$$

$$
{}^{6}\boldsymbol{T}_t^n=\begin{bmatrix} c_t & -s_t & 0 & 0 \\ 0 & 0 & -1 & -L_t \\ s_t & c_t & 0 & 0 \\ 0 & 0 & 0 & 1 \end{bmatrix}\begin{bmatrix} c\gamma_t & -s\gamma_t & 0 & 0 \\ s\gamma_t & c\gamma_t & 0 & 0 \\ 0 & 0 & 1 & 0 \\ 0 & 0 & 0 & 1 \end{bmatrix}=\begin{bmatrix} c_tc\gamma_t-s_ts\gamma_t & -c_ts\gamma_t-s_tc\gamma_t & 0 & 0 \\ 0 & 0 & -1 & -L_t \\ c_ts\gamma_t+s_tc\gamma_t & c_tc\gamma_t-s_ts\gamma_t & 0 & 0 \\ 0 & 0 & 0 & 1 \end{bmatrix}
$$

由此，机械臂末端位姿齐次变换矩阵为 ${}^{0}\boldsymbol{T}_{t}={}^{0}\boldsymbol{T}_{1}^{n}{}^{1}\boldsymbol{T}_{2}^{n}{}^{2}\boldsymbol{T}_{3}^{n}{}^{3}\boldsymbol{T}_{4}^{n}{}^{4}\boldsymbol{T}_{5}^{n}{}^{5}\boldsymbol{T}_{6}^{n}{}^{6}\boldsymbol{T}_{t}^{n}$。

由此，柔性误差与关节构形有关，即不同的关节构形具有不同的柔性误差。

当取一定关节运动规律时，可以得到机械臂末端三个方向的位移随扭转关节转角变化情况。

若在整个运动范围上，柔性机械臂与刚性机械臂末端运动轨迹在 X、Y、Z 三个方向的吻合程度均很高，说明柔性机械臂运动学模型对机械臂的轨迹的相对误差影响很小，在控制精度要求不高的场合可忽略关节柔性的影响。

(5) 偏心质量对机械臂运动误差的影响

机械臂的运动中，当弯曲关节偏离机械臂关节的中心轴线时，若弯曲关节相对于机械臂关节的体积质量较大，这成为机械臂建模不可忽略的一个偏心质量。在机械臂的操作过程中，偏心质量随着关节运动改变位姿，其对机械臂柔性关节的变形影响也随位姿的变化而改变。

1）偏心质量在连杆坐标系中的位姿　偏心质量在连杆坐标系中的位姿用于确定关节力矩的力臂长度。

以三连杆机械臂为例进行分析，建立关节处具有偏心质量的机械臂连杆模型，如图 5-34 所示。

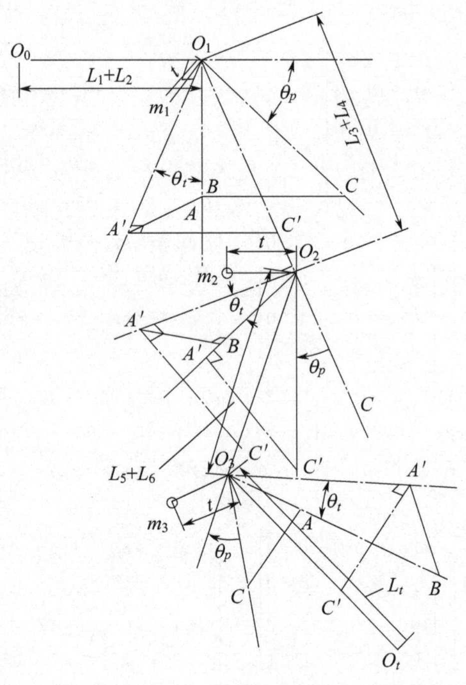

图 5-34　具有偏心质量的机械臂连杆模型

图 5-34 中 O_0 点为基座原点。令杆件上 O_1、O_2、O_3 处均有一附加质量 m 且均距杆轴线为 t，末端执行器质量为 m_t。

① 对于基节扭转关节而言，当基节扭转关节旋转时，向量 $\boldsymbol{O}_{1m}$ 随之运动，基节扭转关节的附加质量 m_1 对 O_0O_1 的力臂随之变化，附加质量 m_1 在坐标系 $O_1X_1Y_1Z_1$ 中的位姿为：

$$
{}^{1}\boldsymbol{T}_{m_1}=\begin{bmatrix}1 & 0 & 0 & 0\\0 & 0 & -1 & -t_1\\0 & 1 & 0 & 0\\0 & 0 & 0 & 1\end{bmatrix}
$$

次节扭转关节的附加质量 m_2 在坐标系 $O_1X_1Y_1Z_1$ 中的位姿为：

$$
{}^{1}\boldsymbol{T}_{m_2}={}^{1}\boldsymbol{T}_2{}^{2}\boldsymbol{T}_3{}^{3}\boldsymbol{T}_{m_2}
$$

$$
{}^{3}\boldsymbol{T}_{m_2}=\begin{bmatrix}1 & 0 & 0 & 0\\0 & 0 & -1 & -t_2\\0 & 1 & 0 & 0\\0 & 0 & 0 & 1\end{bmatrix}
$$

末节扭转关节的附加质量 m_3 在坐标系 $O_1X_1Y_1Z_1$ 中的位姿为：

$$
{}^{1}\boldsymbol{T}_{m_3}={}^{1}\boldsymbol{T}_2{}^{2}\boldsymbol{T}_3{}^{3}\boldsymbol{T}_4{}^{4}\boldsymbol{T}_5{}^{5}\boldsymbol{T}_{m_3}
$$

$$
{}^{5}\boldsymbol{T}_{m_3}=\begin{bmatrix}1 & 0 & 0 & 0\\0 & 0 & -1 & -t_3\\0 & 1 & 0 & 0\\0 & 0 & 0 & 1\end{bmatrix}
$$

② 对于基节弯曲关节而言，仅次节扭转和末节扭转关节上的偏心质量会影响基节弯曲关节弯矩变化。次节扭转关节的附加质量 m_2 在坐标系 $O_2X_2Y_2Z_2$ 中的位姿为：

$$
{}^{2}\boldsymbol{T}_{m_2}={}^{2}\boldsymbol{T}_3{}^{3}\boldsymbol{T}_{m_2}
$$

末节扭转关节的附加质量 m_3 在坐标系 $O_2X_2Y_2Z_2$ 中的位姿为：

$$
{}^{2}\boldsymbol{T}_{m_3}={}^{2}\boldsymbol{T}_3{}^{3}\boldsymbol{T}_4{}^{4}\boldsymbol{T}_5{}^{5}\boldsymbol{T}_{m_3}
$$

由此可知，次节扭转、次节弯曲、末节扭转、末节弯曲的偏心质量对其在连杆坐标系中的位姿具有影响作用。

2）受力分析　定义重力方向矢量为 $\boldsymbol{P}=(1,0,0)$，杆件假设与杆件受力如前所述。偏心质量对各个关节点的弯矩和转矩均由关节点的扭转关节和弯曲关节承受。偏心质量受力方向与均质连杆的受力方向相同，同样需要将其投影到连杆坐标系中，偏心质量对关节力矩的力臂也为齐次变换矩阵 $\boldsymbol{T}$ 的 Y 向位移分量。

① 所有偏心质量对基节转矩作用为：

$$
T=T_{\text{mass21}y}P_{t10x}m_1g+T_{\text{mass41}y}P_{t10x}m_2g+T_{\text{mass61}y}P_{t10x}m_3g
$$

其中 $T_{\text{mass21}y}$ 为偏心质量 m_1 在坐标系 $O_1X_1Y_1Z_1$ 中的 Y 向坐标；$T_{\text{mass41}y}$ 为偏心质量 m_2 在坐标系 $O_1X_1Y_1Z_1$ 中的 Y 向坐标；$T_{\text{mass61}y}$ 为偏心质量 m_3 在坐标系 $O_1X_1Y_1Z_1$ 中的 Y 向坐标；P_{t10x} 为重力矢量 P 在坐标系 $O_1X_1Y_1Z_1$ 中 X 向投影。

偏心质量在连杆坐标系中的 Y 向位置就是待计算关节力矩的力臂长度。

同理可得，所有偏心质量对基节弯矩作用为：

$$
M=-T_{\text{mass42}y}P_{t120x}m_2g-T_{\text{mass62}y}P_{t20x}m_3g
$$

② 所有偏心质量对次节扭转关节的转矩为：

$$
T=T_{\text{mass43}y}P_{t30x}m_2g+T_{\text{mass63}y}P_{t30x}m_3g
$$

所有偏心质量对次节弯曲关节的弯矩为：

$$
M=-T_{\text{mass64}y}P_{t40x}m_3g
$$

③ 所有偏心质量对末节扭转关节的转矩为：

$$M=-T_{\text{mass65}y}P_{t50x}m_3g$$

所有偏心质量对末节弯曲关节的弯矩为：

$$M=0$$

3）偏心质量对末端轨迹影响　偏心质量对关节的弯扭矩作用与连杆质量对关节的弯扭矩的累加，使得关节产生额外旋转。相对于变刚度机械臂的运动轨迹误差，具有偏心质量的变刚度机械臂的运动轨迹误差与扭转关节转角变化趋势一致，误差沿扭转关节转角分布相似，数值上较无偏心质量柔性臂稍大。

偏心质量的机械臂末端轨迹误差分别如图 5-35～图 5-37 所示。

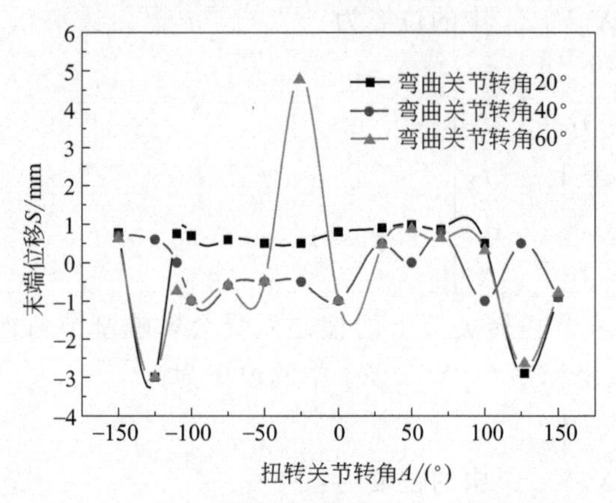

图 5-35　偏心质量的机械臂末端 X 轨迹误差

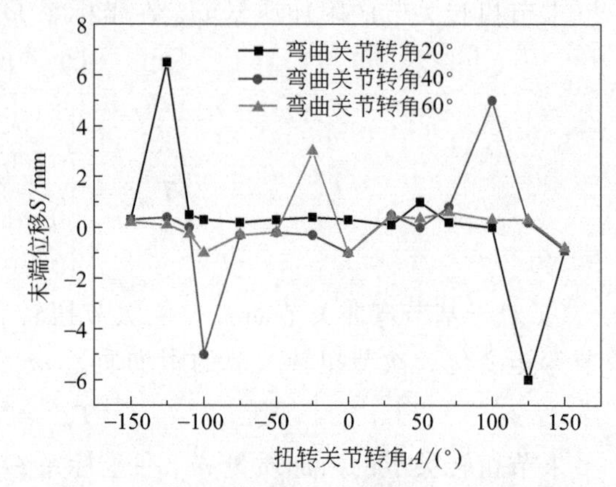

图 5-36　偏心质量的机械臂末端 Y 轨迹误差

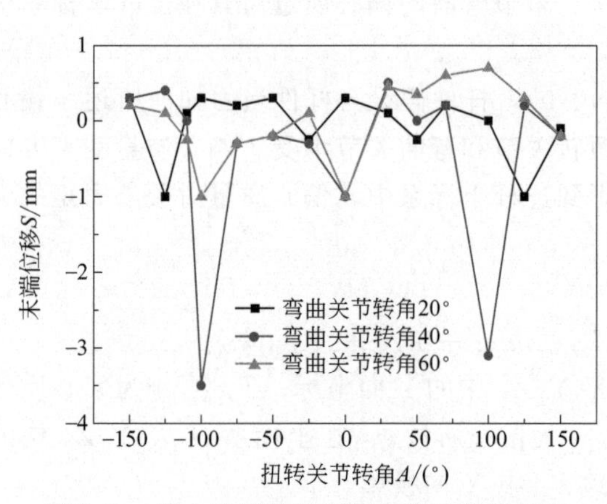

图 5-37　偏心质量的机械臂末端 Z 轨迹误差

① 由图 5-35 可知，随着弯曲关节转角增大，偏心质量对变刚度机械臂在 X 向轨迹误差影响增大。图 5-35 中显示，当弯曲关节转角增大到 60°时，相对于无偏心质量的机械臂末端轨迹，X 向轨迹误差最大增大了约 25%，因此偏心质量对轨迹误差的影响不可忽略。

② 由图 5-36 可知，随着扭转关节转角的增大，偏心质量对机械臂末端轨迹在 Y 向的误差成对称分布。图 5-36 中显示在扭转角为 0°和±150°范围的误差变化；偏心质量对机械臂末端轨迹在 Y 向的误差与弯曲关节转角关系不大，仅随扭转关节转角的变化而变化。

③ 由图 5-37 可知，偏心质量对机械臂末端轨迹在 Z 向的误差成对称分布。图 5-37 中显示，在扭转角为 0°时，随着弯曲关节转角的不同其轨迹误差最大，最大约 1mm 的误差。

综上所述，在关节扭转角接近 0°和 150°时，偏心质量对轨迹误差影响最大，说明偏心质量对轨迹相对误差主要是由偏心质量在关节扭转方向的分量所决定。

5.2.3 杆件力学性能

（1）关节力分析

以串联机械臂简化结构为例进行探讨。机械臂关节的主要作用是支撑机器人大臂和小臂，并通过传递运动以增大机械臂活动范围，提高机械臂灵活程度[24,25]。关节力分析主要用于对关节处的驱动电机、减速器及蜗轮蜗杆副等进行设计或选型。例如，大臂关节受力模型可以用图 5-38 进行描述。

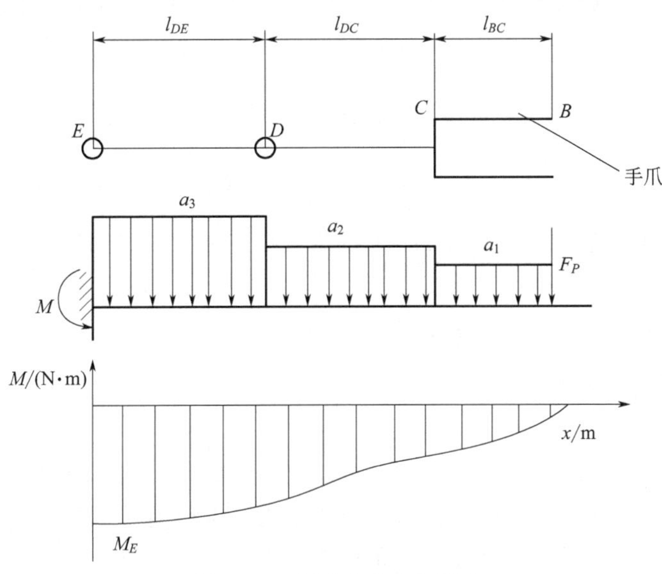

图 5-38　大臂关节受力模型

图 5-38 中，机械大臂负重主要包括位置 B 的负载、BC 段重量、CD 段重量及 DE 段重量等。设其中位置 B 产生集中力（如 F_p），将手爪看作 BC 段均布载荷 a_1，将回转运动看作 CD 段均布载荷 a_2，将大臂中的辅件看作 DE 段均布载荷 a_3。则分别有式(5-97)～式(5-100)。

$$a_1=\frac{mg}{l_{BC}} \tag{5-97}$$

$$a_2=\frac{mg}{l_{CD}} \tag{5-98}$$

$$a_3=\frac{mg}{l_{DE}} \tag{5-99}$$

$$M_E=F_P l_{BE}+0.5a_1 l_{BC}^2+0.5a_2 l_{CD}^2+0.5a_3 l_{DE}^2 \tag{5-100}$$

对串联机械臂关节进行受力分析后，可以通过式(5-100) 求出弯矩 M_E。

若机械臂的转动速度为 ω，中间存在蜗杆副，则其传动效率相对较低，此时传动效率可按式(5-101) 计算。

$$\mu=\alpha_1\alpha_2\alpha_3\sqrt{M_E} \tag{5-101}$$

式中，α_1、α_2、α_3 分别为 BC 段、CD 段及 DE 段对效率的影响系数。

若设定安全系数 ε，可以求出电机所需功率，其计算公式为式(5-102)。

$$P_s=M_E\omega\frac{\varepsilon}{\mu} \tag{5-102}$$

由此，依据关节弯矩式(5-100)、传动效率式(5-101) 和电机所需功率式(5-102)，即可实现关节各部件设计或选型，最终实现关节的设计。

(2) 杆件驱动能耗

在此仅以机械臂驱动能耗为例进行探讨。

设串联工业机器人机械臂的运动角度范围为 $[\theta_I, \theta_O]$，机器人大臂两端点与水平方向的运动夹角为 $[\theta_{L1}, \theta_{L2}]$，设机器人大臂和小臂的对角线上分别配置电动缸，并设机器人机构尺寸为已知。

则机器人大、小臂电动缸所受负载 F_1、F_2 与外部载荷的关系可分别用式(5-103) 和式(5-104) 来表示。

$$F_1 = \frac{\cos\theta_I}{\sin(\theta_O - \theta_I)} P_S \tag{5-103}$$

$$F_2 = \frac{\cos\theta_{L1}}{\sin(\theta_{L1} + \theta_{L2})} P_S \tag{5-104}$$

若忽略串联机器人功率损耗等原因，则机器人在连续工作时间段 ($0 \sim T_0$) 间机械臂的驱动能耗可按式(5-105) 计算。

$$E = \int_0^{T_0} (P_S + P_B) \mathrm{d}t \tag{5-105}$$

式中　P_S——电机所需功率；

　　　P_B——机械臂所需功率。

机器人外部负载对驱动功率影响不同。对于机器人大臂 (若不计其他关节) 在仅有外部重力负载作用时其驱动功率可以降低许多；对于小臂，在仅有外部弯矩作用时，无需消耗电机的驱动功率。因此，可以从设计原理上采取措施以降低机械臂的驱动功率及能耗。

(3) 主要零件校核和分析

在此仅以串联机械臂为例进行探讨。由前述知道，由于机械臂质量的存在，机械臂的刚度会受影响，所以需要合理设计机械臂主要零件的形状与大小。例如，小臂结构设计常采用矩形截面杆件，以保障更高的抗拉、抗扭以及抗弯曲性能等。

当对机械臂强度与刚度进行分析时，可以应用建模软件构建机械臂主要零件的分析模型，通过有限元分析软件对其强度和刚度进行校核等。例如，以机械臂的臂筒和基座作为机械臂的主要零件进行强度和刚度研究分析，以得到二者应力分布和变形图，以此获取零件薄弱部分，从而对其进行改善。其主要步骤：

① 明确机械臂总量 W_j，负载要求量 W_f，设定关节负载 W_g。

② 记录在机械臂完全伸展的状态下，所有关节受到的力与力矩的值，即此状态达到最大值。

③ 当负载方向和臂筒轴线互相垂直时，分别得到臂筒和基座的零件位置-应力、零件位置-变形量分析结果和示意图。

④ 分析步骤③所得到的结果和示意图，明确机械臂的最大变形量、最大应力，基座的最大变形量、最大应力。

⑤ 分析步骤④所得到的数据，找到臂筒与基座薄弱位置所受最大应力、最大变形量，以设计符合工作强度与刚度条件的机械臂零件。

(4) 支承件的应力和应变

当细长、柔性轴用于大型机器人、重载荷时，其产生的应力和应变是不可忽视的。

下面以机械臂支承件的应力和应变为例进行分析。

1）支承轴建模

带有多个机械手臂的机器人简图如图 5-39 所示。该机器人用于板材冲压和装配生产工艺自动化生产过程中，操作机可以有 n 个机械手臂，有提升运动、横向移动、手臂水平面中的转动、轴向移动和带夹持器的手腕相对于总纵轴的转动等。

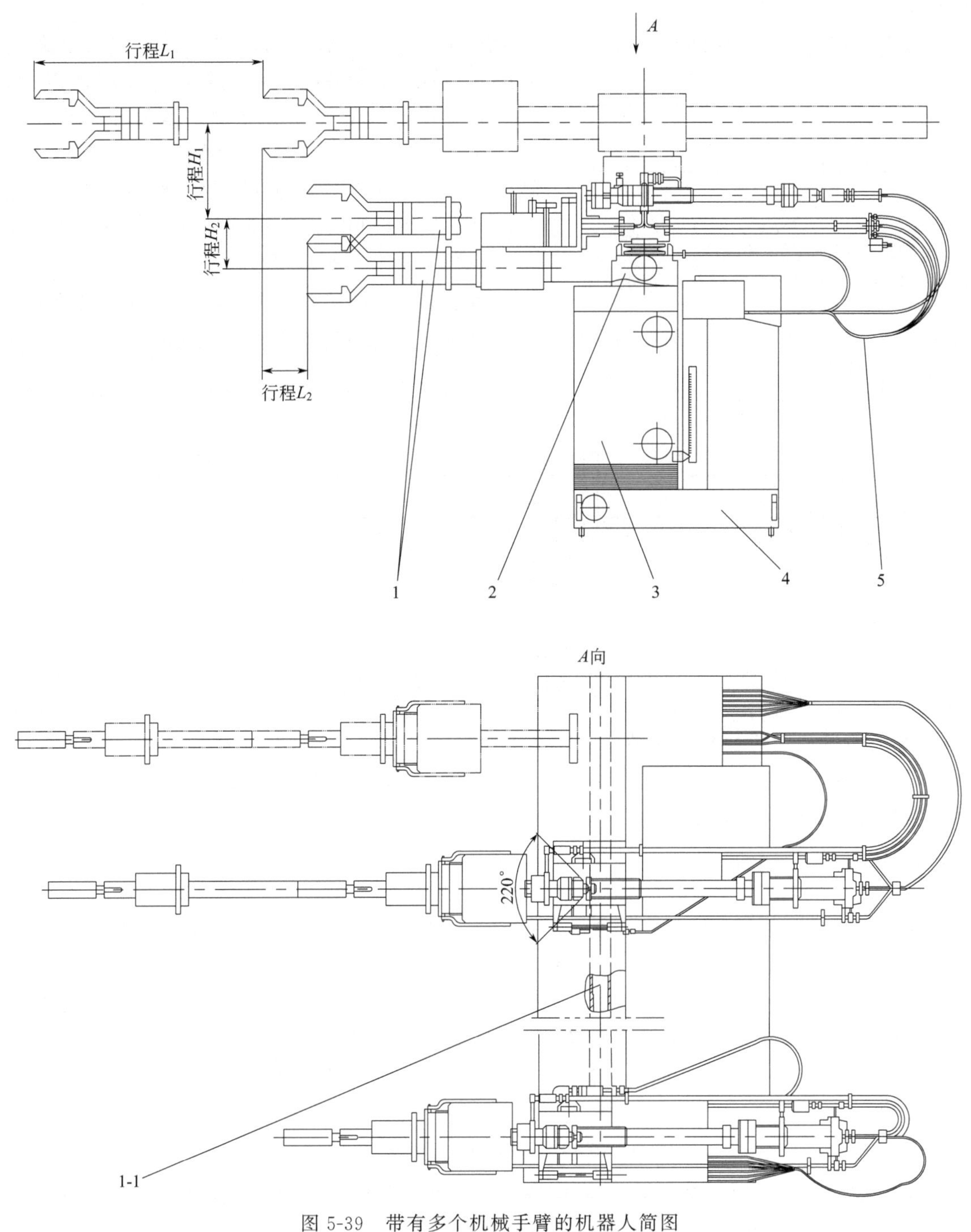

图 5-39　带有多个机械手臂的机器人简图

1—手臂；1-1—支撑轴；2—平移机构；3—转动和提升机构；4—基座；5—软导线管

针对图 5-39 中支承轴进行分析。支承轴具有细长、柔性等特点，支承轴的每个轴段多为空心薄壁铝管。设每个支承轴上支承 n 个机械手，则支承轴前面 $n-1$ 轴段的一端均有轴承支承，轴与轴之间、轴两端与减速器之间均通过膜片联轴器、花键接头、法兰盘等零部件连接。支承轴横向弯曲振动的固有频率往往低于纵向振动和扭转振动的固有频率，在其工作过程中更容易被激发。在转子动力学中，对于无外阻尼的转子，其临界转速指的就是其横向弯曲振动的固有频率。

对支承轴采用传递矩阵法建模，为方便建模需要做一定程度的简化[26,27]。基于传递矩阵法分别将支承轴离散为 n 个单元，每一个单元均包含对应零部件的主要特征量。因为除了机械手外，支承轴上没有质量较大的回转体，因此将支承轴传动部分作为连续结构处理，联轴器、法兰盘及花键接头的质量和转动惯量同样不能忽略。将三者作为一个等效体处理，如图 5-40 所示。

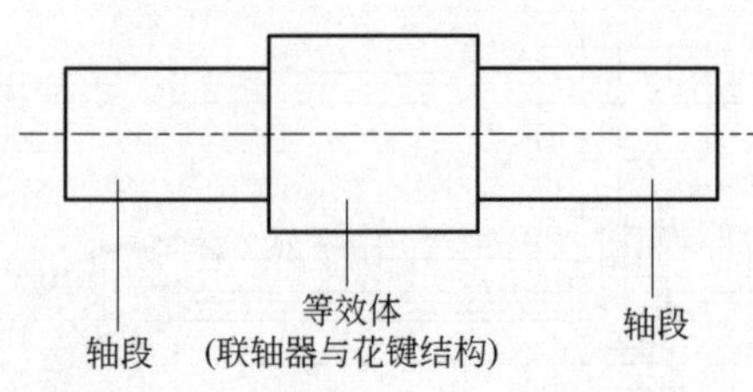

图 5-40　支承轴关节等效结构划分简图

由于支承轴连接有多个机械手，对于支承轴的弯曲振动，可将其视为具有简单力学特性的连续梁，简化后的支承轴传递矩阵法分析模型如图 5-41 所示。

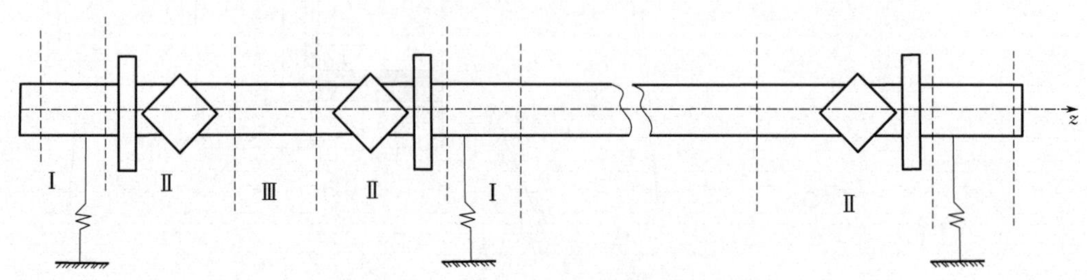

图 5-41　支承轴传递矩阵法分析模型

Ⅰ—径向支承单元；Ⅱ—联轴器与花键接头等效体单元；Ⅲ—连续轴段单元

2）支承轴应力应变及临界转速　支承轴在横向上弯曲时，可以将其划分为有限个单元，各个单元端面的应变和应力状态是由其挠度 Y、偏转角 θ、弯矩 M、剪力 Q 来描述的。设支承轴共被分为 $n-1$ 个单元，则共有 n 个单元端面，支承轴的第 i 个截面（或端面）上的应力应变状态可以用式(5-106) 的矢量来描述。

$$\boldsymbol{z}_i=[Y \quad \theta \quad M \quad Q]_i^{\mathrm{T}} \tag{5-106}$$

对于支承轴中的第 i 单元，其左、右的状态矢量通过一个矩阵相互联系，如式(5-107) 所示。

$$\boldsymbol{z}_{i+1}=\boldsymbol{T}_i\boldsymbol{z}_i \tag{5-107}$$

式中，$\boldsymbol{T}_i$ 为该单元对应的传递矩阵，反映了单元的力学特性。

将 $\boldsymbol{T}_i$ 逐一对应图 5-41 中的各部件，可以得到轴段的两端面状态矢量。

$\boldsymbol{z}_1$ 和 $\boldsymbol{z}_n$ 的关系可表示为式(5-108)。

$$\boldsymbol{z}_n=\boldsymbol{T}_{n-1}\cdots\boldsymbol{T}_2\boldsymbol{T}_1\boldsymbol{z}_1=\boldsymbol{T}_n\boldsymbol{z}_1 \tag{5-108}$$

在支承轴传递矩阵法分析模型中，因为在传递矩阵中已经考虑了边界等效支承刚度 k_r，故传递矩阵法的边界条件设为自由端，两端状态矢量中弯矩 M 和剪力 Q 均为 0，则式(5-108) 可写为式(5-109)。

$$\begin{bmatrix} Y_n \\ \theta_n \\ 0 \\ 0 \end{bmatrix} = \begin{pmatrix} a_{11} & a_{12} & a_{13} & a_{14} \\ a_{21} & a_{22} & a_{23} & a_{24} \\ a_{31} & a_{32} & a_{33} & a_{34} \\ a_{41} & a_{42} & a_{43} & a_{44} \end{pmatrix} \begin{bmatrix} Y_1 \\ \theta_1 \\ 0 \\ 0 \end{bmatrix} \tag{5-109}$$

式中，a_{ij} 为式(5-108) 中 $\boldsymbol{T}_n$ 的元素。

则由式(5-109) 可得式(5-110)。

$$\begin{bmatrix} M \\ Q \end{bmatrix}_n = \begin{bmatrix} 0 \\ 0 \end{bmatrix} = \begin{pmatrix} a_{31} & a_{32} \\ a_{41} & a_{42} \end{pmatrix} \begin{bmatrix} Y \\ \theta \end{bmatrix}_1 \tag{5-110}$$

对于图中节点Ⅰ处，$Y \neq 0$，$\theta \neq 0$，故由线性代数可知，式(5-110) 中齐次方程组的系数行列式为 0，即式(5-111)。

$$\Delta(\omega) = \begin{vmatrix} a_{31} & a_{32} \\ a_{41} & a_{42} \end{vmatrix} = 0 \tag{5-111}$$

所有满足式(5-111) 的 ω 转换单位后，即为所求的临界转速。

通过计算所需的各阶临界转速，即在一定频率范围内，将式(5-111) 行列式中的 ω 由 0 开始，按步长 $\Delta\omega$ 变化选定试算频率。若试算得到的 $\Delta(\omega_i)$ 与 $\Delta(\omega_{i+1})$ 异号，则 ω_i 与 ω_{i+1} 之间必定存在一个方程式的根，再用二分法不断缩小搜索范围，即可得到一定精度的结果。这样，在指定的范围内找到方程式 $\Delta(\omega)=0$ 的每一个根，即可求得所需的第 r 阶临界转速 ω_r。

3) 传递矩阵及递推求解　将上述求得的 ω_r 代入到公式(5-107)，并给定一个初始挠度 Y_1，即可计算得到各个单元两端的状态矢量 $\boldsymbol{z}_i$，其中的 Y_i 即为该轴在第 i 个截面的振型值。

由图 5-41 可知，支承轴的分析模型被划为三种单元：径向支承单元、联轴器与花键接头等效体单元以及连续轴段单元，对应到式(5-108) 中，则为三种传递矩阵，根据式(5-107) 可分别推导它们的表达式。

① 径向支承单元。图 5-41 中Ⅰ部分对应径向支承单元。在分析支承轴弯曲振动的过程中只考虑了支承的径向刚度。为方便分析，假设支承在径向上对称，则径向支承对应的传递矩阵可表示为式(5-112)。

$$\boldsymbol{T}_b = \begin{bmatrix} 1 & 0 & 0 & 0 \\ 0 & 1 & 0 & 0 \\ 0 & 0 & 1 & 0 \\ -k_r & 0 & 0 & 1 \end{bmatrix} \tag{5-112}$$

其中，k_r 为径向支承的刚度，即轴承支承等效为在其安装位置上的径向支承刚度。

② 联轴器与花键接头等效体单元。图 5-41 中Ⅱ部分对应联轴节与花键接头等效体单元。支承轴可以选用六角膜片联轴器，膜片联轴器能补偿主动机与从动机之间由于制造误差、安装误差、承载变形以及温升变化的影响等引起的轴向、径向和角向偏移。

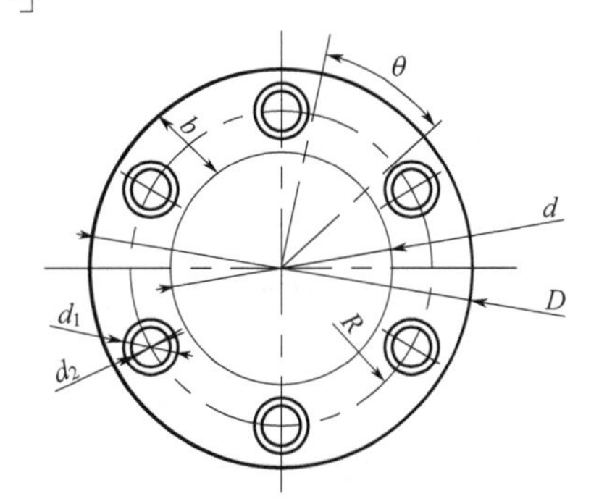

图 5-42　膜片联轴器主要几何参数示意图

膜片联轴器主要几何参数如图 5-42 所示，它是

由 Z 个膜片堆叠而成并由螺纹结构压紧，膜片联轴器的有径向刚度、角向刚度、轴向刚度以及扭转刚度四个变量。对于支承轴的弯曲振动而言，影响较大的主要是径向刚度 k_{cr} 以及角向刚度 k_{ca}。

膜片联轴节的径向刚度可按公式(5-113) 计算。

$$k_{cr}=\frac{\beta_c N_s EtZ}{12} \tag{5-113}$$

式中，N_s 为螺栓的数目；β_c 为经验公式系数；E 为膜片材料的弹性模量；t 为膜片的厚度；Z 为膜片数量。

膜片联轴器的轴向刚度可按公式(5-114) 计算。

$$k_{ca}=\frac{1.15Ebt^3 ZN}{(R\theta)^3} \tag{5-114}$$

式中，b 为膜片环边的径向宽度；θ 为相邻螺栓间膜片可弹性变形部分的夹角；R 为连接螺栓中心圆圆周半径；Z 为膜片数量；N 为轴向载荷。

将式(5-113) 以及 (5-114) 代入膜片联轴器的参数，即可获得膜片联轴器的传递矩阵，再将其与等效体惯量对应的圆盘传递矩阵相乘，即可得到等效体的传递矩阵，即式(5-115)。

$$\boldsymbol{T}_C=\begin{bmatrix} 1+\frac{m_d\omega^2}{k_{cr}} & 0 & 0 & \frac{1}{k_{cr}} \\ 0 & 1+\frac{(I_p\omega_\varphi-I_d\omega)\omega}{k_{ca}} & \frac{1}{k_{ca}} & 0 \\ 0 & (I_p\omega_\varphi-I_d\omega)\omega & 1 & 0 \\ m_d\omega^2 & 0 & 0 & 1 \end{bmatrix} \tag{5-115}$$

式中，m_d 为等效圆盘质量；k_{ca} 为膜片联轴器角向刚度；k_{cr} 为膜片联轴器径向刚度动角速度；ω_φ 为自转角速度，一般有 $\omega=\omega_\varphi$；I_p 为极转动惯量；I_d 为直径转动惯量。

③ 连续轴段单元。图 5-41 中Ⅲ部分对应连续轴段单元。设为连续梁并应用 Timoshenko 梁（铁摩辛柯梁）考虑剪切变形。将 Timoshenko 连续梁动力学方程中的挠度 Y、偏转角 θ、弯矩 M、剪力 Q 分别分离为空间函数和时间函数的乘积，并代入到原方程中，给定轴段的起始向量并进行变换，之后即可得到连续轴段的传递矩阵，即式(5-116)。

$$\boldsymbol{T}_s=\begin{bmatrix} \cos\beta_1 z_b & \sin\beta_1 z_b & \cos\beta_2 z_b & \sin\beta_2 z_b \\ b_0\sin\beta_1 z_b & -b_0\cos\beta_1 z_b & a_0\sin\beta_2 z_b & a_0\cos\beta_2 z_b \\ EIb_0\beta_1\cos\beta_1 z_b & EIb_0\beta_1\sin\beta_1 z_b & EIa_0\beta_2\cos\beta_2 z_b & EIa_0\beta_2\sin\beta_2 z_b \\ k'GAB_0\sin\beta_1 z_b & -k'GAB_0\cos\beta_1 z_b & k'GAA_0\sin\beta_2 z_b & k'GAA_0\cos\beta_2 z_b \end{bmatrix}\begin{bmatrix} \boldsymbol{A}_1 \\ \boldsymbol{A}_2 \\ \boldsymbol{A}_3 \\ \boldsymbol{A}_4 \end{bmatrix} \tag{5-116}$$

式中，z_b 为轴段长度；G 为材料的剪切弹性模量；E 为材料的弹性模量；ρ 为材料的密度；A 为轴的横截面积；k'为轴截面的剪切形状系数，k'的计算公式为：

$$k'=\frac{6(1+\upsilon)^2(1+a^2)^2}{(7+12\upsilon+4\upsilon^2)(1+a^2)^2+4a^2(5+6\upsilon+2\upsilon^2)}$$

式中，υ 为材料的泊松比；a 为空心轴的内径与外径之比。

式(5-116) 中 a_0、b_0 的表达式分别为：

$$a_0=\frac{\rho\omega^2}{k'G\beta_2}+\beta_2\ ;\ b_0=\frac{\rho\omega^2}{k'G\beta_1}-\beta_1$$

A_0、B_0 的表达式分别为：$A_0=a_0-\beta_2$；$B_0=b_0+\beta_1$。β_1、β_2 的表达式分别为：

$$\beta_1=\sqrt{\frac{F+\sqrt{F^2-4H}}{2}}\ ;\ \beta_2=\sqrt{\frac{-F+\sqrt{F^2-4H}}{2}}$$

其中，F、H 的表达式分别为：

$$F=\frac{\rho\omega}{E}\left[\omega\left(1+\frac{EA}{k'GA}\right)-2\omega_{\varphi}\right]\ ;\ H=\frac{\rho\omega^2}{EIkG}\left[\rho I\omega(\omega-2\omega_{\varphi})-kGA\right]$$

其中，I 为轴截面的惯性矩。

式(5-116) 中的 $[\boldsymbol{A}_1\quad \boldsymbol{A}_2\quad \boldsymbol{A}_3\quad \boldsymbol{A}_4]^{\mathrm{T}}$ 为 4×4 的矩阵，其表达式为：

$$\begin{bmatrix}\boldsymbol{A}_1\\ \boldsymbol{A}_2\\ \boldsymbol{A}_3\\ \boldsymbol{A}_4\end{bmatrix}=\begin{bmatrix}\dfrac{a_0\beta_2}{B} & 0 & \dfrac{1}{EIB} & 0\\ 0 & \dfrac{A_0}{D} & 0 & \dfrac{a_0}{k'GAD}\\ \dfrac{b_0\beta_1}{B} & 0 & \dfrac{1}{EIB} & 0\\ 0 & \dfrac{B_0}{D} & 0 & \dfrac{b_0}{k'GAD}\end{bmatrix}$$

其中，B、D 的计算公式分别为：$B=a_0\beta_2-b_0\beta_1$；$D=a_0\beta_1+b_0\beta_2$。

求得各部件的传递矩阵后，即可将其代入到式(5-107) 中进行递推求解。

即 $\boldsymbol{Z}_{i+1}-\boldsymbol{T}_i\boldsymbol{Z}_i$ 。

5.2.4 机械臂性能测试

机械臂性能测试主要针对力矩和速度测试、工作空间测试、关节运动误差测试及能耗与刚度测试等。

(1) 力矩和速度测试

力矩测试是针对机械臂不同的旋转关节，当进行连续转动时其最大力矩与最大启动力矩的测试。测试过程为：

① 在各旋转关节输出端连接一个连接件；

② 将测力计置于连接件尾端；

③ 逐渐提高负荷量；

④ 对关节的力矩输出进行测试。

速度测试是指在平均负荷状态下对机械臂的最大速度进行测试。

力矩和速度的测试内容主要包括：肩、肘及腕关节的平均输出力矩、最大启动力矩及最大角速度等。

不同模块输出力矩均应符合设计要求，平均输出力矩低于额定数值，最大启动力矩低于设计数值，最大角速度低于设计要求。

(2) 工作空间测试

1) 工作空间分析　工作空间分析是研究轨迹规划等控制问题的基础，求解机器人工作空间的方法有绘图法、解析法、数值法及蒙特卡罗法等。其中，蒙特卡罗法是一种统计模拟方法，通过构造符合一定规则的随机数来解决问题，简单实用，但是存在精度较低的缺点。

工作空间分析包括关节空间和操作空间等问题。关节空间是指所有关节矢量构成的空间；操作空间表示机器人的工作范围，它是指机器人运动时末端操作器能够达到的所有空间区域，由机器人的构型、连杆尺寸及关节转角范围决定，操作空间的形状与机器人的特性指标密切相关。

末端操作器的位姿 x 在直角坐标空间中描述时，运动学方程 $x=x(q)$ 可以看作是由关节空间向操作空间的映射；而运动学的反解是由其象求其关节空间中的原象的过程。关节空间可由关节矢量 $\boldsymbol{q}=(\theta_1,\theta_2,\theta_3,\cdots,\theta_i)$ 表示，θ_1、θ_2、θ_3、…、θ_i 分别为各关节转动的角度。由此，机器人的操作空间 $\boldsymbol{W}$ 可描述为式(5-117)。

$$\boldsymbol{W}\subseteq\{(x_1,y_1,z_1),(x_2,y_2,z_2),\cdots(x_n,y_n,z_n)\} \tag{5-117}$$

式(5-117) 表示机构在运动过程中所能达到的运动范围受杆长、转角以及干涉等条件的约束，每条机器人支链的主动副输入转角均有输入的最大值与最小值。

通过蒙特卡罗法可以求得机械臂的操作空间。期望的机械臂末端运动轨迹必须限定在操作空间的范围内，才能由机器人运动学反解求得确定的关节转角值，机械臂各杆件并不发生干涉。

2）测试方法。

① 机器人工作空间是通过边界曲线构成的，可以是曲线、直线或圆弧等。对于串联工业机器人，机器人大臂的极值点是在各种姿态下由相同工作空间交叉产生的。通过关节极值范围能够准确确定圆弧曲线的圆心、起点以及终点，可以通过交叉规律及几何关系确定交叉点的坐标。

② 通过对杆长及连杆进行修正，依据机械臂关节变量和范围，对过程中机械臂手腕末端参考点轨迹进行处理，从而获取机械臂工作空间边界曲线。

机械臂工作空间的形式较多，通常指可达工作空间和灵活工作空间。可达工作空间就是机械臂工作过程中，末端操作器坐标原点可达到的最大空间范围；灵活工作空间是指机械臂末端操作器任意可达最大空间范围。机械臂灵活工作空间主要取决于连杆长度和关节工作范围。

工作空间能够体现机械臂的工作能力。可以采用适宜的方法对工作空间进行测试与对比，如遗传方法、神经网络方法等，通过软件绘制出机械臂工作空间图。

（3）关节运动误差测试

关节运动误差测试通常在常温下完成。主要步骤：

① 把待检测机械臂关节置于试验设备或平台中，对机械臂关节位置进行调整。

② 把机械臂关节输出端和编码器连接在一起，令机械臂关节输出端无负载。

③ 在试验过程中控制机械臂工作，包括：利用机械臂内置测量装置对其转动角度进行记录，对试验数据进行处理，获取机械臂运动误差波形图等。

④ 通过软件对试验进行处理，包括：对数据进行傅里叶转换，得到试验结果图并示出。

⑤ 分析试验结果。包括：明确机械臂运动误差极值，验证可靠性。

（4）能耗与刚度测试

机械臂能耗分为机械损耗、电机损耗及系统损耗等，能耗机理与提高能效的方法各不相同。广义上说，机械执行系统能效是装备系统工作能力的体现；狭义上说，机械执行系统的能效是指执行系统的工作效率，工作效率是工作能力的一种，其反映了执行系统的能量利用率。

Rassolkin 等基于测量的方法，对工业机器人在不同运动轨迹、不同重量工具、不同工件位置以及不同运动速度下的能耗特性进行了定性的描述[28]。Meike 等针对多机器人协同工作的汽车装配线进行了能耗建模及能耗优化分析研究[29]，全面阐述了工业机器人系统中的能耗情况，对每种能耗都建立了比较广义的模型，并基于能耗数据的分析，提出了不同运动轨迹下的能耗特性，以及根据机器人作业周期中刹车时间对能耗的影响，提出了相应的节能措施。

通过对工业机器人系统的多源能耗进行分析，发现控制电路能耗、外部设备能耗及电机损耗在很大程度上与设计结构有关。加工过程中的能耗随着负载的增加也不断增加；工业机器人在做垂直运动时能耗需求较大，实际加工过程中应该尽量避免；要合理控制机器人运行速度，速度过快或者过慢都会造成能耗增加。由于工业机器人的广泛使用，其能耗问题越来越引起人们的重视，对工业机器人本体能耗特性分析与动态建模的研究为工业机器人能耗优化提供了理论支撑。

在构型设计上，是否添加冗余驱动对机器人能耗有影响，机械臂刚度对机器人能耗也有影响，可以通过建立能耗模型和评价方法，揭示执行系统内的能量传递关系[30-32]。机械执行系统的能耗与刚度问题一直是生产者和科学研究工作者关心的问题。

为了测试机械臂在能耗和刚性方面的特性，应建立机器人能耗模型，在理论分析基础上对工业机器人的未知参数进行辨识，通过试验对比与分析，以便得出结论和结果图，验证能耗与刚度的可靠性。

5.3 机器人本体的优化设计

机器人本体主要是由传动部件、机身及行走机构、臂部、腕部及手部等部分组成。对此，机器人本体结构的基本要求是：

① 自重小　减小机器人本体的自重，易于改善机器人操作的动态性能。机器人的机体可以使用高强度铝合金为原材料，以减轻机器人质量。

② 静动态刚度高　提高机器人本体的静动态刚度，可以提高定位精度和跟踪精度，增加机械系统设计的灵活性，减少定位时的超调量稳定时间，降低对控制系统的要求[33,34]。

③ 固有频率高　提高机器人本体的固有频率时，可以避开机器人的工作频率，有利于系统的稳定。

与其他机械结构相比，机器人本体是多自由度、非线性的，具有复杂的运动学和动力学特性。机器人的自由度数越多，驱动个数也越多，控制系统变得越复杂。合理的设计不仅可以省却烦琐的计算，还可以使机器人的控制部分变得简单，从而提高控制系统的可靠性，降低成本。因此，机器人的本体结构及优化对于机器人的整体性能，尤其是对机器人刚度、动态性能及工作空间等具有重要影响[35]。

机器人本体是机器人的支承基础和执行机构。在此主要围绕机器人本体方案构建、机器人关节特征分析、机器人关节对性能的影响以及机器人本体优化等方面进行分析与探讨。

5.3.1 机器人本体方案

机器人本体方案涉及机器人主要技术参数、机器人驱动方式选择、传动方案与设计以及机器人刚度与设计等，机器人本体方案应该是最优化和最有效率的方案。

（1）机器人主要技术参数

机器人本体设计时需考虑机器人的工作要求、传动链、驱动系统、传感系统和主控系统，通常以技术参数的形式合理规划机器人运动及总体布局。

其主要技术参数应包含：关节自由度、工作空间大小、重复定位精度、定位准确度、载荷、末端载荷、运行速度及操作手臂完全伸展的长度等。

（2）机器人驱动方式选择

机器人驱动设计的目的是实现作业功能、安全的人机交互，使机器人系统具备一定的环境感知能力，即系统可以感知环境因素的变化而自动调整，以更好地适应多变的任务环境。为了实现调节功能需要进行驱动控制，同时，系统需要使用检测设备以实现对环境因素的检测和调节。

1）机器人最常用的驱动方式是电驱动。电驱动具有工作效率高、启动速度快、运行速度及精确度高，产生的污染以及噪声小等特点。电机尤其是伺服电机已成为机器人最常用的驱动器。电机控制性能好，且有较高的柔性和可靠性，适于高精度、高性能要求的机器人。

由于电机类型众多，选择电机作为驱动器时应综合考虑各影响因素。因此，为了满足机器人作业的各项要求，驱动电机的选择至关重要，它与机器人运动功能的实现、控制硬件的配置、电源能量的消耗、系统控制的效果等都有很大关系。必须要求电机能够提供负载所需的瞬时转矩和转速，从注重系统安全的角度出发，还要求电机具备能够克服峰值负载所需的功率。

选择电驱动时需要考虑的主要因素有：

① 质量和体积　在初拟设计方案时，机器人的总体质量往往是预先设定的，而在机器人的总体系统中，电机及其附件的质量和体积所占比重较为突出，因而选择体积小、质量小的电机，能够有效地达到减轻系统总体质量、缩小系统总体体积的目的。

② 驱动功率　机器人在不同工况条件下工作时，各杆件的姿态不同，所需的驱动力矩也不同，需要具体问题具体分析、不同问题不同处理。因此，电机的确定必须综合考虑系统的传动效率、安全系数以及所需最大驱动力矩等多项要求。

③ 转速　工业机器人的运动速度在一定范围内，多数关节的转速都是从高速转动的电机轴上经过减速得到的，因此，电机必须有足够的转速调节范围。

2）不同环境下机器人的受力状况变化大且复杂，需要对其进行仔细分析和科学研究才能为机器人驱动器性能指标的合理确定提供依据。例如，可以通过对机器人静力学分析来初步估算其杆件稳定工作条件下的受力情况，并得到一些有价值的结论。

从保证机器人机械结构设计的合理性出发，需要知道机器人在运动过程中杆件处于何种姿态时承受的负载力最大，每一个关节所需的驱动力矩有多少，需要多大的关节驱动力矩才能够实现机器人在复杂环境中的运动。

3）机器人常用的驱动方式还有气压驱动及液压驱动。气压驱动方式具有机械结构简单及功耗低的优点，但是定位精度不足；液压驱动可以在较大的范围内调节输出力矩，有较高的定位精度，但是液压驱动温度敏感度较高，易泄漏及噪声大。

机器人的不同驱动方式各有优劣，在应用领域上也有所差异。

（3）传动方案与设计

1）方案确定　以电驱动为例，机器人传动方案可分为电机直驱机器人和电机间接驱动机器人两种方式，可以酌情选择。电机间接驱动机器人确定机器人传动方案时，首先应依据机器人预期运动目标，对传动系统、减速器或传动比进行设计或选择，以便于实现机器人的特性参数及要求[36,37]。

电驱动时，原则上串联机器人第一关节的驱动装置为电机连接减速器，第一关节的转动由减速器主轴的旋转运动予以实现。之后，肩、臂、肘及腕关节的驱动装置中除采用电机连接减速器外，还需要增加圆柱齿轮、圆锥齿轮及蜗杆蜗轮等传动装置，即将经减速器主轴传出的旋转运动改变速度大小或方向，最终使输出运动传递到不同的杆件或机构上。

机器人传动方案中通常还包含减速器传动、同步齿形带传动、轴承传动及链传动等。

2）减速器选择　减速器常用的传动装置包括行星齿轮减速器、蜗轮蜗杆减速器和谐波减速器等。

行星齿轮减速器结构简单，其主要传动结构包括行星轮、太阳轮和外齿圈等。这种减速装置的单级减速比通常较小，减速器的级数一般小于3。行星齿轮减速器具有输出输入同轴、准确度高、传动效率高、减速范围广、刚度大、价格便宜、容易与电机集成一体化等特点，多数与步进电机或伺服电机配合使用。

蜗轮蜗杆减速器具有较高的减速比，能够反向自锁，蜗轮蜗杆减速器输入轴与输出轴位于不同的轴线以及不同的平面上，可以用来实现换向运动。但是其体积较大，传动精度和效率较低。

谐波减速器是通过其柔性元件的弹性形变来控制、传递运动和动力的。谐波减速器具有结构简单、重量轻、体积小、传动平稳、精度和效率高等优点，但刚性较差、柔轮使用寿命较短、抗冲击能力低、输入转速不可以太快。

3）同步带传动设计　传动设计常采用同步带传动中的同步齿形带，同步齿形带传动兼具带传动、链传动和齿轮传动的优点。同步齿形带传动中，传动带和传动带轮通过啮合来传动，传动带轮与传动带之间没有相对滑动，有较精准的传动比。

同步带的材料通常以钢丝绳和玻璃纤维为抗拉体，以氯丁橡胶和聚氨酯为基体的齿形带不仅重量轻而且厚度很薄，可用于高速传动。

同步齿形带传动具有高传动比，效率可达98%，传动噪声比链传动、带传动和齿轮传动低，在多摩擦的环境下不需要添加油润滑即可长时间工作，齿形带的工作寿命比一般传动带长；但在使用同步齿形带的机械中，其安装精度和中心距要求过严，通常用在中小型功率且传动比要求较高的机械中。

例如，某串联机器人中，第一关节，需要由一对圆柱齿轮实现传动；第二、三、四关节，需要使用同步齿形带传动。这里以第二关节为例进行同步齿形带传动的相关计算。

① 设同步齿形带传动比取 i，则可求得总传动比 i_z 以及第二关节转速 n_2。

② 已知电机效率参数、减速器效率参数、带传动效率参数，则可以得到功率 P_2 和转矩 T_2。若已知工况系数 K_A，则可得到功率 P，设计功率 $P_d=K_AP$ 及小带轮转速 n_1。

③ 根据选型图选取同步带的带型，依据小带轮最小齿数原则，则可选取小带轮最小齿数 Z_1，确定小带轮节圆直径 d_1 及外径 d_{10}，之后求得小带轮带速 $v_1=\dfrac{\pi d_1n_1}{60\times1000}$。已知传动比 i，则可以计算大带轮齿数 $Z_2=iZ_1$，之后可以确定大带轮节圆直径 d_2 及外径 d_{20}。

④ 初定中心距 a_0。初定带的节线长度 $L_{OP}\approx2a_0+\dfrac{\pi}{2}(d_2+d_1)+\dfrac{(d_2-d_1)^2}{4a_0}$ 后，可

选取 $L_P=695$、同步带齿数 Z_b，之后确定中心距 $a\approx a_0+\frac{L_P-L_{OP}}{2}$。已知中心距偏差 Δa 后，可以确定小带轮啮合齿数 Z_m、小带轮转速 n_2 和小带轮齿数 Z_1。

⑤ 根据资料选取基准额定功率 P_0 与带宽 b_{m0} 后，可以计算带宽 $b_m\geqslant b_{m0}\sqrt[1.14]{\frac{P_d}{K_LK_eK_0}}$。式中，$K_L$ 是长度系数；K_e 是材质系数；K_0 是负载补偿系数。最后圆整确定带宽。

4）圆柱齿轮设计　齿轮传动是机械传动方法中最常用的传动方法之一，其形式和种类较多，应用广泛。齿轮传动具有结构紧凑、传动比不易改变、工作可靠性大及效率较高等特点。

5）锥齿轮选型设计。

6）轴承选择　机器人的运动是依赖于关节的正常工作来实现的，因此运动副的摩擦性能对机器人的工作性能影响很大。系统中采用的轴承、提供的润滑及良好的工作条件，对机器人的正常工作起着非常重要的作用，不同结构的轴承具有不同的工作特性，不同使用场合和安装部位对轴承结构和性能也有不同的要求。

选择轴承时，需要从轴承的有效空间、承载能力、速度特性、摩擦特性、调心性质、运转精度及疲劳寿命等多方面进行综合考虑。

首先，机器人的系统能量有限，受电机连续转动的转矩所限，在选择轴承时应考虑摩擦力矩及系统能耗对机器人工作效率的影响。

其次，机器人控制除了需要完成预定运动以外，还要求能够达到规定的定位精度，但是各自加工、制造、安装及使用过程存在着种种偏差，均会影响机器人各控制任务的精确执行。常用的误差分析方法往往对关节轴承间隙、构件弹性变形等重视不足，经常会把构件抽象为刚体，把各种误差都折算为结构误差再进行总体补偿，但这与机器人的实际情况差别较大。

另外，轴承的旋转精度不仅由各个相关零件本身而定，而且也由其运行的间隙而定。如果在轴承座内圈与轴或轴承座外圈与座孔之间存在过量间隙，即使高精度轴承也不能保持位置精度。因此，选择轴承时除了轴承本身的结构外，摩擦力矩和旋转精度也是主要的衡量标准。

7）关节传动方式　以串联机器人为例，主要关节有腰部回转关节、大臂摆动关节、小臂摆动关节、腕部摆动关节和末端回转关节等。关节传动链如图 5-43～图 5-46 所示。

图 5-43 为腰部回转关节传动链，它是由电机通过行星齿轮减速器和一对圆柱直齿轮驱动腰部回转。

图 5-44 为大臂摆动关节传动链，它是由电机通过行星齿轮减速器和同步齿形带驱动大臂摆动。

图 5-45 为小臂摆动关节传动链，它是由电机通过行星齿轮减速器和同步齿形带驱动小臂摆动。

图 5-46 为腕部摆动关节和末端回转关节传动链，它是由电机 1 和电机 2 通过行星齿轮减速器和同步齿形带再经由锥齿轮（如三个锥齿轮）组成差动轮系带动腕部摆动和末端旋转。

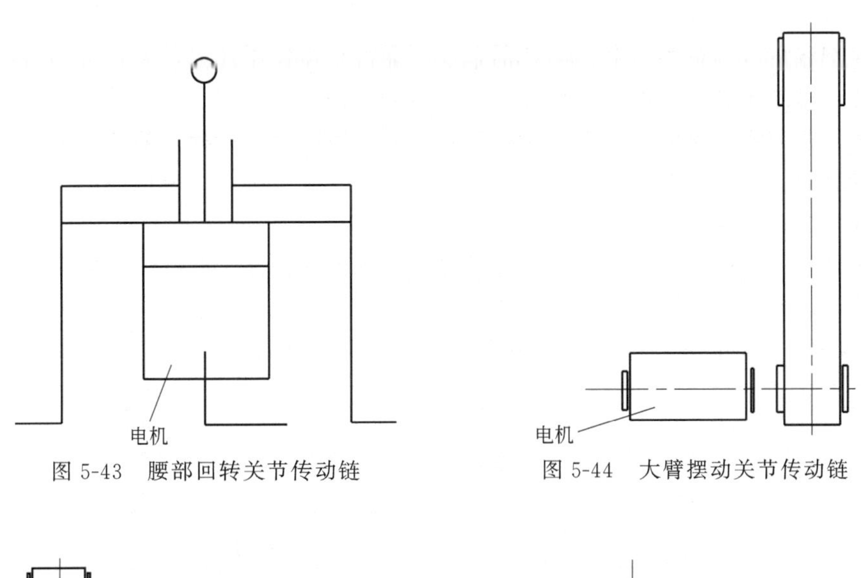

图 5-43　腰部回转关节传动链　　图 5-44　大臂摆动关节传动链

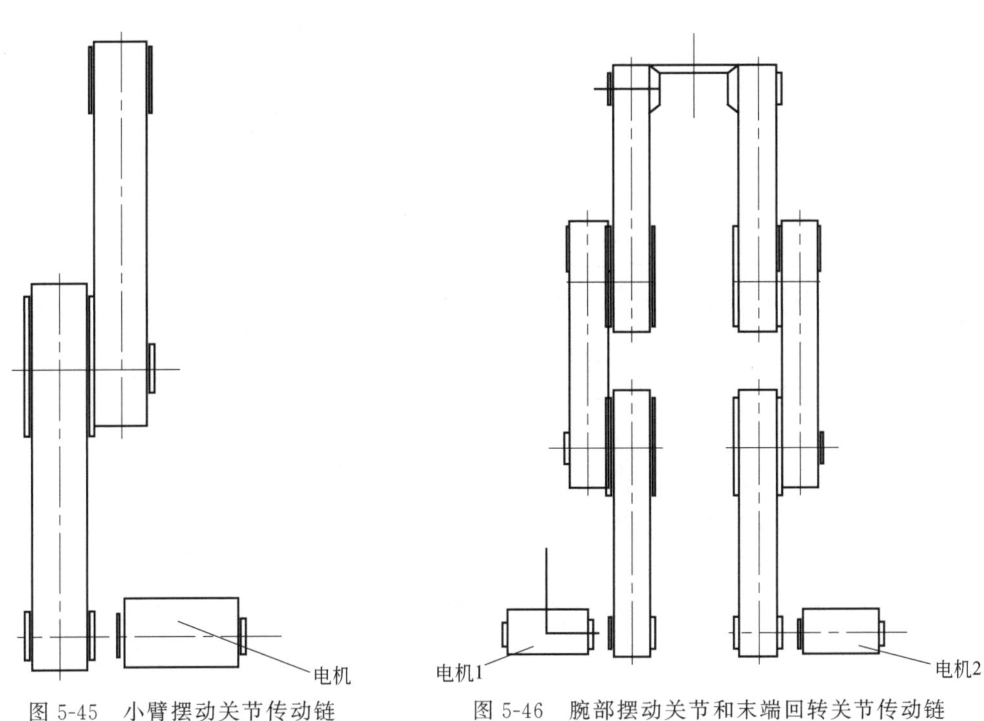

图 5-45　小臂摆动关节传动链　　图 5-46　腕部摆动关节和末端回转关节传动链

在图 5-46 的腕部摆动关节和末端旋转关节中，由三个锥齿轮组成的差动轮系可以实现两个自由度（其原理和汽车差速器的原理类似），当左右齿轮同方向同速度转动时中间齿轮被锁死，腕部关节摆动；当左右齿轮反向同速度转动时中间齿轮位置不变自身旋转，带动末端关节旋转。通过调整左右两个齿轮的速度差还可以使两个关节联动。

除了上述电机间接驱动机器人外，机器人传动方案也可以采用电机直驱。电机直驱机器人，即机器人采用电机直接驱动的方式实现关节的运动，传动系统中省去了齿轮以及链条等传动机构，使得机器人在工作时避免了传动机构之间的摩擦、刚度低以及齿隙等缺陷，可以极大地提高机器人的响应速度和工作精度，但是需要体积较大的电机来提供很大的力矩，增加了机器人体积与重量。

（4）机器人刚度与设计

机器人刚度可以理解为机器人的变形程度。通常是指作用在弹性元件上的力或力矩的增量与相应的位移或角位移的增量之比；或者，结构或构件抵抗弹性变形的能力，用产生单位应变所需的力或力矩来量度。静态刚度是影响固有频率的重要指标，静态刚度太小会降低零部件的固有频率，导致其响应速度变慢，抗干扰性能变差。机器人机构的静态刚度直接影响其定位精度、稳定性与承载能力。

串联机器人的刚度主要取决于机械臂电动缸及机械臂杆件。因此，下面仅以串联机械臂的电动缸及机械臂杆件的刚度为例进行分析。

1）机械臂电动缸刚度优化　机械臂电动缸结构是保证机器人刚度的根本。某机械臂电动缸结构如图 5-47 所示。

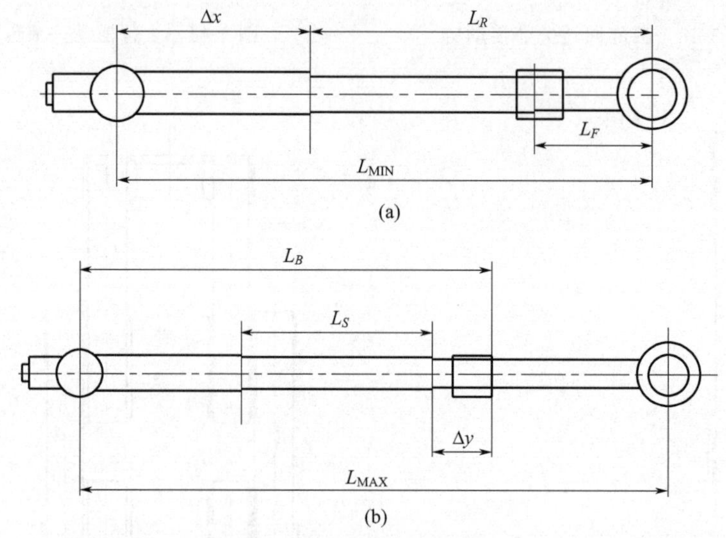

图 5-47　机械臂电动缸结构设计简图

与机械臂电动缸相关的基本参数主要包括：机械臂、丝杠、推杆及支承轴承结构等。设基本参数为：a. 机器人驱动机械臂时，其驱动长度（或对角线）变化范围已知；b. 综合考虑驱动单元中丝杠轴向负载、安装间距及稳定性等工况要求后，将丝杠工作螺纹的长度设为定值；c. 综合考虑电动缸的整体直径尺寸，设定推杆内径、外径值；d. 选定丝杠支承轴承型号。

设在缩短状态下螺母与缸体安装点的距离为 Δx，推杆安装中心点与缸体前端面的距离为 L_F，缸体长度为 L_B，丝杠长度为 L_S，推杆长度为 L_R，机械臂距离最小值和最大值分别为 L_{MIN} 和 L_{MAX}。当机械臂伸长（或对角线方向）距离为最大值 L_{MAX} 时，螺母与缸体前端面的距离为 Δy。下面对机械臂推杆的轴向刚度进行分析。

机械臂推杆对机器人整机的影响最大，应尽可能提高其刚度。因此，设计机械臂推杆的杆长时，既要考虑推杆制造容易，还应使其具有较大的刚度。机械臂推杆结构，如图 5-48 所示。

对于机械臂电动缸，其综合轴向刚度 K 可以表示为式(5-118)。

$$\frac{1}{K}=\frac{1}{K_R}+\frac{1}{K_N}+\frac{1}{K_S}+\frac{1}{K_B} \tag{5-118}$$

式中　K_R——推杆轴向刚度；

K_G——丝杠轴向刚度；

K_B——支承轴承轴向刚度；

K_N——双丝母轴向刚度。

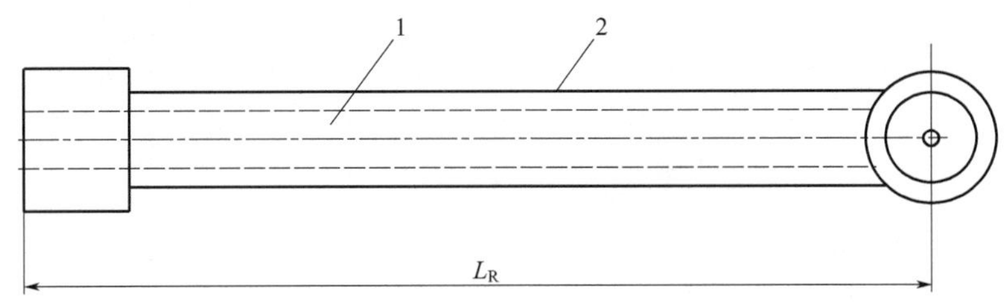

图 5-48　机械臂推杆结构示意图

1—推杆内；2—推杆外

机械臂电动缸的刚度计算公式可以近似表示为式(5-119)。

$$\frac{1}{K_R} \approx \frac{L_R}{E\pi(R^2 - r^2)} \tag{5-119}$$

式中　E——推杆材料弹性模量；

R——推杆外圆半径；

r——推杆内圆半径。

在丝杠、螺母、轴承刚度确定的条件下，提升推杆刚度是保证电动缸输出刚度的唯一方法。因此，将获取电动缸最优刚度的问题转化为推杆长度最小化的问题，以确定电动缸各部件的尺寸参数。这时，机械臂电动缸刚度优化问题的目标函数及约束条件可以表示为式(5-120)。

$$\begin{cases} \min L_R \\ L_R = L_{MIN} - \Delta x \\ L_B = L_R - L_F + \Delta x \\ L_S = L_B - \Delta x - \Delta y \\ L_R - L_F \geqslant L_S + \Delta y \\ L_R - \Delta y \geqslant L_{MAX} - L_B \end{cases} \tag{5-120}$$

将优化计算结果取整后得出机械臂电动缸部件的尺寸参数。L_{MIN} 和 L_{MAX} 为设定值。机械臂电动缸优化尺寸主要包括：初始距离 Δx、推杆长度 L_R、刚体长度 L_B 及丝杠长度 L_S 等。

无论对于大臂，还是小臂，机械臂电动缸推杆结构类似。图 5-49 示出了某机器人大、小臂优化后电动缸轴向刚度随行程的变化曲线。

2）机器人刚度建模　机器人刚度描述了机器人在力矩的作用下末端变形程度。机器人刚度与机器人的姿态有关，在机器人众多姿态中必定存在一个最优姿态，即在该姿态下刚度最优。

对于刚性机器人，静态刚度对全局刚度影响较小。在整个工作空间范围内建模时，假定各杆件的静变形均属于弹性小变形范围，基座或工作台视为刚体即不产生变形，各铰链约束均为理想约束。但是，当机械臂过长或承受载荷过大时，则应将机械臂或杆件视为柔性件。

以平行四边形机械臂为例分析，此时，机械臂可以简化为如图 5-50 所示的模型。

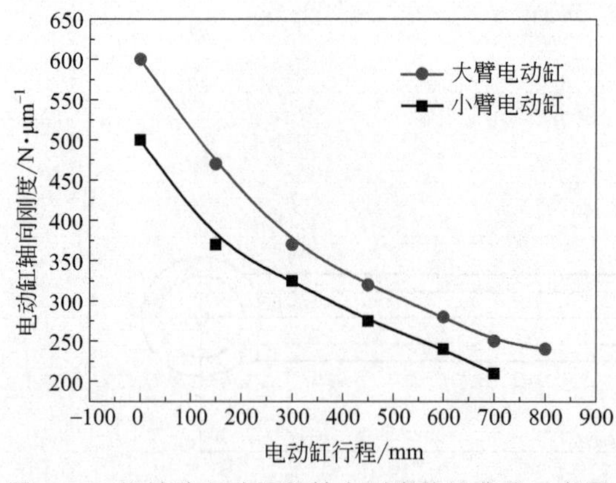

图 5-49　机械臂电动缸的轴向刚度特性曲线示意图

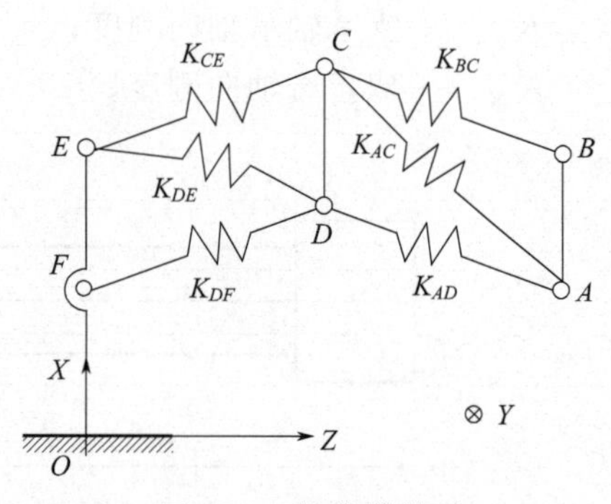

图 5-50　机械臂模型

图 5-50 为平行四边形机械臂柔性模型，含有弹簧系统。其中机械臂的多个杆件简化为柔性杆件。通过计算杆件应变能可以计算出平行四边形机械臂各关节点沿载荷作用方向的变形量[38,39]。下面分别进行介绍。

① 大臂　大臂的刚度对末端的竖直位移影响最大。以大臂回转中心作为初始参考点，D 点相对于 F 点的变形量可表示为式(5-121)。

$$\begin{cases}\delta D_x=\dfrac{\partial U_D}{\partial F_{DX}}=\dfrac{F_{DE}}{K_{DE}}\dfrac{\partial F_{DE}}{\partial F_{DX}}+\dfrac{F_{DF}}{K_{DF}}\dfrac{\partial F_{DF}}{\partial F_{DX}}\\ \delta D_z=\dfrac{\partial U_D}{\partial F_{DZ}}=\dfrac{F_{DE}}{K_{DE}}\dfrac{\partial F_{DE}}{\partial F_{DZ}}+\dfrac{F_{DF}}{K_{DF}}\dfrac{\partial F_{DF}}{\partial F_{DZ}}\end{cases}\tag{5-121}$$

式中　U_D——D 点变形能；

F_{DE}、F_{DF}——杆件 DE、DF 作用力；

K_{DE}、K_{DF}——杆件 DE、DF 等效刚度；

F_{DX}、F_{DZ}——D 点处沿 X、Z 向附加力。

平行四边形 C 点相对于 D 点的变形量为式(5-122)。

$$\begin{cases}\delta C_x=\dfrac{\partial U_C}{\partial F_{CX}}=\dfrac{F_{CE}}{K_{CE}}\dfrac{\partial F_{CE}}{\partial F_{CX}}\\ \delta C_z=\dfrac{\partial U_C}{\partial F_{CZ}}=\dfrac{F_{CE}}{K_{CE}}\dfrac{\partial F_{CE}}{\partial F_{CZ}}\end{cases}\tag{5-122}$$

式中　U_C——C 点变形能；

F_{CE}——杆件 CE 作用力；

K_{CE}——杆件 CE 等效刚度；

F_{CX}、F_{CZ}——C 点处沿 X、Z 向附加力。

② 小臂　与上述同理，对于小臂，其平行四边形 A 点相对于 D 点的变形量可表示为式(5-123)。

$$\begin{cases}\delta A_X=\dfrac{\partial U_A}{\partial F_{AX}}=\dfrac{F_{AC}}{K_{AC}}\dfrac{\partial F_{AC}}{\partial F_{AX}}+\dfrac{F_{AD}}{K_{AD}}\dfrac{\partial F_{AD}}{\partial F_{AX}}\\ \delta A_Z=\dfrac{\partial U_A}{\partial F_{AZ}}=\dfrac{F_{AC}}{K_{AC}}\dfrac{\partial F_{AC}}{\partial F_{AZ}}+\dfrac{F_{AD}}{K_{AD}}\dfrac{\partial F_{AD}}{\partial F_{AZ}}\end{cases}\tag{5-123}$$

式中　U_A——A 点变形能；

F_{AC}、F_{AD}——杆件 AC、AD 作用力；

K_{AC}、K_{AD}——杆件 AC、AD 等效刚度；

F_{AX}、F_{AZ}——A 点处沿 X、Z 向附加力。

③ 末端　影响机器人末端刚度的因素包括机器人关节刚度、连杆刚度以及机器人位姿。对于上述平行四边形，其 B 点相对于 A 点的变形量为式(5-124)。

$$\begin{cases}\delta B_X=\dfrac{\partial U_B}{\partial F_{BX}}=\dfrac{F_{BC}}{K_{BC}}\dfrac{\partial F_{BC}}{\partial F_{BX}}\\ \delta B_Z=\dfrac{\partial U_B}{\partial F_{BZ}}=\dfrac{F_{BC}}{K_{BC}}\dfrac{\partial F_{BC}}{\partial F_{BZ}}\end{cases}\tag{5-124}$$

式中　U_B——B 点变形能；

F_{BC}——杆件 BC 作用力；

K_{BC}——杆件 BC 等效刚度；

F_{BX}、F_{BZ}——B 点处沿 X、Z 向附加力。

杆件 EF、CD 及 AB 的姿态变化间接影响机器人末端的偏移量 ΔaX 和 ΔaZ，该变形量可通过几何关系计算直接得到，机器人末端在 XOZ 平面的综合变形量为式(5-125)。

$$\begin{cases}\delta S_X=\delta D_X+\delta A_X+\Delta\alpha_X\\ \delta S_Z=\delta D_Z+\delta A_Z+\Delta\alpha_Z\end{cases}\tag{5-125}$$

此外，机器人末端的 Y 向变形量 δS_Y 可根据杆件 CE、DF、BC 和 AD 所受载荷及其等效抗弯刚度直接计算得到。

④ 腕部　机器人末端所受外部载荷可以用矩阵表示为式(5-126)。

$$\boldsymbol{F}_e=[F_{eX}\quad F_{eZ}\quad F_{eY}]^{\mathrm{T}}\tag{5-126}$$

外部载荷 $\boldsymbol{F}_e$、刚度矩阵 $\boldsymbol{K}$ 及变形量 $\delta\boldsymbol{S}_P$ 之间的关系为式(5-127)。

$$\boldsymbol{F}_e=\boldsymbol{K}\delta\boldsymbol{S}_P\tag{5-127}$$

其中，

$$\delta\boldsymbol{S}_P=[\delta S_X\quad \delta S_Z\quad \delta S_Y]^{\mathrm{T}}=\boldsymbol{C}\boldsymbol{F}_e\tag{5-128}$$

式中　$\delta\boldsymbol{S}_P$——机器人末端综合变形量矩阵；

$\boldsymbol{C}$——机器人柔度矩阵。

根据式(5-127) 及式(5-128) 可以得出式(5-129)。

$$\boldsymbol{K}=\boldsymbol{C}^{-1}\tag{5-129}$$

由于机器人腕部支承结构与内部齿轮传动部件均具备较高刚度，因此，可以将该部分结构简化等效为刚体。

综上所述，构造并设计机器人本体方案时应注意以下问题：

① 开式运动链，结构刚度不高。为了便于加工以及安装控制元器件，工业机器人本体常采用刚性杆件铰接的结构。当刚性杆件与机体相连时，还需考虑整体布局与安装定位。

② 相对于机架有独立驱动器，运动灵活。在设计机器人本体时，可以采用转动提升结构，以增大机器人工作的转动空间。转动提升结构内部应预留安装空间及安装孔，便于控制元器件、检测系统及模块等的安装和走线。

③ 由于机器人杆件多，使得本体的转矩变化复杂。本体对刚度、间隙和运动精度都有

较高的要求。

④ 为了运动稳定，机器人在工作过程中，机体重心的投影必须落在工作区域内，因为当重心靠近边界时会使机器人的稳定性急剧降低，在此应设定重心投影到工作区域边界的最小值，以获得最佳稳定性能。

5.3.2 机器人关节对性能的影响

从驱动关节结构、关节对精度的影响以及关节误差建模等几个方面分析机器人关节对性能的影响。

(1) 驱动关节结构

机器人驱动关节结构依据其负载大小、体积以及重量等要求，可以采用不同的传动方式。

常见的有四种结构：第一种，结构关节采用“电机＋谐波减速器”直接驱动的方式，为机器人主流传动结构；第二种，结构关节采用“电机＋行星减速器”的间接驱动方式；第三种，结构关节采用“电机＋谐波减速器”的间接驱动方式；第四种，结构关节采用倒装安装方式。从机器人体积方面比较，第一种结构关节和第四种结构关节的体积和重量均较小，第三种结构关节体积和重量较大，第二种结构关节介于两者之间。从承受的最大负载比较，按照从小到大的顺序依次是第一种结构关节或第四种结构关节、第二种结构关节、第三种结构关节。第四种结构关节使机器人可以实现超高自由度的运动，灵活可靠，可以在有限的空间内实现生产率最大化。

下面分别就 RV（Rotary-Vector）驱动关节结构、谐波驱动关节进行分析。

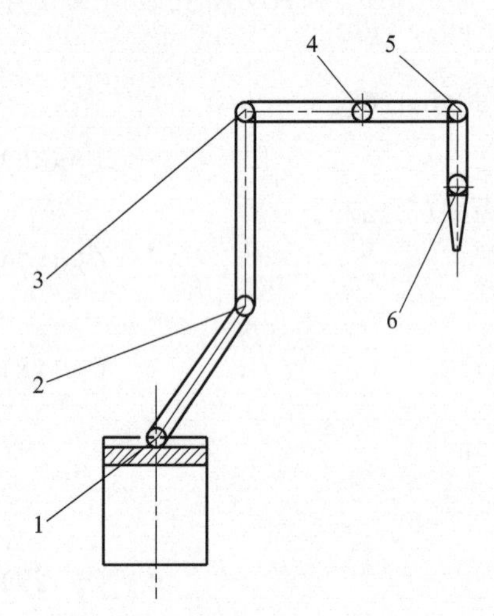

图 5-51 六自由度串联机器人
1～6—关节

1）RV 驱动关节 以六自由度串联机器人为例。现有机械臂主要通过同步带传动、齿轮传动、联轴器及减速器等与电机连接。对于串联多关节结构的机械臂，常以驱动关节作为机械臂的动力输出关节。尤其是，当串联机器人负载力矩较大时，常采用 RV 减速器作为驱动关节，RV 减速器因体积小、抗冲击力强、转矩大、定位精度高、振动小及减速比大等优点被广泛应用。采用 RV 减速器作为驱动关节的六自由度串联机器人，如图 5-51 所示。

图 5-51 中机器人的关节 1 至 3 承受的负载力矩较大，因而设计时选用了刚度高、输出转矩大的 RV 减速器。如图 5-52 所示为 RV 减速器的传动简图。

图 5-52 中，RV 减速器具有二级减速结构：第一级为由中心轮和行星轮组成的渐开线圆柱齿轮传动，第二级为由摆线轮和针齿组成的摆线针轮传动。伺服电机轴与中心轮相连，当输入电机转动时，首先进行第一级减速，即转动由中心轮传递给行星轮。然后，行星轮的转动作为第二级减速的输入传递给相连的曲柄轴，从而使摆线轮产生偏心运动。由于针轮固定，摆线轮在绕其轴线公转的同时，还将反向自转。摆线轮的自转运动最终将传递给输出轴。

当机器人承受较大负载时，不可忽视 RV 驱动关节摩擦的影响。关节摩擦主要包括下述

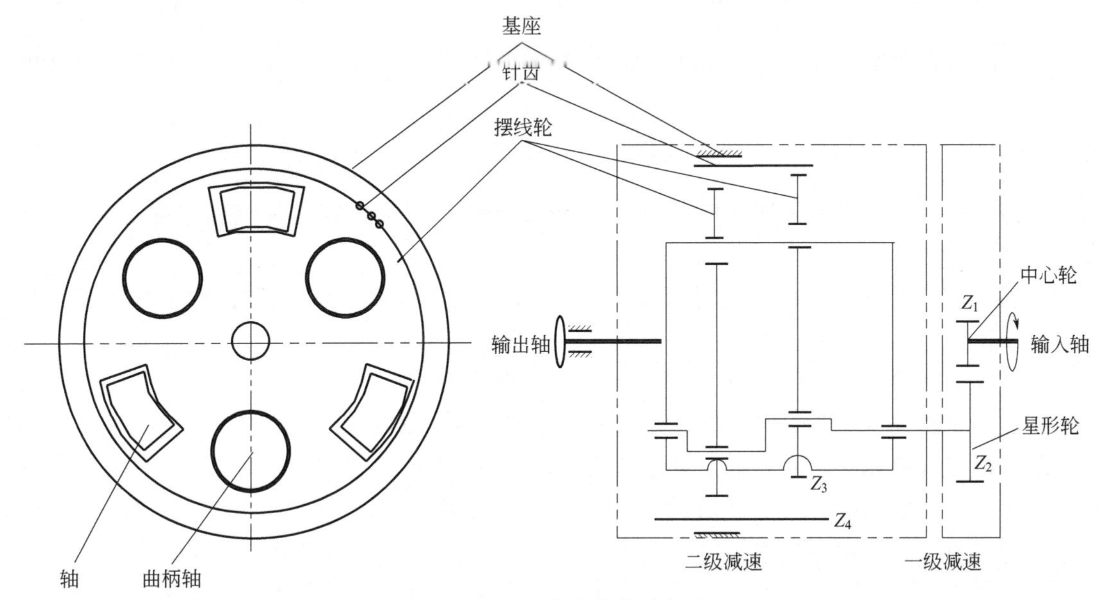

图 5-52 RV 减速器传动简图

几部分：a. 电机轴与油封的摩擦；b. 输入端轴承的摩擦；c. RV 减速器内部渐开线圆柱齿轮、摆线轮与针齿之间，由于轮齿接触产生的摩擦。其中，RV 减速器内部的摩擦为摩擦主要来源。

下面以 RV 减速器作为驱动关节为例进行分析。

① 驱动关节摩擦力矩　由前述可知，影响 RV 驱动关节摩擦大小的因素主要取决于速度、负载力矩、润滑条件及温度等。对于多自由度机器人的关节摩擦，其具有自身的特点，如机器人作业时，各关节承受的负载力矩随时间变化，特别是采用 RV 驱动的大惯量关节时变化范围非常大。负载力矩的变化会导致关节内部零件接触面间作用力大小发生变化，进而影响摩擦力的大小。当负载力矩大范围变化时会导致关节摩擦明显变化，因此，在一些低速高精度的场合不能忽略关节摩擦。

对于任意的机器人关节 i，若关节 i 的轴线与重力方向平行，如图 5-51 中关节 1，当关节 i 恒速运动时（即其余关节锁住不动），惯性力为零，输入力矩等于摩擦力矩。若平行条件不满足，如图 5-51 中关节 2，则关节 i 运动时会受到重力效应的影响，其恒速运动时需要同时克服摩擦力矩和重力矩，负载力矩将会发生变化[40,41]。

为提取摩擦数据，可设计下述两组试验，以方便驱动关节摩擦力矩的测量。

a. 关节 i 由 θ_1 恒速运动至 θ_2　关节输入力矩为式(5-130)。

$$u_1=\tau_g(\theta)+F_f(\dot{\theta}) \tag{5-130}$$

式中，$\tau_g(\theta)$ 为重力矩；$F_f(\dot{\theta})$ 为摩擦力矩。

b. 关节 i 由 θ_2 恒速运动至 θ_1　试验 b 的运动方向与 a 相反，则输入力矩满足式(5-131)。

$$u_2=\tau_g(\theta)+F_f(-\dot{\theta}) \tag{5-131}$$

对于该机器人平台，由于采用高精度的 RV 谐波减速器传动，正反向摩擦的差异很小，因而有式(5-132) 成立。

$$F_f(-\dot{\theta})=-F_f(\dot{\theta}) \tag{5-132}$$

由式(5-130)～式(5-132)，可得到摩擦力矩和重力矩，分别为式(5-133) 和式(5-134)。

$$F_f(\dot{\theta})=\frac{1}{2}(u_1-u_2) \tag{5-133}$$

$$\tau_g(\theta)=\frac{1}{2}(u_1+u_2) \tag{5-134}$$

根据试验 a 和 b 中的采样数据，由式(5-133) 和式(5-134) 即可得到角速度 $\dot{\theta}$ 下的一组重力矩-摩擦序列。

② 驱动关节负载力矩　机器人运动时，关节负载力矩用于克服除摩擦力外的惯性力、离心力、科氏力以及重力。关节负载力矩等于关节输出端所输出的力矩。

以图 5-51 中关节 2 为例，分析驱动关节负载力矩的影响，主要步骤如下。

a. 重力矩随关节角度变化　为了分析重力矩的影响，需测定不同角度下的重力矩值。试验时随着机器人位姿的变化，重力矩随之改变，从而可以获得不同的负载力矩。关节 2 具有大惯量，在工作空间内，关节 2 所受重力矩随关节 2 角度 q_2、关节 3 角度 q_3 的变化而变化，此时关节 4 至 6 锁死在初始角度，即得到 $\tau_g(\theta)$ 与 θ_2、θ_3 的对应关系或曲线。

b. 摩擦力矩随负载力矩变化　为了分析负载力矩的影响，需测定不同负载力矩下的摩擦值。设关节 2 运动时所受重力矩的变化区间为 $[\theta_{2b}, \theta_{2e}]$，试验时只动作关节 2，其余关节锁死。

根据试验数据，利用式(5-133) 和式(5-134) 进行计算，便可以得到不同角速度下重力矩与摩擦的关系以及负载力矩与摩擦的关系。

2）谐波驱动关节　这里的谐波驱动关节是指谐波减速器。谐波减速器因其具有同轴安装、结构紧凑、重量轻及减速比大等优点而广泛应用于机器人系统，相比于 RV 减速器，谐波减速器基频和刚度较低，因而多用于负载力矩较小的关节。

从结构上看，谐波减速器由波发生器、柔轮和刚轮等基本构件组成。波发生器由椭圆凸轮与薄壁轴承组成，柔轮为薄壳形弹性外齿轮，刚轮为刚性的内齿轮，柔轮比刚轮的齿数少，两者存在齿数差。在谐波驱动关节中，刚轮固定，波发生器与输入轴相连且为主动，柔轮与输出轴相连且为从动。

当电机带动波发生器转动时，柔轮在波发生器椭圆凸轮作用下产生变形。此时，在波发生器长轴两端处的柔轮轮齿与刚轮轮齿完全啮合；在短轴两端处的柔轮轮齿与刚轮轮齿完全脱开；在长轴与短轴之间的区域，有的处于半啮合状态，即啮入；有的则逐渐退出啮合，处于半脱开状态，即啮出。当波发生器连续转动时，使“啮入、完全啮合、啮出、完全脱开”四种情况循环变化。由于柔轮比刚轮的齿数少，当波发生器转动一周时，柔轮向相反方向转过一定的角度，从而实现了减速。

谐波传动的重复性误差主要是由长时间使用过程中的摩擦损耗造成的，以图 5-51 为例分析谐波减速器驱动关节，这里仅进行摩擦特征分析[42]。

该机器人手腕处的 3 个关节，即关节 4 至 6 采用谐波减速器。当谐波减速器作为驱动关节时，谐波驱动关节的摩擦力来源于电机轴与油封摩擦、输入端轴承摩擦、波发生器的轴承摩擦、刚柔轮啮合摩擦及输出端轴承摩擦，其中刚柔轮啮合摩擦所占比重最大。对于谐波驱动关节 4 至 6，可将关节调整至不受重力影响的位姿，通过试验测量摩擦力矩的数值。

以机器人关节 4 为例，试验测量摩擦力矩的主要步骤如下。

① 摩擦力-角位置。通过旋转关节 3 使关节 4 的轴线与重力方向平行（即旋转关节 3、

关节 4 的轴线垂直于水平面)，而后进行试验。例如，控制输入电机顺时针方向的转速为一定值，当采样周期为定值时，测量摩擦力与角位置，可得到设定速度下的一组数据，即摩擦力-角位置。

② 摩擦力矩。分析步骤①的结果可知，摩擦力矩随输入角位置的变化而周期性波动，且波动的周期与电机转动一周的时间相同。

③ 幅值—频率。分析步骤②摩擦力矩的频率组成部分，采用快速傅里叶变换对采样数据作频域分析，可得到一组数据，即幅值-频率。

④ 摩擦力表达式。分析步骤③的幅值-频率关系。将与角位置相关的摩擦采用正弦函数组合的形式来描述，即式(5-135)。

$$F_p = A_1 \sin\theta(q + \varphi_1) + A_2 \sin\theta(2q + \varphi_2) \tag{5-135}$$

式中，F_p 为与角位置相关的摩擦力；A_1、A_2 为幅值；φ_1、φ_2 为相移；q 为输入端电机侧的角位移。

⑤ 分析摩擦与角速度的关系。

⑥ 综合分析谐波驱动关节的摩擦力。

谐波减速器利用柔轮可控的弹性变形来传递运动和动力，传动方式特殊，其摩擦现象较复杂，影响也更为明显。谐波驱动系统的摩擦不但包含与速度相关的库仑摩擦与黏性摩擦，还存在与角位置相关的周期性波动，并且这类模型参数辨识烦琐。谐波减速器的引入使得机器人关节具有柔性、非线性迟滞等特点，这给机器人的控制带来了难度，目前难以用于实际控制。

(2) 关节误差

关节误差可以通过误差旋量来描述。误差旋量是指关节轴线绕某直线转动和沿该直线移动及其合成的旋量。用误差旋量分析机器人各个误差源对执行器末端精度的影响时，将机器人关节轴线的结构误差和传动误差等效为关节的一个微小的运动旋量，因此，误差旋量实质上就是一个微小的运动旋量[43,44]。

误差旋量建模是指把各种误差源进行微小的运动旋量整合，最后反映到末端位姿精度上。

对末端执行器，一个关节对其位姿精度误差参数的影响可归结为：关节轴线偏转角度误差 θ_{ex}、θ_{ey}，关节传动角度误差 $\Delta\theta$，连杆 3 个方向的尺寸误差 r_{ex}、r_{ey}、r_{ez} 等 6 个参数。

关节轴线在基坐标系下用其单位方向矢量和对原点的矩表示，如图 5-53 所示。

图 5-53 中，θ_e 为轴线偏转角度，d 为轴线偏移距离，$\Delta\theta$ 为关节传动误差转角，$\boldsymbol{\omega}_e$ 表示轴线偏转方向的单位矢量。旋量节距为 $h_e = d/\theta_e$。

假设机器人某关节轴线理想的运动旋量坐标可表示为式(5-136)。

$$\boldsymbol{S} = [\boldsymbol{v}, \boldsymbol{\omega}]^{\mathrm{T}} = [\boldsymbol{r} \times \boldsymbol{\omega}, \boldsymbol{\omega}]^{\mathrm{T}} \tag{5-136}$$

当考虑静态误差参数影响时，这该关节实际的运动旋量坐标为式(5-137)。

$$\boldsymbol{S}' = [\boldsymbol{v}', \boldsymbol{\omega}']^{\mathrm{T}} = [\boldsymbol{r}' \times \boldsymbol{\omega}', \boldsymbol{\omega}']^{\mathrm{T}} \tag{5-137}$$

若把关节由理想轴线到实际轴线的坐标变换看成是旋量 $\boldsymbol{\theta}_e \boldsymbol{S}_e$ 运动的结果，则称其为误差旋量，$\boldsymbol{\theta}_e$ 为误差旋量的大小。那么，误差旋量可以表示为式(5-138)。

$$\boldsymbol{S}_e = [\boldsymbol{v}_e, \boldsymbol{\omega}_e]^{\mathrm{T}} = [\boldsymbol{r}' \times \boldsymbol{\omega}_e, \boldsymbol{\omega}_e]^{\mathrm{T}} \tag{5-138}$$

其中，由图 5-53 中表示的几何关系，可知式(5-139) 成立。

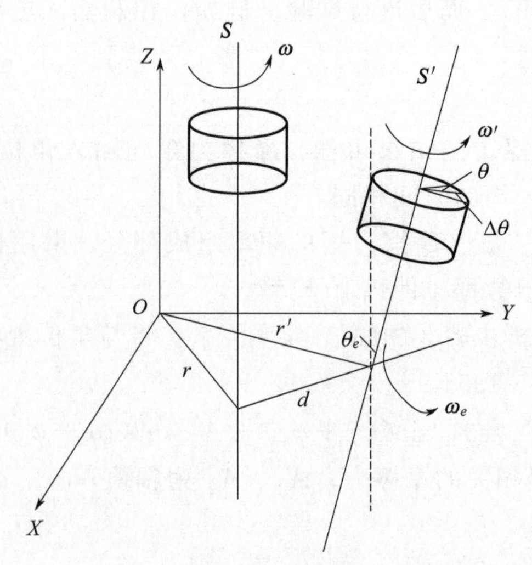

图 5-53　关节轴线误差示意图

$$\boldsymbol{\omega}_e=\frac{\boldsymbol{\omega}'\times\boldsymbol{\omega}}{\sin\theta_e} \tag{5-139}$$

此时，有式(5-140) 和式(5-141) 成立。

$$h_e=\frac{d}{\theta_e}=\frac{|\boldsymbol{r}-\boldsymbol{r}'|}{\theta_e} \tag{5-140}$$

$$\boldsymbol{v}_e=\boldsymbol{r}'\times\boldsymbol{\omega}_e+h_e\boldsymbol{\omega}_e=\frac{\boldsymbol{r}'\times(\boldsymbol{\omega}_0\times\boldsymbol{\omega}')}{\sin\theta_e}+h_e\frac{\boldsymbol{r}'\times(\boldsymbol{\omega}_0\times\boldsymbol{\omega}')}{\sin\theta_e}=\frac{\boldsymbol{r}_0\times\boldsymbol{r}'}{d}+\frac{\boldsymbol{r}'-\boldsymbol{r}_0}{\theta_e} \tag{5-141}$$

则结构误差旋量为式(5-142)。

$$\boldsymbol{S}_e=\left[\frac{\boldsymbol{r}_0\times\boldsymbol{r}'}{d}+\frac{\boldsymbol{r}'-\boldsymbol{r}_0}{\theta_e},\frac{\boldsymbol{r}'-\boldsymbol{r}_0}{d}\right]^{\mathrm{T}} \tag{5-142}$$

对于具有 n 个自由度的串联机器人，其运动学指数积公式为

$$\boldsymbol{T}(\theta)=\boldsymbol{e}^{\boldsymbol{\theta}_1\hat{\boldsymbol{S}}_1}\boldsymbol{e}^{\boldsymbol{\theta}_2\hat{\boldsymbol{S}}_2}\cdots\boldsymbol{e}^{\boldsymbol{\theta}_n\hat{\boldsymbol{S}}_n}\boldsymbol{T}(0)$$

其中，$\boldsymbol{\theta}_i$ 为第 i 个关节的运动旋量大小；$\hat{\boldsymbol{S}}_i$ 为旋量算子；$\boldsymbol{T}(0)$ 为无误差作用下，初始位形时机器人末端工具坐标系相对基坐标系的理想位姿。

对应每个关节构造一个运动旋量 $\boldsymbol{S}_i\in 6\times 1$，即

$$\boldsymbol{S}_i=\begin{bmatrix}-\boldsymbol{\omega}_i\times\boldsymbol{r}_i\\ \boldsymbol{\omega}_i\end{bmatrix}=\begin{bmatrix}v_x & v_y & v_z & \omega_x & \omega_y & \omega_z\end{bmatrix}^{\mathrm{T}}$$

旋量算子为

$$\hat{\boldsymbol{S}}=\begin{bmatrix}\hat{\boldsymbol{\omega}}\\ \boldsymbol{v}\end{bmatrix}=\begin{bmatrix}\hat{\boldsymbol{\omega}} & \boldsymbol{v}\\ \boldsymbol{0} & 0\end{bmatrix}=\begin{bmatrix}0 & -\omega_z & \omega_y & v_x\\ \omega_z & 0 & -\omega_x & v_y\\ -\omega_y & \omega_x & 0 & v_z\\ 0 & 0 & 0 & 0\end{bmatrix}$$

矩阵指数表示一般刚体变换时，计算公式为

$$e^{\theta\hat{S}}=\begin{bmatrix} e^{\theta\hat{\omega}} & (I-e^{\theta\hat{\omega}})r+\omega\cdot\omega^{T}v\theta \\ 0 & 1 \end{bmatrix}$$

因此，在结构误差作用下，末端工具坐标系相对基坐标系的实际位姿可表示为式(5-143)。

$$T'(0)=e^{\theta_{e1}\hat{S}_{e1}}e^{\theta_{e2}\hat{S}_{e2}}\cdots e^{\theta_{en}\hat{S}_{en}}T(0)=\prod_{i=1}^{n}e^{\theta_{ei}\hat{S}_{e}}T(0) \tag{5-143}$$

当考虑结构误差和传动误差时，机器人运动学模型为式（5-144）。

$$T(\theta)=e^{\theta_{e1}\hat{S}_{e1}}e^{(\theta_1+\Delta\theta_1)\hat{S}_1}\cdots e^{\theta_{en}\hat{S}_{en}}e^{(\theta_n+\Delta\theta_n)\hat{S}_n}T(0) \tag{5-144}$$

式中，θ_{ei} 为关节误差旋量的大小，在只考虑静态或准静态误差情况下，θ_{ei} 是常量；S_{ei} 为关节轴线在基坐标系下的单位误差旋量；θ_i 为关节理想旋量的大小；S_i 为机器人关节轴线理想单位旋量。

以上分析过程是将旋量坐标在基坐标系下表示的。

若将理想关节轴线作为 Z 轴，连杆方向作为 X 轴建立局部坐标系。设关节轴线绕局部坐标系 3 个轴的偏转角度分别为 $\theta_e=[\theta_{ex}\quad \theta_{ey}\quad \theta_{ez}]^T$，因为 θ_{ez} 是绕关节轴线转动的角度误差，所以 $\theta_{ez}=\Delta\theta$。则理想关节轴线在局部坐标系下的坐标为

$$S=[v\quad \omega]^T=[0\quad 0\quad 0\quad 0\quad 0\quad 1]^T$$

设关节实际轴线在局部坐标系下的坐标为

$$S'=[v'\quad \omega']^T=[a\quad b\quad c\quad d\quad e\quad f]^T$$

则有式(5-145)。

$$\omega'=\mathrm{Rot}(x,\theta_{ex})\mathrm{Rot}(y,\theta_{ey})\omega \tag{5-145}$$

其中，$\mathrm{Rot}(x,\theta_{ex})$、$\mathrm{Rot}(y,\theta_{ey})$ 分别为绕 X 轴和 Y 轴旋转 θ_{ex} 和 θ_{ey} 角度的方向余弦矩阵，可表示为

$$\mathrm{Rot}(x,\theta_{ex})=\begin{bmatrix} 1 & 0 & 0 \\ 0 & \cos\theta_{ex} & -\sin\theta_{ex} \\ 0 & \sin\theta_{ex} & \cos\theta_{ex} \end{bmatrix}$$

$$\mathrm{Rot}(y,\theta_{ey})=\begin{bmatrix} \cos\theta_{ey} & 0 & \sin\theta_{ey} \\ 0 & 1 & 0 \\ -\sin\theta_{ey} & 0 & \cos\theta_{ey} \end{bmatrix}$$

将其代入式(5-145) 可得式(5-146)。

$$\omega'=[\sin\theta_{ey}\quad -\sin\theta_{ex}\cos\theta_{ey}\quad \cos\theta_{ex}\cos\theta_{ey}]^T \tag{5-146}$$

由式(5-139)，可得式(5-147)。

$$\omega_e=\frac{1}{\sin\theta_e}[-\sin\theta_{ex}\cos\theta_{ey},-\sin\theta_{ex},0]^T=\frac{1}{\sin\theta_e}[e\quad -d\quad 0]^T \tag{5-147}$$

综上所述，误差旋量的大小 θ_e 和误差旋量轴 X、Y 方向的方向余弦分别表示了实际轴线在局部坐标系的姿态误差，避免了 D-H 法建模无法直接表示绕 Y 轴线转动误差的不足，而轴线偏移的距离则由机械臂连杆尺寸误差来决定。误差旋量综合表示了连杆尺寸误差和形位误差。

（3）关节对精度影响

下面通过工作空间位姿误差和末端位置精度来分析关节对精度的影响。

1）工作空间位姿误差　研究机器人整个工作空间的误差情况时，需要遍历工作空间的每一个位姿。常采用蒙特卡罗方法研究末端位姿误差特性，使用蒙特卡洛方法分析时，需要将各个误差源设为随机变量，为了方便计算，误差分布规律可设为均匀分布且相互独立。末端位姿误差来源于各误差源，可以通过复杂的非线性关系进行合成得到，其误差界限不受误差源分布规律的影响。

在进行工作空间位姿误差分析时，假设各个误差源相互独立，但实际情况可能很复杂，一些误差源之间可能存在相关关系，这只需要在随机误差生成时加入相关关系即可[45-47]。

由于机器人不同的工作环境和任务以及自身不同结构尺寸和性能，因此，机器人工作时的误差以及影响规律也不相同。

例如，六自由度装配机器人。装配机器人的误差主要影响机器人末端在空间中的位置而非姿态，即考虑位置参数影响而忽略姿态参数。

① 角度误差对机器人末端位置的影响。假设机器人末端到达指定目标位置时，1～5关节需要转动的角度分别为 $\theta_1 \sim \theta_5$，即各关节角为定值。此时，机器人末端在空间中的理论位置（x_e, y_e, z_e）为定值。分别在各关节转动角度的误差参数范围内，随机取 N 组误差参数值，分别求出各误差参数对机器人末端位置误差值分布数值，即$(x_e, y_e, z_e) \sim \theta_1, (x_e, y_e, z_e) \sim \theta_2, \cdots\cdots, (x_e, y_e, z_e) \sim \theta_5$ 的数值。

② 连杆尺寸误差对末端位置的影响。假设机器人末端到达指定目标位置时，连杆 1～5 的位置为$(x_1, y_1, z_1) \sim (x_5, y_5, z_e)$，即连杆位置为定值。此时，机器人末端在空间中的理论位置（x_e, y_e, z_e）为定值。分别在各连杆尺寸的误差参数范围内，随机取 N 组误差参数值，分别求出各误差参数对机器人末端位置误差值分布数值，即$(x_e, y_e, z_e) \sim L_1(x_1, y_1, z_1), (x_e, y_e, z_e) \sim L_2(x_2, y_2, z_2), \cdots\cdots, (x_e, y_e, z_e) \sim L_5(x_5, y_5, z_5)$的数值。

③ 通过误差值的分布数值（或情况）可以分析机器人末端位置对各误差参数的敏感程度，其偏差可按式(5-148) 计算。

$$\Delta_{ei} = \sqrt{(x_i - x)^2 + (y_i - y)^2 + (z_i - z)^2} \tag{5-148}$$

式中　Δ_{ei}——当各误差参数独立作用时末端实际位置与理想位置的偏差。

根据式(5-148)，即可求得各误差参数独立作用下末端实际位置与理想位置的偏差 Δ_{ei}。

然后，根据式(5-149)，求出 n 次随机误差分别单独作用下机器人末端位置偏差的平均值 K。

$$K = \left(\sum_{i=1}^{n} \Delta_i\right) / n \tag{5-149}$$

将平均偏差 K 作为误差参数灵敏度系数。

④ 表述灵敏度系数与误差参数之间的关系，并据此找出对末端位置误差影响最大的关节及连杆。

就机器人末端位置对各误差参数的敏感程度而言，通常，关节 n 与关节 m 的角度误差对机器人末端位置的影响最为重要，关节的角度误差整体要比连杆尺寸误差对末端位置影响程度大。因此，在机器人设计与装配中，尤其要重视关节 n 和关节 m 的角度，在误差补偿与优化过程中应尽量提高这些角度参数值的精度。

2）末端位置精度　通过上述分析可知，角度误差是影响机器人末端位置精度的主要因素。为了进一步研究误差参数对机器人末端位置精度的影响规律，有必要分析角度误差与连杆尺寸误差引起的机器人末端位置精度误差随时间变化的关系。

设机器人运动学模型为式(5-150)。

$$\boldsymbol{T}(\theta)=e^{\theta_1\hat{S}_1}e^{\theta_2\hat{S}_2}\cdots e^{\theta_n\hat{S}_n}\boldsymbol{T}(0) \tag{5-150}$$

式中，$\boldsymbol{\theta}_i$ 为关节理想旋量的大小；$\boldsymbol{S}_i$ 为机器人关节轴线理想单位旋量；$e^{\boldsymbol{\theta}_n\hat{\boldsymbol{S}}_n}$ 表示一般刚体变换；$\boldsymbol{T}(0)$ 为基坐标系的实际位姿。

假设机器人各关节运动规律均为

$$\theta(t)=\frac{3\pi}{8}t^2-\frac{\pi}{8}t^3 \quad (t=2\mathrm{s})$$

式中，t 为时间，s。

根据运动学模型，即式(5-150)，可以进行试验或仿真，得出无误差情况下机器人末端理想轨迹。

① 若取定各误差参数：轴线偏转角度误差 $\boldsymbol{\theta}_{ei}=(\theta_{eix},\theta_{eiy},\theta_{eiz})$，关节传动角度误差 $\Delta h_i=0.2\mathrm{mm}$。$i=1\sim5$ 表示关节序号，分别对角度误差进行试验或仿真，可以得到角度误差作用下末端位置误差规律。即 x，y，z 方向分别表示的“位置误差与 $\boldsymbol{\theta}_{ei}$”之间的关系。

② 若取定各误差参数：杆件尺寸误差 $\boldsymbol{L}_{ei}=(L_{eix},L_{eiy},L_{eiz})$，关节传动角度误差 $\Delta h_i=0.2\mathrm{mm}$。$i=1\sim5$ 表示关节序号，分别对杆件尺寸误差进行试验或仿真，可以得到杆件尺寸误差作用下末端位置误差规律。即 x，y，z 方向分别表示的“位置误差与 L_{ei}”之间的关系。

①和②分别表示了在误差独立作用下，机器人末端位置误差分量随时间变化的情况。通过误差参数对末端位置精度影响的分析，可以为末端位置精度进行动态补偿提供一定的理论依据。

上述（1）、（2）和（3），仅从驱动关节、关节对精度影响以及关节误差建模等方面分析了机器人关节对性能的影响。其他如变刚度柔性关节也是机器人智能化的核心领域之一，涉及柔性关节设计、感知、反馈等多方面技术。机器人变刚度柔性关节可以有效提高人机交互的安全性，但目前机器人变刚度柔性关节对其性能的影响方面还有很多需要解决的问题，如变刚度柔性关节设计、关节刚度辨识及控制方法等。

5.3.3 本体结构及优化

本体结构及优化涉及机械结构未确定和机械结构已确定两方面。

1）机械结构未确定　当机械结构未确定时，应考虑灵活度对工作的影响。例如，考虑灵活度最大的机器人结构参数的优化方法，使少自由度的机器人能够获得一定的姿态冗余，对于降低成本与控制难度都是非常有益的。当采用灵活度最优设计方法时，可以减少关节数而保证最大的灵活度。其设计方法主要包括：采用几何法确定机器人各关节的边界约束；建立运动学方程，得到位置方程；将位置方程中冗余变量取作自由解，解出剩余变量；在约束域遍历冗余变量，以确定的工作空间为对象，统计剩余变量可行解的个数，取可行解最多的关节变量作为最优解。

2）机械结构已确定　当机械结构的几何参数确定后，通常还会由于各类因素，如使结构的固有频率避开激振源的振动频率等，进一步对已有的结构尺寸做出改进。

关于本体结构及优化的理论和方法，目前有许多的论述和资料记载。这里仅以冗余度机器人为例进行分析。

冗余度机器人本体结构及优化包括机器人结构坐标系，回转台坐标系的坐标变换，回转台坐标系的运动学逆解以及冗余度机器人的运动学逆解，等等[48-50]。

（1）机器人结构坐标系

对于冗余度结构机器人，针对不同的优化目标可以提出不同的优化策略，这使得对机器人的运动控制更加灵活，也使得机器人能适应更为复杂的应用环境。建立 3R 冗余度机器人结构坐标系，如图 5-54 所示。

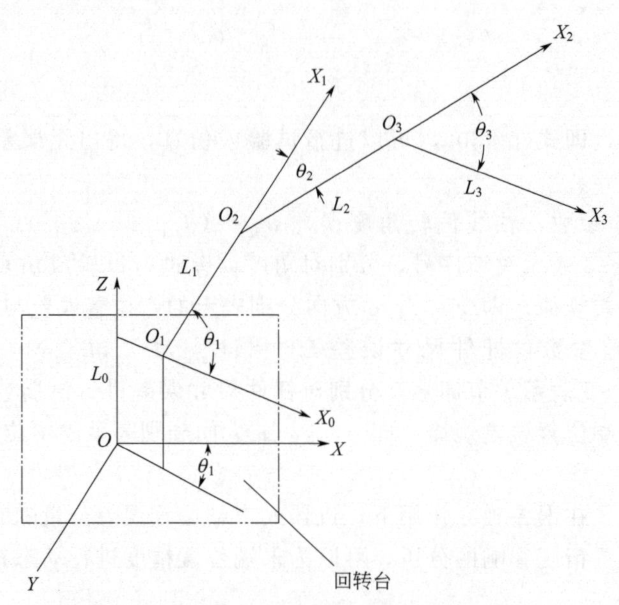

图 5-54　3R 冗余度机器人结构坐标系

该机器人由回转台和多个杆件构成一个空间冗余度系统。

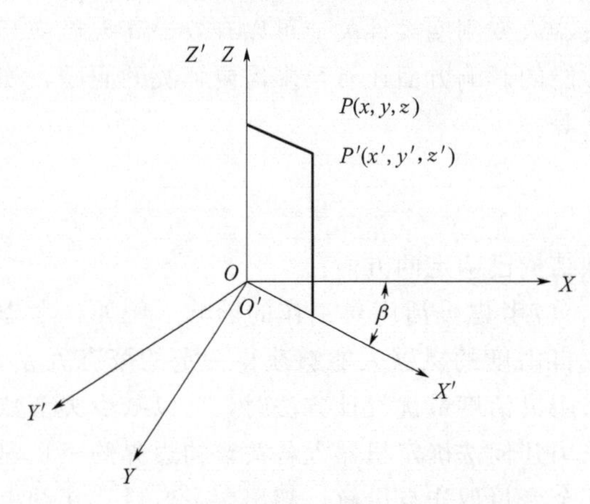

图 5-55　回转台坐标系与基础坐标系的关系

$OXYZ$—基础坐标系；$O'X'Y'Z'$—回转台坐标系

为方便计算，可以将空间冗余度问题分解为非冗余的回转运动和平面冗余问题；再把平面冗余运动投影到回转台运动所在的局部坐标系内，即可实现对空间冗余运动的分析。

研究分析的主要内容包括：回转台坐标系的坐标变换、回转台坐标系的运动学逆解以及平面 3R 冗余度机器人的运动学逆解等。

（2）回转台坐标系的坐标变换

回转台的主要功能是增加机器人机构的转动能力和在垂直方向的作业空间。回转台坐标系与基础坐标系的关系，如图 5-55 所示。

图 5-55 描述的是非冗余的回转台坐标系与基础坐标系的关系。对于图中基础坐标系 $OXYZ$ 中的一点 $P(x,y,z)$，在基础坐标系中沿其 Z 轴方向，按右手法旋转 β 角，就变为回转台坐标系 $O'X'Y'Z'$中 $O'Y'Z'$平面上的一点 $P'(x',y',z')$。这样，P 和 P'有式(5-151)所表示的对应关系。

$$\begin{bmatrix} x \\ y \\ z \end{bmatrix} = \begin{bmatrix} \cos\beta & -\sin\beta & 0 \\ \sin\beta & \cos\beta & 0 \\ 0 & 0 & 1 \end{bmatrix} \begin{bmatrix} x' \\ y' \\ z' \end{bmatrix} \tag{5-151}$$

由于 $y'=0$，则有式（5-152）。

$$\begin{cases} x = x'\cos\beta \\ y = x'\sin\beta \\ z = z' \end{cases} \tag{5-152}$$

（3）回转台坐标系的运动学逆解

机械臂逆向运动学即根据机械臂末端执行器的位姿也即工具坐标系的位姿，求解各关节的角度。由于工具坐标系与腕坐标系之间无相对运动，属于固定连接，故工具坐标系相对于腕坐标系的位姿为常矩阵。在求机械臂正逆解时，可以通过回转台坐标系中心点在腕坐标系与工具坐标系之间变换。

根据式(5-152)，回转台坐标系的运动学逆解为：

$$\beta = \arctan\frac{y}{x};$$

$$\dot{\beta} = \frac{\dot{y}x - y\dot{x}}{x^2+y^2};$$

$$\ddot{\beta} = \frac{\ddot{y}x - y\ddot{x}}{x^2+y^2} - \frac{2(\dot{y}x - y\dot{x})(x\dot{x}+y\dot{y})}{(x^2+y^2)^2};$$

$$x' = (x^2+y^2)^{\frac{1}{2}};$$

$$\dot{x}' = \frac{xx'+yy'}{(x^2+y^2)^{\frac{1}{2}}};$$

$$\ddot{x}' = \frac{\dot{x}^2 + x\ddot{x} + \dot{y}^2 + y\ddot{y}}{(x^2+y^2)^{\frac{1}{2}}} - \frac{x\dot{x}+y\dot{y}}{(x^2+y^2)^{\frac{3}{2}}};$$

$$z' = z;\ \dot{z}' = \ddot{z};\ \ddot{z}' = \ddot{z}$$

（4）冗余度机器人的运动学逆解

对于冗余度机器人，其自由度（主动关节）数 n 大于其末端的绝对运动参数 m，即 $n>m$，容易导致关节加速度、关节力矩矢量有无穷多解。为了获得冗余度机器人唯一确定解，一般采用最小关节范数法、最小关节力矩法、最小能量法等方法。这里，以 3R 冗余度机器人为例，采用冗余度机器人最小关节力矩法探讨分析运动学逆解的步骤。

① 雅可比矩阵　在空间冗余度问题分解为平面冗余度问题后，可以先进行平面 3R 冗余度机器人的运动学分析。平面 3R 冗余度机器人的雅可比矩阵可表示为式(5-153)。

$$\boldsymbol{J} = \begin{bmatrix} -l_3 s_{123} - l_2 s_{12} - l_1 s_1 & -l_3 s_{123} - l_2 s_{12} & -l_3 s_{123} \\ l_3 c_{123} + l_2 c_{12} - l_1 c_1 & l_3 c_{123} + l_2 c_{12} & l_3 c_{123} \end{bmatrix} \tag{5-153}$$

式中，s_{123}、c_{123} 分别代表 $\sin(\theta_1+\theta_2+\theta_3)$、$\cos(\theta_1+\theta_2+\theta_3)$；$l$ 为杆长。

在获得了平面 3R 冗余度机器人的雅可比矩阵 $\boldsymbol{J}$ 后，对式(5-153) 求时间导数，即可得到 $\dot{\boldsymbol{J}}$ 的表达式。

② 关节加速度　在已知 $\boldsymbol{J}$ 和 $\dot{\boldsymbol{J}}$ 的情况下，可以通过式(5-154) 计算得到关节加速度 $\ddot{\theta}$ 。

$$\ddot{\boldsymbol{\theta}}=\boldsymbol{J}_H^{+}(\ddot{\boldsymbol{X}}-\dot{\boldsymbol{J}}\boldsymbol{\theta})-(\boldsymbol{I}-\boldsymbol{J}_H^{+}\boldsymbol{J})\boldsymbol{D}^{-1}\boldsymbol{H} \tag{5-154}$$

其中，

$$\boldsymbol{J}_H^{+}=\boldsymbol{D}^{-1}\boldsymbol{J}^{\mathrm{T}}(\boldsymbol{J}\boldsymbol{D}^{-1}\boldsymbol{J}^{\mathrm{T}})^{-1} \tag{5-155}$$

式中，$\boldsymbol{J}\in\boldsymbol{R}^{m\times n}$ 为雅可比矩阵；n 为自由度个数，m 为末端绝对运动参数的个数；$\boldsymbol{J}^{+}\in\boldsymbol{R}^{m\times n}$ 为广义逆矩阵；$\boldsymbol{I}\in\boldsymbol{R}^{n\times n}$ 为单位矩阵；$\ddot{\boldsymbol{X}}\in\boldsymbol{R}^{m\times 1}$ 为末端的绝对加速度矢量；$\ddot{\boldsymbol{\theta}}\in\boldsymbol{R}^{n\times 1}$ 为关节加速度矢量；$\dot{\boldsymbol{J}}\in\boldsymbol{R}^{m\times n}$ 为$\boldsymbol{J}$ 的时间导数；$\boldsymbol{H}\in\boldsymbol{R}^{n\times 1}$ 为科氏力和离心力矢量；$\boldsymbol{D}\in\boldsymbol{R}^{n\times 1}$ 为惯性张量。

式(5-154) 为在考虑权重矩阵的情况下，采用冗余度机器人最小关节力矩法的关节加速度逆解。

③ 关节速度和关节角度　获得 $\ddot{\boldsymbol{\theta}}$ 后，通过逐步积分得到 $\dot{\boldsymbol{\theta}}$ 和 $\boldsymbol{\theta}$ 的值。

由本章所述可知，机器人本体是实现良好低速运动性能的保障。为提升本体的运动性能，以下方面对于优化设计是非常重要的：

① 机器人的轻量化设计　轻量化是工业机器人技术的主要发展方向之一，在保证刚度、强度的前提下，轻量化有利于减小重力矩、耦合效应和非线性摩擦等的影响，提高动态性能。

② 传动链设计　缩短或减少传动环节，有利于减小传动间隙，减轻非线性摩擦的影响。此外，为减小传动间隙的影响，设计时，可以将大减速比减速器作为传动链的最后一级。

③ 元件或部件的选型设计　各个元件或部件的性能是系统整体性能的基础，如有刷电机由于电刷接触压降及电枢与换向器之间的摩擦会造成电机低速运转不平稳，因而可以选用低速平稳性较好的交流伺服电机、无刷直流电机等作为执行元件。采用 RV 减速器、谐波减速器等作为传动元件可使结构紧凑，同时具有回差小、精度高的特点。

④ 特殊结构设计　如对于大负载机器人，考虑到其大臂、小臂等的重力矩会严重影响机器人的动态性能，并使关节的摩擦、磨损恶化。为平衡重力矩的影响，设计平衡装置，可以采用配重平衡、弹簧平衡、气缸平衡等方式来平衡重力矩。冗余特性是结构鲁棒性的重要组成部分，也是在损伤情况下结构安全性的体现，冗余度机器人具有增强灵活性、躲避障碍物和改善动力学性能等优点。

综上所述，为提高结构刚度及满足高精度作业的需求，按预定优化尺寸设计关键零部件合理的机械结构形式是机器人结构优化的基本保证。

参考文献

[1] 梅江平，孙玉德，贺莹，等. 基于能耗最优的 4 自由度并联机器人轨迹优化 [J]. 机械设计，2018，35 (7)：14-22.

[2] KIM J，KIM S R，KIM S J. A practical approach for minimum-time trajectory planning for industrial robots [J]. Journal of Industrial Robot，2010，37 (1)：51-61.

[3] WANG P F，HUO X M，WANG Z. Topology design and kinematic optimization of cyclical 5-DOF parallel manipulator with proper constrained limb [J]. Advanced Robotics，2017，31 (4)：204-219.

[4] WANG H，ZHANG L S，CHEN G L，et al. Parameter optimization of heavy-load parallel manipulator by introducing stiffness distribution evaluation index [J]. Mechanism and Machine Theory，2017，108：244-259.

[5] XIX F，LIU X J，WANG J，et al. Kinematic optimization of a five degrees-of-freedom spatial parallel mechanism with large orientational workspace [J]. Journal of Mechanisms & Robotics，2017，9 (5)：051005.

[6] XIe F G，LIU X J，WANG J S. A 3-DOF parallel manufacturing module and its kinematic optimization [J]. Robotics

and Computer-Integrated Manufacturing，2012，28（3）：334-343.
[7] 李研彪，郑航，徐梦茹，等.5-PSS/UPU并联机构的多目标性能参数优化[J].浙江大学学报（工学版），2019，53（4）：654-663.
[8] 邓君，李川，白云.串联工业机器人机械臂的模块化组合式设计方法[J].科学技术与工程，2018，18（22）：66-71.
[9] 谭民，徐德，侯增广，等.先进机器人控制[M].北京：高等教育出版社，2007，5.
[10] 刘延柱，戈新生.用点系笛卡儿坐标表示的刚体模型[J].力学与实践，2014，36（1）：81-83.
[11] LIA Z C，MENQ C H. The dexterous workspace of simple manipulators [J]. IEEE Journal on Robotics and Automation，1988，4（1）：99-103.
[12] ZARGARBASHI S H H，KHAN W，ANGELES J. The Jacobian condition number as a dexterity index in 6R machining robots [J]. Robotics and Computer-Integrated Manufacturing，2012，28（6）：694-699.
[13] MANSOURI I，OUALI M. A new homogeneous manipulability measure of robot manipulators，based on power concept [J]. Mechatronics，2009，19（6）：927-944.
[14] MAKRIS S，TSAROUCHI P，MATTHAIAKIS A S，et al. Dual arm robot in cooperation with humans for flexible assembly [J]. CIRP Annals - Manufacturing Technology，2017，66（1）：13-16.
[15] 吴应东.六自由度工业机器人结构设计与运动仿真[J].现代电子技术，2014，37（2）：74-76.
[16] 张晓瑾.串联机器人位姿精度分析与建模[D].沈阳：东北大学，2012.
[17] 谢里阳，王正，周金宇，等.机械可靠性基本理论与方法[M].北京：科学出版社，2009.
[18] 刘洋.单马达驱动多关节机械臂的关键技术研究[D].武汉：华中科技大学，2009.
[19] 任晓琳，李洪文.复杂多关节机械臂建模及逆运动学比较分析[J].吉林大学学报（信息科学版），2016，34（6）：754-760.
[20] GONG C H，YUAN J X，NI J. Nongeometric error identification and compensation for robotic system by inverse calibration [J]. International Journal of Machine Tools and Manufacture，2000，40（14）：2119-2137.
[21] JANG J H，KIM S H，KWAK Y K. Calibration of geometric and non-geometric errors of an industrial robot [J]. Robotics，2001，19（3）：305-701.
[22] 娄军强，魏燕定，杨依领，等.智能柔性机械臂的建模和振动主动控制研究[J].机器人，2014，36（5）：552-559+575.
[23] ALICI G，SHIRINZADEH B. Enhanced stiffness modeling，identification and characterization for robot manipulators [J]. IEEE Transactions on Robotics，2005，21（4）：554-564.
[24] 张鑫，杨棉绒，郝明.五自由度关节式机械臂运动学分析与仿真[J].机械设计与制造，2017（2）：9-12.
[25] 尹海斌，杨峰，李军锋，等.混合结构机械臂关节壳轻量化设计[J].机械设计与制造，2019（S1）：5-8+12.
[26] 彭勃.多跨轴系动力学及其智能弹簧支承减振研究[D].江苏：南京航空航天大学，2017.
[27] 李研彪，王林，罗怡沁，等.球面5R并联机构的动力学建模及动载分配优化[J].光学精密工程，2018，26（8）：2012-2020.
[28] RASSOLKIN A，HOIMOJA H，TEEMETS R. Energy saving possibilities in the industrial robot IRB 1600 control [J]. Compatibility and Power Electronics. IEEE，2011：226-229.
[29] MEIKE D，PELLICCIARI M，BERSELLI G . Energy Efficient Use of Multirobot Production Lines in the Automotive Industry：Detailed System Modeling and Optimization [J]. IEEE Transactions on Automation Science and Engineering，2014，11（3）：798-809.
[30] 胡小亮，谢志江，吴小勇，等.4-PRR冗余并联机构驱动力与能耗优化[J].农业机械学报，2019，50（5）：413-419.
[31] CARABIN G，WEHRLE E，VIDONI R. A review on energy-saving optimization methods for robotic and automatic Systems [J]. Robotics，2017，6（4）：39.
[32] LEE G，PARK S，LEE D，et al. Minimizing Energy Consumption of Parallel Mechanisms via Redundant Actuation [J]. IEEE/ASME Transactions on Mechatronics，2015，20（6）：2805-2812.
[33] 杨丽红，秦绪祥，蔡锦达，等.工业机器人定位精度标定技术的研究[J].控制工程，2013，20（4）：785-788.
[34] 周炜，廖文和，田威.基于空间插值的工业机器人精度补偿方法理论与试验[J].机械工程学报，2013，49（3）：42-48.

[35] TANG T F, ZHAO Y Q, ZHANG J, et al. Conceptual Design and Workspace Analysis of an Exechon-Inspired Parallel Kinematic Machine [J]. Advances in Reconfigurable Mechanisms and Robots II. Mechanisms and Machine Science, 2016, 36: 445-453.

[36] 裴欣，张立华，周广武，等.谐波齿轮传动装置的动态传动误差分析 [J]. 工程科学与技术，2019，51（4）：163-170.

[37] PELLICCIARI M, BERSELLI G, LEALI F, et al. A method for reducing the energy consumption of pick-and-place industrial robots [J]. Mechatronics, 2013, 23 (3): 326-334.

[38] 孙龙飞，房立金.机械手臂结构设计与性能分析 [J]. 农业机械学报，2017，48（9）：402-410.

[39] 王从庆，吴鹏飞，周鑫.基于最小关节力矩优化的自由浮动空间刚柔耦合机械臂混沌动力学建模与控制 [J]. 物理学报，2012，61（23）：81-88.

[40] 吴文祥.多自由度串联机器人关节摩擦分析与低速高精度运动控制 [D]. 杭州：浙江大学，2013.

[41] 张慧博，陈子坤，魏承，等.考虑多间隙的航天机构传动关节振动特性分析 [J]. 机械工程学报，2017，53（11）：44-53.

[42] 陈茜，李俊阳，王家序，等.制造误差对谐波齿轮应力的影响规律 [J]. 浙江大学学报（工学版），2019，53（12）：2289-2297.

[43] 葛为民，赵文，王肖锋，等.可重构机器人误差旋量建模与灵敏度分析 [J]. 机械传动，2017，41（5）：24-29+44.

[44] 孙海龙，田威，焦嘉琛，等.基于关节反馈的机器人多向重复定位误差补偿 [J]. 机械制造与自动化，2019，48（1）：164-167+175.

[45] 陈国强，杨鹏程.3-RSS/S并联机构位姿误差的数值分析方法 [J]. 河南理工大学学报（自然科学版），2018，37（5）：90-97.

[46] 丁洪生，黄志晨，刘永俊，等.一种串联机器人的随机误差分析方法 [J]. 北京理工大学学报，2014，34（9）：892-896.

[47] 丁希仑，周乐来，周军.机器人的空间位姿误差分析方法 [J]. 北京航空航天大学学报，2009，35（2）：241-245.

[48] TANG T F, ZHANG J. Conceptual design and comparative stiffness analysis of an Exechon-like parallel kinematic machine with lockable spherical joints [J]. International Journal of Advanced Robotic Systems, 2017, 14 (4): 725-733.

[49] 郭立新，赵明扬，张国忠.空间冗余度机器人最小关节力矩的轨迹规划 [J]. 东北大学学报（自然科学版），2000，21（5）：512-515.

[50] 李永泉，吴鹏涛，张阳，等.球面二自由度冗余驱动并联机器人系统动力学参数辨识及控制 [J]. 中国机械工程，2019，30（16）：1967-1975.

第6章

工业机器人控制

由于工业机器人的多功能特性及多自由度结构的复杂性，作业过程中要求对机器人实施控制并配合完成作业任务。对机器人进行控制时需具有多轴实时运动的控制系统，由它来处理复杂的环境目标信息，要求控制系统能结合机器人运动要求以规划出机器手臂最佳的运动路径，然后通过伺服驱动器来驱动各个关节电机运转，完成机器人的工作过程。

工业机器人生产线的控制包括设备和信息两种。设备是指通过网络将各种具有独立控制功能的设备组合成一个有机的整体；信息是指运用功能化、模块化的设计思想，规划和配置资源的动态调配、设备监控、数据采集处理及质量控制等功能。工业机器人控制是其作业必不可少的基本内容。

6.1 机器人关节空间控制

机器人关节空间是指所有机器人关节矢量构成的空间，是反映机器人关节空间控制及运动能力的重要指标，也是机器人工作空间分析的基础。工业机器人系统由大量关节驱动装置来实现自身的运动和各种动作，机器人关节空间控制是工业机器人系统控制中最基本和核心的控制过程。

6.1.1 关节控制原理

在这里主要分析讨论工业机器人单关节位置控制和多关节位置控制。

(1) 单关节位置控制

典型的工业机器人单关节位置控制系统结构示意图如图 6-1 所示。

该系统为典型单关节位置控制系统，它采用变频器作为电机的驱动器，由电流环、速度环和位置环构成三闭环控制系统[1]。其中，电流环指的是电流反馈系统，一般是指将输出电流采用正反馈或负反馈的方式接入处理环节的方法，主要是为了通过提高电流的稳定性能来提高系统的性能。速度环运算是伺服电机运动控制的一环，速度环的输入就是位置调节后的输出以及位置设定的前馈值，速度环输入值和速度环反馈值进行比较后的差值在速度环做出调节后输出到电流环，速度环控制包含了速度环和电流环。位置环是以位置信号作为反馈信号的控制环节。

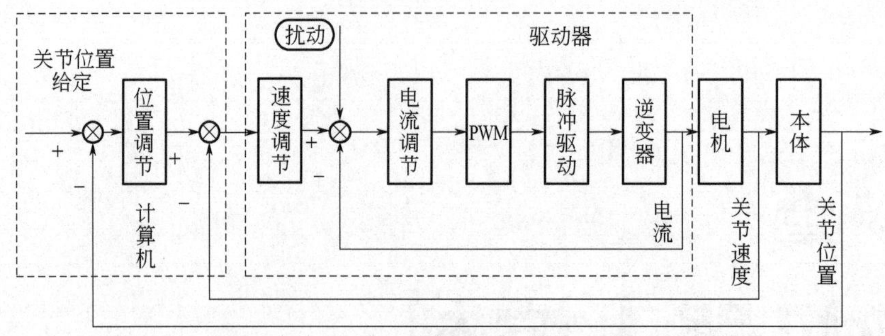

图 6-1 单关节位置控制系统结构示意图

1）电流环　电流环为控制系统的内环，在变频驱动器内部完成，其作用是通过对电机电流的控制使电机表现出期望的力矩特性。在脉宽调制（Pulse Width Modulation，PWM）驱动电机调速系统或位置随动系统的设计中，电流环的设计是一个重要环节，电流环的设计可分为电流校正环节的设计与反馈电流的获取两个方面。其采样精度、算法效率、响应时间对整个系统的稳定性能至关重要。

电流环的给定是速度调节器的输出，反馈电流采样在变频驱动器内部完成。电流环常采用 PI 控制器进行控制，电流环的电流调节器一般具有限幅功能，限幅值可利用变频驱动器进行设定，如图 6-2 所示，控制器的增益 K_{pp} 和 K_{pi} 可以通过变频驱动器进行设定。

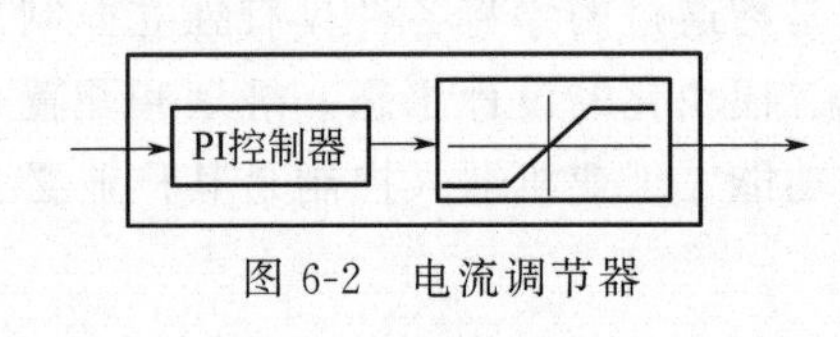

图 6-2 电流调节器

电流调节器的输出作为脉宽调制器的控制电压，用于产生 PWM 脉冲，PWM 用微处理器的数字输出对模拟电路进行控制，是一种对模拟信号电平进行数字编码的方法，可以大幅度降低系统的成本和功耗。PWM 脉冲的占空比（占空比是高电平持续时间占整个周期时间的比例）与电流调节器的输出电压成正比，PWM 脉冲经过脉冲驱动电路控制逆变器的大功率开关元件的通断，从而实现对电机的控制。电流环的主要特点是惯性时间常数小，并具有明显的扰动。产生电流扰动的因素较多，例如，负载的突然变化、关节位置的变化等都可能导致关节力矩发生波动，从而导致电流波动。

2）速度环　速度环设计的转速控制要求有两个方面：在给定的最高转速和最低转速的范围内，实现不同转速的调节；以一定的精度在所需转速上稳定运行，在各种可能的干扰下不允许有过大的转速波动。

速度环也是控制系统的内环，它处于电流环之外位置环之内。速度环在变频驱动器的外部完成，其作用是使电机表现出期望的速度特性。

速度环的给定是位置调节器的输出，速度反馈可由安装在电机上的测速发电机提供，或者由旋转编码器提供。速度环的调节器输出即速度输出是电流环的输入。通常，速度环采用 PI 控制器进行控制，控制器的增益 K_{vp} 和 K_{vi} 可以通过变频驱动器进行设定，速度环的调节器是一个带有限幅的 PI 控制器。

与电流环相比，速度环的主要特点是惯性时间常数较大，并具有一定的迟滞。

3）位置环　位置环是控制系统外环，位置环控制器由控制计算机实现，其作用是使电机到达期望的位置。

位置环的位置反馈由机器人本体关节上的位置检测装置提供，常用的位置检测装置包括旋转编码器、光栅尺等。位置环的调节器输出即位置调节是速度环的输入。位置环通过检测电机的实际位置，与位置指令相比较，进而调节速度指令，实现位置指令的跟随。

位置环常采用 PID 控制器、模糊控制器等进行控制。在 PID 控制中，比例环节可以及时成比例地反映控制系统的偏差信号，一旦偏差产生，控制器可以立即发挥作用，减小偏差；积分环节可以消除静差，提高系统的无差度；微分环节能够给系统引入一个早期的修正信号，从而提高系统动作速度，减小调节时间。模糊控制器可以对控制参数进行自动的整定。

应用位置环时，为保证各关节在每次运动时关节位置的一致性，应设有关节绝对位置参考点。常用的方法包括：绝对位置码盘检测关节位置；相对位置码盘和原位（即零点）相结合等方法。对于相对位置码盘和原位（即零点）相结合的方法，通常需要在关节工作之前寻找零点位置。

此外，对于串联机构机器人，关节电机一般需要采用抱闸装置，以便在系统断电后锁住关节电机，保持当前的关节位置。

（2） 多关节位置控制

所谓多关节控制器，是指考虑关节之间相互影响而对每一个关节分别设计控制器；而单关节控制器，是指不考虑关节之间相互影响而根据一个关节独立设计的控制器。在单关节控制器中，机器人的机械惯性影响常常作为扰动或扰动项来考虑[2,3]。

下面以串联机构多关节机械臂为例进行分析。

多关节机械臂运动学研究的是机械臂各连杆间的位移关系、速度关系和加速度关系。机械臂可以看作一个开式运动链，它是由一系列连杆通过转动或移动关节串联而成的，其中，开链的一端固定在基座上，另一端是自由的，安装着工具（或称末端执行器）用以操作物体完成作业。关节的相对运动导致连杆的运动，使机械臂末端到达期望位置。机器人关节力矩如式(6-1)。

$$\boldsymbol{M}_i=\sum_{j=1}^{n}\boldsymbol{D}_{ij}\ddot{\boldsymbol{q}}_j+\boldsymbol{I}_{ai}\ddot{\boldsymbol{q}}_i+\sum_{j=1}^{n}\sum_{k=1}^{j}\boldsymbol{D}_{ijk}\dot{\boldsymbol{q}}_j\dot{\boldsymbol{q}}_k+\boldsymbol{D}_i \tag{6-1}$$

式中，$\boldsymbol{M}_i$ 为第 i 关节的力矩；$\boldsymbol{I}_{ai}$ 为连杆 i 传动装置的转动惯量；$\dot{\boldsymbol{q}}_j$ 为关节 j 的速度；$\ddot{\boldsymbol{q}}_j$ 为关节 j 的加速度；$\boldsymbol{D}_{ij}=\sum_{p=\max i,j}^{j}\mathrm{Trace}\left(\frac{\partial \boldsymbol{T}_P}{\partial \boldsymbol{q}_j}\boldsymbol{I}_p\quad\frac{\partial \boldsymbol{T}_p^{\mathrm{T}}}{\partial \boldsymbol{q}_i}\right)$ 为机器人各个关节的惯量项；$\boldsymbol{D}_{ijk}=\sum_{p=\max i,j,k}^{n}\mathrm{Trace}\left(\frac{\partial^2 \boldsymbol{T}_P}{\partial \boldsymbol{q}_k\,\partial \boldsymbol{q}_m}\boldsymbol{I}_p\quad\frac{\partial \boldsymbol{T}_p^{\mathrm{T}}}{\partial \boldsymbol{q}_i}\right)$ 为向心加速度系数/科氏加速度系数项；$\boldsymbol{D}_i=-\sum_{p=i}^{n}m_p\boldsymbol{g}^{-T}\frac{\partial \boldsymbol{T}_p}{\partial \boldsymbol{q}_i}\bar{\boldsymbol{r}}_p$ 为重力项；$\ddot{\boldsymbol{q}}_i$ 为关节 i 的加速度；$\dot{\boldsymbol{q}}_k$ 为产生向心力物体的速度。

式(6-1) 也称为串联机构机器人动力学模型。

在多关节控制器中，机器人的机械惯性影响常常被作为前馈项考虑，这与单关节控制器不同。采用前馈与反馈结合的控制结构，既保留了反馈控制对偏差的控制作用，又能在干扰引起误差前就对它进行补偿，及时消除干扰的影响。

当以串联机构机器人动力学模形式(6-1) 为基础时，将其他关节对第 i 关节的影响也作为前馈项引入位置控制器，构成第 i 关节的多关节位置控制系统，如图 6-3 所示。

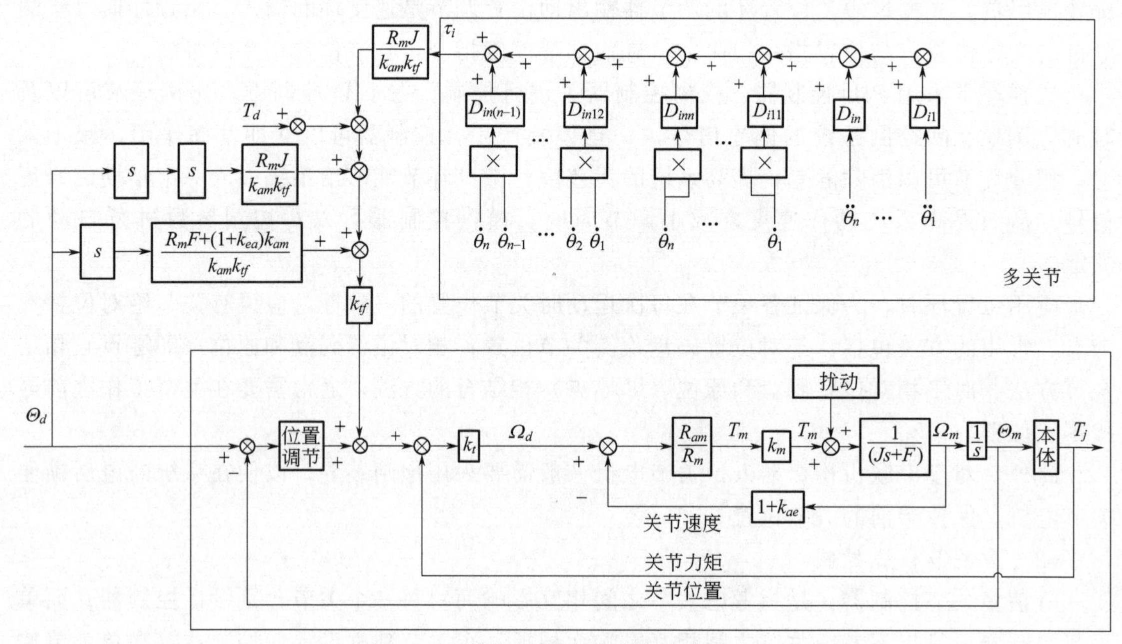

图 6-3　多关节位置控制系统结构示意图

图 6-3 为带有力矩闭环的多关节位置控制系统结构示意图。考虑到前向通道中具有系数 $(k_{tf}k_{am})/R_m$，为了使在电机模型的力矩位置处的前馈力矩的量值在合理的范围，在力矩前馈通道中增加了比例环节 $R_m/(k_{tf}k_{am})$，其中，k_{am} 是系数 k_a 与 k_m 的乘积，$k_{am}=k_ak_m$；k_{ea} 是系数 k_e 与 k_a 之比，$k_{ea}=k_e/k_a$。

在忽略电机电感系数 L_m 的前提下，可以得到速度环的闭环传递函数，即式(6-2)：

$$\frac{\Omega_m(s)}{\Omega_d(s)}=\frac{k_{am}}{R_mJs+R_mF+(1+k_{ea})k_{am}} \tag{6-2}$$

与式(6-2) 对应的速度环的框图，如图 6-3 中所示。显然，如果速度期望值设定为式(6-3)：

$$\Omega_d(s)=\frac{R_mJs+R_mF+(1+k_{ea})k_{am}}{k_{am}}\Omega_{d_1}(s) \tag{6-3}$$

则 $\Omega_m(s)=\Omega_{d_1}(s)$。此时，速度闭环对期望速度值 Ω_{d_1} 具有良好的跟随特性。

由此可见，增加速度前馈项，有助于提高系统的动态响应性能。在图 6-3 中，由位置给定经过微分得到期望速度值 Ω_{d_1}，利用式(6-3) 构成速度前馈；另外，为了消除前馈通道中系数 k_{tf} 的影响，在速度前馈环节的系数中除以 k_{tf}(k_{tf} 指力矩前馈通道的比例系数)。

6.1.2　关节控制传递函数

关节控制中直流电机控制和交流伺服控制是主要方式。从控制角度而言，电机和驱动器作为控制系统中的被控对象，无论是交流还是直流调速，其作用和原理是类似的。

(1) 直流电机控制

在要求调速性能较高的场合常采用直流电机控制。在多数情况下直流电机驱动都能满足有关的动态性能和定位精度的要求，有着优异的自动控制性能。

下面以直流电机控制为例，讨论单关节位置控制的传递函数的意义[1,4]。

当电机的电枢电压为输入，电机的角位移为输出时，直流电机控制模型如图 6-4 所示。其中，R_m 是电枢电阻，L_m 是电枢电感，k_m 是电流-力矩系数，J 是总转动惯量，F 是总黏滞摩擦系数，k_e 是反电动势系数，U_m 是电枢电压，I_m 是电枢电流，T_m 是电机力矩，Ω_m 是电机角速度，θ_m 是电机的角位移。

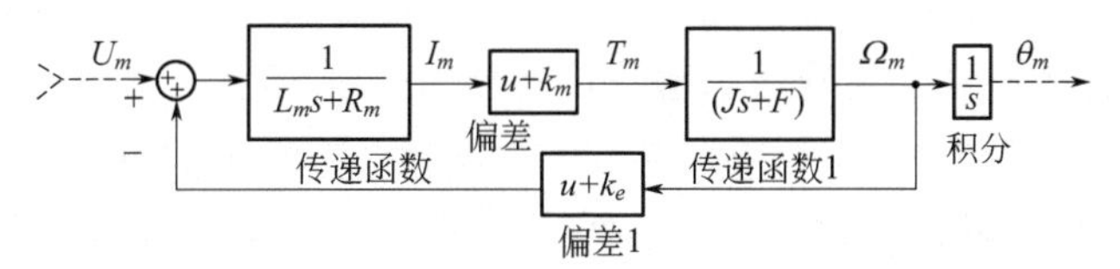

图 6-4　直流电机控制模型示意图

由图 6-4 可以得到电枢电压控制下直流电机的传递函数，即式(6-4)。

$$\frac{\theta_m(s)}{U_m(s)}=\frac{1}{s}\times\frac{k_m}{(R_m+L_m s)(F+Js)+k_m k_e} \tag{6-4}$$

式(6-4) 中，

$$\frac{\theta_m(s)}{U_m(s)}=\frac{1}{s}\times\frac{1/k_e}{\tau_m\tau_e s^2+\tau_m s+1} \tag{6-5}$$

式中，$\tau_m=\frac{R_m J}{k_e k_m}$是机电时间常数；$\tau_e=\frac{L_m}{R_m}$是电磁时间常数。

对于直流电机构成的位置控制调速系统，通常不采用电流环。单关节位置控制框图，如图 6-5 所示。

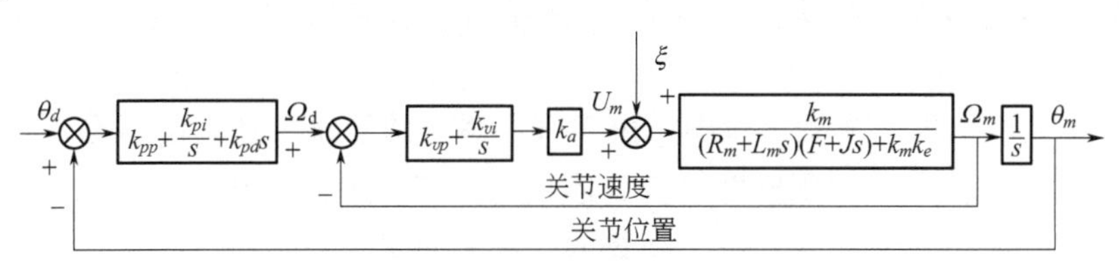

图 6-5　单关节位置控制框图

图 6-5 中，驱动放大器通常可以看作是带有比例系数、具有微小电磁惯性时间常数的一阶惯性环节。在电磁惯性时间常数很小，可以忽略不计的情况下，驱动放大器可以看作是比例环节，该类系统常采用由速度环和位置环构成的双闭环系统。

1）关节速度环　关节速度环作为控制系统非常重要的组成部分，要求具有高精度、快响应、强抗干扰性等良好的控制性能，以实现系统快速准确的定位与跟踪。

图 6-5 中内环即关节速度环，其被控对象是一个二阶惯性环节，对于此类环节，通过调整 PI 控制器的参数 k_{vp} 和 k_{vi} 能够保证速度环的稳定性，并可以比较容易地得到期望的速度特性。速度环的闭环传递函数，如式(6-6)。

$$\frac{\Omega_m(s)}{\Omega_d(s)}=\frac{k_a k_m(k_{vp}s+k_{vi})}{L_m J s^3+(L_m F+R_m J)s^2+(R_m F+k_m k_e+k_{cp}k_a k_m)s+k_{vi}k_m k_e} \tag{6-6}$$

当忽略黏滞摩擦系数 F 时，式(6-6) 可以改写为式(6-7)。

$$G_v(s)=\frac{\Omega_m(s)}{\Omega_d(s)}=\frac{k_{ae}(k_{vp}s+k_{vi})}{\tau_m\tau_e s^3+\tau_m s^2+(1+k_{vp}k_{ae})s+k_{vi}k_{ae}} \tag{6-7}$$

式中，$k_{ae}=\frac{k_a}{k_e}$。

当 PI 控制器的积分系数 k_{vi} 较小时，式(6-7) 近似于二阶惯性环节，能够渐近稳定。当 PI 控制器的积分系数 k_{vi} 较大时，式(6-7) 是带有一个零点的三阶环节，有可能不稳定。

2）关节位置环　最广泛的关节位置控制器是 PID 控制器。一方面，PID 控制器具有简单而固定的形式，在很宽的操作条件范围内都能保持较好的鲁棒性；另一方面，PID 控制器允许工程技术人员以一种简单而直接的方式来调节系统。这两方面使得它尤其适合工程应用，而且 PID 控制器并不要求精确的求解受控对象的数学模型。

图 6-5 中外环即关节位置环，其被控对象为式(6-7) 所示的环节，采用 PID 控制。因此，在忽略黏滞摩擦系数 F 的情况下，根据式(6-7) 可以得到位置闭环的传递函数，即式(6-8)。

$$
\begin{aligned}
G_p(s)=&\frac{\theta_m(s)}{\theta_d(s)}=\frac{G_v(s)G_{cp}(s)G_i(s)}{1+G_v(s)G_{cp}(s)G_i(s)}\\
&=[k_{pd}k_{vp}k_{ae}s^3+(k_{pd}k_{vi}+k_{pp}k_{vp})k_{ae}s^2+(k_{pp}k_{vi}+k_{pi}k_{vp})k_{ae}s+k_{pi}k_{vi}k_{ae}]/\\
&\{\tau_m\tau_e s^5+\tau_m s^4+[1+(k_{pd}k_{vp}+k_{vp})k_{ae}]s^3+(k_{pd}k_{vi}+k_{pp}k_{vp}+k_{vi})k_{ae}s^2+\\
&(k_{pp}k_{vi}+k_{pi}k_{vp})k_{ae}s+k_{pi}k_{vi}k_{ae}\}
\end{aligned}
\tag{6-8}
$$

式中，$G_v(s)$ 是速度环的闭环传递函数，见式(6-7)；$G_i(s)$ 是关节速度到关节位置的积分环节；$G_{cp}(s)=k_{pp}+\frac{k_{pi}}{s}+k_{pd}s$ 是 PID 控制器的传递函数。

在常规 PID 控制中，引入积分环节的目的主要是为了消除静差，提高控制精度，但是在启动、结束或大幅度增减过程中，系统的输出会有很大的偏差，会造成 PID 运算的积分累积，只要控制量超过执行机构允许的最大动作范围对应的极限控制量，则引起系统较大的超调。

图 6-4 为直流电机控制模型示意图，由于直流驱动的能量传递和电枢电流换向都要通过滑环接触，所以具有换向器和碳刷磨损快、体积大及维修困难等缺点，与同容量的交流伺服电机相比，直流伺服电机体积大、转子惯量大、动态质量差。

（2）交流伺服控制

由于先进的控制电路和电子技术的出现，使得交流伺服电机与其他类型电机相比具有许多优点。交流伺服控制广泛采用具有电流反馈、速度反馈和位置反馈的三闭环控制系统结构[5,6]，如图 6-6 所示。

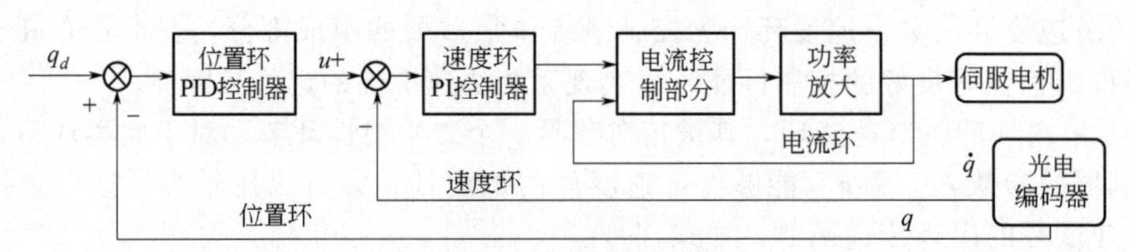

图 6-6　交流伺服控制系统

图 6-6 中，交流伺服控制系统为单关节位置控制。

1）电流环　电流环为内环，采用霍尔元件检测电机各相线圈电流用于实现电流反馈，其作用是使输出电流与设定电流相同。

2）速度环　速度环为次外环，用于抑制速度波动，速度环可以根据光电编码器的信号估计速度信号，从而实现速度反馈，速度环 PI 控制器的输出为电流环的指令信号。

3）位置环　位置环为最外环，通过检测光电编码器信号以实现位置反馈，位置环 PID 控制的输出为速度环的指令信号。

由于该控制系统的控制器对模型依赖度低、实时性强、实现便捷，受到许多工程人员的青睐。但控制器的简便常以牺牲控制性能为代价，对此，学者们曾提出一些结构简单、实现便捷的控制方法。

近年来，电机及其调速技术发展非常迅速，采用矢量调速的交流伺服系统已经比较成熟，这类系统具有良好的机械特性与调速特性，其调速性能已经能够与直流调速相媲美。

6.1.3　关节控制方法

有关关节控制方法，在此主要讨论关节位置控制的稳定性、变参数模糊控制及带力矩闭环的关节位置控制等内容。

（1）关节位置控制的稳定性

稳定性条件是任一控制系统所必须满足的。在动态条件下，机器人关节运动的速度和加速度都是影响其稳定性的重要因素，尤其受到较大外界干扰时，对机器人关节位置稳定性影响更为突出。

下面以直流电机控制为例，主要讨论关节控制的速度稳定性和位置稳定性[7,8] 问题。

1）速度稳定性　实际系统一般比较复杂，多含有很多非线性因素，例如摩擦力矩的干扰以及各种电磁干扰等，均对速度稳定性产生影响，因此，建立反映系统特性的模型非常必要。由前述直流电机控制得知速度环的闭环传递函数如式(6-6) 所示。

对于速度内环，由前述可知，其闭环特征多项式为式(6-7) 分母中的三阶多项式。采用劳斯判据时，能够判定一个多项式方程中是否存在位于复平面右半部的正根，而不必求解方程。由劳斯判据可知，当式(6-9) 成立时，速度内环稳定。

$$1+k_{vp}k_{ae}>\tau_e k_{vi}k_{ae} \tag{6-9}$$

由此可见，对于速度内环的 PI 控制器的参数 k_{vp} 和 k_{vi}，在选定 k_{vp} 的情况下，k_{vi} 应满足式(6-10)，才能保证速度内环的稳定性。

$$k_{vi}<\frac{1+k_{vp}k_{ae}}{\tau_e k_{ae}} \tag{6-10}$$

另外，当 k_{vp} 较大时，系统会工作在欠阻尼振荡状态。因此，需要根据系统的性能要求首先选择合适的 k_{vp}，再参考式(6-10) 的约束条件选择 k_{vi}，使速度内环工作于临界阻尼或者略微过阻尼状态。

2）位置稳定性　机器人工作中，系统动力学特性直接影响其位置稳定性。由前述直流电机控制得知，位置环的闭环传递函数为式(6-8)。

对于位置外环，由前述叙述知，其闭环特征多项式为式(6-8) 分母中的五阶多项式。相应的劳斯表如表 6-1。

表 6-1　劳斯表

s^5	$a_0=\tau_m\tau_e$	$a_2=1+(k_{pd}k_{vp}+k_{vp})k_{ae}$	$a_4=(k_{pp}k_{vi}+k_{pi}k_{vp})k_{ae}$
s^4	$a_1=\tau_m$	$a_3=(k_{pd}k_{vi}+k_{pp}k_{vp}+k_{vi})k_{ae}$	$a_5=k_{pi}k_{vi}k_{ae}$
s^3	$b_1=1+(k_{pd}k_{vp}+k_{vp})k_{ae}-(k_{pd}k_{vi}+k_{pp}k_{vp}+k_{vi})k_{ae}\tau_e$		$b_2=(k_{pp}k_{vi}+k_{pi}k_{vp})k_{ae}-k_{pi}k_{vp}k_{ae}\tau_e$

续表

s^2	$c_1=\dfrac{b_1a_3-b_2a_1}{b_1}$	$c_2=a_5$
s^1	$d_1=\dfrac{c_1b_2-c_2b_1}{c_1}$	0
s^0	a_5	

特征多项式的系数 $a_0 \sim a_5$ 大于0，由劳斯判据可知，只有当 b_1、c_1、d_1 均大于0时，系统稳定。以 $b_1>0$、$c_1>0$、$d_1>0$ 为约束条件，合理选择PID控制器的参数，可以保证位置外环的稳定性。

考虑 $\tau_e \ll \varepsilon$ 的情况，ε 是任意小的正数。在这种情况下，$b_1 \approx 1+(k_{pd}k_{vp}+k_{vp})k_{ae}>0$。又因 $k_{ae} \gg 1$，故 $b_1 \approx (k_{pd}k_{vp}+k_{vp})k_{ae}$。于是，约束条件 $c_1>0$ 变成式(6-11) 所示的不定式。

$$(k_{pd}k_{vp}+k_{vp})(k_{pd}k_{vi}+k_{pp}k_{vp}+k_{vi})k_{ae}-(k_{pp}k_{vi}+k_{pi}k_{vp})\tau_m>0 \tag{6-11}$$

式(6-11) 经过整理，得到一个关于 k_{pp} 的约束条件，即式(6-12)。

$$k_{pp}>\frac{k_{pi}k_{vp}\tau_m-(1+k_{pd})k_{vi}k_{vp}k_{ae}}{(1+k_{pd})k_{vp}^2k_{ae}-k_{vi}\tau_m} \tag{6-12}$$

一般地，k_{pd} 的数值较小，可以忽略不计。于是，在忽略式(6-12) 中次要项的情况下，式(6-12) 可以近似为式(6-13)。

$$k_{pp}>\frac{k_{pi}\tau_m/k_{vp}-k_{vi}k_{ae}/k_{vp}}{k_{ae}-k_{vi}\tau_m/k_{vp}^2}\approx-\frac{k_{vi}}{k_{vp}} \tag{6-13}$$

可见，只要 k_{pp} 取正值，式(6-13) 约束条件就能够满足，即 $c_1>0$ 能够满足。

由约束条件 $d_1>0$，并将系数 $a_0 \sim a_5$ 代入，得到式(6-14) 所示的约束条件。

$$a_2a_3a_4>a_1a_4^2+a_2^2a_5 \tag{6-14}$$

这样，PID控制器的参数只要能够使式(6-14) 成立，系统就能够稳定。通过合理选择PID控制器的三个参数，式(6-14) 约束条件容易满足。

上述以直流电机控制为例所讨论的关节控制稳定性问题已经得到较为广泛的应用。需要指出，谐波减速器和力矩传感器等柔性元件因其独特性能而广泛应用在空间机器人关节系统中，以获取高减速比，但同时这些柔性元件的存在为空间机械臂系统引入了关节柔性，使得对其稳定性控制变得更为复杂。

3）机器人稳定性　机器人稳定性是不可忽略的问题[9,10]。对于控制系统，稳定性是基本前提，Lyapunov稳定性定理指出，若满足存在正定函数 $V(x,t)$，其导数 $\dot{V}(x,t)$ 为负定的条件，则称系统平衡状态是渐进稳定的。而对于非线性系统，即使非线性项很简单，系统也可能出现不稳定。因此，在分析非线性系统时，首先要判定系统是否稳定。

机器人稳定性分析主要包括：位置型阻抗控制稳定性分析和柔顺型阻抗控制稳定性分析等。

① 位置型阻抗控制稳定性分析　位置型阻抗控制原理如图6-7所示。其可以分成两个控制环，外环是力控制，内环是原有机器人系统的位置控制。

图6-7中，$\boldsymbol{T}$ 为机器人的运动学方程，即基坐标系到末端坐标系的变换矩阵；$\boldsymbol{q}$ 是关节位置矢量；$\boldsymbol{J}$ 是雅可比矩阵；$\hat{\boldsymbol{g}}(\boldsymbol{q})$ 为重力补偿项；$\boldsymbol{K}_p$ 为刚度系数矩阵；$\boldsymbol{K}_d$ 为阻尼系数矩

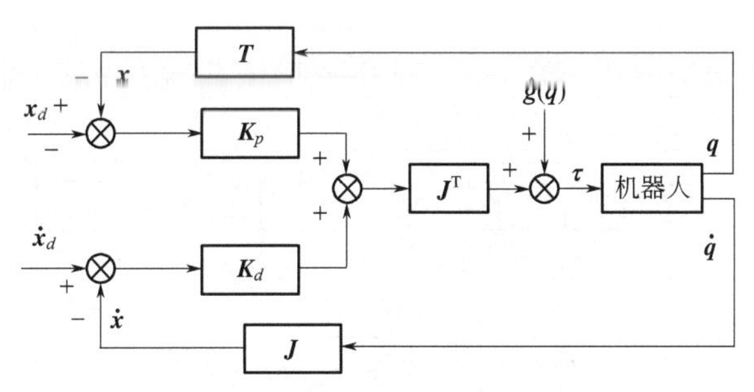

图 6-7　位置型阻抗控制原理

阵；x_d 为机器人的期望位置；$\dot{x}_d$ 为机器人的期望速度；x 为机器人的当前位置；$\dot{x}$ 为机器人的当前速度；τ 为机器人的力矩矢量。可以得到位置型阻抗控制的动力学方程为：

$$H\ddot{q}+C\dot{q}=J^{\mathrm{T}}[K_p(x_d-x)+K_d(\dot{x}_d-\dot{x})]$$

式中，H 为惯性矩阵；C 为阻尼矩阵。

为验证该系统的稳定性，建立式(6-15) 所示的函数。

$$V=\frac{1}{2}[e_x^{\mathrm{T}}K_pe_x+\dot{q}^{\mathrm{T}}H\dot{q}] \tag{6-15}$$

其中，$e_x=x_d-x$。

对式(6-15) 求导数，并将式 $H\ddot{q}+C\dot{q}=J^{\mathrm{T}}[K_p(x_d-x)+(\dot{x}_d-\dot{x})]$ 代入，得式(6-16)。

$$\dot{V}=\dot{e}_x^{\mathrm{T}}K_pe_x+\dot{q}^{\mathrm{T}}J^{\mathrm{T}}[K_pe_x+K_d\dot{e}_x]-\dot{q}^{\mathrm{T}}C\dot{q} \tag{6-16}$$

式中，K_d 为阻尼系数矩阵。

考虑 x_d 为常量的情况。此时，有式(6-17) 成立。

$$\dot{e}_x^{\mathrm{T}}=-\dot{x}^{\mathrm{T}}=\dot{q}^{\mathrm{T}}J^{\mathrm{T}} \tag{6-17}$$

将式(6-17) 代入式(6-16) 中，得式(6-18)。

$$\dot{V}=-\dot{e}_x^{\mathrm{T}}K_d\dot{e}_x-\dot{q}^{\mathrm{T}}C\dot{q}\leqslant 0 \tag{6-18}$$

由于 $V>0$，且 $\dot{V}\leqslant 0$，根据稳定性定理该系统是稳定的。上述结论是在 $J\neq\mathbf{0}$ 的前提下获得的。当 $J=\mathbf{0}$ 时，由式(6-16) 可知，$\dot{V}$ 不能保证小于等于 0。

对于 $J=\mathbf{0}$ 时的情况，可以建立式(6-19) 所示的函数。

$$V=\frac{1}{2}\dot{q}^{\mathrm{T}}H\dot{q} \tag{6-19}$$

相应地，$\dot{V}$ 可表示为式(6-20)。

$$\dot{V}=-\dot{q}^{\mathrm{T}}C\dot{q}\leqslant 0 \tag{6-20}$$

因此，当 $J=\mathbf{0}$ 时，q 是渐近稳定的，但不能保证 $e_x=\mathbf{0}$。其物理意义是，当机器人处于奇异状态时，虽然机器人末端在位置和速度上都可能存在误差，但因计算出的关节力或力矩为 $\mathbf{0}$，机器人将中止运动。

② 柔顺型阻抗控制稳定性分析　柔顺型阻抗控制原理如图 6-8 所示。

图 6-8 中，P 为正定函数，x_e 为弹性目标表面原位置。其他参数的意义与图 6-7 中相同。

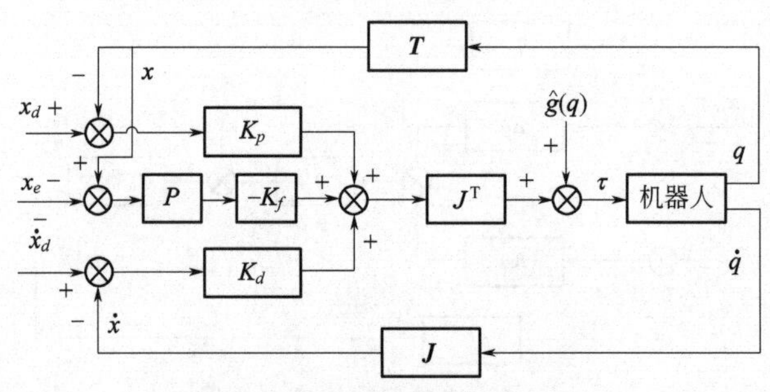

图 6-8 柔顺型阻抗控制原理

为验证系统的稳定性，建立式(6-21) 所示的函数。

$$V=\frac{1}{2}[\boldsymbol{e}_x^{\mathrm{T}}\boldsymbol{K}_p\boldsymbol{e}_x+\dot{\boldsymbol{q}}^{\mathrm{T}}\boldsymbol{H}\dot{\boldsymbol{q}}+\boldsymbol{e}_{xe}^{\mathrm{T}}\boldsymbol{K}_f\boldsymbol{e}_{xe}] \tag{6-21}$$

其中，$\boldsymbol{e}_x=\boldsymbol{x}_d-\boldsymbol{x}$，$\boldsymbol{e}_{xe}=\boldsymbol{x}-\boldsymbol{x}_e$。

对式(6-21) 求导数并整理，得到式(6-22)。

$$\dot{V}=\dot{\boldsymbol{e}}_x^{\mathrm{T}}\boldsymbol{K}_p\boldsymbol{e}_x+\dot{\boldsymbol{q}}^{\mathrm{T}}\boldsymbol{J}^{\mathrm{T}}[\boldsymbol{K}_p\boldsymbol{e}_x+\boldsymbol{K}_d\dot{\boldsymbol{e}}_x-\boldsymbol{K}_f\boldsymbol{P}(\boldsymbol{e}_{xe})]-\dot{\boldsymbol{q}}^{\mathrm{T}}\boldsymbol{C}\dot{\boldsymbol{q}}+\dot{\boldsymbol{e}}_{xe}^{\mathrm{T}}\boldsymbol{K}_f\boldsymbol{e}_{xe} \tag{6-22}$$

考虑 $\boldsymbol{x}_d$ 和 $\boldsymbol{x}_e$ 为常量的情况。此时，除了式(6-17) 成立外，还有式(6-23) 成立。

$$\dot{\boldsymbol{e}}_{xe}^{\mathrm{T}}=\dot{\boldsymbol{x}}^{\mathrm{T}}=\dot{\boldsymbol{q}}^{\mathrm{T}}\boldsymbol{J}^{\mathrm{T}} \tag{6-23}$$

将式(6-17) 和式(6-23) 代入式(6-22) 中，得到式(6-18) 所示的 $\dot{V}$ 的表达式为：

$$\dot{V}=-\dot{\boldsymbol{e}}_x^{\mathrm{T}}\boldsymbol{K}_p\dot{\boldsymbol{e}}_x-\dot{\boldsymbol{q}}^{\mathrm{T}}\boldsymbol{C}\dot{q}\leqslant 0$$

由于 $V>0$ 且 $\dot{V}\geqslant 0$，根据稳定性定理可知系统是稳定的。

下面考察 $\dot{V}=0$ 时的情况。由式(6-21)，得到式(6-24)。

$$\dot{V}=-\dot{\boldsymbol{q}}^{\mathrm{T}}\boldsymbol{J}^{\mathrm{T}}\boldsymbol{K}_p\boldsymbol{e}_x+\dot{\boldsymbol{q}}^{\mathrm{T}}\boldsymbol{H}\ddot{\boldsymbol{q}}+\dot{\boldsymbol{q}}^{\mathrm{T}}\boldsymbol{J}^{\mathrm{T}}\boldsymbol{K}_f\boldsymbol{e}_{xe}=\dot{\boldsymbol{q}}^{\mathrm{T}}(-\boldsymbol{J}^{\mathrm{T}}\boldsymbol{K}_p\boldsymbol{e}_x+\boldsymbol{H}\ddot{\boldsymbol{q}}+\boldsymbol{J}^{\mathrm{T}}\boldsymbol{K}_f\boldsymbol{e}_{xe})=0 \tag{6-24}$$

表面上看，式(6-24) 在两种情况下成立，一种情况为 $-\boldsymbol{J}^{\mathrm{T}}\boldsymbol{K}_p\boldsymbol{e}_x+\boldsymbol{H}\ddot{\boldsymbol{q}}+\boldsymbol{J}^{\mathrm{T}}\boldsymbol{K}_f\boldsymbol{e}_{xe}=0$，另一种情况为 $\dot{\boldsymbol{q}}=\boldsymbol{0}$。当 $\dot{\boldsymbol{q}}=\boldsymbol{0}$ 时，机器人停止运动，$\dot{\boldsymbol{x}}=\boldsymbol{0}$。此时，式(6-25) 成立。

$$\boldsymbol{H}\ddot{\boldsymbol{q}}=\boldsymbol{J}^{\mathrm{T}}[\boldsymbol{K}_p(\boldsymbol{x}_d-\boldsymbol{x})-\boldsymbol{K}_f\boldsymbol{P}(\boldsymbol{x}-\boldsymbol{x}_e)] \tag{6-25}$$

由式(6-25) 可知，当 $\dot{\boldsymbol{q}}=\boldsymbol{0}$ 时，$-\boldsymbol{J}^{\mathrm{T}}\boldsymbol{K}_p\boldsymbol{e}_x+\boldsymbol{H}\ddot{\boldsymbol{q}}+\boldsymbol{J}^{\mathrm{T}}\boldsymbol{K}_f\boldsymbol{e}_{xe}=\boldsymbol{0}$ 也同样成立。由此可见，当 $\dot{\boldsymbol{q}}=\boldsymbol{0}$ 且 $\boldsymbol{K}_p\boldsymbol{e}_x=\boldsymbol{K}_f\boldsymbol{e}_{xe}$ 时，$\ddot{\boldsymbol{q}}=\boldsymbol{0}$，$\dot{V}=0$。此时，系统也处于无激励的平衡状态。这说明，在环境刚度与机械手阻力间的组合作用下，系统能够达到平衡状态。换言之，在位置与外力的协调作用下，机器人末端表现出柔顺性。K_f 越大，末端的柔顺性越大。

(2) 变参数模糊控制

由前述稳定性分析可知，通过合理地选择 PID 或 PI 控制器的参数，理论上是能够保证单关节位置控制系统的稳定性。但是，对于多关节机器人的旋转关节，随着关节位置的变化，关节电机的负载由于受重力影响而发生变化，同时机构的机械惯性也会发生变化。

对于固定参数的 PID 或 PI 控制器，虽然对对象的参数变化具有一定的适应能力，但难以保证控制系统动态响应品质的一致性并影响控制系统的性能。

独立关节 PID 控制，其性能依赖于高控制增益，存在驱动器易饱和、对噪声敏感及控制功率高的特点，在进行低速运动时，除了解决本体动力学非线性、时变性及耦合性外，还需要抑制非线性摩擦的影响，此时，单纯的 PID 控制运动效果较差[11,12]。对此，模糊控制理论可以解决复杂、变量多的动态系统控制问题。

模糊控制是利用模糊数学的基本思想和理论的控制方法，模糊控制实质上是一种非线性控制，从属于智能控制的范畴。模糊控制的一大特点是既有系统化的理论，又有大量的实际应用背景。

模糊控制器最简单的实现方法是将模糊控制规则离线转化为一个模糊控制表，并将控制表存储在计算机中。模糊控制器在工作时，控制器根据采样得到的误差值和误差变化率查找出当前时刻的控制输出量化值，将量化值乘上比例因子，得到最终的输出控制值。模糊 PID 控制器使用模糊控制理论进行优化。

下面是以变参数模糊 PID 控制器为例进行讨论，位置环的一种变参数模糊 PID 控制器的框图如图 6-9 所示。

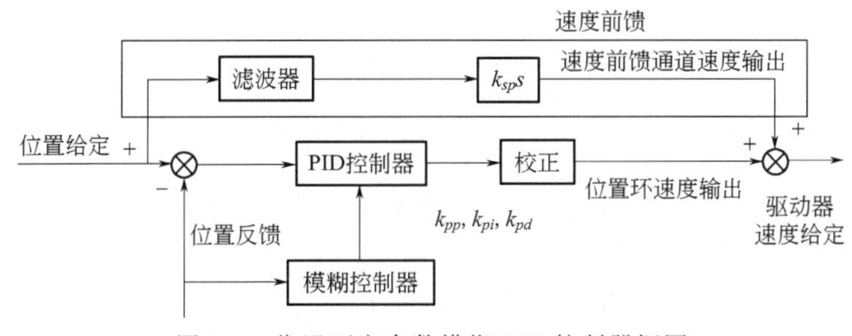

图 6-9　位置环变参数模糊 PID 控制器框图

位置环的变参数模糊 PID 控制器由速度前馈、模糊控制器、PID 控制器、滤波器以及校正环节等构成。

① 模糊控制器与参数 k_{pp}，k_{pi}，k_{pd}　由于关节位置变化会导致机器人本体重心的变化，从而导致被控对象的参数发生变化，所以应该根据被控对象参数的变化调整 PID 控制器的参数。由于被控对象其参数变化是位置的函数，所以可以利用位置（或关节位置）的实际测量值作为模糊控制器的输入，并按照一定的模糊控制规则导出 PID 控制器参数 k_{pp}，k_{pi}，k_{pd} 的修正量。

② 位置环速度输出　PID 控制器的参数以设定值为主分量，以模糊控制器产生的 k_{pp}，k_{pi}，k_{pd} 参数修正量为次要分量，两者相加构成 PID 控制器的参数当前值。PID 控制器以给定位置与实际位置的偏差作为输入，利用 PID 控制器的参数当前值，经过运算产生位置环的速度输出。

③ 速度前馈通道速度输出　速度前馈通道中的滤波器，用于对位置给定信号滤波。该滤波器是一个高阻滤波器，只滤除高频分量，保留中频和低频分量。位置给定信号经过滤波后，再经过微分并乘以一个比例系数，作为速度前馈通道的速度输出。

④ 校正环节　校正环节用于改善系统的动态品质，需要根据对象和驱动器的模型进行设计。校正环节的设计，也是控制系统设计的一个关键问题。

⑤ 驱动器速度给定　位置环的速度输出和速度前馈通道的速度输出，经过叠加后作为总的输出，用作驱动器的速度给定值。

综上所述，机器人工作时随着关节位置的变化，重力矩和机械惯性是关节位置的函数，在某些特定条件下这种函数是可建模的。因此，可以根据关节位置的不同，采用不同的控制器参数，构成变参数PID、PI控制器或者其他智能控制器，以消除重力矩和机械惯性变化对控制系统性能的影响。对于多因素问题可以考虑变参数模糊PID控制器的应用。

（3）带力矩闭环的关节位置控制

如图6-10所示是一个带有力矩闭环的单关节位置控制系统。该控制系统为三闭环控制系统，由速度环、力矩环和位置环构成。

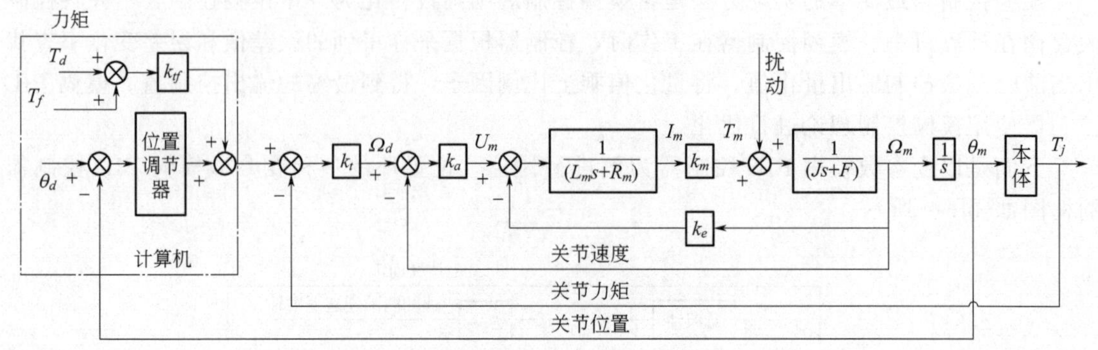

图6-10 带力矩闭环的单关节位置控制系统示意图

1）速度环　速度环为控制系统的内环，其主要作用是对电机电压的控制，通过该控制使电机表现出期望的速度特性，即关节速度控制。

速度环的给定为力矩环偏差经过放大后输出的Ω_d。

速度环的反馈是关节角速度Ω_m。

Ω_d与Ω_m的偏差作为电机电压驱动器的输入，经过放大后成为电压U_m，其中k_a为比例系数。

电机在电压U_m的作用下，以角速度Ω_m旋转。

$1/(R_m+L_ms)$为电机的电磁惯性环节，其中为L_m是电枢电感，R_m是电枢电阻，I_m是电枢电流。一般地，$L_m \ll R_m$，L_m可以忽略不计，环节$1/(R_m+L_ms)$可以用比例环节$1/R_m$代替。

$1/(F+Js)$为电机的机电惯性环节，其中J是总转动量，F是总黏滞摩擦系数。

k_m为电流-力矩系数，即电机力矩T_m与电枢电流I_m之间的系数。

k_e为反电动势系数。

2）力矩环　力矩环为控制系统的内环且介于速度环和位置环之间，其主要作用是通过对电机电压的控制使电机表现出期望的力矩特性。

力矩环的给定由两部分构成，一部分是位置环的位置调节器的输出，另一部分由前馈力矩T_f和期望力矩T_d组成。k_{tf}是力矩前馈通道的比例系数。

力矩环的反馈是关节力矩T_j。k_t是力矩环的比例系数。给定力矩与反馈力矩T_j的偏差经过比例系数k_t放大后，作为速度环的给定值Ω_d。在关节到达期望位置，位置环调节器的输出为0时，关节力矩$T_j \approx k_{tf}(T_f+T_d)$。由于力矩环采用比例调节，所以稳态时关节力矩与期望力矩之间存在误差。

3）位置环　位置环为控制系统外环，其主要作用是控制关节到达期望的位置。

位置环的给定为期望的关节位置θ_d，位置环的反馈为关节位置θ_m。θ_d与θ_m的偏差作为位置调节器的输入，经过位置调节器运算后形成的输出作为力矩环给定的一部分。通常，位置调节器采用 PID 或 PI 控制器，构成的位置闭环系统为无静差系统。

6.1.4 关节控制系统硬件结构

关节控制系统硬件主要是指在关节控制系统中的硬件元件或设备。关节控制系统硬件主要是由关节执行器、执行器驱动单元、控制芯片、角度跟踪单元、上位机及通信串口单元等组成。机器人关节控制必须包括硬件。

在系统中将目标位置命令传送到关节执行器控制芯片中，控制芯片将采集到的关节执行器实时位置数据，同目标指令数据一起代入控制算法中实现相应运算[13-15]。经过处理后，以控制器信号作为输入驱动电机模块，经驱动单元处理等，进而完成对电机的控制。

机器人控制器作为工业机器人最为核心的零部件之一，对机器人的性能起着决定性的影响，在一定程度上影响着机器人的发展。控制系统硬件是和关节控制系统的软件相对应的概念。

在此仅以六自由度串联机器人的关节位置运动控制为例进行探讨，其系统硬件结构如图 6-11 所示。

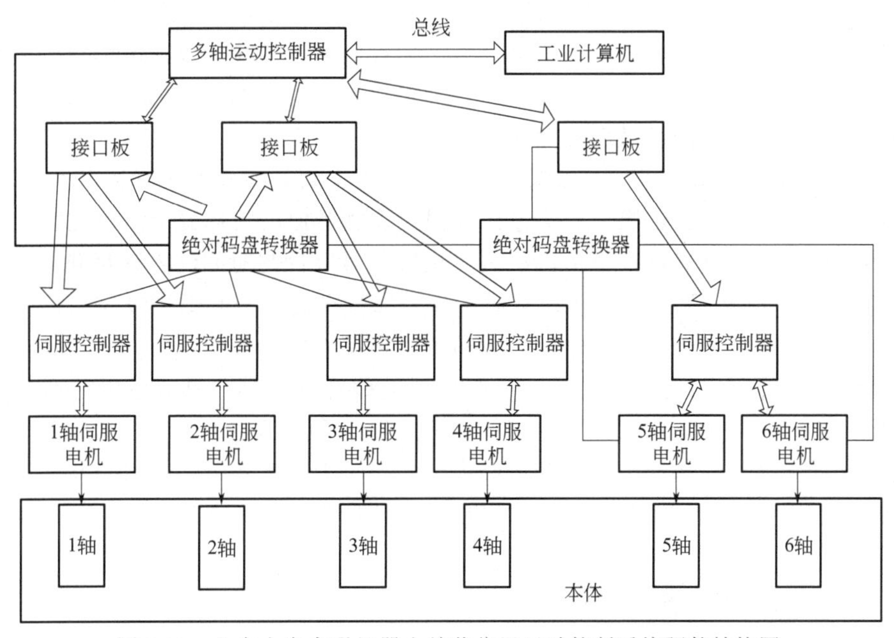

图 6-11　六自由度串联机器人关节位置运动控制系统硬件结构图

图 6-11 所示位置控制系统主要是由工业计算机、多轴运动控制器、伺服控制器、工业机器人本体等构成。

1）交流伺服电机　当工业机器人结构为六自由度串联时，通常，各关节驱动电机为交流伺服电机，测量装置为绝对位置式光电装置。

2）多轴运动控制器　运动控制采用多轴运动控制器，它作为一个功能卡通过总线集成到运动规划层的计算机中。多轴运动控制器以从运动规划层接收到的关节电机位置作为给定，以测量到的关节电机实际位置作为主反馈，通过插值和 D/A 转换形成模拟量的速度信号。

3）伺服控制器　伺服控制层以运动控制后的速度信号作为给定，以测量到的关节电机实际速度作为反馈，由伺服控制器实现各个关节的单轴速度伺服控制。

4）绝对码盘转换器　关节电机的实际位置和电机转速均通过绝对位置式光电装置测量获得。

5）轴　将该机器人的六个轴分别称为1～6号轴。1～4号轴各采用1个单轴伺服控制器。5号和6号轴共用一个伺服控制器。通过两块接口板，多轴运动控制器与1～4号轴的伺服控制器连接。通过一块接口板，多轴运动控制器与5号、6号轴伺服控制器连接。对此，机器人位置运动控制系统可简化为图6-12所示的框图。

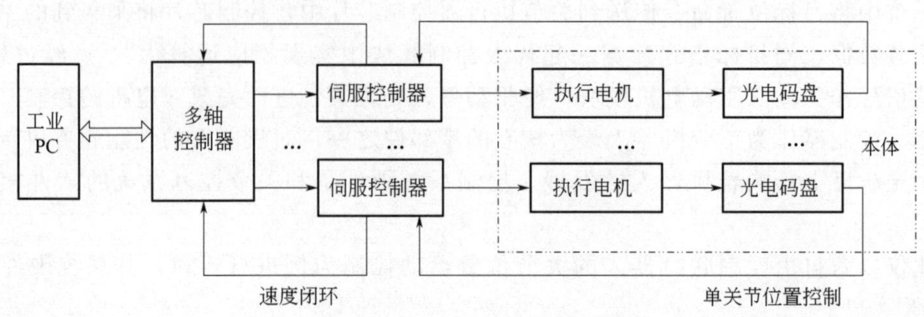

图6-12　位置运动控制系统简化框图

图6-12中工业PC将获得的以关节坐标表示的控制解，转化为以光电码盘的码盘值表示的关节电机位置，传送到多轴运动控制器，作为单关节位置控制系统的位置给定。该控制系统主要包括位置环、速度闭环及多轴控制器等。

① 位置环　位置环采用PID控制器，位置给定与电机码盘位置的偏差作为PID控制器的输入，PID控制器的输出转换为模拟量作为伺服控制器速度闭环的给定。伺服控制器实现控制系统的速度闭环，其速度反馈由电机码盘位置信号脉冲与时间间隔计算获得。

② 速度闭环　速度闭环采用PI控制器，相关参数在伺服控制器中设定。此外，伺服控制器还具有电流限定，用于对电机电流进行检测，保证系统的安全性。

③ 多轴控制器　多轴运动控制器内设有位置伺服环滤波器，具有较强的运动控制、定值控制周期、运动速度设定和加速度限定的功能。对于多次给定的关节电机位置可以实现线性插值或3次样条插值。因此，在工业机器人的实时位置控制系统中，可以将运动控制完全交给多轴运动控制器实现，而利用工业PC进行关节电机位置的给定。

6.2　机器人位置控制

机器人位置控制属于工业机器人运动控制的内容，并与机器人关节空间轨迹控制有着紧密的联系，如图6-13所示，其中一些相关概念已在前面章节表述，限于篇幅，下面仅就笛卡儿位置控制和控制程序框图进行探讨。

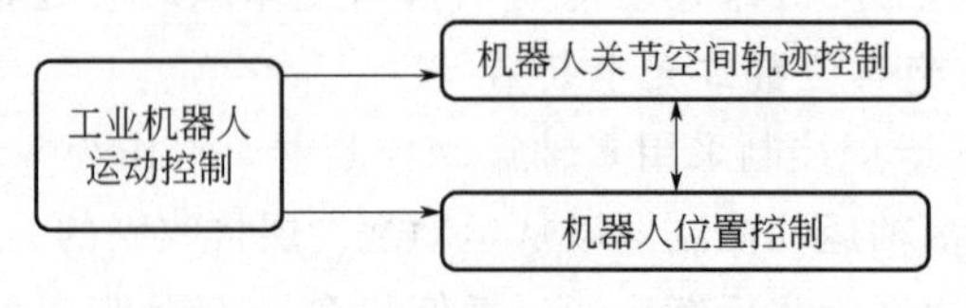

图6-13　工业机器人运动控制简图

6.2.1 笛卡儿位置控制

笛卡儿位置控制是在关节空间位置控制的基础上实现的，笛卡儿空间中机器人可以从任何方向运动到指令位姿。图 6-14 给出了一种工业机器人笛卡儿位置控制示意图。

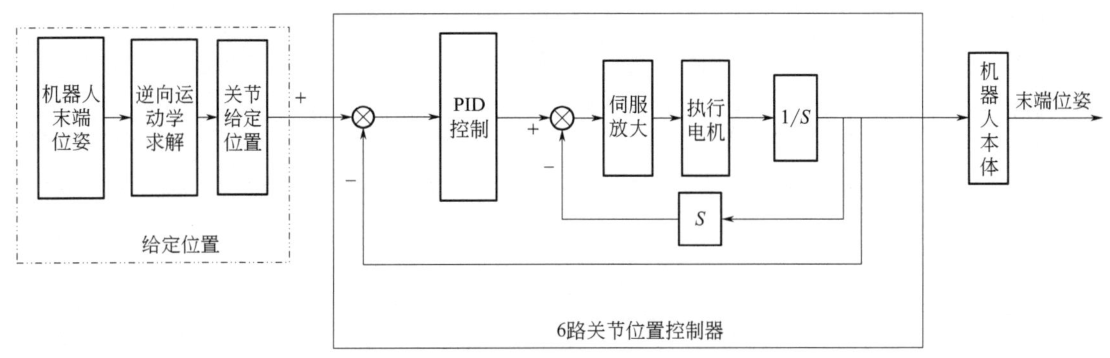

图 6-14 工业机器人的笛卡儿位置控制示意图

以六自由度工业机器人为例。笛卡儿位置控制是由机器人给定位置、关节空间的位置转换环节和 6 路单关节位置控制器构成，是笛卡儿空间位置的一种开环控制系统。该控制主要针对单关节和多关节末端位姿。

① 单关节　对于多个单关节，均采用位置闭环和速度闭环控制，内环为速度环，外环为位置环。

② 多关节　由于六自由度工业机器人的多关节末端位姿不易获取，所以一般不构成笛卡儿空间的位置闭环控制。对于给定的机器人末端在笛卡儿空间的位置与姿态，利用逆向运动学求解获得各个关节的关节坐标位置，以其作为各个单关节位置控制器的关节位置给定值。

对于机器人本体，通过各个关节的运动使得机器人的末端按照给定的位置和姿态运动[1,16]。

以机器人多轴运动为例，设机器人多轴运动控制器设置为：三次样条插值，间隔时间为 T 时执行一条记录。已知直线 AB，对 A、B 两点间的直线运动进行试验。

$$\boldsymbol{A}=\begin{bmatrix} a_{11} & a_{12} & a_{13} \\ a_{21} & a_{22} & a_{23} \\ a_{31} & a_{32} & a_{33} \end{bmatrix},\ \boldsymbol{B}=\begin{bmatrix} a_{11} & a_{12} & a_{13} \\ a_{21} & a_{22} & a_{23} \\ a_{31} & a_{32} & a_{33} \end{bmatrix}$$

设其中 A 点为奇异位姿。试验时，设两次采样之间的时间间隔为 T，并设该机器人末端从起始位置 A 点直线运动到 B 点，再从 B 点直线运动到 A 点，运动过程中机器人末端姿态保持不变。试验时采集到的 1～6 关节的关节角如图 6-15 所示。

图 6-15 中呈现各关节角度曲线，从 A 点直线运动到 B 点时各关节的轨迹中 θ_4、θ_6 变化较大，从 B 点直线运动到 A 点时各关节的轨迹中 θ_4、θ_6 变化不大。可以利用关节空间运动规划对其进行插补。

从图 6-15 中也可以发现，各关节的运动轨迹平滑，这就表明机器人运动快速、平稳，控制实时性较强。

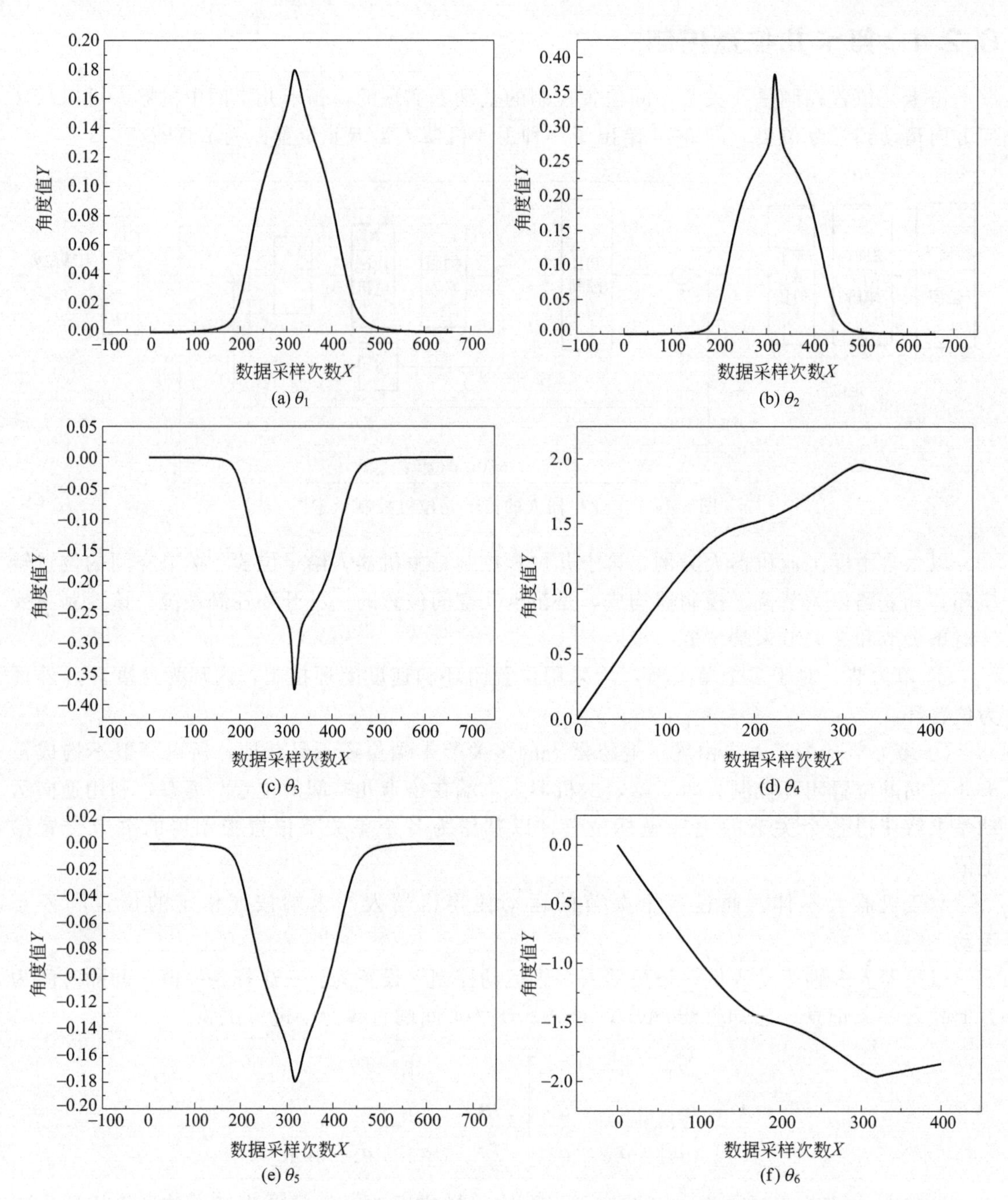

图 6-15　直线运动试验时各关节运动轨迹示意图❶

横坐标 X—数据采样次数（两次采样之间的时间间隔 $T=65\text{ms}$）；纵坐标 Y—角度值

6.2.2 控制程序框图

由上述位置控制实例可知，虽然机器人多轴运动控制器本身具有很好的实时控制特性，但是，若关节电机位置不能及时给定，则工业机器人的控制实时性和运动平稳性会变得

❶ 图中两次采样间的时间间隔 $T=65\text{ms}$。

很差。

为提高机器人的控制特性，系统控制软件、控制算法及控制程序是非常重要的。下面以工业计算机的控制软件为例，简要探讨利用计算机控制软件的重要性，如图 6-16 所示。

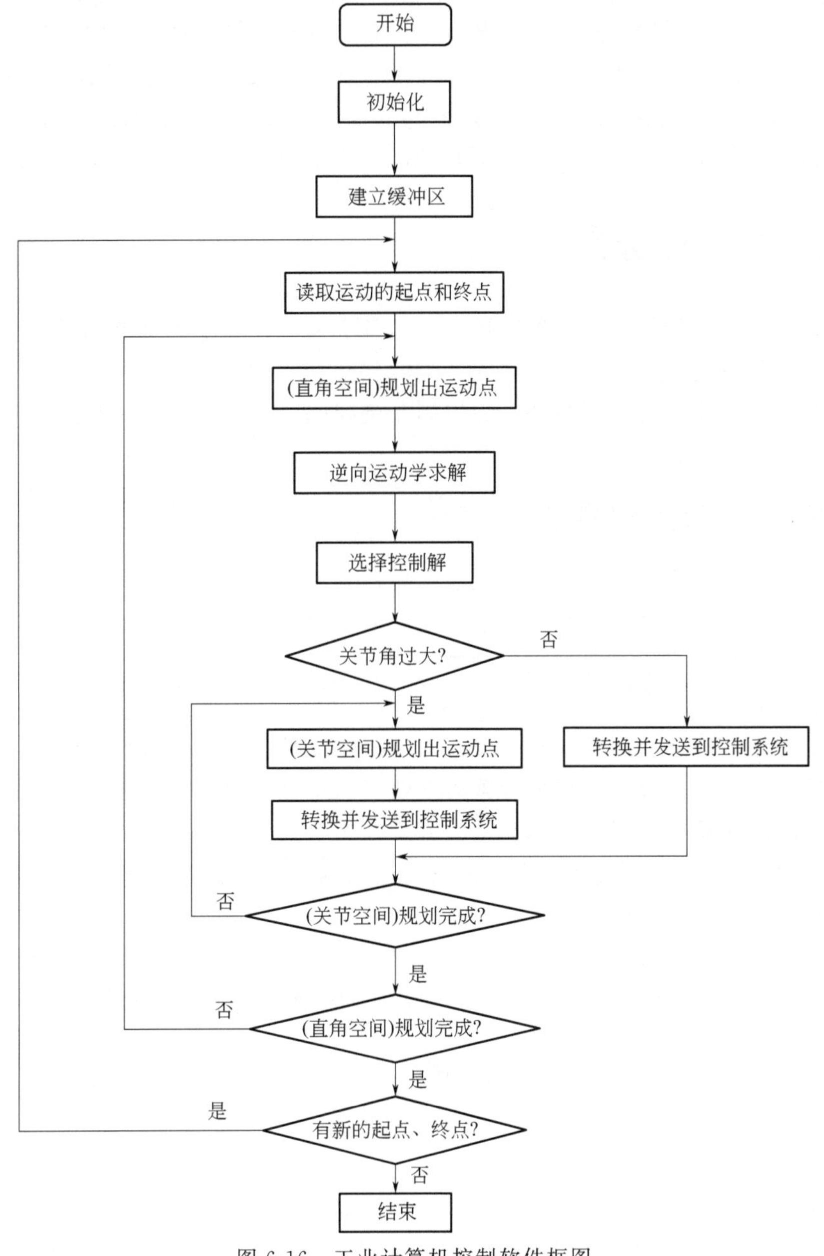

图 6-16 工业计算机控制软件框图

图 6-16 示出了一种典型工业计算机的控制软件框图[17,18]。工业计算机计算出的六个关节电机位置，可以通过 ISA 总线发送到机器人多轴运动控制器，实时控制时只需要对其进行参数设置即可。控制程序应主要包括：

① 在工业计算机和机器人中分别建立一个通信缓冲区，设立写缓冲区指针和读缓冲区指针。

② 六个关节的关节电机位置构成一条记录，工业计算机每产生1条记录，将其写入通信缓冲区，同时写缓冲区指针加1。当工业计算机检查到机器人具备接收数据的条件时，从工业计算机的通信缓冲区中读取一条记录，发送到机器人的通信缓冲区，同时读缓冲区指针加1。当写缓冲区指针小于读缓冲区指针，且二者之差为1时，说明通信缓冲区已存满未发送的记录，工业计算机暂停计算新的关节电机位置，等待发送通信缓冲区中的记录。如果机器人通信缓冲区中已存满未执行的记录，则向工业计算机返回不具备接收数据条件的信息。

③ 利用工业计算机和机器人的通信环形缓冲区，保证了工业计算机产生的关节电机位置数据能够安全、及时地发送到机器人，有效地消除了数据断档与数据覆盖现象。

6.3 机器人力控制

机器人力控制主要是研究如何控制机器人的各个关节，并使其末端表现出一定的力或力矩特性，它是利用机器人进行自动加工或装配的基础。

下面主要分析机器人力控制方法、力控制关键问题、主要部件控制及关节控制软件系统等几个问题。

6.3.1 机器人力控制方法

力控制是以达到精确控制为目的，机器人力控制从本质上来说是对位置的控制。工业机器人力控制分为关节空间的力控制、笛卡儿空间的力控制以及柔顺控制等几种控制，常用控制方法包括阻抗控制、力位混合柔顺控制等[19-21]。

（1）阻抗控制

阻抗控制可以实现自由运动控制和约束运动控制两种方法之间有机的统一，能够完成从自由空间到约束空间的过渡。阻抗控制策略最鲜明的特点是没有直接控制机器人末端执行器与接触环境之间的作用力，而是采用间接的方式控制力的大小。

1）力反馈型阻抗控制　力反馈型阻抗控制是指利用力传感器测量到的力信号引入位置控制系统，构成力反馈型阻抗控制。

例如，六维力传感器可用于测量机器人末端所受到的力和力矩；自适应阻抗控制算法可以在未知的环境中进行力信息处理，使用一个控制周期的力矩来弥补阻抗方程中的不确定性等[22]。

2）位置型阻抗控制　位置型阻抗控制是指机器人末端没有受到外力作用时，通过位置与速度的协调而产生柔顺性的控制方法。

位置型阻抗控制的本质是通过与外界环境的定量力接触，以及力位移转换器反馈的接触力偏差来调整目标位置。但是，这种方法需要估计复杂的环境变量和确定的数学模型[23]。

3）柔顺型阻抗控制　柔顺型阻抗控制是指机器人末端受到环境的外力作用时，通过位置与外力的协调而产生柔顺性的控制方法。

例如，柔顺型阻抗控制根据环境外力、位置偏差和速度偏差产生笛卡儿空间的广义控制力，转换为关节空间的力或力矩后，控制机器人的运动。

（2）力位混合柔顺控制

在进行机器人末端力控制的同时，机器人要完成工作任务必不可少的需要进行相应的位置控制，单纯的位置控制已经很难满足工业生产中复杂的工作，尤其是涉及有力反馈的情况更是无法控制。机器人最理想的柔顺性控制就是以相互独立的方式同时进行力和位置控制，即力位混合柔顺控制。

力位混合柔顺控制是指分别组成位置控制回路和力控制回路，通过控制律综合实现的柔顺控制。

虽然力位混合控制理论研究相对成熟，但在实际运用中依然存在问题，机器人控制的难点主要表现在两方面：a. 机器人作为一个多自由度机构，各关节的摩擦、耦合带来系统内部误差；b. 外界环境的复杂性。

现在很多操作环境都是不规则的，包括曲面跟踪等对控制精度要求很高的操作空间，仅依靠力位混合控制很难满足要求。文献［24,25］根据机器人力位混合要求，修改了基本的模型跟踪控制算法，即在该控制算法中，添加了模型输出、被控对象输出反馈，从而实现接触力控制，改善了系统对机器人动力学参数变化的鲁棒性。

相对于阻抗柔顺控制，力位柔顺控制过程中同时进行位置控制和环境力控制，两者相互独立互不干涉，力位柔顺控制理论上更先进，但是由于理论仍然不够系统，所以控制过程实现起来相对困难，控制精度不够理想。

力位混合柔顺控制中未考虑机械手动态耦合影响及在工作空间的某些奇异位置上出现不稳定进行的改进，对此常采用改进的力位混合控制。

改进的力位混合控制方法，其改进主要体现在以下几个方面：

① 考虑机械手的动态影响，并对机械手所受的重力、科氏力和向心力进行补偿；

② 考虑力控制系统的欠阻尼特性，在力控制回路中加入阻尼反馈以削弱振荡因素；

③ 引入加速度前馈，以满足作业任务对加速度的要求，同时也可使速度平滑过渡；

④ 引入环境力的作用，以适应弹性目标对机器人刚度的要求。

6.3.2 力控制关键问题

力控制关键问题主要涉及机器人刚度、柔顺性、机器人静力变换及机器人动力学模型与线性化等。

（1）机器人刚度

机器人刚度，通常是指为了达到期望的机器人末端位置和姿态，机器人所能够表现出力或力矩的能力。若机器人各关节没有受到力或力矩的控制，则机器人的关节不能到达期望的位置。

机器人关节位置的期望值与当前值之间存在偏差，该偏差经过积分作用后，使得各个关节电机的电流达到最大值，从而各个关节的力矩达到最大值。这些关节的最大值力矩传递到机器人的末端，表现为在末端施加了较大的力和力矩。特别是，当机器人末端以较高的速度运动时，遇到障碍后会因末端被施加的力和力矩过大而受损；当机器人末端到达期望的位置时，表现为末端力和力矩为零。可见，当位置控制系统仅以达到期望的末端位置和姿态为目标时，将使机器人的末端表现出很强的刚度。

影响机器人末端刚度的因素，主要包括：

1）连杆的挠性　当连杆受力时，连杆弯曲变形的程度对末端刚度具有重要影响。连杆挠性越高，机器人末端刚度越低；反之，连杆挠性越低，则机器人末端刚度受连杆的影响越小。当连杆挠性较高时，机器人末端刚度难以提高，末端能够承受的力或力矩降低。因此，为了降低连杆挠性对机器人末端刚度的影响，在制造机器人时，通常将各个连杆的挠性设计的很低。

2）关节的机械形变　关节的机械形变与连杆的挠性类似。柔性关节影响机械形变，柔性关节机械臂具有可实现高速操作的能力、较高的负载自重比、较低的功耗以及更大的工作空间等优点。但关节的柔性，直接影响系统的稳定与控制精度。

柔性关节机械臂是一个非常复杂的动力学系统，其动力学方程具有高度非线性、强耦合以及时变的特点。它不仅是刚-柔耦合的非线性系统，而且是系统动力学特性和控制特性相耦合即机电耦合的非线性系统。

在关节受力或力矩作用时，机械形变越大，机器人末端的刚度越低。为保证机器人末端具有一定的刚度，通常希望关节的机械形变越小越好。

3）关节的刚度　类似于机器人的刚度。为了达到期望的关节位置，该关节所能够表现出力或力矩的能力称为关节的刚度。关节刚度对机器人刚度具有直接影响，若关节的刚度低，则机器人刚度也低。

一般地，为了保证机器人能够具有一定的负载能力，机器人连杆挠性和关节形变都设计得很低。在这种情况下，机器人的刚度主要取决于其关节刚度。

（2）机器人柔顺性

柔顺性简称柔顺，通常是指机器人的末端对外力的变化做出相应的响应，表现为低刚度。为了使机器人对外界具有柔顺性，科研工作者研究了很多种方法，把这种和外界接触时的控制方法形象地称为柔顺控制方法，其具体又可分为两种情况，即主动柔顺控制和被动柔顺控制。

机器人在刚度很大的情况下，对外力的变化响应很弱，缺乏柔顺性。柔顺控制指从力传感器取得控制信号，用此信号去控制机器人，使之响应这个变化而动作。根据柔顺是否通过控制方法获得，可以将柔顺分为被动柔顺和主动柔顺。

1）被动柔顺　被动柔顺是指机器人凭借一些辅助的柔顺机构，例如弹簧、阻尼、摩擦等在机器和环境产生接触交互的时候可以吸收储存或消耗能量的元件，使其在与非结构化环境产生接触交互的时候能够对外部作用产生相应的顺从适应性[26]。被动柔顺使其在与环境接触时能够对外部作用力产生自然顺从。被动柔顺控制是采用具有柔韧特性的材料来抵消外界环境施加的力，从而达到工作目标。

例如，仿人机器人手臂的每个关节安装一个弹簧，以使机器人的手部获得柔顺性，是典型的被动柔顺控制。

被动柔顺不需要对机器人进行专门的控制便具有柔顺能力，即利用一些可以使机器人在与环境作用时能够吸收或储存能量的机械器件如弹簧、阻尼等构成机构，即柔顺装置。

例如，轴孔装配时轴的理想位置和姿态，如图 6-17(a) 所示，利用被动柔顺装置进行机器人装配作业时，可以对任意柔顺中心进行顺从运动。但实际装配时，由于轴、孔误差的影响，轴位置和姿态不能保证处于装配的理想状态，如图 6-17(b) 和 (c) 所示，显然，在轴位置和姿态不准确时，仅依赖位置控制不能将轴安装到孔中。若借助柔顺装置则可以在轴位置和姿态存在偏差的情况下，将轴向孔推入，实现轴在孔约束下运动以完成轴孔装配。

被动柔顺的柔顺能力由机械装置提供，能用于特定的任务，响应速度快，成本低。但采用被动柔顺装置进行作业时存在一定的问题：

① 无法根除机器人高刚度与高柔顺性之间的矛盾；

② 被动柔顺装置的专用性强，适应能力差，使用范围受到限制；

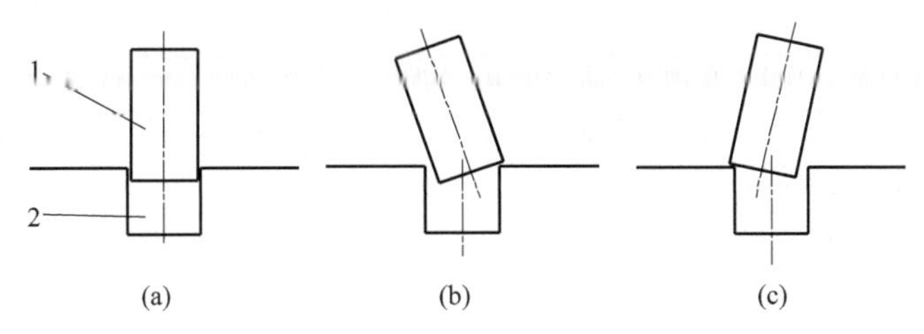

图 6-17　轴孔装配示意图

1—轴；2—孔

③ 机器人加上被动柔顺装置后，其本身并不具备控制能力，给机器人控制带来了极大的困难，尤其是在既需要控制作用力又需要严格控制定位的场合中，显得更为突出；

④ 无法使机器人本身产生对力的反应动作，成功率相对较低等。

2）主动柔顺　主动柔顺是指机器人利用力的反馈信息并采用一定的控制策略去主动控制作用力。主动柔顺控制是把力完整地体现在控制系统中，应用控制算法来抵消位置和力双向误差，其跟踪能力远远高于被动柔顺。主动柔顺控制又称为力觉控制。主动柔顺控制即力控制，是通过控制机器人各个关节的刚度实现的，其控制本质特征就是对机器人末端力/力矩的控制[27]。

主动柔顺控制有阻抗控制、力位混合控制和动态混合控制等类型。

① 阻抗控制　通常是指通过力与位置之间的动态关系实现柔顺控制。其特点是不直接控制机器人与环境的作用力，而是根据机器人端部的位置（或速度）和端部作用力之间的关系，通过调整反馈位置误差、速度误差或刚度来达到控制力的目的。此时，接触过程的弹性变形尤为重要。

阻抗控制的静态，即力和位置的关系，用刚性矩阵描述；阻抗控制的动态，即力和速度的关系，用黏滞阻尼矩阵描述。

② 力位混合控制　通常是指通过雅可比矩阵将作业空间（一般是指其工作空间）任意方向的力和位置分配到各个关节控制器上。

力位混合控制的方案计算复杂，方案中包括位置控制回路和力控制回路，通过控制律的综合实现柔顺控制。

③ 动态混合控制　通常是指在柔顺坐标空间将任务分解为某些自由度的位置控制和另一些自由度的力控制，然后将计算结果在关节空间合并为统一的关节力矩。

随着机器人应用的日益广泛，许多场合要求机器人具有接触力的感知和控制能力。例如，在机器人的精密装配、修刮或磨削工件表面抛光和擦洗等操作过程中，要求保持其末端执行器与环境接触；进行钻孔作业时，需要机器人沿钻孔方向施加一定的力，而在其他方向不施加任何力。对于此类具有约束的任务，均需要控制机器人在特定的方向上表现出柔顺性。

（3）机器人静力变换

所谓机器人静力变换，是指机器人在静止状态下的力或力矩的变换。换言之，关节空间的力或力矩与机器人末端的力或力矩具有直接联系。通常，静力和静力矩可以用式(6-26)所示的六维矢量表示。

$$\boldsymbol{F}=[f_x \quad f_y \quad f_z \quad m_x \quad m_y \quad m_z]^{\mathrm{T}} \tag{6-26}$$

式中，$\boldsymbol{F}$ 为广义力矢量，$[f_x \quad f_y \quad f_z]$ 为静力，$[m_x \quad m_y \quad m_z]$ 为静力矩。

机器人静力变换包括不同坐标系间的静力变换、笛卡儿空间与关节空间的静力变换等。

1）不同坐标系间的静力变换　下面以基坐标系和坐标系 $\{C\}$（即联体坐标系）为例，探讨不同坐标系间的静力变换。

设基坐标系下广义力矢量 $\boldsymbol{F}$ 的虚拟位移为 $\boldsymbol{D}$，如式(6-27）所示。

$$\boldsymbol{D}=[d_x \quad d_y \quad d_z \quad \delta_x \quad \delta_y \quad \delta_z]^{\mathrm{T}} \tag{6-27}$$

于是，广义力矢量 $\boldsymbol{F}$ 的虚功记为 $\boldsymbol{W}$，即式(6-28)。

$$\boldsymbol{W}=\boldsymbol{F}^{\mathrm{T}}\boldsymbol{D} \tag{6-28}$$

在坐标系 $\{C\}$ 下，机器人所做的虚功为式(6-29)。

$${}^{C}\boldsymbol{W}={}^{C}\boldsymbol{F}^{\mathrm{T}}{}^{C}\boldsymbol{D} \tag{6-29}$$

式中，${}^{C}\boldsymbol{F}$ 是机器人在坐标系 $\{C\}$ 下的广义力；${}^{C}\boldsymbol{D}$ 是机器人在坐标系 $\{C\}$ 下的虚拟位移。

由微分运动量之间的等价关系可知，基坐标系下的虚拟位移 $\boldsymbol{D}$ 和坐标系 $\{C\}$ 下的虚拟位移 ${}^{C}\boldsymbol{D}$ 之间存在式(6-30）的关系。

$$\begin{bmatrix} {}^{c}d_x \\ {}^{c}d_y \\ {}^{c}d_z \\ {}^{c}\delta_x \\ {}^{c}\delta_y \\ {}^{c}\delta_z \end{bmatrix}=\begin{bmatrix} n_x & n_y & n_z & (\boldsymbol{p}\times\boldsymbol{n})_x & (\boldsymbol{p}\times\boldsymbol{n})_y & (\boldsymbol{p}\times\boldsymbol{n})_z \\ o_x & o_y & o_z & (\boldsymbol{p}\times\boldsymbol{o})_x & (\boldsymbol{p}\times\boldsymbol{o})_y & (\boldsymbol{p}\times\boldsymbol{o})_z \\ a_x & a_y & a_z & (\boldsymbol{p}\times\boldsymbol{a})_x & (\boldsymbol{p}\times\boldsymbol{a})_y & (\boldsymbol{p}\times\boldsymbol{a})_z \\ 0 & 0 & 0 & n_x & n_y & n_z \\ 0 & 0 & 0 & o_x & o_y & o_z \\ 0 & 0 & 0 & a_x & a_y & a_z \end{bmatrix}\begin{bmatrix} d_x \\ d_y \\ d_z \\ \delta_x \\ \delta_y \\ \delta_z \end{bmatrix} \Rightarrow {}^{c}\boldsymbol{D}=\boldsymbol{H}\boldsymbol{D} \tag{6-30}$$

机器人在基坐标系和坐标系 $\{C\}$ 下所做的虚功相等。由式(6-28)～式(6-30)，经整理后，即可得到式(6-31)。

$${}^{C}\boldsymbol{F}=(\boldsymbol{H}^{\mathrm{T}})^{-1}\boldsymbol{F} \tag{6-31}$$

式中，矩阵 $\boldsymbol{H}$ 为不同坐标系下微分变换的等价变换矩阵，见式(6-30)。

2）笛卡儿空间与关节空间的静力变换　笛卡儿空间与关节空间的静力变换，机器人在关节空间的虚功，可以表示为式(6-32)。

$$\boldsymbol{W}_q=\boldsymbol{F}_q^{\mathrm{T}}\mathrm{d}\boldsymbol{q} \tag{6-32}$$

式中，$\boldsymbol{W}_q$ 是机器人在关节空间所做的虚功；$\boldsymbol{F}_q=[f_1,f_2,\cdots,f_n]^{\mathrm{T}}$ 是机器人关节空间的等效静力或静力矩；$d\boldsymbol{q}=[\mathrm{d}q_1,\mathrm{d}q_2,\cdots,\mathrm{d}q_n]^{\mathrm{T}}$ 是关节空间的虚拟位移。

由式 $\mathrm{d}\boldsymbol{x}=\boldsymbol{J}(\boldsymbol{q})\mathrm{d}\boldsymbol{q}$ 可知，笛卡儿空间与关节空间的虚拟位移之间存在着如式(6-33）的关系。

$$\boldsymbol{D}=\boldsymbol{J}(\boldsymbol{q})\mathrm{d}\boldsymbol{q} \tag{6-33}$$

式中，$\boldsymbol{J}(\boldsymbol{q})$ 为机器人的雅可比矩阵。

考虑到机器人在笛卡儿空间与关节空间的虚功是等价的，由式(6-28)、式(6-32）和式(6-33)，即可得到式(6-34)。

$$\boldsymbol{F}_q=\boldsymbol{J}(\boldsymbol{q})^{\mathrm{T}}\boldsymbol{F} \tag{6-34}$$

式(6-34）给出了机器人末端在笛卡儿空间的广义静力与关节空间的静力之间的等效关

系，即笛卡儿空间与关节空间的静力变换。

（4）机器人动力学模型与线性化

实际机器人应用中，被控对象的数学模型大部分不是线性模型，且非线性包含了很多内容。这时就需要将非线性模型转化为线性模型，以方便进一步的控制对象。将非线性模型转化为线性模型的意义之一在于能更好地控制非线性优化问题的求解，而线性模型的优化问题容易求解。

例如，机器人在进行低速高精度运动时，需要解决机器人本体动力学的非线性、时变性及耦合性，才能保证机器人的运动效果。通过拉格朗日法可以推导 n 自由度旋转关节串联机器人的动力学方程。

假设 $\boldsymbol{q} \in \boldsymbol{R}^n$ 为关节角向量，$\boldsymbol{M}(\boldsymbol{q}) \in \boldsymbol{R}^n$ 为正定对称惯性矩阵，$\boldsymbol{C}(\boldsymbol{q},\dot{\boldsymbol{q}}) \in \boldsymbol{R}^{n\times n}$ 为离心力和科氏力矩阵，$\boldsymbol{G}(\boldsymbol{q}) \in \boldsymbol{R}^n$ 为重力向量，$\boldsymbol{F}_f \in \boldsymbol{R}^n$ 为关节摩擦力矩向量，$\boldsymbol{\tau} \in \boldsymbol{R}^n$ 为转矩控制输入向量。则，机器人动力学模型可描述为一组二阶非线性方程组，数学表达式为式(6-35)。

$$\boldsymbol{M}(\boldsymbol{q})\ddot{\boldsymbol{q}} + \boldsymbol{C}(\boldsymbol{q},\dot{\boldsymbol{q}})\dot{\boldsymbol{q}} + \boldsymbol{G}(\boldsymbol{q}) + \boldsymbol{F}_f = \boldsymbol{\tau} \tag{6-35}$$

在进行低速高精度运动时，需要解决本体动力学的非线性、时变性及耦合性，才能保证机器人的运动效果。式(6-36) 所表示的机器人动力学模型中包含了运动学参数、惯性参数和摩擦参数等三类参数。运动学参数包含连杆长度、扭角和偏置，当运动学参数已知时，相关研究已证明该动力学模型可以采用线性形式表达。例如，为了简化，可以除去摩擦力矩向量，则机器人动力学模型可表示为惯性参数的线性形式，即式(6-36)。

$$\boldsymbol{\tau} = \boldsymbol{k}(\boldsymbol{q},\dot{\boldsymbol{q}},\ddot{\boldsymbol{q}})\boldsymbol{P} + \boldsymbol{F}_f \tag{6-36}$$

式中，$\boldsymbol{P} = \begin{bmatrix}\boldsymbol{p}_1^{\mathrm{T}} & \boldsymbol{p}_2^{\mathrm{T}} & \cdots & \boldsymbol{p}_n^{\mathrm{T}}\end{bmatrix}^{\mathrm{T}} \in \boldsymbol{R}^{10n}$ 为 n 个关节的惯性参数向量；$\boldsymbol{k}(\boldsymbol{q},\ \dot{\boldsymbol{q}},\ \ddot{\boldsymbol{q}}) \in \boldsymbol{R}^{n\times 10n}$ 为对应的回归矩阵，矩阵中的各项为关节角度、角速度和角加速度的函数[28]。

工程上，机器人的控制问题要复杂得多。由于机器人与环境接触，这时不仅要控制机器人末端位置，还要控制末端作用于环境的力，也就是说，不仅要使机器人末端达到期望值，还要使其作用于环境的力达到期望值。因此，被控对象的数学模型大部分是非线性并包含复杂关系，这时将非线性模型转化为线性模型具有重要的意义。

6.3.3 主要部件控制

（1）串联机器臂简介

以串联机器人机构控制为例，其典型工作循环包括：工业机器人的手臂伸向车床卡盘；夹持加工零件；手臂返回到原点；手臂伸向循环台面；放下零件；夹持下一个毛坯，将毛坯送向机床卡盘；将毛坯在卡盘中夹紧；将毛坯松开；手臂返回到原点；开始在机床上的加工循环。同时，被控制的坐标最大位移量，可能发生在定位工作状态（手臂升降或伸出）或循环工作状态（手腕和夹持器转动组件）。

例如，某串联机器人如图 6-18(a) 所示，它主要由操作机、可换夹持器转动机构、提升和下降机构、机械手臂机构、平衡器、手腕及单独立柜式的数控装置等所组成。

机械手臂机构是机器人关键机械部件，图 6-18(a) 中，机械手臂由运动模块（序号 1、6、7）和基座内的一个电机（序号 2）组成，由单电机驱动整个机械臂。

1）机械手臂结构　该机械手臂结构如图 6-18(b) 所示，最大臂长为 L，重量为 W，最

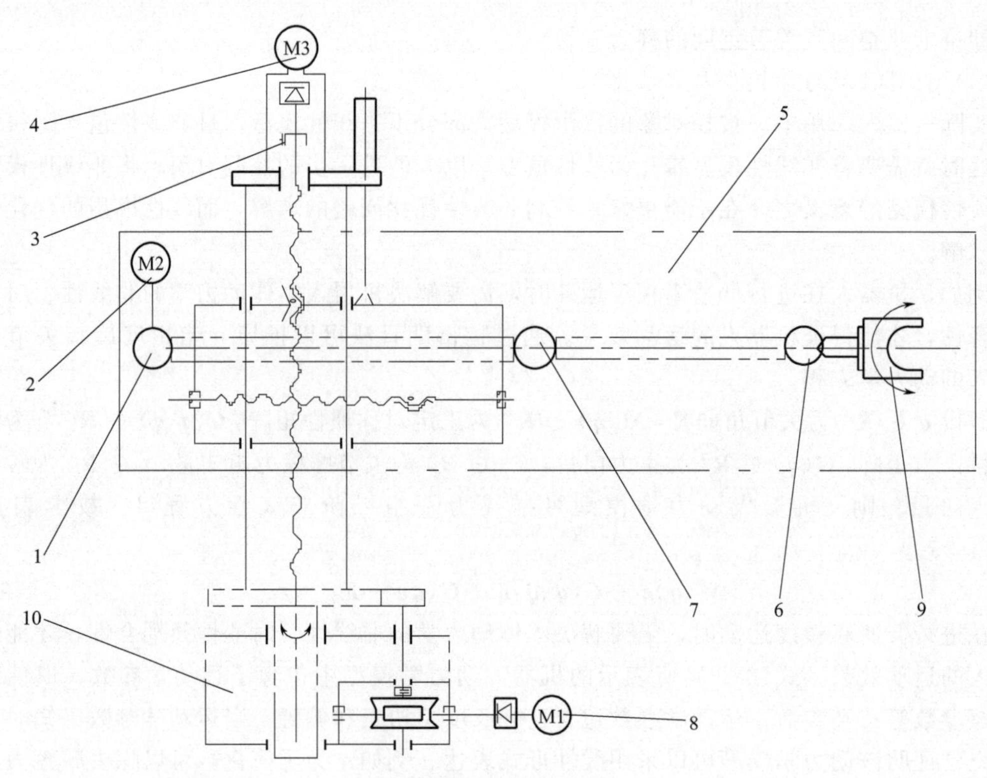

(a) 串联机器人机构简图

1—运动模块 1；2—电机 2；3—电磁制动器；4—电机 3；5—机械手臂机构；6—运动模块 3；
7—运动模块 2；8—电机 1；9—可换夹持器转动机构；10—提升和下降机构

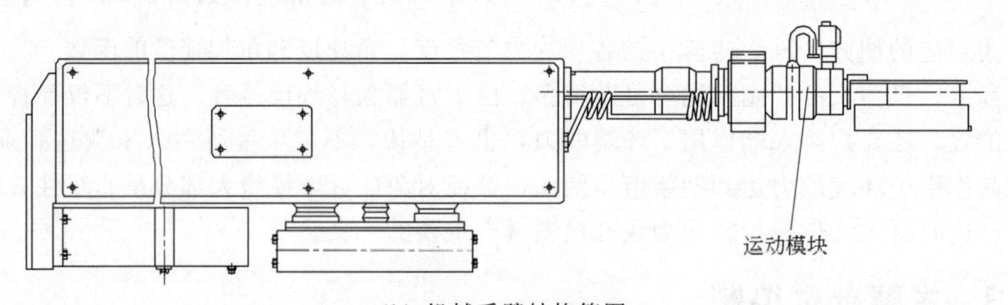

(b) 机械手臂结构简图

图 6-18　串联机器人机构及机械臂结构简图

大关节回转半径为 R。当机器人末端安装夹持器并指定路径时，可通过多个关节联动实现复杂的操作任务[29,30]。

机械手臂可以采用硬铝（LY12）材料作为主要结构传动件，其结构重量较小。对于受力最大的支承部件可以采用 45 钢。根据机械臂零件的受力不同，除了基关节使用钢质齿轮作为传动之外，次节、末节可以使用塑料材料进行齿轮传动，从材料选择上使机械臂符合结构设计的合理性。

机械手臂体系如图 6-19 所示，其中，每个运动模块均由弯曲关节和扭转关节组成，相邻关节轴线正交，机器人末端位姿由六个关节共同决定。

2）手臂控制原理　机械手臂可以通过对关节速度、位置和力的控制来完成多自由度旋转运动。关节的功能性主要包括：能够为机械臂提供操作的驱动力和负载能力；可以实现空

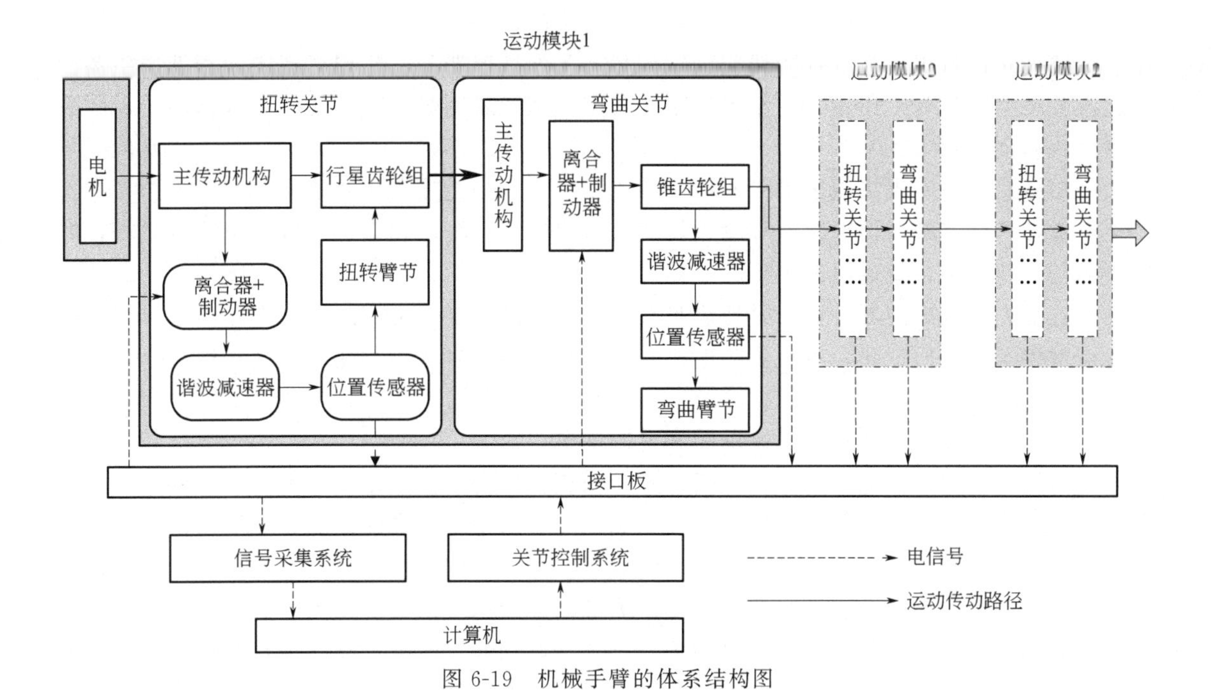

图 6-19　机械手臂的体系结构图

间机械手的紧急制动；可以保护机械手的结构；可以有效地提高机械手的工作精度；通过关节能够和中央控制系统或 PC 实现信息的交互。

图 6-19 中，机械手臂的动力源为基座内的电机并为串联关节提供动力，由关节间行星轮系即行星齿轮组为关节提供动能。

每个关节内均含有离合器、制动器和谐波减速器。这里的离合器采用电磁离合器，电磁离合器用于关节换向，制动器用于掉电保护和制动，谐波减速器用于放大转矩驱动关节。每个关节均安装有关节位置传感器，用于读取关节转角的数据。

关节控制系统可以采用集中式控制方式，由一台计算机负责整个机械臂的运动规划、运动学反解、误差补偿及六个关节的驱动控制。关节运动过程产生的角度信息由信号采集系统读回计算机，由关节控制系统控制关节使其按指定的运动规律进行正反转和制动。

主要控制部件包括电机、谐波减速器及电磁离合器组等。

① 电机　基座内的动力源为电机，电机是组成机械臂的重要部件，性能指标是选择电机的依据。若初选某电机后，由于机械臂输出转速依然比较高，转矩较小，则不适合直接驱动关节运动，这时，需要一个大减速比的关节减速器放大转矩驱动关节。从动力传递来看，该机械臂系统依靠基座内的电机和关节内的谐波减速器传递运动和动力，其中电机为机械臂提供动力，通过谐波减速器将传给关节的转矩放大以驱动关节运动。

② 谐波减速器　谐波减速器可以将传给关节的转矩放大以驱动关节运动。谐波机械传动可以利用机构中构件的波动变形，来实现运动传递和运动转换。

谐波减速器的主要优点：与传动比相当的普通减速器比较，结构简单，零件少，体积小，重量轻，传动比大且传动比范围广；由于同时啮合的齿数多，齿面相对滑动速度低，使其承载能力高，传动平稳且精度高，噪声低；谐波齿轮传动的回差较小，齿侧间隙可以调整，甚至可实现零侧隙传动；谐波齿轮传动还可以向密封空间传递运动和动力；采用密封柔轮谐波传动减速装置，可以驱动工作在高真空、有腐蚀性及其他有害介质空间的机构；传动效率较高，且在传动比很大的情况下，仍具有较高的效率。

谐波减速器的主要缺点：柔轮周期性变形，工作情况恶劣，易损坏；柔轮和波发生器的制造难度较大，需要专用设备，给单件生产和维修造成了困难；传动比的下限值高，齿数不能太少；启动力矩大。

谐波减速器是实现机械运动必不可少的重要部件。当选用谐波减速器时，不仅要考虑其特点还应参考谐波减速器参数，如输入转速、输出转矩、输出转速、输入功率及重量等，即应考虑是否适合充当减速器或关节减速器。

理论上，谐波减速器可以很好地满足机械臂运动的需要。但实际工作中，由于关节负载随机械臂姿态变化而变化，负载影响电机转速，因此需要多次运动测定电机转速。

③ 电磁离合器组　关节内的电磁离合器组根据其作用不同可以分为换向和制动两种，即用于换向的电磁离合器和用于制动的失电制动器。

电磁离合器用于通电后将主运动引入关节内进行换向操作，是该控制系统的主要控制对象。电磁离合器参数主要有动摩擦转矩、励磁电压、功率、最高转速、转子惯量、衔铁惯量及重量等。

失电制动器常配合电磁离合器的工作。失电制动器用于制动和对关节进行失电保护。失电制动器属于单片电磁离合器产品范围的一种特殊制动器，失电制动器原理与通电制动的电磁制动器相反，即通电脱开、失电（断电）制动。失电制动器适用于多种有制动要求和断电保持制动要求的机械设备。失电制动器参数主要有静摩擦转矩、励磁电压、功率、释放时间和制动时间等。

每个关节离合器组均由两个电磁离合器和一个失电制动器组成，其换向离合器和制动离合器在控制上互为反逻辑。通常，由于电磁离合器的延迟响应时间要小于失电制动器的延迟响应时间，对此在进行精确控制时，需要准确控制这一小段时间内离合器输出部件的位移。

3）关键控制部件　机械臂控制系统如图 6-20 所示。

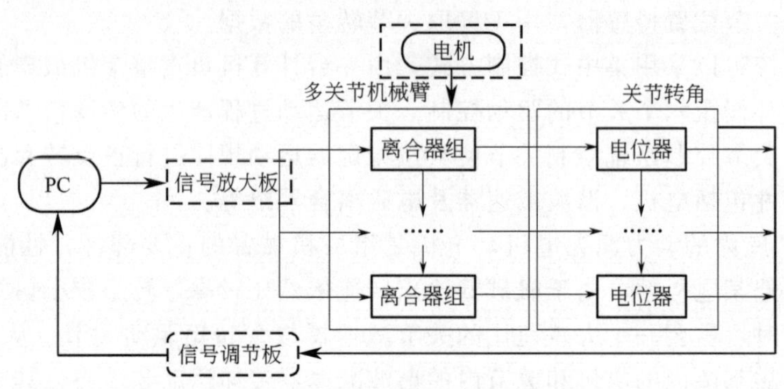

图 6-20　机械臂控制系统示意图

机械臂控制系统中，多个关节组成的机械臂由离合器组控制其运行，该离合器组控制系统有集中式控制、分布式及主从式等多种组成形式，这里可以采用集中式控制，其方式简单易行。

机械手臂的关键控制主要内容包括：

① 运动学正反解与避障　为实现机械手臂的运动控制，利用 PC 机做运动规划，如机械臂运动学正反解、避障运算等。

② 离合器状态控制　从动力控制来看，关节内离合器作为机电耦合设备，用于关节运

动控制、关节状态保持和安全防护，离合器是关节运动控制的重要部件。根据PC运动规划的计算结果，将离合器状态控制转换成控制离合器所需要的数字量，即离合器状态“1”及“0”或“开”及“合”。

③ 模拟放大与驱动　数字量通过模拟放大系统进行信号放大以驱动离合器组。

④ 采样与反馈　运行过程中通过电位器组采样关节转角再反馈给PC机。

机械手臂的关键控制内容受制于控制卡和传感器。

① 控制卡　该机械手臂系统的数据采集系统可选用高速数据采集卡。

数据采集卡在产品测试、高速数据采集及过程监督控制等领域中能充分发挥作用。

机械臂控制系统数据采集，当采用高速数据采集卡进行数据采集时，可以达到较高的速率。

如图6-21所示为采集卡PCI-1713的内部结构框图。

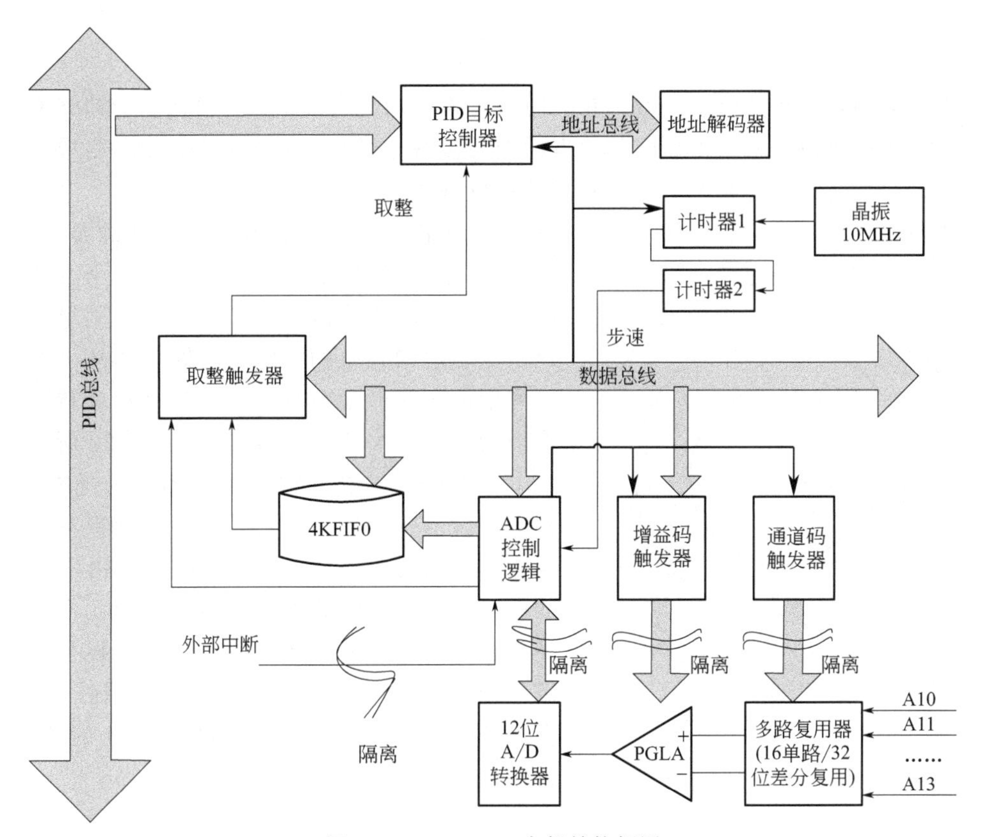

图6-21　PCI-1713内部结构框图

图6-21中，当采用高速数据采集卡PCI-1713进行数据采集时，在Windows下可以达到100kHz的速率进行数据采集。

离合器驱动部分，当采用数字I/O卡PCI-1752时，其内部结构框图如图6-22所示。

② 传感器　传感器通常采集关节位置和速度信号，反馈给关节控制系统，作反馈控制之用。传感器要求精度高、重复性好、稳定性好、可靠性高、抗干扰能力强，并且质量轻、体积小及安装方便可靠等。设计中，关节传感器采用位置传感器，仅用于检测关节运动是否到位。

关节设计中无论是弯曲关节还是扭转关节，均应考虑传感器、电位器等的特性。

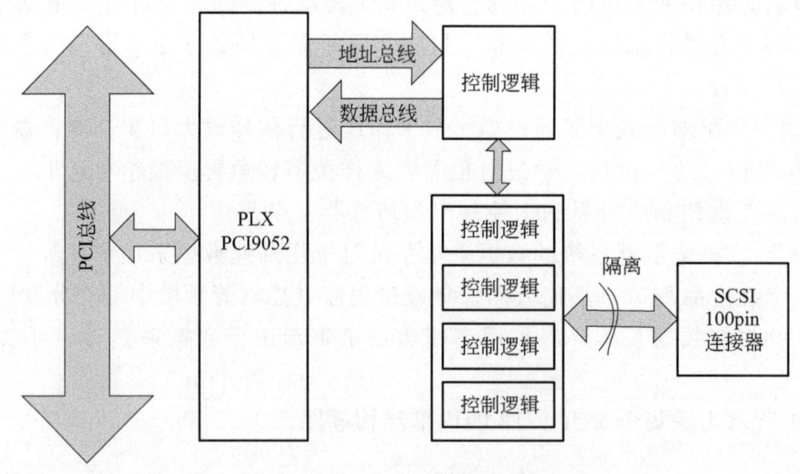

图 6-22　PCI-1752 内部结构框图

弯曲关节中，当传感器安装空间较大时，可以选用具有线性精密度高、分辨率高、平滑性好、动态噪声小以及机械寿命长等优良性能的精密电位器，应保证电位器的性能参数，如电阻公差、启转转矩、分辨率、输出平滑性和机械转角等参数。

在扭转关节设计中，由于关节结构的限制，对传感器外形会有一些特殊的要求。例如，在扭转关节的传感器设计中，设计一个大中心孔的电位器，该电位器由动片、基片及电刷组成。基片提供电阻丝和导电的银丝，电刷与动片固结，工作过程中电刷变形紧压在基片上随动片旋转、在基片上滑动。扭转关节电位器原理如图 6-23 所示。

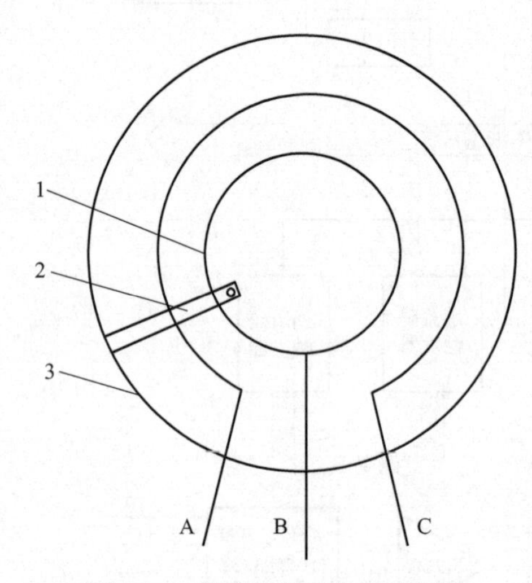

图 6-23　扭转关节电位器原理图

1—内环；2—电刷；3—外环；

A，B，C—电位器的引出端

扭转关节电位器的基片本体常为绝缘塑料板，板上铺设两条圆环状导线，内环为细银丝，充当良导体；外环为碳膜环，外环的电阻值由电刷在环上的位置确定。采用该类电位器作检测元件时，线路简单、惯性小、消耗功率小、制造安装容易以及所需电源简单，但其精度受尺寸的限制，有接触不良、寿命短以及对被测对象有一定的力负载的特性。

上述各部件控制过程中，首先要确保其具有传动、制动、驱动、驱动控制以及各类信号（如速度、位置及温度等）采集和通信等功能；要能对关节的重量和体积进行有效的控制，在满足关节功能需求的基础上尽可能地实现关节的轻量化和小型化。

(2) 柔性机械臂控制

柔性机械臂具有质量轻、负载自重比高及能耗低等特点，同时也存在低刚度、大挠度及低阻尼的特性。因此，在执行操作任务过程中其不可避免地会产生弹性振动，若不能及时有效地抑制振动，将会造成系统定位精度和控制精度的下降，从而降低系统的使用寿命及工作效率。

在此主要探讨柔性机械臂系统建模和控制器设计。

1）机械臂系统建模　机械臂系统建模主要包括：细长手臂串联机器人机构、柔性机械臂系统以及柔性臂模型等。

① 细长手臂串联机器人机构。细长手臂串联机器人机构运动简图如图 6-24 所示。

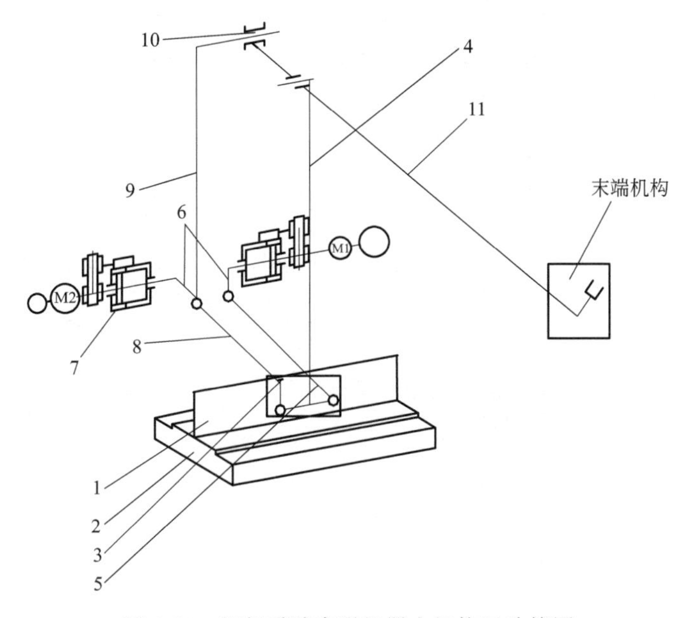

图 6-24　细长手臂串联机器人机构运动简图

1—立柱；2—基座；3—轴承座；4—垂直杆件；5—连杆；6—曲柄；7—谐波齿轮减速器；8—弯杆；9—肩杆件；10—铰链；11—柔性机械臂；M1，M2—电机

图 6-24 中主要有：柔性机械臂（序号 11）、立柱（序号 1）、基座（序号 2）、轴承座（序号 3）、垂直杆件（序号 4）、连杆（序号 5）、曲柄（序号 6）、谐波齿轮减速器（序号 7）、弯杆（序号 8）、肩杆件（序号 9）、铰链（序号 10）及电机（M1、M2）等。

柔性机械臂（序号 11）为串联式铰链连接的细长手臂。机器人基座的立柱上安装有轴承座，轴承座中安装着手臂的肩杆件。肩杆件和柔性机械臂通过曲柄连杆机构驱动，并相对于轴承的轴旋转。臂杆件（肩杆件和柔性机械臂）的驱动装置包括电机、谐波齿轮减速器、位置传感器及测速装置等。当电机 M1 转动时，通过连杆使手臂垂直杆件做摆动运动。由于垂直杆件的回转轴线上安装有轴承，弯杆可以安装在该轴承中，弯杆与肩杆件铰接，又逐次地用铰链与柔性机械臂相连，所以电机 M2 驱动曲柄、连杆和弯杆组成的连杆机构，实现柔性机械臂的运动。机械臂的刚度可以通过调节弹性杆的变形长度来改变，其中关节的尺寸不能过大。

柔性机械臂应用过程中，末端执行器与外界环境之间存在接触，在受到外界环境作用力后，机器人系统就不再是单纯的自由系统，针对这种受限制的空间运动，由于末端执行器与外界环境之间作用产生弹性变形，导致系统精度和控制精度下降。

② 柔性机械臂系统。设柔性机械臂系统基于以下假设：变形前垂直梁中心线的平截面（即横截面），变形后仍然为平面（平截面假定）；变形后横截面的平面仍与变形后的轴线相垂直；电机转子质量分布均匀，绕轴旋转无偏心存在。由此建立的柔性机械臂系统[31,32] 结构简图如图 6-25 所示。

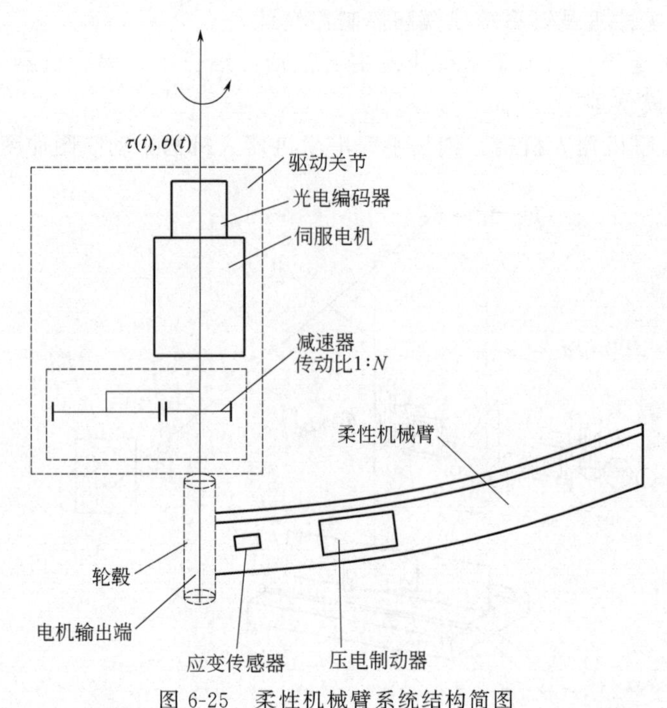

图 6-25 柔性机械臂系统结构简图

$\theta(t)$—电机驱动角位移；$\tau(t)$—电机驱动力矩；N—减速器减速比

柔性机械臂系统由伺服电机驱动，伺服电机与谐波减速器组成驱动关节，驱动柔性机械臂在平面内转动，柔性机械臂的根部通过轮毂与减速器输出端相连。系统运动过程中利用安装在伺服电机尾部的光电编码器检测电机的转动信息；利用粘贴在柔性机械臂上的电阻应变片传感器检测柔性机械臂的振动情况，并利用对称布置的压电致动器抑制柔性臂的弹性振动。

由此可以看出，伺服电机驱动的旋转运动和柔性机械臂的弹性振动都发生在与旋转轴垂直的平面内。

③ 柔性臂模型。为了避免弹性杆自身的扭转，可以将弹性杆的截面设计为圆形。设柔性机械臂为细长的薄壁杆件，在分析过程中可以忽略其纵向振动，由此可以建立如图 6-26 所示的柔性臂坐标系。

在柔性机械臂输出转矩时，弹性杆内部、自由端的受力方向将发生改变，考虑弹性杆弯曲转角的影响，需要修正弹性杆自由端实际挠度。

设柔性臂仅考虑横向振动，此时符合欧拉-伯努利梁模型，基于假设模态法建立坐标表示的动力学方程，得到式(6-37) 表示的柔性臂横向弯曲振动位移 $\boldsymbol{w}(x,t)$。

$$\boldsymbol{w}(x,t)=\sum_{i=1}^{\infty}\phi_i(x)q_i(t)\approx\sum_{i=1}^{m}\phi_i(x)q_i(t)=\boldsymbol{\phi}(x)\boldsymbol{q}(t) \tag{6-37}$$

式中，m 为保留的模态阶数，取前 m 个有限项作为近似解；$\boldsymbol{\phi}(x)=[\phi_1,\phi_2,\cdots,\phi_m]$为模态振型矢量，是系统的实际模态函数；$\boldsymbol{q}(t)=[q_1,q_2,\cdots,q_m]^{\mathrm{T}}$ 为广义模态坐标矢量。

m 值取决于精度要求，m 越多精度越高，但同时计算量也越大。

由于谐波减速器的刚度较大，且柔性臂为薄壁杆件，因此柔性臂的低阶振动模态的频率和振型主要取决于柔性臂的结构参数，故柔性臂可以近似为悬臂梁的边界条件。经推导可以

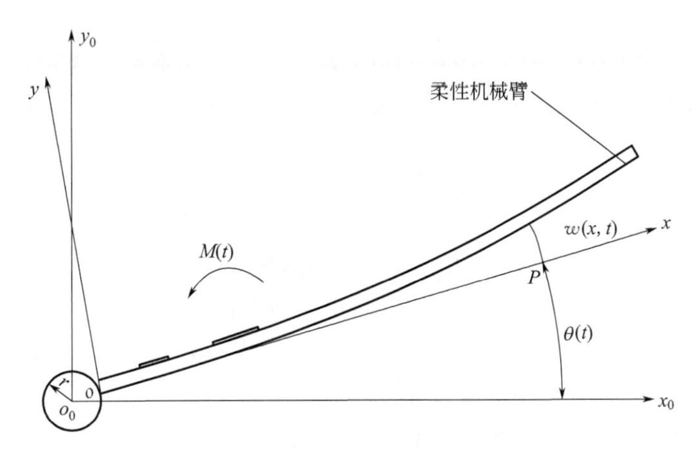

图 6-26　柔性臂坐标系

$x_0o_0y_0$—固定惯性坐标系；xoy—与柔性臂根部固连的浮动坐标系，并始终与柔性臂轴线相切；
$\theta(t)$ —电机的驱动角位移；$w(x,t)$ —距离柔性臂根部 x 处 P 点的弹性位移；
$M(t)$ —压电致动器的致动力矩；r—轮毂半径

得到第 i 阶模态振型函数为式(6-38)。

$$\phi_i(x)=\cos\beta_i x-\mathrm{ch}\beta_i x+\lambda_i(\sin\beta_i x-\mathrm{sh}\beta_i x) \tag{6-38}$$

式中，β_i 为 i 阶模态等效特征频率；参数 λ_i 可表示为式(6-39)。

$$\lambda_i=-(\cos\beta_i l_b+\mathrm{ch}\beta_i l_b)/(\sin\beta_i l_b+\mathrm{sh}\beta_i l_b) \tag{6-39}$$

式中，l_b 为柔性臂长度。

在图 6-26 建立的坐标系中，柔性臂上到臂杆根部 o 的距离为 x 的点位移 $y(x,t)$ 可近似表示为式(6-40)。

$$y(x,t)=(x+r)\frac{\theta(t)}{N}+w(x,t) \tag{6-40}$$

式中，N 为减速器减速比。

当不考虑粘贴层厚度和质量时，贴有压电致动器的柔性机械臂系统动能可表示为式(6-41)。

$$K_E=\frac{1}{2}I_h\dot{\theta}^2(t)+\frac{1}{2}\int_0^{l_b}\rho(t)A(t)[\dot{y}(x,t)]^2\mathrm{d}x \tag{6-41}$$

式中，I_h 为驱动关节及轮毂的等效转动惯量；l_b 为柔性臂长度；$\rho(t)A(t)$ 为柔性臂上单位长度有效质量。

依据建立的柔性臂坐标系，$\rho(t)A(t)$ 可表示为式(6-42)。

$$\rho(t)A(t)=\begin{cases}\rho_b A_b+2\rho_p A_p & (x_s\leqslant x\leqslant x_s+l_p)\\ \rho_b A_b & (0\leqslant x<x_s, x_s+l_p<x\leqslant l_b)\end{cases} \tag{6-42}$$

式中，ρ_b、A_b 分别为柔性臂的密度和横截面积；ρ_p、A_p、l_p 分别为致动器的密度、面积和长度；x_s 为起始位置。

相应地，系统势能表达式为式(6-43)。

$$P_E=\frac{1}{2}\int_0^{l_b}E(x)I(x)[w''(x,t)]^2\mathrm{d}x \tag{6-43}$$

式中，$E(x)I(x)$为等效抗弯刚度，其值定义为式(6-44)。

$$E(x)I(x)=\begin{cases}E_bI_b+2E_pI_p & (x_s\leqslant x\leqslant x_s+l_p)\\ E_bI_b & (0\leqslant x<x_s,x_s+l_p<x\leqslant l_b)\end{cases} \tag{6-44}$$

式中，E_bI_b 为柔性臂抗弯刚度；E_pI_p 为制动器抗弯刚度。

伺服电机驱动力矩和压电制动器力矩的虚功之和为式(6-45)。

$$\begin{aligned}\delta V_W&=\tau(t)\delta\theta+M(x)\delta\left[w'(x_s+x_p,\ t)-w'(x_s,\ t)\right]\\&=\tau(t)\delta\theta+M(x)\delta\hat{w}'(x_s,\ t)\end{aligned} \tag{6-45}$$

利用最小作用原理，建立连续质量分布和连续刚度分布系统（弹性系统）的动力学模型，即式(6-46)。

$$\int_{t_0}^{t_f}(\delta K_E-\delta P_E+\delta V_W)\mathrm{d}t=0 \tag{6-46}$$

式(6-46) 表示拉格朗日函数从 t_0 到 t_f，其时间积分的变分等于零，连续质量分布和连续刚度分布系统为受理想约束的保守力学系统。从时刻 t_0 的某一位形转移到时刻 t_f 的另一位形的一切可能的运动中，实际发生的运动使系统拉格朗日函数在该时间区间上的定积分取驻值，大多取极小值。

联合式(6-38)、式(6-41)、式(6-42)、式(6-44)、式(6-46) 和式(6-47)，并考虑柔性臂的阻尼效应，假设为比例阻尼，模态阻尼比为 ξ_i，得到系统动力学方程的常微分方程形式，如式(6-47)。

$$\begin{aligned}&(I_h+I_b/N^2)\ddot{\theta}(t)+\phi(x)q(t)\\&=\tau(t)(m_i/I_i)\ddot{\theta}(t)+\ddot{q}_i(t)+2\xi_i\omega_i\dot{q}_i(t)+\omega_i^2q_i(t)\\&=[\hat{\phi}'_i(x_s,t)/I_i]M(t)\qquad i=1,\cdots,m\end{aligned} \tag{6-47}$$

式中，I_h 为驱动关节及轮毂的等效转动惯量；I_b 为柔性臂和致动器相对于 y 轴的等效转动惯量；N 为减速器减速比；I_i 为广义质量；ω_i 为自然频率；m 为保留的模态阶数。

其中

$$I_b=\int_0^{l_b}\rho(x)A(x)(x+r)^2\mathrm{d}x$$

$$I_i=\int_0^{l_b}\rho(x)A(x)\phi_i^2(x)\mathrm{d}x$$

$$m_i=\int_0^{l_b}\rho(x)A(x)(x+r)\phi_i(x)\mathrm{d}x/N$$

$$\omega_i=(1/I_i)\int_0^{l_b}E(x)I(x)[\phi_i^{(iv)}(x)]^2\mathrm{d}x$$

根据已有的研究成果，压电致动器的致动力矩可表示为式(6-48)。

$$M(t)=cV_p \tag{6-48}$$

式中，c 为与压电致动器的材料特性和尺寸有关的电压控制系数；V_p 为致动器的驱动电压。

将式(6-48) 代入到式(6-47) 中，得到如式(6-49) 所示的系统动力学方程的矩阵形式。

$$
\begin{bmatrix} J & m_1 & \cdots & m_n \\ m_1/I_1 & 1 & \cdots & 0 \\ \vdots & \vdots & \ddots & \vdots \\ m_m/I_m & 0 & \cdots & 1 \end{bmatrix} \begin{bmatrix} \ddot{\theta}(t) \\ \ddot{q}_1(t) \\ \vdots \\ \ddot{q}_m(t) \end{bmatrix} + \begin{bmatrix} 0 & 0 & \cdots & 0 \\ 0 & 2\xi_1\omega_1 & \cdots & 0 \\ \vdots & \vdots & \ddots & \vdots \\ 0 & 0 & \cdots & 2\xi_m\omega_m \end{bmatrix} \begin{bmatrix} \dot{\theta}(t) \\ \dot{q}_1(t) \\ \vdots \\ \dot{q}_m(t) \end{bmatrix} +
$$

$$
\begin{bmatrix} 0 & 0 & \cdots & 0 \\ 0 & \omega_1^2 & \cdots & 0 \\ \vdots & \vdots & \ddots & \vdots \\ 0 & 0 & \cdots & \omega_m^2 \end{bmatrix} \begin{bmatrix} \theta(t) \\ q_1(t) \\ \vdots \\ q_m(t) \end{bmatrix} = \begin{bmatrix} 1 & 0 \\ 0 & \hat{\phi}'(x_s)/I_1 \\ \vdots & \vdots \\ 0 & \hat{\phi}'(x_s)/I_n \end{bmatrix} \begin{bmatrix} \tau(t) \\ cV(t) \end{bmatrix} \tag{6-49}
$$

式(6-49) 中，J 为系统对 y 轴的总等效转动惯量，包括伺服电机、减速器、致动器以及柔性臂杆，其表达式为式(6-50)。

$$
J = I_h + I_b/N^2 \tag{6-50}
$$

式中，I_b 为柔性臂和致动器相对于 y 轴的等效转动惯量；N 为减速器减速比。

2）控制器设计　原则上，控制器设计时可将刚性臂子系统视为外环控制器，柔性臂系统控制视为内环控制器。控制器设计内容主要包括：伺服电机控制器设计、压电致动器控制器设计及柔性机械臂试验方案等。

① 伺服电机控制器设计　柔性机械臂运动过程中，可以采用伺服电机及减速器组成的驱动关节和安装在电机尾部的光电编码器，作为系统运动控制的驱动器和位置传感器。采用伺服电机的 PD 控制器，对电机的驱动力矩可以采用基于角位移和角速度的 PD 控制律，即式(6-51)。

$$
\tau(t) = K_p(\theta_d - \theta) + K_d(\dot{\theta}_d - \dot{\theta}) \tag{6-51}
$$

式中，K_p、K_d 分别为比例系数和微分系数；θ_d、$\dot{\theta}_d$ 分别为理想驱动角位移和角速度。

② 压电致动器控制器设计　从系统动力学矩阵方程式(6-49) 可以看出，柔性臂的弹性振动与系统的刚性转动通过质量矩阵耦合在一起，系统呈现出刚柔耦合特性，这给实际柔性臂的振动抑制带来一定困难。

理论上柔性臂具有无穷阶模态，但为了降低模态截断对系统的影响，提高控制系统的抗干扰能力，应采用鲁棒性好、适应性好的模糊控制器完成柔性臂的振动主动控制任务，由此可采用压电致动器模糊控制器。典型模糊控制器的基本结构如图 6-27 所示。

模糊控制器主要包括知识库、模糊化接口、模糊推理过程以及去模糊化接口等部分。图 6-27 中，从连接角度上看，外环控制为刚性臂，内环控制器为柔性臂系统控制器。模糊控制器以粘贴在柔性臂上的应变片传感器的实际应变值与理想值的偏差 e 以及其变化率 de 作为控制输入，E 和 EC 为两个输入变量对应的模糊量，将模糊逻辑推理得到的模糊量 U 去模糊化后，即可得到压电致动器的控制电压 u。

当采用智能柔性机械臂时，其系统结构如图 6-28 所示。

③ 柔性机械臂试验方案　制定柔性机械臂试验方案时，应注意以下 3 个方面的问题。

a. 确定柔性机械臂系统　利用伺服电机 PD 控制器和致动器模糊控制器对柔性机械臂系统进行试验。

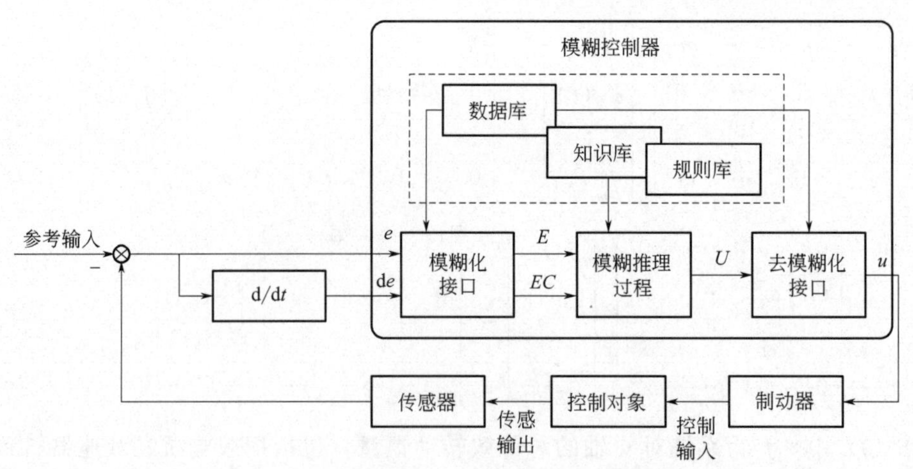

图 6-27　典型模糊控制器的基本结构框图

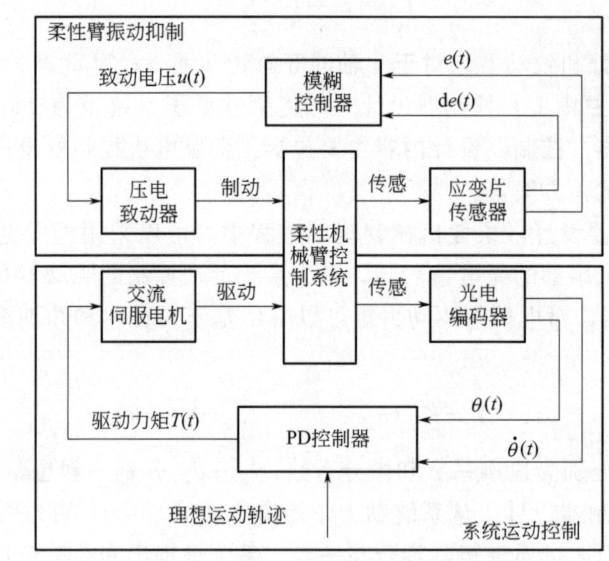

图 6-28　智能柔性机械臂控制系统结构图

b. 准备工作　选用质量轻、弹性好的环氧树脂材料作为柔性臂；采用具有较高压电常数的压电陶瓷作为压电致动器。试验前将压电致动器和应变传感器都贴在柔性臂的根部位置。合理选择柔性臂和压电致动器的基本尺寸和特性参数，如材料、长×宽×高、弹性模量、密度及应变常数等。

利用柔性臂和压电致动器的基本尺寸及特性参数，针对系统运动过程中柔性臂进行试验，常用 1、2 阶模态位移曲线进行试验。包括：设定相应的模态阻尼比，选择电机驱动方式，选用伺服电机的运动轨迹，等等。

c. 分别进行三项试验　伺服电机的 PD 控制器设计试验；压电致动器的模糊控制器设计试验；在非零初始状态的情况下，系统在运动过程中柔性臂弹性振动情况的试验。

综上所述，在压电致动器的模糊控制下，柔性臂的 1 阶模态位移在系统运动过程及运动结束后都得到了有效的衰减，虽然致动器的作用在一定程度上激起了柔性臂的 2 阶模态振动，但是由于其幅值较小，并且也很快得到抑制，所以柔性臂的弹性振动得到了有效抑制。

显然，在非零初始状态下，设计的模糊控制器仍能很快抑制柔性臂的弹性振动，算法具有较好的控制效果和适应性，可以改善柔性臂末端的定位精度，并能提高整个智能柔性机械臂系统的控制精度和操作效率。

④ 影响柔性机械臂刚度误差的因素　主要影响因素取决于以下几点。a. 基座（图 6-24 中序号 2）的定位精度有限。当弹性杆的有效杆长较小时，关节刚度变化很大，基座极其微小的定位误差也会产生极大的刚度误差。b. 关节的安装精度。不可避免地在基座与弹性杆之间、弹性杆与铰链之间，以及减速器零件之间都存在一定的安装间隙，这些安装间隙对关节刚度也造成了一定的影响。c. 弹性杆的非线性特性。弹性杆作线性化处理后，当弹性杆柔性较大时，由于弹性杆被动偏转角扩大，因此弹性杆的非线性对刚度的影响增大。d. 模型误差。当基座的厚度有限时，决定了弹性杆与之相连的部位不完全为固定约束，也造成了一些误差。e. 其他误差。如传感器误差、读数误差、数据处理误差等。

6.3.4 关节控制软件系统

当机械手臂采用集中式控制系统时，关节控制软件系统主要是由轨迹规划、运动学反解、关节误差补偿以及关节控制等任务组成[33,34]。其功能模块的关系如图 6-29 所示。

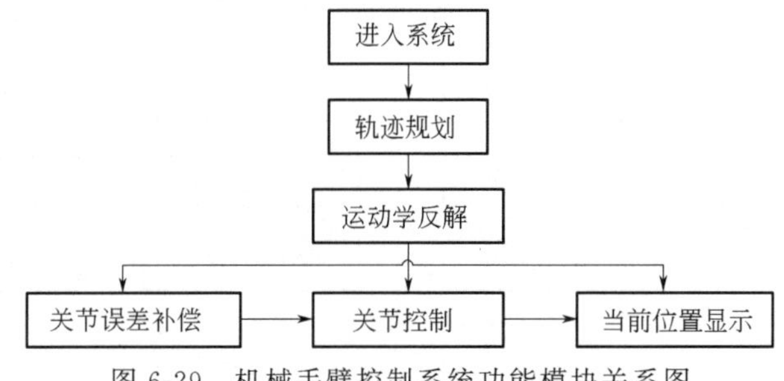

图 6-29　机械手臂控制系统功能模块关系图

（1）轨迹规划

轨迹规划任务直接面向用户，分为在关节空间内的轨迹规划和笛卡儿坐标系下的轨迹规划两种。关节空间内的轨迹规划为笛卡儿坐标系下、点到点运动对应到在关节空间可达范围内的关节运动轨迹；笛卡儿坐标系下的轨迹规划又分为直线轨迹和圆弧轨迹两种。

（2）运动学反解

运动学反解可以根据机械臂的 D-H 坐标系，对轨迹规划指定的笛卡儿坐标系下的两个相邻点进行运动学反解，求解出笛卡儿坐标系下相邻两点对应的关节空间的关节角度，获得关节相对转角。

由于计算机控制步长的原因，在关节转角控制中必然造成一定的关节误差，为防止这种理论计算的关节误差累积，在生成关节相对转角表的同时也生成了关节误差补偿表。

（3）关节误差补偿

关节误差补偿分为理论关节误差补偿和实际机械误差补偿两种。其中，理论关节误差补偿是根据关节误差补偿表修正关节相对转角的理论值；实际机械误差补偿是根据功率放大板及离合器结合时间的联合测评得到的一个经验值，用这一经验值修正关节转角的理论值，使关节转角符合运动学反解值。实际机械误差补偿是通过调整离合器占空比修正系数完成的，首先由模型仿真取得离合器占空比修正系数的理论区间，然后在试验过程中，通过多次操作机械臂完成既定的轨迹，将试验轨迹与理论轨迹进行比对，取得占空比修正系数理论区间内的最符合要求的值。

(4) 关节控制

关节控制可以采用PWM控制。关节控制根据关节误差补偿表和关节相对转角表的关节控制数据，主要实行PWM控制，其中PWM控制的频率和占空比为实际控制需要调整的参数。频率由机械臂固有频率分析预先得到参考值（即在计算机械臂固有频率的基础上实施），然后通过实测获得一个最佳的控制频率。占空比的大小与关节转角的大小有关，为保证在宏观上同一时间所有关节达到预期位置，需要在每个时间段内实时调整占空比。

关节控制软件系统流程如图6-30所示。

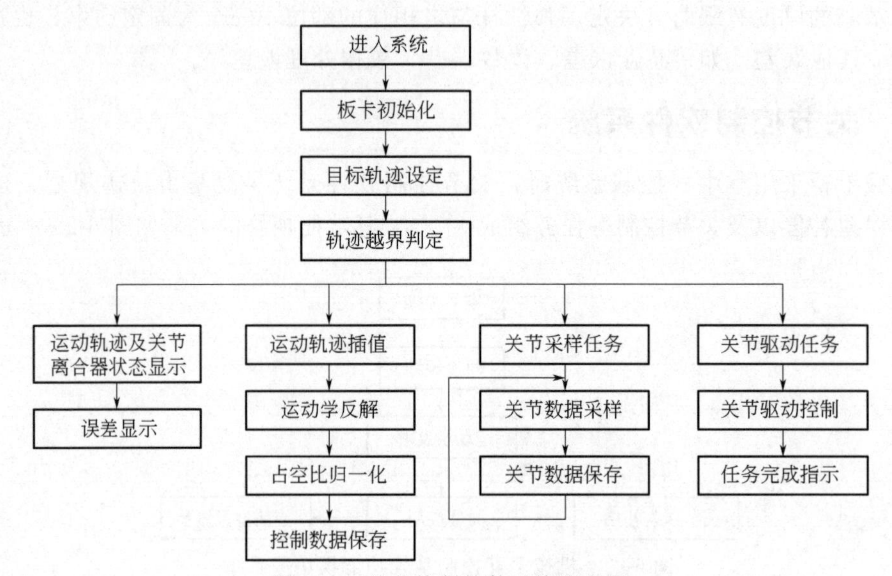

图6-30　关节控制软件系统流程图

图6-30表明，轨迹越界判定之后的主要工作包括：a.明确关节离合器状态；b.通过运动轨迹插值、运动学反解、占空比归一化等，将机械臂末端运动轨迹转化为六个关节的控制期望值；c.关节采样任务在系统控制过程中循环运行，定时采样及保存当前所有关节数据；d.关节驱动任务根据关节离合器状态，通过数字驱动卡控制各个关节内各项关节离合器状态。

(5) 当前位置显示

操作者通过显示模块了解工作过程中期望轨迹与实时运动轨迹的走向以及关节离合器状态。

力控制研究中，随着智能化发展，单纯的位置控制已经不能满足复杂环境下的实际应用，如何在未知环境下实现精确的力控制，是机器人力控制的难点之一。机器人智能化发展已然是大势所趋，面对复杂的接触环境和对操作水平的高要求，更加智能、完善的力控制系统是未来发展的必然趋势。在力控制中，对比、算法、耦合、反馈和逻辑推理等方法必须融为一体，以实现理想的柔顺控制。

机器人力控制是一项综合性技术，目前仍然处于摸索阶段，还有很长的路要走，随着智能化的进一步完善，机器人力控制最终将达到一个全新的高度。

6.4 实例

6.4.1 双臂机器人控制

机器人手臂工作时需要保持稳定，以避免加速度过大而产生手臂的抖动并降低其重复精度。双臂机器人的稳定性要求苛刻，对高精度和超高速运动性能要求高，需要提高机器人本身的精确度并抑制异常抖动，其运动学、动力学和控制系统也显得更加复杂[35,36]。

下面对双臂机器人手臂在高速运动下的稳定性控制进行研究分析。

（1）机器人结构与模型

双臂机器人是两机械臂组成的系统，通过双臂协调操作使其具有更大的灵活性、可靠性，并完成更为复杂的任务。典型双臂机器人的结构及运动简图如图 6-31 所示。

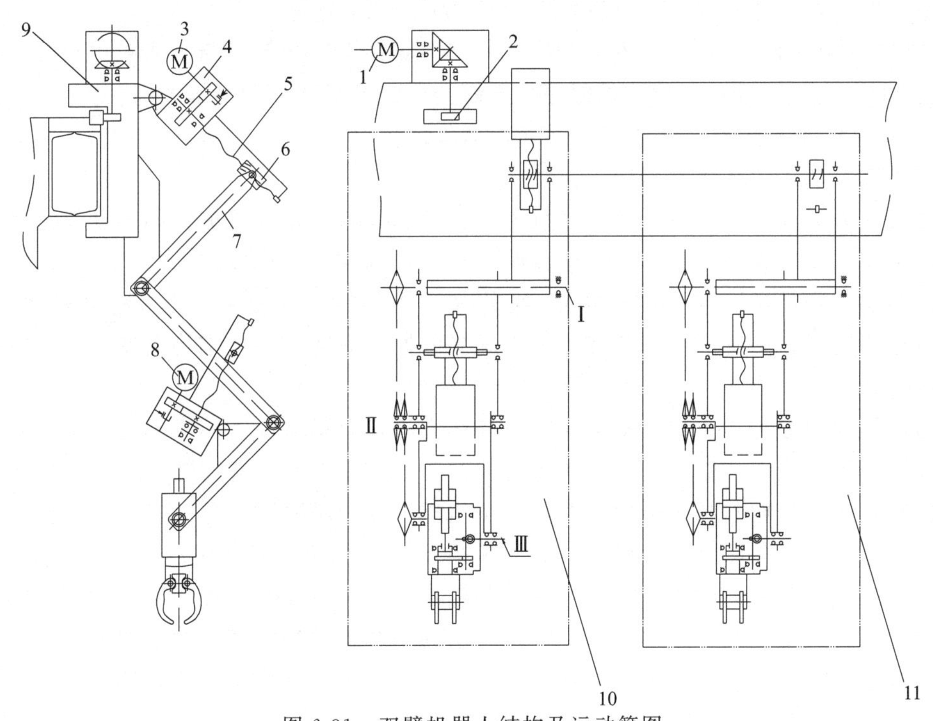

图 6-31　双臂机器人结构及运动简图

1，3，8—电机；2—小车；4—齿轮减速器；5—滚珠丝杠；6—滚珠螺母；7—肩部；9—小车驱动机构；10—机械臂 1；11—机械臂 2；Ⅰ，Ⅱ，Ⅲ—支架轴

机械臂（序号 10，11）采用双杆式结构，包括肩和肘铰链连杆元件，肘关节与肩关节结构原理相同。操作机械臂的肩部（序号 7）铰接在支架轴（Ⅰ）上，支架固定在小车（序号 2）上。齿轮减速器（序号 4）和滚珠丝杠（序号 5）都装在相对于小车摆动的机体上。在机体轴承中旋转的丝杠使铰接在上边杠杆末端的滚珠螺母（序号 6）产生平行移动。从而使操作机械臂肩部（序号 10）产生摆动。肘部相对于下边肩部的支架轴（Ⅱ）实现摆动。

双臂机器人的肩关节、肘关节均设计成双自由度机构。其中，电机（序号 3）通过锥齿轮传动实现手臂外展，偏置电机（序号 8）通过直齿轮传动实现手臂前后摆动。臂末端是手腕等外围部件的安装接口，通过偏心法兰对直齿轮传动系统进行消隙。手臂内置肘部电机（序号 8）和腕部电机的驱动板卡，便于后期的调试与维护。同时手臂内可安装触摸传感器模块，通过对人体的感知可做出相应的动作，提高与人的互动性。考虑双臂空间机器人在抓取目标后，转移目标过程中，左右臂杆与目标物形成一个闭链系统。两手臂安装与设计均采用相近的结构，如小型化设计以及中空孔结构。执行元件中央的贯通孔内可穿过配线、配管及激光等，简化了机械装置的整体构造，并且具备可变选项多样化的特点，可根据需求选择输出轴承、减速器等。

双臂机器人系统的核心点虽然是单个机器人，但不是单个机器人在物理意义上的线性叠加，双臂机器人系统的功能和协作完成效果也不是单个机器人功能和协作的叠加。

该机器人控制系统采用分层开放式系统，便于维护与升级。机械臂系统采用动力学模型表达式[37,38] 即式(6-52)。

$$\boldsymbol{M}(\boldsymbol{q})\ddot{\boldsymbol{q}}+\boldsymbol{C}(\boldsymbol{q},\dot{\boldsymbol{q}})\dot{\boldsymbol{q}}+\boldsymbol{F}_v\dot{\boldsymbol{q}}+\boldsymbol{F}_s\,\mathrm{sign}(\dot{\boldsymbol{q}})=\boldsymbol{\tau}-\boldsymbol{J}^{\mathrm{T}}(\boldsymbol{q})\boldsymbol{f}_{ext} \tag{6-52}$$

式中，$\boldsymbol{C}$ 为离心力和科氏力项的矩阵；$\boldsymbol{M}$ 为质量矩阵；$\boldsymbol{q}$ 为关节变量；$\boldsymbol{\tau}$ 为关节力矩矢量；$\boldsymbol{J}$ 雅可比矩阵；$\boldsymbol{F}_v\in R^{n\times n}$ 、$\boldsymbol{F}_s\in R^{n\times n}$ 分别为黏性摩擦和静摩擦系数对角矩阵，机器人在完成任务的过程中，质量变化、摩擦等因素都会造成系统参数的不确定性；向量 $\mathrm{sign}(\dot{\boldsymbol{q}})\in\boldsymbol{R}^{n\times n}$ 为关节速度的符号函数；$\boldsymbol{f}_{ext}$ 为关节摩擦力矢量。

（2）机器人动力学补偿控制

机器人动力学补偿控制主要是针对重力补偿控制，特别是在机械臂的运动控制中。实现重力补偿主要有两个途径，一种为被动补偿，另一种为主动补偿控制。

被动补偿方法是在机械结构上加入一些平衡重力的机构或者用弹簧来抵消重力的影响。这类方法虽然比较容易实现，但是有非常大的局限性，只能在特定结构上使用，而且会增加设备的能耗。

主动补偿控制方法主要聚焦于主动重力补偿方法，该类方法利用主动控制方法对重力进行预测并在控制系统中补偿。例如，动力学前馈补偿控制法、计算力矩法等均为比较成熟的动力学控制方法，当控制精度和动态性能控制指标的要求较高时，可以采用这些方法。

双臂机器人不仅是两个单臂机器人的简单组合，其与两个单臂机器人组合的区别在于，双臂机器人应具备两个操作臂之间的双臂协调控制，且需要在一个控制系统中同时实现对两个操作臂的控制规划。要求其两个操作臂之间由同一个连接来实现两臂之间的物理耦合，它们的运动轨迹由一个控制器来进行控制规划。故本设计采用动力学前馈补偿控制，并应用到非线性动力学模型中去，如图 6-32 所示。

图 6-32 中示出的是动力学前馈补偿控制原理。动力学前馈补偿是将基于动力学模型的部分放到了机械臂伺服环的外面，因而，可以有一个快速的伺服内环，此时只需要将误差和增益相乘，如图 6-32 中的 K_p、K_v。而基于动力学模型力矩计算则可以较低的速率附加在内部伺服环上进行设计。计算力矩法会在控制的前向通道中引入惯性矩阵，而惯性矩阵的计算可能存在误差，且计算力矩法的非线性部分不容易得到精确补偿；动力学前馈补偿控制方法，将复杂动力学模型放到了机械臂伺服环的外面，可以提高伺服内环的效率。

由于闭环抓持机器人控制中，既存在闭链约束几何关系，又存在抓持内力的均衡配置问题，即表现为力位混合控制问题，因此，即使对于相应的地面固定机器人系统，其控制系统设计问题的难度也非常大。若多臂空间机器人系统中还要更进一步耦合系统动量和动量矩守恒关系，则控制系统设计问题将变得更加困难。

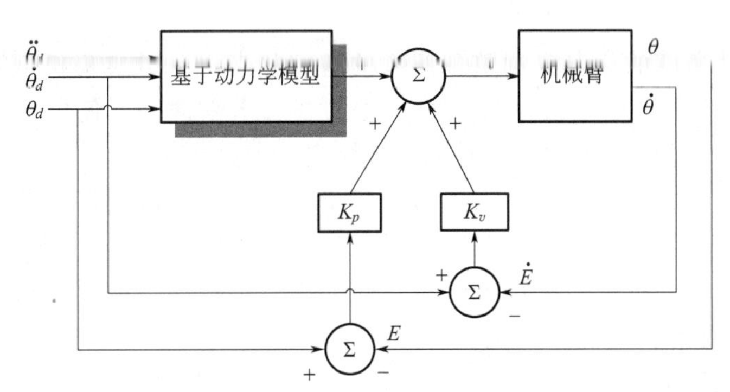

图 6-32　动力学前馈补偿控制原理

τ—关节力矩；θ_d、$\dot{\theta}_d$、$\ddot{\theta}_d$—目标关节的角度、速度和加速度；θ、$\dot{\theta}$—实际关节的角度和角速度；E—角度误差；$\dot{E}$ 角速度误差；Σ—累加符号

建立动力学前馈补偿控制原理后，需完成下面三项工作。

1）确定动力学参数　机器人连杆的惯性参数是机器人动力学参数的主要参数。

一般，一个机器人连杆具有十个惯性参数，即连杆的质量、相对于连杆坐标系的质心的三维坐标、相对于连杆质心坐标系的三维质量惯性积和三维质量惯性矩等。连杆惯性参数可以写为式(6-53）的形式。

$$\boldsymbol{\pi}_i=\begin{bmatrix} m_i & m_i lc_i x & m_i lc_i y & m_i lc_i z & \hat{I}_{ixx} & \hat{I}_{ixy} & \hat{I}_{ixz} & \hat{I}_{iyy} & \hat{I}_{iyz} & \hat{I}_{izz} \end{bmatrix}^{\mathrm{T}} \tag{6-53}$$

机械臂末端的惯性当量会影响连杆转矩，考虑机械臂末端的特殊构型时，影响连杆转矩惯性当量的主要项为 I_{xx}、I_{yy} 和 I_{zz}。其他惯性当量项通过选择坐标系原点位置和利用机械结构对称性质时，其值较小，可以被忽略。并且，通过矩阵相乘，I_{xx} 和 I_{yy} 项也被消掉，连杆集中惯量仅与 I_{zz} 有关。各连杆的 I_{zz} 项可以通过试验或参数辨识得到。

2）动力学模型线性化　由动力学模型表达式的特性可知，该动力学模型表达式可以被线性化为式(6-54）的形式。

$$\begin{bmatrix} \tau_1 \\ \tau_2 \\ \vdots \\ \tau_n \end{bmatrix}=\begin{bmatrix} y_{11}^T & y_{12}^T & \cdots & y_{1n}^T \\ \vdots & y_{22}^T & \cdots & y_{2n}^T \\ \vdots & \vdots & 0 & \vdots \\ 0 & 0 & \cdots & y_{nn}^T \end{bmatrix}\begin{bmatrix} \pi_1 \\ \pi_2 \\ \vdots \\ \pi_n \end{bmatrix} \tag{6-54}$$

式(6-54）简写为：

$$\boldsymbol{\tau}=\boldsymbol{Y}(\boldsymbol{q}，\dot{\boldsymbol{q}}，\ddot{\boldsymbol{q}})\boldsymbol{\pi}$$

通过试验可以采集到相关的变量。其中，关节角度 $\boldsymbol{q}$ 和关节速度 $\dot{\boldsymbol{q}}$ 可以通过编码器得到；关节加速度 $\ddot{\boldsymbol{q}}$ 可以通过编码器和滤波算法得到；关节转矩值 $\boldsymbol{\tau}$ 可以通过电机电流的比例关系得到，当采集 N 组数据后，可以得到 $\overline{\boldsymbol{\tau}}=\begin{bmatrix} \tau(t_1) \\ \vdots \\ \tau(t_N) \end{bmatrix}=\begin{bmatrix} Y(t_1) \\ \vdots \\ Y(t_N) \end{bmatrix}\boldsymbol{\pi}=\overline{\boldsymbol{Y}}\boldsymbol{\pi}$；采用最小二乘法可以得到辨识的参数值 $\boldsymbol{\pi}=(\overline{\boldsymbol{Y}}^{\mathrm{T}}\overline{\boldsymbol{Y}})^{-1}\overline{\boldsymbol{Y}}^{\mathrm{T}}\overline{\boldsymbol{\tau}}$。

3）动力学仿真　当连杆惯性参数、摩擦参数以及关节转矩得到后，可以将连杆惯性参数、摩擦参数等结果代入基于动力学模型公式，便可以进行动力学仿真。

控制过程需要注意以下事项：

① 机械臂关节角度的状态应调整到期望的稳定状态，尽量避免机械臂竖直状态。机械臂在进行操作的过程中，尽量避免机械臂整体的姿态水平向前，使整个机械臂平行于水平面，否则会使得机械臂受很大的力，对机械臂损伤较大。

② 对于机械手爪的控制方面。爪子的张开闭合因为结构的限制，有一定的限制角度以避免使手爪失效，保证目标捕获过程的安全性。

③ 机械臂在操作的过程中，机械臂运行的频率不要过快，需要给出一定的操作实际反应时间，否则机械臂有抖动现象发生。

双臂机器人的使用是为了加大空间灵活性，提高机器人的负载能力及载荷定位精度，因此闭链双臂空间机器人抓持系统的动力学与控制问题，是机器人技术中必须涉及和需要解决的关键问题，有重要的理论与实际意义。

6.4.2 多关节机器人模糊控制

机器人多关节运动是一个多输入多输出系统，具有时变、强耦合及非线性的特点。实际应用中，常涉及机器人多个关节协调运动，机器人自由度的联动及控制等问题。

下面以多关节串联机器人控制为例，分析模糊 PID 控制。

多关节串联机器人控制中遇到的主要问题有：

① 随着机器人关节数目的增加，多自由度的联动及控制等将变得困难，连杆惯性参数以及摩擦参数等将相应变得复杂。若采用基于模型控制算法将使参数辨识变得烦冗，参数辨识的精度难以保证。

② 对于机器人多个关节的低速协调运动，因摩擦因素影响较大，当考虑摩擦因素时，由于摩擦辨识试验烦冗、耗时，而且在不少应用场合下，会因缺乏读取伺服电机力矩数据的接口而不具备摩擦测试条件，此时，被控关节或对象模型的信息完全未知，基于模型控制算法不再适用。

模糊控制不需要建立精确的数学模型，且具有一定的容错性、适应性及鲁棒性等，模糊控制器可以对控制参数进行自动整定[39-41]。模糊 PID 控制，简单说就是用模糊控制加 PID 控制。PID 控制是通过 PID 即比例积分微分三个参数控制的策略。模糊 PID 算法就是通过模糊控制来控制这三个参数，实时改变参数以便达到更好的控制策略。模糊 PID 控制中重要的任务是找出 PID 的三个参数与误差 e 和误差变化率 e_c 之间的模糊关系，在运行中不断检测 e 和 e_c，根据确定的模糊控制规则来对三个参数进行在线调整，满足不同 e 和 e_c 时对三个参数的不同要求。

基于上述观点，对多关节串联机器人可以采用模糊 PID 控制。当考虑摩擦因素影响时，以模糊 PID 控制多关节串联机器人为例，设多关节串联机器人的动力学模型为式(6-55)。

$$\boldsymbol{M}(\boldsymbol{q})\ddot{\boldsymbol{q}}+\boldsymbol{C}(\boldsymbol{q},\dot{\boldsymbol{q}})\dot{\boldsymbol{q}}+\boldsymbol{G}(\boldsymbol{q})+\boldsymbol{F}_f(\boldsymbol{q},\dot{\boldsymbol{q}})=\boldsymbol{u}+\boldsymbol{d} \tag{6-55}$$

式中，$\boldsymbol{q}$ 为关节变量；$\boldsymbol{M}$ 为惯性矩阵；$\boldsymbol{C}$ 为离心力和科氏力项的矩阵；$\boldsymbol{G}$ 为重力向量；$\boldsymbol{F}_f$ 为关节摩擦力矩向量；$\boldsymbol{u}$ 为转矩控制输入向量；$\boldsymbol{d}$ 为扰动输入向量。

当对象受到扰动 $\boldsymbol{d}$ 的作用时，被控量就会偏离给定值，PID 控制器在偏差的作用下改变对象的输出，从而补偿扰动的影响。

下面分析讨论摩擦前馈模糊 PID 控制器、模糊逻辑系统设计及模糊 PID 控制试验方案等。

（1）模糊 PID 控制器

模糊 PID 控制器由两个主要部分组成：传统 PID 控制器和模糊化模块。模糊 PID 控制中前馈模糊 PID 控制器常用于控制机械过程摩擦因素。具有摩擦前馈的模糊 PID 控制器，利用模糊 PID 控制的特点，采用模糊 PID 控制算法。模糊 PID 控制中，模糊逻辑系统可以在线调整控制器参数，能够提高系统的动态性能，实时性好，对系统参数变化不敏感[41,42]。在低速跟踪时，对于单纯模糊 PID 控制，在启动、换向过程中，摩擦的强非线性依然会造成较大的跟踪误差，因而在控制器中增加摩擦前馈补偿环节，可以获得更好的运动性能。摩擦前馈明显减小了误差尖峰，且在整体效果上也更优。

如图 6-33 为摩擦前馈模糊 PID 控制器示意图。摩擦前馈与模糊 PID 控制结合时，具有摩擦前馈的模糊 PID 控制器原理，这里，将摩擦前馈加至电流环，作为电流环输入的一部分。

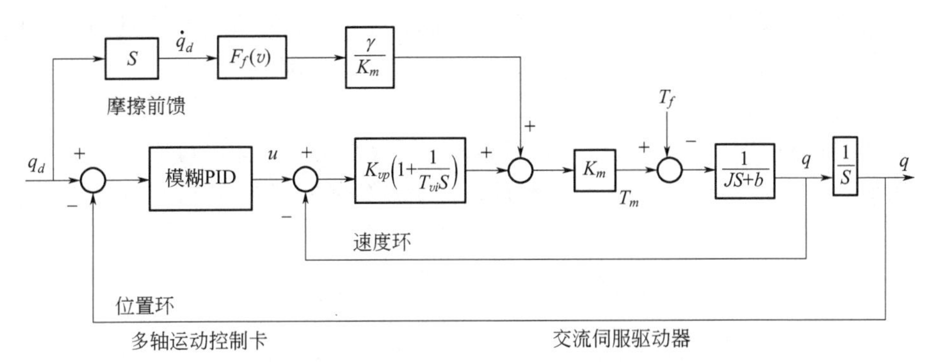

图 6-33　摩擦前馈模糊 PID 控制器示意图

如图 6-33 所示的具有摩擦前馈的模糊 PID 控制器，采用独立关节控制的形式，该摩擦前馈-反馈控制结构是在反馈控制的基础上，增加一个扰动的前馈控制。当完全补偿的条件不变时，稳定性不受影响；一旦出现扰动，前馈调节器就直接根据扰动的大小和方向，按照前馈调节的规律补偿扰动对被控量的影响。

图 6-33 中，位置环与摩擦前馈可以在多轴运动控制卡上实现，而速度环和电流环可以在交流伺服驱动器上实现。其中，K_{vp}、T_{vi} 分别为速度环的比例增益和积分时间；K_m 为转矩系数，表示单位电流经功率放大后输出的转矩值；$F_f(v)$ 为关节摩擦模型的表示；γ 为经验系数，试验时可以根据实际运动效果调整 γ 以获得最佳性能；S 为机器人的工作空间；T_f 为实际摩擦扰动。

J 和 b 分别为等效到电机轴上的转动惯量和黏性阻尼系数，见式(6-56)。

$$J=J_m+J_L,\ b=b_m+b_l \tag{6-56}$$

式中，J_m、J_L 分别为所选用电机转子和负载的转动惯量；b_m、b_l 分别为电机和负载的黏性阻尼系数。

考虑到电流环输出电流与输出力矩存在着对应关系，电流值乘以转矩系数（转矩系数即单位电流经功率放大后输出的转矩值）后即为输出力矩值。

实际应用中，由于某些品牌的交流伺服驱动器不一定具有开放电流环前馈接口，也可将摩擦前馈提前至速度环，作为速度环输入的一部分，如图 6-34 所示。

对应图 6-34，摩擦前馈部分需要再乘以 $\frac{T_{vi}S}{K_{vp}(T_{vi}S+1)}$。

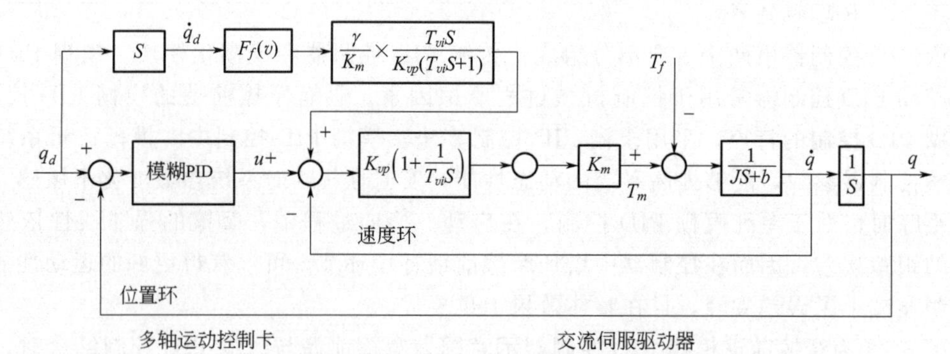

图 6-34 摩擦前馈提前至速度环的示意图

综上所述，模糊 PID 控制器是将模糊控制与传统的 PID 控制相结合。基于控制系统的实时状态并通过动态调节来实现对系统的精确控制，使被控对象能够更好地适应环境条件的变化、机器人负载的变化和系统干扰等，以满足系统控制要求。

(2) 模糊逻辑系统设计

控制器中的模糊 PID 算法采用基于 Mamdani 模型方法，该算法对应关节力矩，若跟踪误差 e 和跟踪误差的变化率 e_c 作为前提变量，控制器参数的调整量 Δk_p 、k_p 和 Δk_d 作为结论变量，此时，控制算法中模糊 PID 控制输入部分可表示为式(6-57)。

$$u_{\mathrm{PID}}=-k_p e-k_i\int e\mathrm{d}t-k_d\dot{e} \tag{6-57}$$

其中，$k_p=k_{p0}+\Delta k_p$ ，$k_i=k_{i0}+\Delta k_i$ ，$k_d=k_{d0}+\Delta k_d$ 。

式中，k_{p0}、k_{i0} 和 k_{d0} 为控制器参数的初始值；Δk_{p0}、Δk_{i0} 和 Δk_{d0} 为对应输入变量 e、e_c 的输出变量。

模糊逻辑系统设计时包括变量模糊化、规则库设计及去模糊等几个环节。

① 变量模糊化　对于输入变量 e、e_c，输出变量 Δk_{p0}、Δk_{i0} 和 Δk_{d0} 将采用相同的模糊描述方法。

② 规则库设计　可以采用推理规则的形式，例如：

IF　E is…,and EC is …,THEN Δk_p is …,Δk_i is …,Δk_d is …

其中，E、EC、Δk_p 、Δk_i 、Δk_d 分别表示输入变量 e、e_c 和输出变量 Δk_{p0}、Δk_{i0} 和 Δk_{d0} 的模糊量。

③ 去模糊　可以采用重心法去模糊，表达式为式(6-58)。

$$\overline{x}=\frac{\sum_{i=1}^{7}x_i\mu(i)}{\sum_{i=1}^{7}\mu(i)} \tag{6-58}$$

式中，x_i 为模糊论域中的元素；$\mu(i)$ 为对应模糊子集的隶属度。

得到的 $\overline{x}$ 仍为模糊论域上的值，乘以量化因子后可以得到实际值。

(3) 模糊 PID 控制试验方案

该方案的制定应注意以下几个方面的问题：

① 确定具体机器人及其作业轨迹，以简捷方便地验证控制方法的有效性。

② 选用伺服电机时应考虑提供有转矩前馈接口的伺服电机，便于将多轴运动控制卡上

的 DA 输出端子与转矩前馈接口相连，DA 输出的电压值对应于转矩的前馈量。

③ 输入变量 e、e_c 应通过试验来确定。

④ 应用重心法，量化因子的数值应合理。

⑤ 摩擦前馈部分应采用合适的模型，并合理选择对应前馈模型的参数及经验数值。

6.4.3 多关节机器人滑模控制

滑模控制是一种非线性控制，其具体表现为控制上的不连续性。滑模控制策略不同于其他控制策略之处在于其不依赖于固定的系统结构，而是可以在动态过程中，根据系统当前的状态有目的地、动态地变换控制结构，迫使系统按照预定的“滑动模态”的状态轨迹运动。滑模 PID 控制可以在模型信息完全未知的情况下，通过提高控制策略对非线性摩擦、重力等不确定性的快速抑制能力来改善低速运动性能[43,44]。滑模变结构控制具有快速性好、鲁棒性强的特点，能够实现扰动的快速抑制。

机器人在进行低速高精度运动时，其控制不仅要解决本体动力学的非线性、时变性及耦合性，还需要抑制非线性摩擦的影响，才能保证机器人的运动效果。但是，由于摩擦辨识试验烦冗耗时，且不少应用场合因缺乏读取伺服电机力矩数据的接口而不具备摩擦测试条件，在此情况下，被控对象模型信息完全未知。因而，将 PID 控制及滑模变结构控制的策略有机结合，可以弥补单纯 PID 控制或滑模变结构控制的不足，通过滑模 PID 来获得更佳的控制性能。

下面主要讨论滑模变结构设计、滑模 PID 控制器设计及滑模 PID 控制试验方案等。

(1) 滑模变结构设计

在建立机器人多关节运动的动力学模型过程中，很难确定机器人精确的数学模型，必须忽略一些不确定因素。因此，可以利用滑模变结构控制理论，来实现不确定系统的精确控制。滑模变结构控制作为一种特殊的非线性控制策略，对于多关节串联机器人，将关节摩擦视为扰动的一部分时，则前述机器人的动力学方程可表示为式(6-59)。

$$\boldsymbol{M}(\boldsymbol{q})\ddot{\boldsymbol{q}}+\boldsymbol{C}(\boldsymbol{q},\dot{\boldsymbol{q}})\dot{\boldsymbol{q}}+\boldsymbol{G}(\boldsymbol{q})+\boldsymbol{d}=\boldsymbol{u} \tag{6-59}$$

式中，扰动 $\boldsymbol{d}$ 主要包含摩擦和外界干扰；$\boldsymbol{u}$ 为控制器。

定义滑模面 $\boldsymbol{S}_q$ 为式(6-60)。

$$\boldsymbol{S}_q=\boldsymbol{S}-\boldsymbol{S}_N \tag{6-60}$$

式(6-60) 中的 $\boldsymbol{S}$、$\boldsymbol{S}_N$ 分别定义为式(6-61) 和式(6-62)。

$$\boldsymbol{S}=\dot{\boldsymbol{e}}+\boldsymbol{\alpha}\boldsymbol{e} \tag{6-61}$$

$$\boldsymbol{S}_N=\boldsymbol{S}(t_0)\boldsymbol{e}^{-\eta(t-t_0)} \tag{6-62}$$

式中，$\boldsymbol{e}=\boldsymbol{q}-\boldsymbol{q}_d$ 为轨迹跟踪误差；$\boldsymbol{q}_d$ 为期望轨迹；对于所有规则的集合向量 $\boldsymbol{R}$，$\boldsymbol{\alpha}\in\boldsymbol{R}^{n\times n}$ 为对角矩阵，且 $\boldsymbol{\alpha}>\boldsymbol{0}$；$t_0$ 表示初始时刻；η 为可调参数，$\eta>0$，其取值将影响控制器的动态性能。

由式(6-60)～式(6-62) 可知，对于初始时刻任意的 $\boldsymbol{e}(t_0)$、$\dot{\boldsymbol{e}}(t_0)$，$\boldsymbol{S}_q(t_0)=\boldsymbol{0}$ 均成立，因而定义的滑模面 $\boldsymbol{S}_q$ 可以采用相应的滑模策略进行处理。

(2) 滑模 PID 控制器设计

滑模 PID 控制器设计，定义名义轨迹为 $\boldsymbol{q}_r$ 时，其导数为式(6-63)。

$$\dot{\boldsymbol{q}}_r = \dot{\boldsymbol{q}}_d - \boldsymbol{\alpha e} + \boldsymbol{S}_N - \boldsymbol{\gamma\sigma} \tag{6-63}$$

式中，$\boldsymbol{\gamma} \in \boldsymbol{R}^{n\times n}$ 为对角矩阵，且 $\boldsymbol{\gamma} > \boldsymbol{0}$；$\boldsymbol{\sigma}$ 为黏性摩擦系数，$\boldsymbol{\sigma}$ 的导数为式(6-64)。

$$\dot{\boldsymbol{\sigma}} = \mathrm{sign}(\boldsymbol{S}_q) \tag{6-64}$$

对于向量 $\boldsymbol{S}_q$，关于符号函数 $\mathrm{sign}(\boldsymbol{S}_q) = [\mathrm{sign}(S_{q1})\cdots\mathrm{sign}(S_{qn})]^{\mathrm{T}}$，其中，$S_{qi}(i=1,\cdots,n)$ 为向量 $\boldsymbol{S}_q$ 中的元素。

根据动力学参数向量表示方法，可知有式(6-65) 成立。

$$\boldsymbol{M}(\boldsymbol{q})\ddot{\boldsymbol{q}}_r + \boldsymbol{C}(\boldsymbol{q},\dot{\boldsymbol{q}})\dot{\boldsymbol{q}}_r + \boldsymbol{G}(\boldsymbol{q}) = \boldsymbol{\phi}_\tau(\boldsymbol{q},\dot{\boldsymbol{q}},\dot{\boldsymbol{q}}_r,\ddot{\boldsymbol{q}}_r)\boldsymbol{P} \tag{6-65}$$

定义名义误差为式(6-66)。

$$\boldsymbol{e}_r = \dot{\boldsymbol{q}} - \dot{\boldsymbol{q}}_r = \boldsymbol{S}_q + \boldsymbol{\gamma\sigma} \tag{6-66}$$

则由式(6-60) 和式(6-65) 可得式(6-67)。

$$\boldsymbol{M}(\boldsymbol{q})\dot{\boldsymbol{e}}_r + \boldsymbol{C}(\boldsymbol{q},\dot{\boldsymbol{q}})\boldsymbol{e}_r = \boldsymbol{u} - \boldsymbol{\phi}_r\boldsymbol{P} - \boldsymbol{d} \tag{6-67}$$

设计滑模 PID 控制器为式(6-68)。

$$\boldsymbol{u} = -\boldsymbol{K}\boldsymbol{e}_r \tag{6-68}$$

式中，$\boldsymbol{K} \in \boldsymbol{R}^{n\times n}$ 为对角矩阵，且 $\boldsymbol{K} > \boldsymbol{0}$。

由式(6-63)、式(6-64) 和式(6-68) 可得式(6-69)。

$$\begin{aligned}\boldsymbol{u} &= -\boldsymbol{K\alpha e} - \boldsymbol{K}\dot{\boldsymbol{e}} + \boldsymbol{K}\boldsymbol{S}_N - \boldsymbol{K\gamma}\int_{t_0}^{t}\mathrm{sign}[\boldsymbol{S}_q(t)]\mathrm{d}t \\ &= \boldsymbol{u}_1 + \boldsymbol{u}_2 + \boldsymbol{u}_3\end{aligned} \tag{6-69}$$

由式(6-69) 可知，虽然存在不连续的符号函数，但通过对其积分，使控制器仍为一连续函数，从而避免了传统滑模控制因不连续切换而导致的抖振现象。

带跟踪微分器的滑模 PID 控制器，如图 6-35 所示。

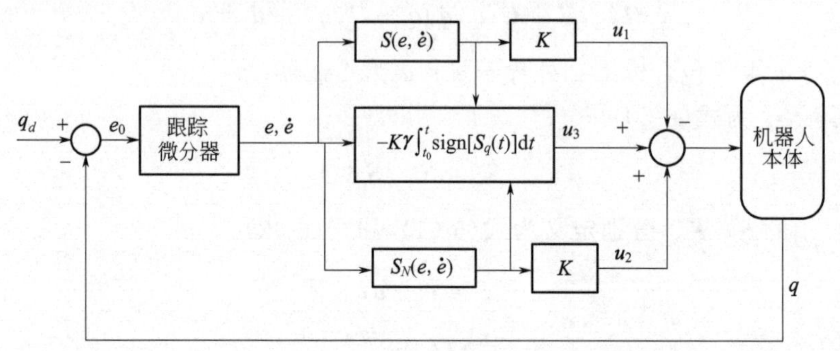

图 6-35　带跟踪微分器的滑模 PID 控制器

图 6-35 中，控制器由三部分组成：$\boldsymbol{u}_1 = -\boldsymbol{K\alpha e} - \boldsymbol{K}\dot{\boldsymbol{e}}$ 为 PD 项用于镇定系统；$\boldsymbol{u}_2 = \boldsymbol{K}\boldsymbol{S}_N$ 为指数衰减项，用于获取良好的动态性能；$\boldsymbol{u}_3 = -\boldsymbol{K\gamma}\int_{t_0}^{t}\mathrm{sign}[\boldsymbol{S}_q(t)]\mathrm{d}t$ 为非线性积分项，用于抑制不确定性的影响，如关节摩擦、重力等，使跟踪误差快速收敛。

滑模 PID 控制器的实现，需要已知的跟踪误差 $\boldsymbol{e}$ 及其导数 $\dot{\boldsymbol{e}}$，因而采用非线性跟踪微分器来对实测跟踪误差信号滤波并求取其微分（例如，基于非线性跟踪微分器的速度估计），以抑制测量噪声的影响，从而减小控制器的抖振，提升低速运动的平稳性、精度。

(3) 滑模 PID 控制试验方案

滑模 PID 控制试验方案的制定应注意几个方面的问题：

① 确定具体机器人及其作业轨迹，以简捷方便地验证控制方法的有效性；

② 选用适宜的软件建立机器人的动力学模型。常用软件 Matlab/Simulink 进行分析；

③ 关节摩擦建模应采用合适的模型，并合理选择对应模型的参数及经验数值；

④ 得到机器人各关节输出力矩后，与其他控制方法进行分析对比。

上述主要从机器人关节空间控制、机器人位置控制和机器人力控制等方面进行了工业机器人控制的分析。

工业机器人由大量的关节驱动装置来实现自身运动和各种动作，机器人的关节控制是工业机器人系统控制中最基本和核心的控制过程。机器人关节控制器的控制特性决定了机器人系统动态特性和运动精度。为提高机器人的控制特性，不少优异的控制理论及方法在机器人控制中得到研究与应用。但是，机器人关节控制非线性、时变性和不确定性的特点，使得控制方法及设计控制器具有较高的难度。由于机器人系统也是一个时变的、耦合的复杂非线性系统，传统的独立伺服 PID 控制算法很难满足机器人系统的性能要求，尤其是在需要满足高速高精度控制的场合。

目前的工业机器人控制系统存在封闭性高、二次开发难度大、结构复杂、技术升级困难等弊端。虽然，以工业机器人为基础，提升装备制造能力和产品性能具有重要意义和价值，但是，由于本体结构及使用环境限制，工业机器人绝对定位精度低、长期稳定性差，尚无法直接适应现代新型制造环境下各行业的新应用、新需求。

工业机器人控制决定机器人制造业的竞争力，可以预见的是，只要工业机器人发展没有达到极限，对工业机器人先进控制理论和方法的研究就不会停止，新应用和新理念将不断推动工业机器人控制技术的发展。

参考文献

[1] 谭民，徐德，侯增广，等. 先进机器人控制 [M]. 北京：高等教育出版社，2007，5.

[2] 党浩明，周亚丽，张奇志. 六自由度串联机械臂建模与运动学分析 [J]. 实验室研究与探索，2018，37 (10)：9-14+23.

[3] 杨宗泉，陈新度，吴磊. 基于模糊补偿的机器人力/位置控制策略的研究 [J]. 机床与液压，2017，45 (17)：1-5.

[4] 汪坤. 多关节串联工业机器人的力位柔顺控制技术研究 [D]. 绵阳：西南科技大学，2017.

[5] 吴志文. 伺服驱动器电流环设计 [D]. 西安：西安电子科技大学，2014.

[6] 王健健. 永磁同步电机矢量控制电流环设计 [J]. 仪器仪表用户，2019，26 (4)：28-30+27.

[7] JUNG S. Force Tracking Impedance Control for Robot Manipulators with an Unknown Environment：Theory，Simulation，and Experiment [J]. International Journal of Robotics Research，2001，20 (9)：765 -774.

[8] 辛悦夷，李奇达. 直流电机控制系统性能评价及控制优化 [J]. 自动化仪表，2019，40 (1)：90-94+98.

[9] GU YR，WANG SC，LI QQ，et al. On Delay-Dependent Stability and Decay Estimate for Uncertain Systems with Time-Varying Delay [J]. Automatica，1998，34 (8)：1035-1039.

[10] 黄秀清，杨叔子，顾崇衔. 机器人力控制的稳定性研究 [J]. 华中理工大学学报，1996，24 (4)：63-66.

[11] 梁娟，赵开新，陈伟. 自适应神经模糊推理结合 PID 控制的并联机器人控制方法 [J]. 计算机应用研究，2016，33 (12)：3587-3590.

[12] 张振邦，曲兴华，张福民. PID 参数对机器人在线力补偿的影响 [J]. 电子测量与仪器学报，2018，32 (3)：142-148.

[13] 柳虹亮，蔡赟，姜大伟. 移动机器人控制系统硬件设计与开发 [J]. 长春工业大学学报（自然科学版），2011，32 (6)：543-547.

[14] 史国振，孙汉旭，贾庆轩，等. 空间机器人控制系统硬件仿真平台的研究 [J]. 计算机工程与应用，2008，44

(12)：5-8.
[15] 洪炳，阮玉峰，高庆吉，等. HIT-Ⅱ型全自主足球机器人硬件系统的设计与实现 [J]. 哈尔滨工业大学学报，2003，35 (9)：1025-1028.
[16] 戈新生，刘松，张涌. 机器人动力学分析的完全笛卡儿坐标方法 [J]. 机械设计，2001，(10)：13-31.
[17] 黄翔，黄心汉，王敏. 微装配机器人的控制软件设计 [J]. 计算机与数字工程，2011，39 (2)：64-67+85.
[18] 韦鹭阳，李成刚，李佳璇，等. 基于 VC 的平面并联机器人控制软件设计 [J]. 机械设计与制造工程，2014，43 (12)：11-15.
[19] 徐建明，王于玮，董建伟，等. 基于阻抗控制的机器人砂带打磨的建模与仿真 [J]. 浙江工业大学学报，2018，46 (2)：120-126.
[20] 陈志煌，陈力. 闭链双臂空间机器人动力学建模及载荷基于滑模补偿的力/位置混合控制 [J]. 工程力学，2011，28 (5)：226-232.
[21] KUGI A，OTT C，ALBU-SCHAFFER A，et al. On the passivity-based impedance control of flexible joint robots [J]. IEEE Transactions on Robotics，2008，24 (2)：416-429.
[22] JUNG S，HSIA T C，BONITZ R G. Force tracking impedance control for robot manipulators with an unknown environment：theory，simulation，and experiment [J]. International Journal of Robotics Research，2001，20 (9)：765 -774.
[23] 刘清华，陈庆盈，王冲冲. 柔性机器人关节位置与阻抗一致性控制方法 [J]. 计量与测试技术，2018，45 (11)：2-5.
[24] OSYPIUK R，KROGER T. A three-loop model-following control structure：theory and implement [J]. International Journal of Control，2010，83 (1)：97 -104.
[25] OSYPIUK R. Simple robust control structures based on the model-following concept-A theoretical analysis [J]. International Journal of Robust and Nonlinear control，2010，20 (17)：1920-1929.
[26] 黄婷，孙立宁，王振华，等. 基于被动柔顺的机器人抛磨力/位混合控制方法 [J]. 机器人，2017，39 (6)：776-785.
[27] 巴凯先. 机器人腿部液压驱动系统主动柔顺复合控制研究 [D]. 秦皇岛：燕山大学，2018.
[28] 吴文祥. 多自由度串联机器人关节摩擦分析与低速高精度运动控制 [D]. 杭州：浙江大学，2013.
[29] 李慧，马正先，逄波. 工业机器人及零部件设计 [M]. 北京：化学工业出版社，2017.
[30] 刘洋. 单马达驱动多关节机械臂的关键技术研究 [D]. 武汉：华中科技大学，2009.
[31] 娄军强，魏燕定，杨依领，等. 智能柔性机械臂的建模和振动主动控制研究 [J]. 机器人，2014，36 (5)：552-559.
[32] LOU J Q，WEI Y D，YANG Y L，et al. Hybrid PD and effective multi-mode positive position feedback control for slewing and vibration suppression of a smart flexible manipulator [J]. Smart Materials and Structures，2015，24 (3)：035007.
[33] 孙小肖. 轻量化采样机械臂关节控制及轨迹规划研究 [D]. 镇江：江苏科技大学，2015.
[34] 高强，赵江海，郑宇奇. 一种冗余双臂机器人分层控制策略与多线程软件系统设计 [J]. 工业控制计算机，2018，31 (9)：16-18.
[35] DONG Q，CHEN L. Impact dynamics analysis of free-floating space manipulator capturing satellite on orbit and robust adaptive compound algorithm design for suppressing motion [J]. Applied Mathematics and Mechanics，2014，35 (4)：413-422.
[36] 王红星，李瑞峰，葛连正，等. 高冗余类人双臂移动机器人运动规划 [J]. 华中科技大学学报（自然科学版），2018，46 (8)：12-17.
[37] 周优鹏，娄军强，陈特欢，等. 伺服关节驱动的柔性臂系统耦合动力学模型辨识与实验 [J]. 振动与冲击，2019，38 (9)：277-284.
[38] 赵磊，范梦然，新华，等. 柔性并联机器人非线性摩擦动力学建模与速度规划 [J]. 农业机械学报，2017，48 (5)：391-396.
[39] YUN Y S，MOON C. Comparison of adaptive genetic algorithm for engineering optimization problems [J]. International Journal of Industrial Engineering，2003，10 (4)：584-590.
[40] 薛晔，于海生，吴贺荣. 柔性关节机器人的模糊反步自适应位置控制 [J]. 青岛大学学报（工程技术版），2019，34

(2)：57-62.

[41] 梁娟，赵开新，陈伟. 自适应神经模糊推理结合PID控制的并联机器人控制方法 [J]. 计算机应用研究，2016，33 (12)：3586-3590.

[42] 李贤喆，江兵，王强，等. 模糊PID控制在轮式机器人直立系统中的应用 [J]. 计算机技术与发展，2016，26 (9)：171-174.

[43] 鲁丙涛. 机械臂的滑模控制算法研究 [D]. 洛阳：河南科技大学，2018.

[44] 梁捷，秦开宇，陈力. 弹性关节空间机械臂级联智能滑模控制 [J]. 力学季刊，2019，40 (3)：529-542.

结束语

本书经过笔者近两年的准备、分析和研究，终于脱稿。但回眸思忖、酌量，仍感有诸多不足和不尽人意之处。特别是在如下几个方面存在不足并将继续研究。

第 2 章，机器人设计要求与基本参数。其中，工业机器人工作环境和工况差异性将对机器人设计及控制产生影响，但其研究尚不够宽泛、深入与明确。例如，航空航天工业生产中，机器人应具有移动灵活方便、负载自重比高等设计要求，其对应的基本参数应该有细致的研究与特性分析；焊接工业生产中，机器人应具有多品种、变批量、改善劳动条件等设计要求，其对应的基本参数应该有更为细致的研究与特性分析。

第 3 章，工业机器人系统与配置。其中，工业机器人系统与配置对影响系统的操作精度和工作效率分析还不够详尽与深入。例如，在伺服电机及谐波减速器组成的伺服驱动关节中，对关节驱动机械臂的动力学特性及引发的后果研究不足。

第 4 章，工业机器人结构及特性分析。其中，不同工况下针对工业机器人结构及特性分析不够细致和深入。例如，对单臂机器人与双臂机器人运动灵活性与结构约束条件，可操作性与双臂协调特性等相关研究分析较少。

第 5 章，工业机器人优化设计和第 6 章，工业机器人控制。在软件与硬件的融合方面尚缺少工业机器人智能制造体系的实践。还有如下问题有待进行深入研究：针对工业机器人标准配置以及被配置在不同的维度时，如何开发或使用跨越多个维度的工业机器人软件与硬件；标准开发与实施视角不同时，其集成方法对工业机器人智能制造的影响等。

总之，工业机器人设计及控制涉及的内容很宽泛，本著作仅从产品开发角度出发，对工业机器人理论、设计与控制等进行了较为系统的阐述与实例分析，针对工业机器人结构优化与控制的理论、实现方法及存在的问题进行了剖析，并针对性提出了相应发展趋势。但也还存在很多问题需要进一步深入探索与研究，所以，希望本著作能够起到抛砖引玉的作用，共同推进工业机器人及控制在设计与应用中的进步与发展。